“十三五”普通高等教育建筑类学科立体化系列规划教材

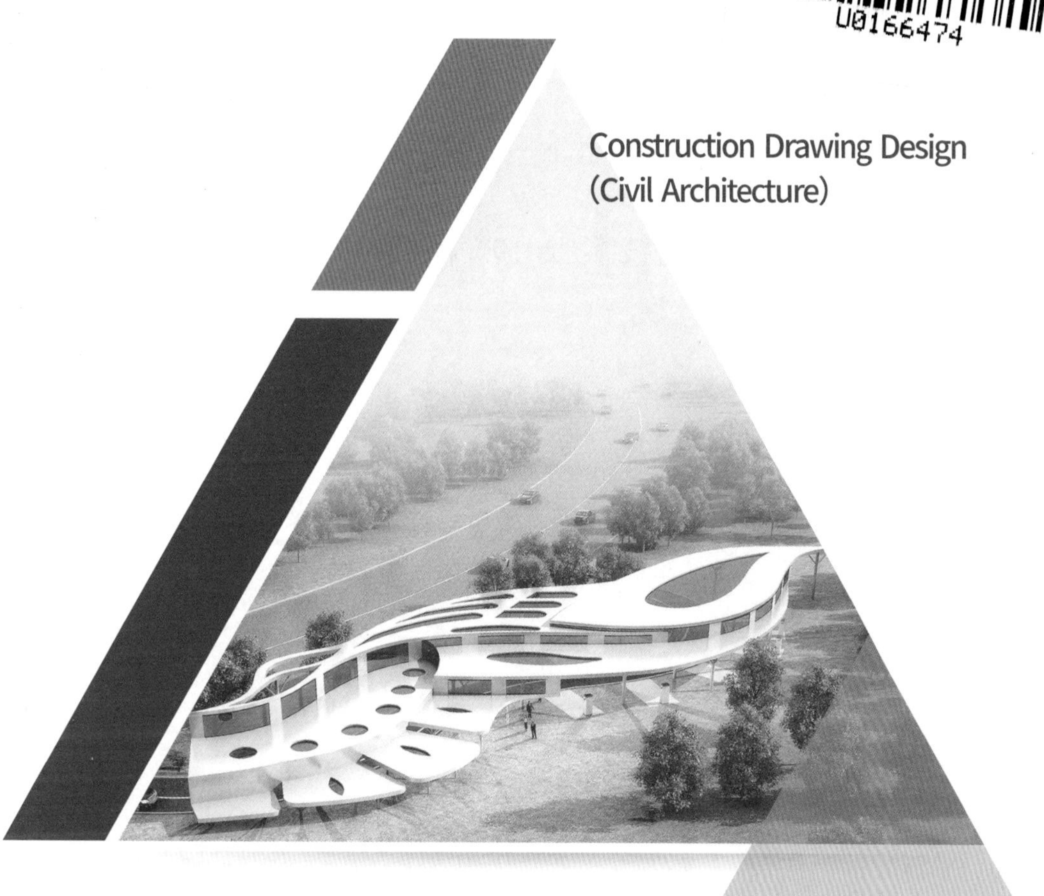

Construction Drawing Design
(Civil Architecture)

建筑专业施工图设计（民用建筑）

主编 屈志刚 主审 吴 放

WUHAN UNIVERSITY PRESS
武汉大学出版社

图书在版编目(CIP)数据

建筑专业施工图设计:民用建筑/屈志刚主编.—武汉:武汉大学出版社,2020.10
“十三五”普通高等教育建筑类学科立体化系列规划教材
ISBN 978-7-307-20979-4

Ⅰ.建… Ⅱ.屈… Ⅲ.建筑制图—高等学校—教材 Ⅳ.TU204

中国版本图书馆 CIP 数据核字(2019)第 119395 号

责任编辑:邓 瑶　　责任校对:杜筱娜　　装帧设计:吴 极

出版发行:**武汉大学出版社**　(430072 武昌 珞珈山)
(电子邮箱:whu_publish@163.com 网址:www.stmpress.cn)
印刷:武汉市金港彩印有限公司
开本:880×1230　1/16　印张:21　字数:645 千字
版次:2020 年 10 月第 1 版　2020 年 10 月第 1 次印刷
ISBN 978-7-307-20979-4　定价:86.00 元

前　言

《易经》有云："上古穴居而野处，后世圣人易之以宫室，上栋下宇，以待风雨"。这句话告诉我们，从伏羲时代起人类就已经开始建造和使用房屋了，远古时期房屋的主要用途是遮风蔽雨，满足人们的基本需求。人类社会发展到现在，房屋的用途变得多种多样，有的可供居住，有的可供娱乐，有的可供餐饮，有的可供工业生产，等等。按使用功能划分，建筑可分为民用建筑和工业建筑两大类。本书仅讨论民用建筑施工图设计中建筑专业部分。

建筑设计是整个项目建设的一个重要阶段。建筑设计包括概念设计、方案设计、初步设计、施工图设计等几个环节，其中建筑施工图设计是建筑设计中的重要环节，复杂项目的施工图设计还有二次深化设计和专项设计，比如钢结构、幕墙、智能化、精装修等详细设计应在原有施工图基础上进行更具体的深化设计；对于有特殊要求的专项设计，比如医疗建筑和体育建筑的工艺设计，观演建筑的声学设计、光学设计等应由专门的设计机构进行设计，此类设计不在本书讨论范围之内。

按专业划分，施工图设计可分为建筑专业施工图设计、结构专业施工图设计、设备专业施工图设计及电气专业施工图设计。其中建筑专业是整个施工图设计的"龙头"，起到统领和协调各专业的作用，即在施工图设计中，建筑专业作为主导专业先行设计，其他专业按照建筑图纸进行各自专业施工图设计。在施工图设计周期内，建筑专业首先要准确地落实方案设计意图，要对方案设计进行深化和补充，然后具体提出平面图、立面图、剖面图详图，相关设计说明及构造做法等内容，其他专业依据建筑图纸进行本专业施工图设计。因此，建筑专业施工图的"成败"直接影响全套施工图的"成败"，全套施工图的"成败"又直接影响工程项目的"成败"。

通俗地讲，建筑施工图就是盖房子的图样。在建筑建造的过程中，施工图起到决定性的作用。可以说，没有施工图，高楼大厦是盖不起来的。施工图不仅是指导工程建设的重要文件，也是编制工程预算及组织施工的重要依据，还是进行工程管理的重要文件。一套图纸齐全、表达准确、要求具体的施工图是工程项目得以顺利完成的重要保障。

从目前国内各大院校建筑学专业课程的设置来看，大多数院校关于建筑专业施工图设计（民用建筑）这门课程的教学仍停留在施工图抄绘阶段，就是让学生选一套完整的建筑专业施工图，然后被动地依照原图画一遍，学生只知其然而不知其所以然，甚至原图中某些错误也被学生机械地抄绘下来。鉴于此，本书从提高读者的实操能力出发，根据建筑专业施工图组成部分安排章节，介绍各组成部分的设计方法、步骤及思考要点，并针对众多最新国家规范中关于防火和安全的条款进行梳理、归纳，省却了读者自己查阅大量规范的时间和精力。另外，编者根据十数年的施工图审查经验和本科教学工作的经验，将施工图设计中常见错误以案例的形式加以分析、总结，以便读者加深对施工图设计的理解。但由于编者水平有限，书中定有许多错误和不足，恳请读者指正。

本书力求作为建筑学专业学生入职的“敲门砖”，希望能给建筑学专业学生在漫漫的“设计长河”中带来一定的启迪。同时，本书也可作为规划专业、土木专业、给排水专业、采暖通风专业及电气专业的选修课本，以便上述专业的学生加深对建筑专业施工图的理解，为今后入职更好地与其他专业协作进行施工图设计提供一定的帮助。本书配有大量彩图，读者可扫描下方二维码查看部分详图。

本书由华北理工大学屈志刚高级工程师担任主编，具体编写分工如下：华北理工大学屈志刚、鲍培瑜，天津中怡建筑规划有限公司王欣怡（第1～4章），唐山昊宇建筑设计有限公司总工程师孙永（第5章），华北理工大学屈志刚、天津中怡建筑规划有限公司王欣怡（第6～8章），唐山铭嘉建筑设计咨询有限公司沈峰、金鑫、曲世娇、桑伟伟、刘小微、郭理想、齐峥、李欢、何志元（第9章），唐山市规划建筑设计研究院高春荣、齐雪妍、张婧琳（第10章）。屈志刚对全书进行了统稿。在本书编写过程中，得到了天津大学张颀教授和天津大学建筑设计研究院总建筑师吴放教授的指导，并由吴放教授担任本书的主审。两位教授在百忙之中为本书提出了许多高屋建瓴般的宝贵建议，在此致以诚挚的谢意！本书所选图片和案例除部分来源于网络外，其余均由唐山市规划建筑设计研究院、唐山铭嘉建筑设计咨询有限公司、唐山昊宇建筑设计有限公司、唐山富城建筑规划设计有限公司等公司的设计人员提供，在此一并表示感谢！

编　者

2019年4月

本书彩图（部分）

目　录

1

绪　论

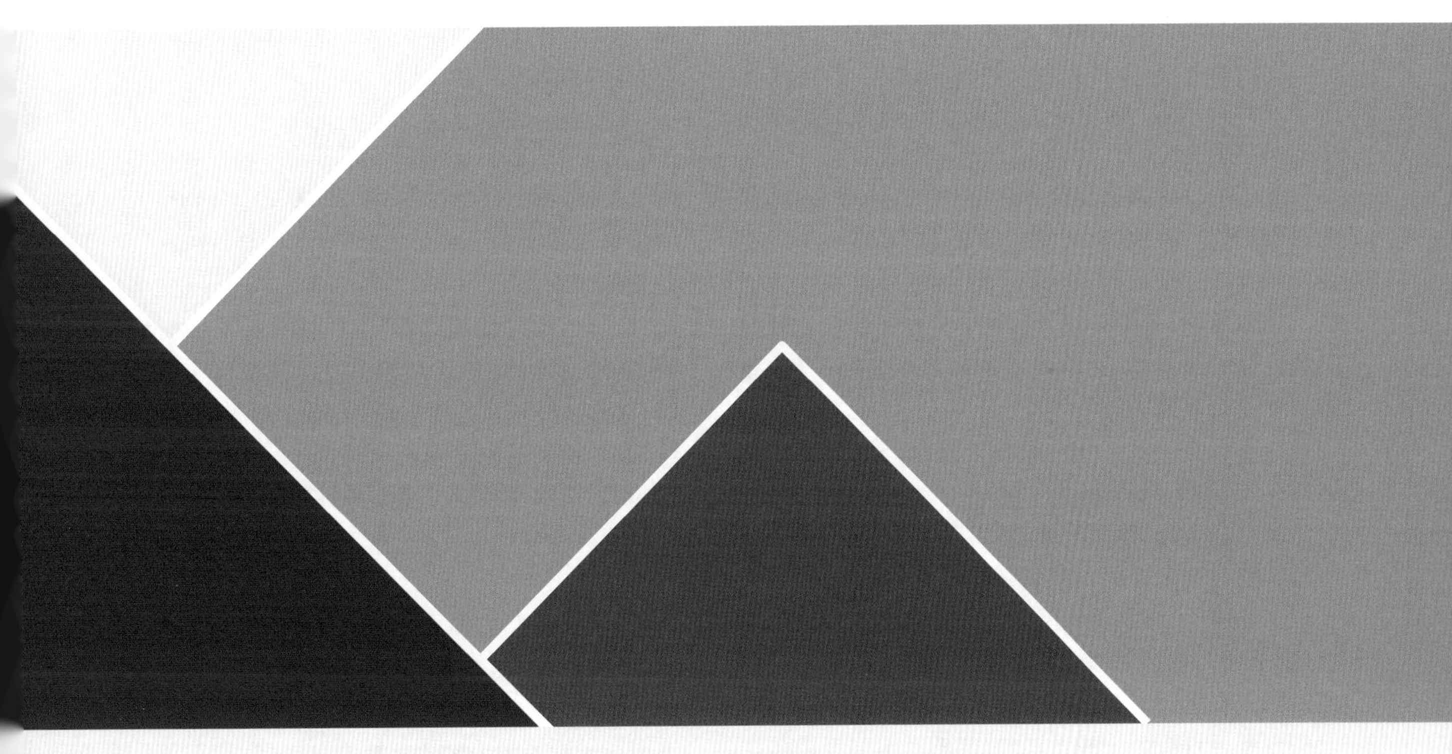

"城市高楼大厦是如何由一幅精美的虚拟效果图变成拔地而起、直耸云霄的建筑的？让我们一起看看人们是如何实现的。"

1.1 施工图的定义及组成

1.1.1 建筑设计及施工图定义

建筑设计(architectural design)是指在建筑物建造之前,设计者根据建筑物的用途和功能,对建筑物提前做好周密的虚拟安排,用图纸和文字表达出来,来满足使用者的期望和社会要求。建筑设计工作常涉及建筑美学、结构工程学、给排水、采暖通风、电气、燃气、消防、自动化控制管理、建筑声学、建筑光学、建筑热工学、建筑经济、园林景观学等方面的专业知识,因此需要各专业技术人员密切协作。建筑设计按先后顺序可分为概念设计、方案设计、初步设计、施工图设计、专项设计、二次深化施工图设计等阶段,其中施工图设计是项目建设程序中的关键环节。

施工图设计是由建筑专业、结构专业、设备(给排水、采暖通风)专业、电气专业等设计师依照各自的专业知识及法律法规绘制成可用于指导施工的专业图纸。也就是说,各专业设计师通力合作把虚拟的建筑形象绘制成更具体、更精确的图样,以便建筑工人依据图样进行建造。

施工图是表示工程项目总体布局,建筑物、构筑物的外部形状、内部布置、结构构造、内外装修、材料做法及设备布局、家具布置、施工要求等内容的图样。施工图具有图纸齐全、表达准确、要求具体的特点,是进行工程施工、编制施工图预算和施工组织设计的依据,也是进行技术管理的重要技术文件。一套完整的施工图一般包括建筑专业施工图、结构专业施工图、设备专业(给排水、采暖通风)施工图及电气专业施工图等,也有的设计人员将给排水专业、采暖通风专业和电气专业施工图统称设备专业施工图。

1.1.2 施工图组成

1.1.2.1 总图专业施工图

对于大型建筑项目,总图设计是集规划、建筑、设备、电气、园林等多个专业的综合设计。总图专业施工图可分为总平面图、竖向布置总平面图、土石方总平面图、管道综合总平面图、绿化及建筑小品布置总平面图等。对于中小型建筑项目,可以把总平面图、竖向布置总平面图和绿化及建筑小品布置总平面图合并绘制在一张图纸内。

1.1.2.2 建筑专业施工图

(1)建筑专业施工图是主要用来表示建筑物的规划位置、外部造型、内部各房间的布置、内外装修构造、设备安装和施工要求的图纸。

(2)建筑专业施工图的主要图纸有施工图首页图(施工图封面图)、建筑总平面图、设计说明、各层建筑平面图、建筑立面图、建筑剖面图和建筑详图(主要有楼电梯、窗井等构件详图,厨房、厕所、住宅单元、教室、实验室等平面详图及外墙身剖面详图)等。

(3)建筑专业施工图简称“建施”。

1.1.2.3 结构专业施工图

(1)结构专业施工图是主要表示建筑物承重结构的体系结构类型、结构布置,构件种类、数量、大小及做法的图纸。

(2)结构专业施工图的主要图纸有结构设计说明,基础平面图,各层结构梁、板、柱平面布置及配筋图和结构详图(主要有基础断面图,楼梯结构施工图,柱、梁等现浇构件的配筋图等)。

(3)结构专业施工图简称“结施”。

1.1.2.4 设备专业施工图

(1)设备专业施工图是主要表示建筑物的给排水、采暖通风等设备的布置和施工要求的图纸。因此,设备专业施工图分为两类图纸,即给排水专业施工图和采暖通风专业施工图。

(2)给排水专业施工图:表示给排水管道的平面布置和空间走向、管道及附件做法和加工安装要求的图纸,包括管道平面布置图、管道系统图、管道安装详图和图例及设计说明等。

(3)采暖通风专业施工图:主要表示管道平面布置和构造安装要求的图纸,包括管道平面布置图、管道系统图、管道安装详图和图例及设计说明等。

(4)给排水专业施工图简称“水施”,采暖通风专业施工图简称“暖施”。

1.1.2.5 电气专业施工图

(1)电气专业施工图是主要表示电气线路走向和安装要求的图纸,包括线路平面布置图、线路系统图、线路安装详图和图例及设计说明等。

(2)电气专业可分为强电设计专业和弱电设计专业。强电设计是指电压在220V以上的用电设备的电气设计,如照明用电、动力用电等设计;弱电设计是指电压在220V以下的用电设备的电气设计,如网络、电话、有线电视等低压设备的设计。

(3)电气专业施工图简称“电施”。

1.2 施工图设计的工作流程

1.2.1 前期准备

在绘制施工图之前,建筑及其他各专业设计人首先要落实和收集项目的基础资料,比如项目的政府批文、审批合格的方案设计图或初步设计、设计任务书、地形图、规划要求、项目场地的地质勘查报告、市政(给排水、燃气、热力、电力、通信等)管网条件、当地气象资料,等等;建筑专业的项目负责人还要与方案设计人进行沟通,准确地落实方案设计意图,要对方案设计进行深化和补充。

1.2.2 一次条件图

建筑专业设计人在完成建筑方案深化和基础资料收集后,就可开始绘制施工图了。设计人常说:“建筑专业是设计的龙头。”在施工图设计之初,是由建筑专业设计人先绘制平面图、立面图及剖面图,完成后作为设计条件图提供给结构、设备、电气等专业设计人,其他专业设计人根据建筑专业图纸开展相关的设计工作。此环节被人们称为“一次条件图”。

1.2.3 二次条件图

当“一次条件图”完成后,其他各专业设计人再进行本专业的平面设计和相关计算,比如结构专业设计人根据建筑平、立、剖面图,进行结构建模计算、基础及梁板柱的配筋验算和平面配筋图的绘制;采暖通风专业设计人进行采暖计算和采暖平面的绘制等。接下来,建筑专业设计人应绘制详图,比如楼电梯、墙身等详图完成后提供给结构专业设计人,单元平面详图、厨房详图、厕浴详图等提供给设备和电气专业设计人。建筑专业设计人第二次提供设计条件图的环节,被人们称为“二次条件图”。

1.2.4 互提条件图

在前两次条件图的基础上,结构、设备和电气专业设计人先后完成本专业的平面布置图及各自详图后,作为设计条件图相互交叉提供给其他三个专业设计人,建筑、结构、设备和电气专业设计人应在一起协调合作,如发现设计问题或图纸出现专业矛盾,由建筑专业设计人牵头协商解决。此环节被称为“互提条件图”。

1.2.5 整理综合

“互提条件图”完成后,各专业设计人根据其他专业的条件图进行本专业的深化设计,绘制完本专业图纸后,整理出一版施工图,再由建筑专业负责人召集各专业人员在一起交叉阅读其他专业设计图纸,将各专业图纸综合比对,若发现错误或专业图纸间有“冲突”的地方,应及时协商纠正,直至没问题,各专业设计人在会签栏相应位置签字确认。

1.2.6 三级校审

为保证工程设计质量,很多设计院都采用“三级校审”制度,即设计人自审完施工图后,先由专业负责人对该图纸进行校对,再由主任工程师对该图纸进行审核,最后由院级总工程师对该图纸进行最终的“把关”——审定。在每次的校审过程中,若发现错误,应及时改正,才能进行下一步校审工作。

1.2.7 正式出图

各专业施工图经过上述层层“把关”后，就可以正式打印出图了。目前设计单位都是电脑打印出图，在正式打印前还应注意字体、线型、图层等设定是否准确等，保证打印出的图纸与电子版一致。上述各环节如图 1.2-1 所示。

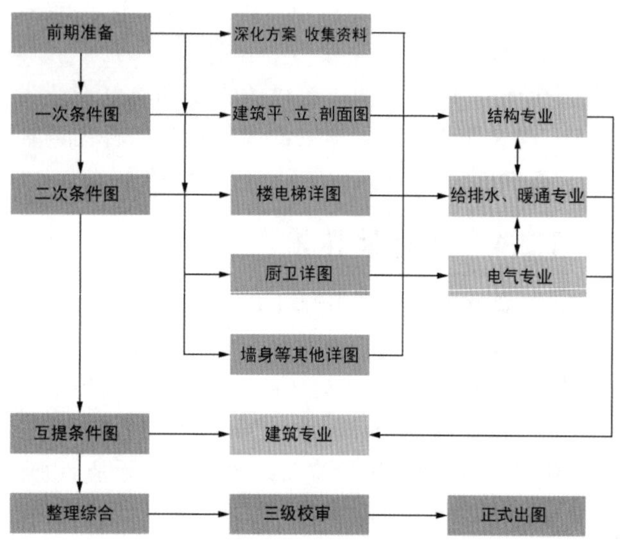

图 1.2-1 施工图设计流程

1.3 施工图设计的基本原则

1.3.1 应符合现行的法律和规范

为保证公共利益、公共安全和工程建设质量，施工图的设计必须符合现行的法律、规范及相关国家强制标准和地方规定等。法律、规范等是施工图设计中必备的设计依据，也是施工图审查的重点内容。在设计中涉及防火、结构安全性、构件的可靠性等方面的问题时，必须严格执行规范，任何人不能以任何借口违反和不执行规范条款中包含“必须”或“应”字眼的规定条文。

1.3.2 各专业应协调一致

施工图设计是多专业多人合作的系统工程，为保证施工图设计质量，各专业设计人必须协调一致，遇到问题应及时协商，不能各自为政，否则会导致返工并带来较大的经济损失。各专业图纸应准确、一致，尺寸标注一致，同一构件各个专业之间的设计应协调一致，例如，门窗洞口尺寸、柱子截面尺寸、梁截面尺寸等，建筑图和结构图应一致；设备、电气专业的图纸中相同设备的型号、定位尺寸应一致。本专业图纸应准确、一致，比如平面图和立面图、剖面图所标注的同一构件的尺寸和做法等应准确、一致。

1.3.3 建筑设计应满足装配式要求

装配式建筑以标准化设计、工厂化生产、装配化施工、一体化装修和信息化管理为主要特征，形成完整的、有机的产业链，实现房屋建造全过程的工业化、集约化和社会化，从而提高建筑工程质量和效益，实现节能减排与资源节约。

我国装配式建筑的发展与实施，节约了建筑资源，加快了施工进度。施工图采用标准化设计；结构系统、外围护系统、设备与管线系统、内装系统的主要部分采用预制部品部件集成化；建筑构件制作安装采用模数化；给排水、供暖、空调、电器、燃气等设备使用和控制采用智能化等。

1.3.4 施工图设计应采用新材料、新技术

建筑设计、施工工艺和建筑材料三者的发展是相辅相成的。创新的建筑设计对施工工艺和建筑材料的发展提出了更高的要求，施工工艺的进步和建筑材料的更新又为建筑设计的创新提供了活力。因此，在建筑施工图设计中，要不断采用新材料和应用新技术，淘汰落后的建筑技术并严禁使用国家规定禁用的建筑材料。

知识归纳

1. 施工图是表示工程项目总体布局，建筑物、构筑物的外部形状、内部布置、结构构造、内外装修、材料做法及设备布局、家具布置、施工要求等内容的图样。施工图具有图纸齐全、表达准确、要求具体的特点，是进行工程施工、编制施工图预算和施工组织设计的依据，也是进行技术管理的重要技术文件。一套完整的施工图一般包括建筑专业施工图、结构专业施工图、设备专业(给排水、采暖通风)施工图及电气专业施工图等，有的设计人员将给排水专业、采暖通风专业和电气专业施工图合并统称设备施工图。

2. 施工图组成：总图专业施工图、建筑专业施工图、结构专业施工图、设备专业施工图和电气专业施工图。

3. 施工图设计的工作流程：前期准备、一次条件图、二次条件图、互提条件图、整理综合、三级校审和正式出图。

4. 施工图设计的基本原则：

(1)应符合现行的法律和规范；

(2)各专业应协调一致；

(3)建筑设计应满足装配式要求；

(4)施工图设计应采用新材料、新技术。

课后习题

1. 什么是施工图?

2. 全套施工图包括哪些内容?

3. 施工图设计流程有哪些?

4. 什么是三级校审?

5. 施工图设计的基本原则是什么?

6. 如何实现装配式住宅建筑?

2

建筑专业施工图文本文件

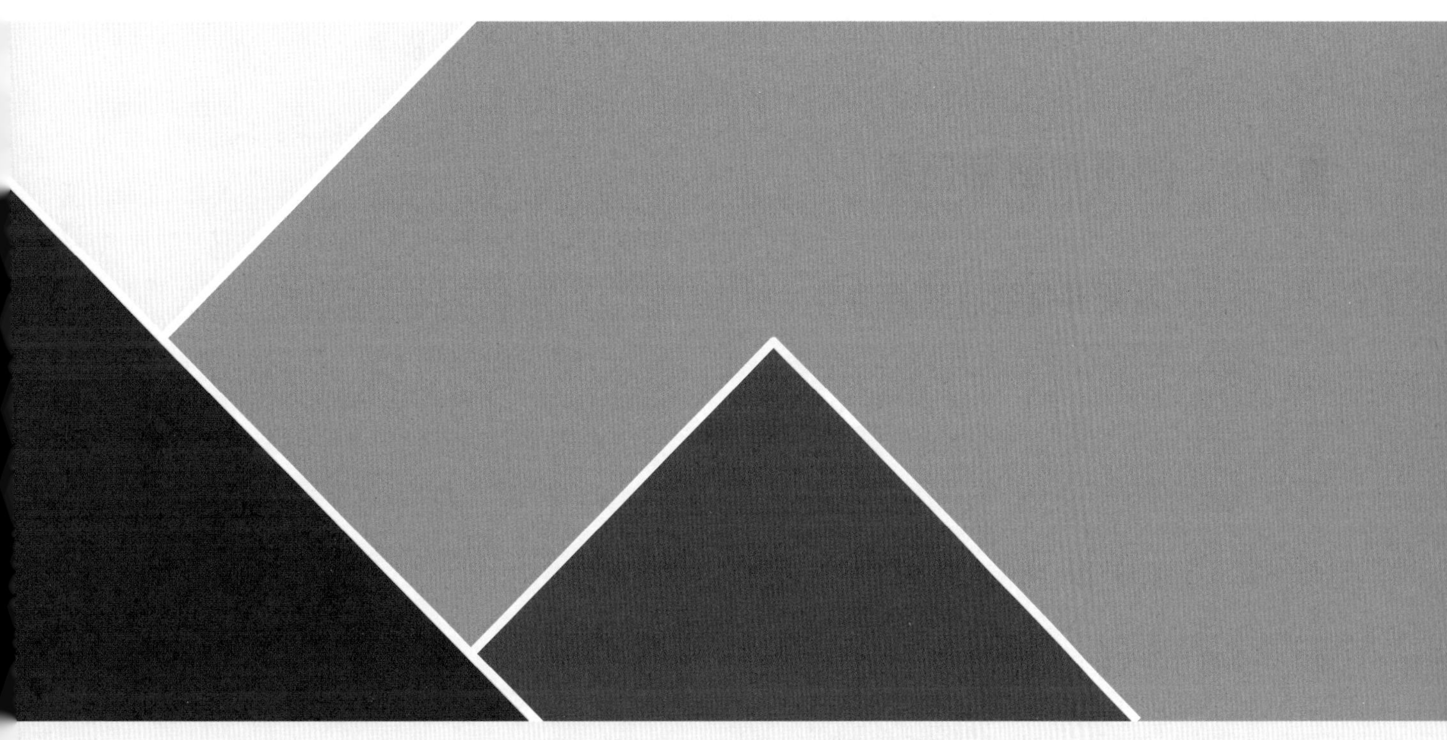

"如果把建筑专业施工图比作产品，文本文件就是产品使用说明书。产品使用说明书主要用于介绍产品的用途、功能和产品的特点，指导用户使用该产品。下面就让我们一起看看这篇说明书是如何介绍建筑专业施工图这个产品的。"

2.1 文本文件简介

2.1.1 文本文件的定义

一套完整的建筑专业施工图包括文本文件和图纸两大部分。文本文件是建筑专业施工图的重要组成部分，是对整个建设项目的全面介绍，以及达到的预期效果的描述，是进场施工、材料选用、设备采购等的指导性文件，是绘图人员表达设计意图的辅助手段。

2.1.2 文本文件的组成

设计文本主要由图纸封面和目录、设计说明和备案表及计算书等组成。

2.2 图纸封面和目录

2.2.1 图纸封面和目录的内容

图纸封面也叫图纸首页，是全套施工图的首页；主要内容有设计单位全称及标识、相关责任人签字及项目（或子项目）设计编号、出图日期等。其中相关责任人主要有设计公司法人、总经理、设计经理、设计秘书、项目负责人、各专业（建筑、结构、给排水、采暖通风、电气）负责人、方案设计人、各专业施工图设计人、绘图人、校对人、审核人、审定人、各专业注册师等。上述封面内容各设计公司都有自己的版式，内容不尽相同。

图纸目录是根据图纸的先后顺序以表格的形式列出所有图纸的编号和内容及图纸规格，排列原则是先排列绘制图纸，后排列选用标准图或重复使用图。

2.2.2 目录排列顺序

一般以“建-××”或“J-××”作为建筑专业施工图纸编号，其中“××”代表阿拉伯数字，从“1”开始排序。根据图纸内容，一般常用排列顺序如下：设计说明、总平面图、地下层平面图、地上各层平面图、立面图、剖面图、平面详图、楼电梯详图、墙身详图、节点详图等。在编排图纸目录时，往往以上述内容作为排序依据。但此种排列方法不是绝对的，设计人员可以根据自己所要表达的设计内容自行调整先后顺序。总之，图纸目录的排列要符合施工人员的看图和思维习惯，使施工人员全面地了解施工图，以便快速地查阅相关图纸内容。

2.3 设计说明

设计说明主要由设计依据、项目概况、设计标高、墙体工程、屋面工程、门窗（玻璃幕墙）工程、电梯工程、建筑防火设计、无障碍设计、节能设计、绿色建筑设计、工程做法表、门窗表等几部分组成。

2.3.1 设计依据

2.3.1.1 主要组成及摘录要求

设计依据是施工图设计的纲领性文件，主要包括审批合格的设计方案、规划设计要求、设计任务书、设计委托合同、国家和地方政府颁布的相关规范和法规、国家和地方政府颁布的建筑标准图集和设计标准、项目场地的地质勘查报告以及该项目相关批文和会议纪要等。这些文件应列全称，不能缩写或略写。对于批文、会议纪要等，应有文号和时间；对于规范、设计标准等，应列出具体版本和编号，切勿选用版本过期的规范。

2.3.1.2 目前常用的民用建筑设计规范和标准

(1)防火类。

①《建筑设计防火规范（2018 年版）》（GB 50016—2014）；

②《建筑防烟排烟系统技术标准》（GB 51251—2017）；

③《汽车库、修车库、停车场设计防火规范》（GB 50067—2014）；

④《建筑内部装修设计防火规范》（GB 50222—2017）；

⑤《人民防空工程设计防火规范》（GB 50098—2009）。

(2)通用类。

①《工程建设标准强制性条文》(2016 版);

②《建筑工程设计文件编制深度规定》;

③《民用建筑设计统一标准》(GB 50352—2019);

④《总图制图标准》(GB/T 50103—2010);

⑤《房屋建筑制图统一标准》(GB/T 50001—2017);

⑥《建筑制图标准》(GB/T 50104—2010);

⑦《建筑模数协调标准》(GB/T 50002—2013);

⑧《无障碍设计规范》(GB 50763—2012);

⑨《建筑地面设计规范》(GB 50037—2013);

⑩《民用建筑设计术语标准》(GB/T 50504—2009)。

(3)专项类。

①《住宅建筑规范》(GB 50368—2005);

②《住宅设计规范》(GB 50096—2011);

③《住宅性能评定技术标准》(GB/T 50362—2005);

④《中小学校设计规范》(GB 50099—2011);

⑤《托儿所、幼儿园建筑设计规范(2019 年版)》(JGJ 39—2016);

⑥《医院洁净手术部建筑技术规范》(GB 50333—2013);

⑦《综合医院建筑设计规范》(GB 51039—2014);

⑧《疗养院建筑设计标准》(JGJ/T 40—2019);

⑨《老年人照料设施建设设计标准》(JGJ 450—2018);

⑩《旅馆建筑设计规范》(JGJ 62—2014);

⑪《体育建筑设计规范》(JGJ 31—2003);

⑫《宿舍建筑设计规范》(JGJ 36—2016);

⑬《图书馆建筑设计规范》(JGJ 38—2015);

⑭《商店建筑设计规范》(JGJ 48—2014);

⑮《车库建筑设计规范》(JGJ 100—2015)。

项目中涉及哪类建筑就应将哪类设计规范作为设计依据列出。

(4)节能、绿色建筑类。

①《绿色建筑评价标准》(GB/T 50378—2019);

②《民用建筑绿色设计规范》(JGJ/T 229—2010);

③《公共建筑节能设计标准》(GB 50189—2015);

④《严寒和寒冷地区居住建筑节能设计标准》(JGJ 26—2018);

⑤《夏热冬暖地区居住建筑节能设计标准》(JGJ 75—2012);

⑥《夏热冬冷地区居住建筑节能设计标准》(JGJ 134—2010);

⑦《民用建筑太阳能热水系统应用技术标准》(GB 50364—2018)。

(5)建筑技术类。

①《全国民用建筑工程设计技术措施——规划·建筑·景观》(2009 版);

②《屋面工程技术规范》(GB 50345—2012);

③《建筑隔声评价标准》(GB/T 50121—2005);

④《建筑采光设计标准》(GB/T 50033—2013);

⑤《建筑工程建筑面积计算规范》(GB/T 50353—2013);

⑥《地下防水工程质量验收规范》(GB 50208—2011)。

除了上述国家标准以外,各地市先后在国家标准的基础上编制了关于节能和绿色建筑设计的地方标准。图 2.3-1 所示为现行的民用建筑各类常用设计规范。

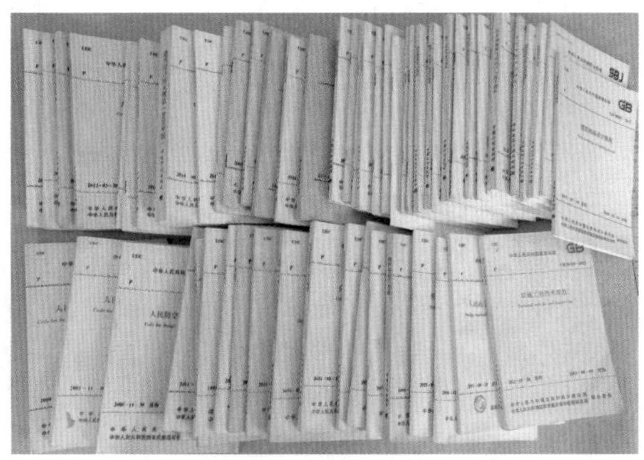

图 2.3-1 建筑设计常用的各类规范

2.3.2 项目概况

项目概况一般包括项目名称、建设地点、建设单位(俗称甲方)、建筑面积、建筑基底面积、项目设计等级、设计使用年限、建筑层数和建筑高度、建筑防火分类、耐火等级、建筑内部功能分区、人防工程类别和防护等级、人防建筑面积、屋面防水等级、地下室防水等级、主要结构类型、抗震设防烈度、主要的经济指标等。居住类建筑应注明住宅建筑套数和套型，旅馆建筑应注明床位数，汽车库应注明停车数等。在上述内容中，如果没有人防工程或地下室，不必注明相应的等级和类别。

2.3.3 设计标高

目前，我国采用1985年国家高程基准线，规定将青岛观象山黄海的海水面平均高度作为绝对高程的基准面(绝对标高的"0"点)。图2.3-2为青岛海平面基准点观测站。其他地区地平面与该基准面的竖向垂直距离为该地平面的绝对高程，也叫海拔。在施工图设计阶段，为了方便竖向标注，除总平面施工图外，平、立、剖面图及详图等所标注的标高均采用相对标高，单位以m计，即将单体建筑室内首层地坪标高定为±0.000作为相对标高的参考"0"点，其他水平构件高程与该"0"点进行换算，标注相对标高。因此，为了明确单体建筑与总平面图竖向关系，在设计说明中，应注明该单体建筑的室内首层地坪相对标高±0.000与总图绝对高程的关系。也就是说±0.000等于绝对高程。如某工程说明中，"室内首层地坪±0.000=55.50"，即该建筑室内首层地坪在总平面图中的绝对高程是55.50m。

2.3.4 墙体工程

在本项说明中，应注明该建筑结构形式、墙体类型及厚度；教学楼、办公楼、商场等建筑常采用框架结构形式，受力构件主要是梁板柱，大多数墙体为非承重墙，材料通常采用加气混凝土砌块或炉渣空心砌块，图2.3-3为某工地堆放的中型加气混凝土砌块，主要用于填充墙，不能用于承重墙；其主要规格：长600mm，宽75mm、100mm、150mm、200mm、250mm、300mm等，高200mm；外墙主要采用宽250mm系列砌块，内墙主要采用宽200mm系列砌块。

多层住宅、小型办公楼、宿舍等建筑常采用砖混结构形式。受力特点是承重墙和构造柱共同作为承重构件承担圈梁和楼板的荷载。过去承重墙常用的黏土砖由于原料占用土地资源已被国家明令禁用。目前承重墙体材料采用页岩、粉煤灰、煤矸石等烧结多孔砖，外墙一般砌筑厚度为360mm，内墙一般砌筑厚度为240mm。

图2.3-2 青岛海平面基准点观测站

图2.3-3 加气混凝土砌块

高层住宅、高层公寓等不规则体型的高层建筑，通常采用剪力墙结构形式，其受力特点是所有剪力墙承受楼板等荷载。所谓剪力墙，是从结构受力角度命名的，是一种钢筋混凝土墙体，主要承受风荷载以及地震作用引起的水平和竖向剪切力，是为防止构件受剪切破坏而设置的垂直结构构件。这种构件往往和围护墙体合二为一，所以称为剪力墙。常见剪力墙厚度一般为 300mm、250mm、200mm 等，剪力墙具体厚度由结构专业设计人计算后得出，因此写本项说明时应与结构专业设计人协商。还应注明钢筋混凝土施工选用的技术规程等具体要求，比如混凝土构件采用的标号、钢筋搭接的方式和构件边缘钢筋保护层厚度等。

在本项说明中应提出砌块墙体所选用砌块及砌筑砂浆的相关物理性能指标并执行相关构造图集中的设计要求，对于超长、超高砌块墙应提出所设构造柱和圈梁的设置要求。

在本项说明中应提出外墙外保温材料的厚度及相关做法，墙身防潮层的材料、做法及设置位置，隔墙墙体基础的材料和做法，还应提出地下水位对墙体的影响，地下室外墙及地面的防水具体做法等。如图 2.3-4 所示，施工人员按照设计说明中地下室外墙和屋顶防水层构造做法，已完成地下车库屋顶和外墙的防水层施工，正在砌筑 120mm 厚砖墙作为防水层的保护层。

图 2.3-4　某地下车库外墙及屋顶防水层

2.3.5　屋面工程

屋面工程应根据建筑物的造型、使用功能、环境条件进行设计，说明中应包括下列内容：

2.3.5.1　屋面防水等级和设防要求

根据《屋面工程技术规范》(GB 50345—2012)的规定，重要建筑和高层建筑应采用一级防水等级，二道防水设防；一般建筑应采用二级防水等级，一道防水设防。

2.3.5.2　屋面构造设计

常见的上人屋面构造层次由上至下依次为屋面面层(保护层)、隔离层、防水层、找平层、保温层、找坡层、隔汽层、找平层和结构层；图 2.3-5 为某高层建筑上人屋面，保护层为防滑地砖，图中向上弯曲的管道为隔汽层的出汽口。不上人屋面构造层次由上至下依次为保护层、防水层、找平层、保温层、找坡层、隔汽层、找平层和结构层。图 2.3-6 为某住宅不上人屋面，该屋面保护层为防水卷材上撒绿豆石，图中白色水箅子为雨水管排水口。种植屋面构造层次依次为种植土及植被层、过滤层(土工布)、排蓄水层、防水层、找平层、保温层、找坡层、隔汽层、找平层和结构层。上述构造做法的材料及厚度均应在说明中加以注明。

图 2.3-5　某高层建筑上人屋面

图 2.3-6　某住宅不上人屋面

2.3.5.3　屋面排水设计

屋面排水方式应根据建筑物屋顶形式、气候条件、使用功能等因素确定。屋面排水方式可分为无组织排水和有组织排水，有组织排水又分为内排水和外排水。高层建筑屋面宜采用内排水；多层建筑屋面宜采用外排水；低层建筑及檐高小于 10m 的屋面，可采用无组织排水。

多跨及汇水面积较大的屋面宜采用天沟排水，天沟找坡较长时，宜采用中间内排水和两端外排水。对于高低跨屋面组成的建筑物，高跨屋面为无组织排水时，其低跨屋面受水冲刷的部位应加铺一层卷材，并应设 40～50mm 厚、300～500mm 宽的 C20 细石混凝土保护层；高跨屋面为有组织排水时，高跨屋面雨水管下应设防雨水冲击的水簸箕或混凝土抗冲基层，以此保护低跨屋面。

严寒地区应采用内排水，寒冷地区宜采用内排水；坡屋面檐口宜采用有组织排水，檐沟和水落斗可采用金属或塑料材质的成品。

2.3.5.4　找坡方式和选用的找坡材料

屋面找坡方式可采用结构找坡和材料找坡。混凝土结构层宜采用结构找坡，坡度不应小于 3%；当采用材料找坡时，宜采用质量轻、吸水率低和有一定强度的材料，坡度宜为 2%；卷材、涂膜的基层宜设找平层，找平层厚度和技术要求应符合《屋面工程技术规范》(GB 50345—2012)中的规定。

2.3.5.5　防水材料的选用

防水工程中屋面常见防水材料有两类：一是卷材类，主要有沥青基防水卷材（普通石油沥青或氧化沥青防水卷材）和高分子防水卷材（塑料防水卷材、橡胶防水卷材和橡塑共混防水卷材）。图 2.3-7 为某工地堆放的 ABS 防水卷材，属于沥青基防水卷材。二是涂料类，主要有沥青基防水涂料（水乳型沥青防水涂料、溶剂型沥青防水涂料）、高分子防水涂料（水乳型防水涂料、反应型防水涂料）、无机防水涂料。

图 2.3-7　防水卷材

选用防水材料时应注意以下几点：

(1)网架屋面、装配式屋面等大空间屋面应选用耐候性好、变形能力强的防水材料；

(2)根据当地常年最低和最高室外气温确定合适的耐温性（耐热性和低温柔性）的防水材料；

(3)依据当地太阳光照时长，对于外露防水层应充分考虑材料的耐紫外线、耐老化、耐候性等特点；

(4)年降雨量较高的地区，应选用耐腐蚀、耐霉变、耐穿刺、耐水浸等材料；

(5)对于上人屋面，应选用耐霉变、拉伸强度高的防水材料；

(6)对于坡屋面，应选用与基层材料黏结力强、受温度影响小的防水材料；

(7)屋面接缝密封防水处应选用与基层材料黏结力强和耐候性好、位移能力强的密封材料；

(8)基层处理剂、胶黏剂和涂料应符合现行行业标准《建筑防水涂料中有害物质限量》(JC 1066—2008)的有关规定；

(9)选用溶剂防水材料时，由于溶剂型防水材料对人体有害且易造成环境污染，有些地区主管部门将溶剂型防水材料列为禁止使用材料，撰写说明时设计人员应注意。

2.3.5.6 保温层材料的选用

应注明屋面保温材料的厚度、燃烧火险等级及主要性能。选用保温层材料时应注意以下几点：

(1)保温层宜选用吸水率低、密度和导热系数小，并有一定强度的保温材料。图 2.3-8 为挤塑聚苯板，选用时应注意材料的防火性能、导热系数、密度等物理指标。

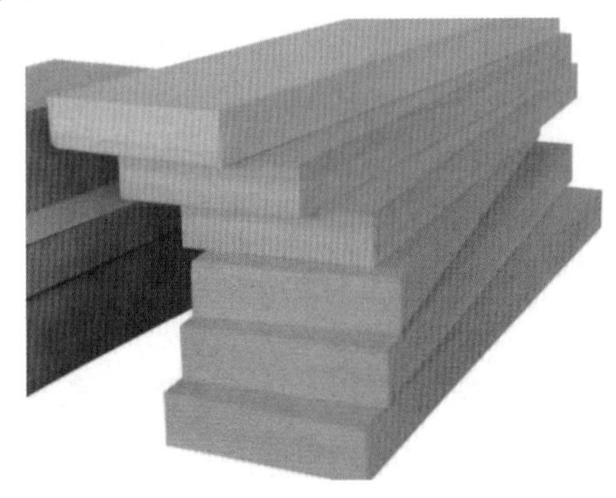

图 2.3-8 常见保温材料挤塑聚苯板

(2)保温层厚度应根据所在地区现行建筑节能设计标准，经计算确定。

(3)保温层材料的含水率，应相当于该材料在当地自然风干状态下的平衡含水率。

(4)屋面为停车场等高荷载情况时，应根据计算确定保温层材料的强度。

(5)纤维材料做保温层时，应采取防止压缩的措施。

(6)屋面坡度较大时，保温层应采取防滑措施。

(7)封闭式保温层或保温层干燥有困难的卷材屋面，宜采取排汽构造措施。

(8)屋面热桥部位，当内表面温度低于室内空气的露点温度时，均应作保温处理。

2.3.5.7 接缝密封防水材料的选用

接缝密封防水设计应保证密封部位不渗水，并应做到接缝密封防水与主体防水层相匹配。密封材料的选择应符合下列原则：

(1)应根据当地历年最高气温、最低气温、屋面构造特点、使用条件等因素，选择耐热度、低温柔性相适应的密封材料。

(2)应根据屋面接缝变形的大小以及接缝的宽度，选择位移能力相适应的密封材料。

(3)应根据屋面接缝黏结性要求，选择与基层材料相容的密封材料。

(4)应根据屋面接缝的暴露程度，选择具有耐高温和低温、耐紫外线、耐老化、耐潮湿等性能的密封材料。

2.3.5.8 屋面构件的构造措施

屋面上人口、出屋面的设备管井、设备在屋面的基础、太阳能集热板等屋面构件应有明确的安装要求；屋顶女儿墙或挑檐及其他装饰构件的细部构造做法等均应明确说明；其他特殊屋面构件的做法，如玻璃采光顶、局部金属构件等，也应一并说明。

2.3.6 门窗(玻璃幕墙)工程

在本项说明中，应注明该项目所采用的门窗(玻璃幕墙)材质的类型，执行的国家标准或规范；气密性、水密性等级，所选用的检测标准；选用的防火门、人防门设置要求及安装图集；安全玻璃使用的范围及防撞的安全警示措施；门窗框安装与门窗洞口的密封措施；居住建筑临空外窗窗台高度低于 900mm、公共建筑临空外窗窗台高度低于 800mm，应注明防护设施的具体做法；对于高层建筑外窗(玻璃幕墙)，应注明抗风压指标及防玻璃坠落的措施；等等。图 2.3-9 为深圳街景一角，图中远处最高建筑为深圳京基 100 大厦，该建筑总高度441.80m，外墙全部采用玻璃幕墙，设计中充分考虑了高空风荷载对建筑幕墙的影响。

图 2.3-9 深圳街景一角

2.3.7 电梯工程

2.3.7.1 消防电梯设置条件

在本项说明中，应注明该项目电梯数量和电梯使用功能，主要包括消防电梯、无障碍电梯、可容纳担架电梯、普通客用电梯、货梯、杂物梯等不同使用功能的电梯及编号，尤其是消防电梯的相关内容必不可少；根据《建筑设计防火规范（2018 年版）》（GB 50016—2014）的规定，下列建筑应设置消防电梯：

（1）建筑高度大于 33m 的住宅建筑；

（2）一类高层公共建筑和建筑高度大于 32m 的二类高层公共建筑；

（3）设置消防电梯的建筑的地下或半地下室，埋深大于 10m 且总建筑面积大于 3000m^2 的其他地下或半地下建筑（室）。

2.3.7.2 电梯构造要求

应在说明中注明消防电梯的构造及安装要求，应注明消防电梯的载重量（不小于 800kg）、运行速度且必须保证消防电梯从顶层到首层地面运行时间不得超过 60s，应注明消防电梯轿厢内部装修应采用不燃材料等内容，此处可结合消防设计说明作为补充。

根据《无障碍设计规范》（GB 50763—2012），公共建筑内设有电梯时应至少设一部无障碍电梯。所以对于有电梯的公共建筑，应至少设一部无障碍电梯，且应在说明中注明无障碍电梯的构造要求。

为方便建设单位采购，除了注明电梯的运行速度、载重量以外，还应注明电梯的井道尺寸、运行模式、控制方式等技术指标，上述指标也同样适用自动扶梯及自动坡道等，但《中华人民共和国建筑法》规定不允许在说明中指定电梯厂商。图 2.3-10 为某施工图局部图纸——电梯选型一览表，该表将项目的电梯设计选型中各项指标一一列出，为施工和采购提供便利。

十二、电梯

1. 本工程电梯设计选型一览表。

直梯选型一览表。

位置	直梯	载重量/t	梯速/(m/s)	台数/台	井道尺寸（长×宽）/(mm×mm)	基坑深度/mm	停靠层站	有/无机房	备注
南楼办公	电梯 S-01#	1.0	1.5	1	1950×2200	1500	1B～17F	有	设有无障碍设施
	电梯 S-02#	1.0	1.5	1	1950×2200	1500	1B～17F	有	消防电梯
南楼商业	电梯 S-03#	1.0	1.5	1	1825×2200	1500	1B～2F	无	设有无障碍设施
	电梯 S-04#	1.0	1.5	1	1825×2200	1500	1B～2F	无	
	电梯 S-05#	1.6	0.63	1	2700×3200	1500	1B～2F	无	货梯
北楼办公	电梯 N-01#	0.8	1.5	1	1950×2200	1500	1B～7F	无	设有无障碍设施
	电梯 N-02#	0.8	1.5	1	1950×2200	1500	1B～17F	有	消防电梯
	电梯 N-03#	1.0	1.5	1	2100×2100	1500	1B～4F	有	设有无障碍设施
	电梯 N-04#	1.0	1.5	1	2100×2100	1500	1B～4F	有	
	电梯 N-05#	1.6	0.63	1	2700×3200	1500	1B～2F	无	货梯
北楼商业	电梯 N-06#	1.0	1.5	1	1750×2200	1500	1B～1F	无	设有无障碍设施
	电梯 N-07#	1.0	1.5	1	2000×2200	1500	1B～1F	无	
	电梯 N-08#	1.0	1.5	1	1800×2200	1500	1B～2F	有	设有无障碍设施
	电梯 N-09#	1.0	1.5	1	1800×2200	1500	1B～2F	有	

图 2.3-10 某施工图电梯选型一览表

2.3.8 建筑防火设计

建筑防火设计涉及建筑、设备和电气三个专业，这里仅介绍建筑专业防火说明部分。防火设计主要是将《建筑设计防火规范(2018 年版)》(GB 50016—2014)中相关防火布置、防火疏散、防火构造措施等方面的条款以说明的形式具体落实到图纸中。其目的就是提醒施工人员结合图纸和文字说明更准确地、更全面地进行防火的施工和设备安装。其主要包括以下几个方面：

2.3.8.1 概况

概况中应注明建筑项目的基本信息，包括建筑高度、建筑层数、建筑防火分类、防火等级等。

2.3.8.2 总平面布置

应说明总平面图中，场地内外道路如何衔接；场内消防车道如何布置，消防车道的宽度是多少，消防车道边缘与建筑物的距离是多少；室外消防扑救场地及登高扑救面是如何设置的，扑救场地的尺寸是多少；新建建筑与相邻建筑防火间距是多少；等等。

2.3.8.3 平面布置

应注明防火分区是如何划分的，每个防火分区面积是多少；防烟分区是如何布置的，平面中有无自动灭火设施；消防电梯有几部，是如何布置的，每部消防电梯负荷面积是多少；消防电梯的构造要求；疏散楼梯如何布置，建筑中最不利点与最近的疏散楼梯距离是多少，是否符合规范规定；应明确疏散楼梯形式，是开敞楼梯、封闭楼梯，还是防烟楼梯；等等。

2.3.8.4 防火构造

根据建筑物防火等级，应明确防火墙、承重墙、楼梯间、前室、电梯井的墙、单元墙、隔墙、柱子、梁、楼板、屋面及屋面承重构件、疏散楼梯、吊顶等主要构件的耐火极限及选用材质；应注明甲、乙、丙级防火门及防火卷帘门是如何设置的及相应的耐火极限；应明确穿墙、穿楼板的设备管线采用的防火封堵的构造措施；应注明露明钢构件的防火涂料厚度及达到的耐火极限；应注明消防泵房、消防控制室的位置及相关的防火措施，应注明外墙外保温层的防火隔离带的构造做法及材质；等等。

2.3.9 无障碍设计

为了提高人民的社会生活质量，确保有需要时能够安全地、方便地使用各种设施，《无障碍设计规范》(GB 50763—2012)规定了民用建筑、城市道路、城市广场、城市绿地等均应进行无障碍设计。本小节主要介绍与建筑设计有关的无障碍设计内容。

2.3.9.1 居住建筑无障碍设计

对于居住建筑类，居住区道路、居住绿地、配套公共设施均应进行无障碍设计，应在说明中对上述内容所采取的无障碍设计做法加以说明，应注明无障碍住宅设置的数量。住宅建筑内部无障碍设计应符合下列规定：

(1)设电梯的居住建筑，每居住单元应至少设置1 部能直达户门层的无障碍电梯；

(2)未设电梯的居住建筑，当设置无障碍住宅和宿舍时，应设置无障碍出入口；

(3)居住建筑应按每 100 套住房设置不少于 2 套无障碍住房；

(4)宿舍建筑中，每 100 套宿舍应设置不少于 1 套无障碍宿舍；

(5)设置公厕的居住建筑(比如公寓、宿舍等)男、女厕所至少应有一处设无障碍厕所隔间。

2.3.9.2 公共建筑无障碍设计

对于公共建筑，建筑内设有电梯时，至少应设置1 部无障碍电梯，建筑车库内机动车停车数在 100 辆以下应设置不少于 1 个无障碍机动车位，100 辆以上时应设置不少于总车位数的 1%的无障碍机动车位。在说明中应注明无障碍电梯的编号和数量，应注明无障碍机动车位的数量和位置。

基地主要出入口、建筑出入口、通道、停车位、厕所等均应设置无障碍标志，并应在说明中具体提出安装要求。

2.3.9.3 无障碍构造要求

在构造方面，结合相关详图，对无障碍出入口、无障碍电梯的候梯厅、电梯轿厢、无障碍扶手等，还应提出具体设计要求。

（1）无障碍出入口地面采用的材质，以及设计的坡度、入口平台净深度等均应注明，并应满足规范相关要求。

（2）无障碍电梯的候梯厅应符合下列规定，候梯厅深度不宜小于 1.50m，公共建筑及设置病床梯的候梯厅深度不宜小于 1.80m；呼叫按钮高度为 0.90～1.10m。

（3）电梯门洞的净宽度不宜小于 900mm。

（4）电梯出入口处宜设提示盲道。

（5）候梯厅应设电梯运行显示装置和抵达音响。

（6）无障碍电梯的轿厢应符合下列规定：轿厢门开启的净宽度不应小于 800mm；在轿厢的侧壁上应设高 0.90～1.10m 带盲文的选层按钮，盲文宜设置于按钮旁；轿厢的三面壁上应设高 850～900mm 的扶手；轿厢内应设电梯运行显示装置和报层音响；轿厢正面高 900mm 处至顶部应安装镜子或采用有镜面效果的材料；轿厢的规格应依据建筑性质和使用要求的不同而选用；电梯位置应设无障碍标志，无障碍标志应符合规范的有关规定。

（7）无障碍扶手的构造要求：无障碍单层扶手的高度应为 850～900mm，无障碍双层扶手的上层扶手高度应为 850～900mm，下层扶手高度应为 650～700mm；扶手应保持连贯，靠墙面的扶手的起点和终点处应水平延伸不小于 300mm 的长度；扶手末端应向内拐到墙面或向下延伸不小于 100mm，栏杆式扶手应向下呈弧形或延伸到地面上固定；扶手内侧与墙面的距离不应小于 40mm；扶手应安装牢固，其形状易于抓握。圆形扶手的直径应为 35～50mm，矩形扶手的截面尺寸应为 35～50mm；扶手的材质宜选用防滑、热惰性指标好的材料。

2.3.10 节能设计

在建筑的节能设计文件中，设计院应提供设计图纸、节能备案表和节能计算书。本小节重点介绍设计图纸中相关的节能设计的文字部分。

2.3.10.1 图纸中节能说明的主要内容

（1）节能设计依据，常见依据主要有：《中华人民共和国节约能源法》《民用建筑节能条例》和有关的节能技术标准，如《公共建筑节能设计标准》（GB 50189—2015）、《严寒和寒冷地区居住建筑节能设计标准》（JGJ 26—2018）等；《民用建筑热工设计规范》（GB 50176—2016）中关于建筑围护结构保温材料的热工参数取值及《民用建筑太阳能热水系统一体化技术规程》[DB13(J) 77—2009]等地方现行规定；重点应列出执行的地方节能设计标准、地方气候特点及地方主管部门的相关规定等等。

（2）基本概况，项目所处地区、节能分类等级（公共建筑）、建筑面积、建筑体积、建筑物体型系数等。

（3）各部分围护结构的热工性能要求、传热系数限值及采用保温材料的材质等。

（4）外墙采用的保温系统及其配套使用的标准图集名称和编号，外墙的平均传热系数。

（5）底面接触室外空气的架空或外挑楼板采取的保温措施、传热系数。

（6）不采暖地下室顶板采取的保温措施、传热系数。

（7）非采暖房间与采暖房间的隔墙、楼板构造做法及其传热系数。

（8）外窗（包括透明幕墙）每个朝向的窗墙面积比、可见光透射比、玻璃幕墙可见光透射比，以及依其窗墙比所选用的窗框型材、中空玻璃品种及规格，整窗的传热系数、遮阳系数和窗的气密性等级；屋面有透明部分时应说明其做法及传热系数和遮阳系数。

（9）外门的传热系数和减少冷风渗透措施。

（10）周边地面、非周边地面构造做法及其传热系数。

（11）有采暖、空调的地下室外墙（与土壤接触的墙）的做法及其传热系数。

（12）外墙与屋面的热桥部位所采取的隔断热桥的保温措施。

（13）对围护结构保温的施工技术和质量要求。

（14）阳台门芯板保温构造及其传热系数。

（15）分户墙、分户楼板的构造做法及其传热系数。

2.3.10.2 节能设计表

节能设计表是以表格的形式将建筑物的各个维

护结构的保温构造做法以及传热系数的设计值和规定的限值进行对比排列，从而方便施工人员查阅维护结构的传热系数和对应的构造做法。节能设计表是图纸中的表格，与节能备案表节能相关数值是一致的。

2.3.11 绿色建筑设计

2.3.11.1 绿色建筑设计评级标准

绿色建筑评价体系从设计方案开始贯穿施工图设计、施工管理、运营管理等建设的各个阶段，施工图设计阶段要求图纸中应有绿色建筑设计专篇和自评估评分表。根据综合分值在满足全部控制项和每类指标最低得分的前提下，确定绿色建筑星级。图 2.3-11 为某项目绿色建筑设计标识证书。

绿色建筑设计标识
GREEN BUILDING DESIGN LABEL

三星级绿色建筑设计标识证书
CERTIFICATE OF GREEN BUILDING DESIGN LABEL

公共建筑　　NO.PD339002C

建筑名称：×××金融中心一期

建筑面积：×××

完成单位：×××投资有限公司、×××国际工程设计股份有限公司、×××绿色建筑科技发展有限公司

评价指标	设计值
建筑节能率	51.77%
可再生能源利用率	—
非传统水源利用率	56.24%
住区绿地率	公共建筑不参评
可再循环建筑材料用量比	11.17%
室内空气污染物浓度	设计阶段不参评
物业管理	设计阶段不参评

说明：

1. 评价依据《绿色建筑评价标准》（GB/T50378-2006）；
2. 此证只证明建筑的规划和设计达到《绿色建筑评价标准》（GB/T50378-2006）三星级水平；
3. “评价指标”值为代表性绿色建筑评价指标值，整体评价查阅《绿色建筑设计标识评审意见》。

有效期限：2016年06月20日—2017年06月19日　签发日期：2016年06月20日

图 2.3-11　某项目绿色建筑设计标识证书

2.3.11.2 绿色建筑设计说明主要内容

（1）工程设计的项目特点及绿色建筑等级目标。

（2）设计依据中应列入《民用建筑绿色设计规范》（JGJ/T 229—2010）和《绿色建筑评价标准》（GB/T 50378—2019）或《绿色建筑评价标准》[DB13（J）/T 113—2015]。

（3）建筑专业根据总体目标确定采取的绿色建筑技术选项及措施；绿色建筑评价指标体系中与建筑专业有关的控制项的达标情况和所选评分项、加分项的实施情况及得分。

（4）为确保运行达到绿色建筑设计目标，对项目施工和运营管理提出的技术要求和注意事项。

（5）绿色建筑自评估报告。此报告是将规范中相关节能、节地、节水、节材、环保等方面的控制项和可选项在设计中具体落实情况的呈现，并根据评价标准进行分项评价打分，最后根据总分值确定绿色建筑星级标准。图 2.3-12 为某项目绿色建筑自评估报告，主要用于绿色建筑审批。

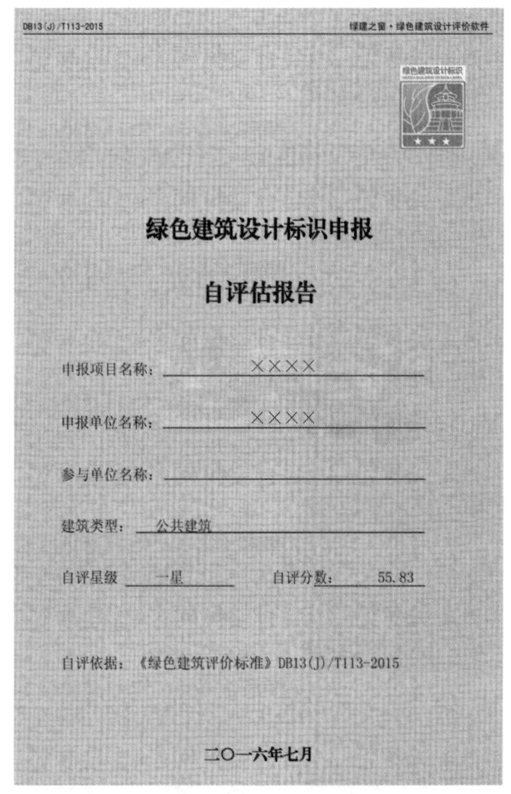

DB13(J)/T113-2015　　绿建之窗·绿色建筑设计评价软件

绿色建筑设计标识

绿色建筑设计标识申报

自评估报告

申报项目名称：××××

申报单位名称：××××

参与单位名称：

建筑类型：公共建筑

自评星级　一星　　自评分数：55.83

自评依据：《绿色建筑评价标准》DB13(J)/T113-2015

二〇一六年七月

图 2.3-12　绿色建筑自评估报告

2.3.12 工程做法表

2.3.12.1 标准图集

工程做法表是将建筑的楼地面、室外台阶、散水、

内外墙面、顶棚、屋面等构件的构造层次以列表的形式呈现在图纸中的表格。从基层面到完成面，应逐层详细说明各个构造层面的材质、厚度及施工做法等。

为了提高施工图设计效率和规范施工做法，中国建筑标准设计研究院先后出台了《国家建筑标准设计图集》，简称国标；河北、河南、山东、山西、内蒙古、天津等联合编制建筑标准设计图集（简称 12 标），其中图集 12J1 是关于工程做法的图集。该图集包括地下室及水池防水，楼地面、踢脚、墙裙、内墙、顶棚、涂料、刷浆、裱糊、外墙、屋面、散水、台阶、坡道、道路、场地等九个分部的构造用料做法。国标图集和地方标准图集互为补充，设计人员可以方便地选用建筑中各个部位的构造做法，并在相应图中作为索引。

有的设计人员在施工图中将工程做法叫作营造做法或装修做法，这些说法均可，规范没有统一名称，只要构造层次表达完全即可。图 2.3-13 为河北省工程建设系列图集，设计人员可以直接引用相关节点，有利于提高绘图效率。

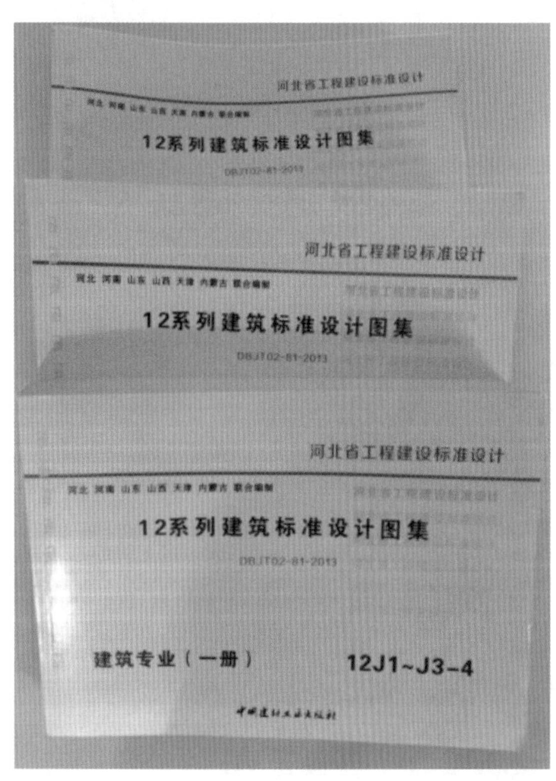

图 2.3-13　标准图集

2.3.12.2　工程做法设计原则

（1）各种构造用料做法的顺序：在垂直面上是以施工先后顺序注明的，即由内到外依次注明各构造层次；在水平面上是按实际的上下层次注明的。

（2）未注明的尺寸单位，均以 mm 计，所注明厚度均为建筑物构造做法的设计厚度，不包括结构层；所注材料配合比除注明质量比外，均为体积比。

（3）选用材料时，应注意材料品种、性能，不同材料的适用场合及施工质量要求。另外，还要注意不能选用政府部门宣布淘汰的产品或禁用的材料以确保工程质量，应优先选用国家推广产品或材料。

（4）选用的施工工艺应符合现行法规和规范。比如，预拌砂浆使用应符合《预拌砂浆应用技术规程》（JGJ/T 223—2010）的相关规定；各种材料的选用，应符合国家现行标准的规定；防火材料的选用应参照公安部编制的建筑材料及制品燃烧性能等级对照表中的相关数据；建筑装饰装修工程所用材料应符合国家有关建筑装饰装修材料有害物质及放射性物质限量标准的规定。

（5）采用新型建材时，其产品的质量和性能必须经过检测，符合有关标准后才能选用，并应按产品说明书的要求或在生产厂商的技术人员指导下施工，以保证工程质量。

2.3.13　门窗表

2.3.13.1　门窗表主要内容

将整个项目中所有门窗进行统计和分类，以列表的形式呈现。门窗表主要列出门窗编号、门窗洞口尺寸（长×高）、门窗框和玻璃材质、门窗安装节点所选用的标准图集、门窗各层数量等（主要是为了便于厂家制作和安装），开启扇是否带纱窗等，百叶窗是否有防虫网等均应注明，但关于数量和洞口尺寸不能单凭门窗表上的数据投产。为了使统计数据准确并避免施工误差，在设计说明中应建议厂家到现场依据门窗表的数据进行核实，无误后方可生产。

2.3.13.2 门窗表下的备注

(1)门窗的立面分格的标准;

(2)门窗开启扇的开启方式;

(3)外窗气密性、水密性分类等级及分类标准;

(4)特种门窗的特殊要求,比如无障碍门的开关力度不应太大,防火门窗的防火性能及防火封堵措施等;

(5)安全玻璃的使用范围、条件等。

2.4 其他事宜

建筑专业施工图设计说明的最后往往都有"其他事宜"这项,一般包括以下内容:

(1)所有进场的设备及材料应符合国家的行业标准的要求,并提出进场进行抽检的要求;

(2)对特殊环境、特殊季节,比如冬季、雨季施工中应注意的事项提出具体要求;

(3)为了免责和保护知识产权,对图纸的使用范围作出了约定,图纸和文字互为补充,并提出本专业图纸与其他专业图纸如发生矛盾,应及时与设计人员取得联系,并由设计人员解决,其他任何单位和个人不得对施工图进行擅自修改;

(4)前文没有涉及的其他部位施工要求的补充;

(5)对室内外二次装饰装修设计和某些特殊部位的二次设计及验收标准进行约定,比如厨房内部操作流程、玻璃幕墙设计等这些均由厂家现场核准后进行二次设计,这些图纸出图后必须经原设计单位认可后,方可施工;

(6)凡隐蔽部位与隐蔽工程施工完毕后,应及时会同有关部门进行检查和验收。

2.5 备案表、计算书

备案表包括节能备案表和绿色建筑备案表,二者为A4制式纸质表格,主要用于建设单位在办理施工手续时向主管部门备案。节能备案表及节能计算书和绿色建筑备案表及绿色建筑自评估报告需由设计院提供并经施工图审查机构审查合格后才能申报,并要求节能备案表及节能计算书和绿色建筑备案表及绿色建筑自评估报告中的内容符合国家规范,且二者相关的数据、构造做法与图纸中的内容一致。

2.5.1 备案表

各地方备案表内容大同小异,主要包括下列内容:

(1)节能备案表主要包括项目所处地区、节能分类等级(公共建筑)、建筑面积、建筑体积、建筑物体型系数、各围护结构保温做法及传热系数设计值和限值;每个朝向的外窗(包括透明幕墙)窗墙面积比,各朝向整窗的传热系数设计值和限值;建筑耗热量指标;施工图审查意见、主管部门审核意见;等等。

(2)绿色建筑备案表同节能备案表类似,其内容包括项目所处地区、建筑面积及项目基本概况;节能、节地、节水、节材、环保等方面的控制项和可选项在设计中的具体设计措施;评分结论;施工图审查意见、主管部门审核意见;等等。

2.5.2 节能计算书和绿色建筑自评估报告

2.5.2.1 节能计算书

节能计算书主要反映节能表中的各个数据如何通过热工计算得出的过程,用A4纸装订成册。节能计算书、节能备案表和设计图纸一起报送施工图审查单位进行节能审查,合格后建设单位方可将节能备案表送到建设主管部门进行备案并办理下一步建设手续。其内容主要包括:

(1)设计依据。

(2)项目概况。

(3)节能说明。

(4)节能计算过程与结果:建筑物的体型系数计算过程与结果;各个方向立面的窗墙面积比计算过程与结果;各个围护结构(屋面、外墙、门窗、周边地面和非周边地面)、接触室外的楼板、变形缝、阳台栏板、分户墙体和楼板、采暖房间与不采暖房间隔墙等综合传热系数的计算过程与结果;外墙、屋面等部位不同材料交界处热桥的计算；等等。

(5)结论：最终建筑物的耗热量指标是多少，判断是否满足规范要求。

节能文件主要有节能备案表、节能设计表和节能计算书，三者必须数据一致，做法统一。备案表和计算书是纸质文本，用于备案和报审；设计表是施工图中的表格，用于指导施工。

2.5.2.2 绿色建筑自评估报告

绿色建筑自评估报告是与绿色建筑备案表一并提供给审图机构进行审查的文本文件。其主要内容如下：

(1)自评总述，主要表达项目综合评分达到的星级分数，控制项是否全部达标，加分项和评分项得分情况，等等。

(2)项目概况。

(3)自评内容，主要包括节地与室外环境、节能与能源利用、节水与水资源利用、节材与材料资源利用、室内环境质量、提高与创新等方面控制项、评分项及加分项具体设计措施是否参评和达标及具体得分。其中，各个方面内容中的控制项应强制达标。

(4)附件，主要是上述达标条款的佐证材料，主要包括土地土壤检测报告、室外风环境模拟报告、噪声环境模拟报告、节能相关的热工计算书、室内光环境模拟报告等。

知识归纳

1. 建筑专业施工图设计文件组成：图纸封面和目录、设计说明、设计图纸和备案表及计算书等部分，图纸封面和目录、设计说明、备案表及计算书统称设计文本。

2. 图纸目录是根据图纸的先后顺序以表格的形式列出所有图纸的编号和内容，排列原则是先排列绘制图纸，后排列选用标准图或重复使用图。

3. 设计说明主要由设计依据、项目概况、设计标高、墙体工程、屋面工程、门窗(玻璃幕墙)工程、电梯工程、建筑防火设计、无障碍设计、节能设计、绿色建筑设计、工程做法、门窗表等几部分组成。

4. 节能计算书、节能备案表和设计图纸一起报送施工图审查单位进行节能审查，合格后建设单位方可将节能备案表送到建设主管部门进行备案并办理下一步建设手续。

5. 关于防水等级，根据《屋面工程技术规范》(GB 50345—2012)的规定，重要建筑和高层建筑应采用一级防水等级，二道防水设防；一般建筑应采用二级防水等级，一道防水设防。

6. 根据建筑物防火等级，应明确防火墙、承重墙、楼梯间、前室、电梯井的墙、单元墙、隔墙、柱子、梁、楼板、屋面及屋面承重构件、疏散楼梯、吊顶等主要构件的耐火极限及选用材质；应注明甲、乙、丙级防火门及防火卷帘门是如何设置的及相应的耐火极限。

7. 应明确穿墙、穿楼板的设备管线采用的防火封堵的构造措施；应注明露明钢构件的防火涂料厚度及达到的耐火极限；应注明消防泵房、消防控制室的位置及相关的防火措施，应注明外墙外保温的防火隔离带的构造做法及材质；等等。

8. 无障碍设计，对于公共建筑，建筑内设有电梯时，至少应设置1部无障碍电梯，建筑车库内机动车停车数在100辆以下应设置不少于1个无障碍机动车位，100辆以上时应设置不少于总车位数的1%的无障碍机动车位。

9. 基地主要出入口、建筑出入口、通道、停车位、厕所等均应设置无障碍标志，并应在说明中具体提出安装要求。

10. 节能设计表是以表格的形式将建筑物的各个维护结构的保温构造做法以及传热系数的设计值和规定的限值进行对比排列，从而使施工人员方便查阅维护结构的传热系数和对应的构造做法。设计表是图纸中的表格，与节能备案表节能相关数值是一致的。

11. 绿色建筑评价体系从设计方案开始贯穿施工图设计、施工管理和运营管理等建设的各个阶段，尤其是施工图设计阶段,要求图纸中应有绿色建筑设计专篇和自评估评分表。在综合分值满足全部控制项和每类指标最低得分的前提下,确定绿色建筑星级(一星为50分,二星为60分,三星为80分)。

课后习题

1. 设计依据引用哪些内容和要求?
2. 在设计说明中,关于消防设计的内容有哪些?
3. 在设计说明中,关于无障碍设计电梯轿厢有哪些构造要求?
4. 某住宅楼有两个单元,建筑高度54m,该建筑每个单元是否设消防电梯?对该建筑电梯有何构造要求?
5. 工程做法的设计原则是什么?
6. 绿色建筑设计说明主要有哪些内容?

3

建筑总平面图设计

" 施工中建筑定位不准确，场地排水不畅，建成后环境欠佳，这些均与总平面图设计不合理有关。 "

3.1 总平面图制图要求及图例简介

为了统一总图制图规则，保证制图质量，提高制图效率，做到图面清晰、简明，符合设计、施工、存档的要求，适应工程建设的需要，建设部自 2001 年颁布了《总图制图标准》并于 2010 年 8 月组织相关人员进行修编，于 2011 年 3 月 1 日起实施。现将与建筑专业总平面图有关的内容摘录如下。

3.1.1 线型要求

常见线型见表 3.1-1。

表 3.1-1　　常见线型一览表

线型	线宽/mm	图例	备注
粗实线	0.8～1.0	————	新建建筑物±0.000 高度可见轮廓线，即首层地面标高处外墙所围合的外轮廓线
中粗实线	0.3～0.5	————	新建构筑物、道路、桥涵、边坡、围墙等可见轮廓线
细实线	0.1～0.2	————	新建建筑物±0.000 高度以上出挑构件可见轮廓线；新建建筑物、构筑物、道路等外轮廓线；新建人行道、排水沟、坐标线、尺寸线、等高线等元素
粗虚线	0.8～1.0	— — — — —	新建建筑物、构筑物的地下轮廓线
中粗虚线	0.3～0.5	— — — — —	预留扩建的建筑物、构筑物、铁路、道路、建筑红线及预留用地范围线等
细虚线	0.1～0.2	- - - - - -	原有建筑物、构筑物、管线等地下轮廓线
细点画线	0.1～0.2	—·—·—	分水线、道路中心线、对称线、中心轴线等
粗点画线	0.8～1.0	—·—·—	用地红线
不规则曲线	0.1～0.2	～	新建人工水体轮廓；山体等高线

注：表中线宽是指打印后图纸中线型的实际宽度，在电脑绘图中要注意图纸比例和线宽的换算。

3.1.2 总平面图比例要求

(1)现状图通常采用的比例为 1∶500、1∶1000、1∶2000,主要是根据图幅的大小确定图纸比例。

(2)总体规划图、总体布置图、区域位置图通常采用的比例为 1∶300、1∶500、1∶1000、1∶2500、1∶5000,上述图纸主要用于诸如城乡规划设计图等大图幅的图纸。

(3)总平面图、竖向总平面图、管线综合总平面图、土方平衡总平面图、道路总平面图、绿化总平面图等通常采用 1∶300、1∶500、1∶1000 的比例,上述图纸主要用于建筑单体的总平面设计和小区规划的总平面图。

(4)总平面图中节点详图的比例通常采用 1∶1、1∶2、1∶5、1∶10、1∶20、1∶50、1∶100、1∶200,上述比例是根据节点的详图的图幅大小而采用合适的比例。

3.1.3 总平面图尺寸单位要求

(1)总图中坐标、标高、距离等尺寸单位均以米(m)计,坐标数值的小数点后保留 2～3 位,不足以"0"补齐;总图中详图以毫米(mm)为单位。如图 3.1-1 所示,长度、标高以米计,道路坡度以"%"表示,L 表示道路长度,以米计,只标注数值不标注单位。

(2)建筑物、构筑物、道路等方位角宜标注"度、分、秒",如有特殊情况应另加说明。

(3)道路纵坡、场地平整度、排水沟沟底纵坡以百分数计,并应取小数点后一位,如"0.2%"。

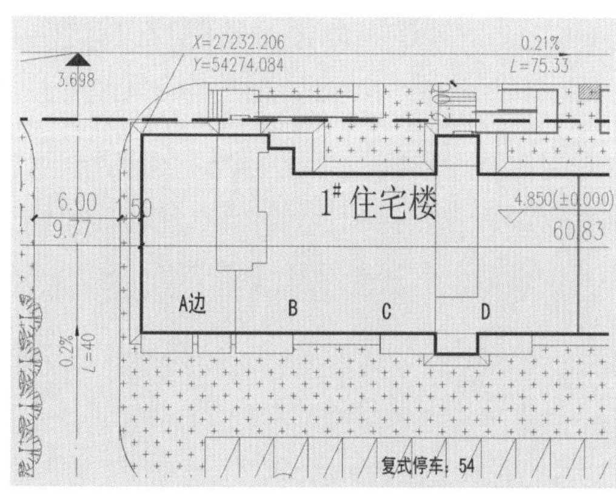

图 3.1-1 某小区局部总平面图

3.1.4 建筑定位与坐标标注

(1)总图应按上北下南方向绘制,根据场地形状或布局,可向左或右偏转,但不宜超过 45°;总图中应绘制指北针或风玫瑰图。

(2)坐标网格应以细实线表示,测量坐标网应画成交叉十字线,坐标代号宜用"X、Y"表示;建筑坐标网应画成网格通线,自设坐标代号宜用"A、B"表示。坐标值为负数时,应注"－"号;为正数时,"＋"号可以省略。

(3)总平面图上有测量和建筑两种坐标系统时,应在附注中注明两种坐标系统的换算公式。表示建筑物、构筑物位置的坐标应在总平面图中标注,当建筑物或构筑物与坐标轴线平行时,可标注其对角坐标。

(4)与坐标轴线成角度或建筑平面复杂时,宜标注三个以上坐标,坐标宜标注在图中明显的位置。

(5)根据工程具体情况,建筑物、构筑物也可用距离现有建筑物的相对尺寸定位。

(6)在一张图上,主要建筑物、构筑物用坐标定位时,根据工程具体情况也可用相对坐标定位。

(7)建筑物、构筑物、道路等应标注下列部位的坐标或定位尺寸:

①建筑物、构筑物的外墙轴线交点;如图 3.1-2 所示,5# 楼标注四个外墙角点坐标,以绝对坐标定位;

②圆形建筑物、构筑物的中心;

③管线(包括管沟、管架或管桥)的中线交叉点和转折点;

④挡土墙起始点、转折点,墙顶外侧边缘(结构面)。

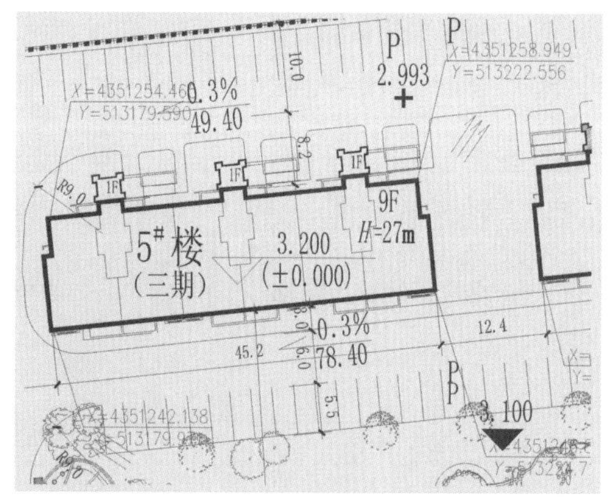

图 3.1-2 某小区局部总平面图

3.1.5 标高标注

(1)建筑物应以首层地面处的±0.000标高的平面作为总平面标高，字符平行于建筑长边书写。

(2)总图中标注的标高应为绝对标高，当标注相对标高时，则应注明相对标高与绝对标高的换算关系。如图3.1-2所示，5#楼首层地面绝对标高为3.200m。

(3)建筑物、构筑物、铁路、道路、水池等应按下列规定标注有关部位的标高：

①建筑物标注室内±0.000处的绝对标高，在一栋建筑物内宜标注一个±0.000标高，当有不同地坪标高时，以相对±0.000的数值标注；

②建筑物室外散水，标注建筑物四周转角或两对角的散水坡脚处标高；

③构筑物标注其有代表性的标高，并用文字注明标高所指的位置；

④道路标注路面中心线交点及变坡点标高；

⑤挡土墙标注墙顶和墙趾标高，路堤、边坡标注坡顶和坡脚标高，排水沟标注沟顶和沟底标高；

⑥场地平整标注其控制位置标高，铺砌场地标注其铺砌面标高。

3.1.6 图例

常见总图图例见表3.1-2。

表3.1-2　**常见总图图例一览表**

序号	名称	常见图例	备注
1	新建建筑物	3.500 (±0.000)	粗实线为±0.000标高的平面轮廓线
		3.500 (±0.000)	粗虚线为±0.000标高以下的平面轮廓线
		3.500 (±0.000)	±0.000以上的出挑平面轮廓用细实线表达
2	现有建筑物	3.500 (±0.000)	细实线表达现有建筑物和现有构筑物
3	计划扩建建筑物或预留地		用中粗虚线表示

续表

序号	名称	常见图例	备注
4	拟拆除建筑物		用细实线表示
5	露天堆场	煤炭	应注明堆场材料
6	铺砌场地		铺砌图案根据需要进行选择
7	水池或坑槽		也可以不涂黑
8	围墙		用中粗实线表示
9	坐标	*X*=3536787.345 *Y*=3536787.345 *A*=3536787.345 *B*=3536787.345	*XY* 坐标体系为大地坐标系统； *AB* 坐标体系为相对坐标系统； 采用 *AB* 坐标体系，应注明原点与大地坐标原点的换算关系
10	路面排水方向	0.2% *L*=30.00	箭头表示排水方向； 百分比表示排水坡度； *L* 表示长度
11	室内地坪标高	55.50(±0.000)	55.50 表示室内±0.000 的高程
12	室外地坪标高	55.50	55.50 表示该点室外地坪高程
13	地下车库入口	地下车库入口	

续表

序号	名称	常见图例	备注
14	地面单层停车位	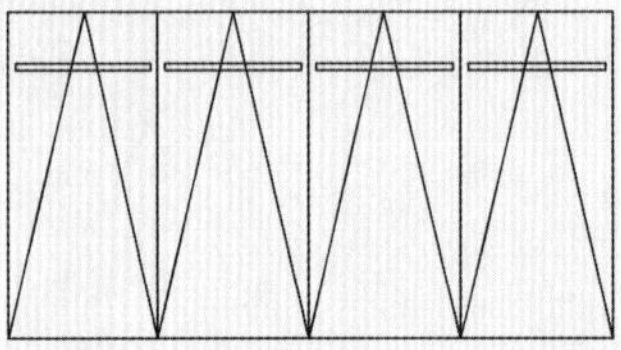	车库适当位置应设车轮挡
15	机械多层停车位	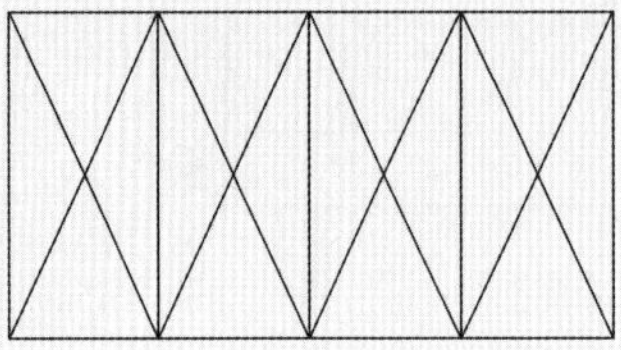	
16	新建道路	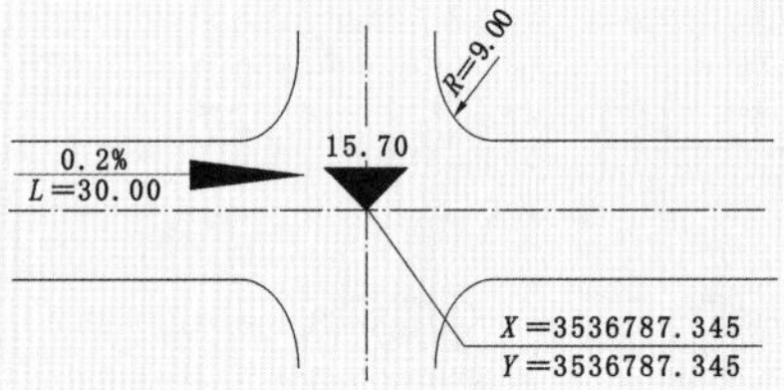 R=9.00 0.2% L=30.00 15.70 X=3536787.345 Y=3536787.345	R=9.00 表示转弯半径； 15.70 表示道路中心交叉点的高程； X、Y 数值表达该点坐标
17	原有道路	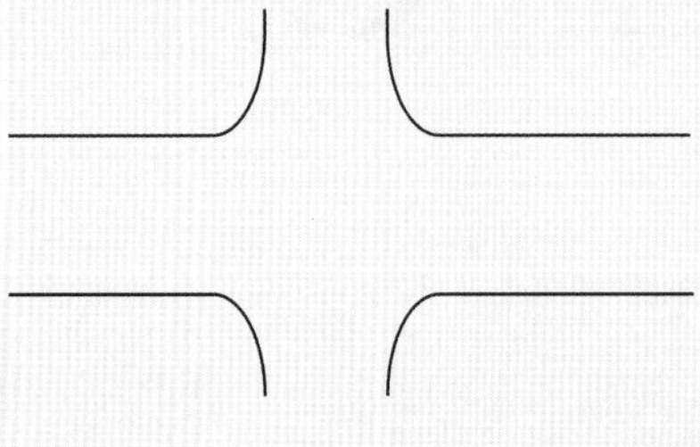	用中粗实线表示
18	陡坎或挡土墙	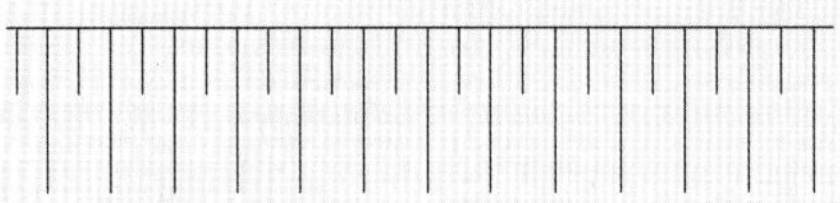	长短线表示陡坎的斜坡
19	指北针或风玫瑰图	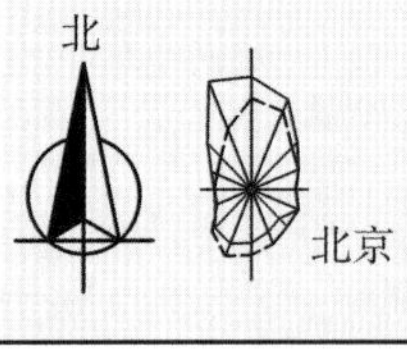 北 北京	

3.2 总平面图纸设计深度

本节主要介绍与建筑专业有关的总平面图设计。

3.2.1 总平面图内容

(1)保留的地形和地物；

(2)测量坐标网、坐标值；

(3)场地范围的测量坐标(或定位尺寸)、道路红线、建筑控制线、用地红线等的位置；

(4)场地四邻原有及规划的道路、绿化带等的位置(主要坐标或定位尺寸),周边场地用地性质以及主要建筑物、构筑物、地下建筑物等的位置、名称、性质、层数；

(5)建筑物、构筑物(人防工程、地下车库、油库、储水池等隐蔽工程用虚线表示)的名称或编号、层数、定位(坐标或相互关系尺寸)；

(6)广场、停车场、运动场地、道路、围墙、无障碍设施、排水沟、挡土墙、护坡等的定位(坐标或相互关系尺寸),若有消防车道和扑救场地,需注明；

(7)指北针或风玫瑰图；

(8)建筑物、构筑物使用编号时,应列出"建筑物和构筑物名称编号表"；

(9)注明尺寸单位、比例、建筑±0.000的绝对标高、坐标及高程系统(若为场地建筑坐标网,应注明与测量坐标网的相互关系)、补充图例等。

图3.2-1为某小区总平面图。

3.2.2 竖向布置总平面图内容

(1)场地测量坐标网、坐标值；

(2)场地四邻的道路、水面、地面的关键性标高；

(3)建筑物、构筑物的名称或编号,室内外地面设计标高,地下建筑的顶板面标高及覆土高度限制；

(4)广场、停车场、运动场地的设计标高,以及景观设计中水景、地形、台地、院落的控制性标高；

(5)道路、坡道、排水沟的起点、变坡点、转折点和终点的设计标高(路面中心和排水沟顶及沟底)、纵坡度、纵坡距、关键性坐标,道路标明双面坡或单面坡、立道牙或平道牙,必要时标明道路平曲线及竖曲线要素；

(6)挡土墙、护坡或土坎顶部和底部的主要设计标高及护坡坡度；

(7)用坡向箭头或等高线表示地面设计坡向,当对场地平整要求严格或地形起伏较大时,宜用设计等高线表示,地形复杂时应增加剖面表示设计地形；

(8)指北针或风玫瑰图；

(9)注明尺寸单位、比例、补充图例等；

(10)注明尺寸单位、比例、建筑±0.000的绝对标高、坐标及高程系统(若为场地建筑坐标网,应注明与测量坐标网的相互关系)、补充图例等。

图3.2-2为竖向布置总平面图。

3.2.3 绿化及建筑小品布置总平面图

(1)总平面布置；

(2)绿地(含水面、树种配置等)、人行步道及硬质铺地的定位；

(3)建筑小品布置(坐标或定位尺寸)、设计标高、详图索引；

(4)指北针；

(5)注明尺寸单位、比例、图例、施工要求等。

图3.2-3为某广场绿化及建筑小品布置总平面图。

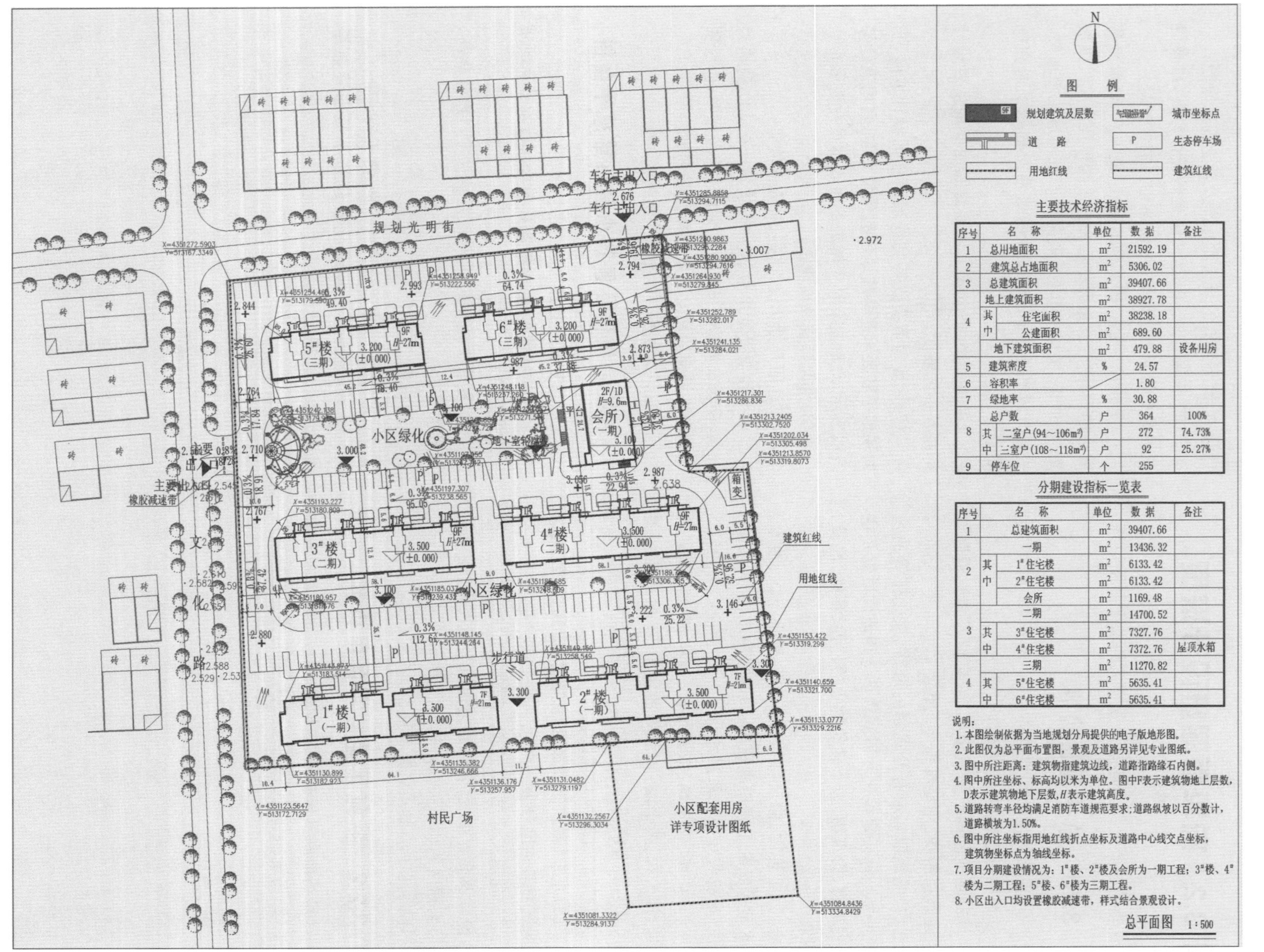

主要技术经济指标

序号	名称		单位	数据	备注
1	总用地面积		m^2	21592.19	
2	建筑总占地面积		m^2	5306.02	
3	总建筑面积		m^2	39407.66	
4	地上建筑面积		m^2	38927.78	
	其中	住宅面积	m^2	38238.18	
		公建面积	m^2	689.60	
	地下建筑面积		m^2	479.88	设备用房
5	建筑密度		%	24.57	
6	容积率			1.80	
7	绿地率		%	30.88	
8	总户数		户	364	100%
	其中	二室户（94～106m^2）	户	272	74.73%
		三室户（108～118m^2）	户	92	25.27%
9	停车位		个	255	

分期建设指标一览表

序号	名称		单位	数据	备注
1	总建筑面积		m^2	39407.66	
2	一期		m^2	13436.32	
	其中	1#住宅楼	m^2	6133.42	
		2#住宅楼	m^2	6133.42	
		会所	m^2	1169.48	
3	二期		m^2	14700.52	
	其中	3#住宅楼	m^2	7327.76	
		4#住宅楼	m^2	7372.76	屋顶水箱
4	三期		m^2	11270.82	
	其中	5#住宅楼	m^2	5635.41	
		6#住宅楼	m^2	5635.41	

说明：

1. 本图绘制依据为当地规划分局提供的电子版地形图。
2. 此图仅为总平面布置图，景观及道路另详见专业图纸。
3. 图中所注距离：建筑物指建筑边线，道路指路缘石内侧。
4. 图中所注坐标、标高均以米为单位。图中F表示建筑物地上层数，D表示建筑物地下层数，H表示建筑高度。
5. 道路转弯半径均满足消防车道规范要求；道路纵坡以百分数计，道路横坡为1.50%。
6. 图中所注坐标指用地红线折点坐标及道路中心线交点坐标，建筑物坐标点为轴线坐标。
7. 项目分期建设情况为：1#楼、2#楼及会所为一期工程；3#楼、4#楼为二期工程；5#楼、6#楼为三期工程。
8. 小区出入口均设置橡胶减速带，样式结合景观设计。

总平面图 1∶500

图 3.2-1 某小区总平面图

技术经济指标一览表

编号	项目			单位	数值	备注
1	总用地面积			m²	21641.23	
2	总建筑面积			m²	47574.78	
3	地上建筑面积			m²	27327.13	
	其中	商业		m²	15209.74	
		SOHO办公建筑面积		m²	4753.30	
		塔楼办公建筑面积		m²	4327.40	
		板楼办公建筑面积		m²	2656.75	
		地下室出地面面积		m²	379.94	
		其中	超市入口	m²	81.80	
			人防出入口	m²	63.24	
			汽车坡道入口	m²	234.90	
4	地下建筑面积			m²	20247.65	
	其中	地下车库建筑面积		m²	3561.50	
		地下人防建筑面积		m²	7942.11	平时为车库，战时为六级物资库、六级人掩
		地下商业建筑面积		m²	6610.50	
		地下设备用房建筑面积		m²	2133.54	
5	容积率			$10^4m^2/hm^2$	1.57	容积率含地下商业建筑面积
6	建筑基地面积			m²	7967.79	不含车库出口面积
7	建筑密度			%	36.82	
8	绿地面积			m²	3247	
9	绿地率			%	15	
10	停车位			个	329	
	其中	地上停车位		个	29	
		地下停车位		个	300	
11	人防建筑面积			m²	8005.35	地上和地下人防总建筑面积

图例：

拟建建筑　现有建筑

用地红线　44.90 室外地坪标高（绝对标高）

地下建筑边界　出入口

H=××.××m 建筑高度　雨水口

$\frac{0.3}{××}$ 表示道路坡向，3.0表示纵坡为0.30%，××表示变坡点间距，单位以“米”计。

竖向规划图 1:500

注：

1. 本图依据“滦县城乡规划局规划设计条件通知书”、建设单位提供的用地红线图及相关道路及市政条件绘制。
2. 本工程设计标高±0.000相当于绝对标高45.00m，一层室内外高差0.150m。
3. 本图建筑物定位点为首层外墙轴线交点坐标，定位坐标见图中标注，其余尺寸为定位参考尺寸。
4. 本图坐标系采用西安1980坐标系118°30′，高程为1985年国家高程基准。
5. 本图高程、距离以“米”为单位。
6. 本工程室外场地、道路、绿化另详见室外景观设计。
7. 本图应由主管部门审核批准后方可生效作为施工依据。

图 3.2-2 竖向布置总平面图

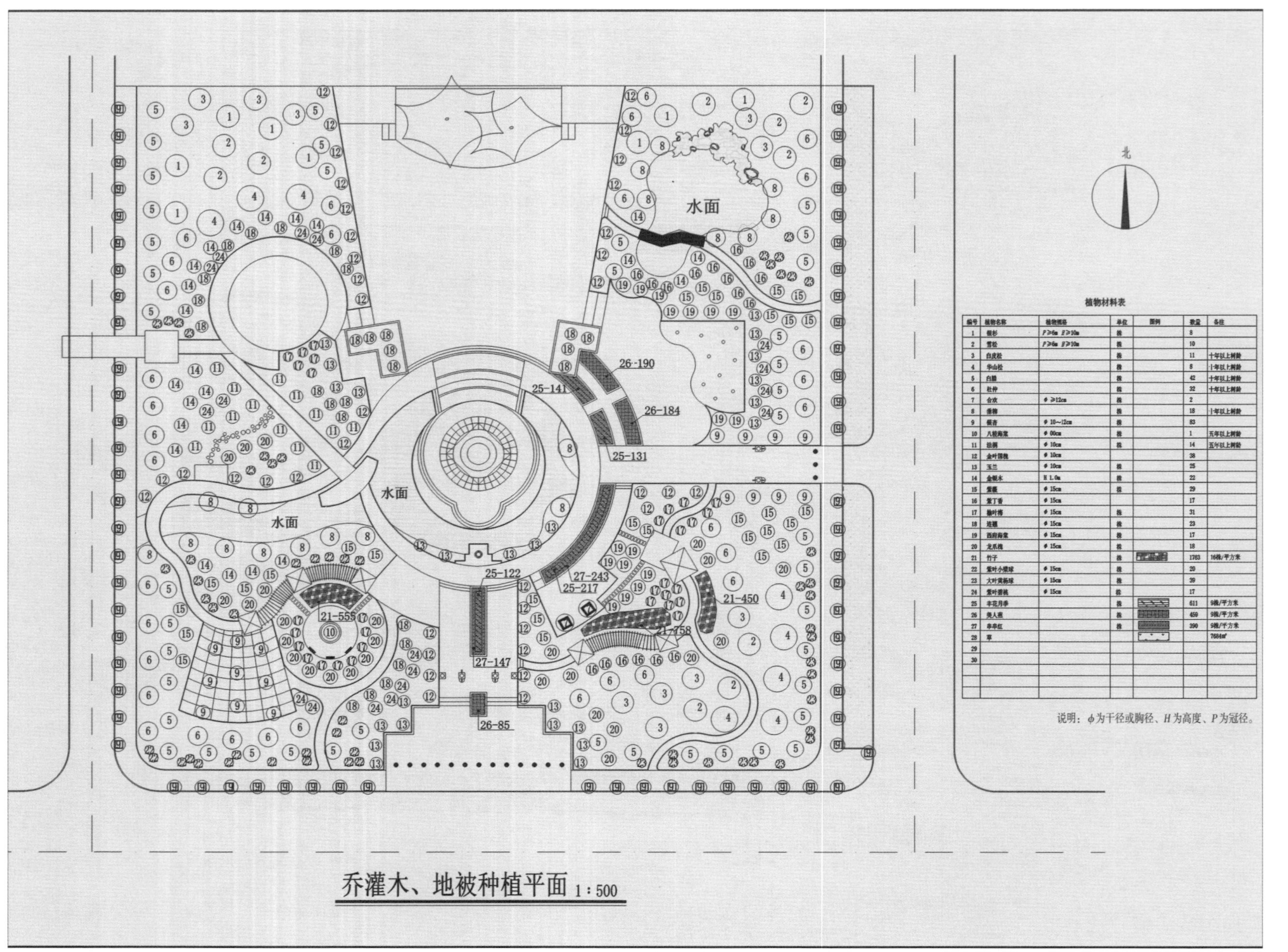

植物材料表

编号	植物名称	植物规格	单位	图例	数量	备注
1	银杉	$P\geqslant6m$ $H\geqslant10m$	株		8	
2	雪松	$P\geqslant6m$ $H\geqslant10m$	株		10	
3	白皮松		株		11	十年以上树龄
4	华山松		株		8	十年以上树龄
5	白蜡		株		42	十年以上树龄
6	杜仲		株		32	十年以上树龄
7	合欢	$\phi\geqslant12cm$	株		2	
8	垂柳		株		18	十年以上树龄
9	银杏	ϕ 10~12cm	株		83	
10	八棱海棠	ϕ 00cm	株		1	五年以上树龄
11	法桐	ϕ 10cm	株		14	五年以上树龄
12	金叶国槐	ϕ 10cm			38	
13	玉兰	ϕ 10cm	株		25	
14	金银木	H 1.0m	株		22	
15	紫薇	ϕ 15cm	株		29	
16	紫丁香	ϕ 15cm			17	
17	榆叶梅	ϕ 15cm	株		31	
18	连翘	ϕ 15cm	株		23	
19	西府海棠	ϕ 15cm	株		17	
20	龙爪槐	ϕ 15cm	株		18	
21	竹子		株		1763	16株/平方米
22	紫叶小檗球	ϕ 15cm	株		20	
23	大叶黄杨球	ϕ 15cm	株		39	
24	紫叶碧桃	ϕ 15cm	株		17	
25	丰花月季		株		611	9株/平方米
26	美人蕉		株		459	9株/平方米
27	串串红		株		390	9株/平方米
28	草					7684m²
29						
30						

说明：ϕ为干径或胸径、H为高度、P为冠径。

图 3.2-3 某广场绿化及建筑小品布置总平面图

3.2.4 详图

道路横断面、路面结构、挡土墙、护坡、排水沟、池壁、广场、运动场地、活动场地、停车场地面、围墙等应画出详图，如图 3.2-4 所示。

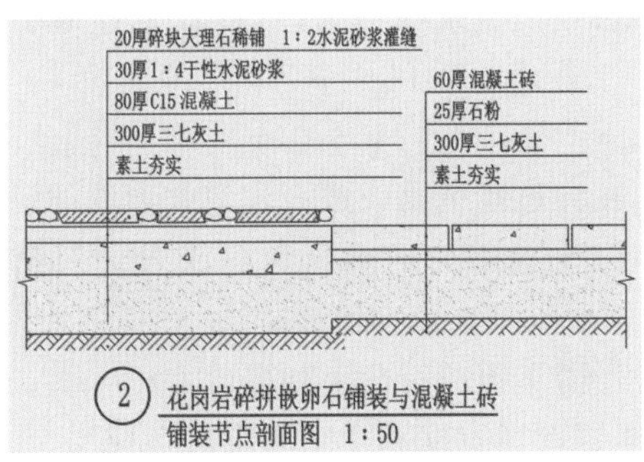

图 3.2-4 铺地详图

3.2.5 设计图纸的增减

(1)当工程内容设计简单时，竖向布置总平面图可以与总平面图合并；

(2)当路网复杂时，可增绘道路平面图；

(3)土石方总平面图和管线综合总平面图可根据设计需要确定是否出图；

(4)当绿化或景观环境另行委托设计时，可根据需要绘制绿化及建筑小品的示意性和控制性布置总平面图。

3.3 设计要点

3.3.1 充分落实规划条件

规划条件是在进行方案设计前，由规划局提出的对项目设计的一些指标要求，主要包括用地规模、建筑规模、容积率、建筑密度、绿化率、停车率、建筑限高、日照标准、建筑退线、绿色建筑星级等要求；服务配套设施(物业用房、室外公厕、热力站、消防水池及消防水泵房、变配电室等)的面积指标。总平面施工图是在设计方案总图被批准后的基础上进一步完善，是对规划条件中的各项指标的进一步落实，并在总图中以列表的形式呈现。图 3.3-1 为规划局提供的某项目用地红线图。

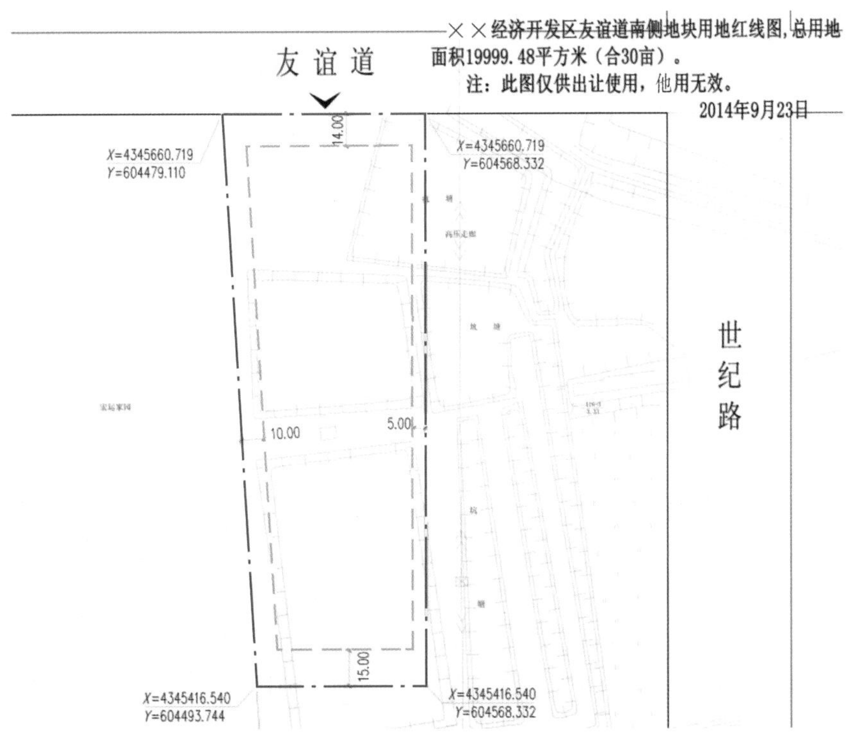

图 3.3-1 某项目用地红线图

3.3.2 总平面防火设计

3.3.2.1 防火间距

防火间距是为了防止着火建筑在一定时间内引燃相邻建筑、便于消防扑救与相邻建筑的间隔距离，故在总图布置时应考虑新建筑与相邻建筑之间的防火间距。民用建筑防火间距不应小于表 3.3-1 中的规定。

3.3.2.2 消防车道

(1)街区内的道路应考虑消防车的通行，道路中心线间的距离不宜大于 160m。当建筑物沿街道部分的长度大于 150m 或总长度大于 220m 时，应设置穿过建筑物的消防车道；确有困难时，应设置环形消防车道。

(2)高层民用建筑，超过 3000 个座位的体育馆，超过 2000 个座位的会堂，占地面积大于 $3000m^2$ 的商店建筑、展览建筑等单、多层公共建筑应设置环形消防车道，确有困难时，可沿建筑的两个长边设置消防车道；对于高层住宅建筑和山坡地或河道边临空建造的高层民用建筑，可沿建筑的一个长边设置消防车道，但该长边所在建筑立面应为消防车登高操作面。

(3)有封闭内院或天井的建筑物，当内院或天井的短边长度大于 24m 时，宜设置进入内院或天井的消防车道；当该建筑物沿街时，应设置连通街道和内院的人行通道(可利用楼梯间)，其间距不宜大于 80m。

(4)在穿过建筑物或进入建筑物内院的消防车道两侧，不应设置影响消防车通行或人员安全疏散的设施。

(5)消防车道应符合下列要求：

①车道的净宽度和净空高度均不应小于 4.0m；

②转弯半径应满足消防车转弯的要求，一般消防车转弯半径不小于 9m；

③消防车道与建筑之间不应设置妨碍消防车操作的树木、架空管线等障碍物；

④消防车道靠建筑外墙一侧的边缘距离建筑外墙不宜小于 5m；

⑤消防车道的坡度不宜大于 8%。

表 3.3-1 **民用建筑防火间距** (单位：m)

建筑类别		高层民用建筑	裙房及其他民用建筑		
		一、二级	一、二级	三级	四级
高层民用建筑	一、二级	13	9	11	14
裙房及其他民用建筑	一、二级	9	6	7	9
	三级	11	7	8	10
	四级	14	9	10	12

注：1. 相邻两座单、多层建筑，当相邻外墙为不燃性墙体且无外露的可燃性屋檐，每面外墙上无防火保护的门、窗、洞口不正对开设且该门、窗、洞口的面积之和不大于外墙面积的 5%时，其防火间距可按本表的规定减少 25%。

2. 两座建筑相邻较高一面外墙为防火墙，或高出相邻较低一座一、二级耐火等级建筑的屋面 15m 及以下范围内的外墙为防火墙时，其防火间距不限。

3. 相邻两座高度相同的一、二级耐火等级建筑中相邻任一侧外墙为防火墙，屋顶的耐火极限不低于 1.00h 时，其防火间距不限。

4. 相邻两座建筑中较低一座建筑的耐火等级不低于二级，相邻较低一面外墙为防火墙且屋顶无天窗，屋顶的耐火极限不低于 1.00h 时，其防火间距不应小于 3.5m；对于高层建筑，不应小于 4m。

5. 相邻两座建筑中较低一座建筑的耐火等级不低于二级且屋顶无天窗，相邻较高一面外墙高出较低一座建筑的屋面 15m 及以下范围内的开口部位设置甲级防火门、窗，或设置符合现行国家标准《自动喷水灭火系统设计规范》(GB 50084—2017)规定的防火分隔水幕或《建筑设计防火规范(2018 年版)》(GB 50016—2014)第 6.5.3 条规定的防火卷帘时，其防火间距不应小于 3.5m；对于高层建筑，不应小于 4m。

6. 相邻建筑通过连廊、天桥或底部的建筑物等连接时，其间距不应小于本表的规定。

7. 耐火等级低于四级的既有建筑，其耐火等级可按四级确定。

(6)环形消防车道至少应有两处与其他车道连通,如图 3.3-2 所示,高层建筑物周围设置消防环路和消防扑救场地,且南侧与西侧城市道路与消防环路均应连通;尽头式消防车道应设置回车道或回车场,回车场的面积不应小于 12m×12m;对于高层建筑,不宜小于 15m×15m;供重型消防车使用时,不宜小于 18m×18m。消防车道可利用城乡、厂区道路等,但该道路应满足消防车通行、转弯和停靠的要求;在消防车通行或停靠的区域地面承压力应充分考虑消防车满载的荷载。

3.3.2.3 消防救援场地

(1)高层建筑应至少沿一个长边或周边长度的 1/4 且不小于一个长边长度的底边连续布置消防车登高操作场地,该范围内的裙房进深不应大于 4m。建筑高度不大于 50m 的建筑,连续布置消防车登高操作场地确有困难时,可间隔布置,但间隔距离不宜大于 30m。

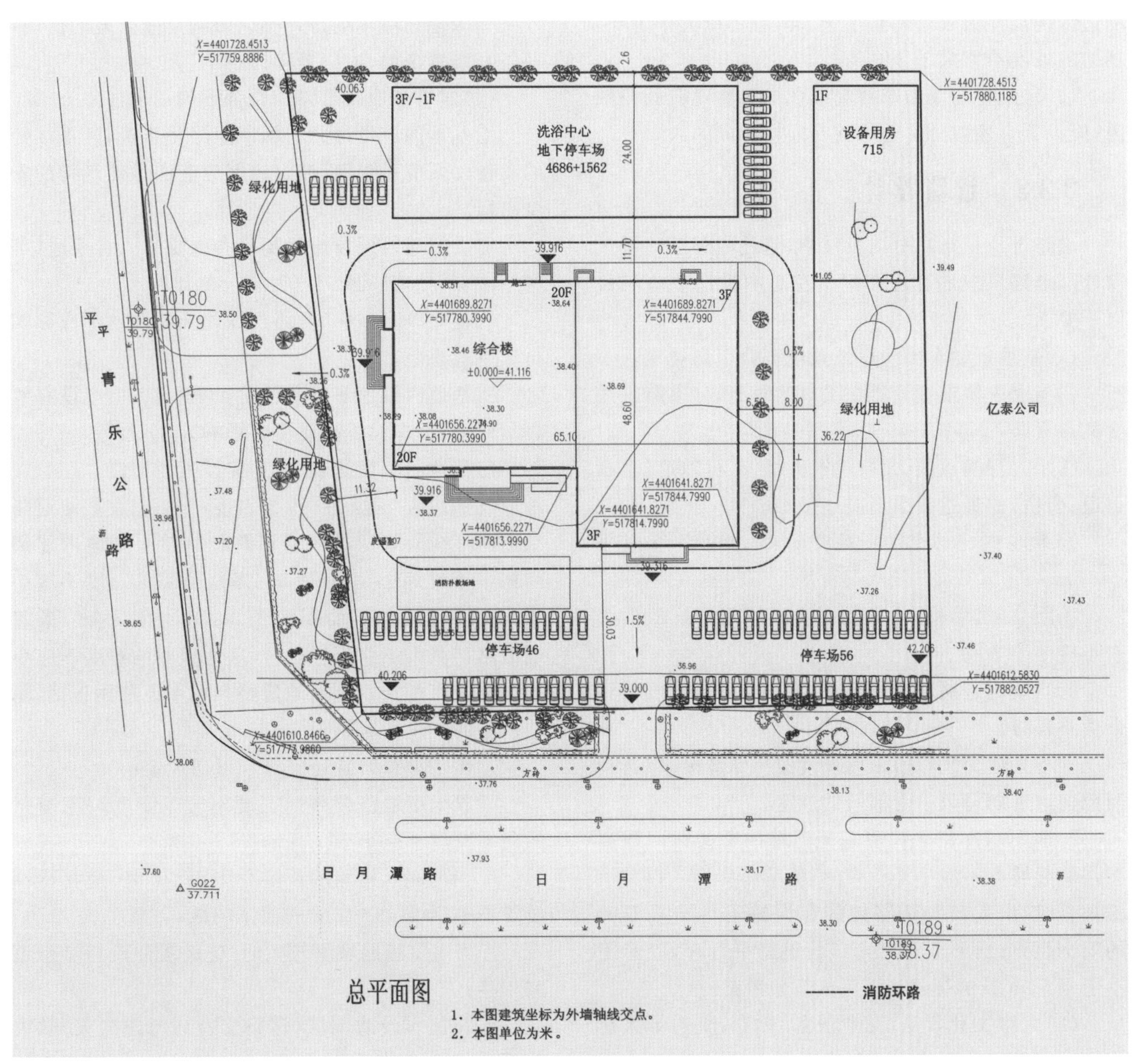

图 3.3-2 某高层综合楼总平面图

(2)消防车登高操作场地应符合下列规定：

①场地与民用建筑之间不应设置妨碍消防车操作的树木、架空管线等障碍物和车库出入口。

②场地的长度和宽度分别不应小于 15m 和 10m。对于建筑高度大于 50m 的建筑，场地的长度和宽度分别不应小于 20m 和 10m。

③场地及其下面的建筑结构、管道和暗沟等，应能承受重型消防车的压力。

④场地应与消防车道连通，场地靠建筑外墙一侧的边缘距离建筑外墙不宜小于 5m，且不应大于 10m，场地的坡度不宜大于 3%。

(3)建筑物与消防车登高操作场地相对应的范围内，应设置直通室外的楼梯或直通楼梯间的入口。

3.3.3 道路设计

道路设计是指在总图设计中，基地内部道路系统与外部道路系统的合理布局。在总图设计中应满足以下要求：

(1)基地机动车出入口位置应符合下列规定：

①与大中城市主干道交叉口的距离，自道路红线交叉点量起不应小于 70m。

②距人行横道线、人行过街天桥、人行地道（包括引道、引桥）的最边缘线不应小于 5m。

③距地铁出入口、公共交通站台边缘不应小于 15m。

④距公园、学校、儿童及残疾人使用建筑的出入口不应小于 20m。

⑤当基地道路坡度大于 8%时，应设缓冲段与城市道路连接。

⑥与立体交叉口的距离或其他特殊情况，应符合当地城市规划行政主管部门的规定。

⑦地下车库出入口距基地道路的交叉路口或高架路的起坡点不应小于 7.50m；地下车库出入口与道路垂直时，出入口与道路红线应保持不小于 7.50m 的安全距离；地下车库出入口与道路平行时，应经不小于 7.50m 长的缓冲车道汇入基地道路。

(2)大型文化娱乐、商业服务、体育、交通等人员密集建筑的基地应符合下列规定：

①基地应至少有一面直接邻接城市道路，该城市道路应有足够的宽度，以减少人员疏散时对城市正常交通的影响。

②基地沿城市道路的长度应按建筑规模或疏散人数确定，并至少不小于基地周长的 1/6。

③基地应至少有两个或两个以上不同方向通向城市道路的（包括以基地道路连接的）出口。

④基地或建筑物的主要出入口，不得和快速道路直接连接，也不得直对城市主要干道的交叉口。

⑤建筑物主要出入口前应有供人员集散用的空地，其面积和长、宽尺寸应根据使用性质和人数确定。

⑥绿化和停车场布置不应影响集散空地的使用，并不宜设置围墙、大门等障碍物。

(3)建筑基地内道路应符合下列规定：

①基地内应设道路与城市道路相连接，其连接处的车行路面应设限速设施，道路应能通达建筑物的安全出口。

②沿街建筑应设连通街道和内院的人行通道（可利用楼梯间），其间距不宜大于 80m。

③道路改变方向时，路边绿化及建筑物不应影响行车有效视距。

④基地内设地下停车场时，车辆出入口应设有效显示标志；标志设置高度不应影响人、车通行。

⑤基地内车流量较大时，应设人行道路。

⑥基地应与道路红线相邻接，否则应设基地道路与道路红线所划定的城市道路相连接。基地内建筑面积小于或等于 3000m^2 时，基地道路的宽度不应小于 4m；基地内建筑面积大于 3000m^2 且只有一条基地道路与城市道路相连接时，基地道路的宽度不应小于 7m；若有两条以上基地道路与城市道路相连接，基地道路的宽度不应小于 4m。

⑦住宅道路设置还应符合下列规定：

a. 双车道道路的路面宽度不应小于 6m，宅前路的路面宽度不应小于 2.5m；

b. 当尽端式道路的长度大于 120m 时，应在尽端设置不小于 12m×12m 的回车场地；

c. 当主要道路坡度较大时，应设缓冲段与城市道路相接；

d. 在抗震设防地区，道路交通应考虑减灾、救灾的要求。

(4)建筑基地道路宽度应符合下列规定：

①单车道路宽度不应小于 4m，双车道路不应小

于7m；

②人行道路宽度不应小于1.50m；

③利用道路边设停车位时，不应影响有效通行宽度；

④车行道路改变方向时，应满足车辆最小转弯半径要求：小型车转弯半径不小于3.5m，消防车转弯半径不小于9m。

(5)基地内道路与建筑物间距。

①道路与建筑物间距除了消防车道不宜小于5m外，其他道路与建筑物距离要考虑满足道路与建筑物间敷设地下管线所需的宽度要求。

②居住区道路与建筑物间距应满足表3.3-2。

表3.3-2　**住宅道路与住宅间距**　（单位：m）

建筑物布局			道路等级		
			居住区道路 >9	小区道路 6～9	组团路/宅前路 <6
			与住宅间距		
建筑物长边平行道路	无出入口	高层	5.0	3.0	2.0
		多层	3.0	3.0	2.0
	有出入口		不得开出入口	5.0	2.5
建筑物长边垂直道路		高层	4.0	2.0	1.5
		多层	2.0	2.0	1.5

3.3.4 场地设计

本书所说的场地设计是指在总平面图设计中，除道路和建筑物外广场、绿地等室外环境的合理布置，在设计手法上可延伸到注册建筑师考试中的场地设计。

3.3.4.1 建筑与环境的关系

建筑与环境的关系应符合下列要求：

(1)建筑布局应使建筑基地内的人流、车流与物流合理分流，防止干扰，并有利于消防、停车和人员集散。

(2)建筑布局应根据地域气候特征，防止和抵御寒冷、暑热、疾风、暴雨、积雪、沙尘等灾害侵袭，并应利用自然气流组织好通风，防止不良小气候产生。

(3)根据噪声源的位置、方向和强度，应在建筑功能分区、道路布置、建筑朝向、距离以及地形、绿化和建筑物的屏障作用等方面采取综合措施，以防止或减少环境噪声。

(4)建筑总体布局应结合当地的自然与地理环境特征，不应破坏自然生态环境；建筑基地应选择在无地质灾害或洪水淹没等危险的安全地段；建筑基地应做绿化、美化环境设计，完善室外环境设施。

3.3.4.2 住宅建筑场地设计

(1)住宅建设应符合城市规划要求，保障居民的基本生活条件和环境，经济、合理、有效地使用土地和空间。

(2)住宅选址时应考虑噪声、有害物质、电磁辐射和工程地质灾害、水文地质灾害等的不利影响。

(3)住宅间距，应以满足日照要求为基础，综合考虑采光、通风、消防、防灾、管线埋设、视觉卫生等要求确定。住宅日照标准应符合表3.3-3的规定，对于特定情况还应符合下列规定：

①老年人住宅不应低于冬至日日照2h的标准；

②旧区改建的项目内新建住宅日照标准可酌情降低，但不应低于大寒日日照1h的标准。

表3.3-3　**城市日照标准对照表**

建筑气候区划	Ⅰ、Ⅱ、Ⅲ、Ⅶ气候区		Ⅳ气候区		Ⅴ、Ⅵ气候区
	大城市	中小城市	大城市	中小城市	
日照标准日	大寒日			冬至日	
日照时数/h	≥2	≥3		≥1	
有效日照时间带/h（当地真太阳时）	8～16			9～15	
日照时间计算起点	底层窗台面				

注：底层窗台面是指距地坪0.9m高的外墙位置。

(4)每个住宅单元至少应有一个出入口可以通达机动车。

(5)居住用地内应配套设置停车场地或停车库。

(6)人工景观水体的补充水严禁使用自来水，无护栏水体的近岸2m范围内及园桥、汀步附近2m范围内，水深不应大于0.5m。

(7)受噪声影响的住宅周边应采取防噪声措施。

(8)地面水的排水系统，应根据地形特点设计，地面排水坡度不应小于0.3%且不应大于8%。

(9)住宅用地的防护工程设置应符合下列规定:

①台阶式用地的台阶之间应用护坡或挡土墙连接,相邻台地间高差大于1.5m时,应在挡土墙或坡比值大于0.5的护坡顶面加设安全防护设施;

②土质护坡的坡比值不应大于0.5;

③高度大于2m的挡土墙和护坡的上缘与住宅间水平距离不应小于3m,其下缘与住宅间的水平距离不应小于2m。

3.3.4.3 汽车库场地设计

(1)管理区应有行政管理室、调度室、门卫室及回车场;

(2)车库区应有室外停车场及车轮清洗处等设施;

(3)辅助设施区应有保养、洗车、配电、水泵等设施;

(4)库址内车行道与人行道应严格分离,消防车道必须畅通;

(5)库址内噪声源周围应设隔声绿化带等绿化设施。

3.3.4.4 商店建筑场地设计

(1)商店建筑的主要出入口前,应留有人员集散场地,且场地的面积和尺度应根据零售业态、人数及规划部门的要求确定。

(2)商店建筑的基地内应设置专用运输通道,且不应影响主要顾客人流,其宽度不应小于4m,宜为7m。运输通道设在地面时,可与消防车道结合设置。

(3)商店建筑的基地内应设置垃圾收集处、装卸载区和运输车辆临时停放处等服务性场地。当设在地面上时,其位置不应影响主要顾客人流和消防扑救,不应占用城市公共区域,并应采取适当的视线遮蔽措施。

(4)商店建筑基地内应设置无障碍设施,并应与城市道路无障碍设施相连接。

(5)大型商店建筑应按当地城市规划要求设置停车位。在建筑物内设置停车库时,应同时设置地面临时停车位。

(6)商店建筑应进行基地内的环境景观设计。

3.3.4.5 旅馆建筑场地设计

(1)旅馆建筑总平面应根据当地气候条件、地理特征等进行布置。建筑布局应有利于冬季日照和避风,夏季应减少得热和充分利用自然通风。

(2)总平面布置应功能分区明确、总体布局合理,各部分联系方便、互不干扰。

(3)当旅馆建筑与其他建筑共建在同一基地内或同一建筑内时,应满足旅馆建筑的使用功能和环境要求,并应符合下列规定:

①旅馆建筑部分应单独分区,客人使用的主要出入口宜独立设置;

②旅馆建筑部分宜集中设置;

③从属于旅馆建筑但同时对外营业的商店、餐厅等不应影响旅馆建筑本身的使用功能。

(4)应对旅馆建筑的使用和各种设备使用过程中可能产生的噪声和废气采取措施,不得对旅馆建筑的公共部分、客房部分等和邻近建筑产生不良影响。

(5)旅馆建筑的交通应合理组织,保证流线清晰,避免人流、货流、车流相互干扰,并应满足消防疏散要求。

(6)旅馆建筑的总平面应合理布置设备用房、附属设施和地下建筑的出入口。锅炉房、厨房等后勤用房的燃料、货物及垃圾等物品的运输宜设有单独通道和出入口。

(7)旅馆建筑的主要人流出入口附近宜设置专用的出租车排队候客车道或候客车位,且不宜占用城市道路或公路,避免影响公共交通。

(8)除当地有统筹建设的停车场或停车库外,旅馆建筑基地内应设置机动车和非机动车的停放场地或停车库。机动车和非机动车停车位数量应符合当地规划主管部门的规定。

(9)旅馆建筑总平面布置应进行绿化设计,并应符合下列规定:

①绿地面积的指标应符合当地规划主管部门的规定;

②栽种的树种应根据当地气候、土壤和净化空气的能力等条件确定;

③室外停车场宜采取结合绿化的遮阳措施;

④度假旅馆建筑室外活动场地宜结合绿化做好景观设计。

3.3.4.6 中小学校建筑场地设计

(1)学校周边应有良好的交通条件,有条件时宜设置临时停车场地。学校的规划布局应与生源分布及周边交通相协调。与学校毗邻的城市主干道应设置适当的安全设施，以保障学生安全跨越。

(2)中小学校用地应包括建筑用地、体育用地、绿化用地、道路及广场、停车场用地。有条件时宜预留发展用地。

(3)总平面设计应根据学校所在地的冬夏主导风向合理布置建筑物及构筑物，有效组织校园气流，实现低能耗通风换气。

(4)各类教室的外窗与相对的教学用房或室外运动场地边缘间的距离不应小于25m。

(5)中小学校体育用地的设置应符合下列规定：

①各类运动场地应平整，在其周边的同一高程上应有相应的安全防护空间。

②室外田径场及足球、篮球、排球等各种球类场地的长轴宜南北向布置；长轴南偏东宜小于20°，南偏西宜小于10°。

③相邻布置的各体育场地间应预留安全分隔设施的安装条件。

④中小学校设置的室外田径场、足球场应进行排水设计；室外体育场地应排水通畅。

⑤中小学校体育场地应采用满足主要运动项目对地面要求的材料及构造做法。

⑥气候适宜地区的中小学校宜在体育场地周边的适当位置设置洗手池、洗脚池等附属设施。

3.3.4.7 医院建筑场地设计

(1)合理进行功能分区，洁污、医患、人车等流线组织清晰，并应避免院内感染风险。

(2)建筑布局紧凑，交通便捷，并应方便管理、减少能耗。

(3)应保证住院、手术、功能检查和教学科研等用房的环境安静。

(4)病房宜能获得良好朝向。

(5)宜留有可发展或改建、扩建的用地。

(6)应有完整的绿化规划。

(7)医院出入口不应少于2处，人员出入口不应兼作尸体或废弃物出口。

(8)在门诊、急诊和住院用房等入口附近应设车辆停放场地。

(9)太平间、病理解剖室应设于医院隐蔽处。需设焚烧炉时，应避免风向影响，并应与主体建筑隔离；尸体运送路线应避免与出入院路线交叉。

(10)环境设计应符合下列要求：

①充分利用地形、防护间距和其他空地布置绿化景观，并应有供患者康复活动的专用绿地；

②应对绿化、景观、建筑内外空间、环境和室内外标识导向系统等做综合性设计；

③在儿科用房及其入口附近，宜采取符合儿童生理和心理特点的环境设计。

(11)病房建筑的前后间距应满足日照和卫生间距要求，且不宜小于12m。

(12)在医疗用地内不得建职工住宅。医疗用地与职工住宅用地毗连时应分隔，并应另设出入口。

3.3.4.8 托儿所、幼儿园建筑场地设计

(1)应建设在日照充足、交通方便、场地平整、干燥、排水通畅、环境优美、基础设施完善的地段。

(2)不应置于易发生自然地质灾害的地段。

(3)不应与大型公共娱乐场所、商场、批发市场等人流密集的场所相毗邻。

(4)园内不应有高压输电线、燃气、输油管道主干道等穿过。

(5)托儿所、幼儿园的服务半径宜为300m。

(6)四个班及以上的托儿所、幼儿园建筑应独立设置。

(7)托儿所、幼儿园应设室外活动场地，并应符合下列规定：

①幼儿园每班应设专用室外活动场地，人均面积不应小于$2m^2$，各班活动场地之间宜采取分隔措施。

②应设全园共用活动场地，人均面积不应小于$2m^2$。

③地面应平整、防滑、无障碍、无尖锐突出物，并宜采用软质地坪。

④共用活动场地应设置游戏器具、沙坑、30m跑道、洗手池等，宜设戏水池，储水深度不应超过0.30m；游戏器具下面及周围应设软质铺装。

⑤室外活动场地应有1/2以上的面积在标准建筑日照阴影线之外。

(8)托儿所、幼儿园场地内绿地率不应小于

30%，宜设置集中绿化用地；绿地内不应种植有毒、带刺、有飞絮、病虫害多、有刺激性的植物。

(9)托儿所、幼儿园在供应区内宜设杂物院，并应与其他部分相隔离；杂物院应有单独的对外出入口。

(10)托儿所、幼儿园基地周围应设围护设施，围护设施应安全、美观，并应防止幼儿穿过和攀爬；在出入口处应设大门和警卫室，警卫室对外应有良好的视野。

(11)托儿所、幼儿园出入口不应直接设置在城市干道一侧；其出入口应设置供车辆和人员停留的场地，且不应影响城市道路交通。

(12)夏热冬冷、夏热冬暖地区的幼儿生活用房不宜朝西向；当不可避免时，应采取遮阳措施。

(13)托儿所、幼儿园的活动室、寝室及具有相同功能的区域，应布置在当地最好朝向，冬至日底层满窗日照不应小于3h。

3.3.5 竖向设计

所谓竖向设计，简单地讲，就是在总平面图设计中，将道路、建筑物和场地的高程，根据现场的地形地貌进行合理布置，具体应注意以下几点。

3.3.5.1 排水问题

(1)建筑基地地面排水，基地内应有排除地面及路面雨水至城市排水系统的措施；排水方式应根据城市规划的要求确定，有条件的地区应采取雨水回收利用措施；采用车行道排泄地面雨水时，雨水口形式及数量应根据汇水面积、流量、道路纵坡等确定；单侧排水的道路及低洼易积水的地段，应采取排雨水时不影响交通和路面清洁的措施。

(2)建筑物排水，为防止室外雨水倒灌，设计中室内地坪往往高于室外地坪；通常住宅首层地坪室内外高差为300～1200mm，公共建筑室内外高差为300～600mm；对于地基承载力较弱的地区或高层建筑物，确定室内外高差时还应考虑建筑物沉降的问题，往往室内外高差会设计得更大些。

(3)道路排水，建筑基地地面和道路坡度应符合下列规定：

①基地地面坡度不应小于0.2%，地面坡度大于8%时宜分成台地，台地连接处应设挡墙或护坡。

②基地机动车道的纵坡坡度不应小于0.2%，亦不应大于8%，其坡长不应大于200m，在个别路段可不大于11%，其坡长不应大于80m；在多雪严寒地区不应大于5%，其坡长不应大于600m；横坡坡度应为1%～2%。

③基地非机动车道的纵坡坡度不应小于0.2%，亦不应大于3%，其坡长不应大于50m；在多雪严寒地区不应大于2%，其坡长不应大于100m；横坡坡度应为1%～2%。

④基地步行道的纵坡坡度不应小于0.2%，亦不应大于8%；多雪严寒地区不应大于4%，横坡坡度应为1%～2%。

⑤基地内人流活动的主要地段，应设置无障碍人行道。

3.3.5.2 竖向设计三种表示方法

竖向设计的表示方法主要有设计标高法、设计等高线法和局部剖面法三种。

(1)设计标高法。在总平面图中，将建筑室内外地坪的设计标高和道路控制点(起止点、交叉点)与变坡点的设计标高，以及场地内地形控制点的标高，以“▼加高程”(室内地坪用“▽加高程”)将其标注在图上。设计道路的坡度及坡向，地面排水以“→”上面加坡度百分比的形式，表示不同地段、不同坡面地表水的排水方向，如图3.3-3所示。

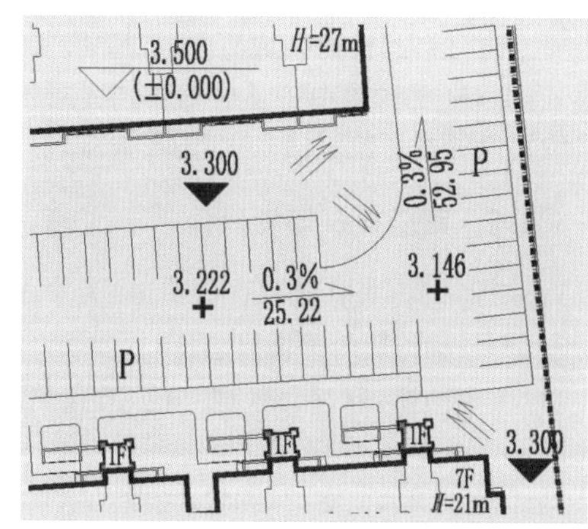

图3.3-3 某总平面图局部

(2)设计等高线法。坡度较大场地和室外场地要求较高的情况常用设计等高线法表示，即用等高线表示设计地面、道路、广场、停车场和绿地等的地形设计高程。设计等高线法能较准确地表达用地范围内地面各处的设计高程，如图3.3-4所示。

(3)局部剖面法。该方法可以反映重点地段的地形情况，如地形的高度、材料的结构、坡度、相对尺寸

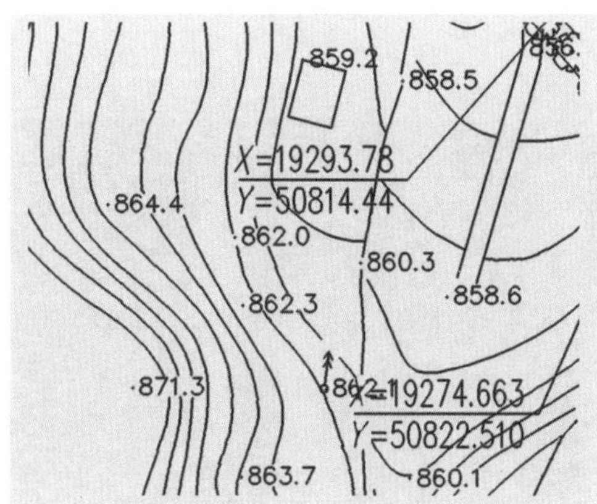

图 3.3-4 某总图局部

等，用此方法表达场地总体布局的台阶分布、场地设计标高及支挡构筑物设置情况最为直接。对于复杂的地形，采用此方法还可表达节点详图的设计内容。

3.4 总平面图绘制步骤

3.4.1 绘制准备

(1)绘制施工图前应准备必要的资料，比如审批合格的方案设计图，地形图，任务书，各单体平、立、剖面图等资料；

(2)打开软件，建立新文件；

(3)设置新图层，将各类图元进行合并和分类，并将同类图元放到同一图层，在图层里设置图层颜色及线型和线宽，如图 3.4-1 所示。

3.4.2 整理地形图

(1)根据地形图及规划局提供的用地红线坐标，先将用地红线图绘出，输入各个角点坐标，并确定坐标系是采用大地坐标还是采用相对坐标；

(2)将保留的地形地貌现状绘出，包括现状建筑物、构筑物、道路等内容；

(3)确定图幅大小及比例后插入图签。

图 3.4-2 所示为整理地形图。

3.4.3 绘制道路

(1)以细点画线表达道路中心线，由宽到窄先后绘制各级道路中心线；

(2)绘制道路边线和人行道，用细实线表达；

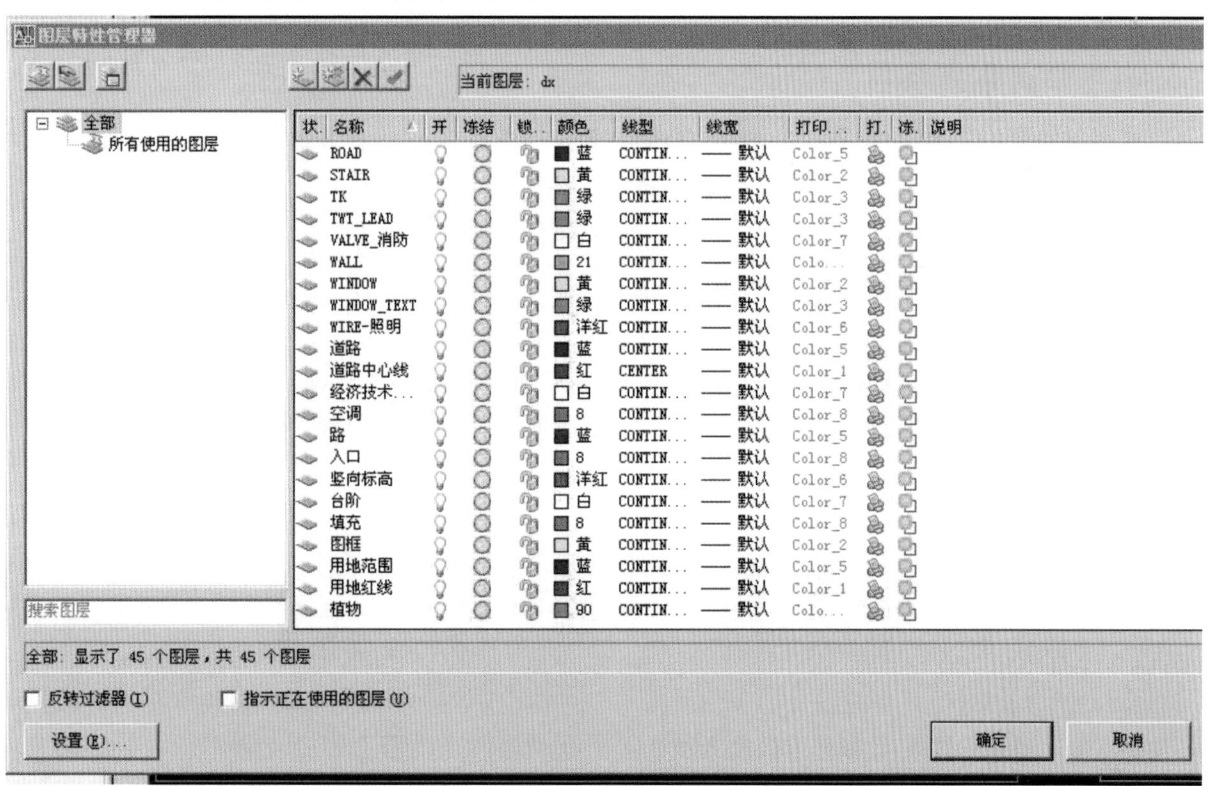

图 3.4-1 绘制准备

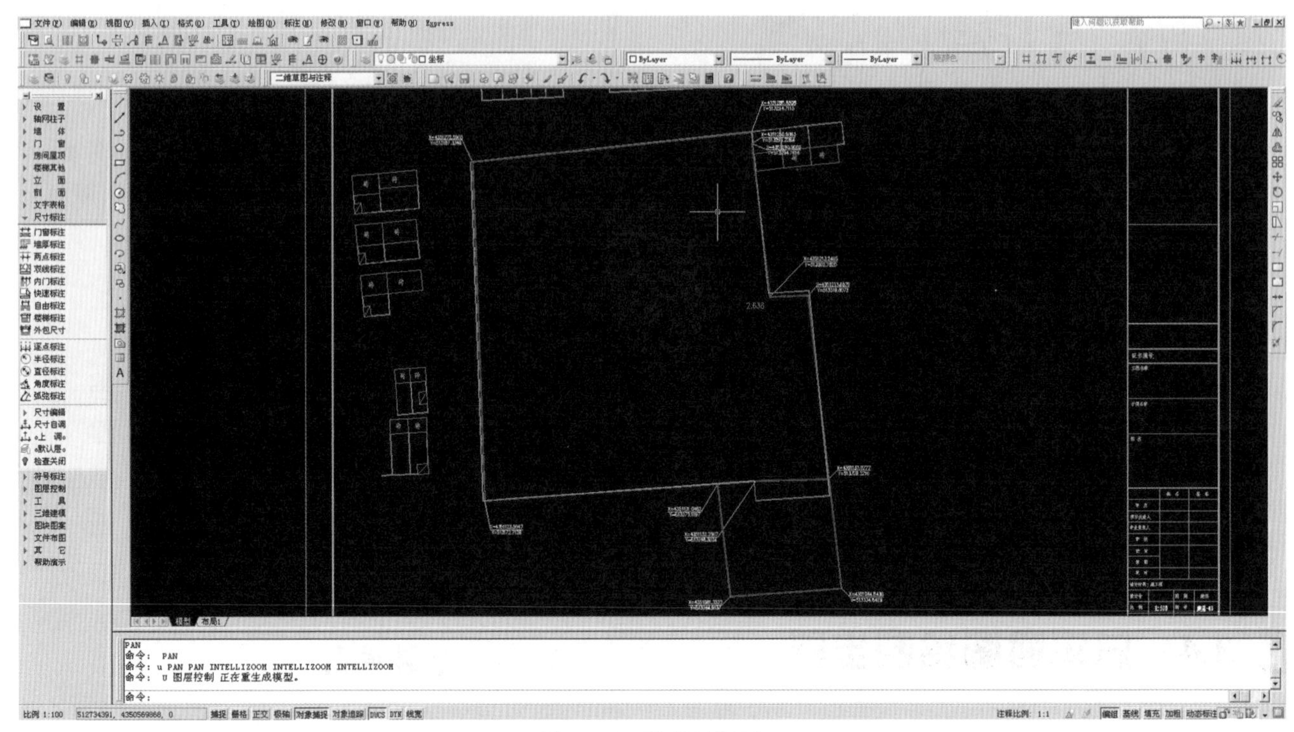

图 3.4-2　整理地形图

(3)绘制道路两侧的室外停车位；

(4)绘制交叉道路边缘的转弯半径。

图 3.4-3 所示为绘制道路。

3.4.4　绘制新建筑物

(1)根据单体首层平面图，绘制±0.000 标高处的建筑轮廓线，用粗实线绘制，其余构件用细实线绘制；

(2)绘制俯视图屋顶楼梯间、阳台、空调板等水平构件；

(3)绘制室外台阶、坡道等室外构件。

图 3.4-4 所示为绘制新建筑物。

3.4.5　绘制小品及绿化景观

(1)插入行道树及绿化等；

(2)绘制小品、填充硬化铺地等。

图 3.4-5 所示为绘制小品及绿化景观。

3.4.6　标注尺寸

(1)标注建筑物尺寸及防火间距，防火间距不足之处，应用文字注明防火措施，比如外墙设置防火墙、防火门窗等具体措施；

(2)标注坐标，包括红线各角点坐标及各个建筑物角点坐标；

(3)标注各建筑物室内地坪±0.000 的高程；

(4)标注道路室外高程及道路关键点处高程；

(5)标注排水坡度、排水方向及关键点间距离。

图 3.4-6 所示为标注尺寸。

3.4.7　插入文字部分

(1)编制本图图例；

(2)计算主要技术经济指标，核实是否满足规划审批条件要求，填写分期建设表及各单体指标；

(3)撰写本图说明，主要内容有尺寸单位、高程体系、坐标体系、室外设施(包括路面、路牙、室外铺地、水池、水井等)工程做法等；

(4)如果采用相对坐标系，则应注明与大地坐标系的换算关系；

(5)注明各单体建筑物的编号和名称。

图 3.4-7 所示为插入文字部分。

3.4.8　完善整理

(1)检查全图是否有纰漏，线型有无断头，字体有无错误，指标计算有无错误等；

(2)在图签中填写设计人员姓名、工程名称、设计号、图纸名称等，最后整理出图。

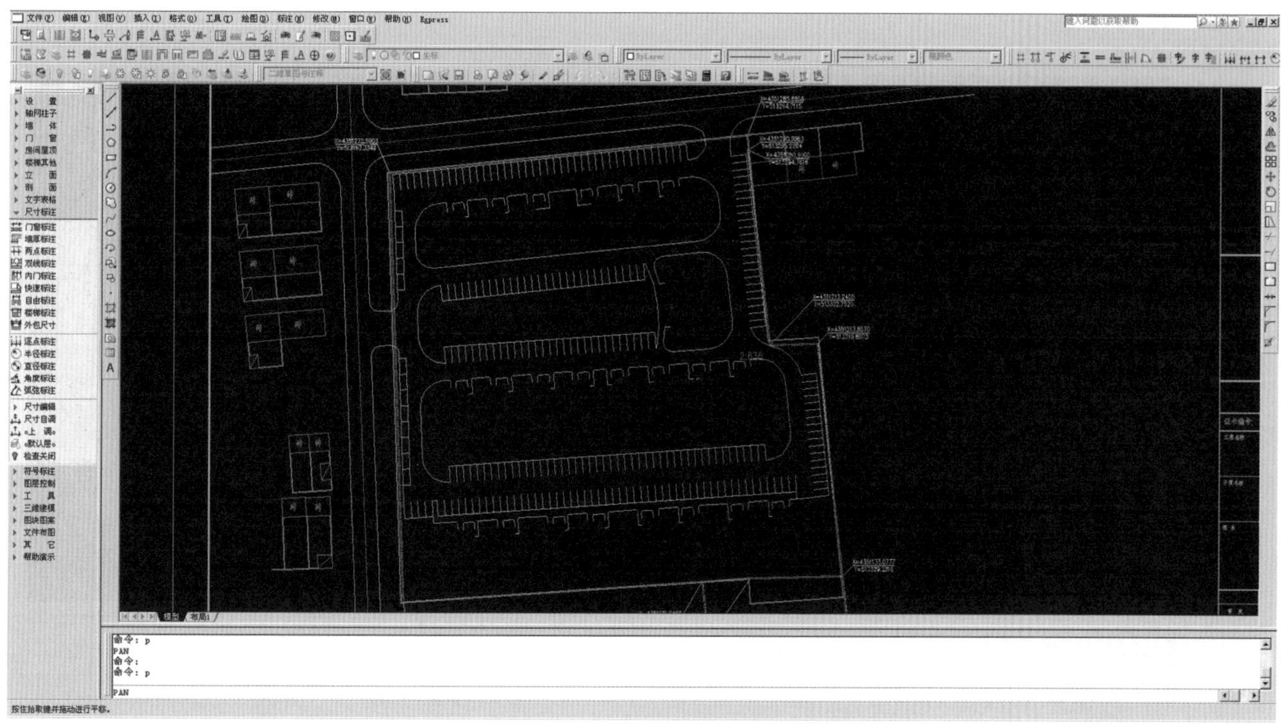

图 3.4-3 绘制道路

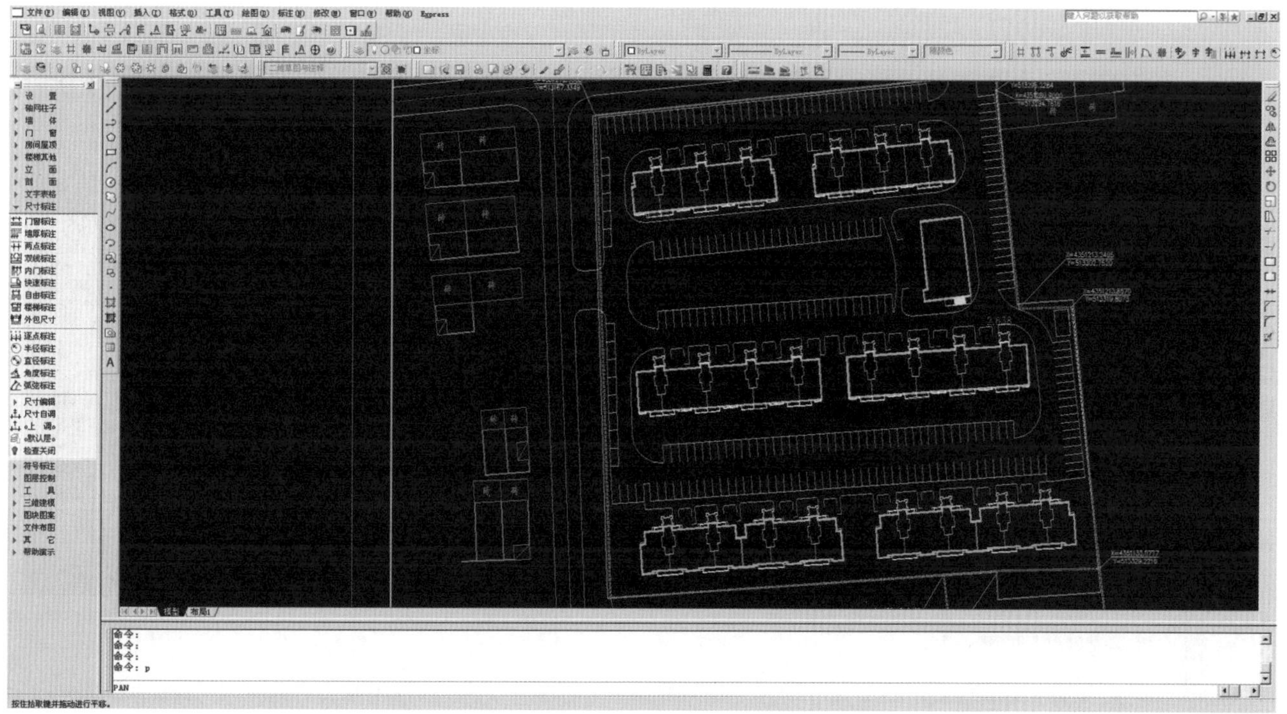

图 3.4-4 绘制新建筑物

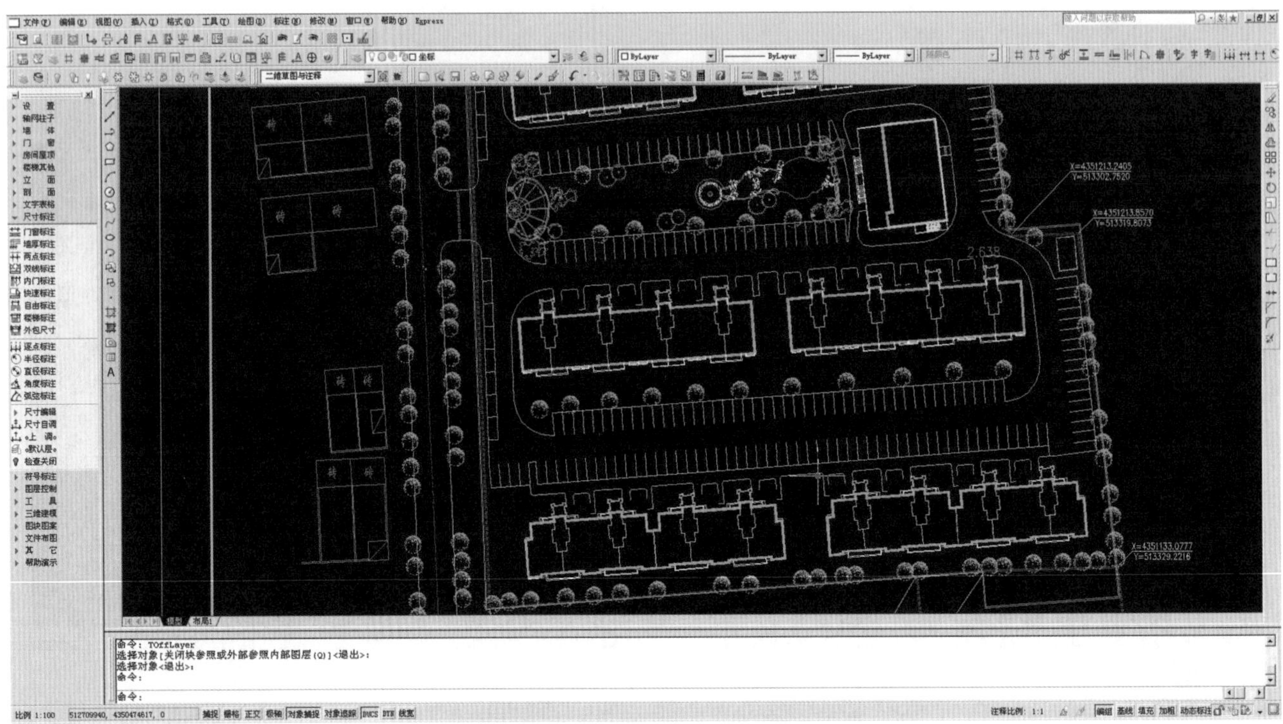

图 3.4-5　绘制小品及绿化景观

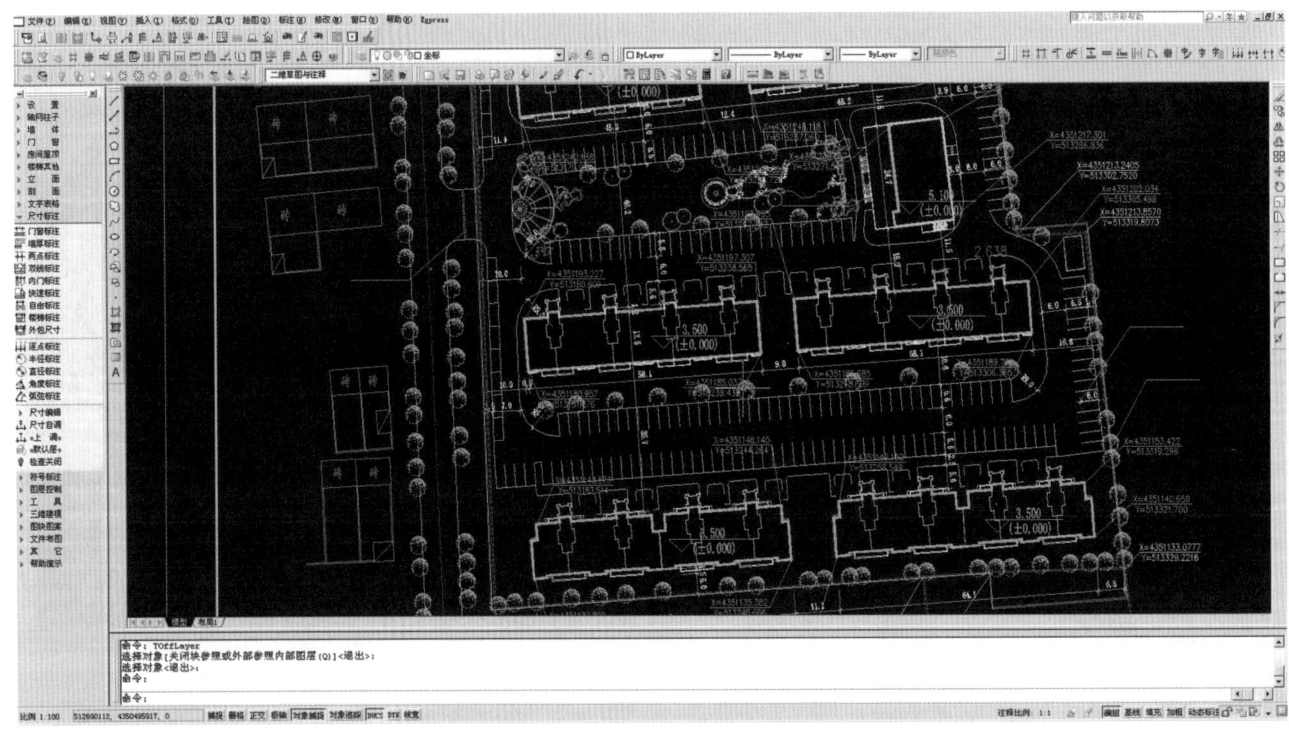

图 3.4-6　标注尺寸

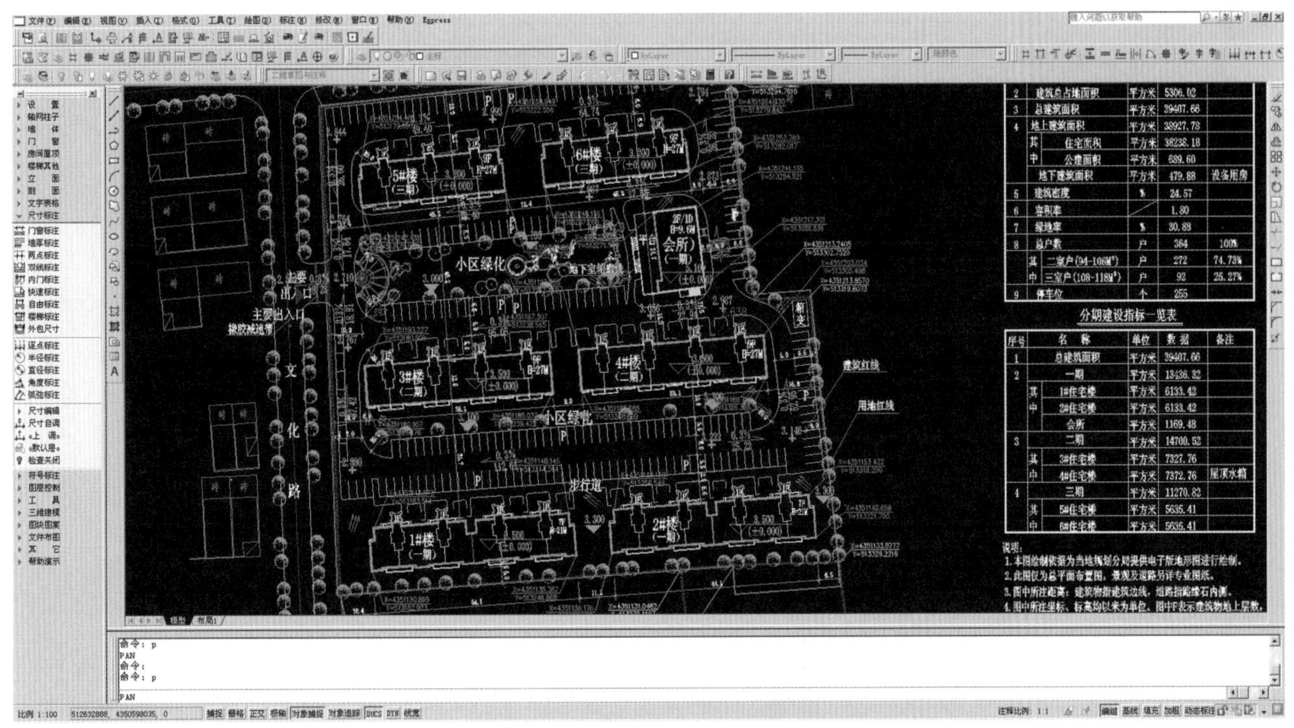

图 3.4-7 插入文字部分

知识归纳

1. 总平面图、竖向布置总平面图、管线综合总平面图、土石方总平面图、道路总平面图、绿化总平面图等采用 1∶300、1∶500、1∶1000 的比例。

2. 总图中坐标、标高、距离等尺寸单位均为米；建筑物、构筑物、道路等方位角宜标注“度、分、秒”；道路纵坡、场地平整度、排水沟沟底纵坡以百分数计。

3. 总平面图上有测量和建筑两种坐标系统，当采用建筑坐标时应在说明中注明两种坐标系统的换算公式。

4. 建筑物应以接近地面处的±0.000 标高的平面作为总平面。字符平行于建筑长边书写；总图中标注的标高应为绝对标高，当标注相对标高时，则应注明相对标高与绝对标高的换算关系。

5. 总平面图内容。

(1)保留的地形和地物；测量坐标网、坐标值。

(2)场地范围的测量坐标、道路红线、建筑控制线、用地红线等的位置。

(3)场地四邻原有及规划的道路、绿化带等的位置，周边场地用地性质以及主要建筑物、构筑物、地下建筑物等的位置、名称、性质、层数。

(4)建筑物、构筑物的名称或编号、层数、定位。

(5)广场、停车场、运动场地、道路、围墙、无障碍设施、排水沟、挡土墙、护坡等的定位。

(6)指北针或风玫瑰图。

(7)建筑物、构筑物使用编号时，应列出“建筑物和构筑物名称编号表”。

(8)注明尺寸单位、比例、建筑±0.000 的绝对标高、坐标及高程系统、补充图例等。

6. 绘图步骤：绘制准备、整理地形图、绘制道路、绘制新建筑物、绘制小品及绿化景观、标注尺寸、插入文字部分、完善整理。

课后习题

1. 总平面施工图主要有哪些内容？

2. 在总平面图设计中，哪些建筑需设环形消防车道？消防车道距建筑多少米？

3. 场地设计应遵循哪些原则？

4. 总图中竖向设计有哪些表达法？

5. 总平面图设计要点有哪些？

6. 总图消防设计要点有哪些？

7. 某小学拟建一座 $3000m^2$ 教学楼，根据下图，设计条件及要求如下：层数不大于 3 层，框架结构，地质条件良好，场地平整，场地东侧为道路。请根据提供的设计条件及附图绘制该项目的总平面施工图，应符合现行国家法律法规及《建筑工程设计文件编制深度规定》，其他条件自拟。

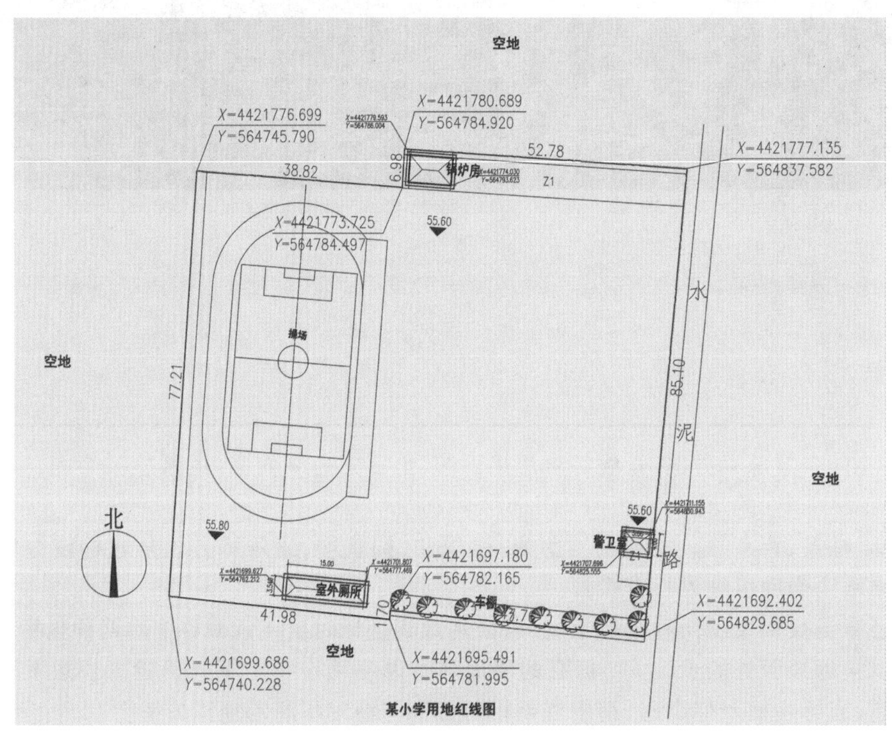

习题图

4

建筑平面图设计

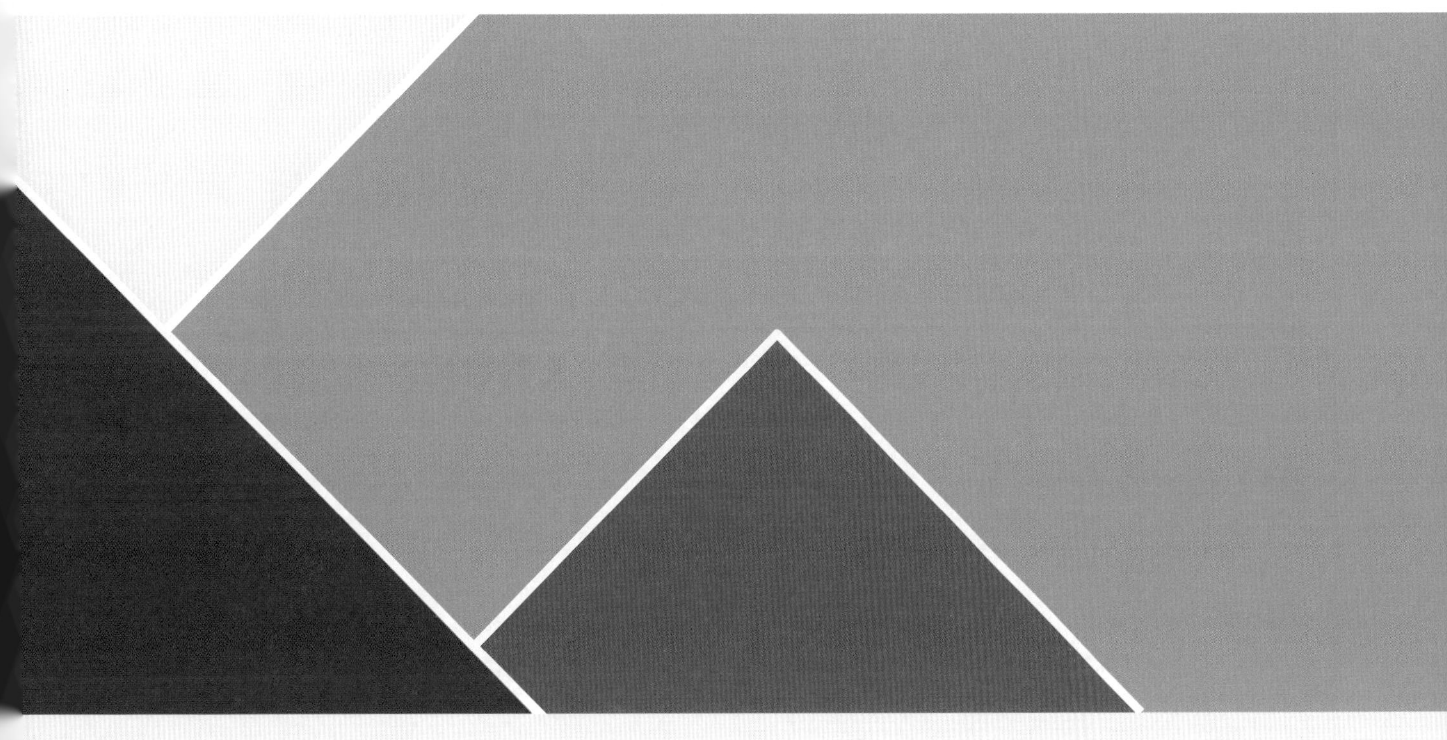

俗话说“万丈高楼平地起”。建造大楼都是从下往上逐层施工的，绘制平面施工图也是从下往上开始的……

4.1 平面图制图要求及图例简介

为了使建筑专业制图规范，保证制图质量，提高制图效率，做到图面清晰、简明，符合设计、施工、存档的要求，适应工程建设的需要，住房和城乡建设部自2010年8月颁布了《建筑制图标准》(GB/T 50104—2010)，并于2011年3月1日起实施，现将与建筑平面施工设计有关内容摘录如下。

4.1.1 线型要求

线型图例见表4.1-1。

表4.1-1 线型图例

线型	线宽/mm	图例	备注
粗实线	0.8～1.0		平面图中被剖切的主要建筑构造（包括构配件）的轮廓线； 平面图中的剖切符号
中粗实线	0.3～0.5		平面图中被剖切的次要建筑构造（包括构配件）的轮廓线； 平面图中建筑构配件的轮廓线
细实线	0.1～0.2		尺寸线、索引符号、标高符号、做法引出线、粉刷线、保温层线、地面和墙面高差分界线
中粗虚线	0.3～0.5		平面图中建筑构配件不可见的轮廓线； 平面图中梁式起重机（吊车）轮廓线； 拟、扩建建筑物轮廓线
细虚线	0.1～0.2		图例填充线、家具轮廓线
细点画线	0.1～0.2		建筑构配件中心线、对称线、定位轴线等
双点画线中粗线	0.3～0.5		平面详图索引轮廓线
折断线	0.1～0.2		部分省略表示时的断开界线

注：表中线宽是指打印后图纸中线型的实际宽度，在电脑软件绘图中要注意图纸比例和线宽的换算。

4.1.2 平面图比例

(1)常见建筑物或构筑物平面图的比例为 1∶100;

(2)图纸比例主要根据图幅的大小和建筑物的平面尺寸确定;

(3)平面图可采用的比例有 1∶100、1∶150、1∶200 等。

4.1.3 平面图尺寸单位

(1)平面图中标高单位为米,其他长度尺寸以毫米为单位,标注时只标注长度数值,省略单位。

(2)角度宜标注“度、分、秒”,如特殊情况应另加说明。

(3)场地平整度、集水坑坑底坡度以百分数计,并应取小数点后一位数,如“0.2%”。

4.1.4 标高标注

(1)将建筑物首层地面标高作为相对标高的±0.000,其他水平标高以首层地坪标高作为参照点。

(2)首层平面图中,应注明相对标高±0.000 与绝对标高的换算关系。

4.1.5 图例

平面图图例见表 4.1-2。

表 4.1-2 平面图图例

序号	名称	常见图例	备注
1	钢筋混凝土墙体		1.粗线涂灰部分表示钢筋混凝土墙体,细线部分表示保温层或其他复合材料; 2.无保温层的砌块墙体; 3.各层平面防火墙、人防临空墙等特殊墙体宜着重以特殊填充图案表示
2	砌块墙体		可以在说明中注明砌块材料
3	轻质隔墙		1.加注文字说明或填充图案表示隔墙材料; 2.不到顶隔断应注明隔墙高度
4	玻璃幕墙		用细实线表示,幕墙龙骨是否表示由项目设计决定
5	栏杆		细线表示栏杆的投影线
6	楼梯	DJM-1 FMZ	1.首层楼梯平面;

续表

序号	名称	常见图例	备注
6	楼梯	C-5	2. 标准层楼梯平面； 3. 顶层楼梯平面
7	孔洞或坑槽		也可以不涂黑
8	窗 高窗 单扇门 双扇门 卷帘门 旋转门 折叠门	C-4 C0906 M-2 M1221 JLM1221 XZM1221 ZDM1221	文字表示门窗编号
9	台阶 坡道 散水	M1521 M1521 M1521 C1819 C1819 C1819 C-2 C-3 i=1/12 上	
10	通风道或烟道		

续表

序号	名称	常见图例	备注
11	电梯	电梯	电梯门采用推拉门
12	指北针	北	只在首层平面图中标识

4.1.6 平面图制图要求

(1)平面图的方向宜与总平面图方向一致,平面图的长边宜与横式幅面图纸的长边一致。

(2)在同一张图纸上绘制多于一层的平面图时,各层平面图宜按层数由低到高的顺序从左至右或从下至上布置,如图 4.1-1 所示。

(3)除顶棚平面图外,各种平面图应按正投影法绘制。

(4)建筑物平面图应在建筑物的门窗洞口处水平剖切俯视,屋顶平面图应在屋顶以上俯视,图内应包括剖切面及投影方向可见的建筑构造以及必要的尺寸、标高等,表示高窗、洞口、通气孔、槽、地沟及起重机等不可见的部分时,应采用虚线绘制。

(5)建筑物平面图应注写房间的名称或编号,编号应注写在用直径为 6mm 的细实线绘制的圆圈内,并应在同张图纸上列出房间名称表。

(6)平面较大的建筑物,可分区绘制平面图,但每张平面图均应绘制组合示意图。各区应分别用大写拉丁字母编号。在组合示意图中需提示的分区,应采用阴影线或填充的方式表示。如图 4.1-2 所示,若平面尺寸较大,图幅受限,可以分段绘制平面图,但应在各段平面图中画出分段示意图并标注相邻处轴号及该段平面所覆盖的区域,防止混淆。

(7)顶棚平面图宜采用镜像投影法绘制。

(8)指北针应绘制在建筑物±0.000 标高的平面图上,并应放在明显位置,所指的方向应与总图一致。

(9)不同比例的平面图,其抹灰层、楼地面、材料图例的省略画法,应符合下列规定:

①比例大于 1∶50 的平面图,应画出抹灰层、保温隔热层等与楼地面、屋面的面层线,并宜画出材料图例;

②比例等于 1∶50 的平面图宜绘出保温隔热层,抹灰层的面层线应根据需要确定;

③比例小于 1∶50 的平面图,可不画出抹灰层;

④比例为 1∶200～ 1∶100 的平面图,可简化材料图例;

⑤比例小于 1∶200 的平面图,可不画材料图例。

(10)尺寸可分为总尺寸、定位尺寸和细部尺寸,绘图时,应根据设计深度和图纸用途确定所需注写的尺寸。

(11)建筑物平面标注室内外地坪、楼地面、地下层地面、阳台、平台、檐口、屋脊、女儿墙、雨篷、门窗、台阶等处的标高。平屋面等不易标明建筑物标高的部位可标注结构标高,应进行说明。结构找坡的平屋面,屋面标高可标注在结构板面最低点,并注明找坡坡度。

(12)平面图及其详图应注写完成面标高。

(13)标注建筑平面图各部位的定位尺寸时,应注写与其最邻近的轴线间的尺寸;标注建筑剖面图各部位的定位尺寸时,应注写其所在层内的尺寸。

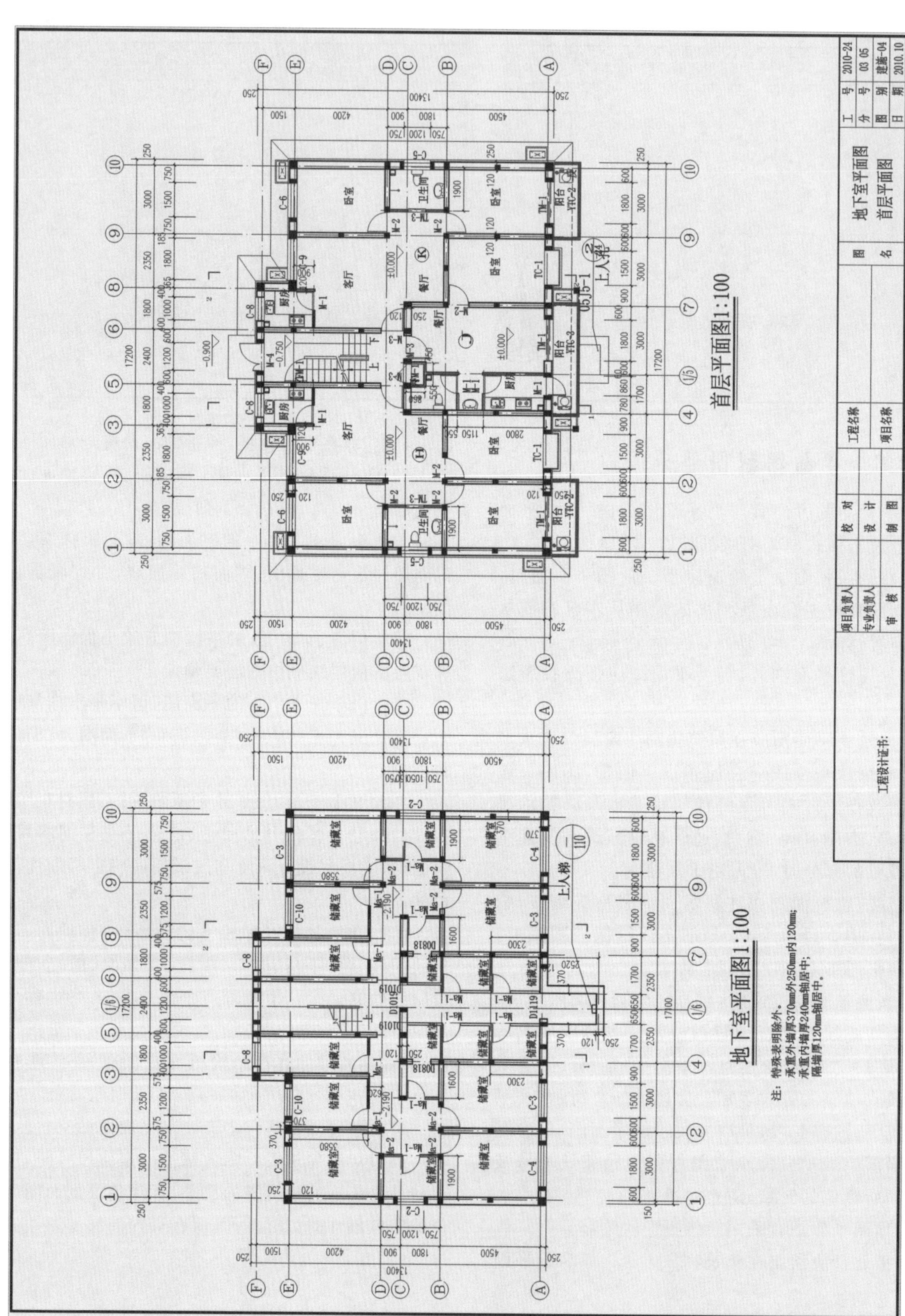

图 4.1-1 地下室平面图与首层平面图

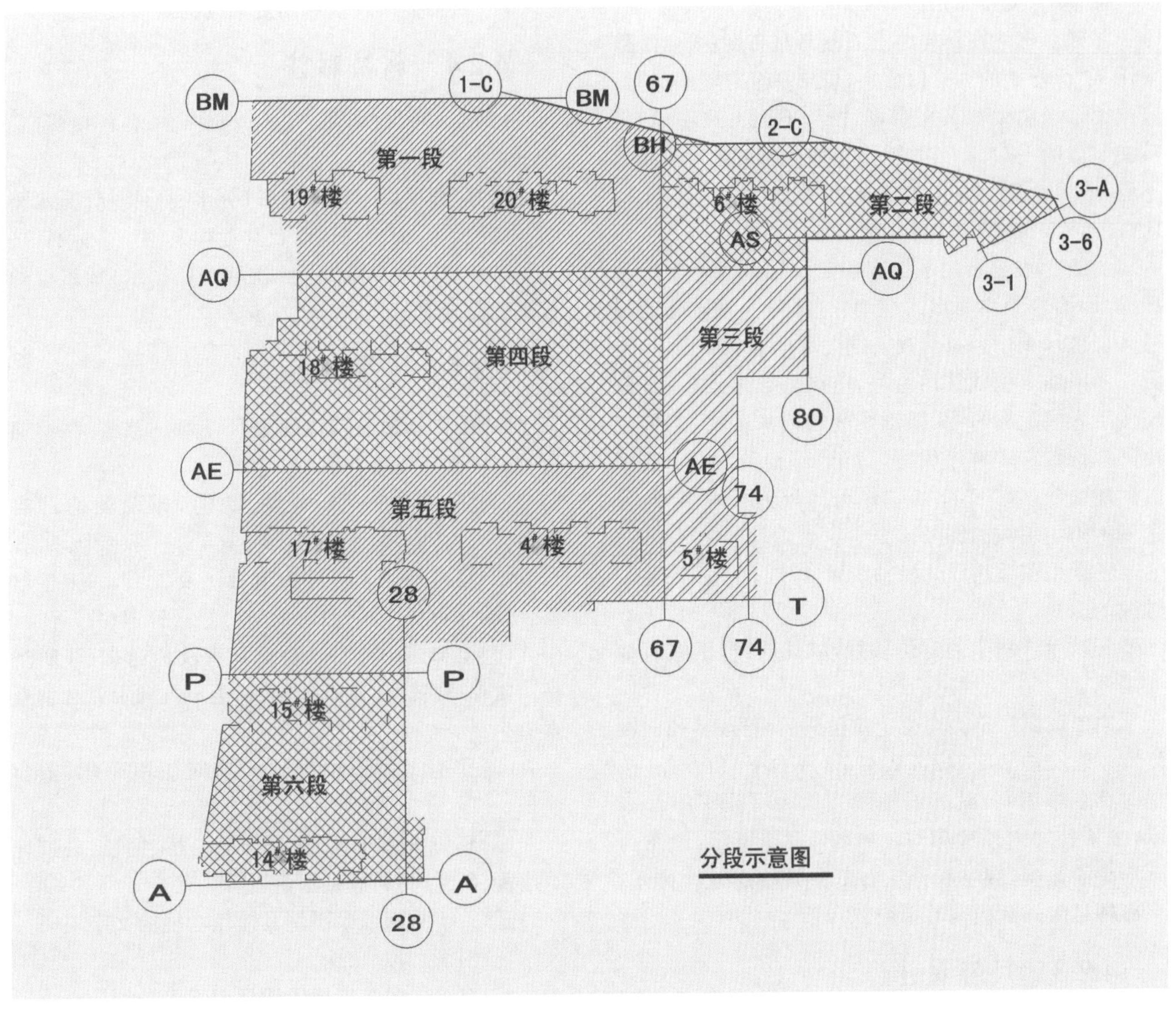

图 4.1-2 某平面图分段示意图

4.2 平面图纸设计深度

4.2.1 建筑实体部分

(1)建筑围护构件，主要有内外墙体、柱子、墙上门窗及洞口等，也可将梁用双虚线画出。

(2)建筑交通构件，主要有楼梯、电梯、扶梯、提升机、室外楼梯等。

(3)建筑内设施和家具，主要包括卫生器具(水池、盥洗台、便器)、隔断、厨柜、桌椅、设备等。

(4)楼地面预留孔洞和通气管道、管线竖井、烟囱、垃圾道等。

(5)室外建筑构件，主要有台阶、散水、雨水管、室外阳台、露台、雨篷、空调机板及其他装饰构件等。

(6)屋面女儿墙、檐口、天沟、雨水口、屋脊(分水线)、变形缝、楼梯间、水箱间、电梯机房、天窗及挡风板、屋面上人孔、检修梯、出屋面管道井及其他构筑物。

4.2.2 轴线部分

(1)平面图中承重墙、柱应有定位轴线和轴线编号。

(2)轴号编排原则：

①轴号标注在图样的上下方与左右侧，横向编号应用从“1”开始的阿拉伯数字，按从左至右顺序编写；竖向编号应用大写英文字母，按从下至上顺序编写，英文字母的I、O、Z不得用作轴线编号；如字母数量不够用，可增用双字母或单字母加数字，如AA，BA，…，YA或A1，B1，…，Y1。

②组合较复杂的平面图中定位轴线也可采用分区编号，编号的注写形式应为“分区号——该分区编号”，分区号采用阿拉伯数字或大写拉丁字母表示。

③附加定位轴线的编号，应以分数形式表示，并应按下列规定编写：两根轴线间的附加轴线，编号宜用阿拉伯数字按顺序编写，对于“1”轴和“A”轴前面的附加轴号，以“0”和“0A”作为分母轴线的编号，分子表示附加轴线的编号。

④通用图适用于几根轴线时，应同时注明各有关轴线的编号。

⑤通用详图中的定位轴线，应只画圆，不注写轴线编号。

扇形或圆形平面图中定位轴线的编号，其径向轴线宜用阿拉伯数字表示，从左下（或右下）角开始，按逆时针顺序编写；其圆周轴线宜用大写拉丁字母表示，按从外向内顺序编写。如图4.2-1所示，该图为圆形平面造型，数字轴号从右下角开始逆时针排列，字母轴号由外到内向心排列。

4.2.3 尺寸标注

(1)轴线总尺寸（或外包总尺寸）、轴线间尺寸（柱距、跨度）、门窗洞口尺寸、分段尺寸。

(2)墙身厚度（包括承重墙和非承重墙），柱与壁柱截面尺寸（必要时）及其与轴线关系尺寸，当围护结构为幕墙时，标明幕墙与主体结构的定位关系及平面凹凸变化的轮廓尺寸；玻璃幕墙部分标注立面分隔间距的中心尺寸。

(3)主要结构和建筑构造部件定位尺寸，如中庭、天窗、地沟、地坑、重要设备或设备基础、各种平台、夹层、人孔、阳台、雨篷、台阶、坡道、散水、阴沟、变形缝等。

(4)主要建筑设备和固定家具的定位尺寸。

4.2.4 标高标注

(1)室外地面标高、首层地面标高、各楼层标高、地下室各层标高。

(2)屋顶平面、檐口、屋脊（分水线）、楼梯间、水箱间、电梯机房、天窗等顶面及其他构筑物顶面标高等。

(3)墙体（主要为填充墙、承重砌体墙）预留洞的标高或高度等。

4.2.5 文字部分

(1)应注明房间名称或编号，库房（储藏）注明储存物品的火灾危险性类别。

(2)墙体内外门窗位置、编号，以及门的开启方向。

(3)室内外建筑构件构造做法及索引，如卫生器具、水池、橱柜、散水、台阶、栏杆、竖向管道（井）等。

(4)电梯、自动扶梯、自动步道及传送带（注明规格）、楼梯（爬梯）位置，以及楼梯上下方向示意和编号索引。

(5)住宅平面图中标注各房间使用面积、阳台面积。

(6)建筑中用于检修、维修的天桥、棚顶、马道等的位置、尺寸、材料和做法索引。

(7)关于平面图中图例及使用功能的文字说明。

(8)图纸名称、比例。

(9)有关平面节点详图或详图索引号。

4.2.6 辅助图

(1)首层平面指北针或风玫瑰图，如图4.2-2所示。

(2)首层平面标注剖切线位置及编号。

(3)每层建筑面积、防火分区面积、防火分区分隔位置及安全出口位置示意，图中标注计算疏散宽度及最远疏散点到达安全出口的距离（宜单独成图）；当整层仅为一个防火分区，可不注明防火分区面积，或以示意图（简图）形式在各层平面中表示，如图4.2-3所示。

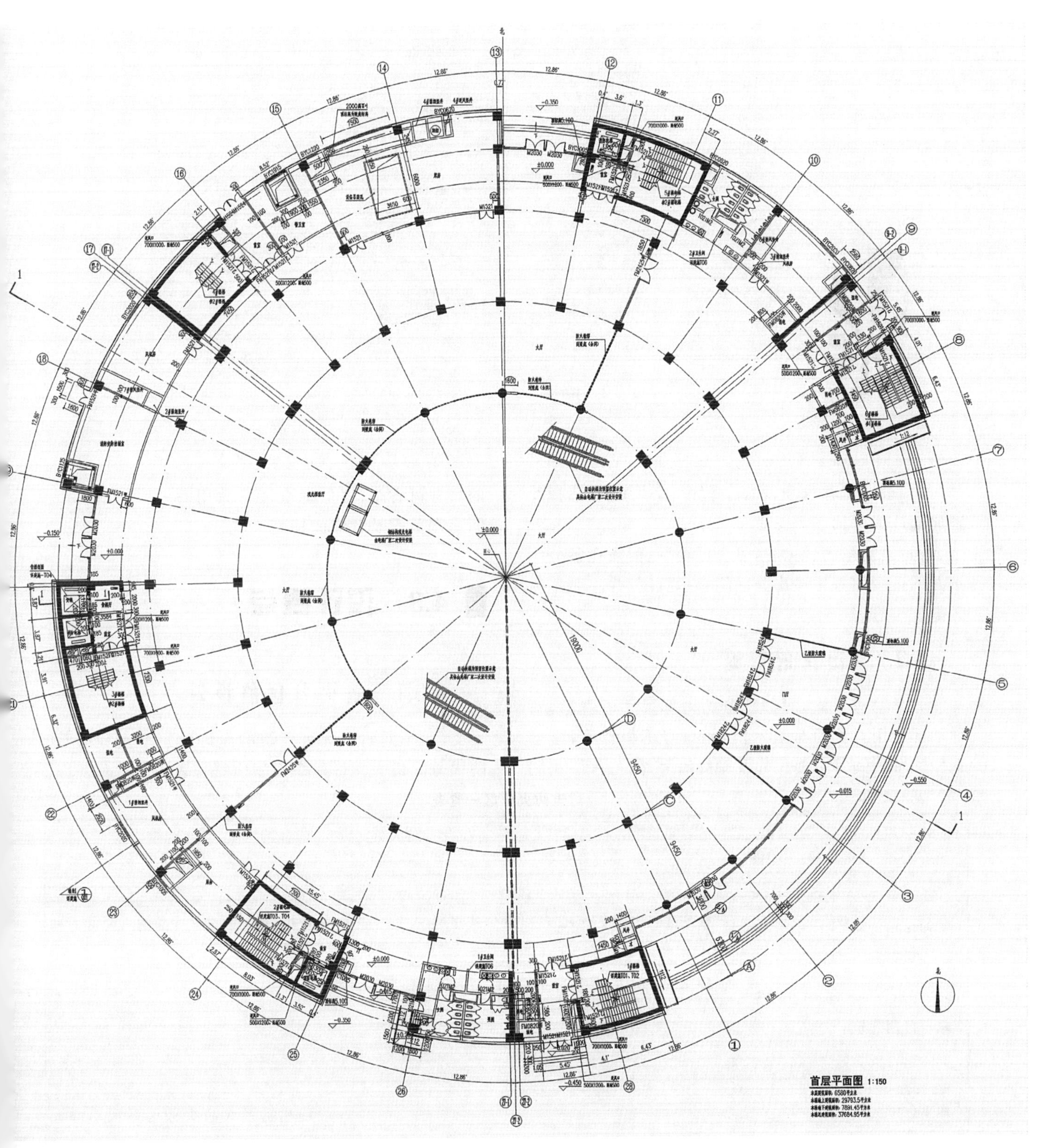

图 4.2-1 某展览馆首层平面图

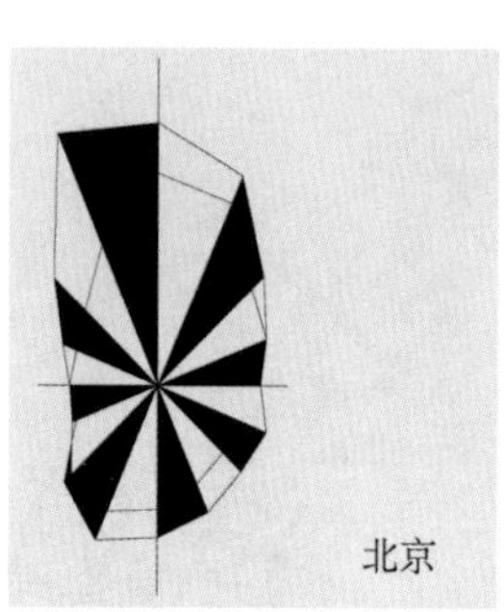

图 4.2-2 北京风玫瑰图

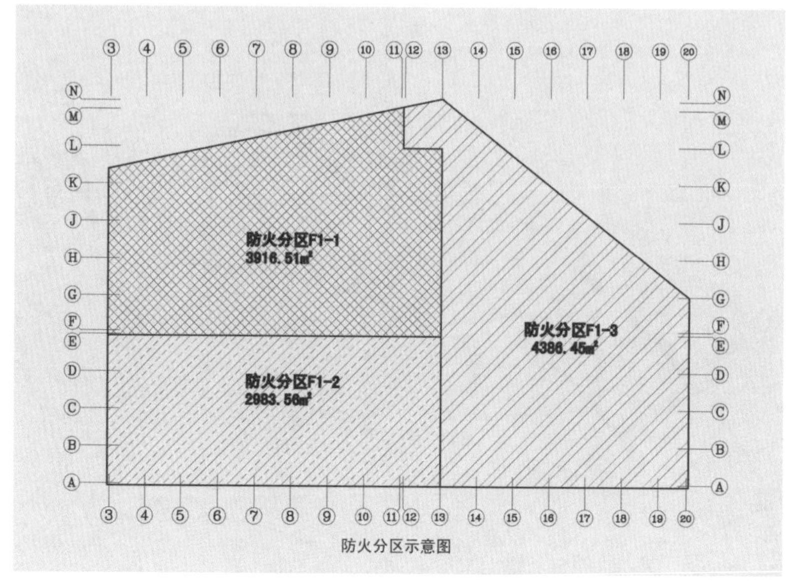

图 4.2-3 防火分区示意图

(4)根据工程性质及复杂程度,必要时可选择绘制局部放大平面图。

(5)建筑平面较大时,可分区绘制,但须在各分区平面图适当位置中绘出分区组合示意图,并注明本分区部位编号。

4.2.7 图纸的省略

若是对称平面,对称部分的内部尺寸可省略,对称轴部位用对称符号表示,但轴线号不得省略;楼层平面除轴线间等主要尺寸及轴线编号外,与首层相同的尺寸可省略;楼层标准层可共用同一平面,但需注明层次范围及各层的标高。

4.3 设计要点

4.3.1 防火分区的设置

(1)不同耐火等级建筑的允许建筑高度或层数、防火分区最大允许建筑面积应符合表 4.3-1 规定。

表 4.3-1 建筑防火分区一览表

名称	耐火等级	高度和层数	防火分区最大面积/m²	备注
高层民用建筑	一、二级	住宅建筑大于 27m,二层以上公共建筑大于 24m	1500	体育馆、剧场的观众厅的防火分区面积可适当增加
单层民用建筑	一、二级	住宅建筑不大于 27m,不大于 24m 的多层和大于 24m 的单层公共建筑	2500	
	三级	5 层	1200	
	四级	2 层	600	
地下(半地下)建筑	一级	—	500	设备用房最大防火分区面积不应大于 1000m²

注:1. 表中规定的防火分区最大允许建筑面积,当建筑内设置自动灭火系统时,可按本表的规定增加 1.0 倍;局部设置时,防火分区的增加面积可按该局部面积的 1.0 倍计算。

2. 裙房与高层建筑主体之间设置防火墙时,裙房的防火分区可按单、多层建筑的要求确定。

(2)防火分区之间应采用防火墙分隔，确有困难时，可采用防火卷帘等防火分隔设施分隔。防火分隔部位设置防火卷帘时，耐火极限不应低于 3h 的要求。

(3)建筑内设置自动扶梯、敞开楼梯等上、下层相连通的开口时，其防火分区的建筑面积应按上、下层相连通的建筑面积叠加计算；当叠加计算后的建筑面积大于表 4.3-1 的规定时，应划分防火分区。

(4)一、二级耐火等级建筑内的商店营业厅、展览厅，当设置自动灭火系统和火灾自动报警系统并采用不燃或难燃装修材料时，其每个防火分区的最大允许建筑面积应符合下列规定：

①设置在高层建筑内时，不应大于 $4000m^2$。

②设置在单层建筑或仅设置在多层建筑的首层内时，不应大于 $10000m^2$。

③设置在地下或半地下时，不应大于 $2000m^2$。

④一、二级耐火等级的汽车库最大防火分区面积，单层为 $3000m^2$；多层、半地下层为 $2500m^2$；地下层和高层为 $2000m^2$。当设置自动灭火系统和火灾自动报警系统时，每个防火分区最大面积可增加 1 倍。

4.3.2 安全疏散楼梯的设置

4.3.2.1 防烟楼梯间设置条件

(1)一类高层公共建筑和建筑高度大于 32m 的二类高层公共建筑，其疏散楼梯应采用防烟楼梯间。如图 4.3-1所示，防烟楼梯间是在楼梯间入口处设置防烟的前室、开敞式阳台或凹廊(统称前室)等设施，且通向前室和楼梯间的门均为防火门，以防止火灾产生的烟和热气进入的楼梯间。

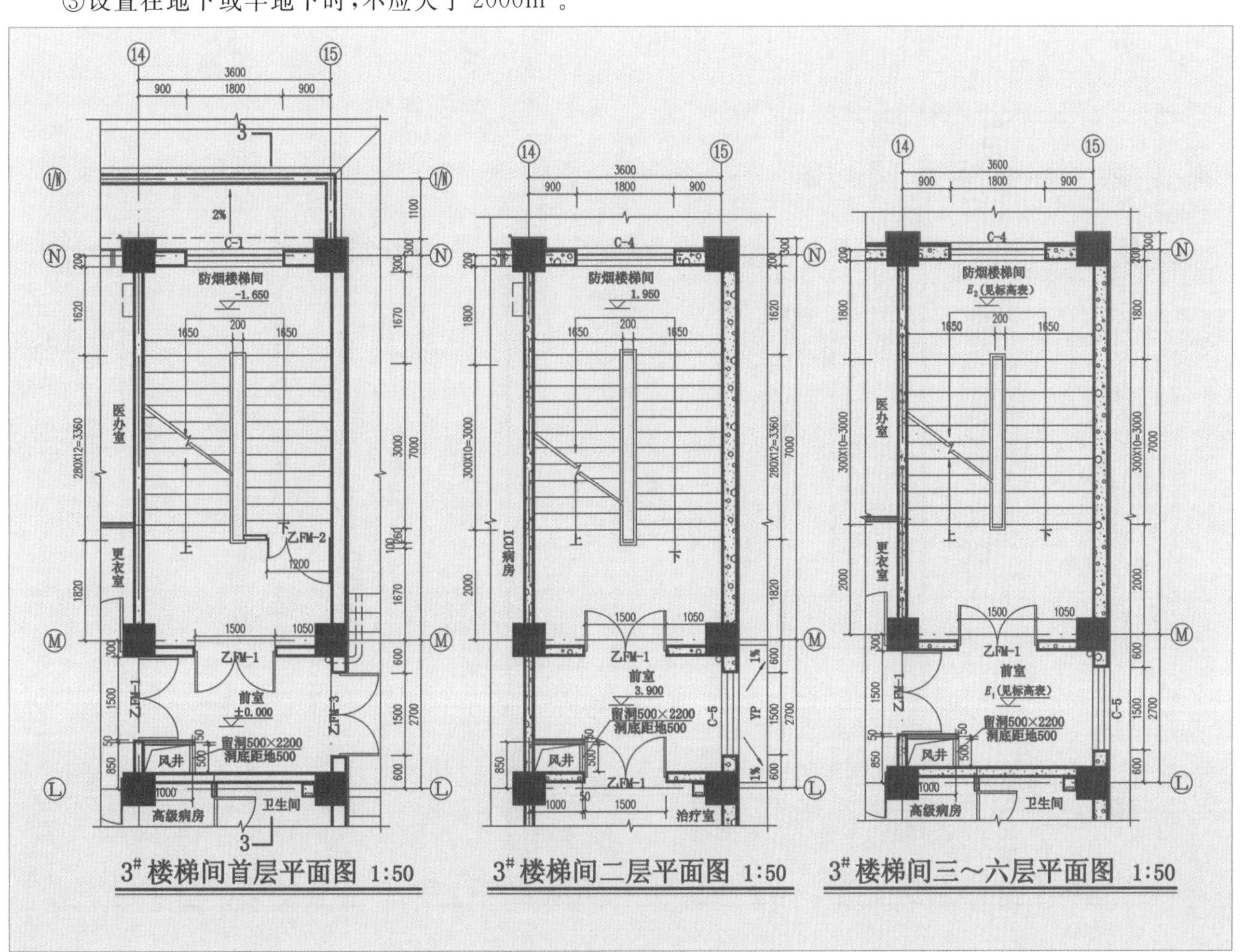

图 4.3-1 防烟楼梯间平面图

(2)不能自然通风或自然通风不能满足要求时，应设置机械加压送风系统或采用防烟楼梯间；室内地面与室外出入口地坪高差大于10m或3层及以上的地下、半地下建筑(室)，其疏散楼梯应采用防烟楼梯间。

(3)建筑高度大于33m的住宅建筑应采用防烟楼梯间。

4.3.2.2 封闭楼梯间设置条件

(1)医疗建筑、旅馆、老年人建筑及类似使用功能的建筑。

(2)设置歌舞娱乐放映游艺场所的建筑；商店、图书馆、展览建筑、会议中心及类似使用功能的建筑。

(3)6层及以上的其他建筑等建筑应采用封闭楼梯间。如图4.3-2所示，封闭楼梯间是在楼梯间入口处设置防火门，以防止火灾的烟和热气进入的楼梯间。

(4)室内地面与室外出入口地坪高差不大于10m或3层以下的地下、半地下建筑(室)，其疏散楼梯应采用封闭楼梯间。

(5)建筑高度不大于21m的住宅建筑可采用敞开楼梯间；与电梯井相邻布置的疏散楼梯应采用封闭楼梯间，当户门采用乙级防火门时，仍可采用敞开楼梯间。

(6)建筑高度大于21m、不大于33m的住宅建筑应采用封闭楼梯间；当户门采用乙级防火门时，可采用敞开楼梯间。

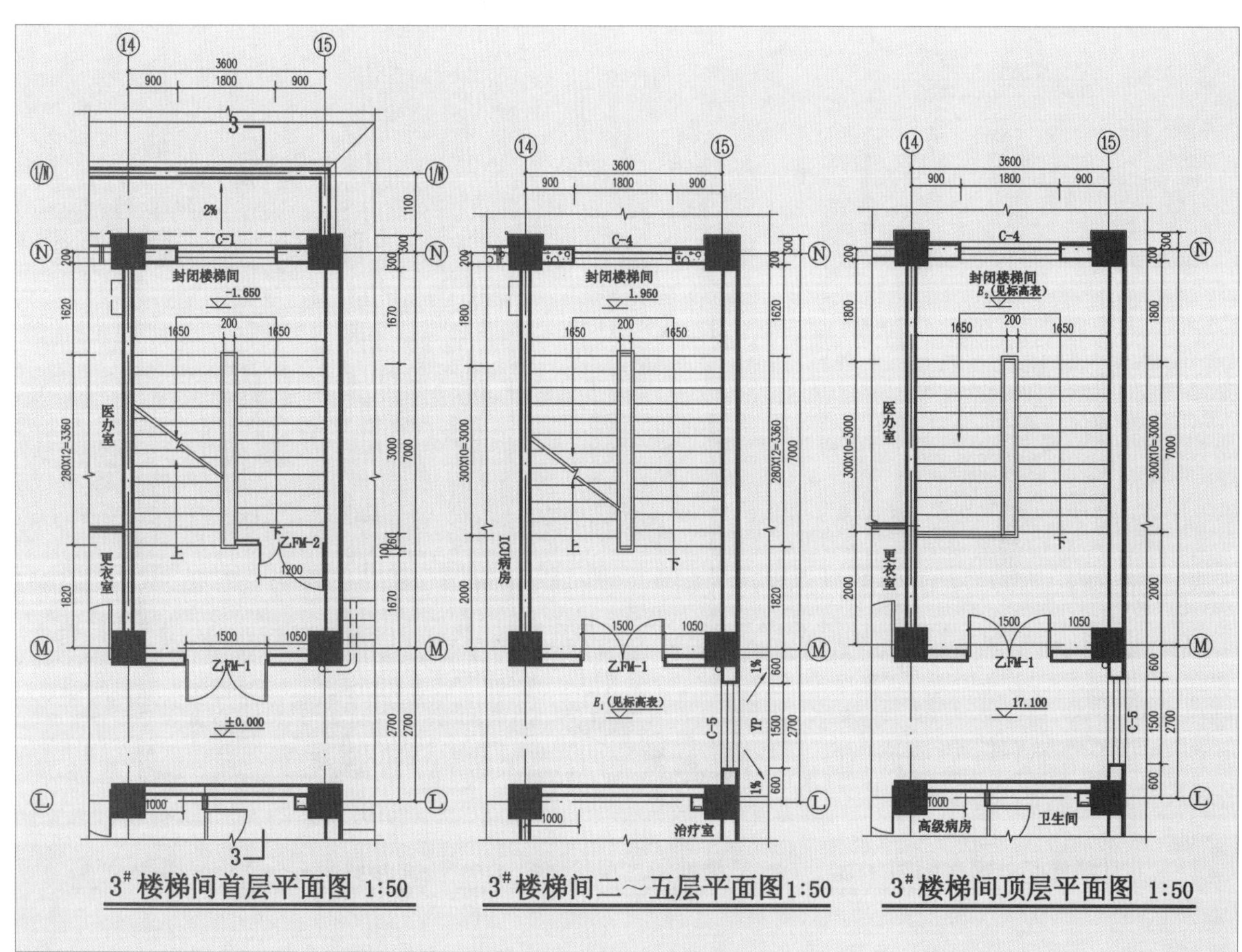

图4.3-2 封闭楼梯间平面图

4.3.2.3 楼梯间设置基本要求

(1)楼梯间应能天然采光和自然通风,并宜靠外墙设置。靠外墙设置时,楼梯间、前室及合用前室外墙上的窗口与两侧门、窗、洞口最近边缘的水平距离不应小于 1.0m。

(2)除封闭楼梯间的出入口和外窗外,楼梯间的墙上不应开设其他门、窗、洞口。

(3)除住宅建筑的防烟楼梯间前室外,防烟楼梯间和前室内的墙上不应开设除疏散门和送风口外的其他门、窗、洞口。

(4)室外疏散楼梯梯段和平台均应采用不燃材料制作。平台的耐火极限不应低于 1.00h,梯段的耐火极限不应低于 0.25h,除疏散门外,楼梯周围 2m 内的墙面上不应设置门、窗、洞口,疏散门不应正对梯段。

(5)疏散用楼梯和疏散通道上的阶梯不宜采用螺旋楼梯和扇形踏步;确需采用时,踏步上、下两级所形成的平面角度不应大于 10°,且每级离扶手 250mm 处的踏步深度不应小于 220mm。

4.3.2.4 剪刀梯设置条件

(1)高层公共建筑的疏散楼梯,当从任一疏散门至最近疏散楼梯间入口的距离不大于 10m 时,可采用剪刀楼梯间,但应符合下列规定:

①楼梯间应为防烟楼梯间;

②梯段之间应设置耐火极限不低于 1.00h 的防火隔墙;

③楼梯间的前室应分别设置。

如图 4.3-3 所示,剪刀楼梯间因剖面形似剪刀而得名。

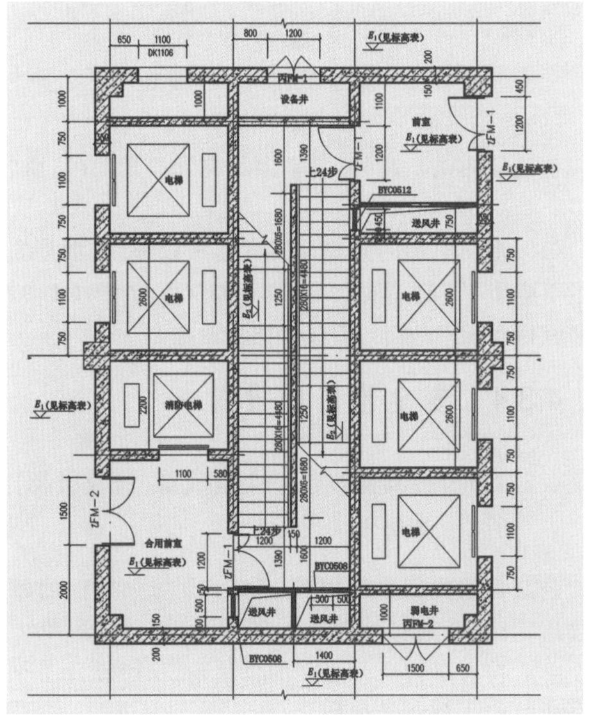

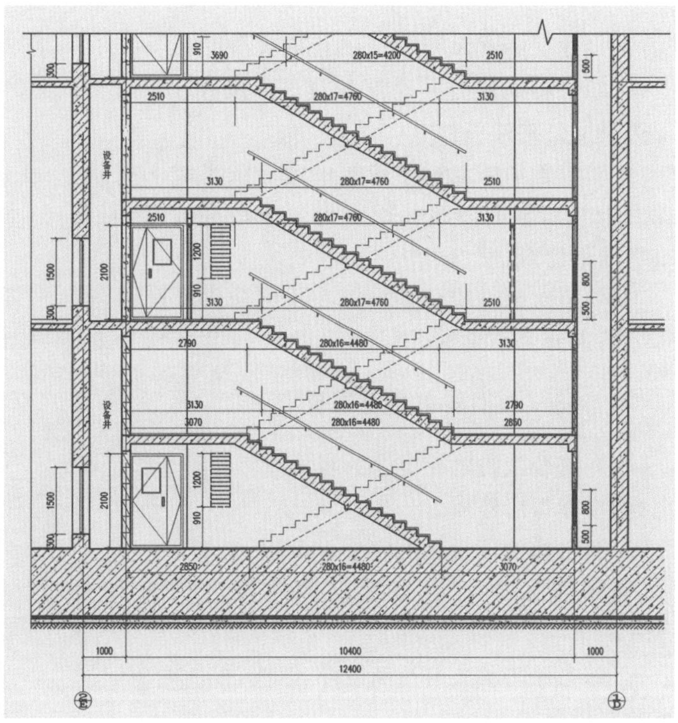

图 4.3-3 剪刀楼梯间平面图和局部剖面图

（2）住宅单元的疏散楼梯，当任一户门至最近疏散楼梯间入口的距离不大于 10m 时，可采用剪刀楼梯间，但应符合下列规定：

①应采用防烟楼梯间。

②梯段之间应设置耐火极限不低于 1.00h 的防火隔墙。

③楼梯间的前室不宜共用；共用时，前室的使用面积不应小于 6.0m²。

④楼梯间的前室或共用前室不宜与消防电梯的前室合用；楼梯间的共用前室与消防电梯的前室合用时，合用前室的使用面积不应小于 12.0m²，且短边不应小于 2.4m。

4.3.3 消防电梯的设置

4.3.3.1 消防电梯设置条件

（1）建筑高度大于 33m 的住宅建筑；

（2）一类高层公共建筑和建筑高度大于 32m 的二类高层公共建筑；

（3）设置消防电梯的建筑的地下或半地下室，埋深大于 10m 且总建筑面积大于 3000m² 的其他地下或半地下建筑（室）；

（4）消防电梯应分别设置在不同防火分区内，且每个防火分区不应少于 1 台。

4.3.3.2 消防电梯设置要点

（1）符合消防电梯要求的客梯或货梯可兼作消防电梯，应能每层停靠。

（2）电梯的载重量不应小于 800kg。

（3）电梯从首层至顶层的运行时间不宜大于 60s。

（4）电梯的动力与控制电缆、电线、控制面板应采取防水措施。

（5）在首层的消防电梯入口处应设置供消防队员专用的操作按钮，电梯轿厢的内部装修应采用不燃材料。

（6）电梯轿厢内部应设置专用消防对讲电话。

（7）消防电梯应设置前室，前室宜靠外墙设置，并应在首层直通室外或经过长度不大于 30m 的通道通向室外。

（8）消防电梯前室的使用面积不应小于 6.0m²；与防烟楼梯间合用的前室，公共建筑使用面积不应小于 10m²，如图 4.3-4 所示。

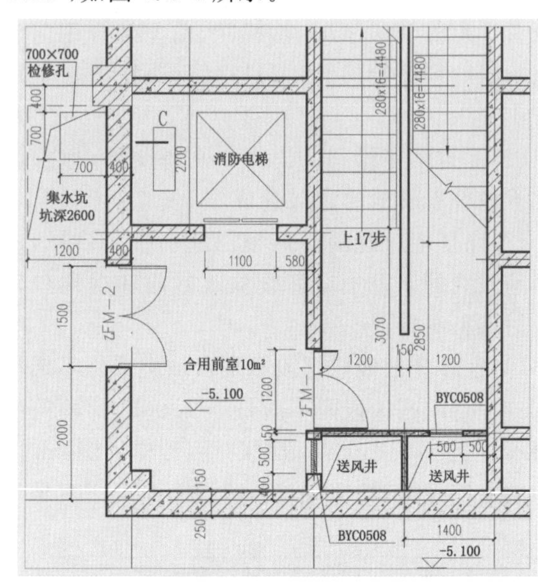

图 4.3-4 某高层消防电梯平面图

（9）除前室的出入口、前室内设置的正压送风口和住宅建筑内的户门外，前室内不应开设其他门、窗、洞口。

（10）消防电梯的井底应设置排水设施，排水井的容量不应小于 2m³，排水泵的排水量不应小于 10L/s。消防电梯间前室的门口宜设置挡水设施。

4.3.4 安全出口的设置

4.3.4.1 公共建筑设一个疏散口（疏散楼梯）的条件

公共建筑内每个防火分区或一个防火分区的每个楼层，其安全出口的数量应经计算确定，且不应少于 2 个。符合下列条件之一的公共建筑，可设置 1 个安全出口或 1 部疏散楼梯：

（1）除托儿所、幼儿园外，建筑面积不大于 200m² 且人数不超过 50 人的单层公共建筑或多层公共建筑的首层。

（2）除医疗建筑，老年人建筑，托儿所、幼儿园的儿童用房，儿童游乐厅等儿童活动场所和歌舞娱乐放映游艺场所等外，所有符合表 4.3-2 规定的公共建筑。如图 4.3-5 所示，某二层商业建筑，防火等级为二级，每单元面积不大于 $200m^2$，使用人不超过 50 人，可以采用 1 部疏散楼梯。

表 4.3-2 **符合设置 1 部疏散楼梯的公共建筑**

耐火等级	最多层数	每层最大面积/m^2	人数
一、二级	3	200	二层、三层人数之和不超过 50 人
三级	3	200	二层、三层人数之和不超过 50 人
四级	2	200	二层、三层人数之和不超过 50 人

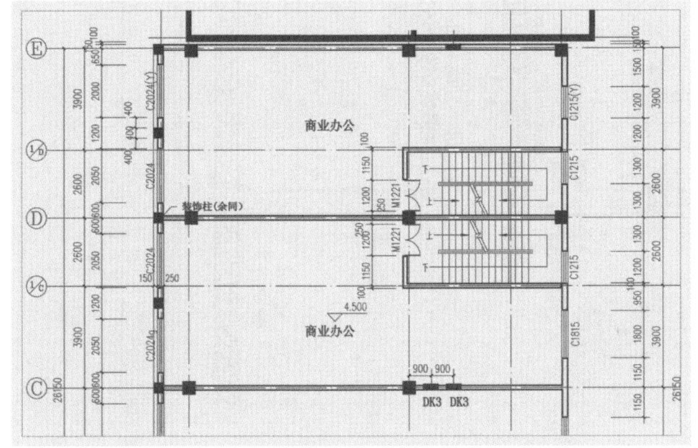

图 4.3-5 某小型公共建筑二层平面图

4.3.4.2 公共建筑内房间设一个疏散门的条件

公共建筑内房间的疏散门数量应经计算确定且不应少于 2 个。除托儿所、幼儿园、老年人建筑、医疗建筑、教学建筑内位于走道尽端的房间外，符合下列条件之一的房间可设置一个疏散门：

(1)位于两个安全出口之间或袋形走道两侧的房间，对于托儿所、幼儿园、老年人建筑，建筑面积不大于 $50m^2$；对于医疗建筑、教学建筑，建筑面积不大于 $75m^2$；对于其他建筑或场所，建筑面积不大于 $120m^2$。

(2)位于走道尽端的房间，建筑面积小于 $50m^2$ 且疏散门的净宽度不小于 0.90m，或由房间内任一点至疏散门的直线距离不大于 15m、建筑面积不大于 $200m^2$ 且疏散门的净宽度不小于 1.40m。如图 4.3-6 所示，尽端房间满足上述要求的房间可以设一个疏散门。

(3)歌舞娱乐放映游艺场所内建筑面积不大于 $50m^2$ 且经常停留人数不超过 15 人的厅、室。

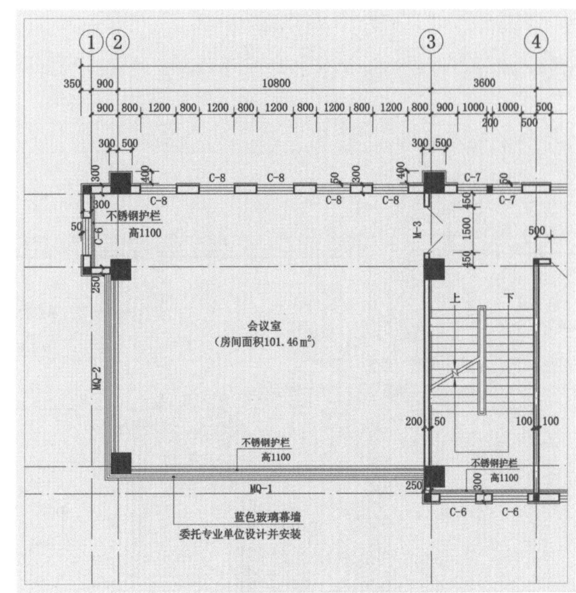

图 4.3-6 某建筑尽端房间局部平面图

4.3.4.3 托幼建筑、老年建筑安全出口(疏散楼梯)的要求

托儿所、幼儿园的儿童用房，老年人活动场所和儿童游乐厅等儿童活动场所，宜设置在独立的建筑内，且不应设置在地下或半地下；设置在一、二级耐火等级其他民用建筑内时，应布置在首层、二层或三层且应设置独立的安全出口和疏散楼梯。

4.3.4.4 地下建筑出入口设置

(1)除人员密集场所外，建筑面积不大于 $500m^2$、使用人数不超过 30 人且埋深不大于 10m 的地下或半地下建筑(室)，当需要设置 2 个安全出口时，其中 1 个安全出口可利用直通室外的金属竖向梯。

(2)除歌舞娱乐放映游艺场所外，防火分区建筑面积不大于 $200m^2$ 的地下或半地下设备间、防火分区建筑面积不大于 $50m^2$ 且经常停留人数不超过 15 人的其他地下或半地下建筑(室)，可设置 1 个安全出口或 1 部疏散楼梯。

(3)建筑面积不大于 $200m^2$ 的地下或半地下设备间、建筑面积不大于 $50m^2$ 且经常停留人数不超过 15 人的其他地下或半地下房间，可设置 1 个疏散门，如图 4.3-7 所示。

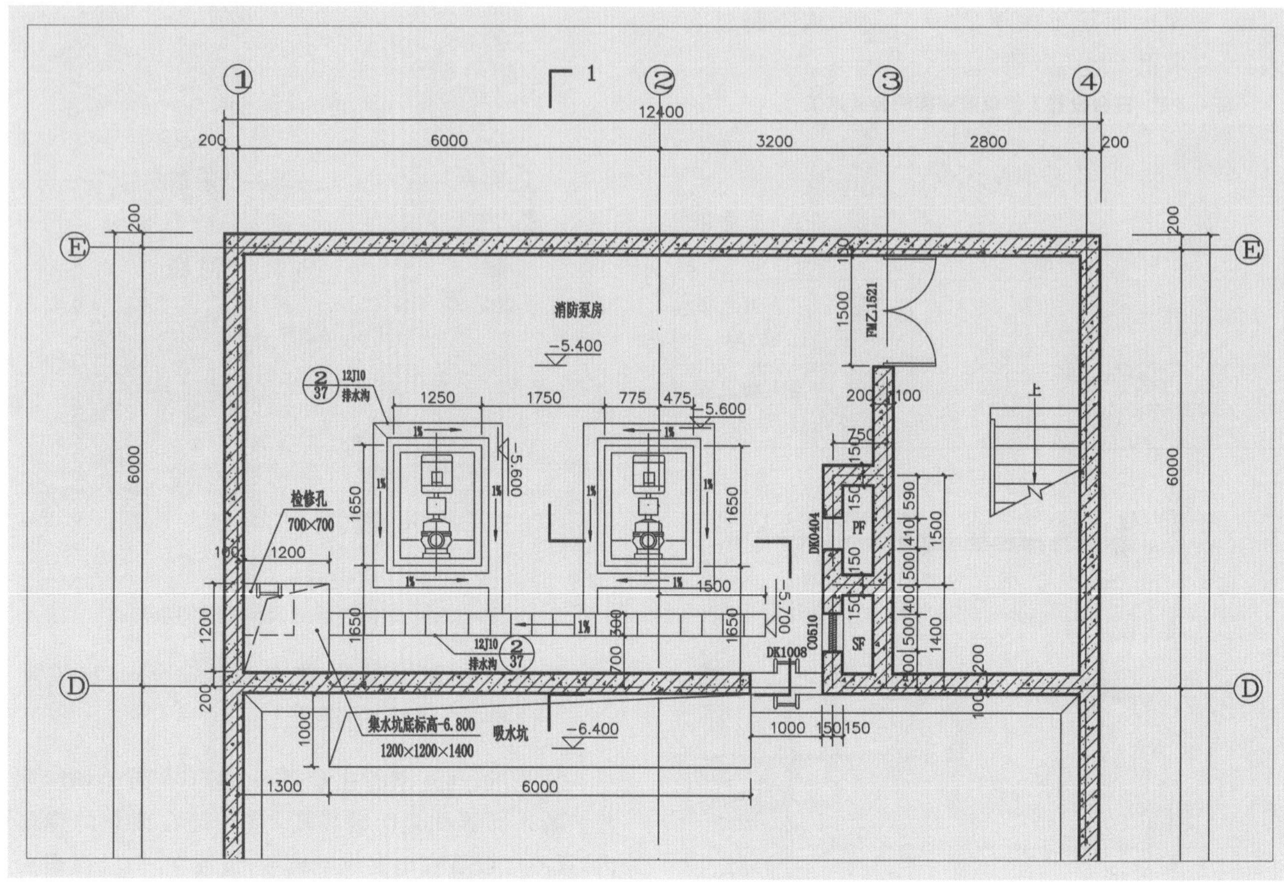

图 4.3-7　某建筑地下消防泵房平面图

4.3.4.5　住宅建筑安全出口的设置

(1)建筑高度不大于 27m 的建筑，当每个单元任一层的建筑面积大于 650m²，或任一户门至最近安全出口的距离大于 15m 时，每个单元每层的安全出口不应少于 2 个；建筑高度大于 27m、不大于 54m 的建筑，当每个单元任一层的建筑面积大于 650m²，或任一户门至最近安全出口的距离大于 10m 时，每个单元每层的安全出口不应少于 2 个。图 4.3-8 为 16 层住宅单元平面图，满足设置 1 部疏散楼梯的要求。

(2)建筑高度大于 54m 的建筑，每个单元每层的安全出口不应少于 2 个。

4.3.5　安全疏散距离的设置

(1)直通疏散走道的房间疏散门至最近安全出口的直线距离，见表 4.3-3。

(2)房间内任一点至房间直通疏散走道的疏散门的直线距离，不应大于表 4.3-3 中的袋形走道两侧或尽端的疏散门至最近安全出口的直线距离。

(3)一、二级耐火等级建筑内疏散门或安全出口不少于 2 个的观众厅、展览厅、多功能厅、餐厅、营业厅等，其室内任一点至最近疏散门或安全出口的直线距离不应大于 30m；当疏散门不能直通室外地面或疏散楼梯间时，应采用长度不大于 10m 的疏散走道通至最近的安全出口。当该场所设置自动喷水灭火系统时，室内任一点至最近安全出口的安全疏散距离可分别增加 25%，如图 4.3-9 所示。

(4)楼梯间应在首层直通室外，确有困难时，可在首层采用扩大的封闭楼梯间或防烟楼梯间前室。当层数不超过 4 层且未采用扩大的封闭楼梯间或防烟楼梯间前室时，可将直通室外的门设置在离楼梯间不大于 15m 处。

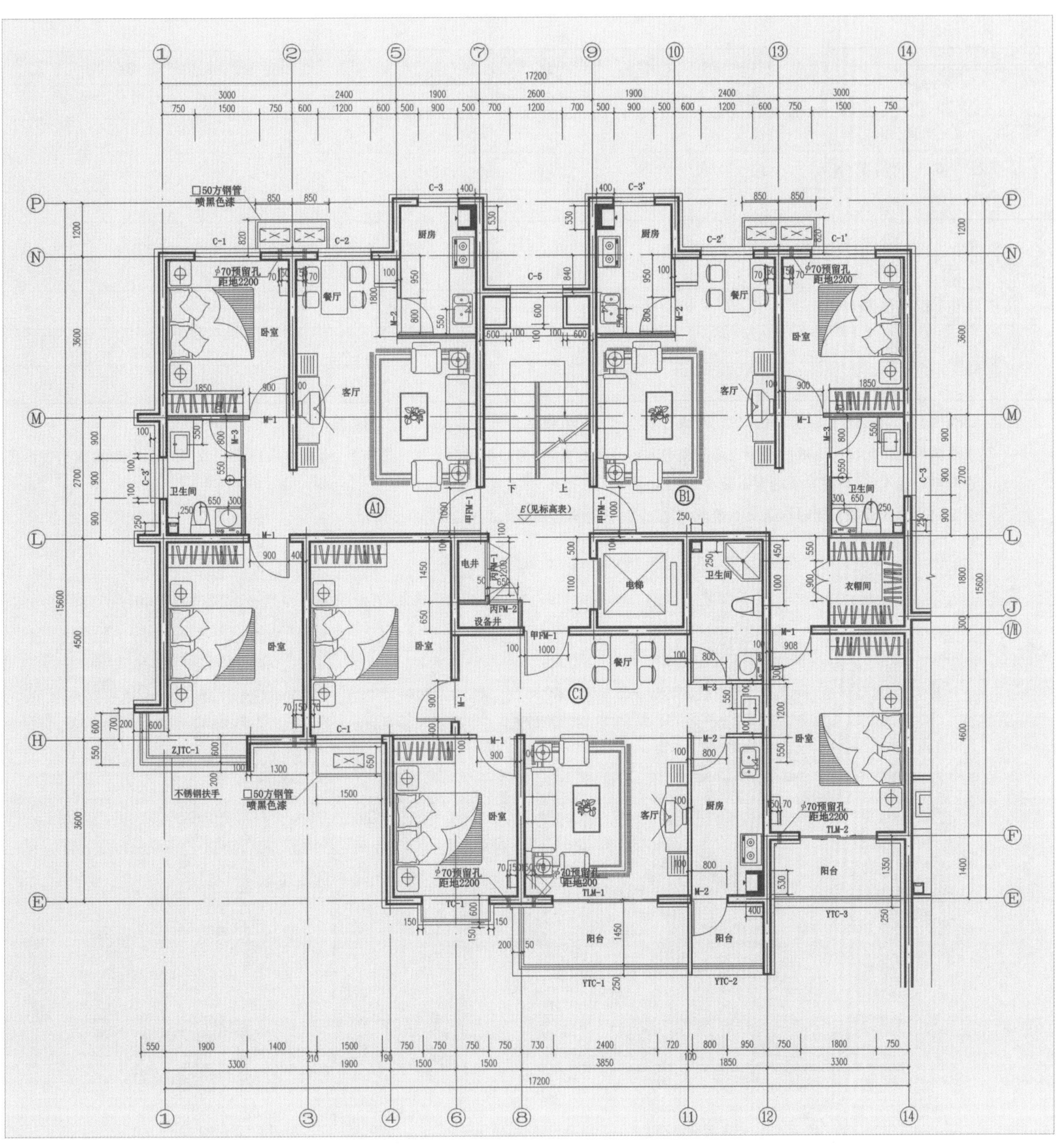

图 4.3-8 某住宅设置 1 部疏散楼梯的单元平面图

表 4.3-3 **房间门疏散距离一览表** (单位:m)

名称	位于两个安全出口之间的疏散门			位于袋形走道两侧或尽端的疏散门		
	一、二级	三级	四级	一、二级	三级	四级
托儿所、幼儿园、老年建筑	25	20	15	20	15	10
歌舞娱乐放映游艺场所	25	20	15	9	—	—

续表

名称			位于两个安全出口之间的疏散门			位于袋形走道两侧或尽端的疏散门		
			一、二级	三级	四级	一、二级	三级	四级
医疗建筑	单、多层		35	30	25	20	15	10
	高层	病房部分	24	—	—	12	—	—
		其他部分	30	—	—	15	—	—
教学建筑	单、多层		35	30	25	22	20	10
	高层		30	—	—	15	—	—
高层旅馆、展览建筑			30	—	—	15	—	—
其他建筑	单、多层		40	35	25	22	20	15
	高层		40	—	—	20	—	—

注：1. 建筑内开向敞开式外廊的房间疏散门至最近安全出口的直线距离可按本表的规定增加 5m。

2. 直通疏散走道的房间疏散门至最近敞开楼梯间的直线距离，当房间位于两个楼梯之间时，应按本表的规定减少 5m；当房间位于袋形走道两侧或尽端时，应按本表的规定减少 2m。

3. 建筑物内全部设置自动喷水灭火系统时，其安全疏散距离可按本表的规定增加 25%。

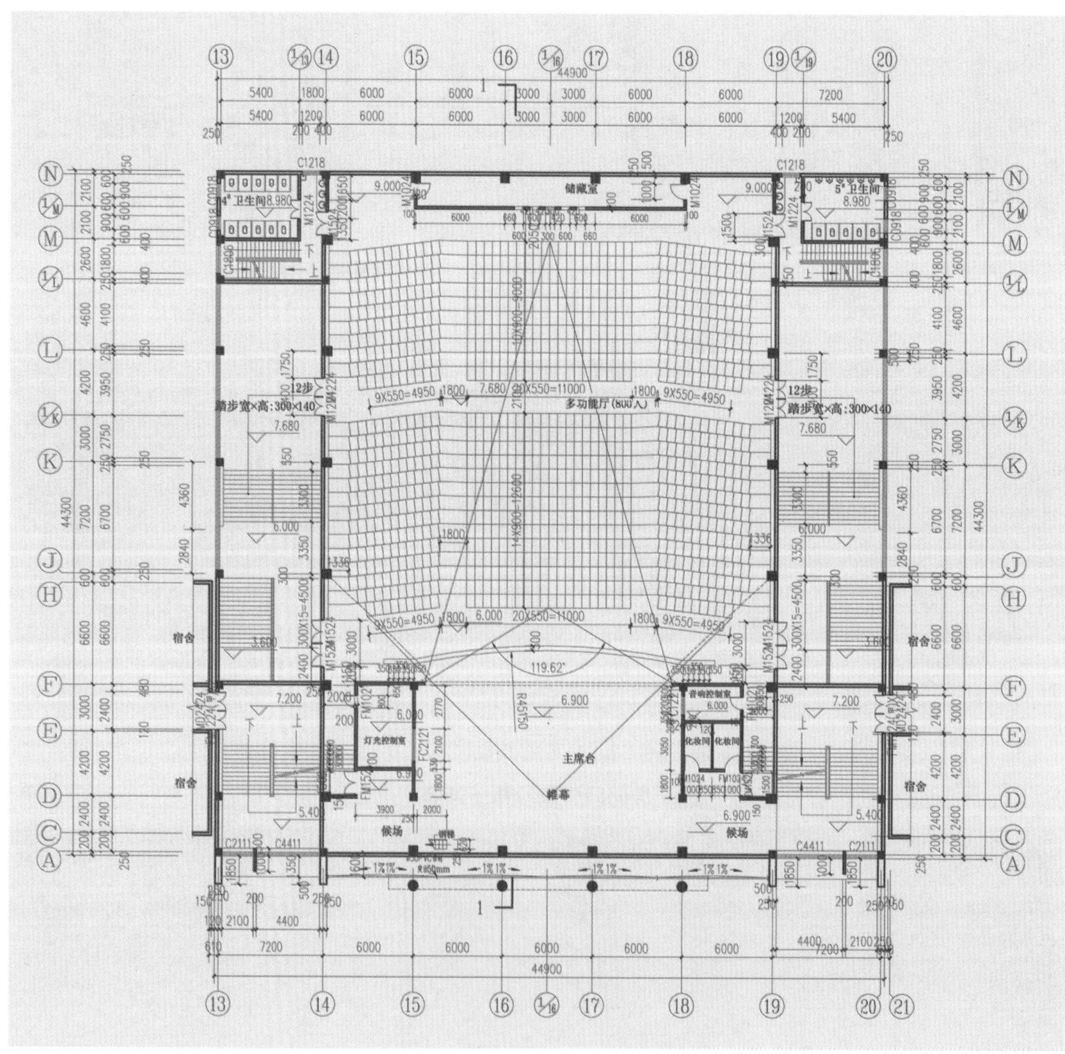

图 4.3-9 某建筑多功能厅平面图

4.3.6 疏散宽度的设置

(1)疏散走道和疏散门的宽度，公共建筑内疏散门和安全出口的净宽度不应小于 0.90m，疏散走道和疏散楼梯的净宽度不应小于 1.10m；高层公共建筑内楼梯间的首层疏散门、首层疏散外门、疏散走道和疏散楼梯的最小净宽度应符合表 4.3-4 的规定。图 4.3-10 为某高层病房楼标准层局部平面图，楼梯间疏散门、楼梯间宽度及走廊净宽均应满足表 4.3-4 的规定。

(2)公共建筑(除剧场、电影院、礼堂、体育馆外)每层的房间疏散门、安全出口、疏散走道和疏散楼梯的各自总净宽度，应根据疏散人数按每 100 人的最小疏散净宽度不小于表 4.3-5 的数值计算确定。当每层疏散人数不等时，疏散楼梯的总净宽度可分层计算，地上建筑内下层楼梯的总净宽度应按该层及以上疏散人数最多一层的人数计算；地下建筑内上层楼梯的总净宽度应按该层及以下疏散人数最多一层的人数计算。

表 4.3-4 楼梯间的首层疏散门、首层疏散外门、疏散走道、疏散楼梯最小净宽一览表 (单位：m)

建筑类别	楼梯间的首层疏散门、首层疏散外门	单面走道	双面布房	疏散楼梯
高层医疗建筑	1.3	1.4	1.5	1.3
其他高层公共建筑	1.2	1.3	1.4	1.2

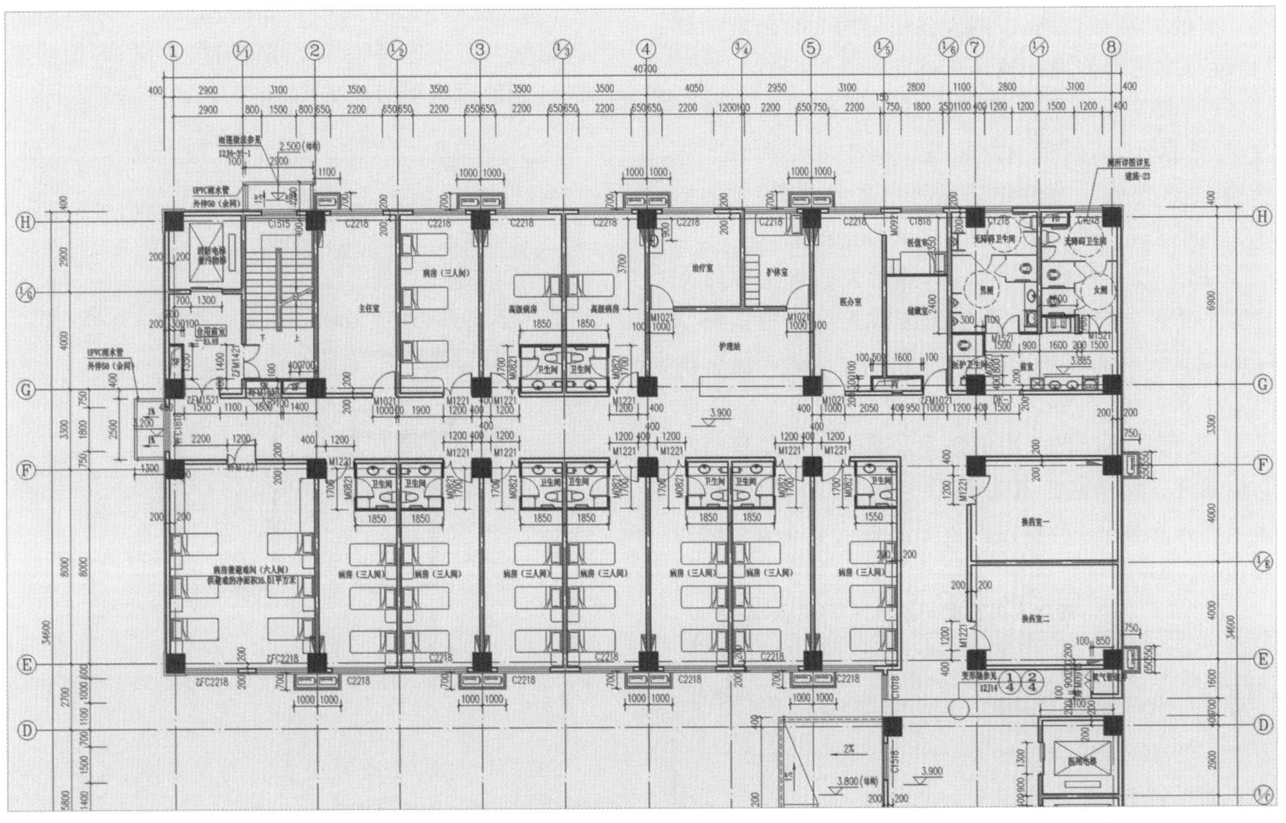

图 4.3-10 某高层病房楼标准层局部平面图

表 4.3-5　**疏散楼梯净宽指标一览表**

建筑层数		建筑的耐火等级		
		一、二级	三级	四级
地上楼层	1～2 层	0.65	0.75	1.0
	3 层	0.75	1.0	—
	≥4 层	1.0	1.25	—
地下楼层	与地面出入口高差不大于 10m	0.75	—	—
	与地面出入口高差大于 10m	1.0	—	—

注：本表单位为 m/100 人。

(3)地下或半地下人员密集的厅、室和歌舞娱乐放映游艺场所，其房间疏散门、安全出口、疏散走道和疏散楼梯的各自总净宽度，应根据疏散人数按每 100 人不小于 1.00m 计算确定。

(4)首层外门的总净宽度应按该建筑疏散人数最多一层的人数计算确定，不供其他楼层人员疏散的外门，可按本层的疏散人数计算确定。

(5)歌舞娱乐放映游艺场所中录像厅的疏散人数，应根据厅、室的建筑面积按不小于 1.0 人/m^2 计算；其他歌舞娱乐放映游艺场所的疏散人数，应根据厅、室的建筑面积按不小于 0.5 人/m^2 计算。

(6)有固定座位的场所，其疏散人数可按实际座位数的 1.1 倍计算。展览厅的疏散人数应根据展览厅的建筑面积和人员密度计算，展览厅内的人员密度不宜小于 0.75 人/m^2。

(7)商店的疏散人数应按每层营业厅的建筑面积乘以表 4.3-6 规定的人员密度计算。对于建材商店、家具和灯饰展示建筑，其人员密度可按表 4.3-6 所列数值的 30%确定。

表 4.3-6　**商店人员密度一览表**（单位：人/m^2）

楼层位置	地下第二层	地下第一层	地上第一、二层	地上第三层	地上第四层及以上各层
人员密度	0.56	0.60	0.43～0.6	0.39～0.54	0.3～0.42

(8)人员密集的公共场所、观众厅的疏散门不应设置门槛，其净宽度不应小于 1.40m，且紧靠门口内外各 1.40m 范围内不应设置踏步；人员密集的公共场所的室外疏散通道的净宽度不应小于 3.00m，并应直接通向宽敞地带。

(9)住宅建筑的户门、安全出口、疏散走道和疏散楼梯的各自总净宽度应经计算确定，且户门和安全出口的净宽度不应小于 0.90m，疏散走道、疏散楼梯和首层疏散外门的净宽度不应小于 1.10m。建筑高度不大于 18m 的住宅中一边设置栏杆的疏散楼梯，其净宽度不应小于 1.0m。

4.3.7　防火门的设置

4.3.7.1　甲级防火门设置条件

(1)防火墙上不应开设门、窗、洞口，确需开设时，应设置不可开启或火灾时能自动关闭的甲级防火门、窗，疏散走道在防火分区处应设置常开甲级防火门。

(2)消防电梯井、机房与相邻电梯井、机房之间隔墙上的门应为甲级防火门。如图 4.3-11 所示，消防电梯机房与普通电梯机房之间设有防火隔墙，消防电梯机房疏散门为甲级防火门。

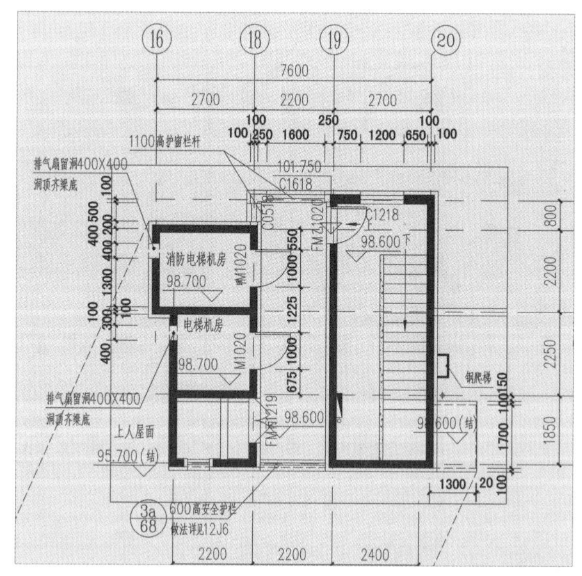

图 4.3-11　某建筑电梯机房平面图

(3)高层建筑自动灭火系统的设备室、通风和空调机房房间的门应为甲级防火门。

(4)高层建筑的消防水泵房在首层时宜直通室外；在其他层时应直通安全出口，疏散门应为甲级防火门。

(5)地下室内可燃物存放量平均值超过 30kg/m² 的房间的门应为甲级防火门。

(6)地下商店总建筑面积大于 20000m² 时，应采用无门窗洞口的防火墙分隔。相邻区域确需局部连通时，在所设防火间隔、避难走道或防烟楼梯间及其前室的门应为火灾时能自行关闭的常开式甲级防火门。

(7)柴油发电机房布置在高层建筑和裙房内时，可布置在建筑物首层或地下一、二层，门应采用甲级防火门；储油间应用防火墙隔开，门应为甲级防火门(并应具有自行关闭功能)。

(8)设在高层建筑内的变、配电所，应采用耐火隔墙、楼板及甲级防火门与其他部位隔开。可燃油油浸电力变压器室通向配电室或变压器室之间的门应为甲级防火门。

(9)燃油、燃气锅炉房，可燃油油浸电力变压器室，电容器和多油开关间，当其容量值许可设在建筑物内时，与建筑物其他部位之间隔墙上的门窗应为甲级防火门窗。

(10)人防消防控制室、消防水泵房、排烟机房、灭火剂储瓶间、变配电室、通信机房、通风和空调机房及可燃物存放量平均值超过 30kg/m² 的房间的门应为甲级防火门。

(11)人防各防火分区至防烟楼梯间或避难走廊入口处应设置前室，前室的门或与消防电梯间合用前室的门应为甲级防火门。

(12)图书馆基本书库、非书资料库应用防火墙与其毗邻的建筑完全隔离，书库、资料库防火墙上的门应为甲级防火门。

(13)办公建筑机要室、档案室、计算机房内墙上的门窗应为甲级防火门窗(门应外开)。

(14)除敞开式及斜楼板式以外的多层、高层及地下车库，坡道出入口应采用水幕、防火卷帘或设甲级防火门与停车区隔开(当车库和坡道上均设有自动灭火系统时可不受此限)。

(15)附建在旅馆建筑中的餐厅部分应采用防火墙及甲级防火门与其他部分分隔。

(16)剧场舞台通向各处洞口应设甲级防火门，高低压配电室与舞台、侧台、后台相连时必须设置前室并设甲级防火门。

(17)体育比赛和训练建筑的灯控、声控、配电室、发电机房、空调机房、消防控制室等部位应做防火分隔。门窗耐火极限不应低于 1.2h(甲级)。

(18)建筑物内房间与中庭相通的开口部位应设置能自行关闭的甲级防火门窗；与中庭相通的过厅、通道等处应设置甲级防火门或防火卷帘；防火门或防火卷帘应能在火灾时自动关闭或降落。图 4.3-12 为某商场中庭平面图，其设自动扶梯，沿中庭外围柱子设防火卷帘使上下层隔开。

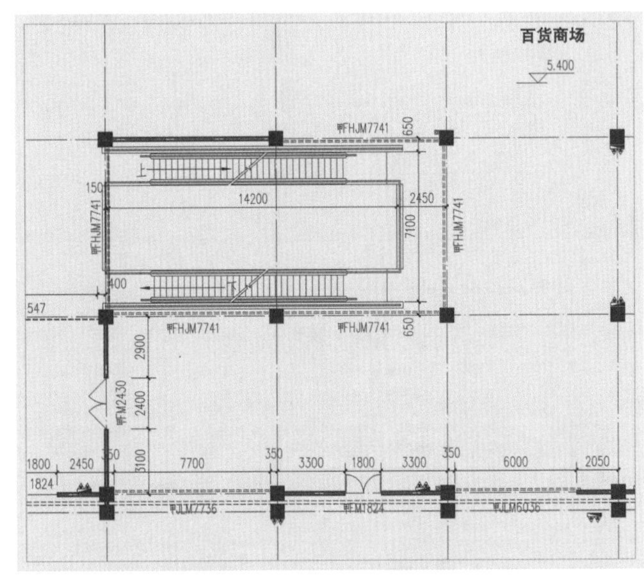

图 4.3-12 某商场中庭平面图

4.3.7.2 乙级防火门设置条件

(1)当防火墙两侧的门窗水平距离小于 2.0m(平墙)及 4.0m(转角)时应设固定的乙级防火窗及乙级防火门，如图 4.3-13 所示。

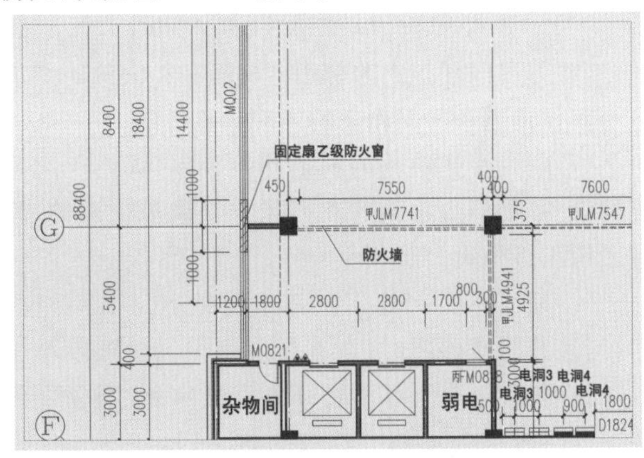

图 4.3-13 某商场局部平面图

（2）高层建筑内的歌舞娱乐放映游艺场所应设在首层或二、三层，与其他部分分隔的隔墙上开门应为不低于乙级的防火门。

（3）当歌舞娱乐放映游艺场所必须布置在首层、二层或三层以外的其他楼层时，一个厅室的建筑面积不应大于200m²，厅室的疏散门应为乙级防火门。

（4）高层住宅户门不应直接开向前室，确有困难时，部分开向前室的户门均应为乙级防火门。

（5）防烟楼梯间前室和楼梯间的门、封闭楼梯间的门均应为乙级防火门，并应向疏散方向开启，如图4.3-14所示。

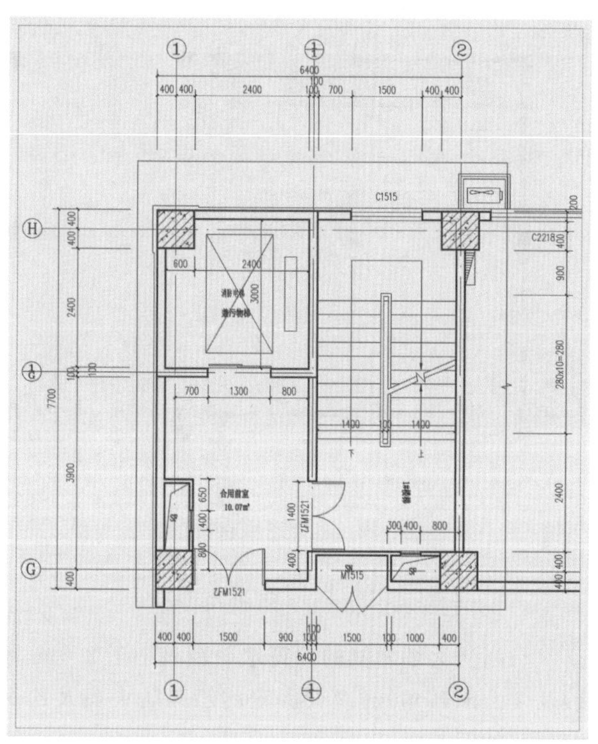

图 4.3-14　某建筑防烟电梯平面图

（6）首层门厅扩大的封闭楼梯间和扩大的防烟前室与其他走道和房间相通的门应为乙级防火门。

（7）附设在建筑物内的消防控制室、固定灭火系统的设备室、消防水泵房和通风空气调节机房等，均应采用乙级防火门。

（8）地下室和半地下室不应与地上层共用楼梯间，当须共用楼梯间时，在首层应用耐火极限不小于2.0h的隔墙与其他部分隔开并直通室外，当须在隔墙上开门时应为不低于乙级的防火门，如图4.3-15所示。

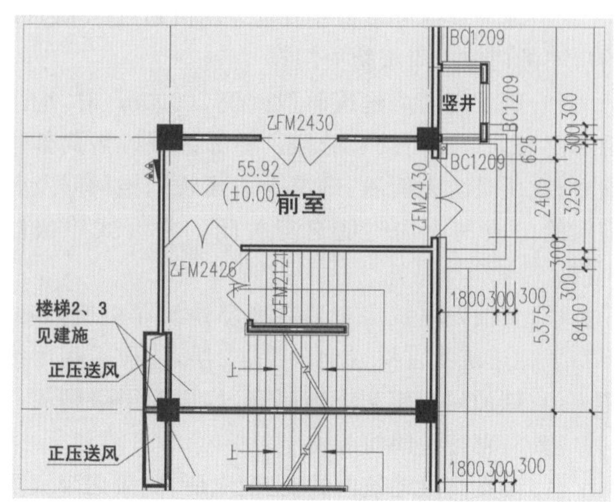

图 4.3-15　某楼梯首层平面图

（9）未设封闭楼梯间的11层及11层以下的单元式住宅开向楼梯间的户门应为乙级防火门。

（10）剧院后台的辅助用房；一、二级耐火等级建筑的门厅；除住宅外，其他建筑内的厨房。

（11）剧院舞台口上部与观众厅闷顶间的隔墙上的门应采用乙级防火门。

（12）医院中的洁净手术室或洁净手术部、附设在建筑中的歌舞娱乐放映游艺场所以及附设在居住建筑中的托儿所、幼儿园的儿童用房和儿童游乐厅等儿童活动场所、老年人建筑，当墙上必须开门时应设置乙级防火门。

（13）地下及高层汽车库和设在高层裙房内的车库，其楼梯间及前室的门应为乙级防火门。

（14）病房楼每层防火分区内，有两个及两个以上护理单元时，通向公共走道的单元入口处应设乙级防火门。

（15）综合医院每层电梯间应设前室，由走道通向前室的门应为向疏散方向开启的乙级防火门。

（16）室外疏散梯可作为辅助的防烟楼梯，其开向室外楼梯的疏散门应采用乙级防火门。

（17）体育建筑的观众厅、比赛厅、训练厅的安全出口应设乙级防火门。

4.3.7.3　丙级防火门设置条件

（1）设备管井、通风道、垃圾道壁上的检查门应为丙级防火门，如图4.3-16所示。

（2）垃圾道前室门应为丙级防火门。

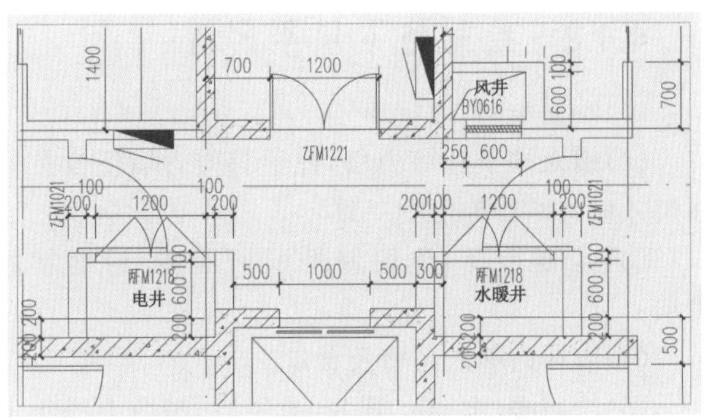

图 4.3-16 某楼梯局部平面图

(3)电缆井和管道井设置在防烟楼梯间前室、合用前室时,其井壁上的检查门应采用丙级防火门。

(4)电缆井、管道井应每隔 2～3 层在楼板处采用相当于楼板耐火极限的不燃烧体做防火分隔,井壁上的检查门应采用丙级防火门。

(5)电信间应采用外开丙级防火门,门宽大于 0.7m。

(6)藏品库房、陈列室的隔墙应为非燃烧体,封闭式竖井的围护结构应采用非燃烧体及丙级防火门。

4.3.7.4 防火门构造要求

(1)设置在建筑内经常有人通行处的防火门宜采用常开防火门。常开防火门应能在火灾时自行关闭,并应具有信号反馈的功能。

(2)除允许设置常开防火门的位置外,其他位置的防火门均应采用常闭防火门。常闭防火门应在其明显位置设置"保持防火门关闭"等提示标识。

(3)除管井检修门和住宅的户门外,防火门应具有自行关闭功能。双扇防火门应具有按顺序自行关闭的功能。

(4)防火门应能在其内外两侧手动开启。

(5)设置在建筑变形缝附近时,防火门应设置在楼层较多的一侧,并应保证防火门开启时门扇不跨越变形缝,如图 4.3-17 所示。

(6)防火门关闭后应具有防烟性能。

(7)甲、乙、丙级防火门应符合现行国家标准《防火门》(GB 12955—2008)的规定。甲级防火门的耐火极限为 1.5h,乙级防火门的耐火极限为 1.2h,丙级防火门的耐火极限为 0.5h。

(8)设置在防火墙、防火隔墙上的防火窗,应采用

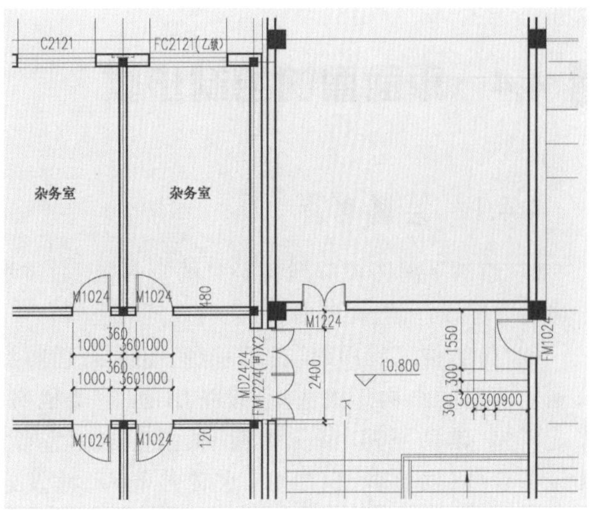

图 4.3-17 某建筑变形缝处局部平面图

不可开启的窗扇或具有火灾时能自行关闭的功能;防火窗应符合现行国家标准《防火窗》(GB 16809—2008)的有关规定。

4.3.7.5 防火卷帘构造要求

(1)除中庭外,当防火分隔部位的宽度不大于 30m 时,防火卷帘的宽度不应大于 10m;当防火分隔部位的宽度大于 30m 时,防火卷帘的宽度不应大于该部位宽度的 1/3,且不应大于 20m。

(2)防火卷帘应具有火灾时靠自重自动关闭功能。

(3)当防火卷帘的耐火极限符合现行国家标准《门和卷帘的耐火试验方法》(GB/T 7633—2008)有关耐火完整性和耐火隔热性的判定条件时,耐火极限达到 3h,可不设置自动喷水灭火系统保护。

当防火卷帘的耐火极限仅符合现行国家标准《门和卷帘的耐火试验方法》(GB/T 7633—2008)有关耐火完整性的判定条件时,应设置自动喷水灭火系统保护。自动喷水灭火系统的设计应符合现行国家标准《自动喷水灭火系统设计规范》(GB 50084—2017)的规定,但火灾延续时间不应小于该防火卷帘的耐火极限。

(4)防火卷帘应具有防烟性能,与楼板、梁、墙、柱之间的空隙应采用防火封堵材料封堵。

(5)需在火灾时自动降落的防火卷帘,应具有信号反馈的功能。

(6)其他要求,应符合现行国家标准《防火卷帘》(GB 14102—2005)的规定。

4.4 平面图的绘制步骤

4.4.1 绘制准备

（1）绘制平面图前应准备必要的资料，比如审批合格的方案设计图、任务书、相关的规范等资料。

（2）与结构工程师、设备工程师、电气工程师商议确定项目的结构形式选型，设备用房（空调机房、变配电室、消防泵房、消防水箱间、消防控制室等）和设备管井（强电井、弱电井、水暖井等）尺寸及定位等事项。

（3）打开软件，建立新文件。

（4）设置新图层，将平面图中各类图元进行合并和分类，并将同类图元放到同一图层，在图层里设置图层颜色及线型和线宽，如图 4.4-1 所示。

4.4.2 绘制地下层平面图

（1）绘制轴网，确定轴号。

（2）插入柱子和剪力墙，柱子与剪力墙定位及截面尺寸应与结构施工图一致。

（3）绘制墙体，先绘制外围护墙体，后绘制内隔墙。

（4）墙体内插入门窗及洞口。

（5）绘制楼（电）梯、管井、通风道、消防电梯集水坑等。

（6）标注尺寸和标高，标注三道尺寸线（各个方向外包总尺寸、轴线间尺寸和各向外墙门窗定位尺寸）、内墙上各个门窗及洞口定位尺寸、管井尺寸、地坑尺寸等；标注室内地坪相对标高。

（7）标注文字，标注房间名称、图纸名称及比例、图例说明、索引、门窗洞口编号等。

图 4.4-2 所示为绘制地下层平面图。

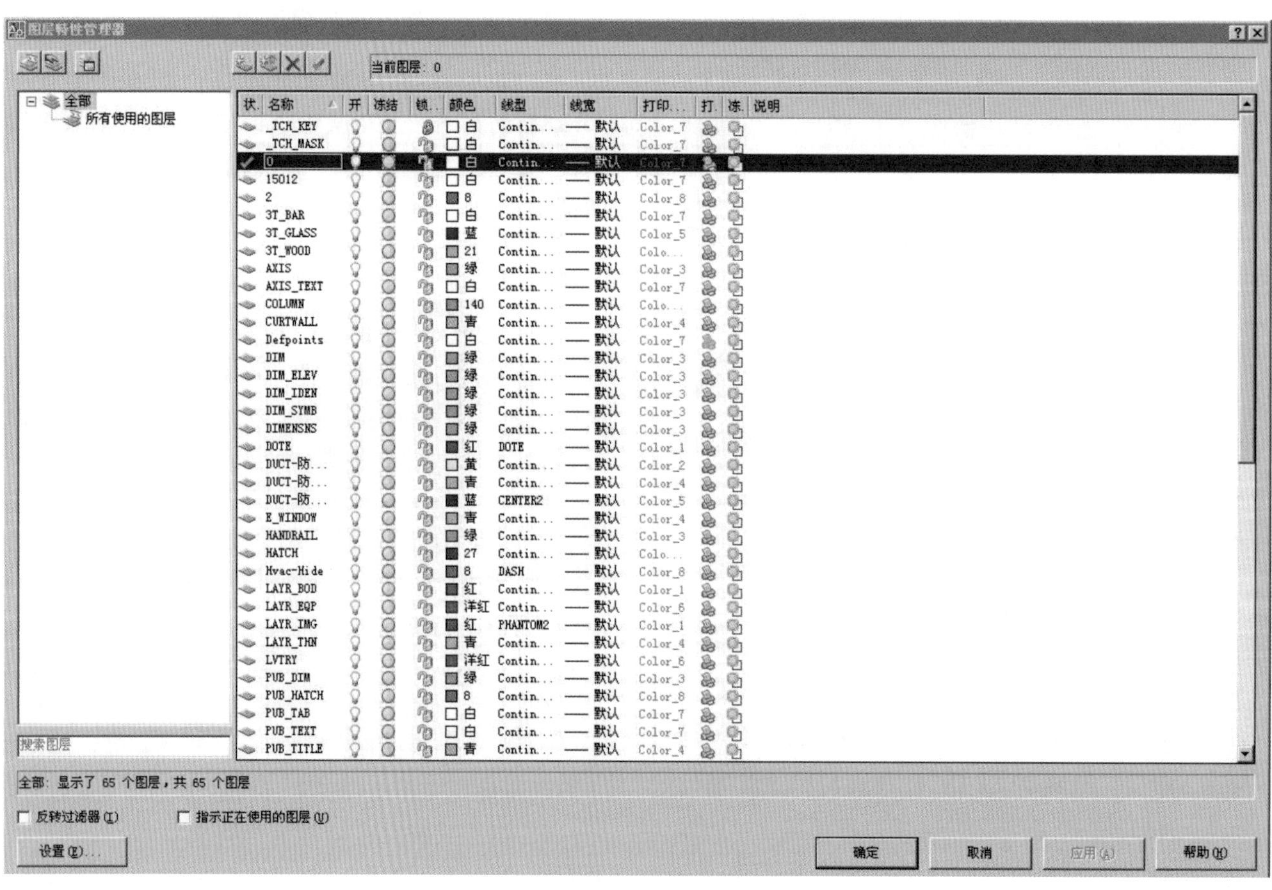

图 4.4-1 绘制准备

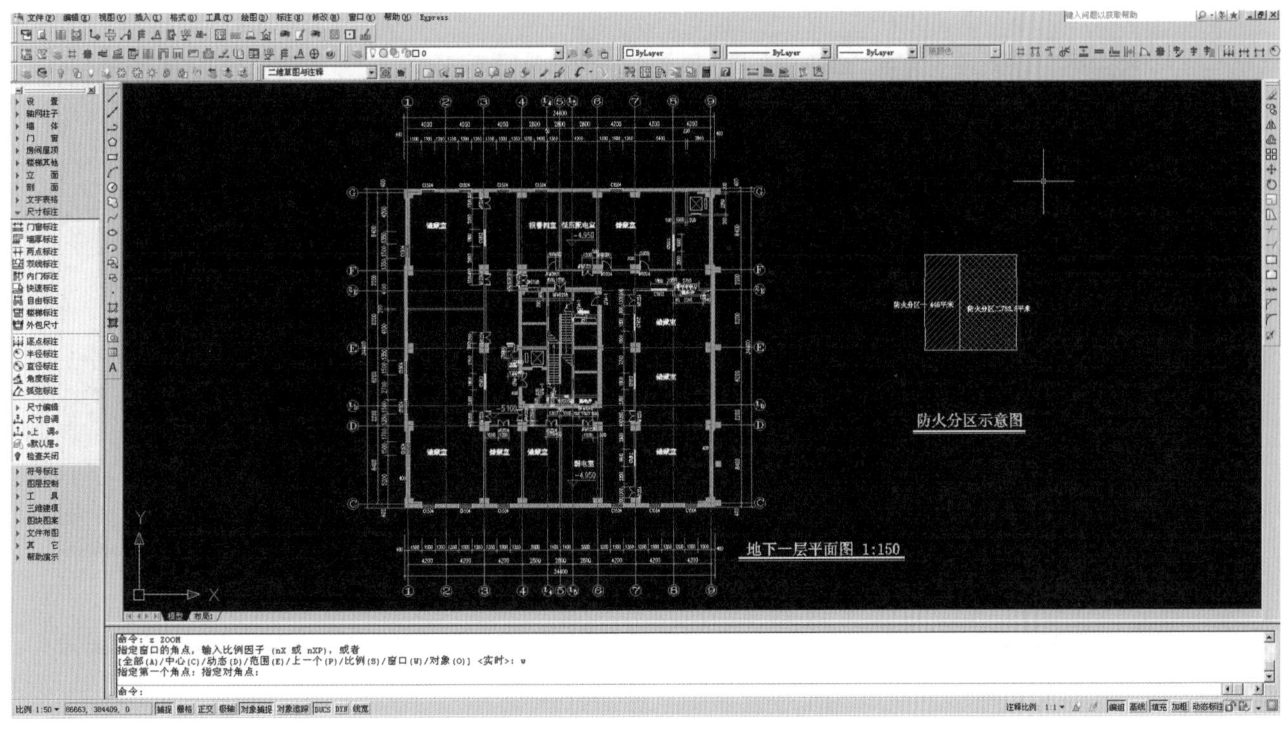

图 4.4-2 绘制地下层平面图

4.4.3 绘制首层平面图

(1)绘制轴网及轴号,可以拷贝地下层平面轴网及轴号,修改和添加分轴线及轴号。

(2)插入柱子和剪力墙,可以拷贝地下层平面的柱子和剪力墙,也可以重新绘制。

(3)绘制墙体,可以拷贝与地下层定位相同的墙体,添加新增的墙体。

(4)墙体内插入门窗及洞口。

(5)绘制楼(电)梯、管井、垃圾道、通风道、室内固定家具、厨房设备(灶具、水池、排水沟等)、厕所浴室内的隔断卫生器具、室外台阶、散水、无障碍坡道、雨水管等。

(6)标注尺寸和标高,标注三道尺寸线(各个方向外包总尺寸、轴线间尺寸和各向外墙门窗定位尺寸)、内墙上各个门窗及洞口定位尺寸、管井尺寸、地坑尺寸等;标注室内、外地坪相对标高,首层室内地坪相对标高为±0.000。

(7)标注文字,包括图纸名称及比例、房间名称、图例说明、索引、门窗洞口编号、楼梯编号、厕所编号、剖面图编号等。

(8)明显位置标注指北针或风玫瑰图、剖面图的剖切位置,若本层防火分区为两个以上,应画出防火分区示意图。

图 4.4-3 所示为绘制首层平面图。

4.4.4 绘制标准层平面图

(1)拷贝首层平面图,保留与首层平面图中上下定位相同的部分,如柱子及剪力墙、楼(电)梯、厕所、门窗等。

(2)修改和补充标准层与首层平面不同的墙体,添加新增墙体的定位分轴线和轴号。

(3)绘制雨篷、阳台、空调板等其他水平构件。

(4)标注尺寸和标高,标注尺寸同首层平面图;标高应标注所有各层平面,也可在图中列表标注各层平面标高。

(5)标注文字,包括图纸名称及比例、房间名称、图例说明、索引、门窗洞口编号等。

图 4.4-4~图 4.4-7 所示为绘制标准层平面图。

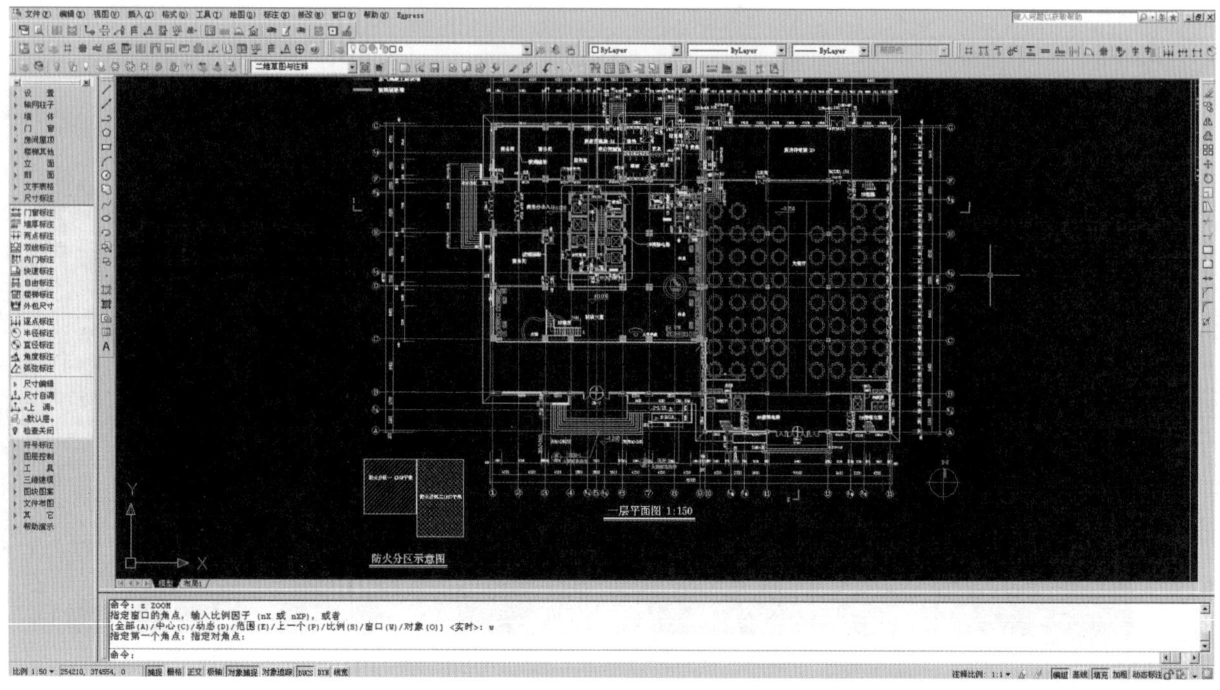

图 4.4-3　绘制首层平面图

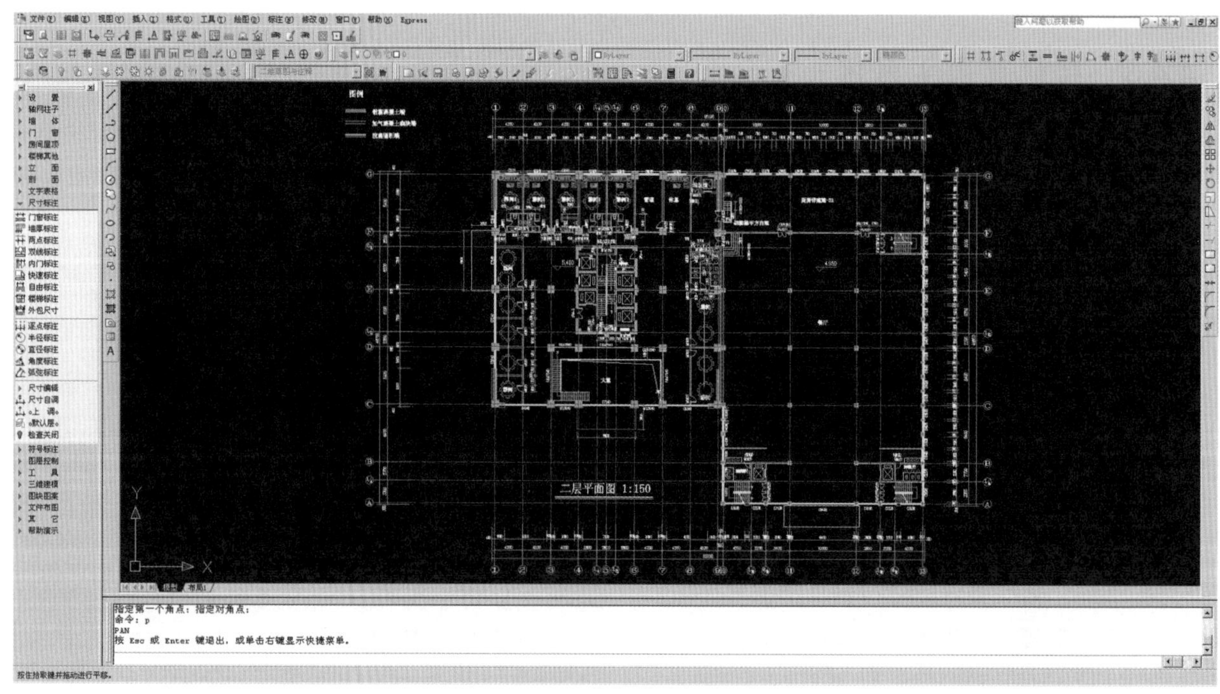

图 4.4-4　绘制二层平面图

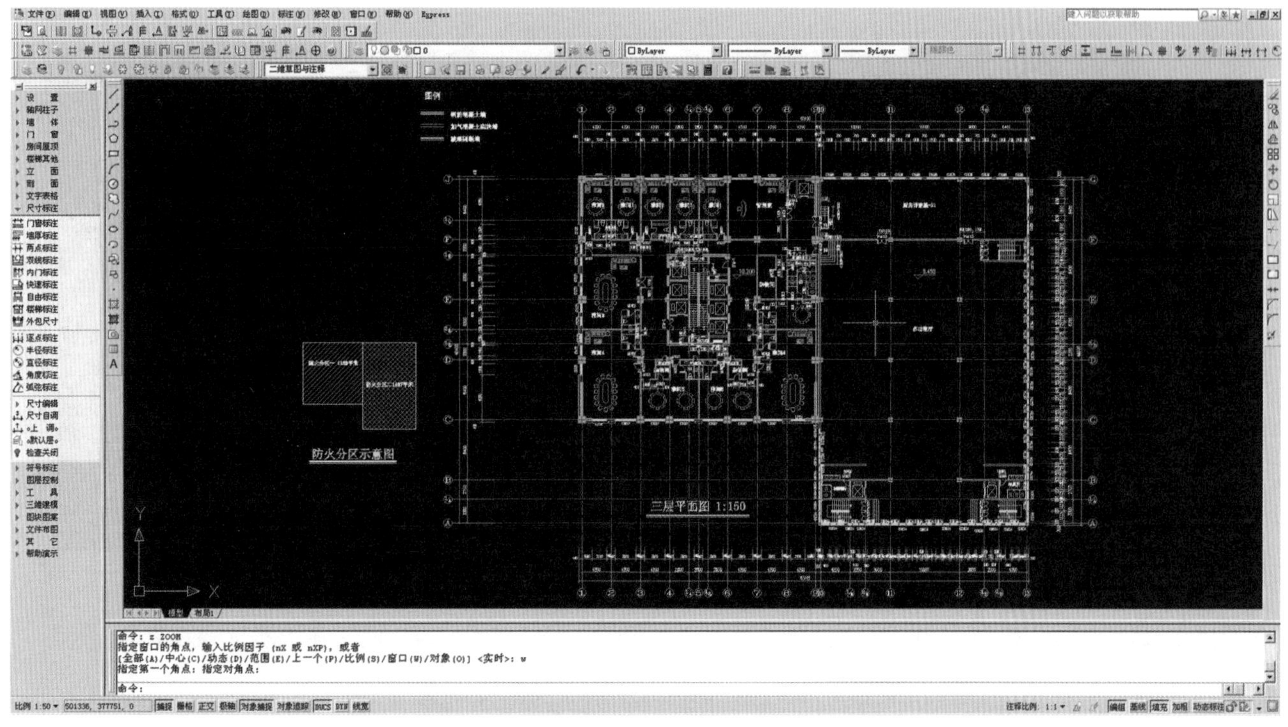

图 4.4-5 绘制三层平面图

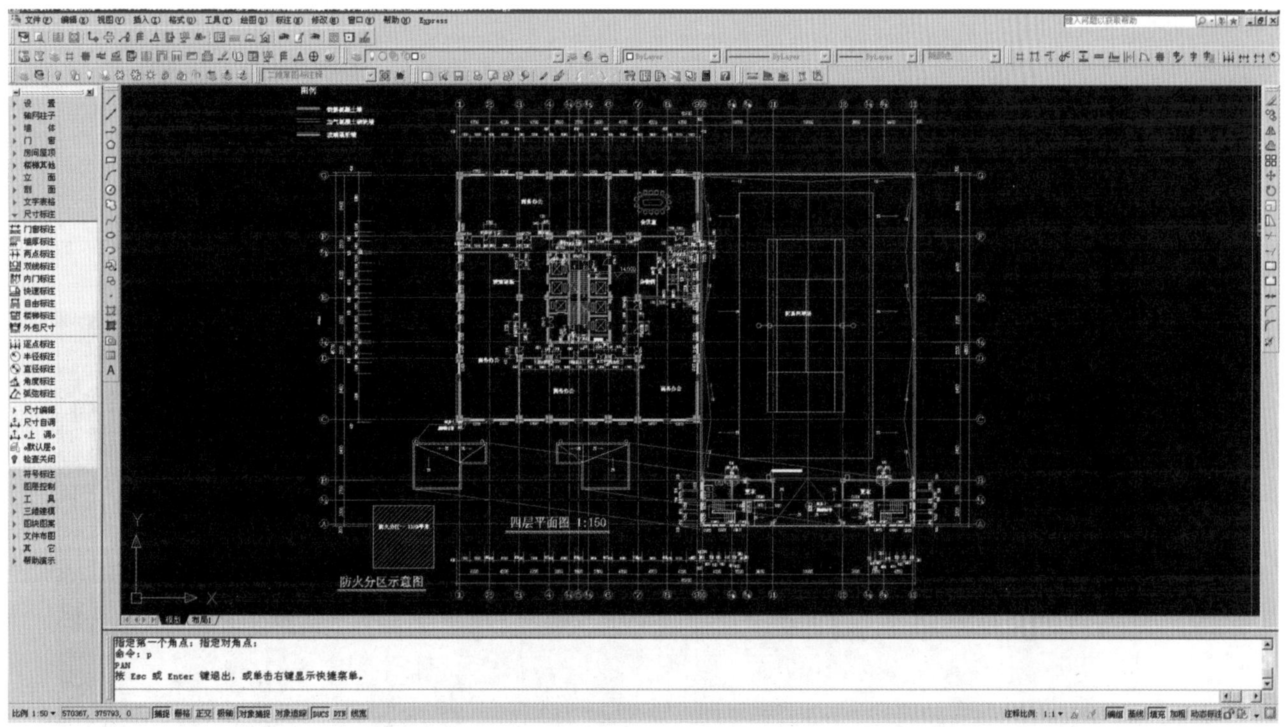

图 4.4-6 绘制四层平面图

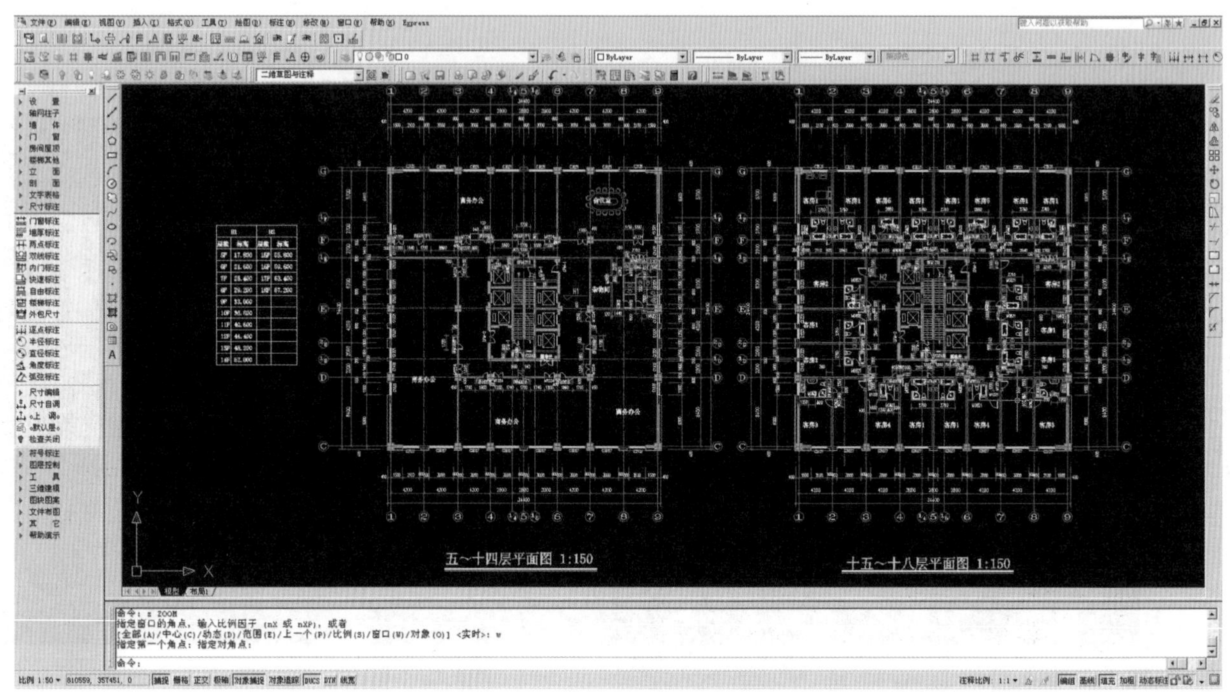

图 4.4-7　绘制五～十八层平面图

4.4.5　绘制屋顶平面图

（1）绘制轴网及轴号，可以拷贝标准层平面轴网及轴号。

（2）绘制屋面女儿墙、檐口、天沟、雨水口、屋脊（分水线）、变形缝、楼梯间、水箱间、电梯机房、天窗及挡风板、屋面上人孔、检修梯、出屋面管道井、太阳能基础及其他构筑物等等。

（3）标注尺寸和标高，标注外包总尺寸、轴线尺寸及雨水管定位尺寸；标高标注应标注顶板结构标高（因屋面完成面有排水坡度，标高不确定）。

（4）标注文字，包括图纸名称及比例、屋面排水坡度及排水方向、雨水管构造做法索引等等。

图 4.4-8 所示为绘制屋顶平面图。

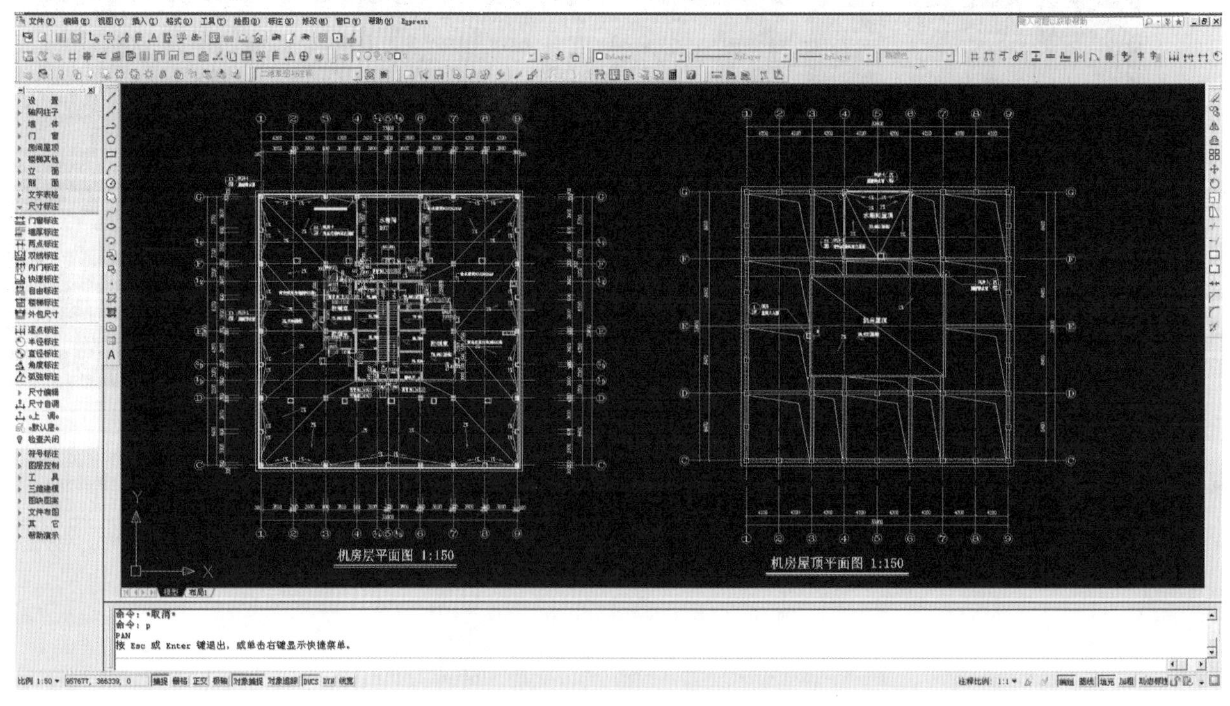

图 4.4-8　绘制屋顶平面图

4.4.6 完善整理

(1)检查各层平面图内容是否有纰漏,线型有无断头,字体有无错误,标注有无错误,等等。

(2)插入图框,在图签中填写设计人员姓名、工程名称、设计号、图纸名称等等,最后整理准备出图,如图 4.4-9 所示。

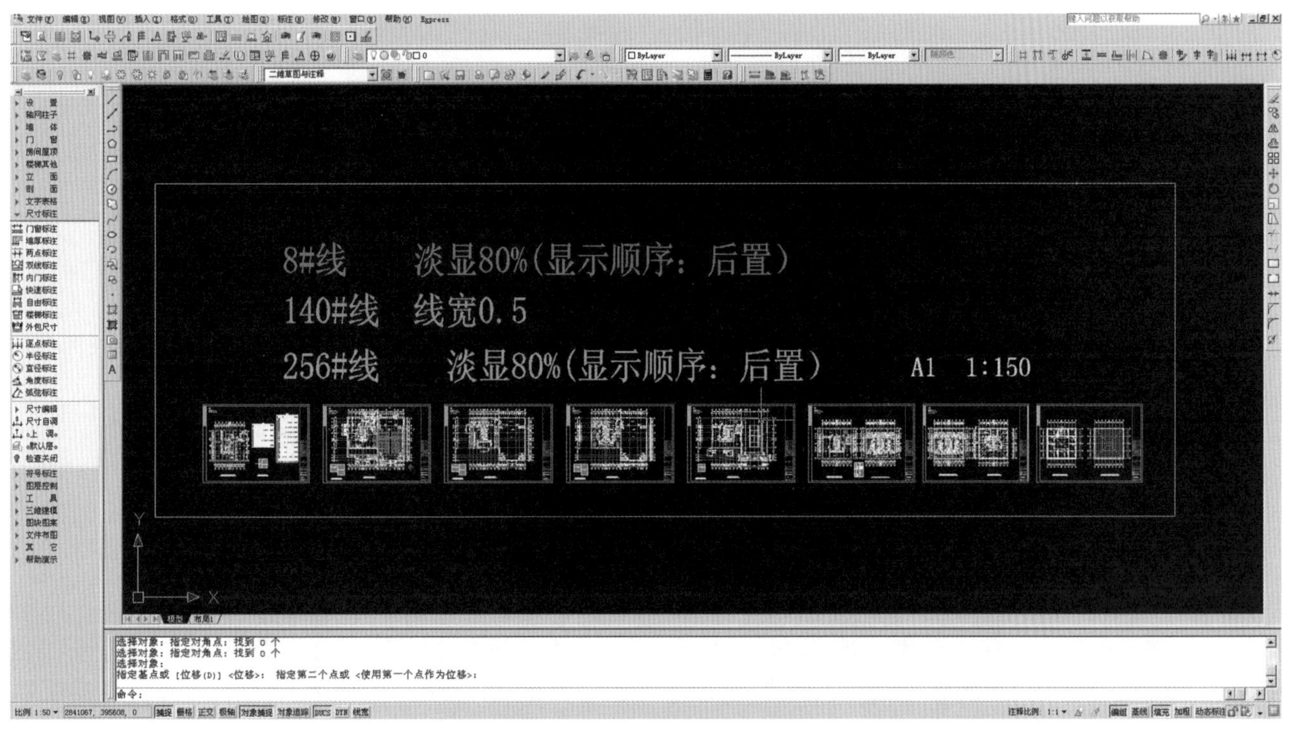

图 4.4-9 完善整理

4.5 案例分析

4.5.1 案例分析一

本工程为某办公楼,建筑面积为 3098.4m²,层数四层,砖混结构,建筑高度 16.95m。

【分析】 图 4.5-1 为首层平面图,比例为 1∶100,室内外高差 450mm;本层有办公室、化验室、厕所等房间;主入口居中布置,两部开敞疏散楼梯间均有直通室外的疏散门;轴线以柱中心为定位,采用砖混结构,构造柱与结构施工图一致;指北针、剖面符号及位置仅在首层绘制;平面尺寸单位为毫米,标高单位为米。

图 4.5-2 为二层平面图,比例为 1∶100,本层地面标高 3.6m;本层有办公室、活动室、宿舍、厕所等房间;出入口上方设有雨篷;指北针、室外散水、台阶、坡道等构件可以省略不画。

图 4.5-3 为三层平面图,比例为 1∶100,本层地面标高 7.00m;本层有办公室、活动室、宿舍、厕所等房间;楼梯间梯段有上下指示箭头;二层雨篷省略不画。

图 4.5-4 为四层平面图,比例为 1∶100,本层地面标高 10.4m;本层有会议室、办公室、活动室、宿舍、厕所等房间;顶层楼梯间只有向下指示箭头。

图 4.5-5 为屋顶平面图,比例为 1∶100,本层屋面楼板结构标高 13.800m,不包括屋面完成面构造厚度;本图有雨水管、屋面上人孔、通风道出屋面等构件;屋面采用双向排水方式,有纵向排水与横向排水坡度及排水方向。

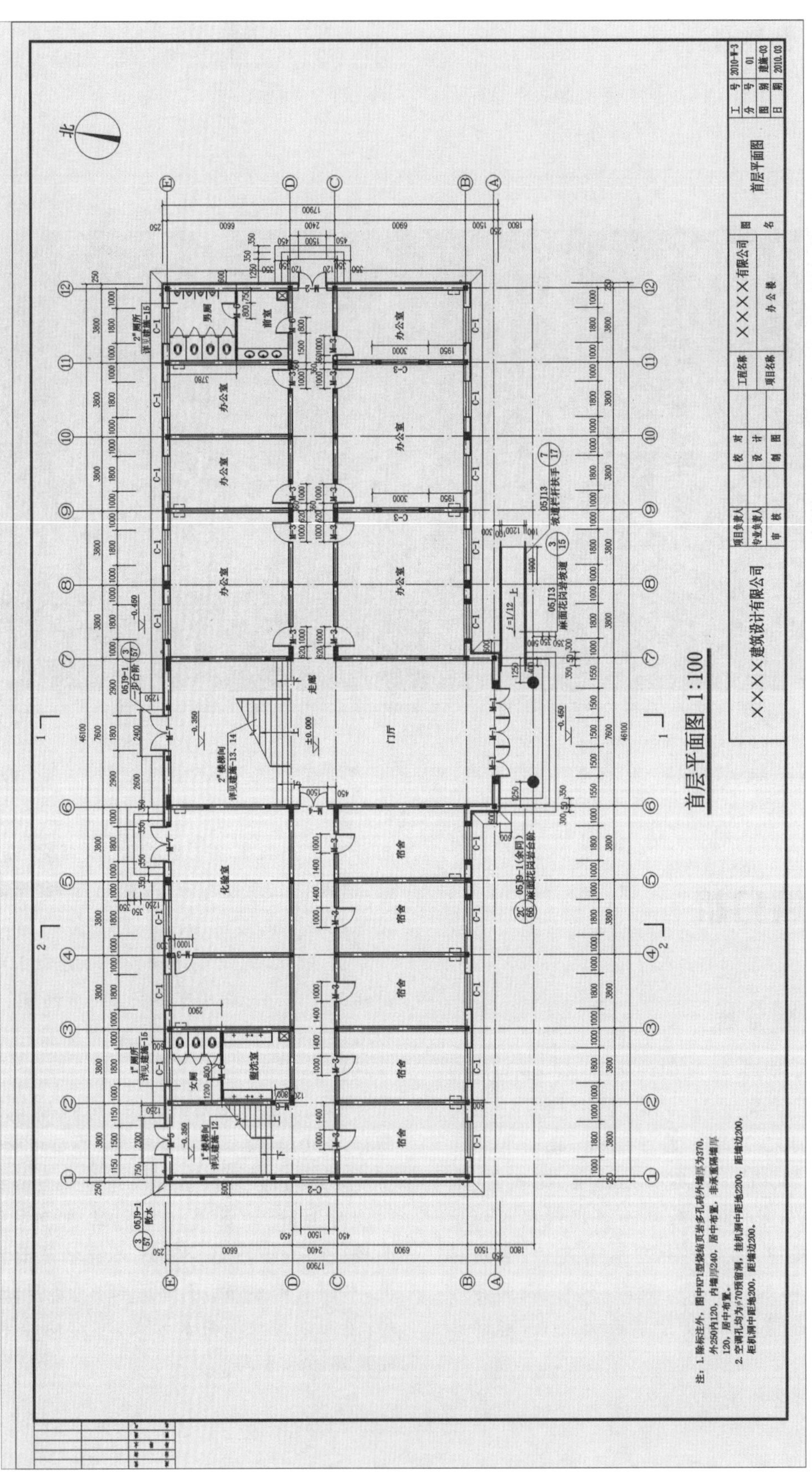

图 4.5-1　某办公楼首层平面图

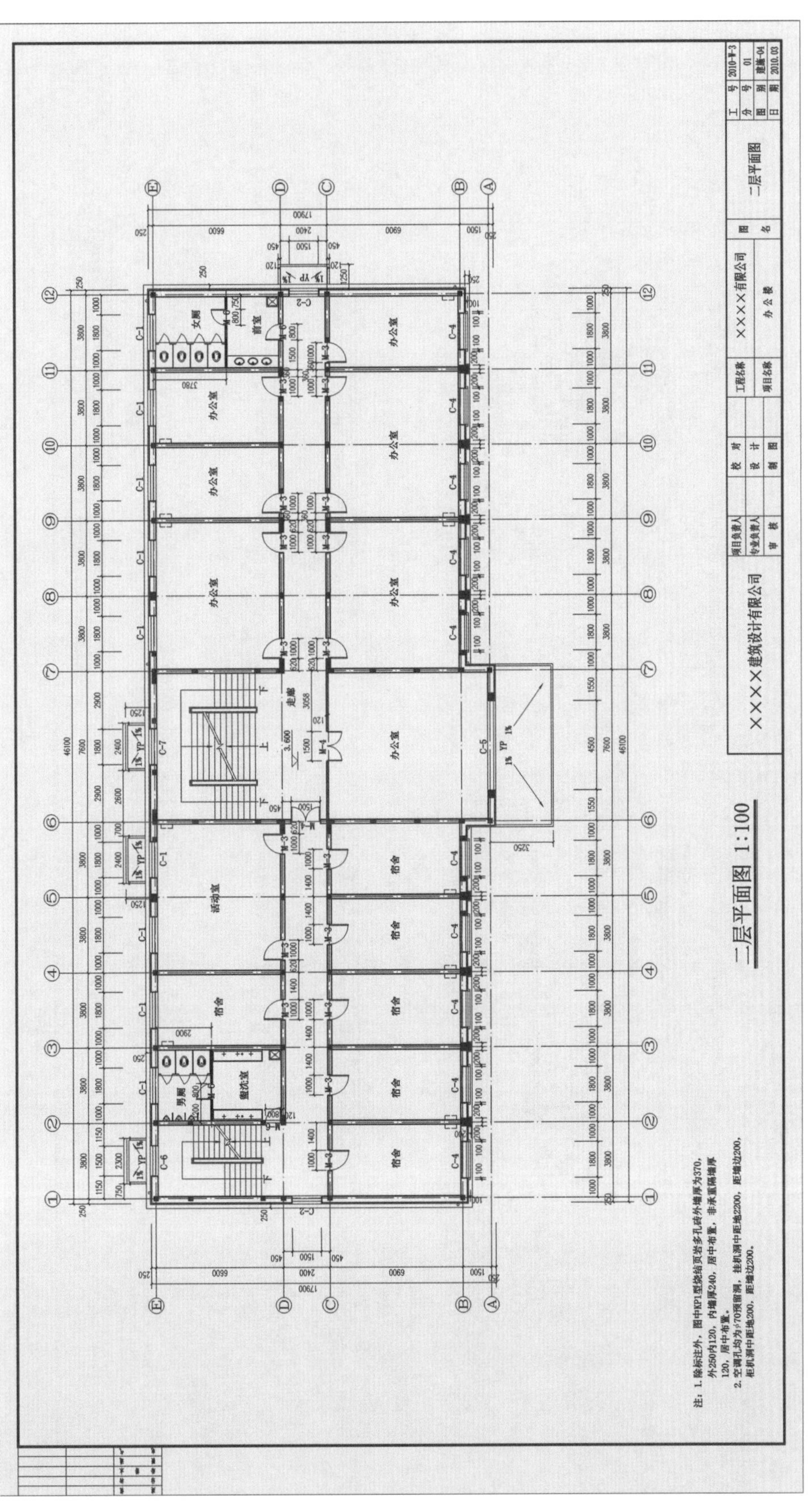

图 4.5-2 某办公楼二层平面图

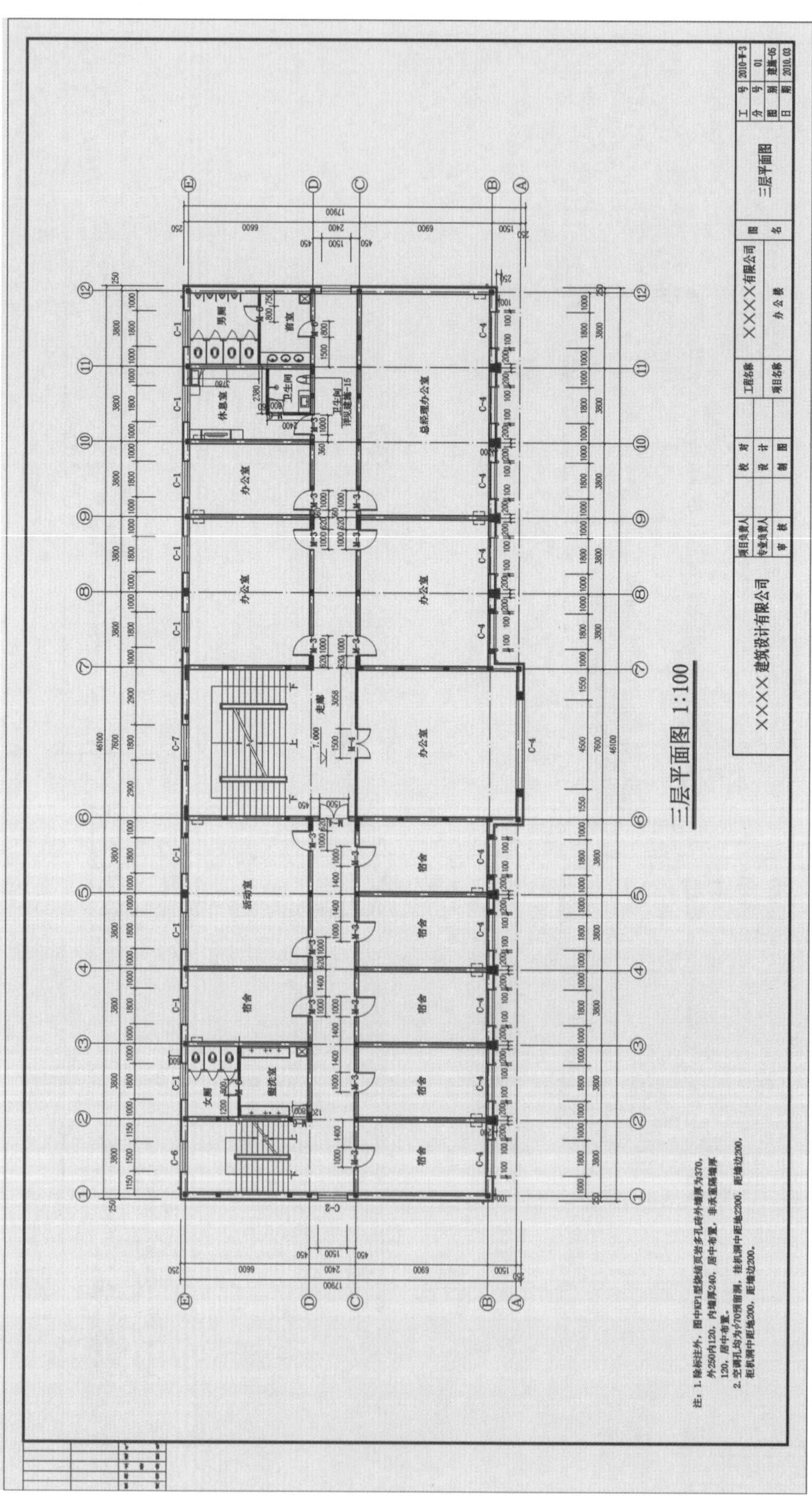

图 4.5-3　某办公楼三层平面图

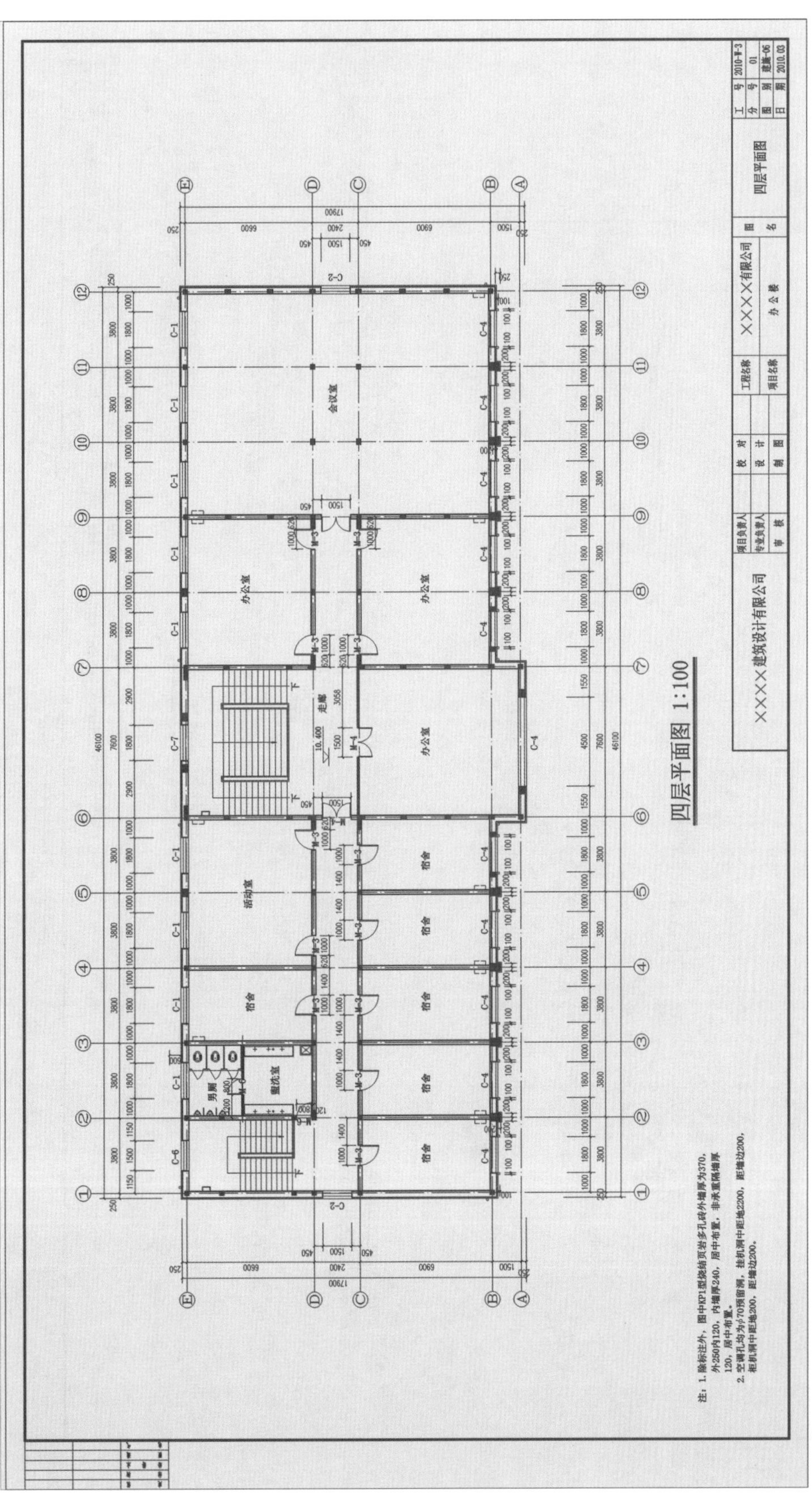

图 4.5-4 某办公楼四层平面图

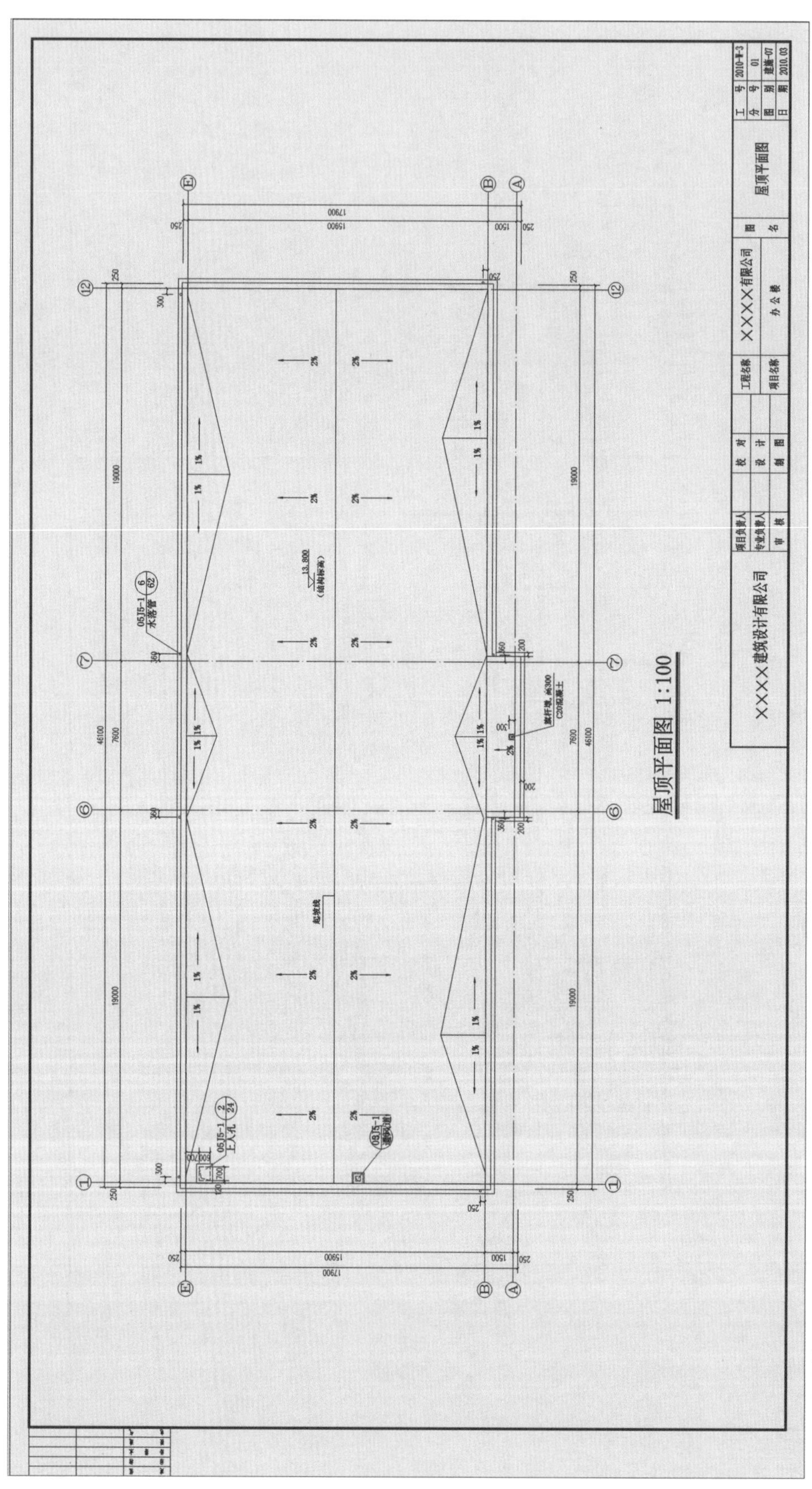

图 4.5-5 屋顶平面图

4.5.2 案例分析二

本工程为某小区高层住宅楼，建筑面积为7237.45m²，层数为地上17层、地下2层，总高度52.8m，剪力墙结构，防火等级一级，属二类高层建筑。

【分析】 图4.5-6为该住宅楼地下一层平面图、地下二层平面图，外墙采用钢筋混凝土墙，其他隔墙采用加气混凝土砌块墙，墙上预留设备洞口，单元楼梯采用防烟楼梯间，每层分为两个防火分区，电梯采用消防电梯分设于每个防火分区内；地下二层地面标高−6.600m，主要房间有储藏室、消防报警阀室等，走廊地面有消防电梯集水坑，地下二层与车库相连处由防火墙相隔，防火墙上疏散门采用甲级防火门；地下一层地面标高−3.600m，主要房间有储藏室、配电间等；⑨～⑩轴房间设有高窗。

图4.5-7为该住宅楼首层平面图、二～四层平面图，外墙采用钢筋混凝土墙，其他隔墙采用加气混凝土砌块墙，墙上预留设备洞口，单元楼梯采用防烟楼梯间，每层分为一个防火分区；组合体由两个单元组合，①～⑨轴之间为二层商业网点，⑨～⑰轴之间为单元式住宅，消防控制室位于首层平面南侧，首层平面东侧单元住宅地面标高±0.000，商业地面标高−0.300m，西侧住宅门厅地面标高−0.600m，商业网点设一部疏散楼梯，住宅每单元设独立防烟楼梯间与消防电梯合用前室。

图4.5-8为该住宅楼五层平面图、六～十七层平面图，外墙采用钢筋混凝土墙，其他隔墙采用加气混凝土砌块墙，单元楼梯采用防烟楼梯间，每层分为一个防火分区；组合体两个单元组合，各层平面地面标高详见图中楼层标高表，D单元为三室一厅，其他户型为二室二厅。

图4.5-9为该住宅楼闷顶平面图和坡屋顶平面图，闷顶平面图中，南侧部分是闷顶，北侧为室外露台，闷顶楼板设孔洞与下面户型连通。单元楼梯间直通露台，闷顶外墙设门与台阶直通露台，露台结构标高49.270m；坡屋顶平面图中，有雨水管、屋面上人孔、通风道出坡屋面等构件；屋面采用有组织排水，雨水由坡屋面排向屋檐天沟，天沟内有纵向排水坡度及排水方向。

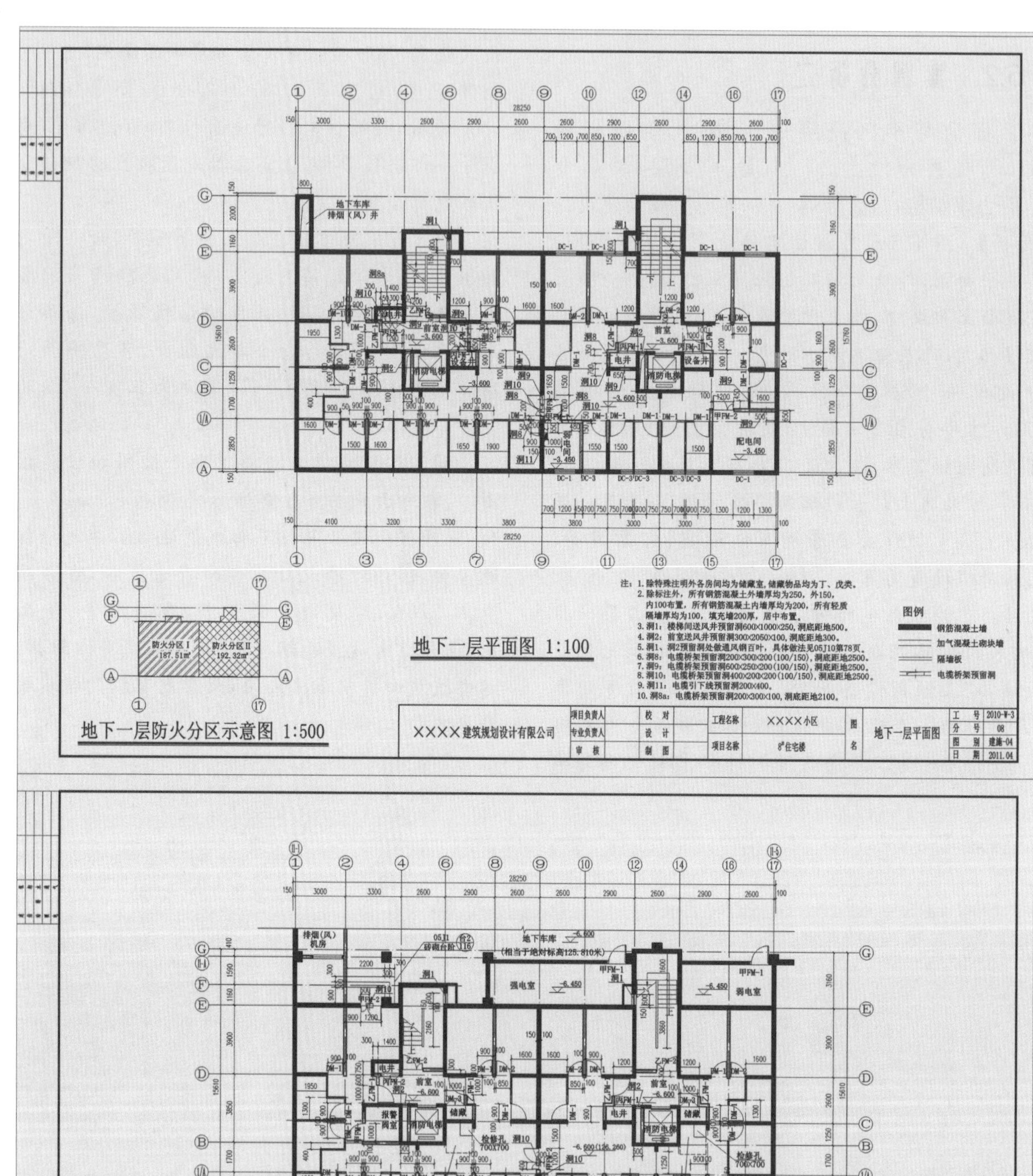

图 4.5-6　某住宅楼地下一层平面图、地下二层平面图

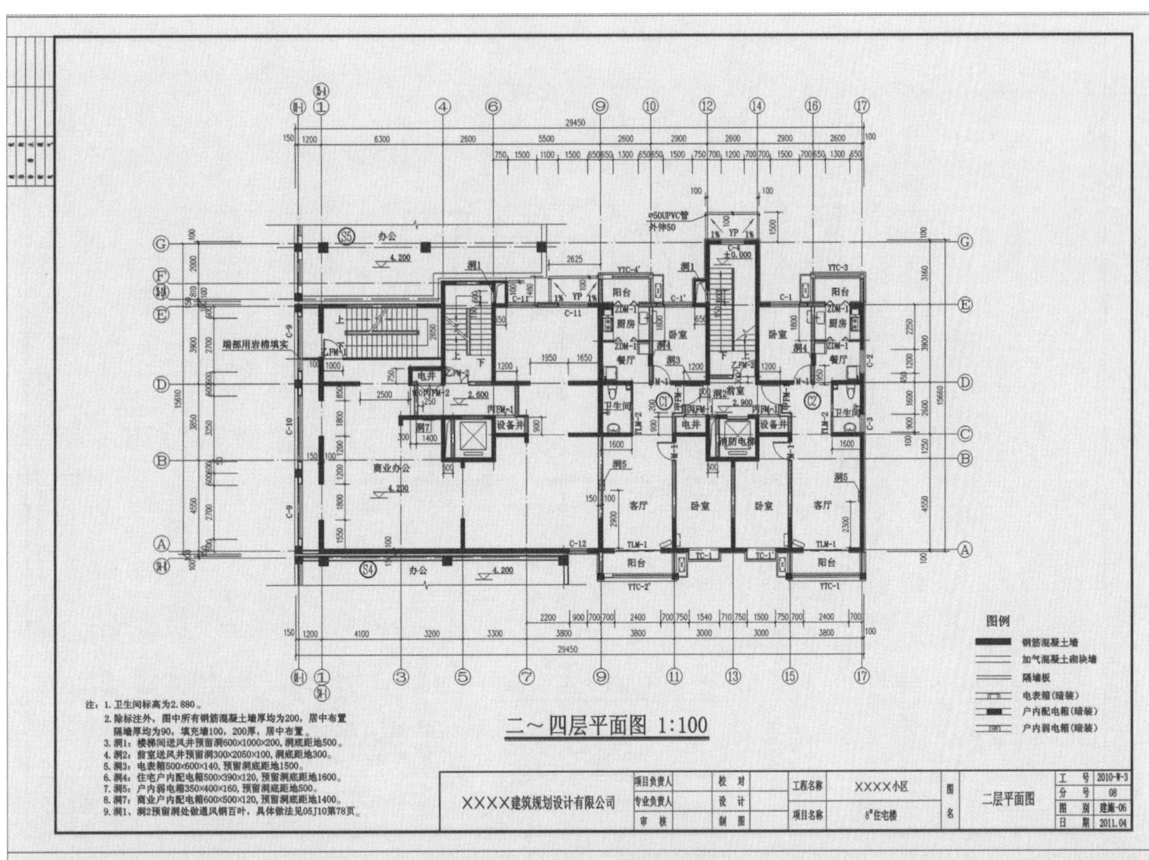

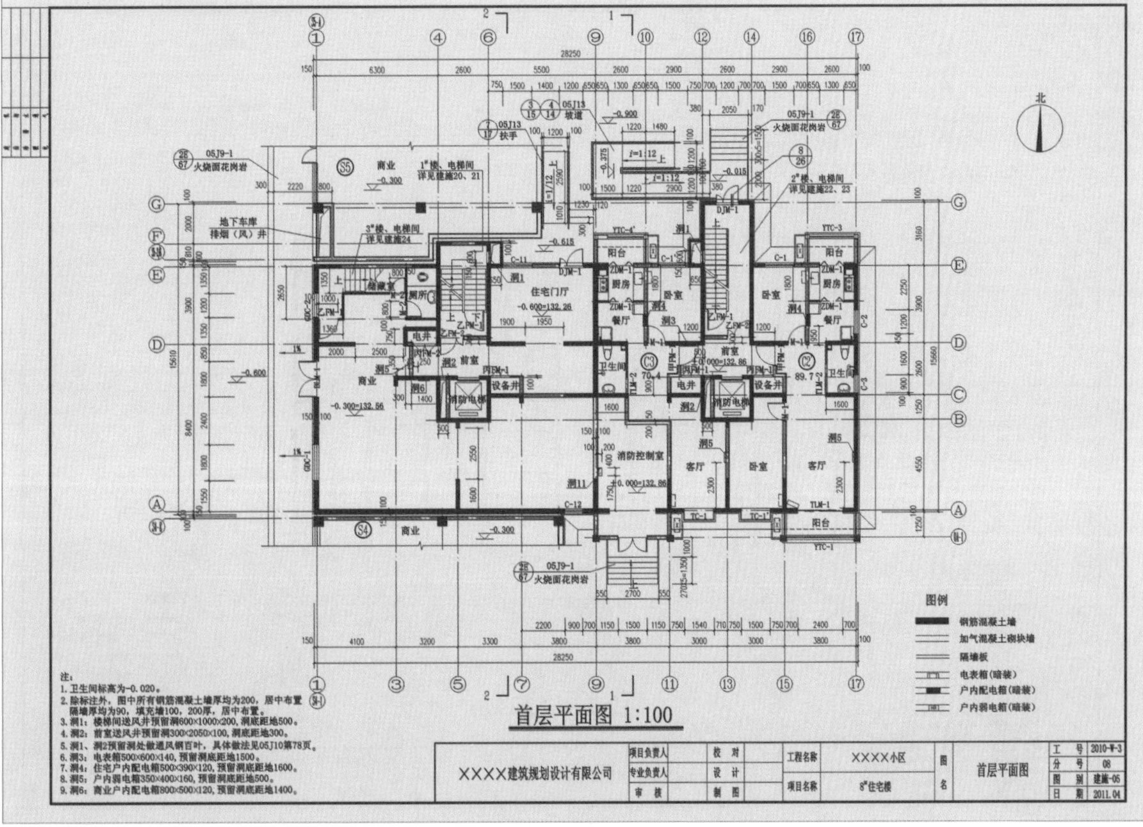

图 4.5-7 某住宅楼首层平面图、二～四层平面图

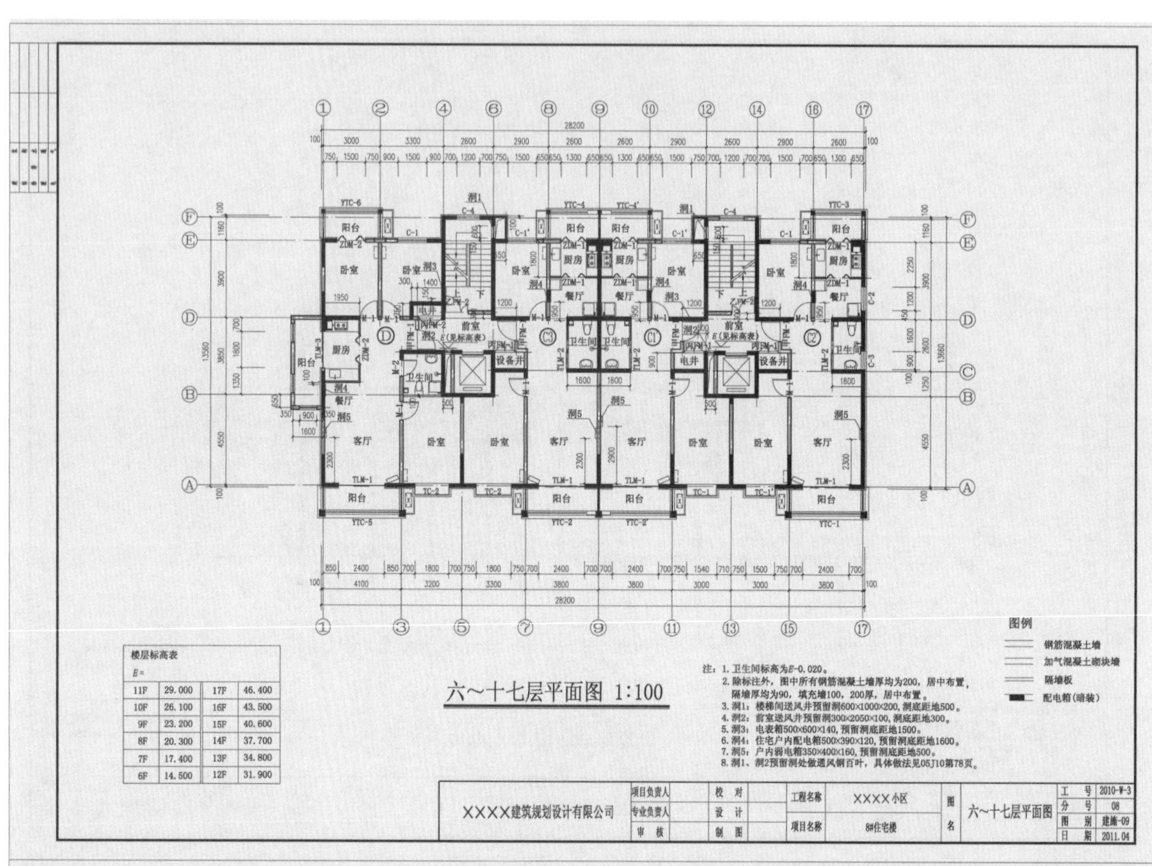

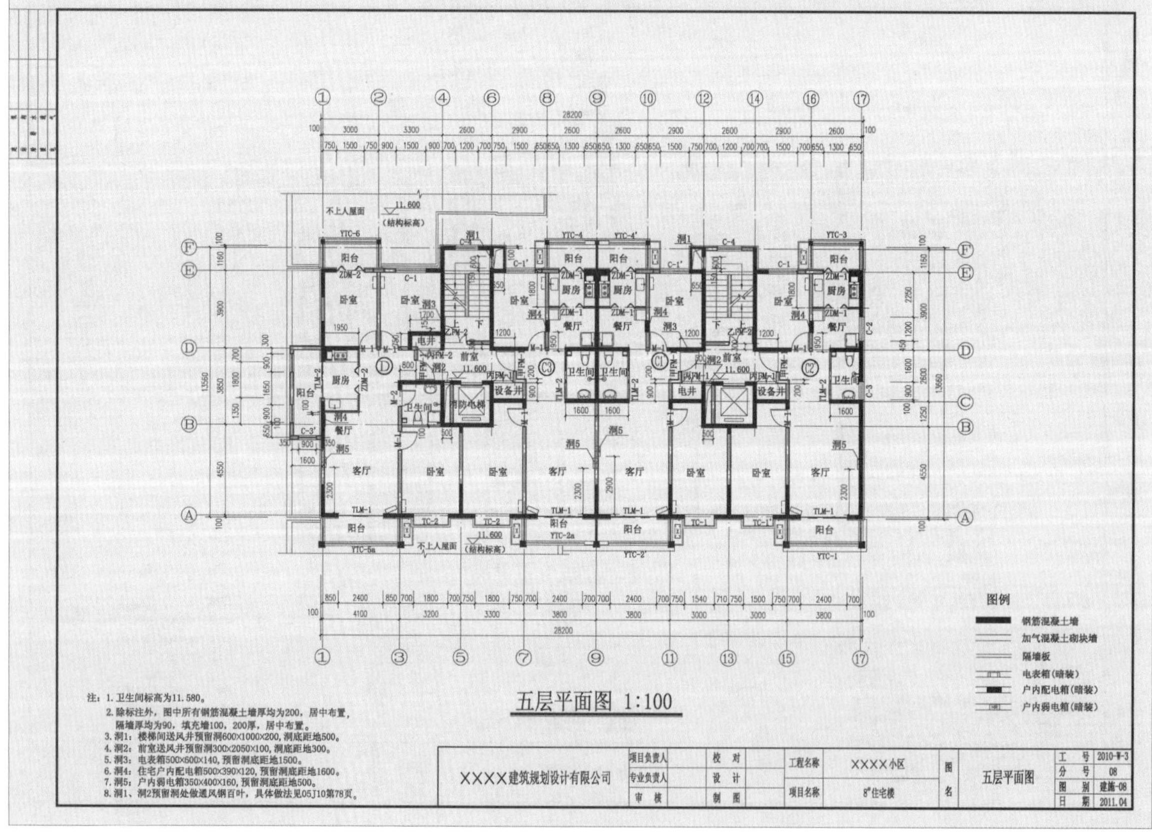

图 4.5-8　某住宅楼五层平面图、六～十七层平面图

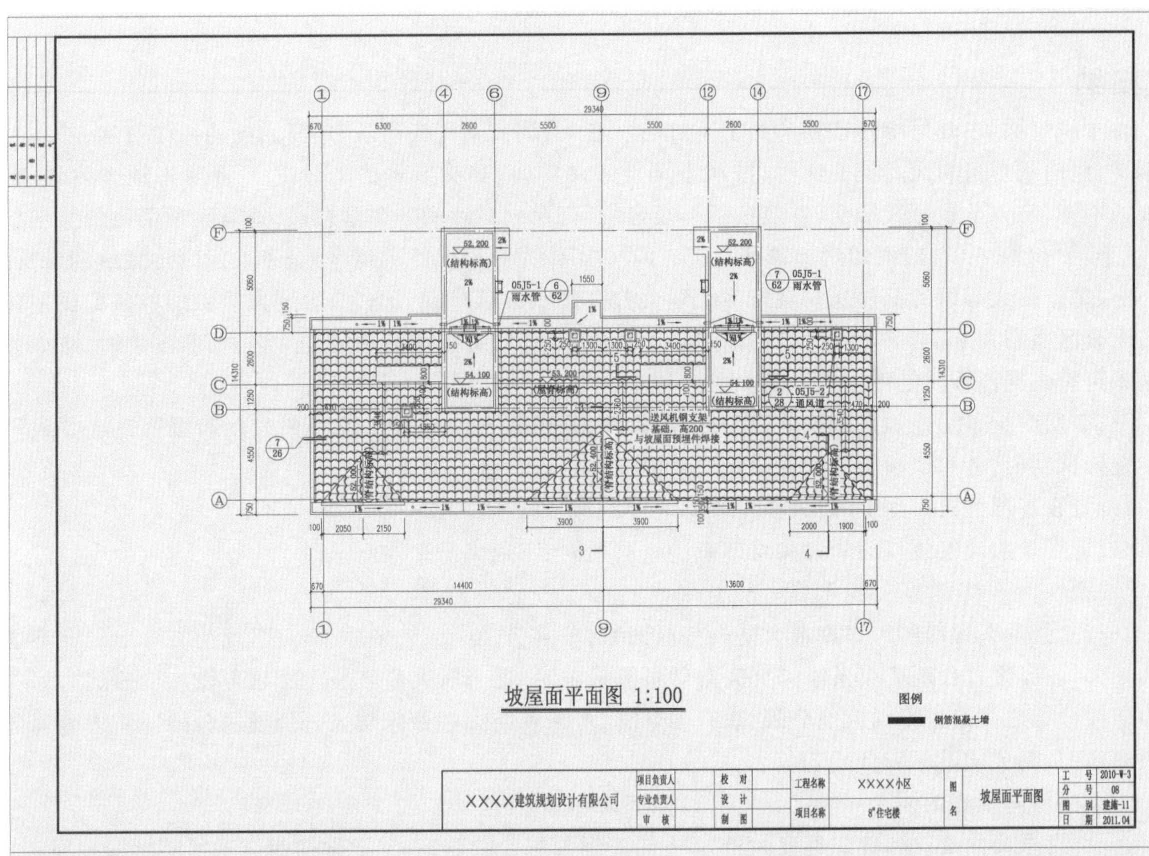

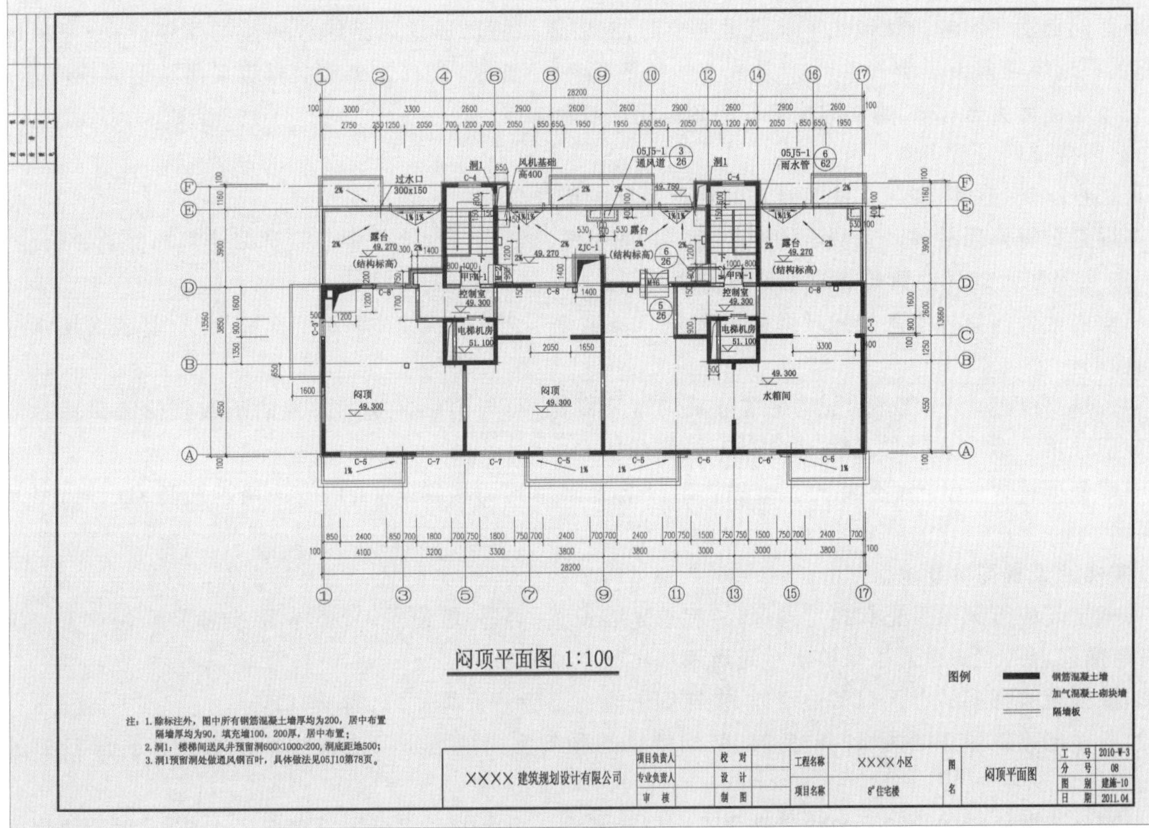

图 4.5-9 某住宅楼闷顶平面图、坡屋顶平面图

知识归纳

1. 轴号编排原则：轴号标注在图样的上下方与左右侧，横向编号应用从“1”开始的阿拉伯数字，按从左至右顺序编写；竖向编号应用大写英文字母，按从下至上顺序编写，英文字母的 I、O、Z 不得用作轴线编号；附加定位轴线的编号，应以分数形式表示，并应按下列规定编写：两根轴线间的附加轴线，编号宜用阿拉伯数字按顺序编写，对于“1”轴和“A”轴前面的附加轴号，以“0”和“0A”作为分母轴线的编号，分子表示附加轴线的编号。

2. 一、二级耐火等级的高层民用建筑最大防火分区面积为 1500m²，一、二级耐火等级的单多层民用建筑的最大防火分区面积为 2500m²。当建筑内设置自动灭火系统时，可按规定增加 1.0 倍；局部设置时，防火分区的增加面积可按该局部面积的 1.0 倍计算。

3. 一、二级耐火等级建筑内的商店营业厅、展览厅，当设置自动灭火系统和火灾自动报警系统并采用不燃或难燃装修材料时，其每个防火分区的最大允许建筑面积应符合下列规定：

(1)设置在高层建筑内时，不应大于 4000m²；

(2)设置在单层建筑或仅设置在多层建筑的首层内时，不应大于 10000m²；

(3)设置在地下或半地下时，不应大于 2000m²；

(4)一、二级耐火等级的汽车库最大防火分区面积，单层为 3000m²；多层、半地下层为 2500m²；地下层和高层为 2000m²。当设置自动灭火系统和火灾自动报警系统时，每个防火分区最大面积可增加 1 倍。

4. 防火分区之间应采用防火墙分隔，确有困难时，可采用防火卷帘等防火分隔设施分隔。防火分隔部位设置防火卷帘时，耐火极限不应低于 3h。

5. 防烟楼梯间设置条件。

(1)一类高层公共建筑和建筑高度大于 32m 的二类高层公共建筑，其疏散楼梯应采用防烟楼梯间。

(2)不能自然通风或自然通风不能满足要求时，应设置机械加压送风系统或采用防烟楼梯间；室内地面与室外出入口地坪高差大于 10m 或 3 层及以上的地下、半地下建筑(室)，其疏散楼梯应采用防烟楼梯间。

(3)建筑高度大于 33m 的住宅建筑应采用防烟楼梯间。

6. 封闭楼梯间设置条件。

(1)医疗建筑、旅馆、老年人建筑及类似使用功能的建筑。

(2)设置歌舞娱乐放映游艺场所的建筑；商店、图书馆、展览建筑、会议中心及类似使用功能的建筑。

(3)6 层及以上的其他建筑等应采用封闭楼梯间。

(4)室内地面与室外出入口地坪高差不大于 10m 或 3 层以下的地下、半地下建筑(室)，其疏散楼梯应采用封闭楼梯间。

(5)建筑高度不大于 21m 的住宅建筑可采用敞开楼梯间；与电梯井相邻布置的疏散楼梯应采用封闭楼梯间，当户门采用乙级防火门时，仍可采用敞开楼梯间。

(6)建筑高度大于 21m、不大于 33m 的住宅建筑应采用封闭楼梯间；当户门采用乙级防火门时，可采用敞开楼梯间。

7. 楼梯间设置基本要求。

(1)楼梯间应能天然采光和自然通风，并宜靠外墙设置。靠外墙设置时，楼梯间、前室及合用前室外墙上的窗口与两侧门、窗、洞口最近边缘的水平距离不应小于 1.0m。

(2)除封闭楼梯间的出入口和外窗外，楼梯间的墙上不应开设其他门、窗、洞口。

(3)除住宅建筑的防烟楼梯间前室外，防烟楼梯间和前室内的墙上不应开设除疏散门和送风口外的其他门、窗、洞口。

(4)室外疏散楼梯梯段和平台均应采用不燃材料制作。平台的耐火极限不应低于 1.00h，梯段的耐火极限不应低于0.25h，除疏散门外，楼梯周围2m内的墙面上不应设置门、窗、洞口，疏散门不应正对梯段。

(5)疏散用楼梯和疏散通道上的阶梯不宜采用螺旋楼梯和扇形踏步；确需采用时，踏步上、下两级所形成的平面角度不应大于10°，且每级离扶手250mm处的踏步深度不应小于220mm。

8. 一、二级耐火等级建筑内疏散门或安全出口不少于2个的观众厅、展览厅、多功能厅、餐厅、营业厅等，其室内任一点至最近疏散门或安全出口的直线距离不应大于30m；当疏散门不能直通室外地面或疏散楼梯间时，应采用长度不大于10m的疏散走道通至最近的安全出口。当该场所设置自动喷水灭火系统时，室内任一点至最近安全出口的安全疏散距离可分别增加25%。

9. 消防电梯设置条件。

(1)建筑高度大于33m的住宅建筑。

(2)一类高层公共建筑和建筑高度大于32m的二类高层公共建筑。

(3)设置消防电梯的建筑的地下或半地下室，埋深大于10m且总建筑面积大于3000m^{2}的其他地下或半地下建筑(室)。

(4)消防电梯应分别设置在不同防火分区内，且每个防火分区不应少于1台。

10. 消防电梯设置要点。

(1)消防电梯应设置前室，前室宜靠外墙设置，并应在首层直通室外或经过长度不大于30m的通道通向室外。

(2)消防电梯前室的使用面积不应小于6.0m^2；与防烟楼梯间合用的前室，公共建筑使用面积不应小于10m^2。

(3)除前室的出入口、前室内设置的正压送风口和住宅建筑内的户门外，前室内不应开设其他门、窗、洞口。

(4)消防电梯的井底应设置排水设施，消防电梯间前室的门口宜设置挡水设施。

课后习题

1. 平面施工图主要有哪些内容？

2. 高层建筑防火分区如何划分？

3. 场地设计应遵循哪些原则？

4. 什么条件下的民用建筑应设置一个疏散楼梯或疏散口？

5. 某四层商场，每层建筑面积4000m^2，各层层高4.2m，试计算：每层设置几个防火分区？各层疏散楼梯总宽度是多少？

6. 消防电梯设置有哪些要点？

7. 拟建一幢两个单元组合住宅楼，设计条件及要求如下：层数11F，无地下层，单元面积80～100m^2，每单元一梯两户，层高3m，其他条件自拟；应符合国家现行法规及规范，且应符合《建筑工程设计文件编制深度规定》。请根据上述条件要求设计该项目全部平面施工图。

5

建筑立、剖面图设计

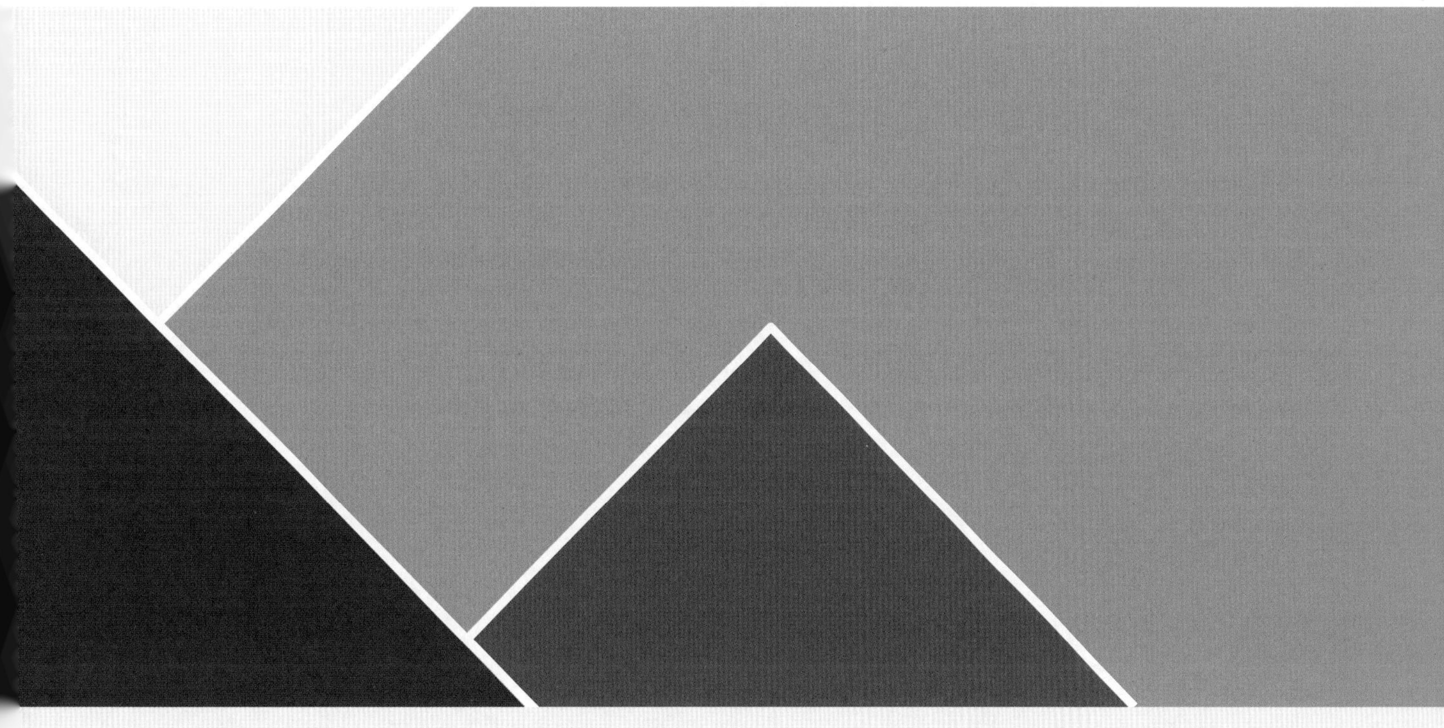

"　如果把每栋建筑比作一个人的话，建筑立面图就是这个人四个方向的正视图——正面图、背面图、左侧图、右侧图，建筑剖面图就是解剖图。下面就让我们一起看看是如何绘制建筑立、剖面图的。"

5.1 建筑立面图的概念及命名

5.1.1 建筑立面图的概念

在与建筑立面平行的铅直投影面上所作的正投影图称为建筑立面图，简称立面图。在施工图设计阶段，建筑立面图主要反映房屋各部位的高度、外门窗洞口尺寸、外墙面材质做法等内容，是建筑外装修的主要依据。图 5.1-1 为某博物馆立面图。

5.1.2 建筑立面图的命名

(1)朝向命名：立面朝向哪个方向就称为某方向立面图，此命名方式多用于方案设计图，例如东立面图、西立面图。

(2)外观特征命名：反映主要出入口或房屋外观特征的立面图，例如正立面图、背立面图、左立面图、右立面图、主入口立面图、屋顶造型立面图等。

(3)轴号命名：以立面图上边界墙体从左至右首尾轴线命名，例如①～⑥轴立面图、Ⓐ～Ⓔ轴立面图等。

建筑施工图中这三种命名方式都可使用，但每套施工图只能采用其中一种方式命名。目前施工图设计中常采用轴号命名方式，该命名方式具有直观、准确的特点。

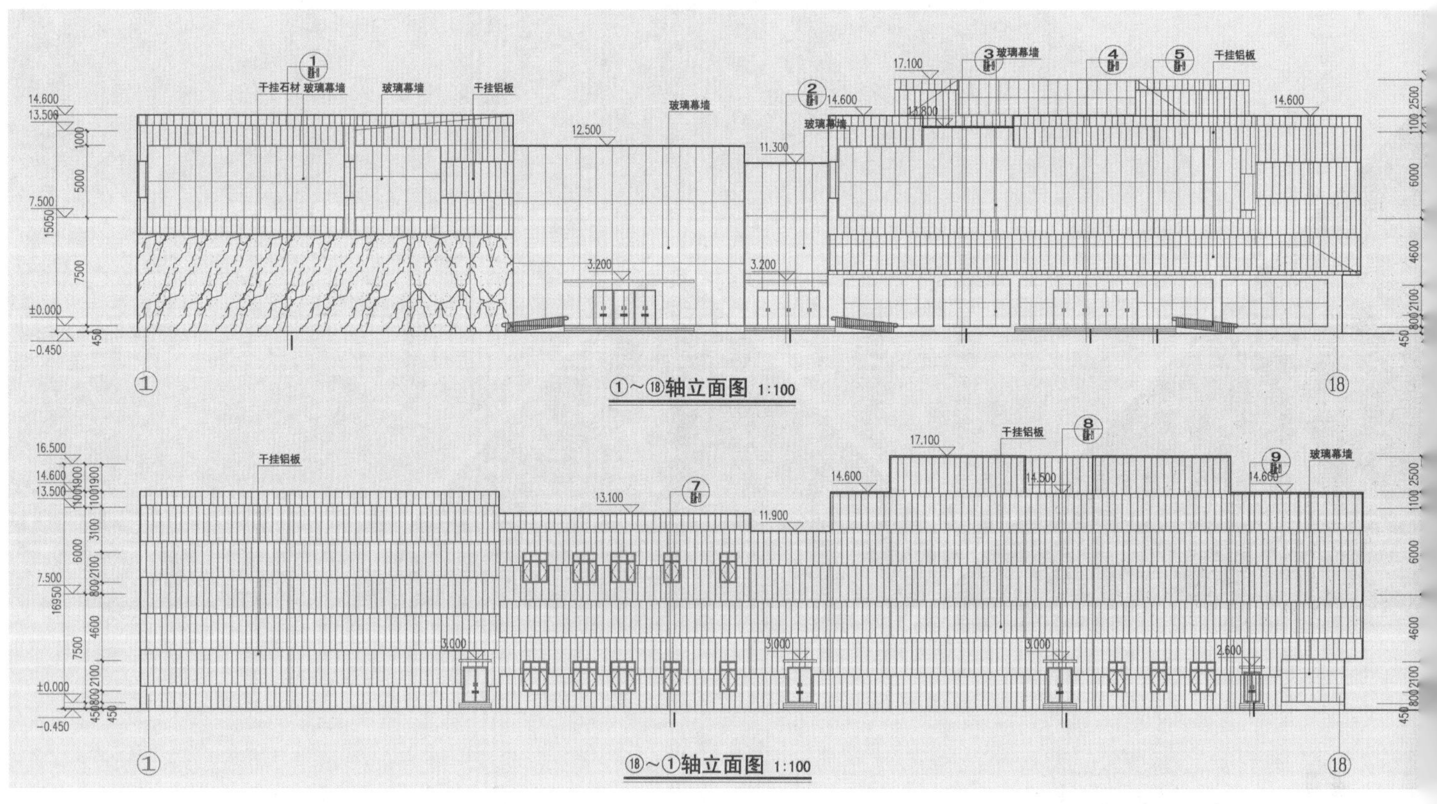

图 5.1-1 某博物馆立面图

5.2 建筑立面图的绘制要求

5.2.1 线型要求

线型图例见表 5.2-1。

表 5.2-1 线型图例

线型	线宽 b/mm	图例	备注
粗实线	0.8～1.0	————	建筑立面图中的外轮廓线； 立面图中的剖切符号
中粗实线	0.3～0.5	————	建筑立面图中建筑构配件的轮廓线
细实线	0.1～0.2	————	尺寸线、尺寸界线、索引符号、标高符号、做法引出线、粉刷线、图例填充线
细虚线	0.1～0.2	------------	图例填充线、家具轮廓线
双点画线粗线	0.3～0.5	——··——··——	立面详图索引轮廓线
折断线	0.1～0.2	——\/——	部分省略表示时的断开界线
对称符号	0.1～0.2	‖—— - ——‖	

注：上表中线宽是指打印后图纸中线型的实际宽度，在软件绘图中要注意图纸比例和线宽的换算，地坪线宽可为 1.4b。

5.2.2 立面图比例

(1)建筑物或构筑物立面图常见的比例为 1∶100；

(2)图纸比例主要根据图幅的大小和建筑物的立面尺寸确定；

(3)立面图通常采用的比例为 1∶50、1∶100、1∶150、1∶200、1∶300 等。

5.2.3 立面图尺寸单位

(1)立面图中标高单位为米，其他长度尺寸以毫米为单位，标注时只标注数值，不标注单位；

(2)角宜标注“度、分、秒”，如有特殊情况应另加说明。

5.2.4 标高标注

(1)以建筑物首层建筑完成面作为±0.000 标高，其他各层标高以首层标高作为参照点自下而上依次标注。如图 5.2-1 所示，图中列出某别墅立面标注标高及竖向尺寸。

(2)必要时应在立面图中注明相对标高±0.000 与绝对标高的换算关系。

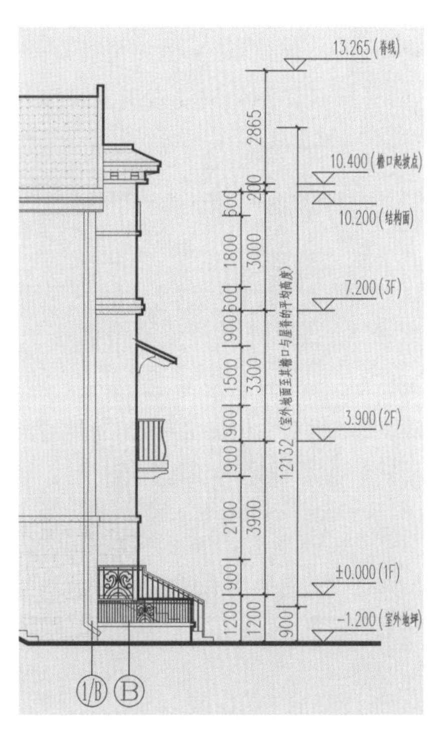

图 5.2-1 某别墅局部立面图

5.3 建筑立面图的设计深度及设计要点

5.3.1 立面图设计深度

（1）投影方向可见的建筑外轮廓线、屋面、女儿墙、装饰构件、门窗、阳台、雨篷、线脚、坡道、台阶等均应绘出，如图 5.3-1 所示。

（2）细部装饰构件可简绘轮廓线，标注索引号另见详图。

（3）前后立面重叠时，前者的外轮廓线宜向外加粗，以示区别。

（4）立面图上应绘制出在平面图中无法表示清楚的窗、进气口和排气口等，并标注尺寸及标高和必要的文字说明，还应绘出附墙水落管和爬梯等。

（5）立面图的尺寸标注：从内到外标注，第一道为各层门窗洞高度及与楼面关系的尺寸；第二道为层高尺寸（有地下室者亦需注明）以及层数和标高，室内外高差；第三道为建筑高度，由室外地坪至平屋面挑檐口上皮或女儿墙顶面、坡屋面挑檐口上皮总高度，坡屋面檐口至屋脊高度，阳台栏杆高度单独标注，出屋面的楼梯间、电梯机房、水箱间等另标注其高度。

（6）外墙身详图的剖线索引号可以标注在立面图上，亦可标注在剖面图上，以表达清楚、易于查找详图为原则。

（7）外装修用料、颜色等直接标注在立面图上，或用文字索引“国家标准图集”或“地方标准图集”，立面分格应绘清楚，线脚的宽度、做法宜注明或绘制节点详图。

5.3.2 一般设计要点

（1）各种立面图应按正投影法绘制。

（2）每一个立面图应绘注两端的轴线号，如①～⑩立面图，Ⓐ～Ⓗ 立面图（立面圆弧形及转折复杂时可用展开立面表示），并应绘制转角处的轴线号，东、南、西、北向的立面可直接按方向命名（如东立面图、南立面图）。

（3）立面图的比例可不与平面图一致，以能表达清楚又方便看图（图幅不宜过大，一般不大于 A1 图幅）为原则，比例为 1∶100、1∶150 或 1∶200 等。

（4）幕墙：简单幕墙可在立面图上表示立面分格线、材料、窗及开启扇、门等，复杂幕墙应绘制幕墙立面图。

（5）立面较复杂时，可将立面图及外装修工程另行出图，以方便主体工程施工和外装修工程施工。

（6）平面形状曲折（或弧形）的建筑物，可绘制展开立面图。圆形（或多边形）平面的建筑物，可分段展开绘制立面图，但均应在图名后加注“展开”二字。图 5.3-2 为某展览馆平面图和立面展开图，平面为圆形，立面为沿外围圆周展开投影图。

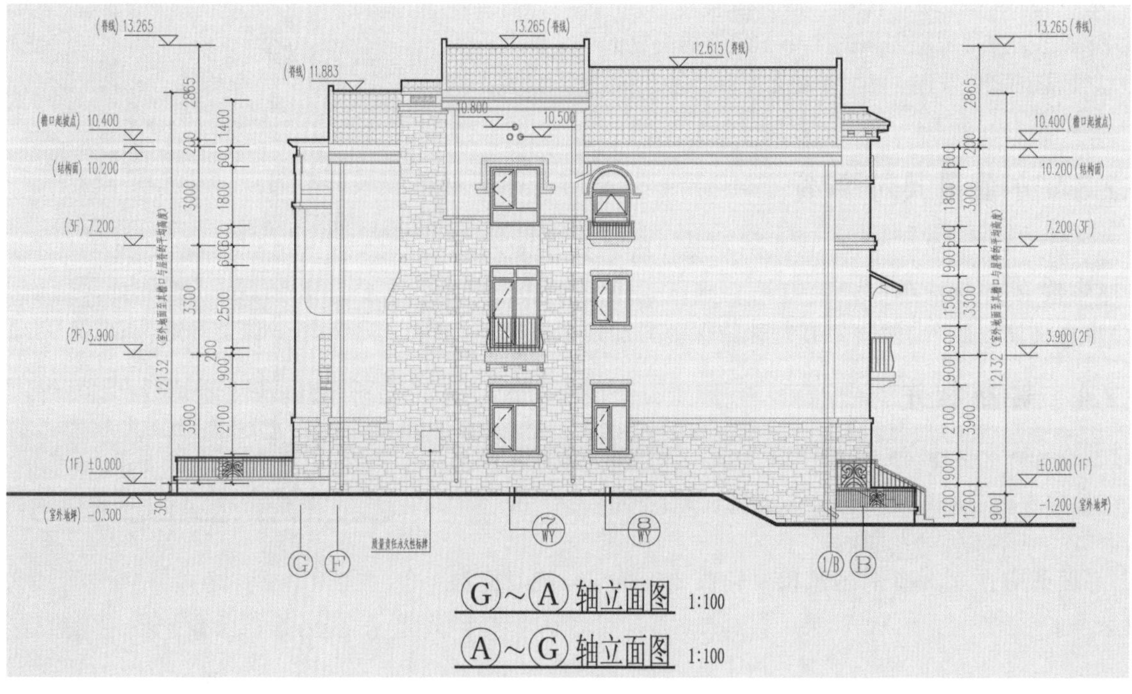

图 5.3-1 某别墅立面图

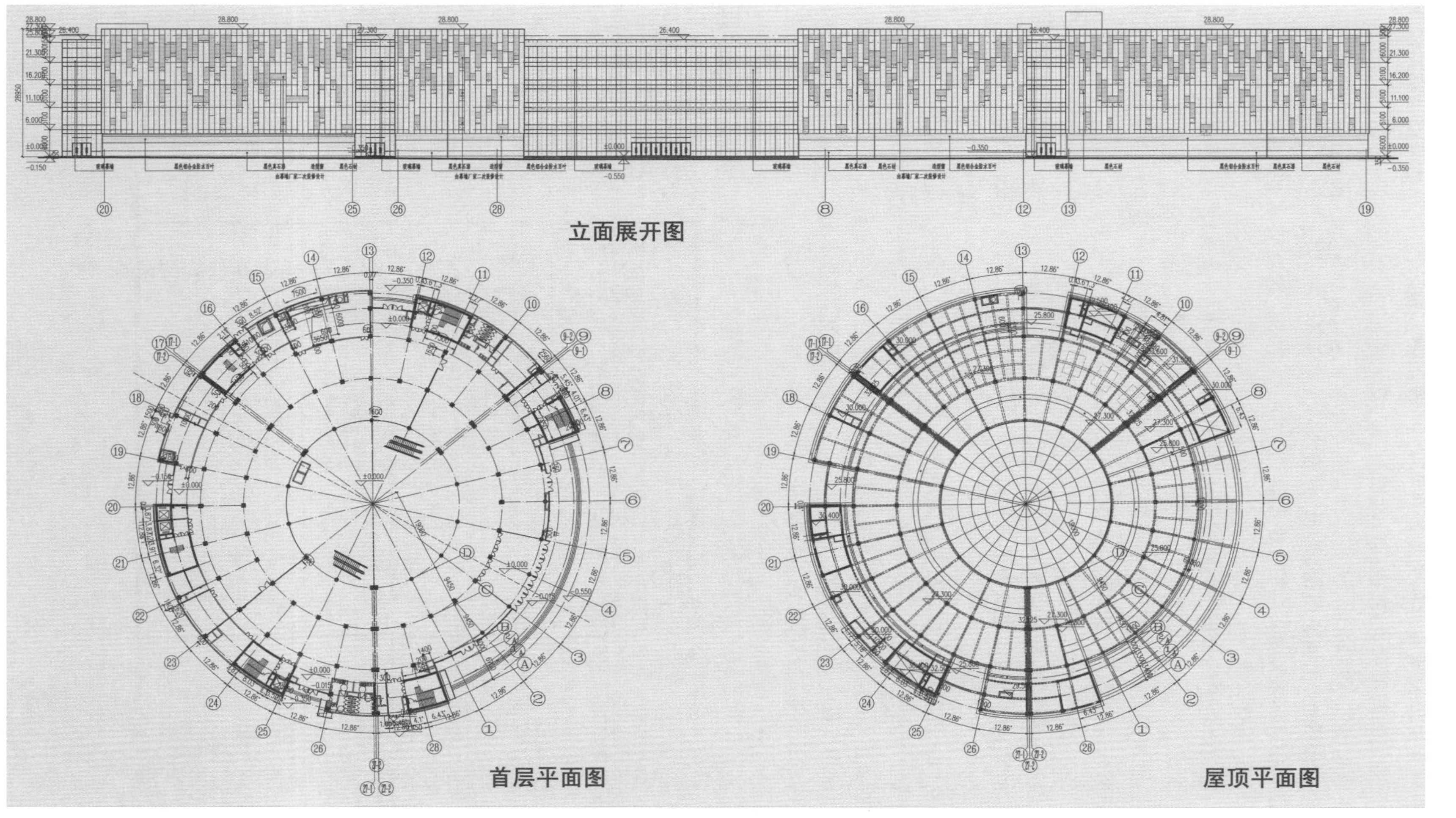

图 5.3-2 某展览馆平面图和立面展开图

(7)较简单的对称式建筑物或对称的构配件等，在不影响构造处理和施工的情况下，立面图可绘制一半，并应在对称轴线处画对称符号。

(8)在建筑物立面图上，相同的门窗、阳台、外檐装修、构造做法等可在局部重点表示，并应绘出其完整图形，其余部分可只画轮廓线。

(9)立面的门窗洞口轮廓线宜粗于门窗和粉刷分格线，使立面有层次感。

(10)在建筑物立面图上，外墙表面分格线应表示清楚，应用文字说明或用填充图例表示各部分所用面材及色彩。

(11)有定位轴线的建筑物，宜根据两端定位轴线号标注立面图名称；无定位轴线的建筑物可按平面图各面的朝向确定名称。

(12)建筑物室内立面图的名称，应根据平面图中内视符号的编号或字母确定。

(13)在建筑物立面图上，应标注表示墙身详图的剖切位置及编号，剖切位置应具有代表性。

(14)内部院落或看不到的局部立面，可在相关的剖面图上表示，也可单独画出内部院落立面图或局部立面图。

5.3.3 防火设计要点

(1)建筑高度确定：根据《建筑设计防火规范(2018 年版)》(GB 50016—2014)的规定，当屋面为坡屋面时，应为建筑物室外设计地面到其檐口与屋脊的平均高度；当屋面为平屋面(包括女儿墙的平屋面)时，应为建筑物室外设计地面到其屋面面层的高度；同一建筑有多种屋面形式时，建筑高度按上述方法计算后，取其最大值。局部突出屋面的瞭望塔、冷却塔、水箱间、电梯机房、设备用房等，若其面积不超过屋面面积的 25%，可以不计入高度。

(2)对于住宅建筑，设置在底部且室内高度不大于 2.2m 的自行车库、储藏室、架空空间，室内外高差或地下室顶板高出室外地面的高度不大于 1.5m 的部分，可不计入住宅高度。图 5.3-3 为某住宅侧立面图，首层为储藏室，层高不足 2.2m，故不计入建筑高度。

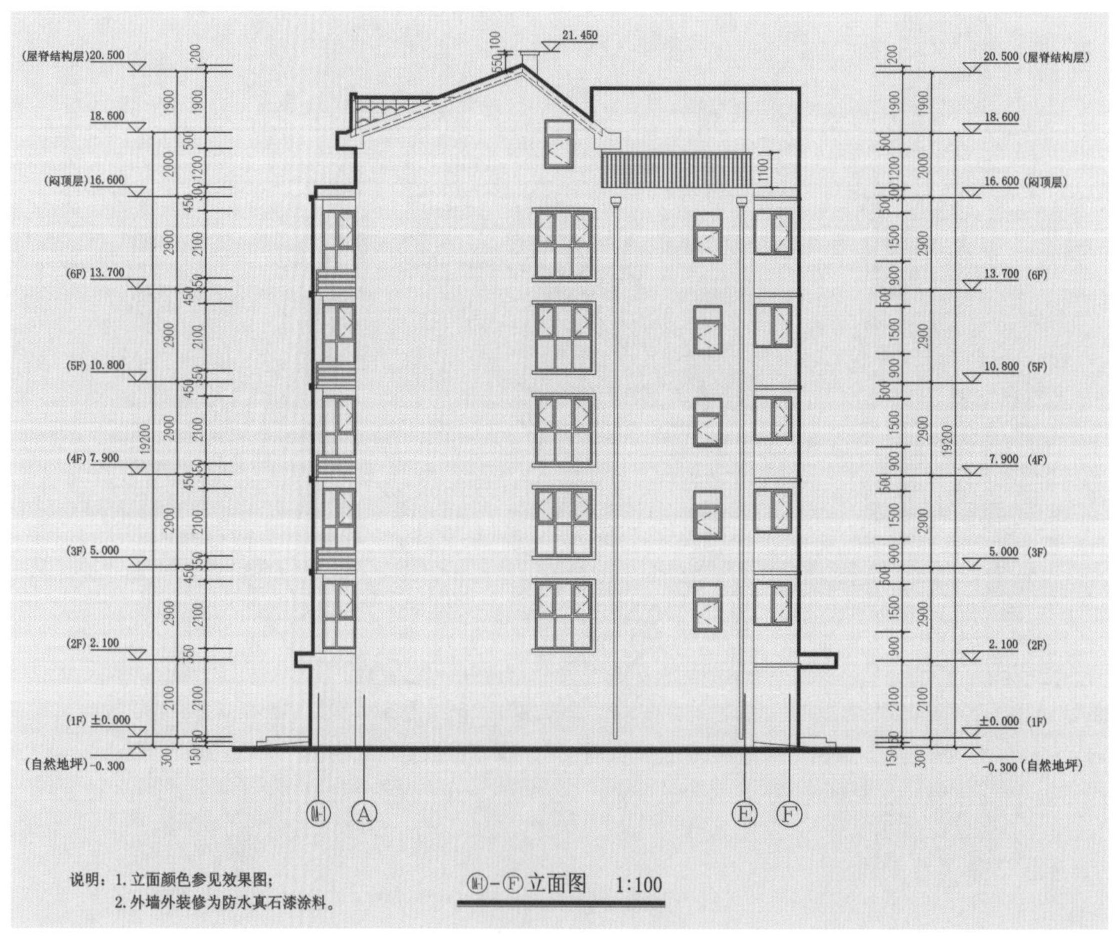

图 5.3-3 某住宅侧立面图

(3)建筑外墙上、下层开口之间应设置高度不小于1.2m的实体墙或挑出宽度不小于1.0m、长度不小于开口宽度的防火挑檐。当室内设置自动喷水灭火系统时，上、下层开口之间的实体墙高度不应小于0.8m。当上、下层开口之间设置实体墙确有困难时，可设置防火玻璃墙，但高层建筑的防火玻璃墙耐火完整性不应低于1.00h，多层建筑的防火玻璃墙耐火完整性不应低于0.50h。如图5.3-4所示，该图为某商场同一外墙的局部立面图与局部剖面图，由于商场内部设自动灭火系统，上、下窗槛墙高0.8m，满足防火要求。

(4)住宅建筑外墙上相邻户开口之间的墙体宽度不应小于1.0m。小于1.0m时，应在开口之间设置凸出外墙不小于0.6m的隔板。

(5)公共建筑的外墙应在每层的适当位置设置可供消防救援人员进入的窗口。供消防救援人员进入的窗口的净高度和净宽度均不小于1.0m，下沿距室内地面不宜大于1.2m，间距不宜大于20m且每个防火分区不应少于2个，设置位置应与消防车登高操作场地相适应；窗口的玻璃应易于破碎，并应设置在室外易于识别的明显标志。图5.3-5为某公共建筑立面图，图中每层适当部分外窗设为消防救援窗口。

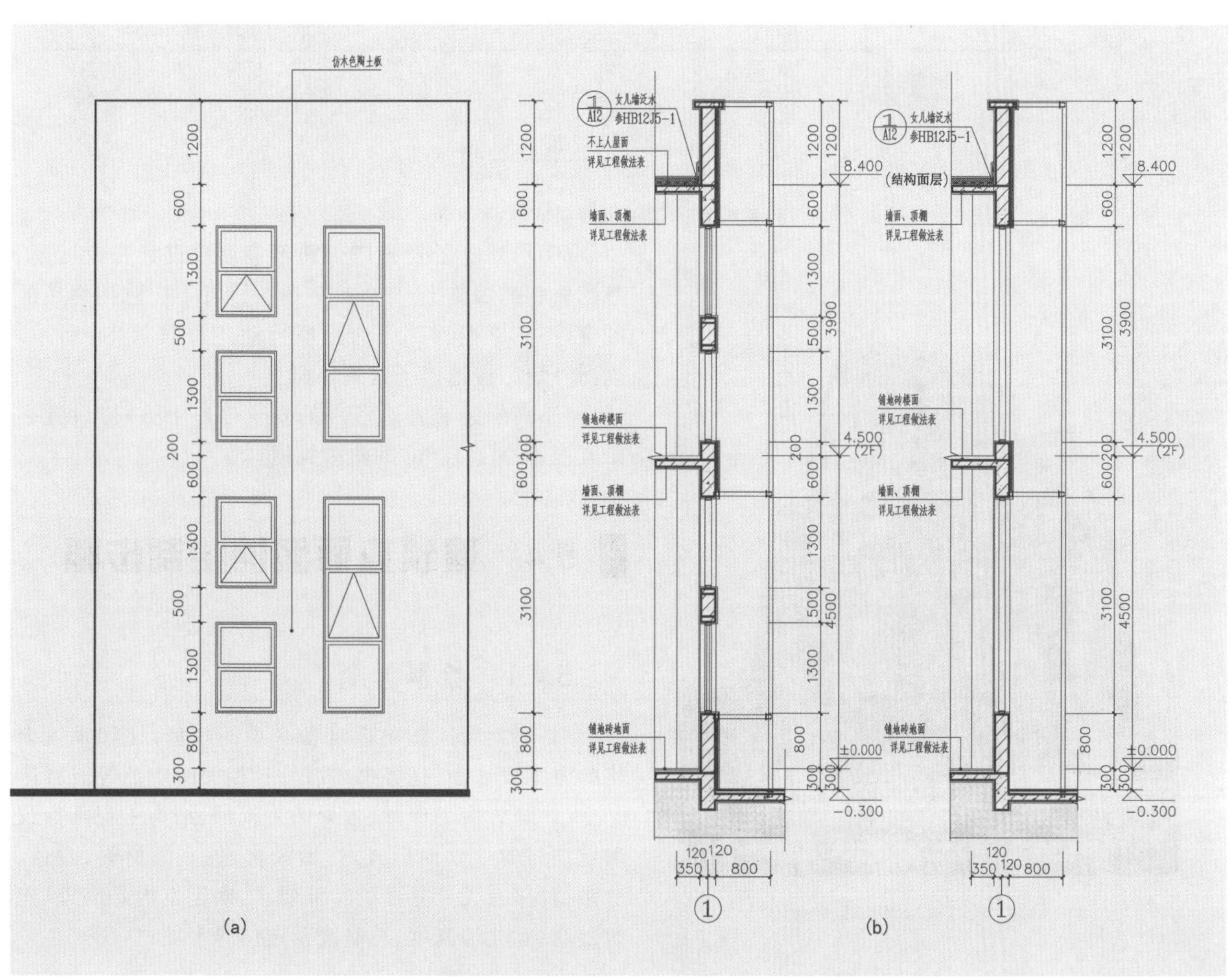

图5.3-4 某商场外墙的局部立面图和局部剖面图

(a)某商场外墙的局部立面图；(b)某商场外墙的局部剖面图

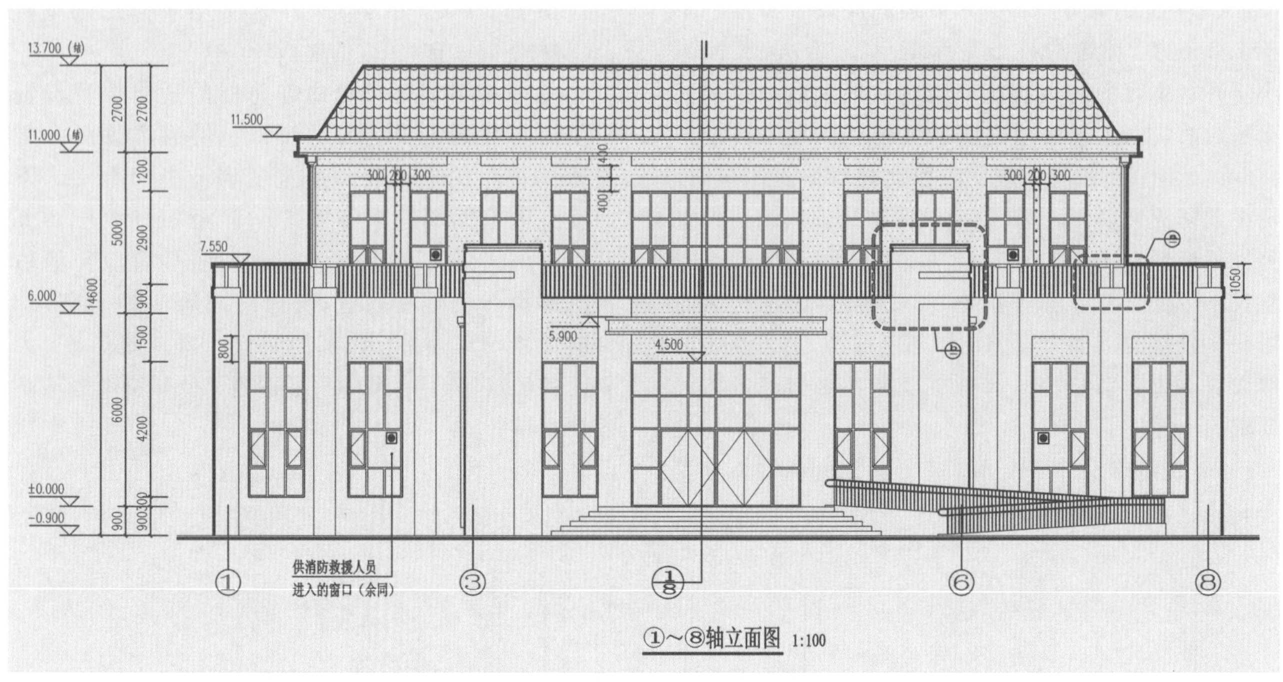

图 5.3-5　某公共建筑立面图

图 5.3-6　珠海市某酒店建筑外墙

(6)户外电子发光广告牌不应直接设置在有可燃、难燃材料的墙体上，户外广告牌的设置不应遮挡建筑的外窗，不应影响外部灭火救援行动。如图 5.3-6 所示，该图外墙广告遮挡了建筑外窗。

(7)高层建筑直通室外的安全出口上方，应设置挑出宽度不小于 1.0m 的防护挑檐。

5.4　建筑立面图的绘制步骤

5.4.1　绘制准备

(1)绘制施工图前应准备必要的资料，比如审批合格的方案设计图、任务书、效果图、相关的规范等资料；

(2)与方案工程师、效果图工程师、结构工程师商议确定项目的外立面形式，造型风格，外立面材料、颜色、分格情况，有无外立面的特殊要求，确定室内外高差、建筑层高、女儿墙高度、总高度及定位等事项；

(3)打开软件,建立新文件,亦可在平面图的文件中绘制立面图;

(4)设置新图层,将平面图中各层平面图依次自下向上(按照施工从下到上的顺序)排好,竖向轴号相对(或依次自左向右水平排好,水平轴号相对),并将同类图元放到同一图层,在图层里设置图层颜色及线型和线宽,如图 5.4-1 所示。

5.4.2 绘制立面图轮廓线

(1)绘制地坪线,然后按正投影法绘制最外侧墙体的外轮廓线;

(2)由地坪线往上复制建筑总高度(室外地坪至女儿墙顶的高度)的数值,得到的线即为女儿墙顶轮廓线;

(3)绘制平面形状转折,有凹凸变化(包括阳台)的轮廓线;

(4)有伸缩缝的建筑,应绘制伸缩缝两侧的轮廓线;

(5)标注立面两端的轴号,如有转折变化,在其变化位置标注墙体轴号,如图 5.4-2 所示。

5.4.3 绘制立面标高辅助线

(1)在已打开的建筑绘图软件的图层特性管理器中设置辅助线的线型、颜色,并将其设置为不打印图层(只在图中显示,在打印图纸时不显示出来);

(2)在已绘制好的外轮廓线上,由地坪线向上复制室内外高差数值,得到的线即±0.000 标高辅助线;

(3)由±0.000 标高辅助线向上复制各层层高数值即各层标高辅助线;

(4)绘制局部出屋面楼(电)梯间、设备用房等女儿墙顶标高辅助线,如图 5.4-3 所示。

图 5.4-1 绘制准备

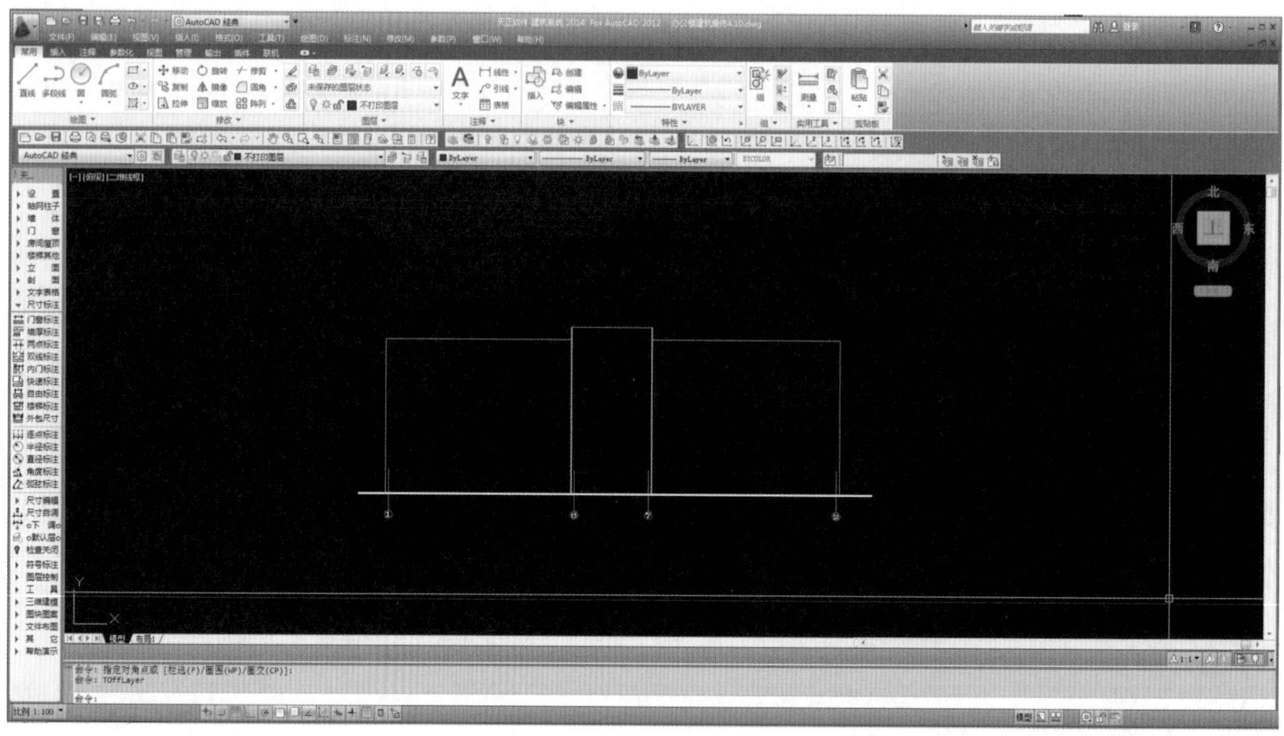

图 5.4-2　绘制立面图轮廓线

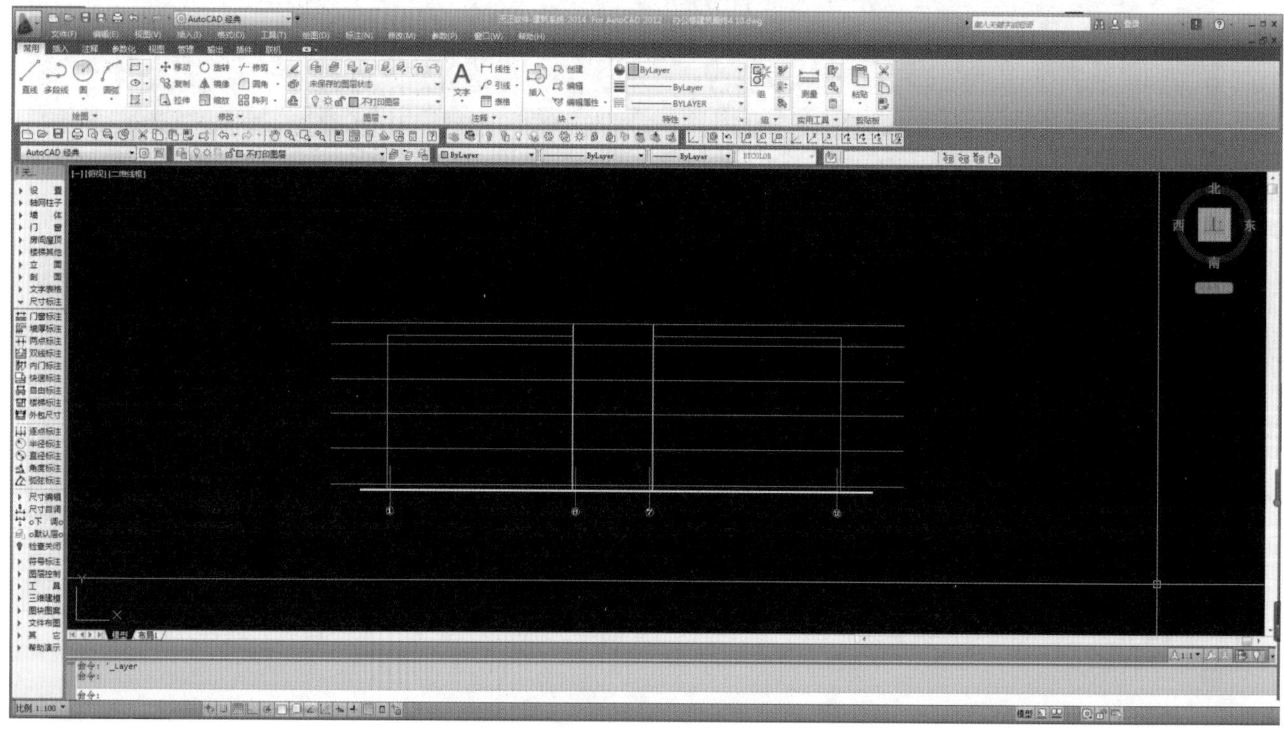

图 5.4-3　绘制立面标高辅助线

5.4.4　绘制首层外门窗立面图

（1）按正投影法绘制首层平面图中每个外门窗的宽度辅助线，按照窗台高度设置窗台下口高度辅助线，然后按照外门窗的高度尺寸绘制其窗高辅助线，这样就形成了外门窗的轮廓线；

（2）参照门窗图集绘制相应门窗的分格形式，亦可自己设定；

（3）有窗口造型的宜同外窗一起绘制；

（4）将相同的门窗复制到指定的位置，如图 5.4-4 所示。

5.4.5　绘制各层外门窗立面图

（1）将二层及二层以上立面图中相同的外门窗按照已绘制好的形式自下而上复制；

（2）重复 5.4.4 节的步骤（1）绘制各层其他的门窗，如图 5.4-5 所示。

5.4.6　绘制台阶、坡道、雨篷、空调板等建筑构件

（1）按正投影法绘制各层平面图中台阶、坡道、雨篷、空调板等建筑构件投影图；

（2）特殊形式构件需绘制详图并标注索引符号，如图 5.4-6 所示。

5.4.7　绘制建筑装饰构件

（1）参照效果图，按正投影法自下而上绘制各层平面图中的建筑装饰构件；

（2）标注相应造型尺寸，如不能表达清楚，需绘制详图并标注索引符号，如图 5.4-7 所示。

5.4.8　绘制雨水管

（1）参照屋顶平面图中雨水管的位置按正投影法在立面图中绘制雨水管。

（2）绘制时注意雨水管不应遮挡外门窗，否则应调整屋顶平面图中雨水管的位置，在立面图中避开被遮挡的门窗；或局部遮挡时也可设置 135°弯头，避开外门窗，如图 5.4-8 所示。

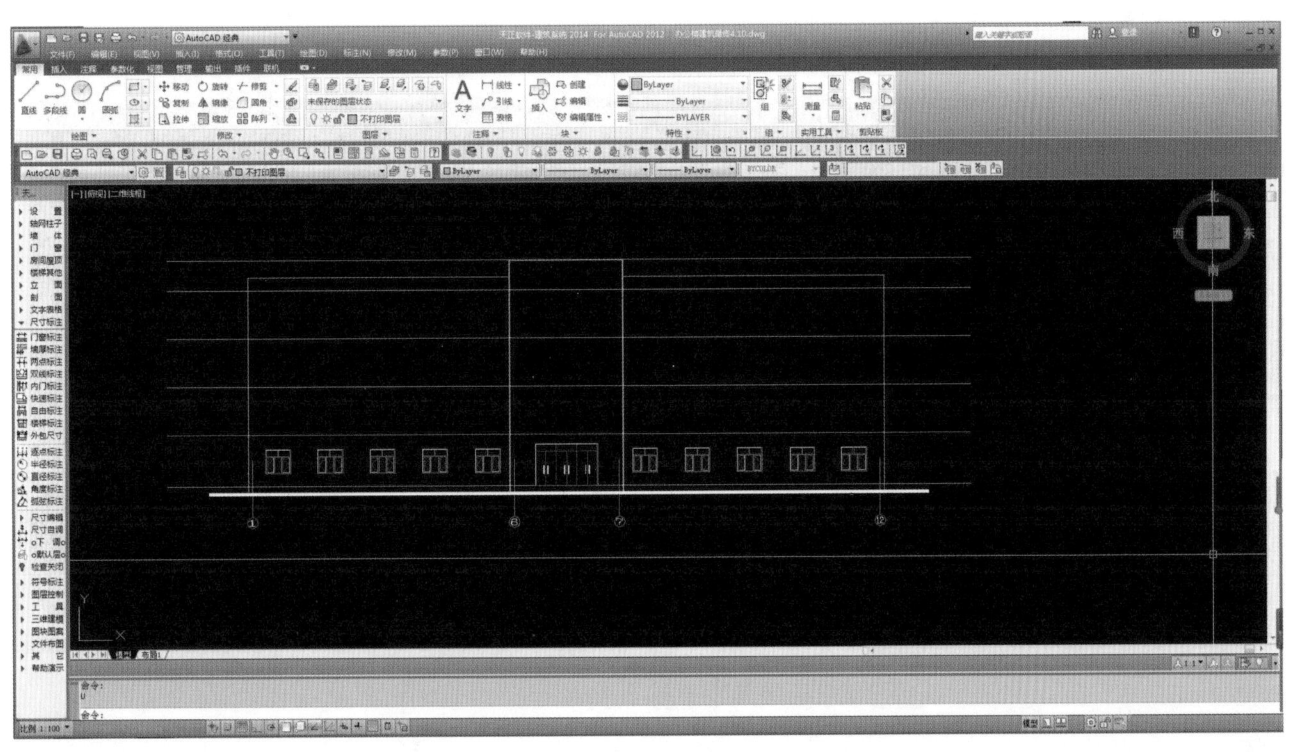

图 5.4-4　绘制首层外门窗立面图

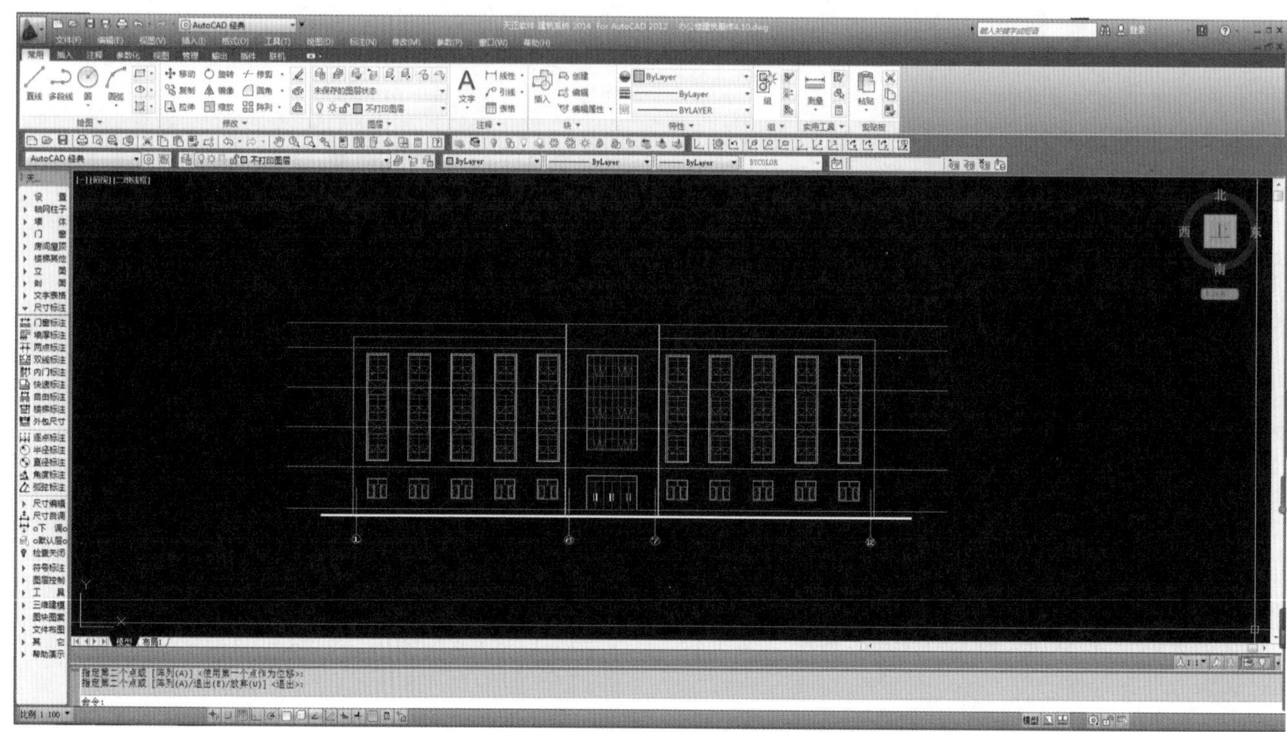

图 5.4-5　绘制各层外门窗立面图

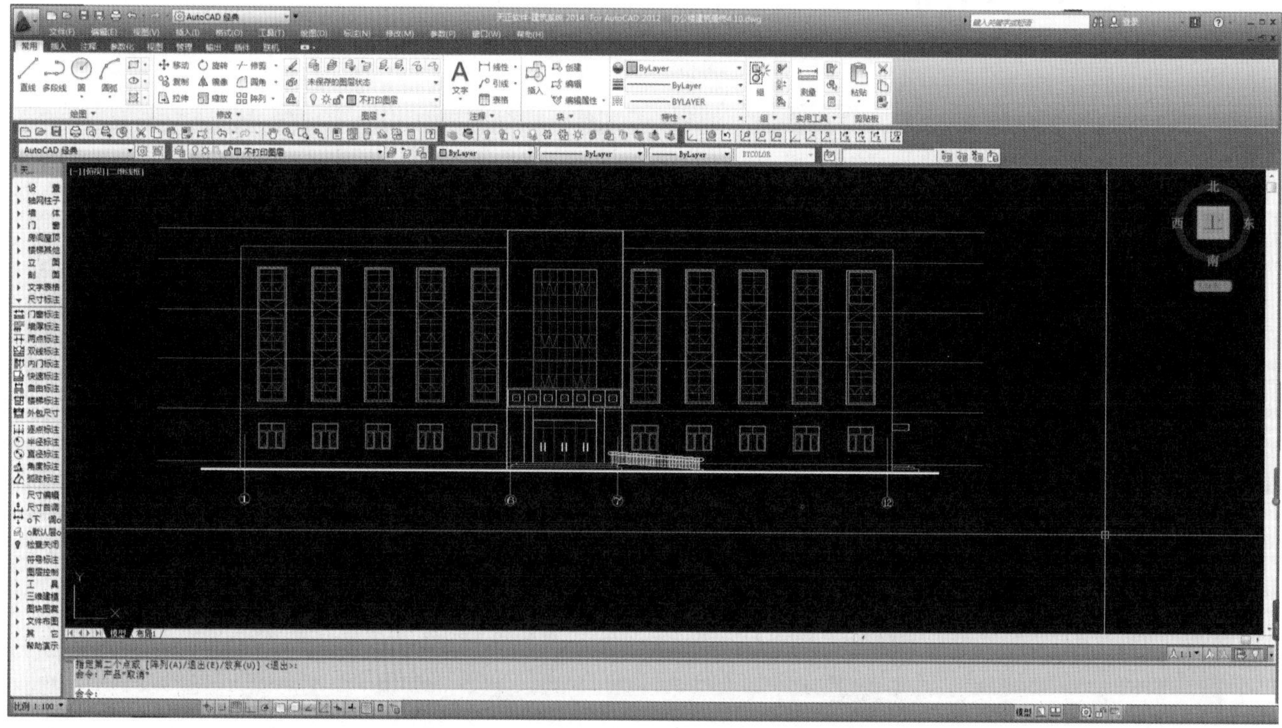

图 5.4-6　绘制台阶、坡道、雨篷、空调板等建筑构件

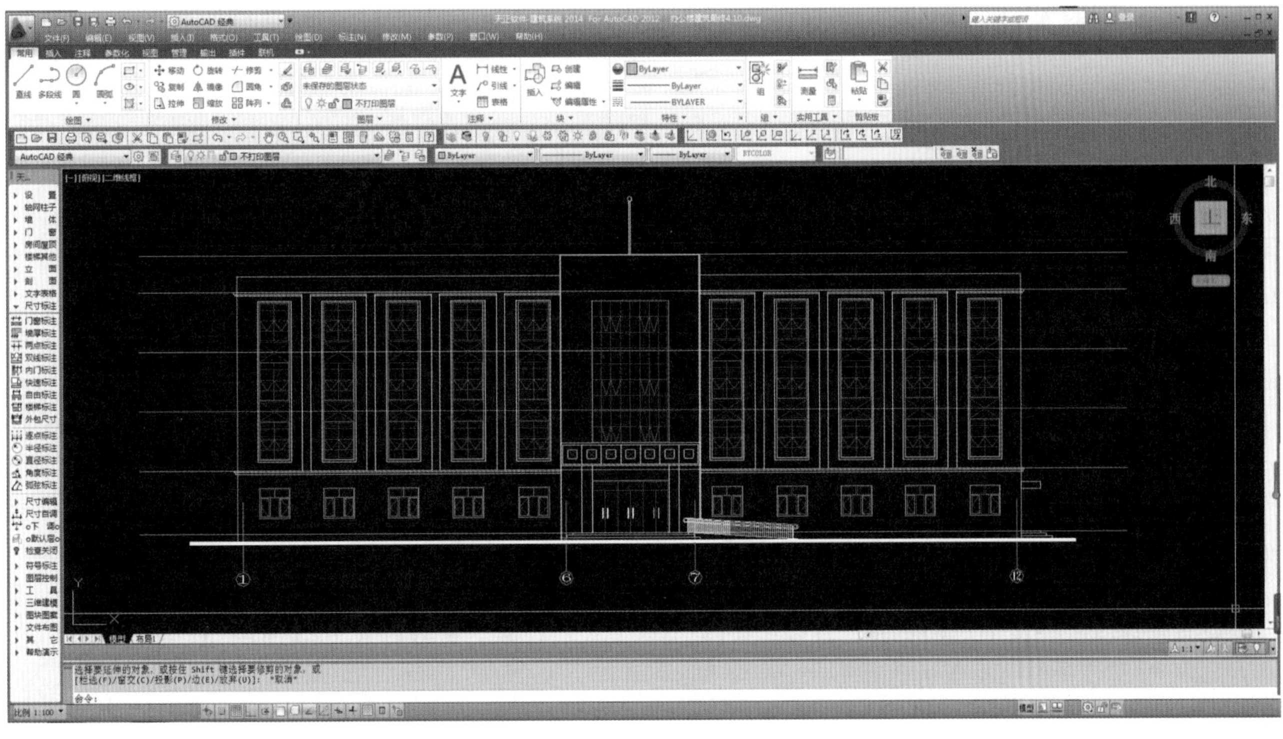

图 5.4-7 绘制建筑装饰构件

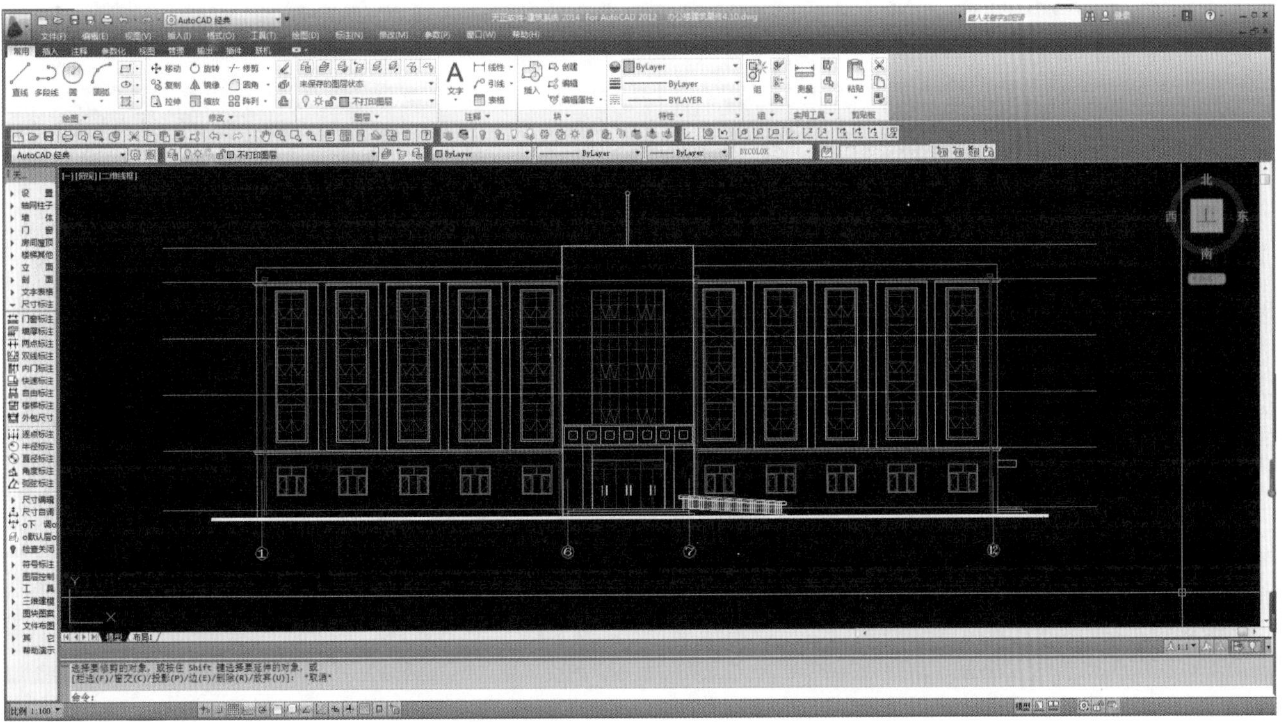

图 5.4-8 绘制雨水管

5.4.9 绘制外墙分格线、材料及颜色

（1）按照效果图绘制分格线，并在女儿墙上部引出标注；

（2）按照效果图在女儿墙上部引出标注外装修材料、颜色；

（3）外装修为幕墙时应画出分格线，并标注尺寸，同时还应画出幕墙分格详图，如图 5.4-9 所示。

5.4.10 标注竖向尺寸及标高

（1）从内到外标注三道尺寸线，即标注竖向门窗高度等构件尺寸线、层高尺寸线及总高度；

（2）在标注好的第三道总尺寸线外侧首层楼面处标注±0.000 标高；

（3）以±0.000 处标高为基点，向下（为负标高）标注自然地坪标高，向上（为正标高）标注各层楼面标高，标注时正标高的"＋"可以省略，负标高的"－"不能省略；

（4）楼层数宜对应标注，即在楼层标高处标注楼层编号——xF，x 表示 1～n 的阿拉伯数字，表示该数值的层数，F 表示层，如"3F"表示为该层为第三层；

（5）标注雨篷顶部、局部出屋面楼（电）梯间、设备用房等房间顶部标高，此处标高均表示结构楼板标高，简称结构标高；

（6）标注有特殊要求的、在平面图中表示不清或无法表示的尺寸线及标高，如图 5.4-10 所示。

5.4.11 完善整理

（1）检查各立面图内容是否有纰漏，线型有无断头，字体及标注有无错误等；

（2）核对立面图是否与各层平面图一致；

（3）插入图框，在图签中填写设计人员姓名、工程名称、设计号、图纸名称等，最后整理准备出图；

（4）索引墙身详图在立面图中剖切的位置，如图 5.4-11 所示。

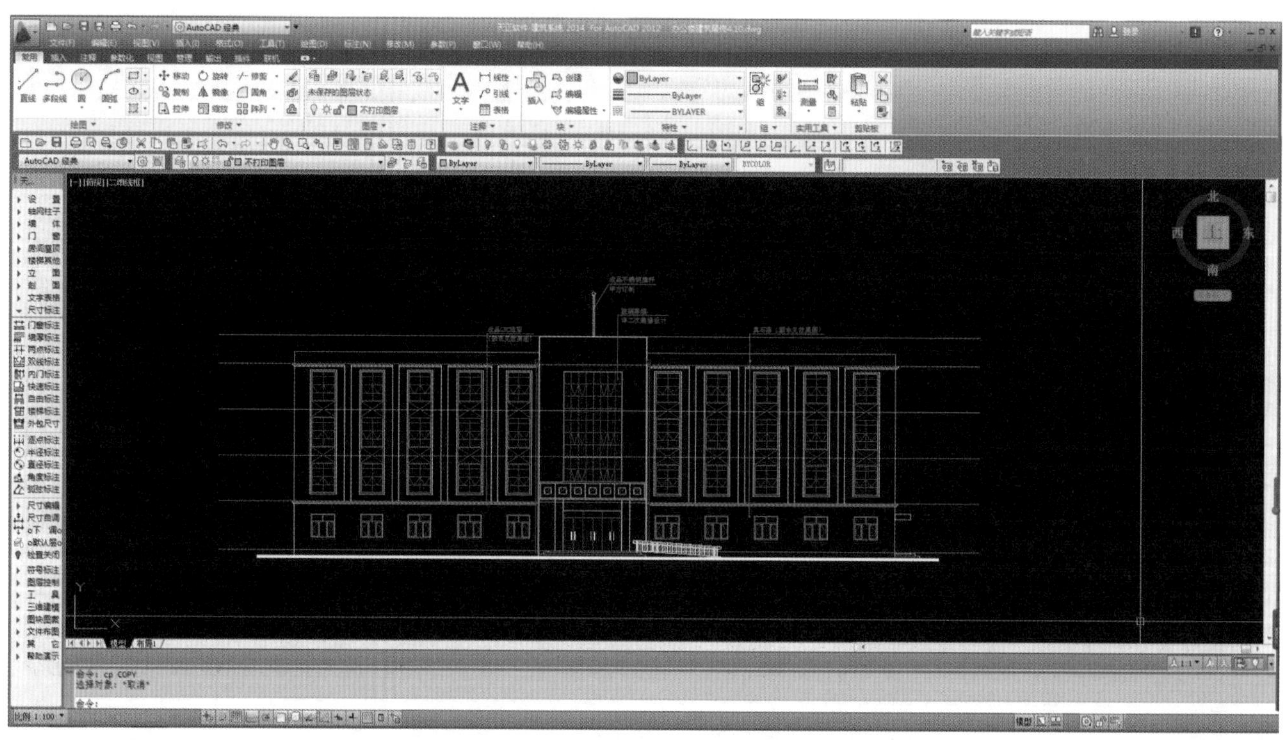

图 5.4-9 绘制外墙分格线、材料及颜色

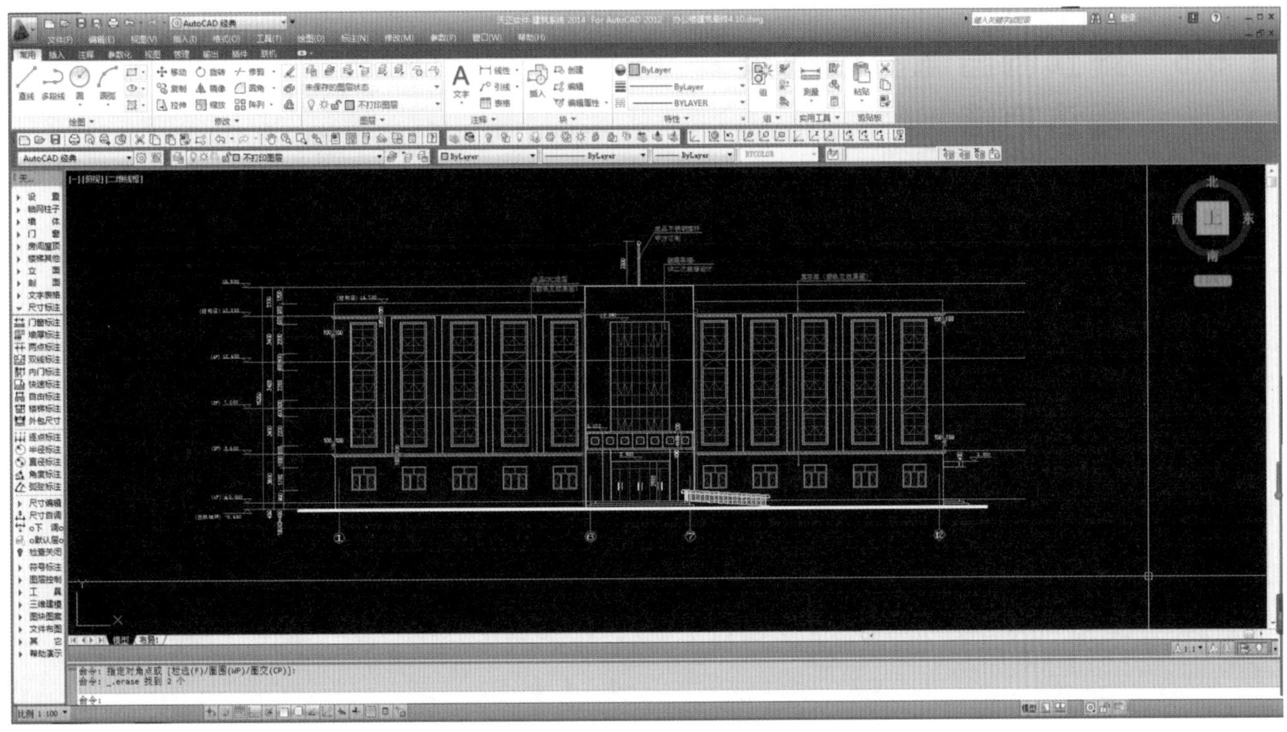

图 5.4-10 标注竖向尺寸及标高

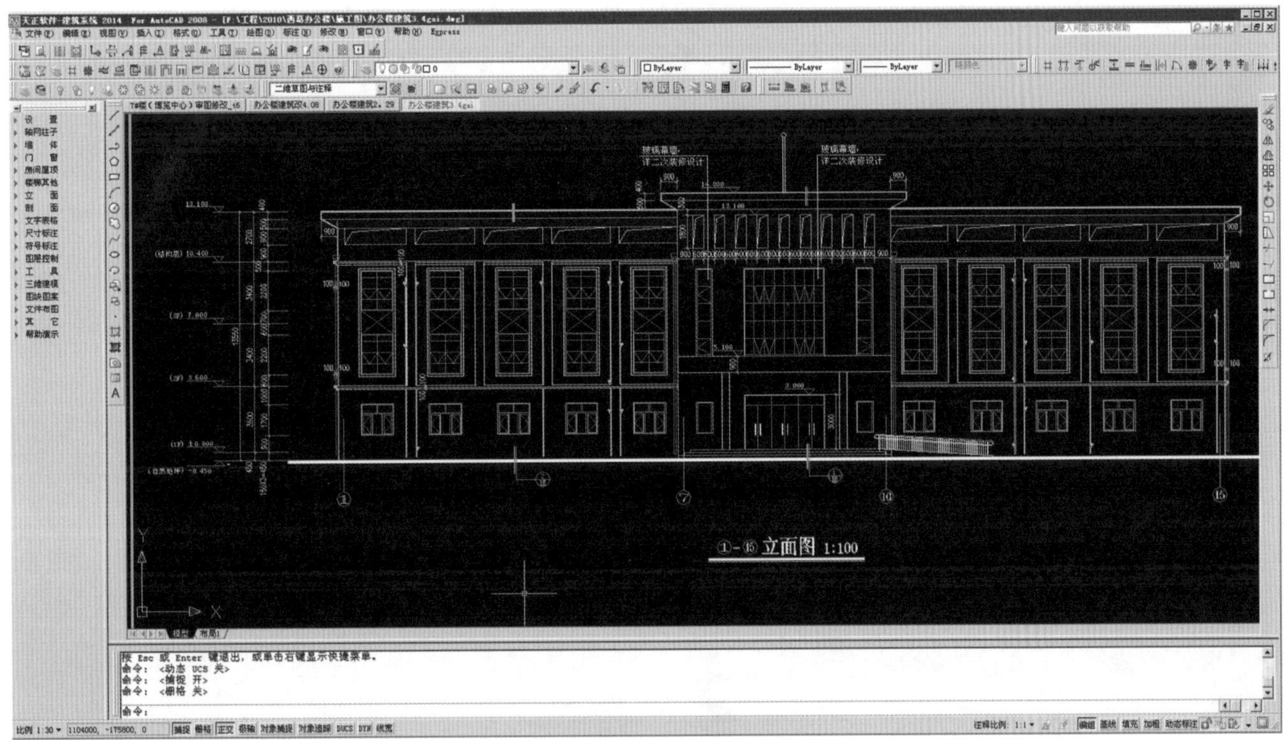

图 5.4-11 完善整理

5.5 建筑剖面图的概念及表达方法

5.5.1 建筑剖面图的概念

建筑剖面图，是指假想用一个垂直于投射方向的面，在建筑形体的适当部位剖切开，并移去剖切断面与观察者之间的部分，将剩余的部分投影到与剖切断面平行的投影面上，所得到的投影图。

剖面图主要表达建筑内部的结构或构造形式、分层情况和各部位的构造关联、材料及其组成等内容，是与平面图、立面图相互配合的不可缺少的重要图样之一。剖面图传达了建筑物内部应有的高度、建筑层数、建筑空间的组合和利用，以及建筑中的梁、板、柱等结构件及构造关系等，如图 5.5-1 所示。

5.5.2 剖面图的表示方法

(1)剖切符号：由剖切位置线和投射方向线组成，剖切位置线——一组不穿越图形的粗实线，长度为 6～10mm；投射方向线——一组垂直于剖切位置线的粗实线，长度为 4～6mm；剖切符号应在首层平面图中的指定位置表示，其他楼层不必指定；多于一个剖面的剖切符号应有编号，如“1—1”“2—2”等。

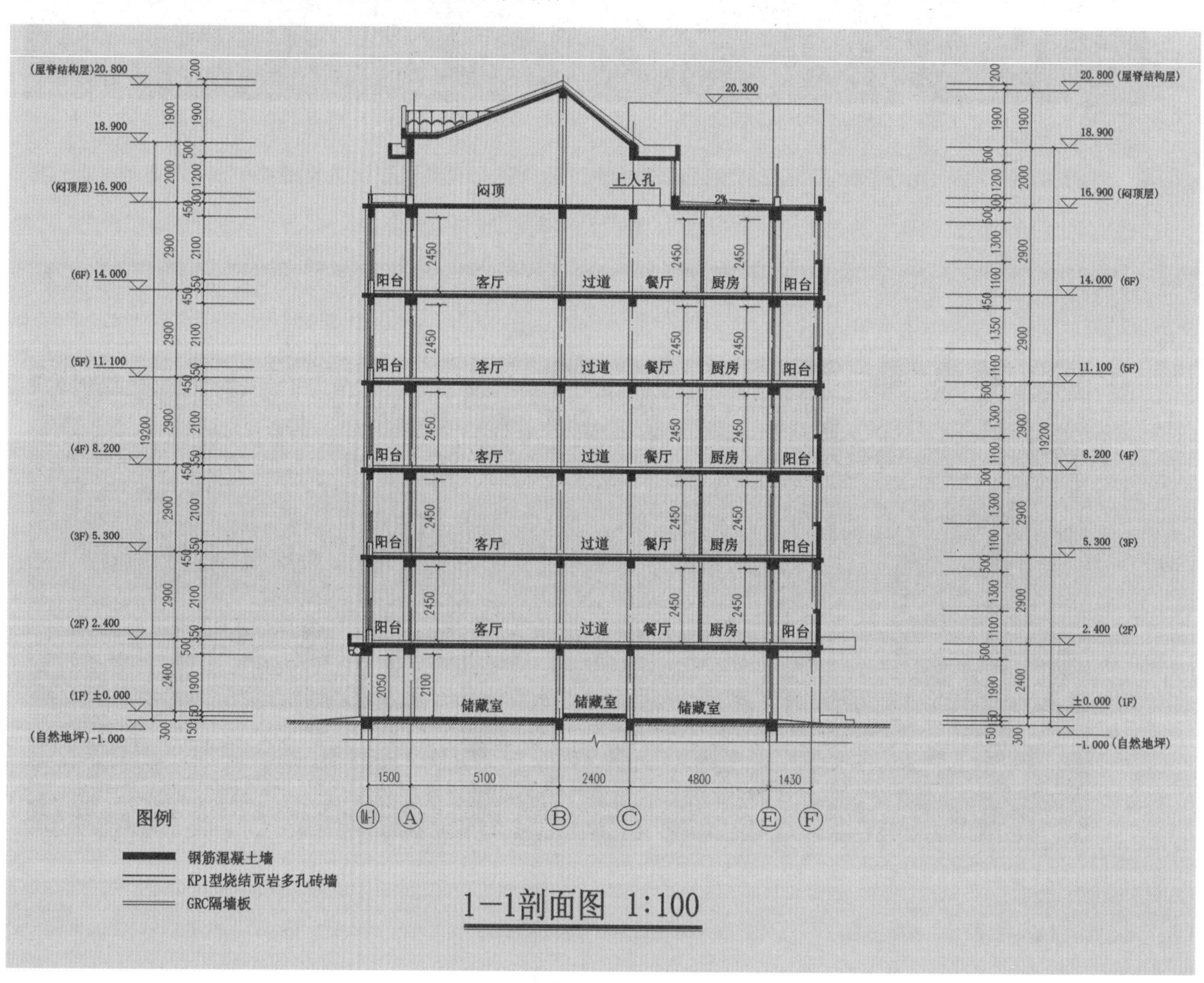

图 5.5-1 某住宅剖面图

（2）剖面图中的图线和线型：剖切平面与形体接触部分的轮廓线，用粗实线表示；剖切断面后面的可见轮廓线用中粗实线表示，其他可见部分用细实线表示，不可见部分用细虚线表示。

（3）剖面图的数量是根据房屋的具体情况和施工实际需要而确定的。剖切面一般沿横向剖切，即平行于侧面（或山墙），必要时也可沿纵向剖切。其位置应选择在能反映房屋内部构造比较复杂的部位，并应剖切到门窗洞口。若为多层房屋，应选择在楼梯间或层高不同、层数不同的部位。

（4）画断面图例线时应注意，图例线可以向左也可以向右倾斜，但在同一形体的各个剖面图中，断面上的图例线的倾斜方向和间距要一致。

（5）习惯上，在剖面图中向下画到最下层地坪即可（有地下室画到地下层地坪，没有地下层画到首层地坪），可以不画基础部分，但应用剖切省略线作为向下结束标志。如图 5.5-1 所示，该剖面图向下画到室外地面，建筑基础省略未画。

5.6 建筑剖面图的命名、图例、比例及标注

5.6.1 命名方式

（1）剖面图的图名应与平面图上所标注剖切符号的编号一致，如 1—1 剖面图、2—2 剖面图等，顺次水平注写在相应的剖面图的下方，并在图名下画一条粗实线，其长度以图名所占长度为准；

（2）剖切符号的编号——宜采用阿拉伯数字，并水平地注写在投射方向线的端部。

5.6.2 常见的几种剖面图图例

常见的几种剖面图图例见表 5.6-1。

表 5.6-1 常见的几种剖面图图例

线型	线宽/mm	图例	备注
粗实线	0.8～1.0		剖面图中被剖切后得到的主要建筑构造（包括构配件）轮廓线
中粗线	0.3～0.5		剖面图中被剖切后得到的次要建筑构造（包括构配件）轮廓线
细实线	0.1～0.2		尺寸线、尺寸界线、索引符号、标高符号、做法引出线、粉刷线、可见构件轮廓线； 图例填充线
双点画线粗线	0.3～0.5		剖面详图索引轮廓线
折断线	0.1～0.2		部分省略表示时的断开界线
自然土壤			包括各种自然状态土壤，在建筑设计软件图块图案——线图案中选取
夯实土壤			包括各种人工、机械夯实土壤，在建筑设计软件图块图案——线图案中选取

续表

线型	线宽/mm	图例	备注
砂、土			
砂砾石、碎砖三合土			
石材			
混凝土			
钢筋混凝土			在剖面图中画出钢筋时，不画出图例线
多孔材料			包括水泥珍珠岩、沥青珍珠岩、泡沫混凝土等多孔松散材料

注：上表中线宽是指打印后图纸中线型的实际宽度，在绘图软件中要注意图纸比例和线宽的换算。

5.6.3 常用比例

(1)建筑物或构筑物剖面图常见的比例为1∶100；

(2)图纸比例主要是根据图幅的大小和建筑物的平面尺寸确定；

(3)剖面图可采用的比例为1∶50、1∶100、1∶150、1∶200、1∶300等。

5.6.4 标注尺寸

(1)外部尺寸：外墙剖切到的门窗洞口、室内外地坪高差、窗台、门窗过梁、空调板、雨篷、室外散水、台阶、女儿墙、阳台栏板或栏杆、层高、建筑总高度等均应标注；

(2)内部尺寸：地坑(沟)、隔断、内墙、洞口、平台、吊顶高度等；

(3)长度尺寸以毫米为单位，标注时只标注尺寸数值，单位省略。

5.6.5 标高标注

(1)主要结构和建筑构造部件的标高，如室内地面、楼面(含地下室)、雨篷、吊顶、屋面板、屋面檐口、女儿墙顶、高出屋面的建筑物和构筑物及其他屋面特殊构件等的标高；

(2)室外地面标高，必要时应在剖面图中注明相对标高±0.000与绝对标高的换算关系；

(3)剖面图中标高单位为米，标注时只标注相对标高数值，单位省略。

5.7 建筑剖面图的设计深度及设计要点

5.7.1 剖面图设计深度

(1)用粗实线画出所剖切到的建筑实体切面，如室外地面、底层地(楼)面、墙体、梁、板、楼面、楼梯、屋面板层、地坑、地沟、夹层、平台、吊顶、屋架、出屋顶烟囱、天窗、挡风板、檐口、女儿墙、爬梯、门、窗、外遮阳构件、台阶、坡道、散水、阳台雨篷、洞口等,标注必要的相关尺寸和标高。

(2)用细实线画出投影方向可见的建筑物构造和构配件,如墙体、梁、板、楼梯、屋面板、平台、吊顶、屋架、出屋顶烟囱、天窗、挡风板、檐口、女儿墙、爬梯、门、窗、外遮阳构件、台阶、坡道、散水、阳台雨篷、洞口及室外花坛等可见的内容,投影可见物以最近层面为准,以轮廓线示出;剖切到的轻质墙体、地面构造、内外保温、幕墙也应用细实线表示出来,如图 5.7-1 所示。

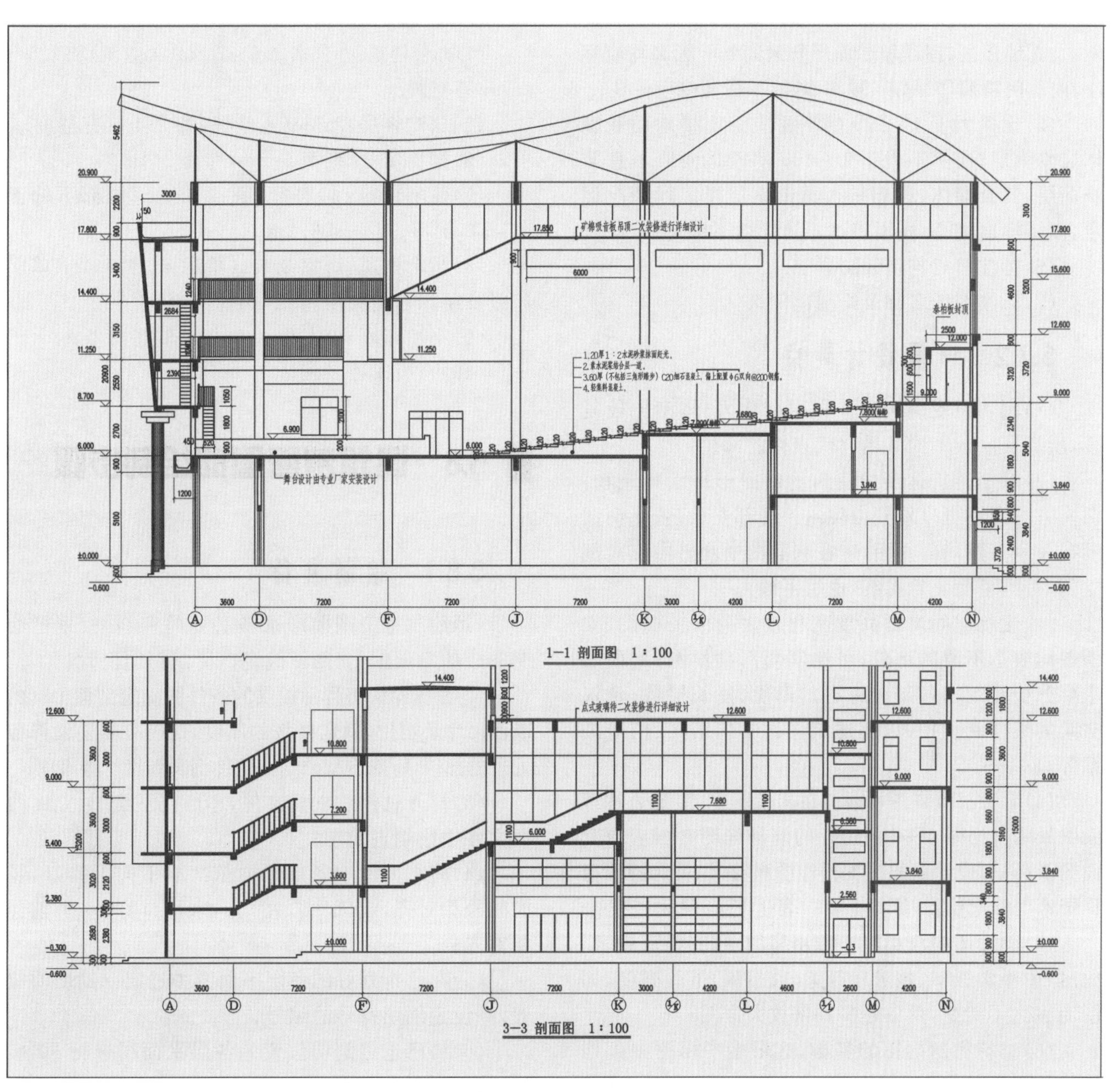

图 5.7-1 某报告厅剖面图

(3)尺寸标注：从内到外标注，第一道标注各层门窗洞高度及与楼面关系尺寸，包括窗台、窗口及梁高等尺寸；第二道标注各层高、室内外高差及屋顶檐口或女儿墙等高度；第三道标注建筑总高度。阳台栏杆高度单独标注；突出主体建筑的局部高度，出屋面的楼梯间、电梯机房、水箱间等高度另行标注。

(4)标高标注（相对标高）：室外地坪、室内地面、楼面、女儿墙顶面、屋顶坡屋面屋脊最高处等标高均应标注；内部门窗洞口、隔断、暖沟、地坑等标高也应标注。

(5)比例大于 1∶100 的剖面应绘出楼地面和墙体装修面层；比例不大于 1∶100 的楼地面应示意装修面层，其余墙体、顶棚是否画出面层视实际情况而定，面层厚度过小，图面表达不清可以不画。

(6)标注节点构造详图索引号。

(7)标注图纸名称及绘图比例。

5.7.2 一般设计要点

(1)剖切位置应选内外楼层变化大、体型比较复杂，层高及层数不同且具有代表性的部位。

(2)对于转折体型的建筑物或回形平面建筑物，在投影方向还可以看到内院室外局部立面；若立面图没有表示该段局部立面，应在剖面图中画出内院局部立面，否则可简化轮廓线（也可不画）。

(3)建筑空间局部高度变化较大处或平面图、立面图均表达不清的部位，可绘制局部剖面图；剖面图主要分析建筑物各部分应有的高度、建筑层数、建筑空间的组合和利用，以及建筑剖面中的结构、构造关系等。

(4)墙身节点详图可索引在剖面图上，主要表达该索引处墙身详图，不在剖切处的墙身详图索引应在立面图上标记；设计人根据工程性质和习惯，可选择墙身详图索引标记位置，原则上要求表达准确、易于查找。

(5)剖面图中应标注特殊用房的净高，如锅炉房、机房、中小学教室、报告厅等梁（或吊顶）下的高度，如图面表达不清楚，可以绘制局部放大详图。

(6)建筑物剖面图的名称，应根据平面图中剖切符号的编号确定。

5.7.3 各类房间室内最低净高

(1)地下室、局部夹层、走道等有人员正常活动的最低处的净高不应小于 2m。

(2)托幼建筑：活动室、寝室、乳儿室 2.8m（无空调）和 2.6m（有空调）；音体活动室 3.6m（无空调）和 3.1m（有空调）。

(3)中小学校：普通教室及史地、音乐、美术教室 3.0m（小学）、3.05m（初中）、3.1m（高中）；科学教室、实验室、计算机教室、劳动教室、技术教室、合班教室 3.1m；舞蹈教室 4.5m。

(4)办公建筑：办公室 2.6～2.8m（无空调）和 2.5～2.7m（有空调）。

(5)旅馆客房：2.6m（无空调）和 2.4m（有空调）。

(6)博物馆：陈列室 3.5m，库房 2.4m。

(7)住宅建筑：起居室、卧室 2.4m（局部不低于 2.1m），厨房、卫生间 2.2m。

(8)宿舍建筑：居室 2.6m（单层床）和 3.4m（单层床或高架床），辅助用房 2.5m。

(9)小型车库：停车位 2.0m，行车道 2.2m。

(10)自行车库：2.0m。

5.8 建筑剖面图的绘制步骤

5.8.1 绘制准备

(1)绘制施工图前应准备必要的资料，根据已绘制完成的平面图、立面图确定需要剖切的位置；

(2)根据结构工程师提供的条件图确定剖面中梁的断面尺寸及定位，确定楼板的厚度，是否有需要做降板处理的部位，特殊造型的结构构件剖断面尺寸等事项；

(3)打开软件建立新文件，亦可在平面图、立面图的文件中绘制剖面图；

(4)将平面图中各层平面依次自下向上排好，竖向轴号相对齐，或依次自左向右水平排好，水平轴号相对齐；

(5)在已排列好的各层平面图中选定要剖切的位置，并设定剖切符号的编号；

(6)将已选定剖切位置的各层平面图进行 90°旋转，使投影方向在上方；

(7)依次设定相关图元图层，主要有剖切墙体为 WALL 层，剖切门窗为 WINDOWS 层，剖切楼板为 SURFACE 层，标注尺寸图层为 DIM 层，对其他可见图层进行相应设置，如图 5.8-1 所示。

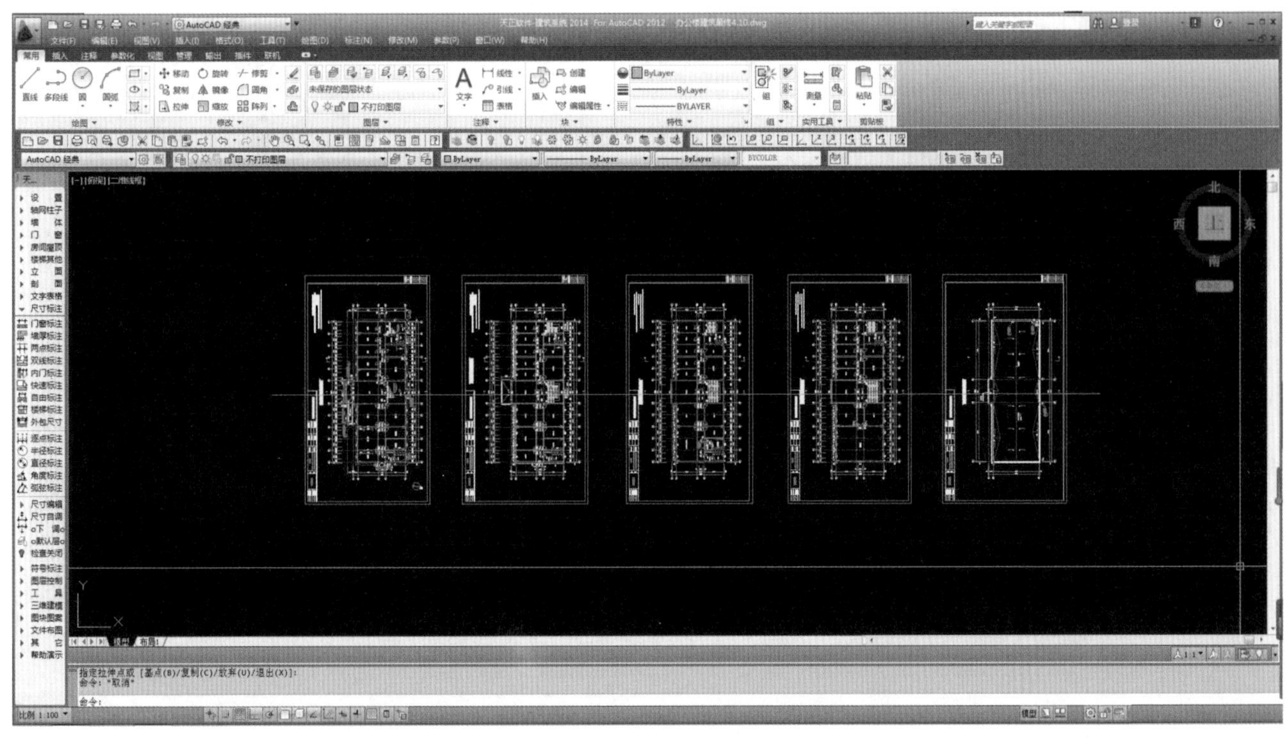

图 5.8-1 绘制准备

5.8.2 绘制剖面标高辅助线及轴线

(1)利用已设置好的立面标高辅助线,由地坪线向上复制室内外高差数值,即得到±0.000 标高辅助线;

(2)由±0.000 标高辅助线向上复制各层层高数值即得到各层标高辅助线,顶层为结构层(屋面板顶)标高辅助线;

(3)绘制局部出屋面楼电梯间、电梯机房及设备用房等结构层标高辅助线;

(4)将平面中剖切到的各种墙体的轴线向下复制到标高辅助线上,同时复制相应的轴号在地坪线下方,如图 5.8-2 所示。

5.8.3 绘制首层剖面图

(1)绘制墙体,按正投影法绘制剖切到的各墙体,按照设置的墙体图层绘制相应的墙线,有保温层的墙体应同时画出保温层;

(2)绘制剖切门窗,在 WINDOWS 图层下,按照门窗高度绘制剖切到的门窗,有窗口造型的宜同外窗一起绘制,相同的门窗可复制;

(3)绘制地面及楼板,在 SURFACE 图层下,在±0.000 标高辅助线上水平绘制楼地面面层线,向下复制面层做法厚度即得到楼板上皮,按照结构楼板厚度绘制楼板下皮,这样就得到所剖切的楼板;

(4)绘制剖切梁,在 FLOOR 图层下,按照结构条件图绘制梁的断面,相同断面的梁可以复制;

(5)绘制投影方向可见的柱子、梁、门窗洞口等建筑构件;

(6)注明所剖切到房间的名称;

(7)绘制剖切到的台阶、坡道、空调板、门斗、雨篷等室外建筑构配件,如图 5.8-3 所示。

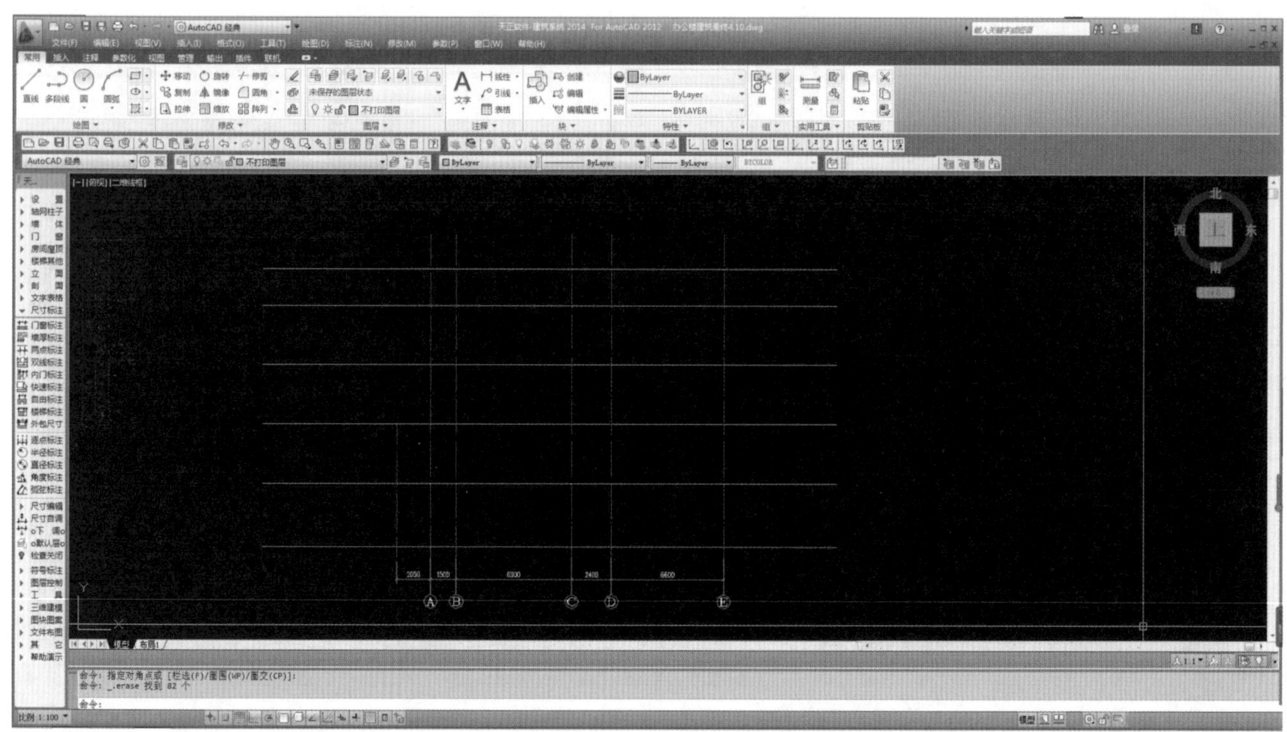

图 5.8-2　绘制剖面标高辅助线及轴线

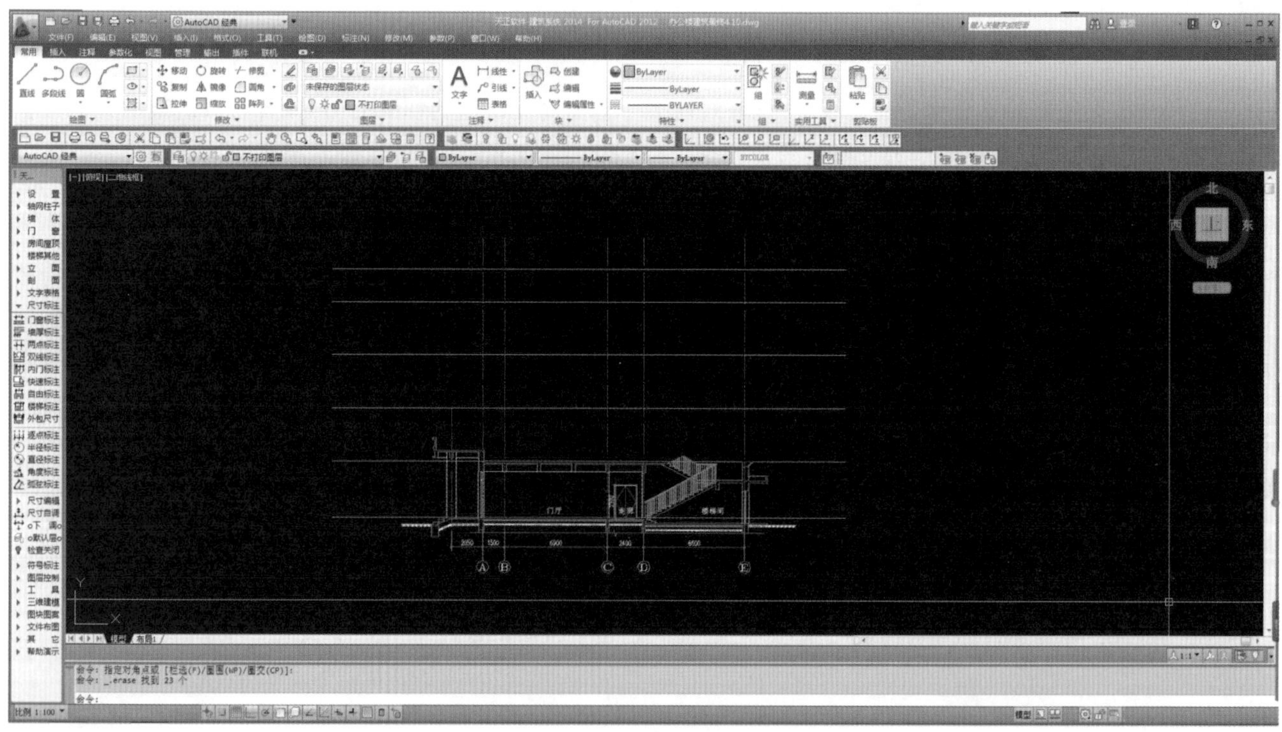

图 5.8-3　绘制首层剖面图

5.8.4 绘制各层剖面图

(1)将首层剖面室内部分按照层高数值复制各层剖面;

(2)绘制标准层剖面,根据各层平面布局依次修改该层剖面墙体布局,完善该层剖面图中的内容;

(3)绘制顶层剖面图,局部出屋面楼(电)梯间、电梯机房、设备用房、屋面上人孔、女儿墙等构件;

(4)绘制室外构配件,如室外阳台、空调板、栏杆等;

(5)有地下层的应画出地下层剖面,但基础可以用剖断省略线略去,如图 5.8-4 所示。

5.8.5 断面填充

(1)在填充图层下,填充各层剖切到的混凝土、钢筋混凝土;

(2)填充内容同已设定好的图例,并在标题栏依次选择"工具"—"绘图次序"—"后置",将已填充的内容设为后置,打印图纸时,设置为淡显,淡显比例根据需要设置,如图 5.8-5 所示。

5.8.6 标注竖向尺寸及标高

(1)从内到外标注三道尺寸线,即标注竖向门窗高度等构件尺寸线、层高尺寸线及总高度;

(2)在标注好的第三道总尺寸线外侧首层楼面处标注±0.000 标高,如图 5.8-6 所示。

5.8.7 完善整理

(1)检查各剖面图内容是否有纰漏,线型有无断头,字体有无错误,标注有无错误等;

(2)插入图框,在图签中填写设计人员姓名、工程名称、设计号、图纸名称等,最后整理准备出图,如图 5.8-7 所示。

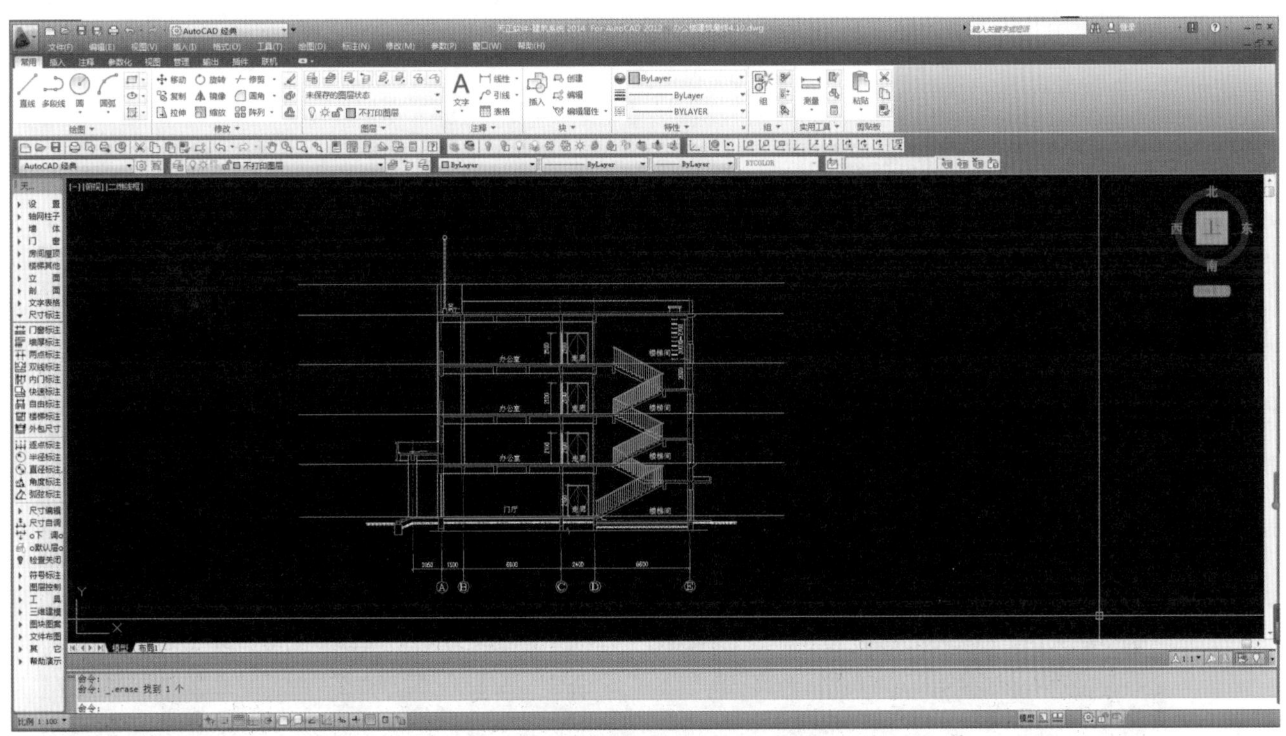

图 5.8-4 绘制各层剖面图

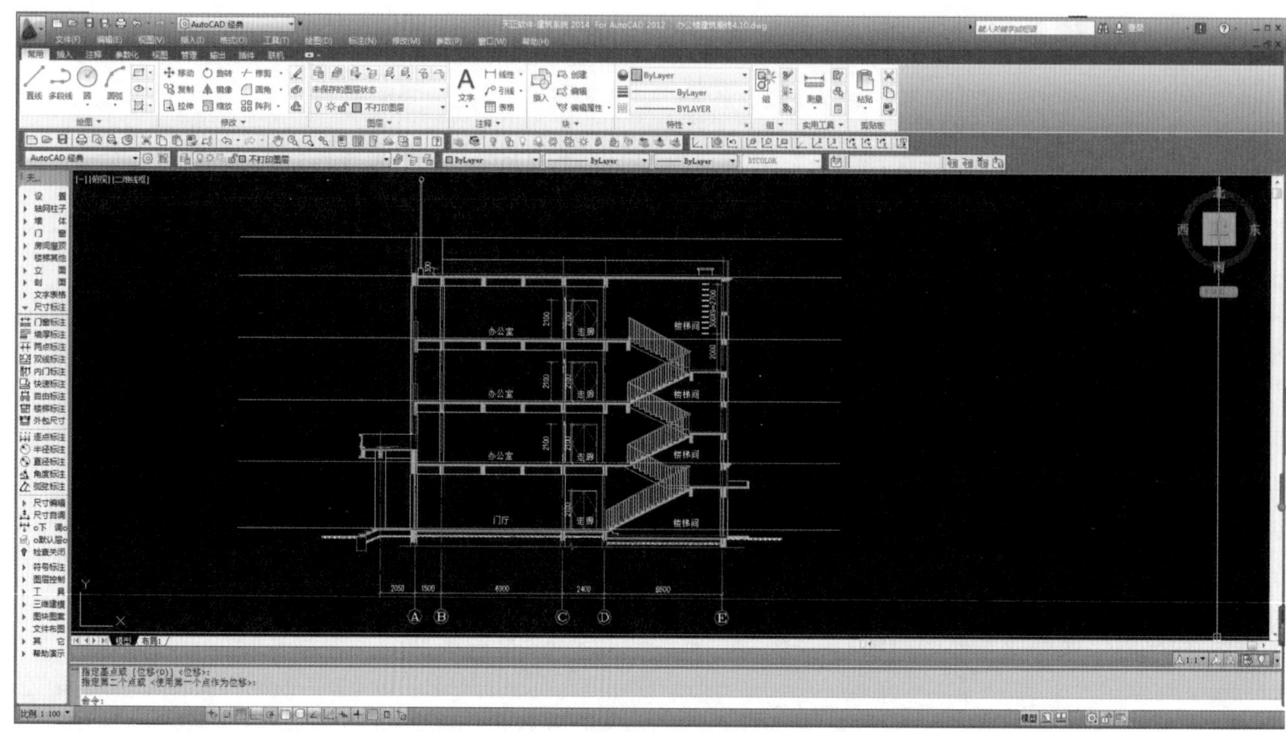

图 5.8-5　断面填充

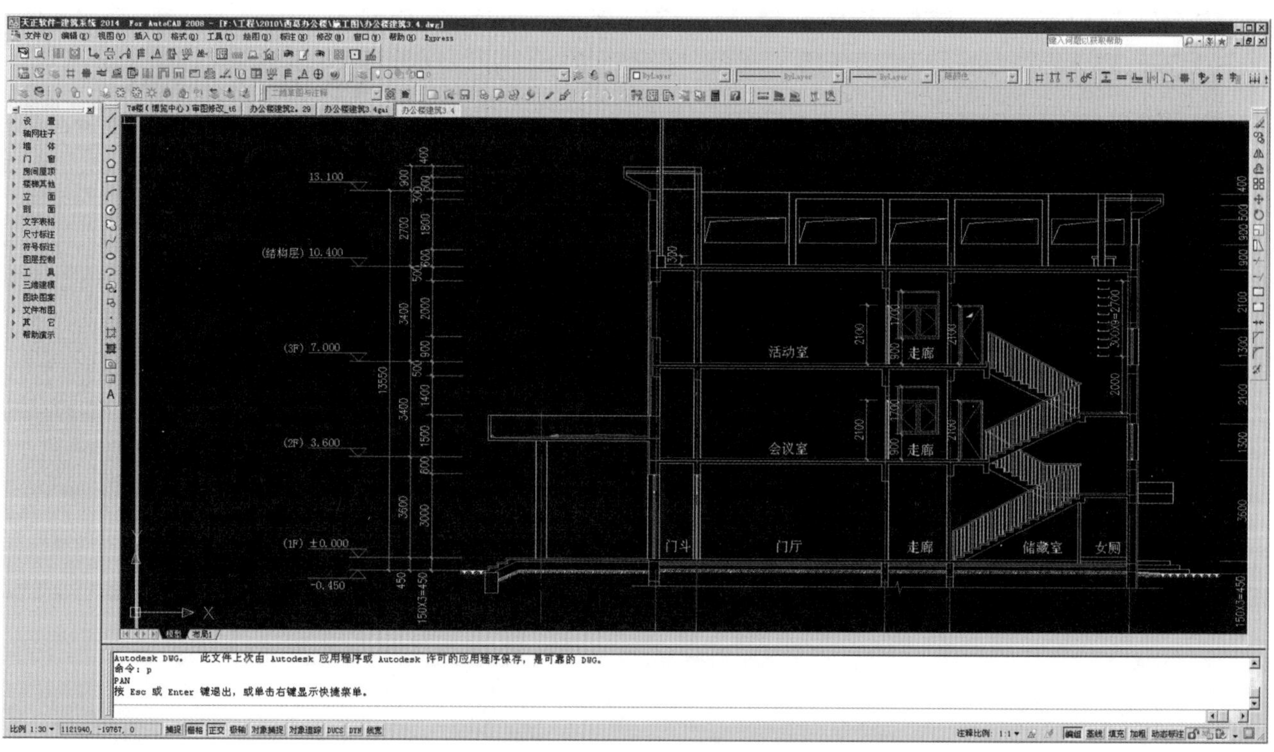

图 5.8-6　标注竖向尺寸及标高

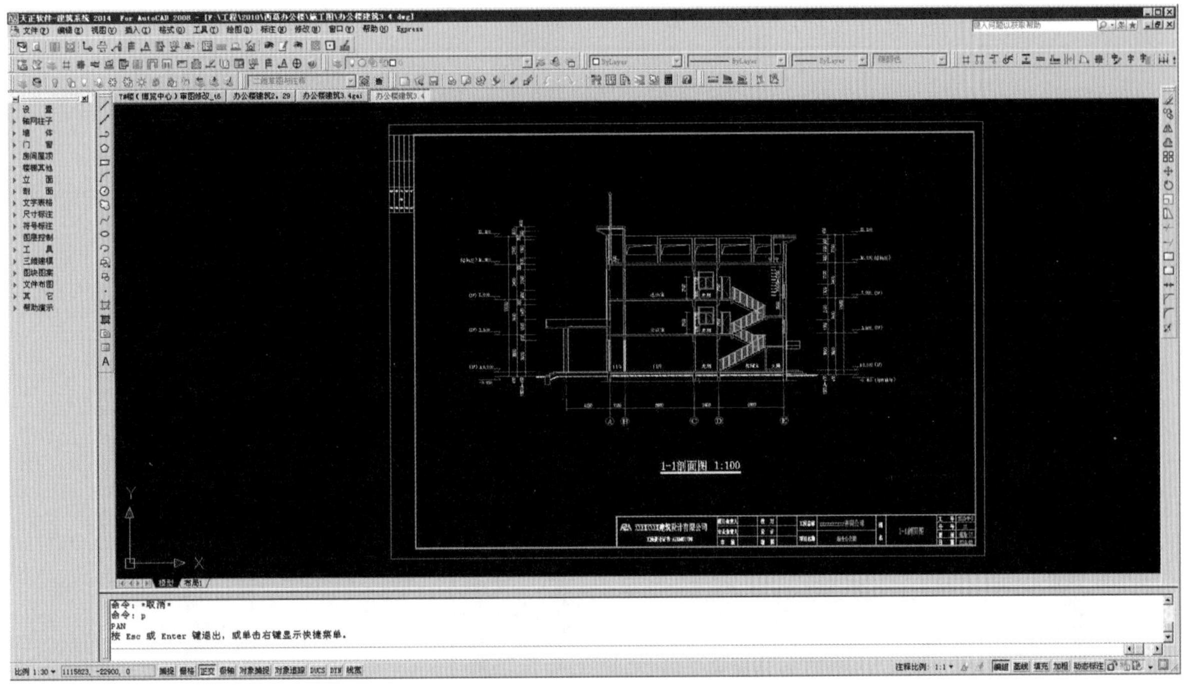

图 5.8-7 完善整理

5.9 案例分析

5.9.1 案例分析一

本工程为某办公楼,建筑面积为 3098.40m²,地上 4 层,砖混结构,建筑高度 16.95m。

【分析】 图 5.9-1、图 5.9-2、图 5.9-3 为该办公楼 4 个立面图,比例均为 1∶100,室内外高差为 450mm;主入口居中布置,绘有凹凸变化的轮廓线及轴号;标注各层竖向尺寸线及细部造型尺寸、标高、层数;绘有各层外门窗形式、台阶、坡道、雨篷、雨水管及造型;标注外墙立面颜色、材料,墙身剖切符号及位置;侧立面相同可用一个立面表示,但须注明两个侧立面为对称关系;立面尺寸单位为毫米,标高单位为米。

图 5.9-4 为该办公楼剖面图,比例为1∶100,室内外高差为 450mm,首层层高 3.6m,其他层层高 3.4m;剖切位置贯穿入口、门厅及主要楼梯,具有代表性;标注各层剖面竖向尺寸线及细部尺寸、标高、层数;绘有各层所剖切到的地面、楼板、梁、门窗、台阶、坡道、雨篷及造型;绘制外墙保温;用细线绘制所看到的门窗、造型、外墙等;剖面尺寸单位为毫米,标高单位为米。

5.9.2 案例分析二

本工程为某老年养护院,建筑面积为 8890.51m²,地上 7 层,地下 1 层,框剪结构,建筑高度 24.00m。

【分析】 图 5.9-5、图 5.9-6 为该建筑 4 个立面图,比例均为 1∶100,室内外高差为 300mm;主入口居中偏西布置,绘有凹凸变化、伸缩缝的轮廓线及轴号;标注各层竖向、立面分格及细部造型尺寸、标高、层数;绘有各层外门窗、通风竖井百叶窗形式、台阶、坡道、雨篷、连通地下的出入口、通风竖井、水落管及其遮挡窗时 135°弯头;标注外墙立面颜色、分格线及分格尺寸、材料,墙身及详图剖切符号及位置;立面尺寸单位为毫米,标高单位为米。

图 5.9-7 为该建筑两个剖面图,比例均为 1∶100,室内外高差为 300mm,1—1 剖面剖切到普通房间内部构造情况,具有普遍性;2—2 剖面剖切到入口、门厅及上部各层构造,能更准确地反映出入口台阶、门斗、雨篷等构造,具有特殊性;标注各层剖面竖向尺寸线及细部尺寸、标高、层数;绘有各层所剖切到的筏板基础、地下室混凝土墙、楼板、梁、门窗、台阶、坡道、雨篷、窗井、门斗及造型;绘制外墙保温;用细线绘制所看到的门窗、造型、外墙等;剖面尺寸单位为毫米,标高单位为米。

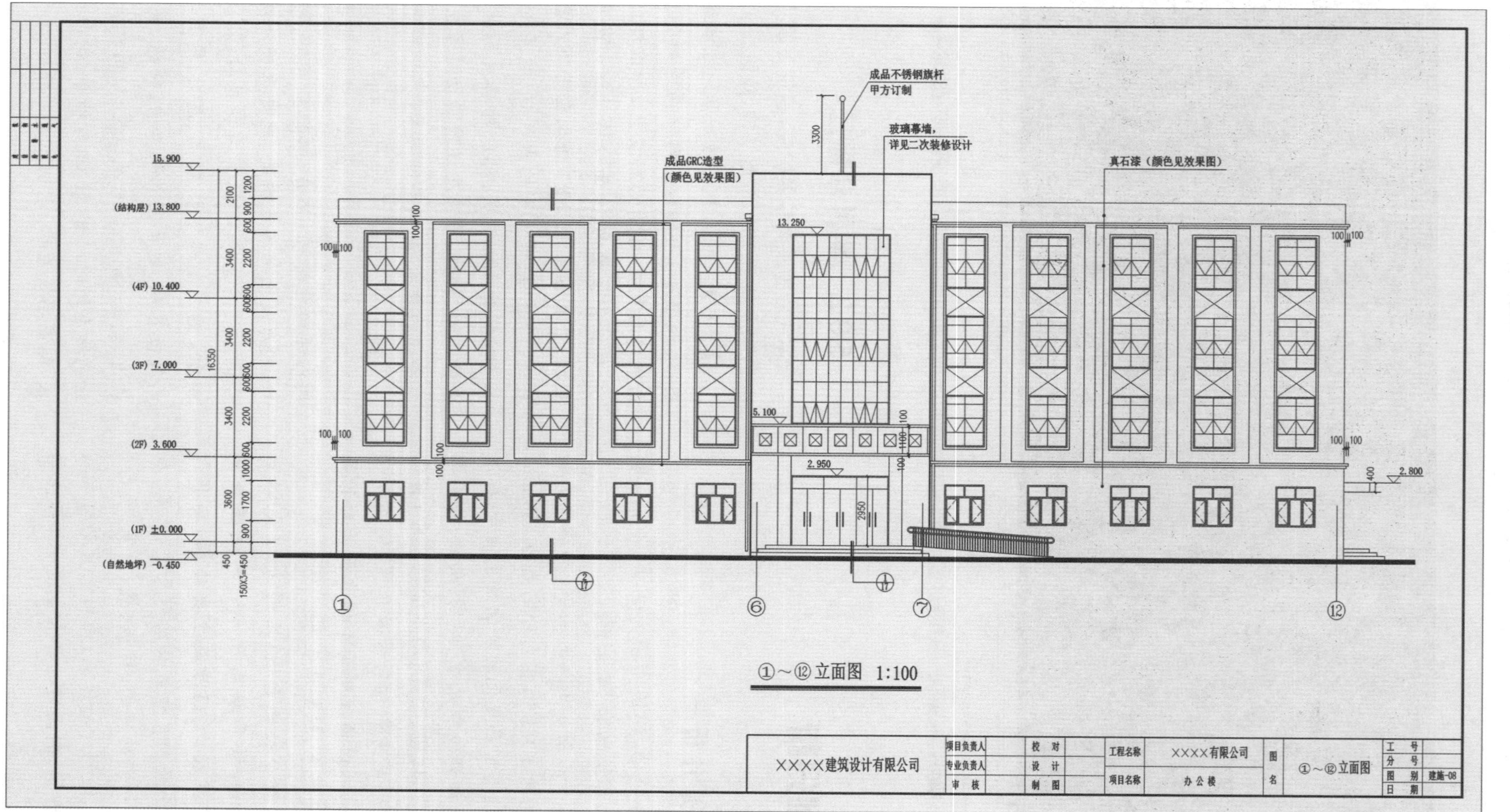

图 5.9-1　某办公楼立面图一

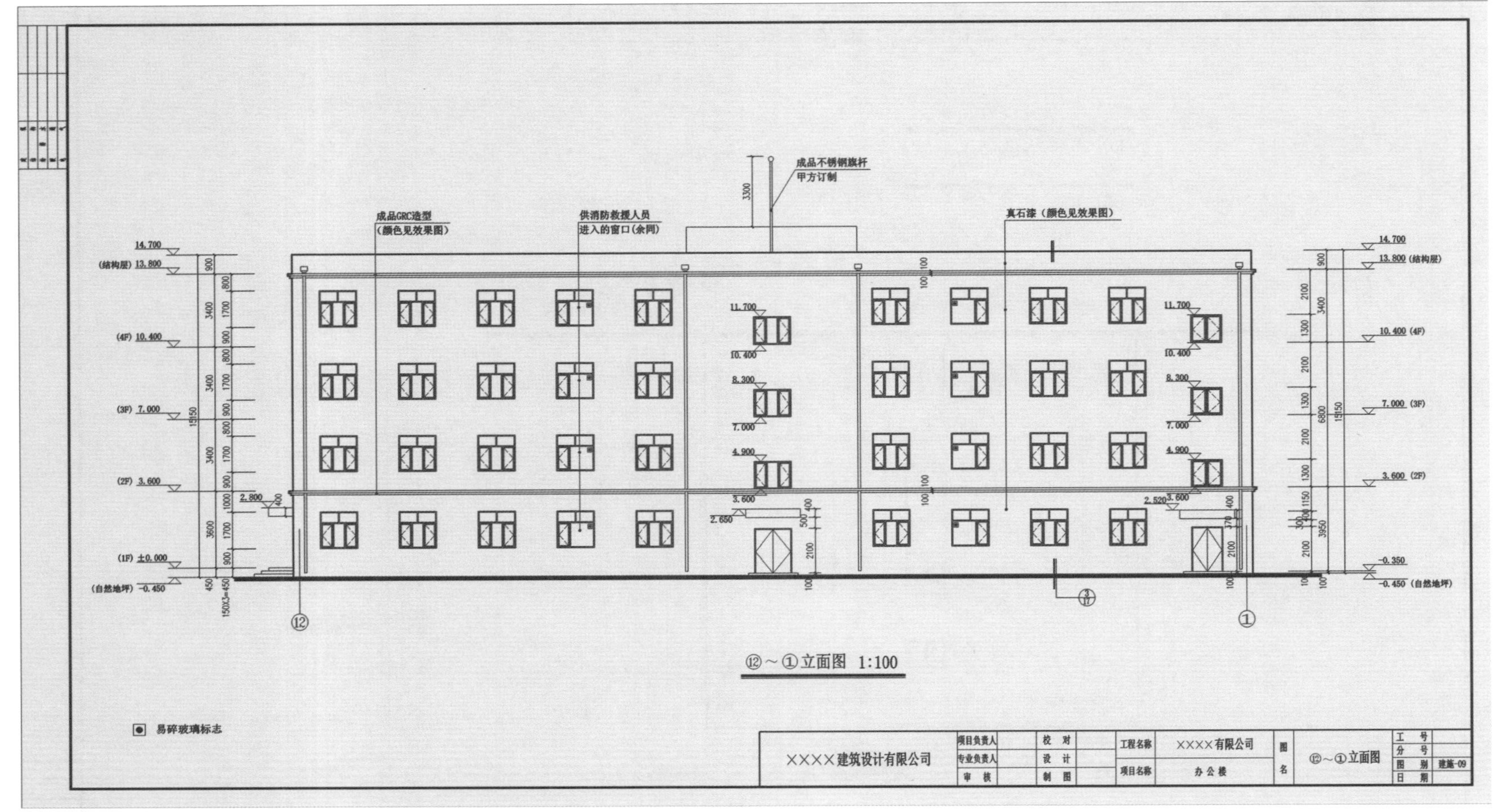

图 5.9-2 某办公楼立面图二

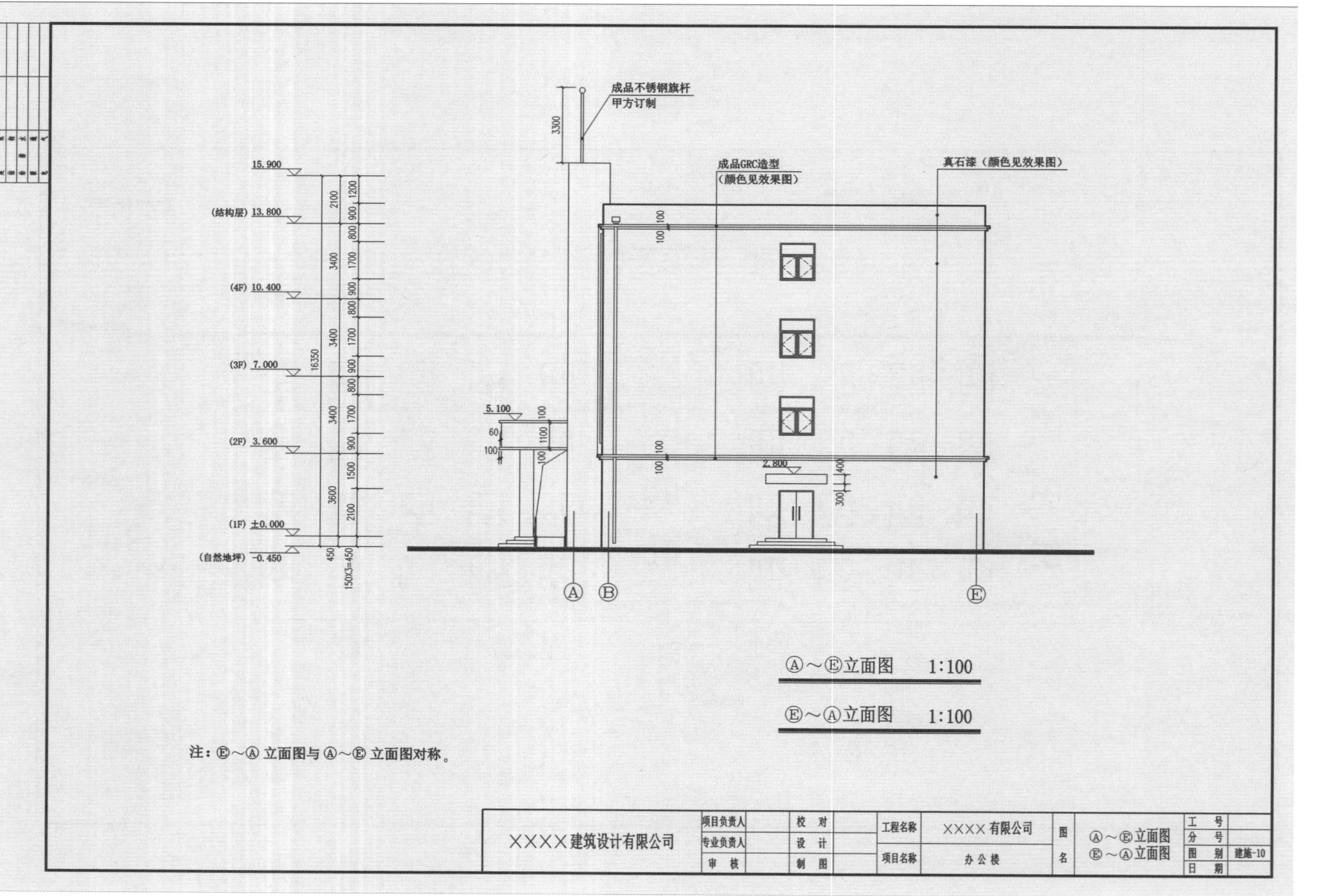

图 5.9-3 某办公楼立面图三

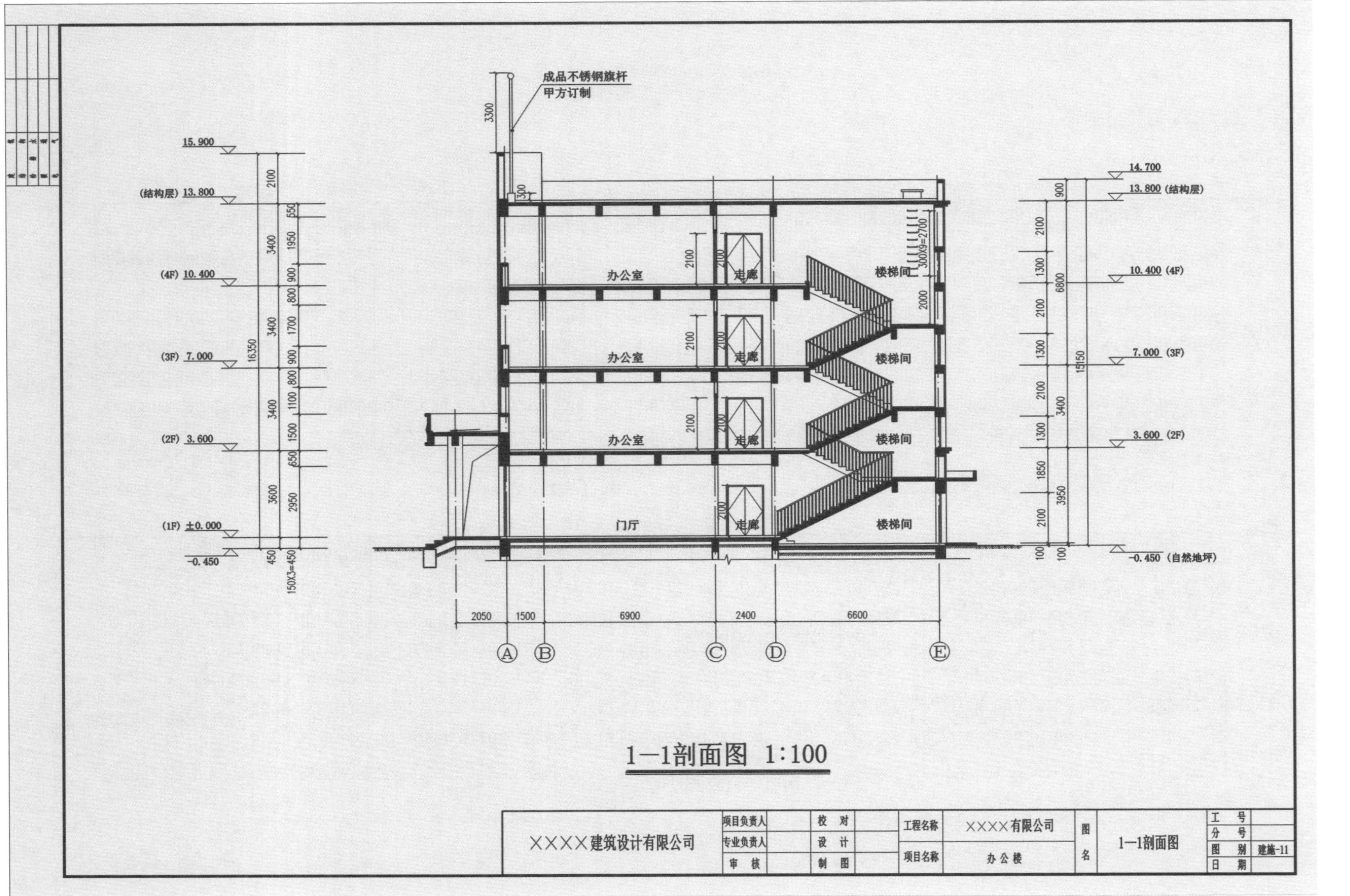

图 5.9-4 某办公楼剖面图

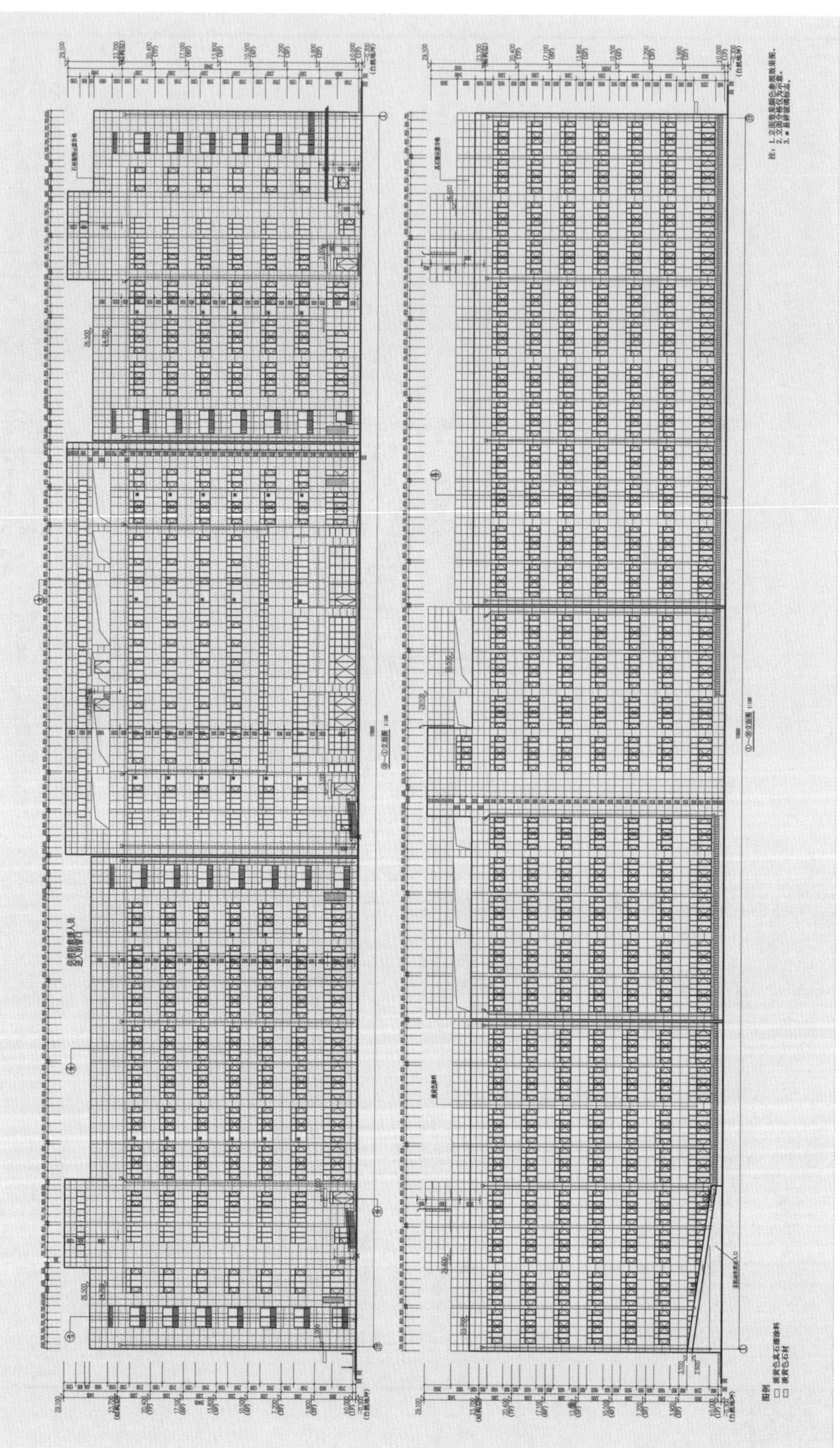

图 5.9-5 某老年养护院立面图一

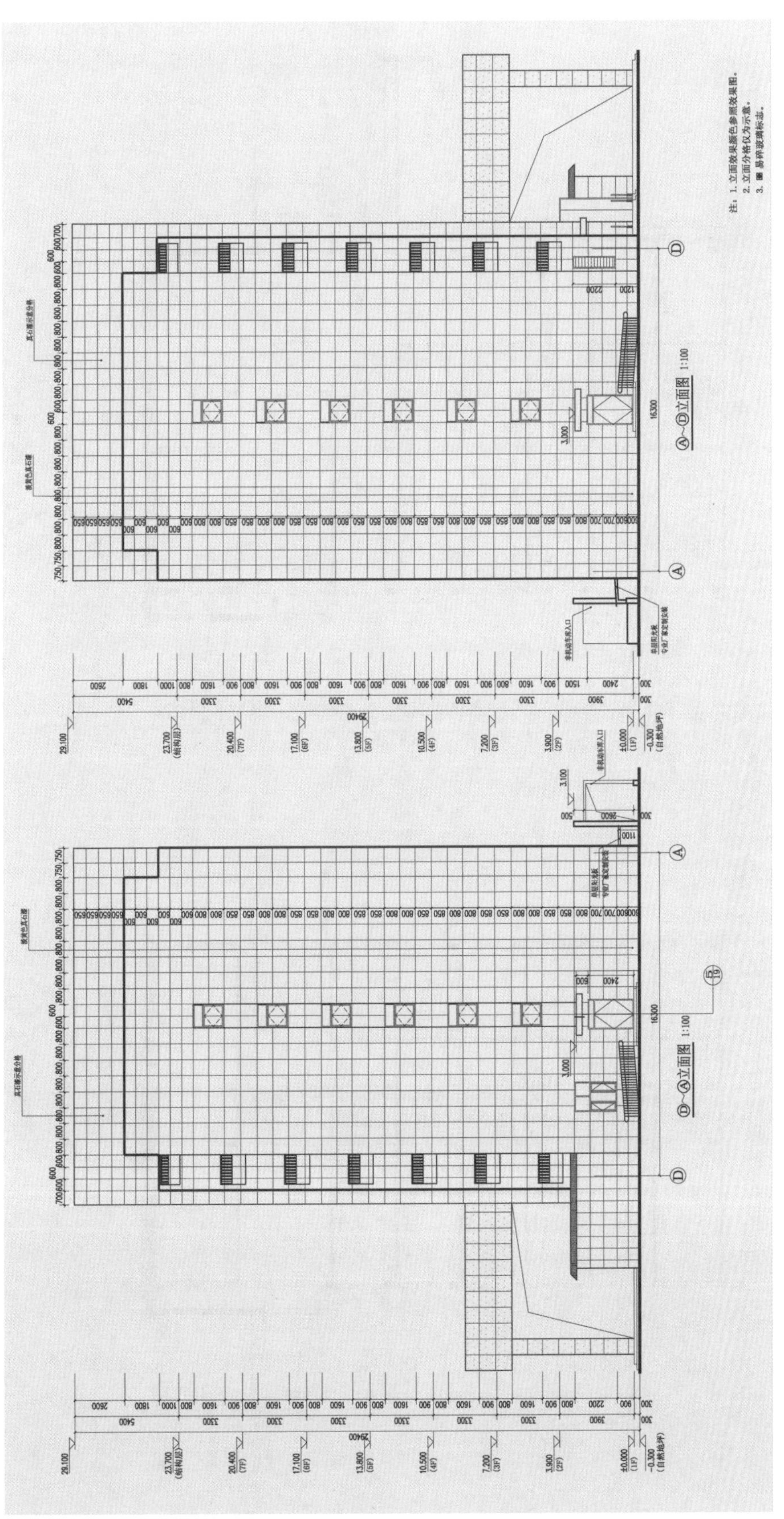

图 5.9-6 某老年养护院立面图二

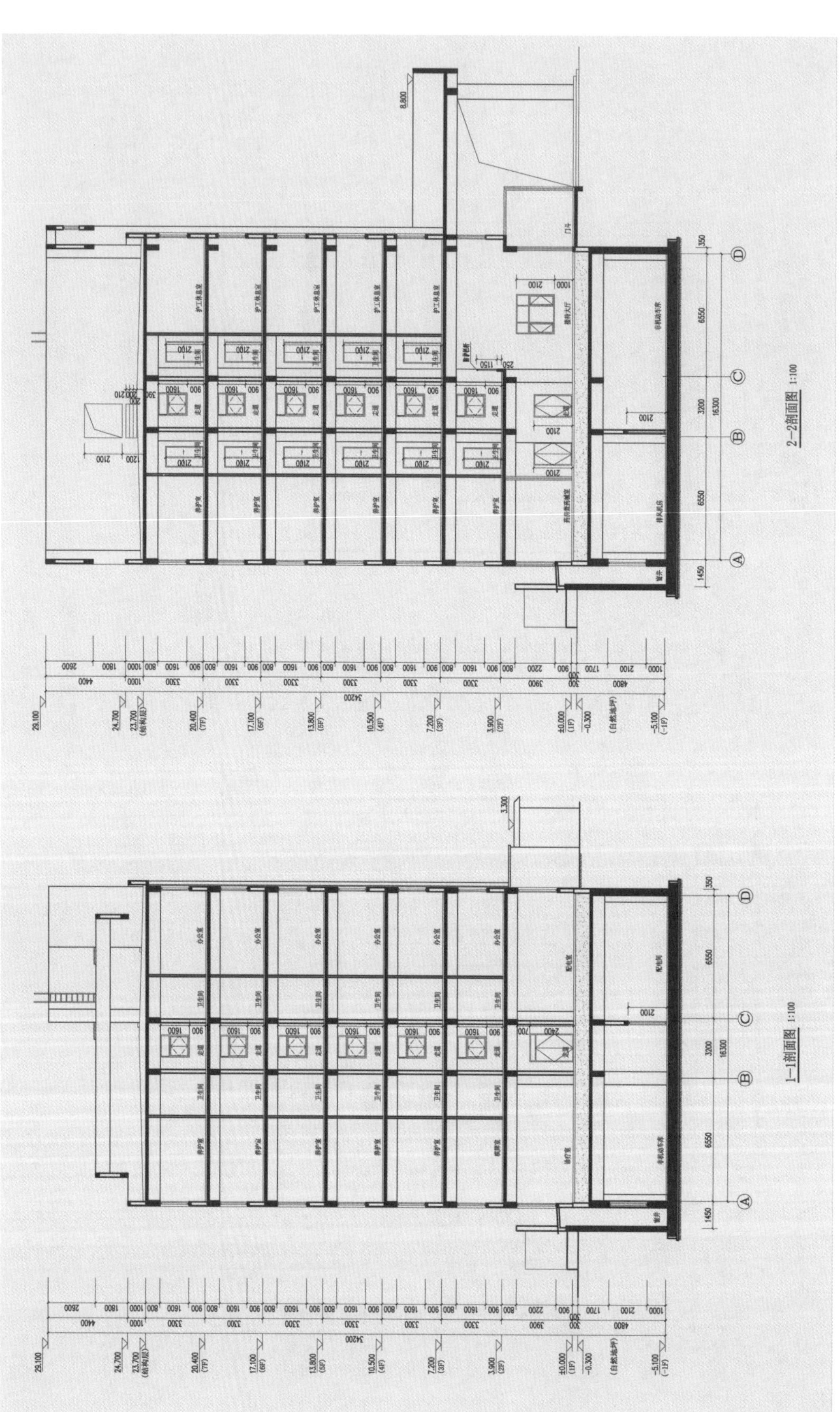

图 5.9-7　某老年养护院剖面图

5.9.3 案例分析三

本工程为某商业中心，建筑面积为 49108.04m^2，地上 5 层，框架结构，建筑高度 28.4m。

【分析】 图 5.9-8 为该建筑立面图，比例均为 1∶150，室内外高差为 300mm；主入口位于北向，各个方向均有出入口，立面图绘有轮廓线及边缘轴号；标注各层竖向、立面分格、标高、层数；绘有各层外门窗、通风竖井百叶窗形式、台阶、坡道、雨篷；标注外墙立面颜色、分格线、材料，图中墙身剖切符号及位置；立面尺寸单位为毫米，标高单位为米。

图 5.9-9 为该建筑立面图和剖面图，比例均为 1∶150，室内外高差为 300mm；图中绘有轴线及轴号；剖面图中，剖切到该建筑的入口、上下贯通的中庭及屋顶上部水箱间等楼板高度变化较复杂的位置，标注剖面各层竖向标高；绘有各层外门窗、地下室、中庭、台阶、坡道、雨篷、屋顶；绘制外墙保温；用细线绘制所看到的门窗、造型、外墙等；剖面尺寸单位为毫米，标高单位为米。

5.9.4 案例分析四

本工程为某小区高层住宅楼，建筑面积为 16492.11m^2，地上 26 层，地下 2 层，框剪结构，建筑高度 77.30m。

【分析】 图 5.9-10、图 5.9-11、图 5.9-12 为该建筑 4 个立面图，比例均为 1∶100，室内外高差为 450mm；主入口北向居中布置，立面图中绘有凹凸变化的轮廓线、室外地坪、台阶、坡道、阳台、室外门窗及百叶窗、雨篷、电梯机房及室外通风竖井等立面投影；立面图中，标注了各层层高、室外门窗、窗台、门窗过梁、室外台阶等构件的立面尺寸，室外地坪及室内各层楼板及主要水平构件的标高；文字部分标注了外墙颜色及材质、墙身详图索引、转折处轴号等内容。立面图尺寸单位为毫米，标高单位为米。

图 5.9-13 为该建筑剖面图，比例为 1∶100，室内外高差 450mm；剖切位置以建筑主入口、门厅及电梯井道为主，重点突出地上、地下楼板较多部位；标注各层竖向细部造型尺寸、标高、层数；绘有地下二层地面、室外地坪、各层楼面、室外装饰造型、电梯井道、机房外墙及屋面、外门窗、室外台阶、雨蓬、阳台、地下车库地面及屋面等剖切部分，以及未剖切到的室内外可见的外墙、门窗等内容。剖面图尺寸单位为毫米，标高单位为米。

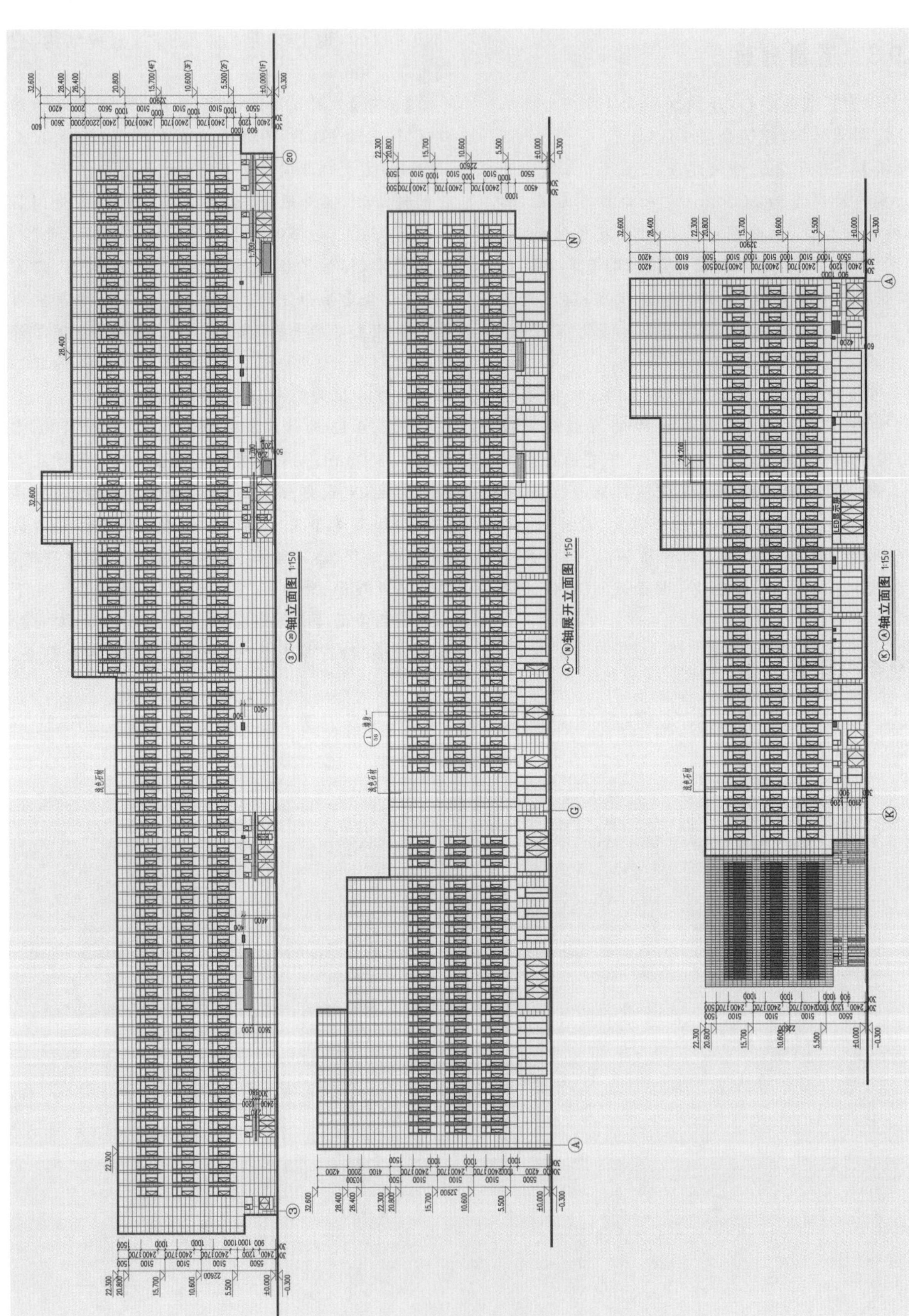

图 5.9-8　某商业中心立面图

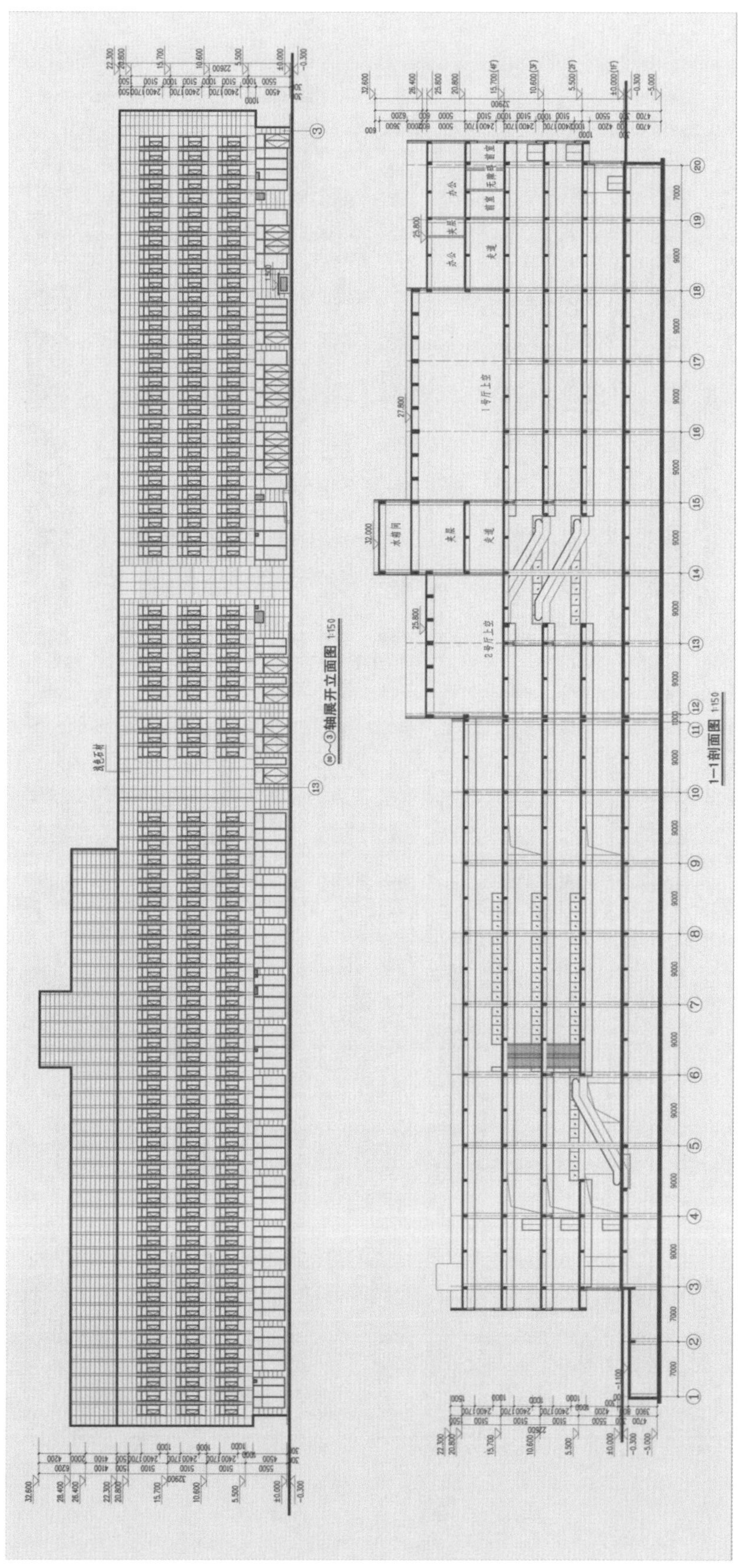

图 5.9-9 某商业中心立面图和剖面图

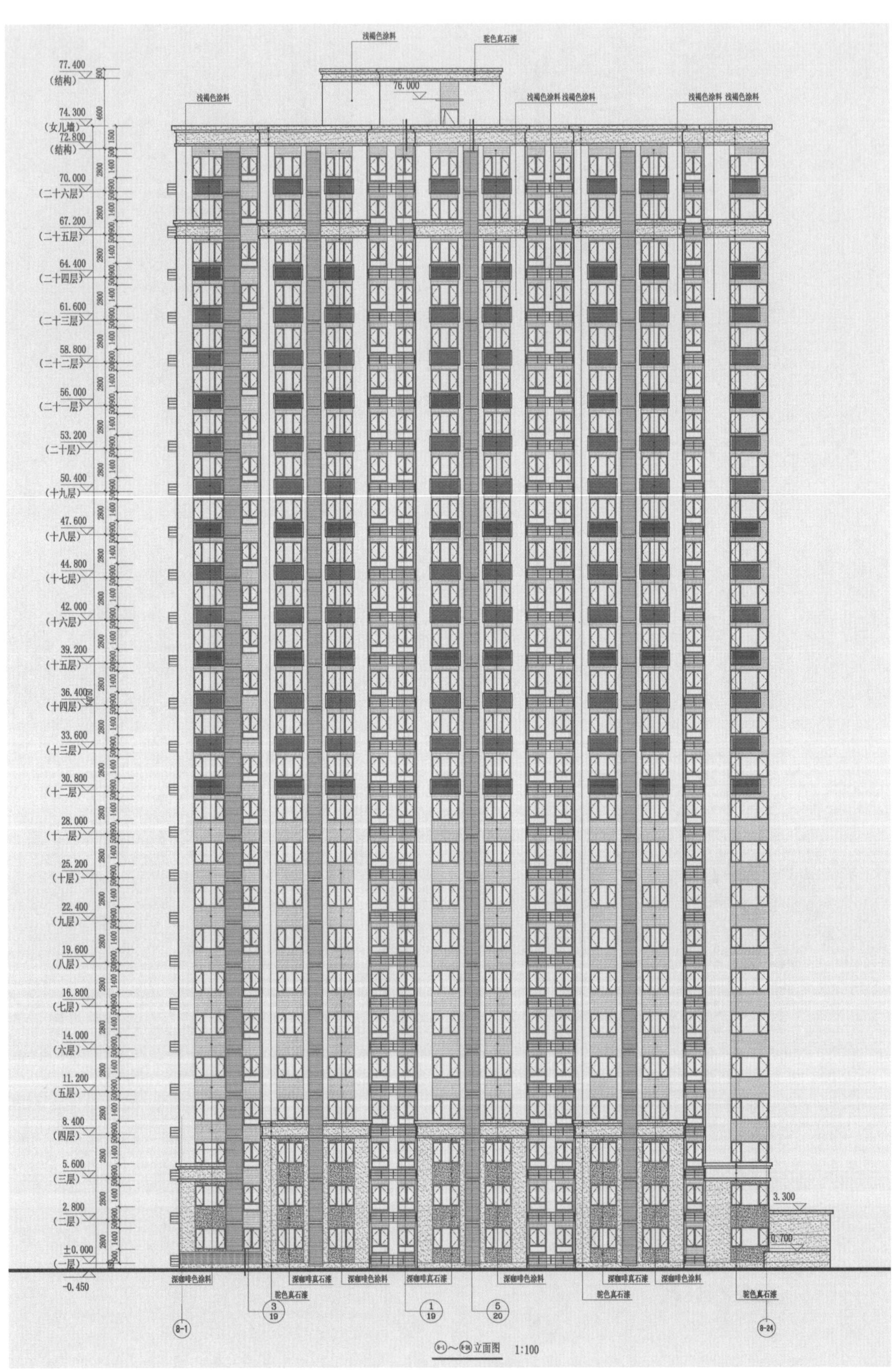

图 5.9-10　某高层住宅立面图一

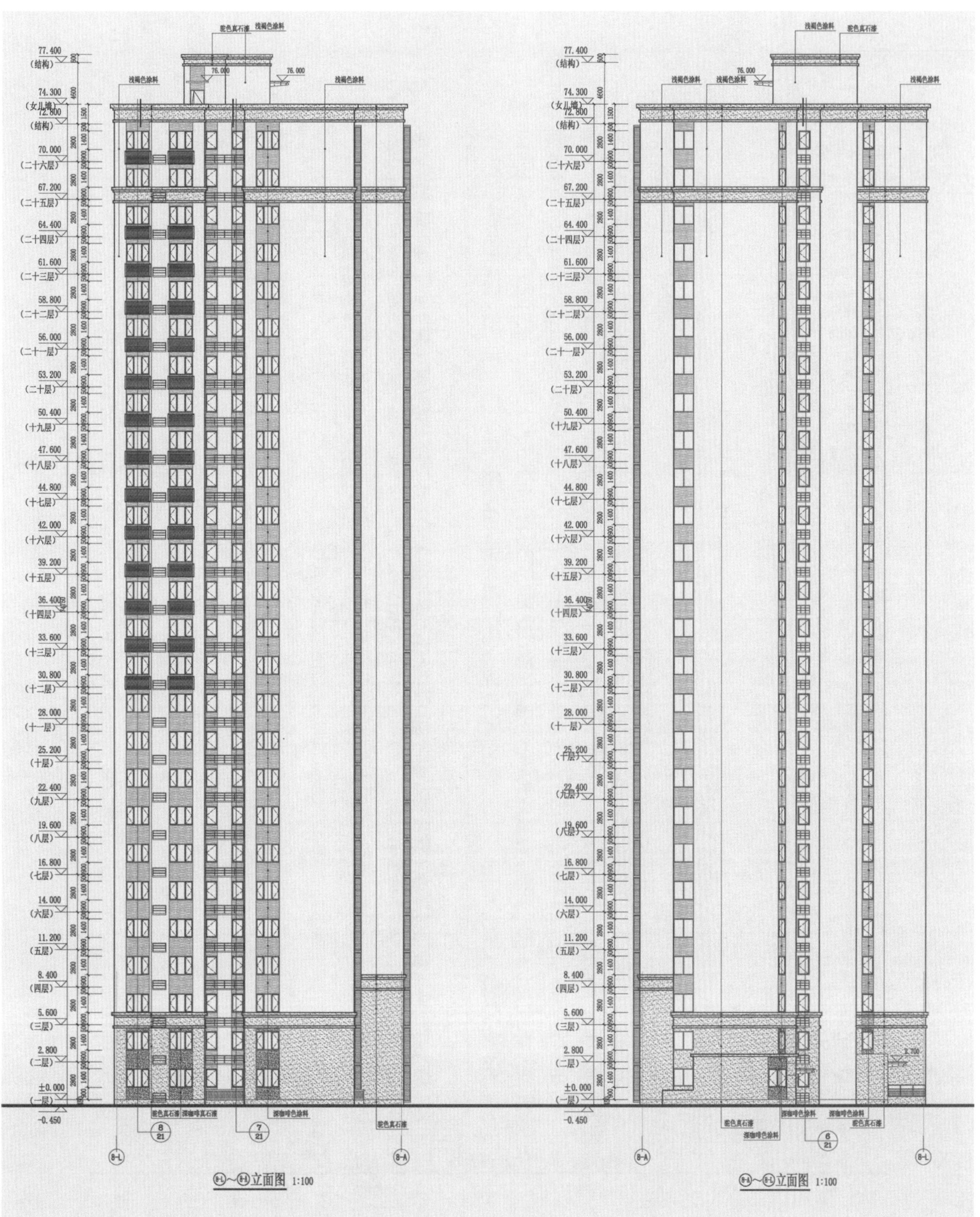

图 5.9-11 某高层住宅立面图二

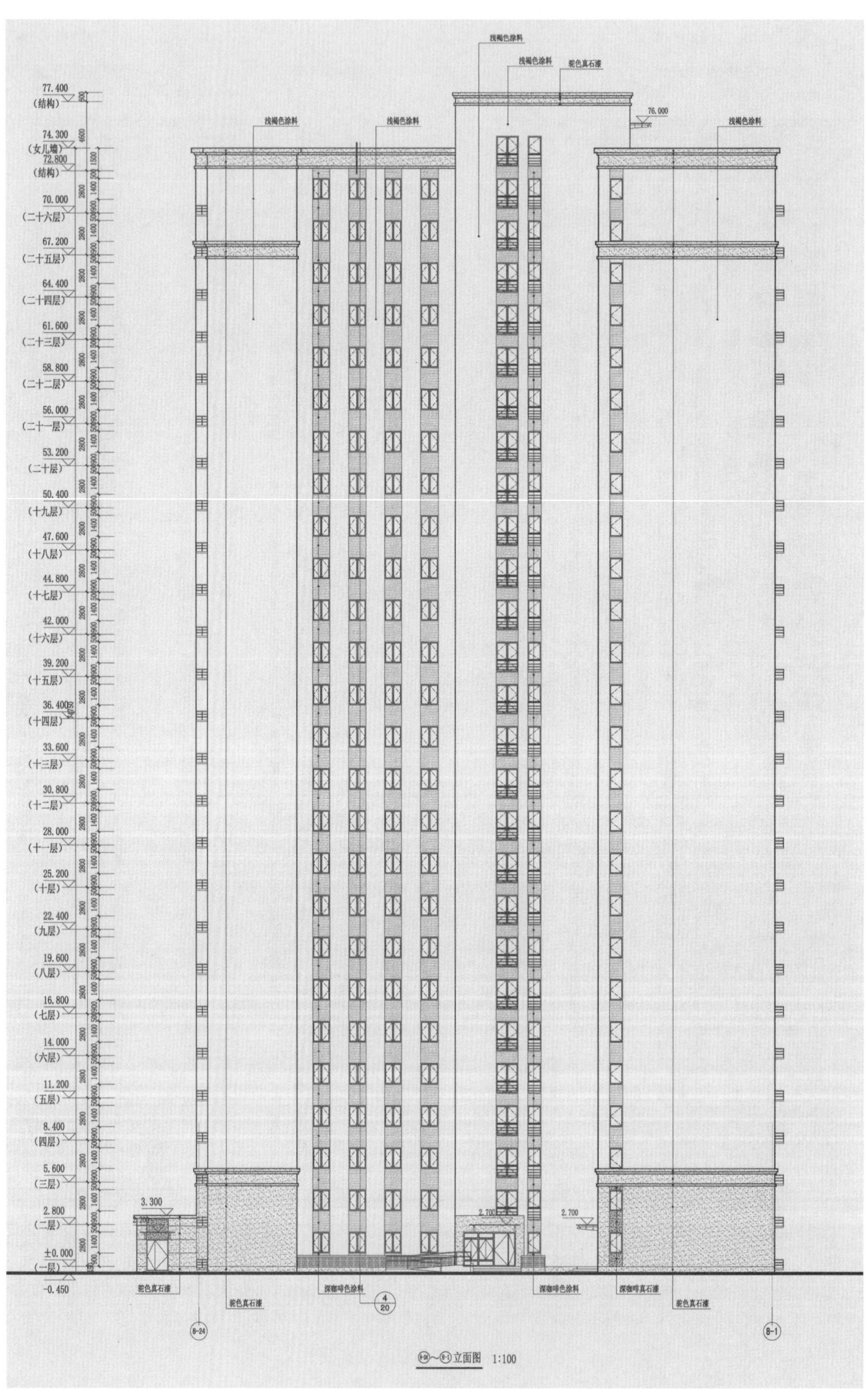

图 5.9-12　某高层住宅立面图三

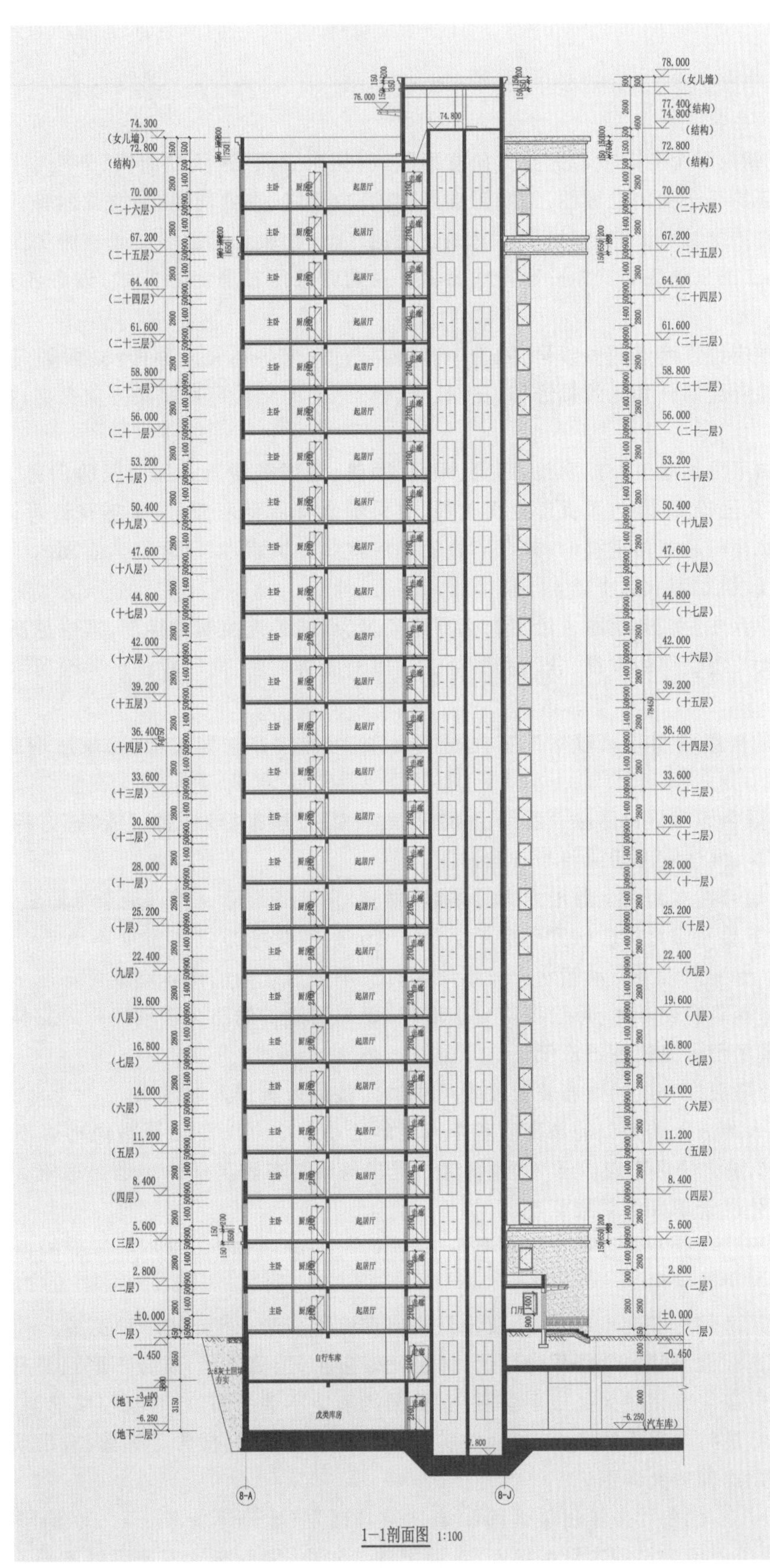

图 5.9-13 某高层住宅剖面图

知识归纳

1. 建筑立面图的命名。

朝向命名：立面朝向哪个方向就称为某方向立面图，例如东立面图、西立面图；外观特征命名：反映主要出入口或房屋外观特征的某一面的立面图，例如正立面图、背立面图、左立面图、右立面图等；轴号命名：以立面图上边界墙体从左至右首尾轴线命名，例如①～⑥轴立面图、Ⓐ～Ⓔ轴立面图等。建筑施工图中这三种命名方式都可使用，但每套施工图只能采用其中一种方式命名。目前常采用轴号命名方式，该命名方式具有直观、准确的特点。

2. 每一个立面图应绘注两端的轴线号，如①～⑩轴立面图，Ⓐ～Ⓗ轴立面图（立面圆弧形及转折复杂时可用展开立面表示），并应绘制转角处的轴线号，正东、南、西、北向的立面可直接按方向命名（如东立面图、南立面图）。

3. 应把投影方向可见的建筑外轮廓线、门窗、阳台、雨篷、线脚等绘出。凡相同的门窗、阳台等可局部绘出其完整形象，其余可只画轮廓线（为了保证立面美观，也可绘出其完整形象）。细部花饰可简绘其轮廓线，标注索引号另见详图。如遇前后立面重叠时，前者的外轮廓线宜向外加粗，以示区别。立面的门窗洞口轮廓线宜粗于门窗和粉刷分格线，使立面有层次感。

4. 立面图的尺寸标注：平、剖面图未绘出的标高或高度，标注关键控制性标高，其中总高度即自室外地坪至平屋面檐口上皮或女儿墙顶面的高度，坡顶房屋标注檐口及屋脊高度，同时应注出外墙留洞、室外地坪、屋顶机房等标高。

5. 外墙身详图的剖线索引号可以标注在立面图上，亦可标注在剖面图上，以表达清楚、易于查找详图为原则。

6. 外装修用料、颜色等直接标注在立面图上，或用文字索引“国家标准图集”或“地方标准图集”，立面分格应绘清楚，线脚的宽度、做法宜注明或绘制节点详图。

7. 幕墙：简单幕墙可在立面图上绘出立面分格线、材料、窗及开启扇、门等，复杂幕墙应绘制幕墙立面图。

8. 建筑外墙上、下层开口之间应设置高度不小于 1.2m 的实体墙或挑出宽度不小于 1.0m、长度不小于开口宽度的防火挑檐。当室内设置自动喷水灭火系统时，上、下开口之间的实体墙高度不应小于 0.8m。当上、下层开口之间设置实体墙确有困难时，可设置防火玻璃墙，但高层建筑的防火玻璃墙耐火完整性不应低于1.00h，多层建筑的防火玻璃墙耐火完整性不应低于 0.50h。

9. 公共建筑的外墙应在每层的适当位置设置可供消防救援人员进入的窗口。

10. 供消防救援人员进入的窗口的净高度和净宽度均不小于 1.0m，下沿距室内地面不宜大于 1.2m，间距不宜大于 20m 且每个防火分区不应少于 2 个，设置位置应与消防车登高操作场地相适应。窗口的玻璃应易于破碎，并应设置在室外易于识别的明显标志。

11. 户外电子发光广告牌不应直接设置在有可燃、难燃材料的墙体上，户外广告牌的设置不应遮挡建筑的外窗，不应影响外部灭火救援行动。

12. 高层建筑直通室外的安全出口上方，应设置挑出宽度不小于 1.0m 的防护挑檐。

13. 剖切位置应选在能反映内外楼层变化大、体型比较复杂，层高不同、层数不同且具有代表性的部位。

14. 建筑空间局部高度变化较大处或平面图、立面图均表达不清的部位，可绘制局部剖面图。

15. 剖面图中应标注特殊用房的净高，如锅炉房、机房、中小学教室、报告厅等梁（或吊顶）下的高度，如图面表达不清楚，可以绘制局部放大详图。

16. 比例大于 1：100 的剖面应绘出楼地面和墙体装修面层；比例不大于 1：100 的楼地面应示意装修面层，其余墙体、顶棚是否画出面层视实际情况而定，面层厚度过小，图面表达不清可以不画。

17. 内部院落或看不到的局部立面，可在相关剖切到的剖面图上表示。

课后习题

1. 作立面图时，立面有转折时是否可以绘制展开立面图？若可，该如何绘制？
2. 对于复杂形体，用几个立面能把形体外部特征表达清楚？
3. 如何用相对简单的方法将建筑的立面形体尽可能地表达清楚？
4. 立面图要表达的内容有哪些？
5. 立面图中防火设计要点有哪些？
6. 立面图线型如何规定？立面材料如何表示？
7. 作剖面图时，剖切平面是否可以任意设置？若不可，该如何设置？
8. 对于复杂形体，用一个剖切平面剖切是否就能把形体内部结构表达清楚？
9. 剖面图要表达的内容有哪些？
10. 根据提供的平面图（见下方二维码），请画出该项目的立面图和剖面图，立面开窗形式及材料选用及其他条件自拟。

习题图

6

详图设计

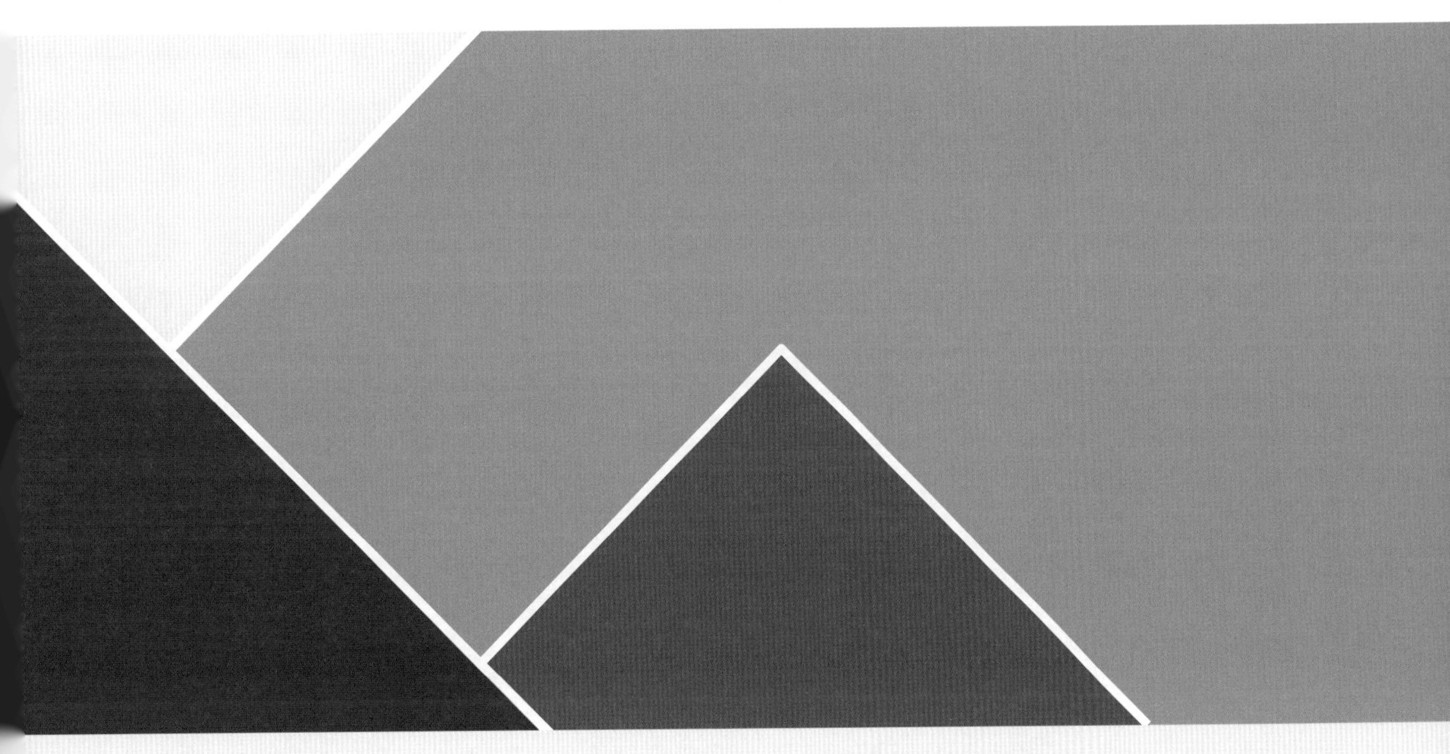

"人们常说“细节决定成败”，建筑施工图详图设计是施工图设计的关键。"

6.1 详图常见图例及组成

6.1.1 详图常见材料图例

详图常见材料图例见表 6.1-1。

表 6.1-1 详图常见材料图例

序号	名称	常见图例	备注
1	钢筋混凝土		1. 图样比例为 1∶50、1∶20、1∶10； 2. 表示钢筋混凝土柱子、墙体、梁和楼板等
2	混凝土		1. 图样比例为 1∶50、1∶20、1∶10； 2. 表示混凝土垫层、台阶、路面等
3	砌块材料		1. 图样比例为 1∶50、1∶20、1∶10； 2. 表示非承重墙体等； 3. 在图例中注明砌块材料名称
4	抹灰		图样比例为 1∶50、1∶20、1∶10
5	石材		1. 图样比例为 1∶50、1∶20、1∶10； 2. 在图例中注明石材名称
6	松散材料		1. 图样比例为 1∶50、1∶20、1∶10； 2. 多表示保温层； 3. 在图例中注明松散材料名称
7	金属材料		1. 图样比例为 1∶50、1∶20、1∶10； 2. 在说明中注明材料名称
8	防水材料		1. 图样比例为 1∶50、1∶20、1∶10； 2. 在说明中注明材料名称
9	夯实土壤		

6.1.2 详图组成

(1)建筑构件详图,楼电梯间、窗井、隔断、设备基础、室内外造型装饰构件等均应画出局部平面和剖断面详图,比例通常为 1∶50;

(2)平面详图,厕所、厨房、住宅单元、旅馆客房、报告厅、教室、实验室等房间均应画出平面详图,比例通常为 1∶50;

(3)墙身详图,室外台阶、散水、窗台、墙裙、踢脚、楼板、女儿墙泛水、外墙保温等节点详图按照定位从下至上将各个节点统一画出墙身详图,常见比例为 1∶30、1∶20;

(4)局部立面分格详图,非标准门窗、玻璃幕墙、石材幕墙、金属幕墙等应画出立面分格图,常见比例为 1∶50;

(5)其他详图,凡在平、立、剖面图或文字说明中无法交代(或交代不清)的建筑构配件和建筑构造层均应画出详图。

6.2 楼电梯详图

6.2.1 楼电梯详图设计深度

(1)楼电梯详图:各层平面图(地下各层平面图、首层平面图、标准层平面图及顶层和机房层平面图)、梯段剖面图、电梯井剖面图及图中相关文字注释。

(2)平面图:楼电梯平面墙体、定位轴线、踏步分格线、休息平台、电梯梯井和轿厢平面及相关踏步定位尺寸及平台标高。楼梯首层平面图中,还要画出楼梯剖面的剖切线。

(3)剖面图:楼电梯围护结构(墙体和楼板)、楼梯平台、剖切梯段和可见梯段投影线、尺寸标注(包括梯段尺寸和踏步个数及踏步尺寸)及关键平面的标高,如图 6.2-1 所示。

6.2.2 楼电梯设计要点

(1)楼梯的数量、位置、宽度和楼梯间形式应满足使用方便和防火安全疏散的要求。

(2)墙面至扶手中心线或扶手中心线之间的水平距离即楼梯梯段宽度除应符合防火规范的规定外,供日常主要交通用的楼梯的梯段宽度应根据建筑物使用特征,按每股人流为[0.55+(0～0.15)]m 的人流股数确定,并不应少于两股人流。0～0.15m 为人流在行进中人体的摆幅,公共建筑人流众多的场所应取上限值。

(3)梯段改变方向时,扶手转向端处的平台最小宽度不应小于梯段宽度,并不得小于 1.20m,当有搬运大型物件需要时应适量加宽。

(4)每个梯段的踏步不应超过 18 级,亦不应少于 3 级。

(5)楼梯平台上部及下部过道处的净高不应小于 2m,梯段净高不宜小于 2.20m。

注:梯段净高为自踏步前缘线(包括最低和最高一级踏步前缘线以外 0.30m 范围内)量至上方突出物下缘间的垂直高度。

(6)楼梯应至少于一侧设扶手,梯段净宽达三股人流时应在两侧设扶手,达四股人流时宜加设中间扶手。

(7)室内楼梯扶手高度自踏步前缘线量起不宜小于 0.90m;靠楼梯井一侧水平扶手长度超过 0.50m 时,其高度不应小于 1.05m。

(8) 踏步应采取防滑措施。

(9) 托儿所、幼儿园、中小学及少年儿童专用活动场所的楼梯,梯井净宽大于 0.20m 时,必须采取防止少年儿童攀滑的措施,楼梯栏杆应采取不易攀登的构造,当采用垂直杆件做栏杆时,其杆件净距不应大于 0.11m。《托儿所、幼儿园建筑设计规范(2019 年版)》(JGJ 39—2016)规定,托儿所、幼儿园杆件净距不应大于 0.90m。

(10)楼梯踏步的高度和宽度应符合表 6.2-1 的规定。

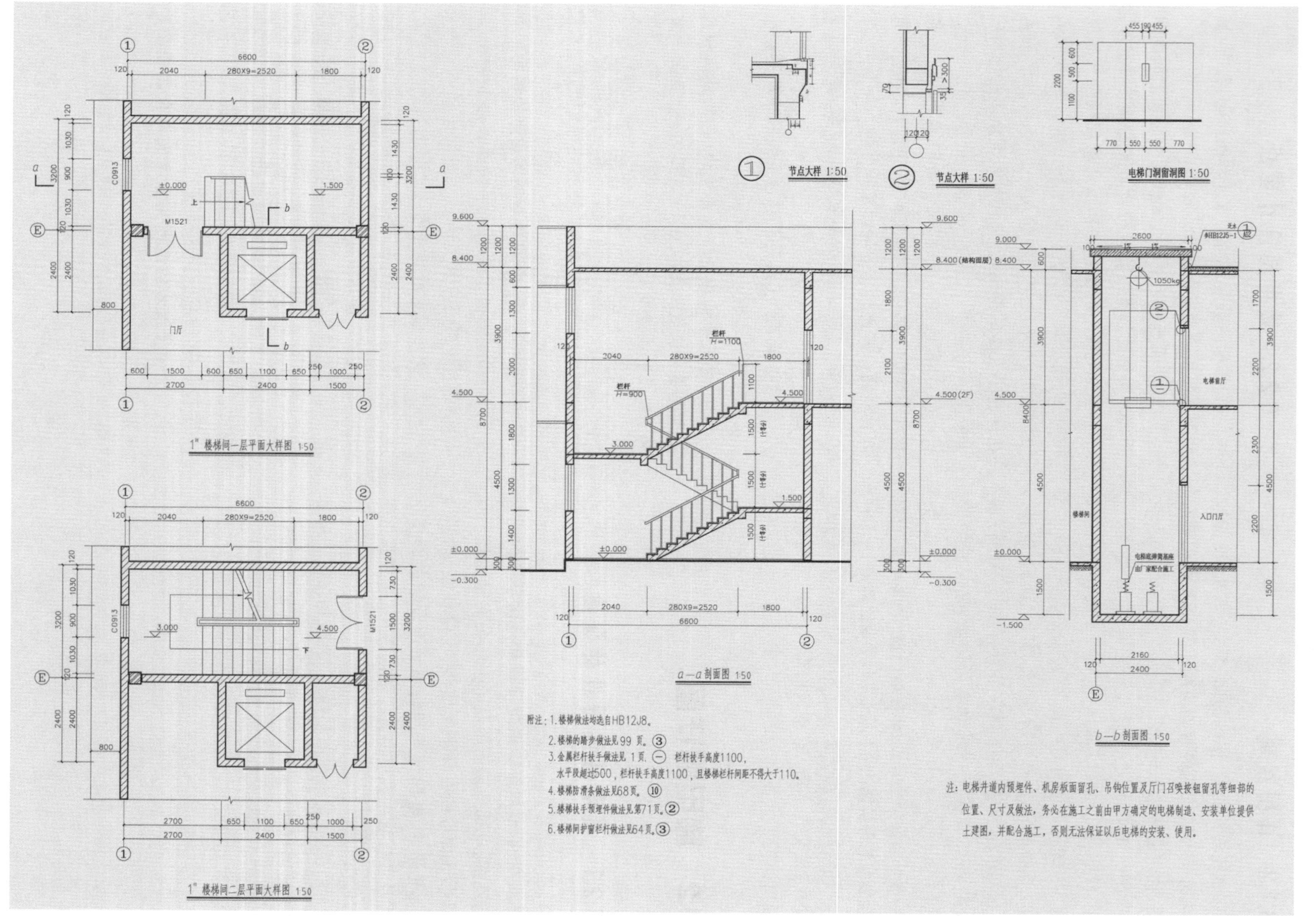

图 6.2-1　某商业建筑楼电梯详图

表 6.2-1 **楼梯踏步最小宽度和最大高度**

楼梯类型	最小宽度/m	最大高度/m
住宅公共楼梯	0.26	0.175
幼儿园、小学校等楼梯	0.26	0.15
电影院、剧场、体育馆、商场、医院、旅馆和大、中学校等	0.28	0.16
其他建筑楼梯	0.26	0.17
专用疏散楼梯	0.25	0.18
服务楼梯、住宅套内楼梯	0.22	0.20

注:无中柱螺旋楼梯和弧形楼梯离内侧扶手中心 0.25m 处的踏步宽度不应小于 0.22m。

(11)供老年人、残疾人使用及其他专用服务楼梯应符合专用建筑设计规范的规定。

(12)电梯设置应符合下列规定:

①电梯不得计作安全出口。

②以电梯为主要垂直交通工具的高层公共建筑和 12 层及 12 层以上的高层住宅,每栋楼设置电梯的台数不应少于 2 台。

③建筑物每个服务区单侧排列的电梯不宜超过 4 台,双侧排列的电梯不宜超过 2×4 台;电梯不应在转角处贴邻布置。

④电梯候梯厅的深度应符合表 6.2-2 的规定,并不得小于 1.50m。

⑤电梯井道和机房不宜与有安静要求的用房贴邻布置,否则应采取隔振、隔声措施。

⑥机房应为专用的房间,其围护结构应保温隔热,室内应有良好通风、防尘条件,宜有自然采光,不得将机房顶板作为水箱底板及在机房内直接穿越水管或蒸汽管。

⑦消防电梯的布置应符合防火规范的有关规定。

(13)防烟楼梯间条件:一类高层公共建筑和建筑高度大于 32m 的二类高层公共建筑,其疏散楼梯应采用防烟楼梯间。

(14)封闭楼梯间条件:下列多层公共建筑的疏散楼梯,除与敞开式外廊直接相连的楼梯间外,均应采用封闭楼梯间:

①医疗建筑、旅馆、老年人建筑及类似使用功能的建筑;

②设置歌舞娱乐放映游艺场所的建筑;

③商店、图书馆、展览建筑、会议中心及类似使用功能的建筑;

④6 层及 6 层以上的其他建筑;

表 6.2-2 **电梯候梯厅深度一览表**

电梯类型	布置方式	候梯厅深度
住宅电梯	单台	$\geqslant B$
	多台单侧排列	$\geqslant B^*$
	多台双侧排列	大于或等于相对电梯 B^* 之和且小于 3.5m
公共建筑电梯	单台	$\geqslant 1.5B$
	多台单侧排列	大于或等于 $1.5B^*$,当电梯群为 4 台时应大于或等于 2.4m
	多台双侧排列	大于或等于相对电梯 B^* 之和并小于 4.5m
病床电梯	单台	$\geqslant 1.5B$
	多台单侧排列	$\geqslant 1.5B^*$
	多台双侧排列	大于或等于相对电梯 B^* 之和

注,B 为轿厢深度,B^* 为最大轿厢深度。

⑤裙房和建筑高度不大于 32m 的二类高层公共建筑，其疏散楼梯应采用封闭楼梯间。

(15)楼梯间应在首层直通室外，确有困难时，可在首层采用扩大的封闭楼梯间或防烟楼梯间前室。当层数不超过 4 层且未采用扩大的封闭楼梯间或防烟楼梯间前室时，可将直通室外的门设置在离楼梯间不大于 15m 处。

(16)疏散楼梯间的一般规定：

①楼梯间应能天然采光和自然通风，并宜靠外墙设置，靠外墙设置时，楼梯间、前室及合用前室外墙上的窗口与两侧门、窗、洞口最近边缘的水平距离不应小于 1.0m；

②楼梯间内不应设置烧水间、可燃材料储藏室、垃圾道；

③楼梯间内不应有影响疏散的凸出物或其他障碍物；

④封闭楼梯间、防烟楼梯间及其前室，不应设置卷帘；

⑤楼梯间内不应设置甲、乙、丙类液体管道；

⑥封闭楼梯间、防烟楼梯间及其前室内禁止穿过或设置可燃气体管道，敞开楼梯间内不应设置可燃气体管道，当住宅建筑的敞开楼梯间内确需设置可燃气体管道和可燃气体计量表时，应采用金属管和设置切断气源的阀门。

(17)封闭楼梯间尚应符合下列规定：

①不能自然通风或自然通风不能满足要求时，应设置机械加压送风系统或采用防烟楼梯间。

②除楼梯间的出入口和外窗外，楼梯间的墙上不应开设其他门、窗、洞口。

③高层建筑、人员密集的公共建筑，其封闭楼梯间的门应采用乙级防火门，并应向疏散方向开启；其他建筑，可采用双向弹簧门。

④楼梯间的首层可将走道和门厅等包括在楼梯间内形成扩大的封闭楼梯间，但应采用乙级防火门等与其他走道和房间分隔。

(18)防烟楼梯间应符合下列规定：

①应设置防烟设施。

②前室可与消防电梯间前室合用；与消防电梯间前室合用时，合用前室的使用面积：公共建筑不应小于 10.0m^2，住宅建筑不应小于 6.0m^2。

③前室的使用面积：公共建筑不应小于 6.0m^2，住宅建筑不应小于 4.5m^2。

④疏散走道通向前室以及前室通向楼梯间的门应采用乙级防火门。

⑤除住宅建筑的楼梯间前室外，防烟楼梯间和前室内的墙上不应开设除疏散门和送风口外的其他门、窗、洞口。

⑥楼梯间的首层可将走道和门厅等包括在楼梯间前室内形成扩大的前室，但应采用乙级防火门等与其他走道和房间分隔。

(19)除通向避难层错位的疏散楼梯外，建筑内的疏散楼梯间在各层的平面位置不应改变。

除住宅建筑套内的自用楼梯外，地下或半地下建筑(室)的疏散楼梯间，应符合下列规定：

①室内地面与室外出入口地坪高差大于 10m 或 3 层及 3 层以上的地下、半地下建筑(室)，其疏散楼梯应采用防烟楼梯间；其他地下或半地下建筑(室)，其疏散楼梯应采用封闭楼梯间。

②应在首层采用耐火极限不低于 2.00h 的防火隔墙与其他部位分隔并应直通室外，确需在隔墙上开门时，应采用乙级防火门。

③建筑的地下或半地下部分与地上部分不应共用楼梯间，确需共用楼梯间时，应在首层采用耐火极限不低于 2.00h 的防火隔墙和乙级防火门将地下或半地下部分与地上部分的连通部位完全分隔，并应设置明显的标志。

(20)室外疏散楼梯应符合下列规定：

①栏杆扶手的高度不应小于 1.10m，楼梯的净宽度不应小于 0.90m；

②倾斜角度不应大于 45°；

③梯段和平台均应采用不燃材料制作，平台的耐火极限不应低于 1.00h，梯段的耐火极限不应低于 0.25h；

④通向室外楼梯的门应采用乙级防火门，并应向外开启；

⑤除疏散门外，楼梯周围 2m 内的墙面上不应设置门、窗、洞口，疏散门不应正对梯段。

(21)疏散用楼梯和疏散通道上的阶梯不宜采用螺旋楼梯和扇形踏步；确需采用时，踏步上、下两级所形成的平面角度不应大于 10°，且每级离扶手 250mm 处的踏步深度不应小于 220mm。

(22)建筑内的公共疏散楼梯,其两梯段及扶手间的水平净距不宜小于150mm。

6.3 平面详图

6.3.1 平面详图设计深度

(1)平面详图主要根据建筑类型确定大平面中表达不清的局部放大平面图,比如住宅建筑应有单元户型平面图,教学建筑主要有厕卫、普通教室、实验室及功能教室等平面详图,旅馆建筑要有单元客房平面详图等;

(2)平面详图中应画出墙、柱、门窗及墙体内的设备洞口等围护部分;

(3)应标注墙柱的轴线、轴号及相关开间进深尺寸;

(4)应画出房间内家具和设备平面投影,以及相关定位尺寸和构造做法索引;

(5)应标注各层地面标高及关键点标高,除标高不同,其他均相同的平面详图可省略绘制成一张图,并将各层标高分别标注(或以表格形式列出各层标高);

(6)特殊构造做法应有相关文字说明等。

6.3.2 厕所、盥洗室及浴室设计要点

6.3.2.1 一般规定

(1)建筑物的厕所、盥洗室、浴室不应直接布置在餐厅、食品加工、食品贮存、医药、医疗、变配电等有严格卫生要求或防水、防潮要求用房的上层;除本套住宅外,住宅卫生间不应直接布置在下层的卧室、起居室、厨房和餐厅的上层。

(2)卫生设备配置的数量应符合专用建筑设计规范的规定,在公用厕所男女厕位的比例中,设计时应适当加大女厕位比例。

(3)卫生用房宜有天然采光和不向邻室对流的自然通风,无直接自然通风和严寒及寒冷地区用房宜设自然通风道;当自然通风不能满足通风换气要求时,应采用机械通风,故在详图中应画出排风道和排风扇等设施及其做法索引。

(4)楼地面、楼地面沟槽、管道穿楼板及楼板接墙面处应严密防水、防渗漏,详图中应有说明并备注防水、防漏的做法索引。

(5)楼地面、墙面或墙裙的面层应采用不吸水、不吸污、耐腐蚀、易清洗的材料,选用内装修材料时应加以注意。

(6)楼地面应选用防滑地板;楼地面标高宜略低于走道标高,应注意楼地面构造厚度与走道构造厚度之间的高差,必要时与结构设计人员协商楼板高度是否需要降板处理(所谓降板处理,就是由于卫生间等受水房间楼地面构造做法厚度比普通房间楼地面厚度高,要想使卫生间楼地面低于普通楼地面,就要使卫生间楼板标高低于其他楼板,才能达到面层标高之间的高差要求),并应有坡度坡向地漏或水沟。

(7)室内上、下水管和浴室顶棚应防冷凝水下滴,浴室热水管应防止烫人。

(8)公用男、女厕所宜分设前室,或有遮挡措施。

(9)公用厕所宜设置独立的清洁间。

6.3.2.2 厕所和浴室隔间的平面尺寸规定

厕所和浴室隔间的平面尺寸如表6.3-1所示。

表6.3-1 **厕所和浴室隔间的平面尺寸** (单位:m)

类别	平面尺寸(宽度×深度)
外开门的厕所隔间	0.90×1.20
内开门的厕所隔间	0.90×1.40
医院患者专用厕所隔间	1.10×1.40
无障碍厕所隔间	1.40×1.80(改建用1.00×2.00)
外开门淋浴隔间	1.00×1.20
内设更衣凳的淋浴隔间	1.00×(1.00+0.60)
无障碍专用浴室隔间	盆浴(门扇向外开启)2.00×2.25 淋浴(门扇向外开启)1.50×2.35

6.3.2.3　卫生设备间距规定

(1)洗脸盆或盥洗槽水嘴中心与侧墙面净距不宜小于0.55m。

(2)并列洗脸盆或盥洗槽水嘴中心间距不应小于0.70m。

(3)单侧并列洗脸盆或盥洗槽外沿至对面墙的净距不应小于1.25m。

(4)双侧并列洗脸盆或盥洗槽外沿之间的净距不应小于1.80m。

(5)浴盆长边至对面墙面的净距不应小于0.65m,无障碍盆浴间短边净宽度不应小于2m。

(6)并列小便器的中心距离不应小于0.65m。

(7)单侧厕所隔间至对面墙面的净距:当采用内开门时,不应小于1.10m;当采用外开门时,不应小于1.30m。双侧厕所隔间之间的净距:当采用内开门时,不应小于1.10m;当采用外开门时,不应小于1.30m。

(8)单侧厕所隔间至对面小便器或小便槽外沿的净距:当采用内开门时,不应小于1.10m;当采用外开门时,不应小于1.30m。

6.3.3　公用厨房设计要点

(1)厨房设计时应对厨房家具、设备进行布置,各个专业管线设施等应综合考虑。

(2)工艺流程应按照人员炊事行为特征进行设计,做到流程合理、使用方便。

(3)灶具、案板、排气道、烟囱的位置应合理布局。

(4)应重视原料及成品分区合理,生熟分开。

(5)厨房作为食品加工场所,设计时应注意防水、防火及防止有害气体的泄漏。

(6)当厨房使用瓶装液化石油气作为燃料时,不得设置在地下室、半地下室或通风不良的场所。

(7)附建在其他建筑内的公用厨房,与其相邻空间之间应采取耐火极限不低于2h的不燃烧体隔墙隔开,隔墙上的门窗应为乙级防火门窗。

(8)加工间的工作台之间的净距,单面操作:无人通行时,不应小于0.9m;有人通行时,不应小于1.2m。双面操作:无人通行时,不应小于1.2m;有人通行时,不应小于1.5m。

(9)粗加工、切配、餐具清洗消毒、烹饪等需要经常冲洗场所的地面,应设排水沟。

(10)各加工间室内构造应符合下列规定:

①地面应采用耐磨、不渗水、耐腐蚀、防滑易清洗的材料,并应做好地面的排水;

②墙面隔断及工作台、水池等设施均应采用无毒、光滑、易清洁的材料,各阴角宜做成弧形。

(11)加工间直接采光时,其侧面采光洞口面积不宜小于地面面积的1/6;自然通风时,通风开口,面积不应小于地面面积的1/10。

6.3.4　住宅单元设计要点

(1)住宅应按套型设计,每套住宅应设卧室、起居室(厅)、厨房和卫生间等基本功能空间。卧室的使用面积应符合下列规定:

①双人卧室不应小于$9m^2$;

②单人卧室不应小于$5m^2$;

③兼起居的卧室不应小于$12m^2$;

④起居室(厅)的使用面积不应小于$10m^2$。

(2)套型设计时,应减少直接开向起居厅的门的数量。起居室(厅)内布置家具的墙面直线长度宜大于3m。

(3)无直接采光的餐厅、过厅等,其使用面积不宜大于$10m^2$。

(4)厨房的使用面积应符合下列规定:

①由卧室、起居室(厅)、厨房和卫生间等组成的住宅套型的厨房使用面积,不应小于$4.0m^2$。

②由兼起居的卧室、厨房和卫生间等组成的住宅最小套型的厨房使用面积,不应小于$3.5m^2$。

③厨房应设置洗涤池、案台、炉灶及排油烟机、热水器等设施或为其预留位置。

④厨房应按炊事操作流程布置,排油烟机的位置应与炉灶位置对应,并应与排气道直接连通。

⑤单排布置设备的厨房,其净宽不应小于1.50m;双排布置设备的厨房,其两排设备之间的净距不应小于0.90m。

(5)每套住宅应设卫生间,应至少配置便器、洗浴器、洗面器三件卫生设备或为其预留设置位置及条件,卫生间可根据使用功能要求组合不同的设备;不同组合的空间使用面积应符合下列规定:

①三件卫生设备集中配置的卫生间的使用面积不应小于 2.50m^2；

②设便器、洗面器时不应小于 1.80m^2；

③设便器、洗浴器时不应小于 2.00m^2；

④设洗面器、洗浴器时不应小于 2.00m^2；

⑤设洗面器、洗衣机时不应小于 1.80m^2；

⑥单设便器时不应小于 1.10m^2。

(6)无前室的卫生间的门不应直接开向起居室(厅)或厨房。

(7)卫生间不应直接布置在下层住户的卧室、起居室(厅)、厨房和餐厅的上层。

(8)当卫生间布置在本套内的卧室、起居室(厅)、厨房和餐厅的上层时，均应有防水和便于检修的措施。

(9)每套住宅应设置洗衣机的安装位置。

(10)套内入口过道净宽不宜小于 1.20m；通往卧室、起居室(厅)的过道净宽不应小于 1.00m；通往厨房、卫生间、贮藏室的过道净宽不应小于 0.90m。

6.4 墙身详图

6.4.1 墙体的常用材料

常用于墙体的材料有：

(1)蒸压类：主要有蒸压加气混凝土砌块、蒸压灰砂砖、蒸压粉煤灰砖等；

(2)混凝土空心砌块类：主要有普通混凝土小型空心砌块；

(3)多孔砖类：主要有烧结多孔砖(孔洞率应不小于 25%)、混凝土多孔砖(孔洞率应不小于 30%)；

(4)实心砖类：主要有页岩、粉煤灰及煤矸石等品种。

6.4.2 常见外墙饰面

(1)涂料饰面。

①复层涂料一般由底涂层、中间涂层(主涂层)和面涂层组成；

②底涂层可增强附着力，中间涂层形成装饰效果，面涂层用于着色和保护；

③底涂层和面涂层可采用乳液型和溶剂型涂料，中间的主涂层可采用以聚合物水泥、合成树脂乳液、反应固化型合成树脂乳液等黏结料配制的厚质涂层。

(2)面砖饰面。

①墙面使用面砖的种类按其物理性质的差别分为全陶质面砖(吸水率小于 10%)、陶胎釉面砖(吸水率为 3%～5%)、全瓷质面砖[又称通体砖(吸水率小于 1%)]。

②用于室外的面砖应尽量选用吸水率小的产品，北方地区外墙尽量不用陶质面砖，以免因面砖含水量高发生冻融破坏或剥落。一般选用全瓷质面砖最为安全可靠，吸水率应不大于 3%。

③外墙外保温做法面层上的面砖以及粘贴技术的选择，均应符合国家或地方相关规定。

(3)石材饰面。

①天然石材，包括花岗石、大理石、板石、石灰石和砂岩等；

②复合石材，包括木基石材复合板、玻璃基石材复合板、金属基石材复合板(包括金属蜂窝石材复合板)、陶瓷基石材复合板等；

③人造石材，包括建筑装饰用微晶玻璃、水磨石、实体面材、人造合成石和人造砂岩等。

6.4.3 设计要点

(1)墙体材料的选用必须遵照国家和地方有关禁止或限制使用黏土砖的规定。

(2)混凝土小型空心砌块墙的设计要点。

①可用于建筑物的承重和非承重墙体。

②设计时应根据平、立面建筑墙体尺寸绘制砌块排列图，设计预留的洞口及门窗、卫生设备的固定应在排块图上标注。

③电线管应在墙体内上下贯通的砌块孔中设置，不宜在墙体内水平设置；当必须水平设置时，应采取现浇水泥砂浆带或细石混凝土带等加强措施。

(3)蒸压加气混凝土砌块墙的设计要点。

①蒸压加气混凝土砌块墙主要用于建筑物的框架填充墙和非承重内隔墙，以及多层横墙承重的建筑；

②用于外墙时厚度不应小于 200mm，用于内隔墙时厚度不应小于 75mm；

③建筑物防潮层以下的外墙、长期处于浸水和化

学侵蚀及干湿或冻融交替环境、作为承重墙表面温度经常处于80℃以上的部位不得采用加气混凝土砌块；

④加气混凝土砌块用作外墙时应做饰面防护层；

⑤加气混凝土外墙的突出部分（如横向装饰线条、出挑构件和窗台等）应做好排水、滴水等构造，以避免因墙体干湿交替或局部冻融造成破坏。

(4)轻集料混凝土空心砌块墙的设计要点。

①主要用于建筑物的框架填充外墙和内隔墙；

②用于外墙或较潮湿房间隔墙时，强度等级不应小于MU5.0，用于一般内墙时强度等级不应小于MU3.5；

③抹面材料应与砌块基材特性相适应，以减少抹面层龟裂的可能，宜根据砌块强度等级选用与之相对应的专用抹面砂浆或聚丙烯纤维抗裂砂浆，忌用水泥砂浆抹面；

④砌块墙体上不应直接挂贴石材、金属幕墙。

(5)墙基防潮。

①当墙体采用吸水性强的材料时，为防止墙基毛细水上升，应设防潮层；

②当墙体两侧的室内地面有高差时，高差范围的墙体内侧也应做防潮层；

③当墙基为混凝土、钢筋混凝土或石砌体时，可不做墙体防潮层；

④防潮层一般设在室内地坪下0.06m处，做法为20mm厚1：2：5水泥砂浆内掺水泥质量3%～5%的防水剂。

(6)墙身防潮应符合下列要求。

①砌体墙应在室外地面以上，位于室内地面垫层处设置连续的水平防潮层；室内相邻地面有高差时，应在高差处墙身侧面加设防潮层。

②湿度大的房间的外墙或内墙内侧应设防潮层。

③室内墙面有防水、防潮、防污、防碰等要求时，应按使用要求设置墙裙。

④地震区防潮层应满足墙体抗震整体连接的要求，不得使用油毡等柔性防潮材料。

(7)墙体防水。

建筑物外墙应根据工程性质、当地气候条件、所采用的墙体材料及饰面材料等因素确定防水做法。一般外墙防水做法采用防水砂浆，设计时应注意细节的构造处理：

①不同墙体材料交接处应在饰面找平层中铺设钢丝网或玻纤网格布；

②对于墙体采用空心砌块或轻质砖的建筑，基本风压值大于0.6kPa或雨量充沛的地区，以及对防水有较高要求的建筑等，外墙或迎风面外墙宜采用20mm厚防水砂浆或7mm厚聚合物水泥砂浆抹面后，再做外饰面层；

③加气混凝土外墙应采用配套砂浆砌筑，配套砂浆抹面或加钢丝网抹面；

④填充墙与框架梁柱间应加宽度为200mm ϕ1钢丝网或玻纤网格布抹面；

⑤突出外墙面的横向线脚、窗台、挑板等出挑构件上部与墙交接处应做成小圆角并向外找坡不小于3%，以利于排水，且下部应做滴水槽；

⑥外门窗洞口四周的墙体与门窗框之间应采用发泡聚氨酯等柔性材料填塞严密，且最外表的饰面层与门窗框之间应留约7mm×7mm的凹槽，并满嵌耐候防水密封膏；

⑦安装在外墙上的构件、管道等均宜采用预埋方式连接，也可用螺栓固定，但螺栓需用树脂黏结严密。

(8)墙体外装修设计时，应充分考虑建筑保温做法；当采用外墙外保温时，应根据外保温系统的情况选择适当的饰面材料及做法。

(9)天然石材饰面的设计要点：

①选用天然石材时，材料所含的放射性物质应符合相关规定；

②大理石一般不宜用于室外以及与酸有接触的部位；

③当选用光面和镜面板材时，干挂石材厚度应不小于25mm，选用粗面板材时应不小于28mm，单块板的面积不宜大于1.5m^2，选用砂岩、洞石等质地疏松的石材时应不小于30mm。

(10)建筑物外墙凸出物，包括窗台、凸窗、阳台、空调机搁板、雨水管、通风管、装饰线等处宜采取防止外来者攀登入室的措施。

(11)建筑外墙采用内保温系统时，保温系统应符合下列规定：

①对于人员密集场所，用火、燃油、燃气等具有火灾危险性的场所以及各类建筑内的疏散楼梯间、避难

走道、避难间、避难层等场所或部位，应采用燃烧性能为A级的保温材料；

②对于其他场所，应采用低烟、低毒且燃烧性能不低于B1级的保温材料；

③保温系统应采用不燃材料做防护层，采用燃烧性能为B1级的保温材料时，防护层的厚度不应小于10mm。

(12)建筑外墙采用保温材料与两侧墙体构成无空腔复合保温结构体时，该结构体的耐火极限应符合规范的有关规定；当保温材料的燃烧性能为B1、B2级时，保温材料两侧的墙体应采用不燃材料且厚度均不应小于50mm。

(13)设置人员密集场所的建筑，其外墙外保温材料的燃烧性能应为A级。

(14)与基层墙体、装饰层之间无空腔的建筑外墙外保温系统，其保温材料应符合下列规定：

①住宅建筑：

a.建筑高度大于100m时，保温材料的燃烧性能应为A级；

b.建筑高度大于27m，但不大于100m时，保温材料的燃烧性能不应低于B1级；

c.建筑高度不大于27m时，保温材料的燃烧性能不应低于B2级。

②除住宅建筑和设置人员密集场所建筑外的其他建筑：

a.建筑高度大于50m时，保温材料的燃烧性能应为A级；

b.建筑高度大于24m，但不大于50m时，保温材料的燃烧性能不应低于B1级；

c.建筑高度不大于24m时，保温材料的燃烧性能不应低于B2级。

(15)除设置人员密集场所的建筑外，与基层墙体、装饰层之间有空腔的建筑外墙外保温系统，其保温材料应符合下列规定：

①建筑高度大于24m时，保温材料的燃烧性能应为A级；

②建筑高度不大于24m时，保温材料的燃烧性能不应低于B1级。

(16)当建筑的外墙外保温系统按本节规定采用燃烧性能为B1、B2级的保温材料时，应符合下列规定：

①除采用B1级保温材料且建筑高度不大于24m的公共建筑或采用B1级保温材料且建筑高度不大于27m的住宅建筑外，建筑外墙上门、窗的耐火完整性不应低于0.50h。

②应在保温系统中每层设置水平防火隔离带。防火隔离带应采用燃烧性能为A级的材料，防火隔离带的高度不应小于300mm。

(17)建筑的外墙外保温系统应采用不燃材料在其表面设置防护层，防护层应将保温材料完全包覆；当采用B1、B2级保温材料时，防护层厚度首层不应小于15mm，其他层不应小于5mm。

(18)建筑外墙外保温系统与基层墙体、装饰层之间的空腔，应在每层楼板处采用防火封堵材料封堵。

(19)建筑的屋面外保温系统，当屋面板的耐火极限不低于1.00h时，保温材料的燃烧性能不应低于B2级；当屋面板的耐火极限低于1.00h时，不应低于B1级；采用B1、B2级保温材料的外保温系统应采用不燃材料做防护层，防护层的厚度不应小于10mm；当建筑的屋面和外墙外保温系统均采用B1、B2级保温材料时，屋面与外墙之间应采用宽度不小于500mm的不燃材料设置防火隔离带进行分隔。

(20)建筑外墙的装饰层应采用燃烧性能为A级的材料，但建筑高度不大于50m时，可采用B1级的材料。

6.5 案例分析

6.5.1 某高层建筑楼电梯详图

本案例为某高层综合楼楼电梯详图，位于主楼核心筒内，其中有5部客用电梯、1部消防电梯及1部防烟剪刀楼梯及相关的设备管道井和通风竖井。

【分析】 在图6.5-1、图6.5-2、图6.5-3中，比例均为1∶50，地下一层平面图中，剪刀楼梯和消防电梯下到地下层，消防电梯的左侧设有集水坑，客用电梯起始层为首层；各层平面图中剪刀梯中间用150mm厚防火隔墙隔开，使该剪刀梯同层不相通，具备两部直跑楼梯的功效；首层平面图中，剪刀梯首层与地下室用乙级防火门和防火隔墙隔开，满足消防规范的要求；各层平面图中消防电梯与左侧楼梯合用防烟前室，右侧楼梯前室为独立防烟前室，楼梯间及合用防烟前室均应采用正压送风系统，独立防烟前室由于楼梯间有正压送风系统，根据规范可以不设；四～二十层由于平面布局相同，故画出标准层，楼层标高 E_1 和平台标高 E_2 标注详见标高表（图 6.5-4 中，1—1 剖面图）；机房层平面图中，根据规范，楼梯间应有开向屋面的疏散门，消防电梯机房不得与普通电梯公用，其他两组电梯机房共用；机房层平面图中，剪刀梯为避免顶层相通在平台处设防火隔墙到顶。在图中的说明中，注明了墙面、顶棚、扶手、踏步、底板、基坑、风井百叶窗等构配件的做法索引。

如图 6.5-4 所示，比例为 1∶50，该剖面为剪刀梯剖面图，剖断梯段用粗实线及钢筋混凝土图例表示；未剖到的梯段由于被两个梯段中间隔墙遮挡，故用细虚线表示未看到梯段；侧墙可见送风口百叶窗及楼梯间乙级防火门；由于图幅有限，竖向剖切省略线位于四层与二十层之间；图中右侧标高表与平面图共用。

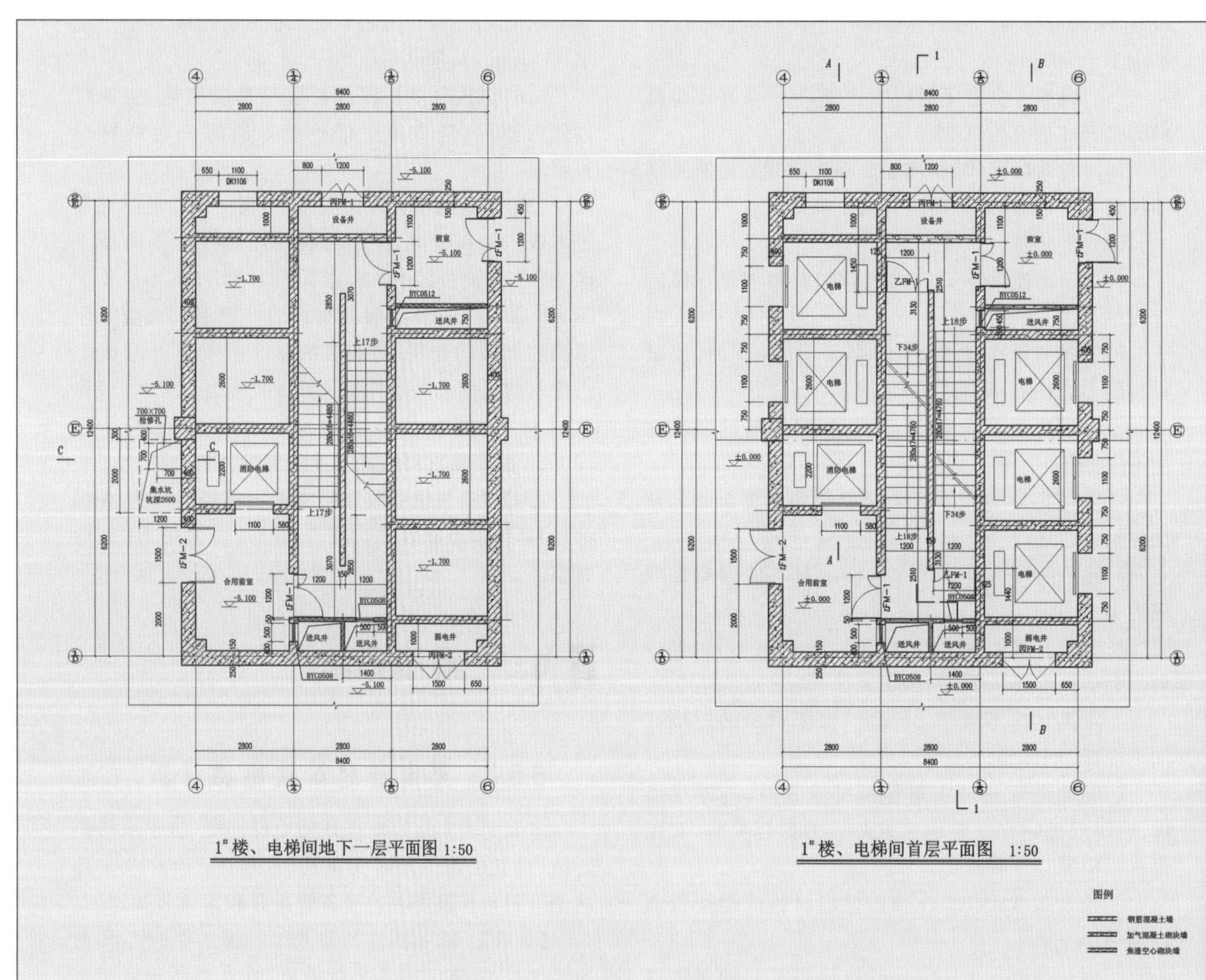

图 6.5-1　某高层综合楼楼电梯详图——地下一层平面图、首层平面图

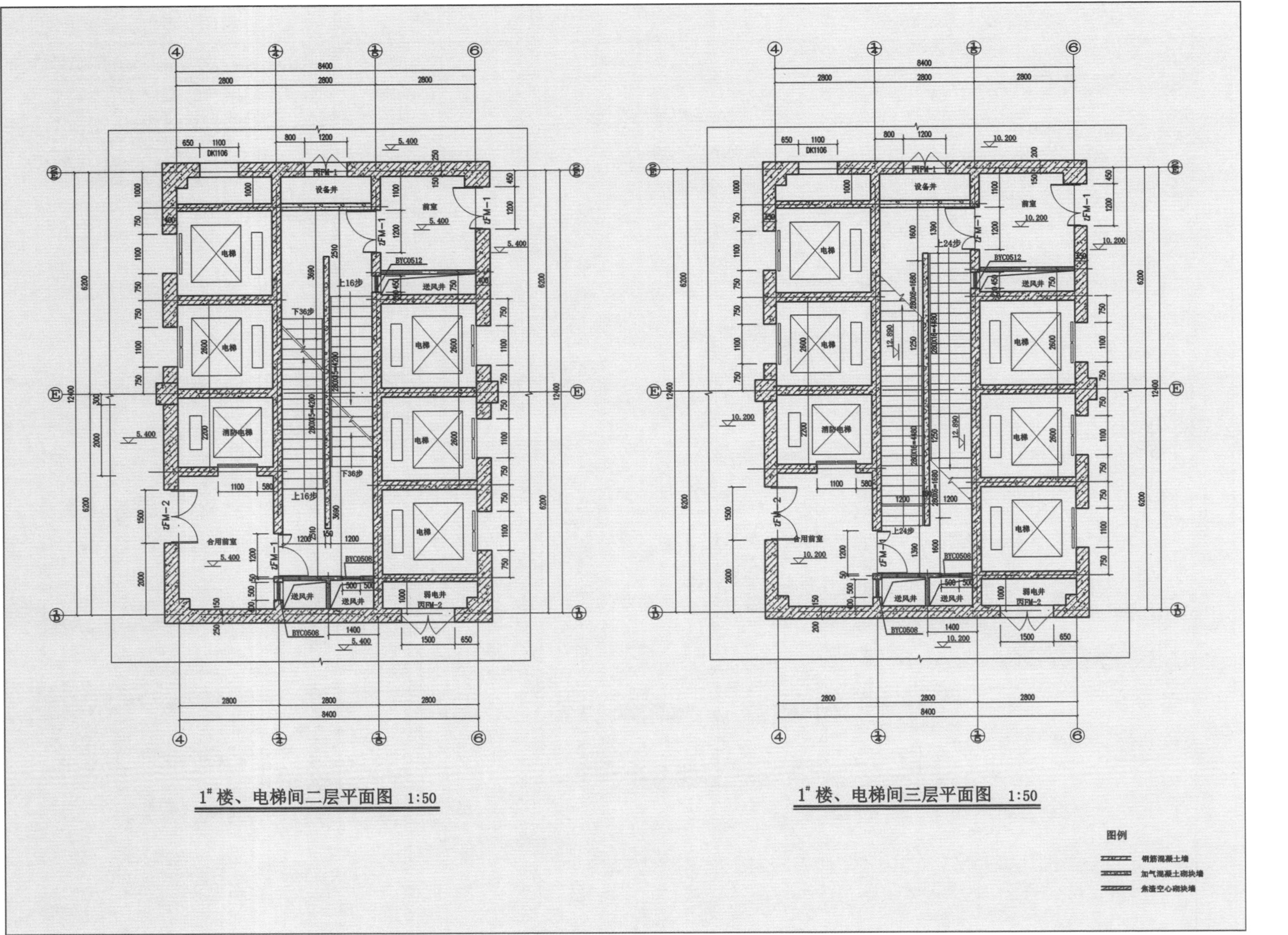

图 6.5-2 某高层综合楼楼电梯详图——二层平面图、三层平面图

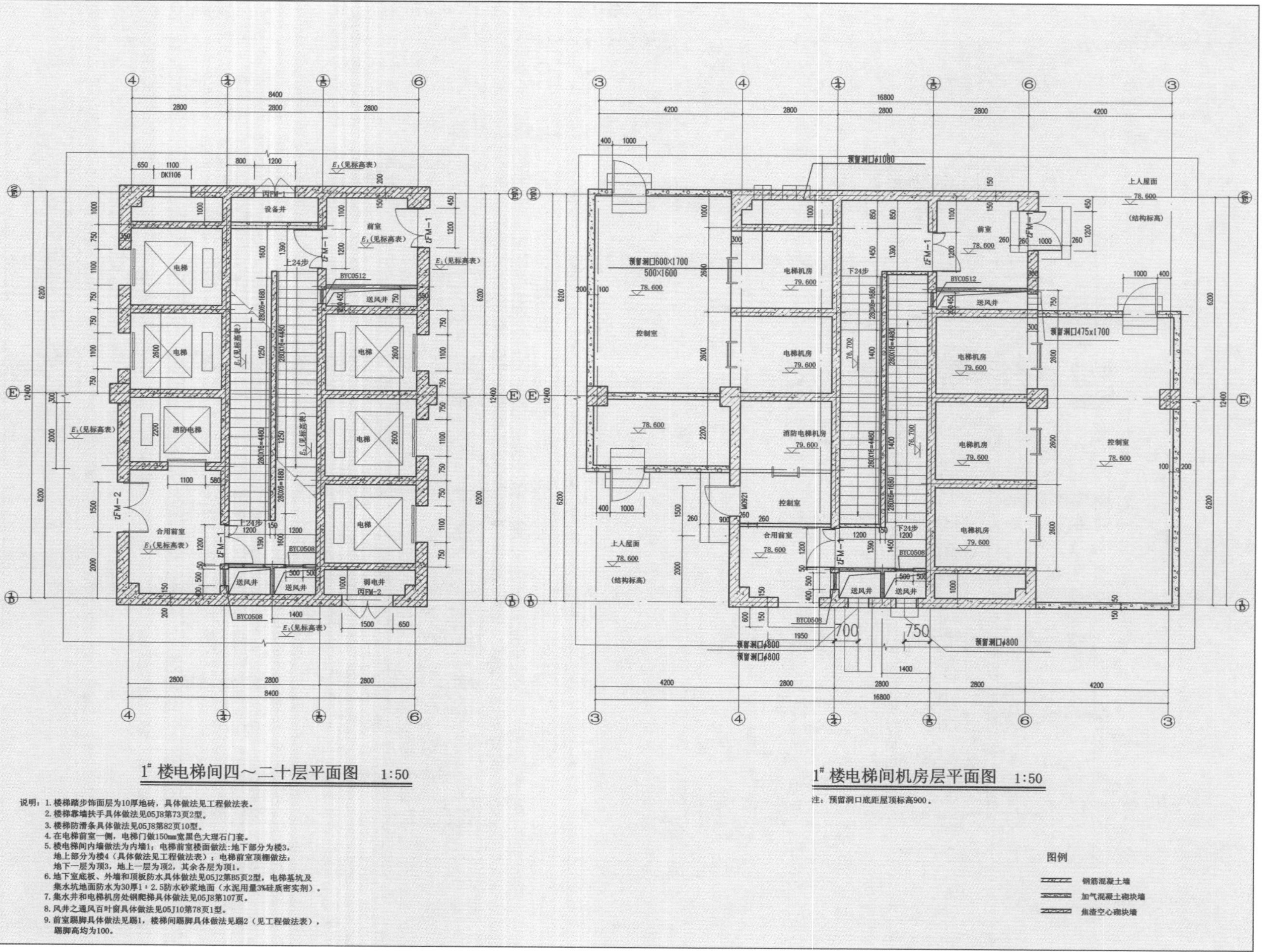

图 6.5-3　某高层综合楼楼电梯详图——四～二十层平面图、机房层平面图

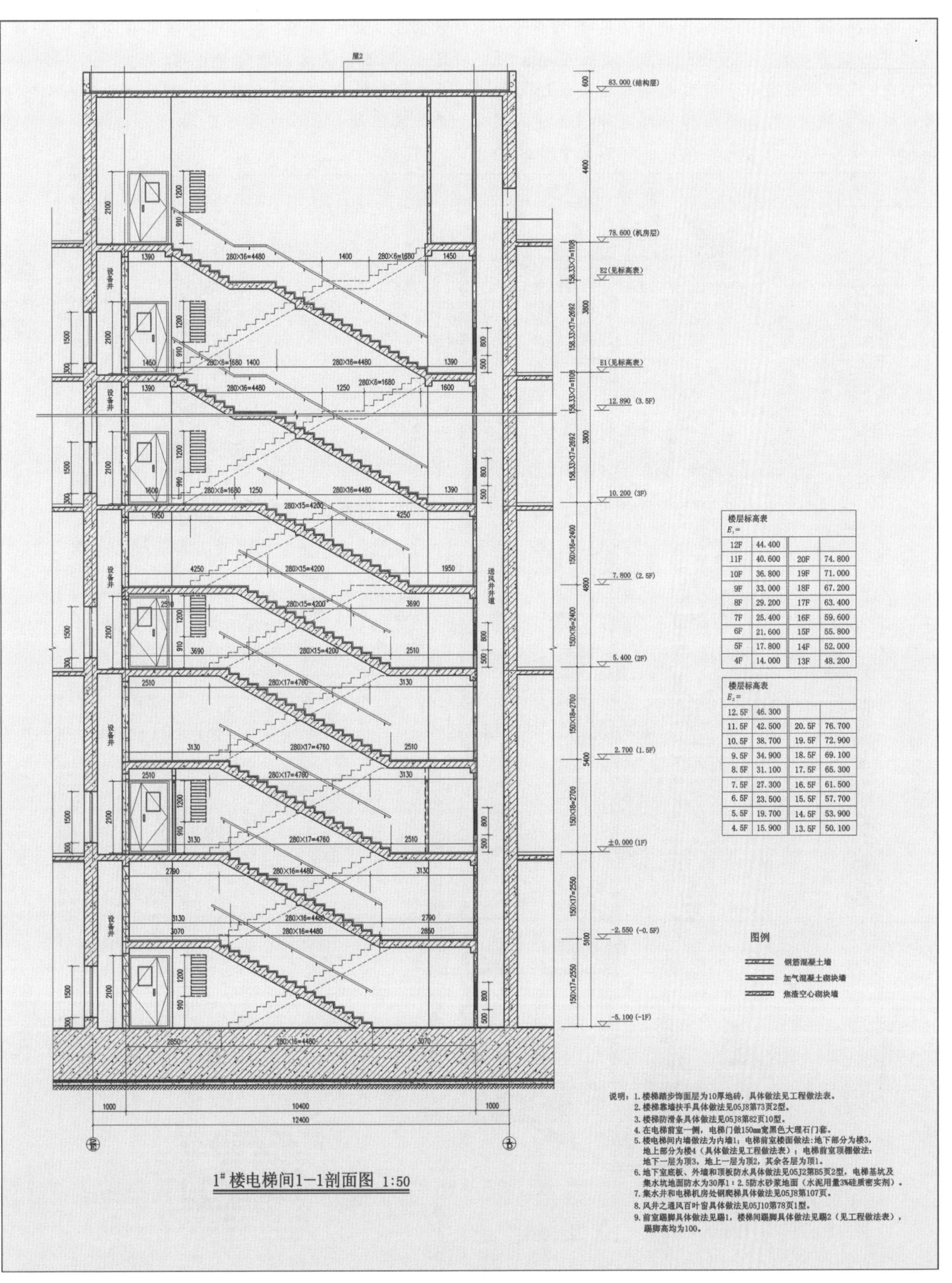

楼层标高表
E_1=

12F	44.400		
11F	40.600	20F	74.800
10F	36.800	19F	71.000
9F	33.000	18F	67.200
8F	29.200	17F	63.400
7F	25.400	16F	59.600
6F	21.600	15F	55.800
5F	17.800	14F	52.000
4F	14.000	13F	48.200

楼层标高表
E_2=

12.5F	46.300		
11.5F	42.500	20.5F	76.700
10.5F	38.700	19.5F	72.900
9.5F	34.900	18.5F	69.100
8.5F	31.100	17.5F	65.300
7.5F	27.300	16.5F	61.500
6.5F	23.500	15.5F	57.700
5.5F	19.700	14.5F	53.900
4.5F	15.900	13.5F	50.100

说明：1. 楼梯踏步饰面层为10厚地砖，具体做法见工程做法表。
2. 楼梯靠墙扶手具体做法见05J8第73页2型。
3. 楼梯防滑条具体做法见05J8第82页10型。
4. 在电梯前室一侧，电梯门做150mm宽黑色大理石门套。
5. 楼电梯间内墙做法为内墙1；电梯前室楼面做法:地下部分为楼3，地上部分为楼4（具体做法见工程做法表）；电梯前室顶棚做法：地下一层为顶3，地上一层为顶2，其余各层为顶1。
6. 地下室底板、外墙和顶板防水具体做法见05J2第B5页2型，电梯基坑及集水坑地面防水为30厚1：2.5防水砂浆地面（水泥用量3%硅质密实剂）。
7. 集水井和电梯机房处钢爬梯具体做法见05J8第107页。
8. 风井之通风百叶窗具体做法见05J10第78页1型。
9. 前室踢脚具体做法见踢1，楼梯间踢脚具体做法见踢2（见工程做法表），踢脚高均为100。

图 6.5-4 某高层综合楼楼电梯详图——1—1 剖面图

在图 6.5-5、图 6.5-6 中，比例均为 1：50，两图为电梯井断面图（为区别于楼梯剖面，故采用断面图名），*A*—*A* 断面图显示了消防电梯井道与普通客梯井道的标高和井深，并附消防电梯集水坑 *C*—*C* 断面；根据防火规范，消防电梯底层应有不少于 2m³ 的集水坑及排水设施，普通电梯不必设置排水设施。*B*—*B* 断面图为客用电梯井道图，标高 −1.700m 处为电梯基坑底板上设减震垫块，基坑下部到基础部分用回填土填实；梯井内可见墙面上楼层处设有电梯门。

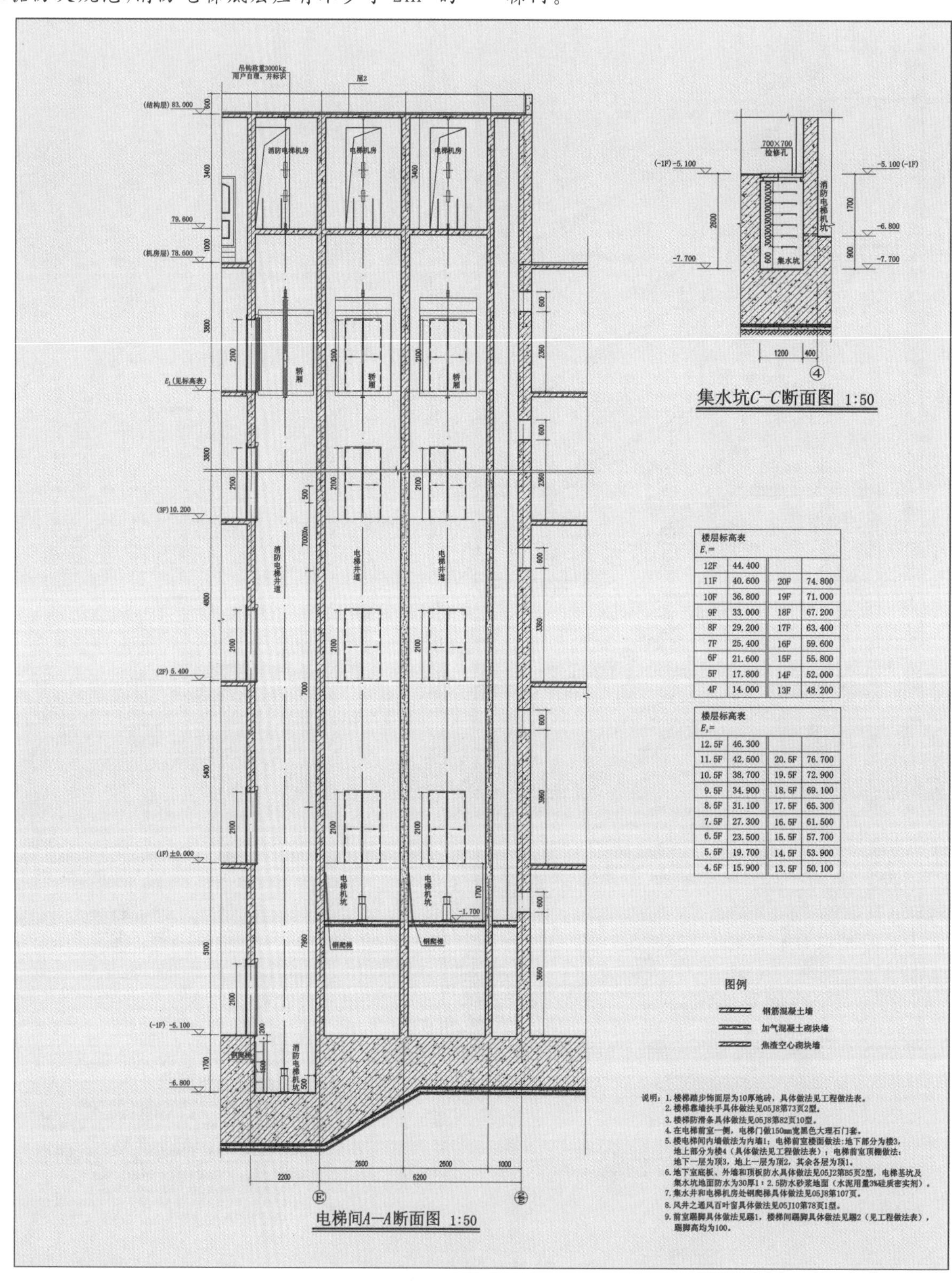

楼层标高表 E_1=			
12F	44.400		
11F	40.600	20F	74.800
10F	36.800	19F	71.000
9F	33.000	18F	67.200
8F	29.200	17F	63.400
7F	25.400	16F	59.600
6F	21.600	15F	55.800
5F	17.800	14F	52.000
4F	14.000	13F	48.200

楼层标高表 E_2=			
12.5F	46.300		
11.5F	42.500	20.5F	76.700
10.5F	38.700	19.5F	72.900
9.5F	34.900	18.5F	69.100
8.5F	31.100	17.5F	65.300
7.5F	27.300	16.5F	61.500
6.5F	23.500	15.5F	57.700
5.5F	19.700	14.5F	53.900
4.5F	15.900	13.5F	50.100

图 6.5-5　某高层综合楼楼电梯详图——*A*—*A* 断面图

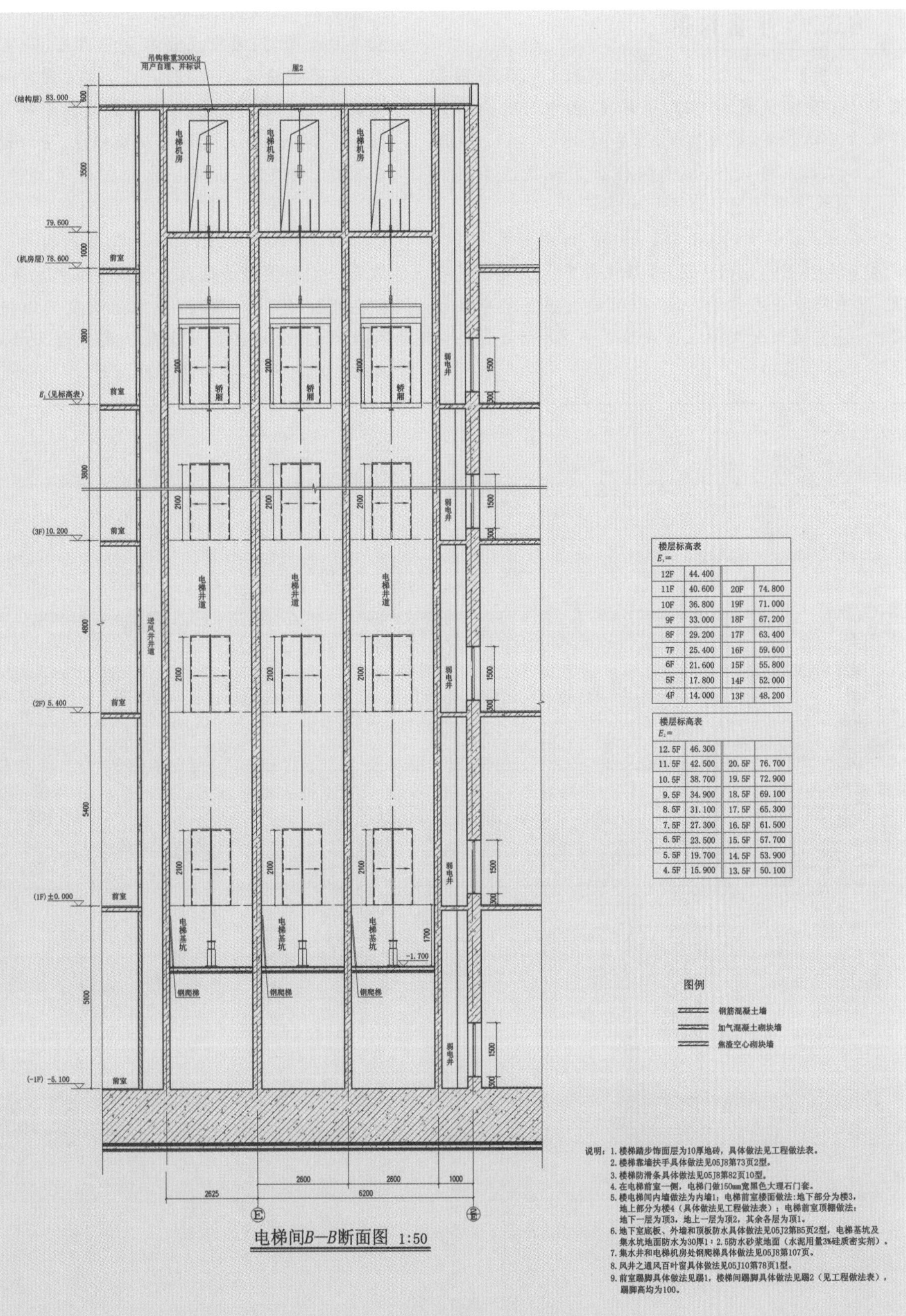

楼层标高表
E_1=

12F	44.400		
11F	40.600	20F	74.800
10F	36.800	19F	71.000
9F	33.000	18F	67.200
8F	29.200	17F	63.400
7F	25.400	16F	59.600
6F	21.600	15F	55.800
5F	17.800	14F	52.000
4F	14.000	13F	48.200

楼层标高表
E_1=

12.5F	46.300		
11.5F	42.500	20.5F	76.700
10.5F	38.700	19.5F	72.900
9.5F	34.900	18.5F	69.100
8.5F	31.100	17.5F	65.300
7.5F	27.300	16.5F	61.500
6.5F	23.500	15.5F	57.700
5.5F	19.700	14.5F	53.900
4.5F	15.900	13.5F	50.100

说明：1. 楼梯踏步饰面层为10厚地砖，具体做法见工程做法表。
2. 楼梯靠墙扶手具体做法见05J8第73页2型。
3. 楼梯防滑条具体做法见05J8第82页10型。
4. 在电梯前室一侧，电梯门做150mm宽黑色大理石门套。
5. 楼电梯间内墙做法为内墙1；电梯前室楼面做法:地下部分为楼3，地上部分为楼4（具体做法见工程做法表）；电梯前室顶棚做法：地下一层为顶3，地上一层为顶2，其余各层为顶1。
6. 地下室底板、外墙和顶板防水具体做法见05J2第B5页2型，电梯基坑及集水坑地面防水为30厚1∶2.5防水砂浆地面（水泥用量3%硅质密实剂）。
7. 集水井和电梯机房处钢爬梯具体做法见05J8第107页。
8. 风井之通风百叶窗具体做法见05J10第78页1型。
9. 前室踢脚具体做法见踢1，楼梯间踢脚具体做法见踢2（见工程做法表），踢脚高均为100。

图 6.5-6　某高层综合楼楼电梯详图——B—B 断面图

6.5.2 平面详图

【分析】 在图 6.5-7 中，比例均为 1∶50，该图布置了首层厨房详图和 1# 厕所详图；图中厨房内布置了面食加工设备，有操作台、蒸箱、电饼铛、冰箱、洗涤池及加工灶具等设备，地面操作台下设置两条排水沟，其排水沟做法另见详图。

在图 6.5-8 中，比例均为 1∶50，该图布置了若干客房布置详图和雅间详图；客房详图中主要有家具布置、卫生间设备定位等内容，雅间详图中主要布置了餐桌、备餐间及卫生间设备定位等内容；地面标高详见图中标高表。

在图 6.5-9 中，比例为 1∶50，该图为某高层住宅楼单元平面图；图中主要布置了客厅、卧室及厨卫等房间家具及设备定位；图中显示了管线穿墙（楼板）预留洞口尺寸及定位等；各个房间使用面积、门窗洞口、墙垛等构件细部尺寸均有明确标注；图中说明显示了通风道、排气道、地漏、护窗栏杆等构件的索引做法等。

在图 6.5-10、图 6.5-11 中，比例均为1∶50，两图为某小学教学楼普通教室及各专业教室详图；教室中分别布置了讲台、课桌、多媒体及桌椅的相关定位尺寸及索引做法；实验室布置了实验台及水池，教师演示台，仪器、标本展示及陈列柜等。

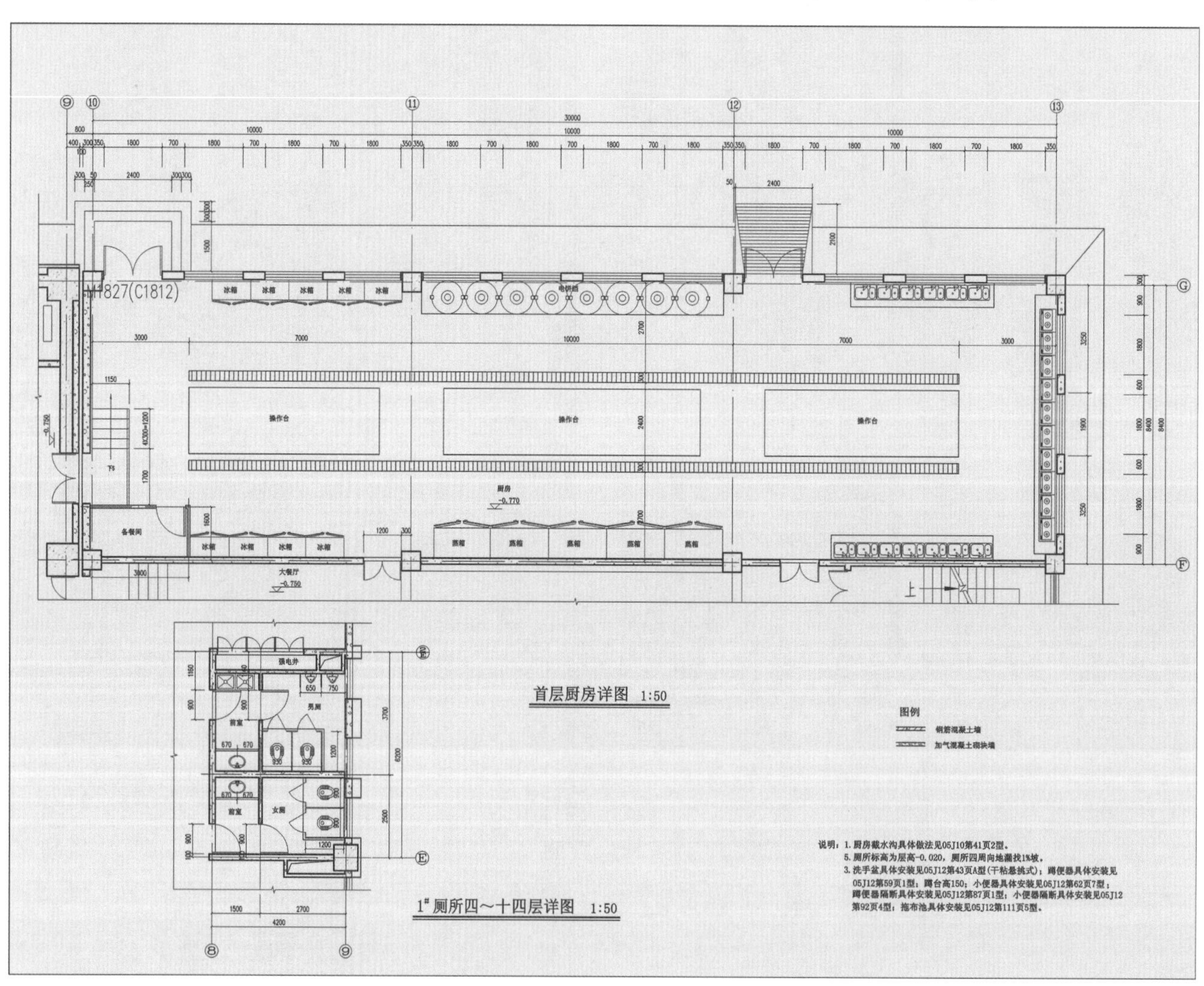

图 6.5-7 某高层综合楼平面详图——厨房详图、厕所详图

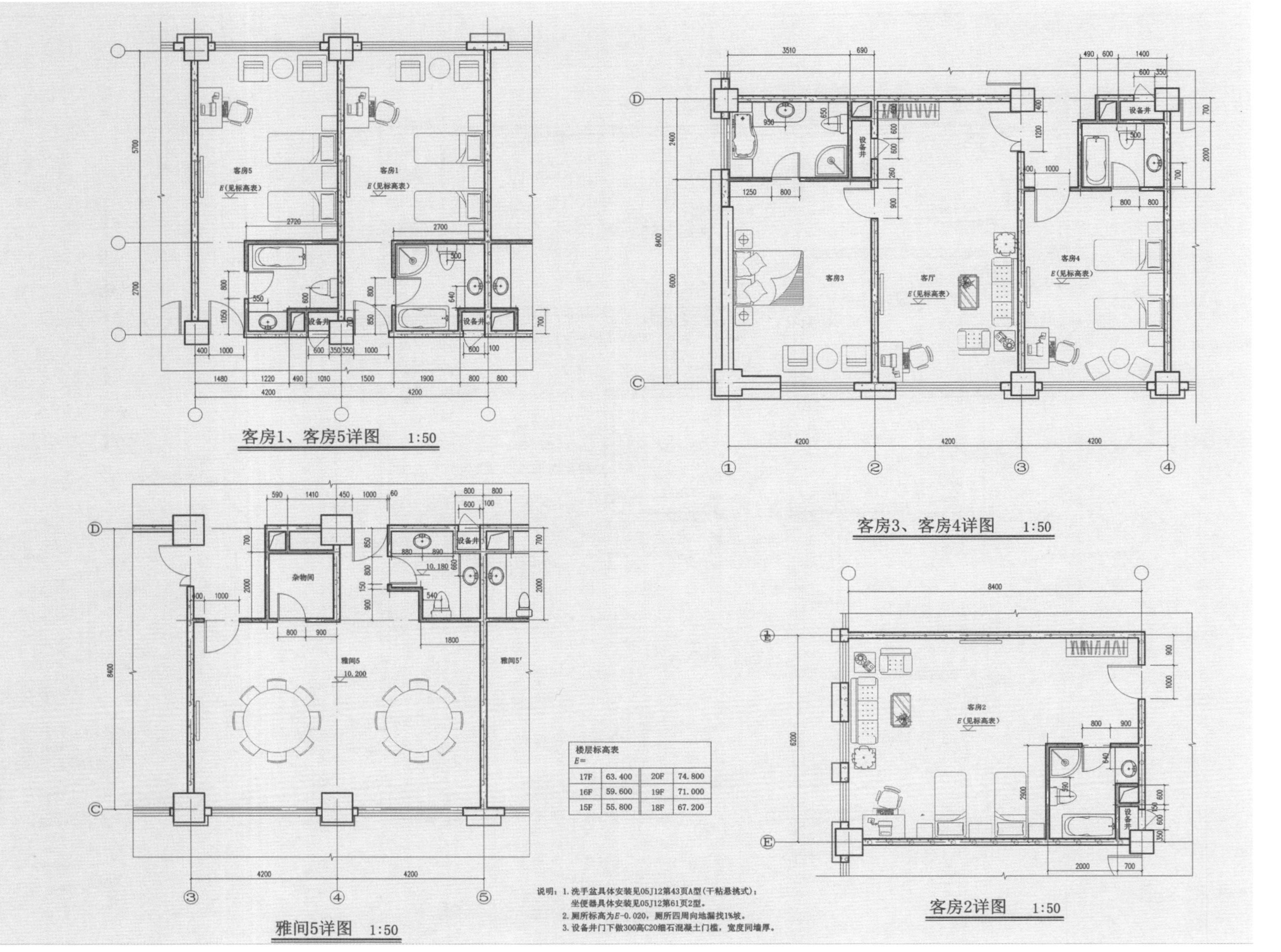

楼层标高表 $E=$			
17F	63.400	20F	74.800
16F	59.600	19F	71.000
15F	55.800	18F	67.200

说明：1. 洗手盆具体安装见05J12第43页A型（干粘悬挑式）；
坐便器具体安装见05J12第61页2型。
2. 厕所标高为E-0.020，厕所四周向地漏找1%坡。
3. 设备井门下做300高C20细石混凝土门槛，宽度同墙厚。

图 6.5-8 某高层综合楼平面详图——雅间详图、客房详图

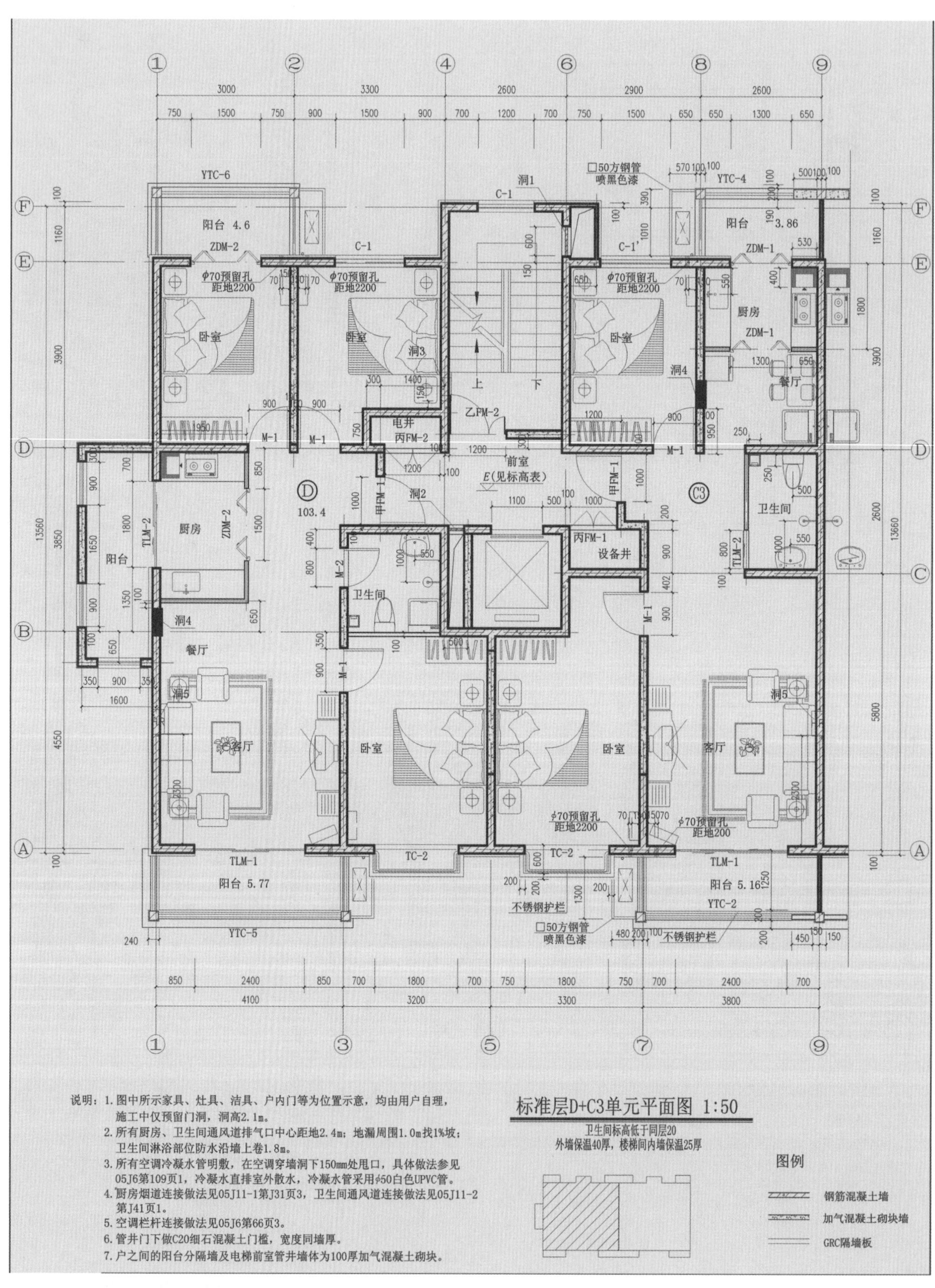
标准层D+C3单元平面图 1:50
卫生间标高低于同层20
外墙保温40厚，楼梯间内墙保温25厚
说明：1. 图中所示家具、灶具、洁具、户内门等为位置示意，均由用户自理，施工中仅预留门洞，洞高2.1m。
2. 所有厨房、卫生间通风道排气口中心距地2.4m；地漏周围1.0m找1%坡；卫生间淋浴部位防水沿墙上卷1.8m。
3. 所有空调冷凝水管明敷，在空调穿墙洞下150mm处甩口，具体做法参见05J6第109页1，冷凝水直排室外散水，冷凝水管采用φ50白色UPVC管。
4. 厨房烟道连接做法见05J11-1第J31页3，卫生间通风道连接做法见05J11-2第J41页1。
5. 空调栏杆连接做法见05J6第66页3。
6. 管井门下做C20细石混凝土门槛，宽度同墙厚。
7. 户之间的阳台分隔墙及电梯前室管井墙体为100厚加气混凝土砌块。
图例
钢筋混凝土墙
加气混凝土砌块墙
GRC隔墙板
阳台 4.6
阳台 3.86
阳台 5.77
阳台 5.16
卧室
厨房
餐厅
客厅
卫生间
阳台
前室
电井
设备井
不锈钢护栏
□50方钢管
喷黑色漆
φ70预留孔
距地2200

图 6.5-9 某高层住宅楼平面详图——单元平面图

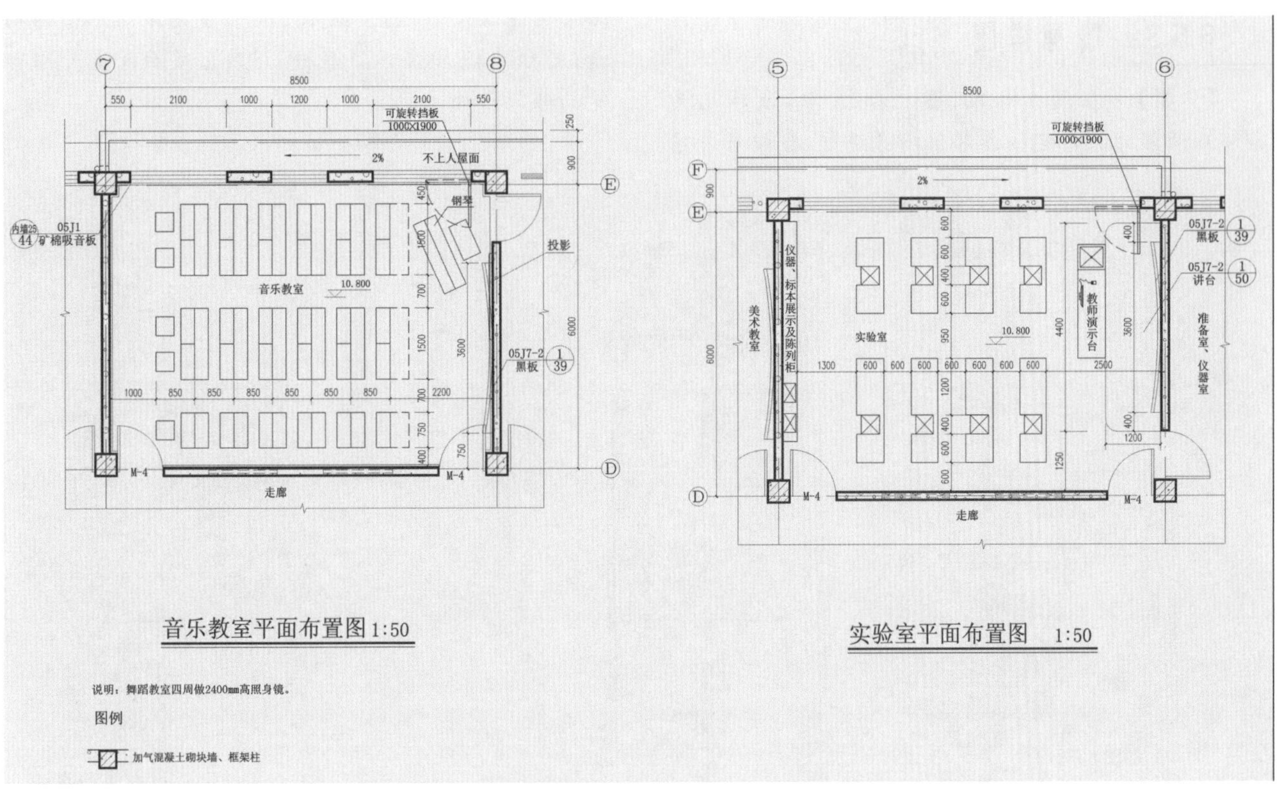

图 6.5-10　某小学教学楼平面详图——音乐教室详图、实验室详图

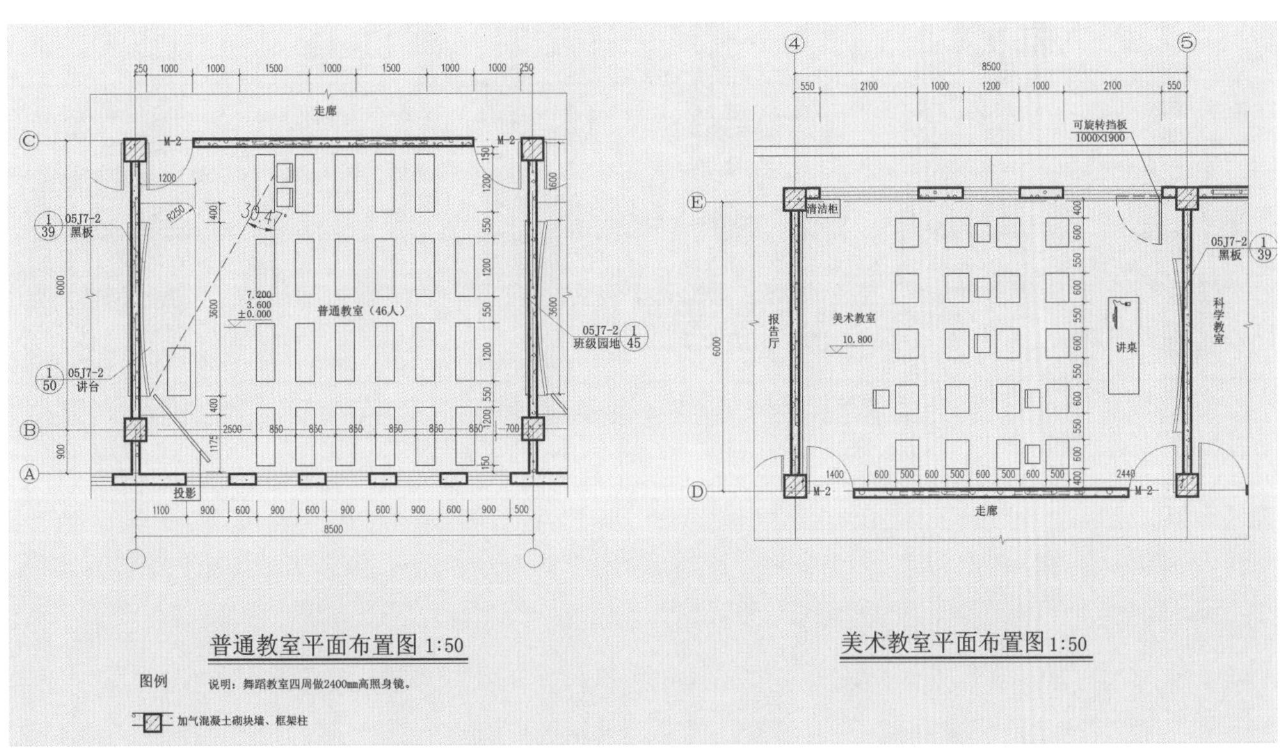

图 6.5-11　某小学教学楼平面详图——普通教室详图、美术教室详图

6.5.3 墙身详图

【分析】 在图 6.5-12、图 6.5-13 中，比例均为 1∶30，两图为某住宅楼各部位墙身详图、各楼层外墙细部构造及尺寸；图中显示了地下室基础防水细部构造；图 6.5-13 中显示了屋檐、闷顶出屋面及室外阳台等局部节点构造。

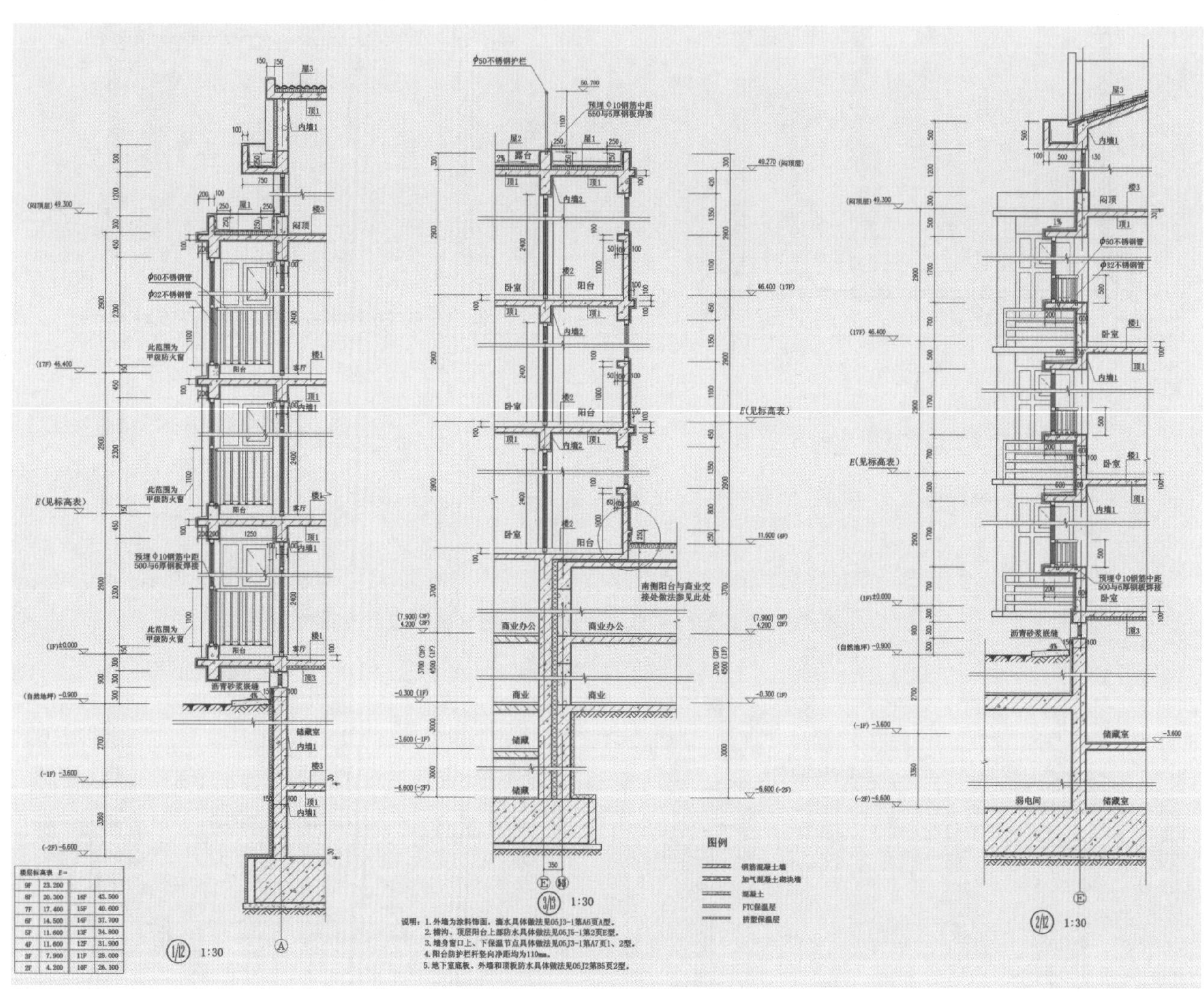

图 6.5-12 某住宅楼墙身详图一

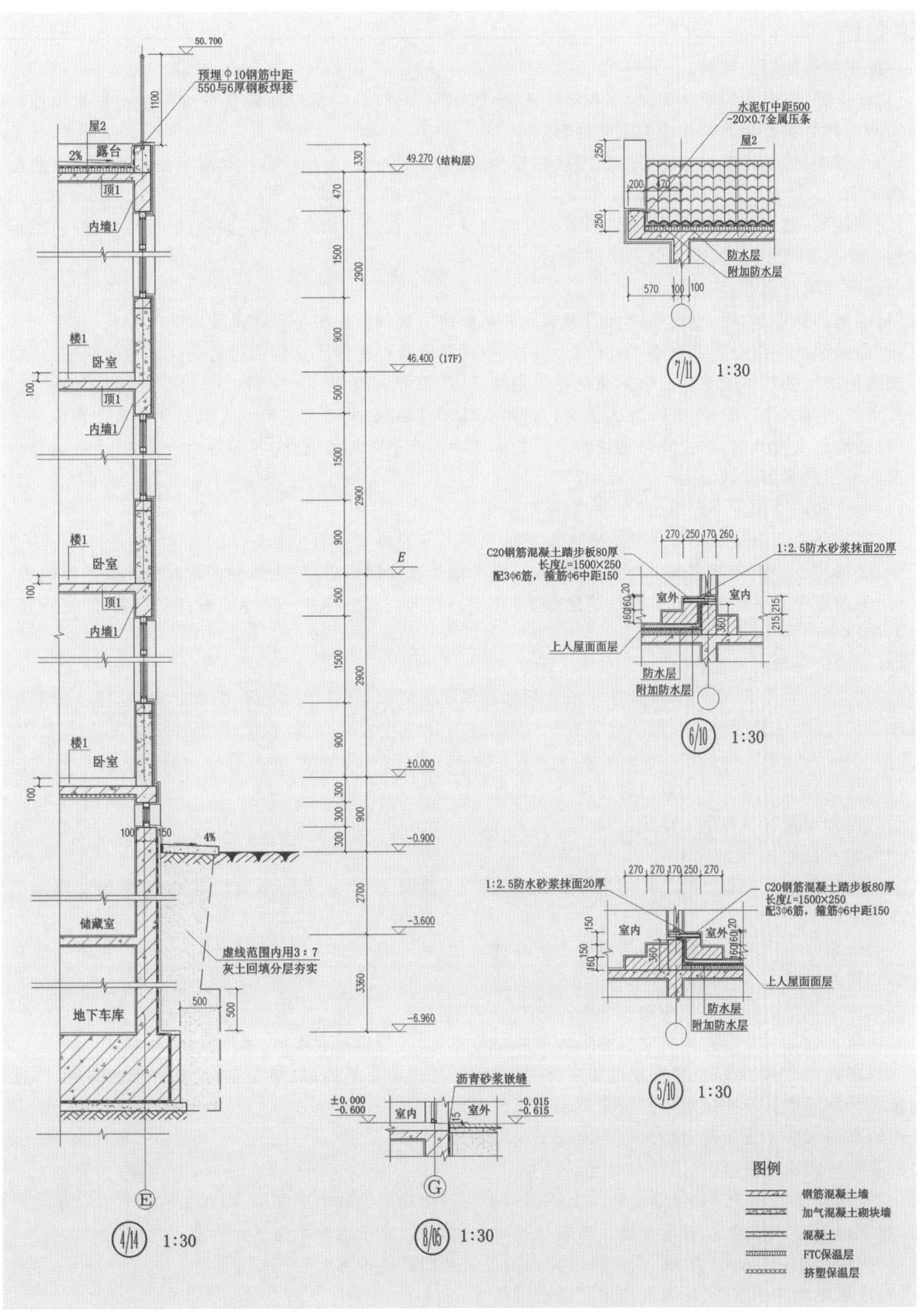

图 6.5-13 某住宅楼墙身详图二

知识归纳

1. 楼电梯详图设计深度。

(1)楼电梯详图:各层平面图(地下各层平面图、首层平面图、标准层平面图及顶层和机房层平面图)、梯段剖面图和电梯井剖面图及图中相关文字注释。

(2)平面图:楼电梯平面墙体、定位轴线、踏步分格线、休息平台、电梯梯井和轿厢平面及相关踏步定位尺寸及平台标高。

(3)剖面图:楼电梯围护结构(墙体和楼板)、楼梯平台、剖切梯段和可见梯段投影线、尺寸标注(包括梯段尺寸和踏步个数及踏步尺寸)及关键平面的标高。

2. 楼电梯设计要点(摘录)。

(1)楼梯的数量、位置、宽度和楼梯间形式应满足使用方便和防火安全疏散的要求。

(2)墙面至扶手中心线或扶手中心线之间的水平距离即楼梯梯段宽度除应符合防火规范的规定外,供日常主要交通用的楼梯的梯段宽度应根据建筑物使用特征,按每股人流为[0.55+(0~0.15)]m 的人流股数确定,并不应少于两股人流。0~0.15m 为人流在行进中人体的摆幅,公共建筑人流众多的场所应取上限值。

(3)梯段改变方向时,扶手转向端处的平台最小宽度不应小于梯段宽度,并不得小于 1.20m,当有搬运大型物件需要时应适量加宽。

(4)每个梯段的踏步不应超过 18 级,亦不应少于 3 级。

(5)楼梯平台上部及下部过道处的净高不应小于 2m,梯段净高不宜小于 2.20m。

(6)楼梯应至少于一侧设扶手,梯段净宽达三股人流时应两侧设扶手,达四股人流时宜加设中间扶手。

(7)室内楼梯扶手高度自踏步前缘线量起不宜小于 0.90m;靠楼梯井一侧水平扶手长度超过 0.50m 时,其高度不应小于 1.05m。

(8)踏步应采取防滑措施。

(9)托儿所、幼儿园、中小学及少年儿童专用活动场所的楼梯,梯井净宽大于 0.20m 时,必须采取防止少年儿童攀滑的措施,楼梯栏杆应采取不易攀登的构造,当采用垂直杆件做栏杆时,其杆件净距不应大于 0.11m。《托儿所、幼儿园建筑设计规范(2019 年版)》(JGJ 39—2016)规定,托儿所、幼儿园杆件净距不应大于 0.90m。

(10)楼梯踏步的高度和宽度应符合表 6.2-1 的规定。

(11)电梯设置应符合下列规定:

①电梯不得计作安全出口。

②以电梯为主要垂直交通工具的高层公共建筑和 12 层及 12 层以上的高层住宅,每栋楼设置电梯的台数不应少于 2 台。

③建筑物每个服务区单侧排列的电梯不宜超过 4 台,双侧排列的电梯不宜超过 2×4 台;电梯不应在转角处贴邻布置。

④电梯候梯厅的深度应符合表 6.2-2 的规定,并不得小于 1.50m。

⑤电梯井道和机房不宜与有安静要求的用房贴邻布置,否则应采取隔振、隔声措施。

⑥机房应为专用的房间,其围护结构应保温隔热,室内应有良好通风、防尘条件,宜有自然采光,不得将机房顶板作为水箱底板及在机房内直接穿越水管或蒸汽管。

⑦消防电梯的布置应符合防火规范的有关规定。

3. 平面详图设计深度。

(1)平面详图主要根据建筑类型确定大平面中表达不清的局部放大平面图,比如住宅建筑应有单元户型平面图,教学建筑主要有厕卫、普通教室及功能教室等平面详图,旅馆建筑要有单元客房平面详图等;

(2)平面详图中应画出墙、柱、门窗及墙体内的设备洞口等围护部分;

(3)应标注墙柱的轴线、轴号及相关开间进深尺寸;

(4)应画出房间内家具和设备平面投影,以及相关定位尺寸和构造做法索引;

(5)应标注各层地面标高及关键点标高,除标高不同,其他均相同的平面详图可省略绘制成一张图,并将各层标高分别标注(或以表格形式列出各层标高);

(6)特殊构造做法应有相关文字说明等。

4.卫生设备间距应符合下列规定。

(1)洗脸盆或盥洗槽水嘴中心与侧墙面净距不宜小于0.55m。

(2)并列洗脸盆或盥洗槽水嘴中心间距不应小于0.70m。

(3)单侧并列洗脸盆或盥洗槽外沿至对面墙的净距不应小于1.25m。

(4)双侧并列洗脸盆或盥洗槽外沿之间的净距不应小于1.80m。

(5)浴盆长边至对面墙面的净距不应小于0.65m,无障碍盆浴间短边净宽度不应小于2m。

(6)并列小便器的中心距离不应小于0.65m。

(7)单侧厕所隔间至对面墙面的净距:当采用内开门时,不应小于1.10m;当采用外开门时,不应小于1.30m。双侧厕所隔间之间的净距:当采用内开门时,不应小于1.10m;当采用外开门时,不应小于1.30m。

(8)单侧厕所隔间至对面小便器或小便槽外沿的净距:当采用内开门时,不应小于1.10m;当采用外开门时,不应小于1.30m。

5.墙基防潮:

(1)当墙体采用吸水性强的材料时,为防止墙基毛细水上升,应设防潮层;

(2)当墙体两侧的室内地面有高差时,高差范围的墙体内侧也应做防潮层;

(3)当墙基为混凝土、钢筋混凝土或石砌体时,可不做墙体防潮层;

(4)防潮层一般设在室内地坪下0.06m处,做法为20mm厚1:2:5水泥砂浆内掺水泥质量3%~5%的防水剂。

6.与基层墙体、装饰层之间无空腔的建筑外墙外保温系统,其保温材料应符合下列规定:

(1)住宅建筑:

①建筑高度大于100m时,保温材料的燃烧性能应为A级;

②建筑高度大于27m,但不大于100m时,保温材料的燃烧性能不应低于B1级;

③建筑高度不大于27m时,保温材料的燃烧性能不应低于B2级。

(2)除住宅建筑和设置人员密集场所建筑外的其他建筑:

①建筑高度大于50m时,保温材料的燃烧性能应为A级;

②建筑高度大于24m,但不大于50m时,保温材料的燃烧性能不应低于B1级;

③建筑高度不大于24m时,保温材料的燃烧性能不应低于B2级。

7.除设置人员密集场所的建筑外,与基层墙体、装饰层之间有空腔的建筑外墙外保温系统,其保温材料应符合下列规定:

(1)建筑高度大于24m时,保温材料的燃烧性能应为A级;

(2)建筑高度不大于24m时,保温材料的燃烧性能不应低于B1级。

8.当建筑的外墙外保温系统按6.4.3节规定采用燃烧性能为B1、B2级的保温材料时,应符合下列规定:

(1)除采用B1级保温材料且建筑高度不大于24m的公共建筑或采用B1级保温材料且建筑高度不大于27m的住宅建筑外,建筑外墙上门、窗的耐火完整性不应低于0.50h。

(2)应在保温系统中每层设置水平防火隔离带。防火隔离带应采用燃烧性能为A级的材料,防火隔离带的高度不应小于300mm。

课后习题

1. 平面详图深度有哪些内容？

2. 室外楼梯应满足哪些防火要求？

3. 卫生设备应符合哪些规定？

4. 什么条件下的民用建筑外墙外保温要设置防火隔离带？

5. 常见石材饰面有哪些？

6. 试设计一梯两户住宅单元平面详图，面积 80～100m^2，其他条件自拟。

7. 试设计三层办公楼内楼梯详图，楼梯间开间 3.6m，进深 6.6m；办公楼层高均为 3.3m，框架梁高600mm，其他条自拟。

7

建筑节能与绿色建筑设计

"冬天来临，人们会穿上厚厚的棉衣来抵御寒冷，从而降低人体的热量消耗。建筑节能与绿色建筑设计就是给建筑穿上“棉衣”并采取一系列降低能耗的措施。"

7.1 节能设计

7.1.1 我国节能发展简介

我国建筑节能是从改革开放初期，由易到难、由点带面逐步推进的。我国最早的节能设计规范——《民用建筑节能设计标准（采暖居住建筑部分）》（JGJ 26—1986），于1986年8月1开始试行。自1986年以来，我国建筑的节能设计标准，从北方冬季采暖的城市中的居住建筑开始执行，逐步扩大到夏热冬冷地区、夏暖冬冷地区的相关城市中的居住建筑。到目前为止，国家和地方政府的相关机构先后出台了大量有关建筑节能的标准和规范，并随之研发了很多节能产品，并形成建筑节能从设计、施工到验收的一系列审批流程，节能率由最初居住建筑类的30%提高到75%，公共建筑由没有要求提高到50%，而且是强制执行，其目的就是通过节能设计控制建筑物的单位面积的耗热量，从而达到节能减排的目的。河北省、辽宁省、天津市、北京市、浙江省、云南省等省市根据国家出台的标准，先后又编制了本省市的节能设计标准、施工验收规范等，各级政府主管部门进一步加强了对建筑节能工作的监督和指导。

7.1.2 我国城市区划指标及设计要求

我国幅员辽阔，为了使民用建筑热工设计与地区气候相适应，保证室内基本的热环境要求，我国政府将我国疆域内各个城市和所处地区从北至南主要分为5个热工分区，分别为严寒地区、寒冷地区、夏热冬冷地区、夏热冬暖地区和温和地区，并根据全国各城市所处热工分区提出了具体的热工设计要求（表7.1-1）。

表7.1-1 我国热工分区设计要求一览表

二级区划名称	区划指标		设计要求
严寒A区(1A)	6000≤HDD18		冬季保温要求极高，必须满足保温设计要求，不考虑防热设计
严寒B区(1B)	5000≤HDD18<6000		冬季保温要求非常高，必须满足保温设计要求，不考虑防热设计
严寒C区(1C)	3800≤HDD18<5000		必须满足保温设计要求，可不考虑防热设计
寒冷A区(2A)	2000≤HDD18<3800	CDD26≤90	应满足保温设计要求，可不考虑防热设计
寒冷B区(2B)		CDD26>90	应满足保温设计要求，宜满足隔热设计要求，兼顾自然通风、遮阳设计
夏热冬冷A区(3A)	1200≤HDD18<2000		应满足保温、隔热设计要求，重视自然通风、遮阳设计
夏热冬冷B区(3B)	700≤HDD18<1200		应满足隔热、保温设计要求，强调自然通风、遮阳设计
夏热冬暖A区(4A)	500≤HDD18<700		应满足隔热设计要求，宜满足保温设计要求，强调自然通风、遮阳设计
夏热冬暖B区(4B)	HDD18<500		应满足隔热设计要求，可不考虑保温设计，强调自然通风、遮阳设计
温和A区(5A)	CDD26<10	700≤HDD18<2000	应满足冬季保温设计要求，可不考虑防热设计
温和B区(5B)		HDD18<700	宜满足冬季保温设计要求，可不考虑防热设计

注：HDD18是以18℃为基准的采暖度日数，CDD26是以26℃为基准的空调度日数。

7.1.3 保温设计

(1)建筑外围护结构应具有抵御冬季室外气温作用和气温波动的能力,非透光外围护结构内表面温度与室内空气温度的差值应控制在相关规范允许的小于或等于 3℃范围内。

(2)严寒地区、寒冷地区建筑设计必须满足冬季保温要求,夏热冬冷地区、温和 A 区建筑设计应满足冬季保温要求,夏热冬暖 A 区、温和 B 区宜满足冬季保温要求。图 7.1-1 为某建筑采用的外墙外保温措施。

(3)建筑物的总平面布置、平面和立面设计、门窗洞口设置应考虑冬季利用日照并避开冬季主导风向。图 7.1-2 中某居住小区总平面布局中应充分考虑当地气候特点。

(4)建筑物宜朝向南北或接近朝向南北,体型设计应减少外表面积,平、立面的凹凸不宜过多。

(5)严寒地区和寒冷地区的建筑不应设开敞式楼梯间和开敞式外廊,夏热冬冷 A 区不宜设开敞式楼梯间和开敞式外廊。

(6)严寒地区建筑出入口应设门斗或热风幕等避风设施,寒冷地区建筑出入口宜设门斗或热风幕等避风设施。

(7)外墙、屋面、直接接触室外空气的楼板、分隔采暖房间与非采暖房间的内围护结构等非透光围护结构应按规范的要求进行保温设计。

(8)外窗、透光幕墙、采光顶等透光外围护结构的面积不宜过大,应降低透光围护结构的传热系数值,提高透光部分的遮阳系数值,减少周边缝隙的长度,且应按规范要求进行保温设计。

(9)建筑的地面、地下室外墙应按相关规范要求进行保温验算。

(10)围护结构的保温形式应根据建筑所在地的气候条件、结构形式、采暖运行方式、外饰面层等因素选择,并应按规范要求进行防潮设计。

7.1.4 防热设计

(1)建筑外围护结构应具有抵御夏季室外气温和太阳辐射综合热作用的能力。自然通风房间的非透光围护结构内表面温度与室外累年日平均温度最高日的最高温度的差值,以及空调房间非透光围护结构内表面温度与室内空气温度的差值应控制在规范允许的范围内。

(2)夏热冬暖和夏热冬冷地区建筑设计必须满足夏季防热要求,寒冷 B 区建筑设计宜考虑夏季防热要求。

(3)建筑物应综合采取有利于防热的建筑总平面布置与体型设计、自然通风、建筑遮阳、围护结构隔热和散热、环境绿化、被动蒸发、淋水降温等措施。

(4)建筑朝向宜采用南北向或接近南北向,建筑平面、立面设计和门窗设置应有利于自然通风,避免主要房间受东、西向的日晒。

图 7.1-1 某建筑外墙外保温

图 7.1-2 某居住小区总平面模型沙盘

(5)建筑设计应综合考虑外廊、阳台、挑檐等的遮阳作用。建筑物的向阳面，东、西向外窗(透光幕墙)，应采取有效的遮阳措施。图 7.1-3 为深圳京基 100 大厦，外墙采用玻璃幕墙，南北外墙采用竖向遮阳板，东西外墙采用水平遮阳板。

(6)房间天窗和采光顶应设置建筑遮阳，并宜采取通风和淋水降温措施。如图 7.1-4 所示，广州白天鹅宾馆中庭屋顶天窗有遮阳措施，内部设置水池、喷水及绿植进行防热处理，同时美化了室内环境。

(7)夏热冬冷、夏热冬暖和其他夏季炎热的地区，一般房间宜设置电扇调风改善热环境。

(8)非透光围护结构(外墙、屋面)应按规范要求进行隔热设计。

(9)建筑围护结构外表面宜采用浅色饰面材料，屋面宜采用绿化、涂刷隔热涂料、遮阳等隔热措施。如图 7.1-5 所示，深圳京基 100 购物中心屋顶采用种植树木和草坪，墙面采用浅色金属幕墙，外窗设水平遮阳板等措施进行隔热。

(10)透光围护结构(外窗、透光幕墙、采光顶)隔热设计应符合相关规范要求。

图 7.1-3　深圳京基 100 大厦

图 7.1-4　广州白天鹅宾馆内景

图 7.1-5　深圳京基 100 购物中心

7.1.5 防潮设计

(1)建筑构造设计应防止水蒸气渗透进入围护结构内部,围护结构内部不应产生冷凝。

(2)围护结构内部冷凝应进行验算。

(3)建筑设计时,应充分考虑建筑运行时的各种工况,采取有效措施确保建筑外围护结构内表面温度不低于室内空气露点温度。

(4)建筑围护结构的内表面结露应验算且符合相关规范要求。

(5)围护结构防潮设计应遵循下列基本原则:室内空气湿度不宜过高;地面、外墙表面温度不宜过低;可在围护结构的高温侧设隔汽层;可采用具有吸湿、解湿等调节空气湿度功能的围护结构材料;应合理设置保温层,防止围护结构内部冷凝;与室外雨水或土壤接触的围护结构应设置防水(潮)层。

(6)夏热冬冷的长江中下游地区和夏热冬暖的沿海地区建筑的通风口、外窗应可以开启和关闭。室外或与室外连通的空间,其顶棚、墙面、地面应采取防止返潮的措施或采用易于清洗的材料。

7.1.6 构造措施

(1)提高墙体热阻值可采取下列措施:

①采用轻质高效保温材料与砖、混凝土、钢筋混凝土、砌块等主墙体材料组成复合保温墙体构造;

②采用低导热系数的新型墙体材料,如图 7.1-6 所示的加气混凝土保温板;

③采用带有封闭空气间层的复合墙体构造设计,如图 7.1-7 所示。

(2)外墙宜采用热惰性大的材料和构造,提高墙体热稳定性可采取下列措施:

①采用内侧为重质材料的复合保温墙体;

②采用蓄热性能好的墙体材料或相变材料复合在墙体内侧。

(3)严寒地区、寒冷地区、夏热冬冷地区、温和 A 区的门窗、透光幕墙、采光顶周边与墙体、屋面板或其他围护结构连接处应采取保温、密封构造;当采用非防潮型保温材料填塞时,缝隙应采用密封材料或密封胶密封;其他地区应采取密封构造;严寒地区、寒冷地区可采用空气内循环的双层幕墙,夏热冬冷地区不宜采用双层幕墙。

(4)外墙隔热可采用下列措施:

①宜采用浅色外饰面;

②可采用通风墙、干挂通风幕墙等;

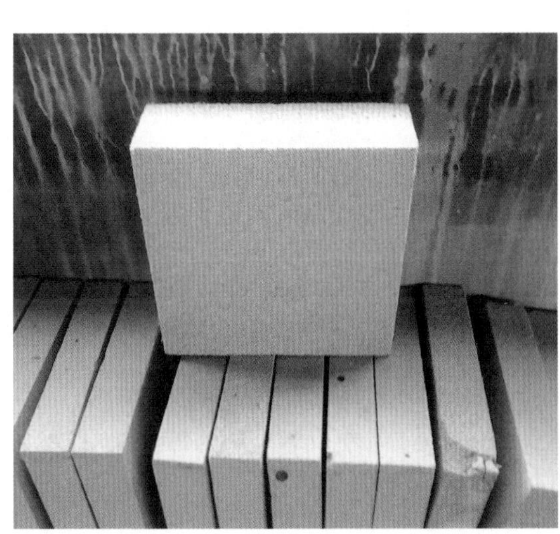

图 7.1-6 加气混凝土保温板

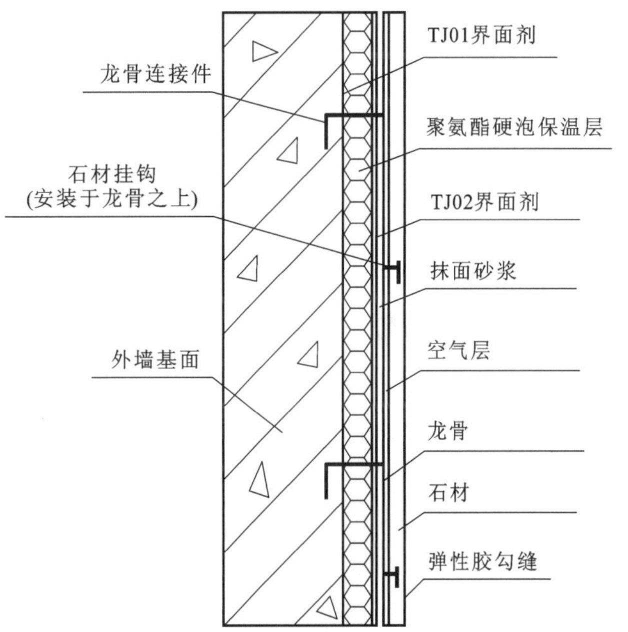

图 7.1-7 外墙外保温构造示意图

③设置封闭空气间层时，可在空气间层平行于墙面的两个表面涂刷热反射涂料，贴热反射膜或铝箔，当采用单面热反射隔热措施时，热反射隔热层应设置在空气温度较高的一侧；

④采用复合墙体构造时，墙体外侧宜采用轻质材料，内侧宜采用重质材料；

⑤可采用墙面垂直绿化及淋水被动蒸发墙面等；

⑥宜提高围护结构的热惰性指标 D 值；

⑦西向墙体可采用高蓄热材料与低热传导材料组合的复合墙体构造。

(5)屋面隔热可采用下列措施：

①宜采用浅色外饰面。

②宜采用通风隔热屋面。通风屋面的风道长度不宜大于10m，通风间层高度应大于0.3m，屋面基层应做保温隔热层，檐口处宜采用导风构造，通风平屋面风道口与女儿墙的距离不应小于0.6m。

③可采用有热反射材料层(热反射涂料、热反射膜、铝箔等)的空气间层隔热屋面。单面设置热反射材料的空气间层，热反射材料应设在温度较高的一侧。

④可采用蓄水屋面，水面宜有水浮莲等浮生植物或白色漂浮物，水深宜为0.15～0.2m。

⑤宜采用种植屋面，种植屋面的保温隔热层应选用密度小、压缩强度大、导热系数小、吸水率低的保温隔热材料。

⑥可采用淋水被动蒸发屋面。

⑦宜采用带老虎窗的通气阁楼坡屋面。

⑧采用带通风空气层的金属夹心隔热屋面时，空气层厚度不宜小于0.1m。

7.2 节能计算

7.2.1 计算内容

在设计文本中，应提供节能计算书，其主要内容有：

①节能设计建筑物的体型系数的计算过程与结果；

②各个方向立面的窗墙面积比的计算过程与结果；

③各个围护结构(屋面、外墙、门窗、周边地面和非周边地面)、接触室外的楼板、变形缝、阳台栏板、分户墙体和楼板、采暖房间与不采暖房间隔墙等综合传热系数的计算过程与结果；

④外墙、屋面等部位不同材料交界处热桥的计算等。

上述内容计算结果均应满足当地省市颁布的节能设计标准中的相关规定。

7.2.2 节能计算方法

7.2.2.1 体型系数

体型系数(S)为建筑物与室外大气接触的外表面积(F_0)与其所包围的体积(V_0)的比值。在外表面积中，不包括地面和不采暖楼梯间内墙及户门的面积。

$$S=F_0/V_0$$

7.2.2.2 窗墙面积比

居住建筑窗墙面积比为窗户洞口面积与房间立面单元面积(即建筑层高与开间定位线围成的面积)之比，公共建筑窗墙面积比为窗户洞口面积与立面面积之比。

7.2.2.3 围护结构传热系数

传热系数为在稳态条件下，围护结构两侧空气温差为1℃，在单位时间内通过单位面积围护结构的传热量。围护结构的平均传热系数计算如下：

(1)围护结构热阻的计算。

①单层结构热阻。

$$R=\delta/\lambda$$

式中 R——单层结构热阻，$m^2\cdot K/W$；

δ——材料层厚度，m；

λ——材料导热系数，$W/(m\cdot K)$。

②多层结构热阻。

$$R=R_1+R_2+\cdots+R_n=\delta_1/\lambda_1+\delta_2/\lambda_2+\cdots+\delta_n/\lambda_n$$

式中 R——多层结构热阻，$m^2\cdot K/W$；

$R_1,R_2,\cdots,R_n$——各层材料热阻，$m^2\cdot K/W$；

$\delta_1,\delta_2,\cdots,\delta_n$——各层材料厚度，m；

$\lambda_1,\lambda_2,\cdots,\lambda_n$——各层材料导热系数，$W/(m\cdot K)$。

③围护结构传热阻。

$$R_0 = R_i + R + R_e$$

式中 R_0——围护结构传热阻，$m^2 \cdot K/W$；

R_i——内表面换热阻，$m^2 \cdot K/W$，一般取 0.11；

R_e——外表面换热阻，$m^2 \cdot K/W$，一般取 0.04；

R——围护结构热阻，$m^2 \cdot K/W$。

（2）围护结构传热系数的计算。

$$K = 1/R_0$$

式中 K——围护结构传热系数，$W/(m^2 \cdot K)$；

R_0——围护结构传热阻，$m^2 \cdot K/W$。

（3）外墙受周边热桥影响时，其平均传热系数的计算。

$$K_m = \frac{K_p F_p + K_{b1} F_{b1} + K_{b2} F_{b2} + K_{b3} F_{b3}}{F_p + F_{b1} + F_{b2} + F_{b3}}$$

式中 K_m——外墙的平均传热系数，$W/(m^2 \cdot K)$；

K_p——外墙主体部位传热系数，$W/(m^2 \cdot K)$；

K_{b1}, K_{b2}, K_{b3}——外墙周边热桥部位的传热系数，$W/(m^2 \cdot K)$；

F_p——外墙主体部位的面积，m^2；

F_{b1}, F_{b2}, F_{b3}——外墙周边热桥部位的面积，m^2。

（4）门窗传热系数的计算。

$$U_w = \frac{A_f U_f + A_g U_g + L_g \Psi_g}{A_f + A_g}$$

式中 U_w——整窗的传热系数，$W/(m^2 \cdot K)$；

U_g——玻璃的传热系数，$W/(m^2 \cdot K)$；

A_g——玻璃的面积，m^2；

U_f——型材的传热系数，$W/(m^2 \cdot K)$；

A_f——型材的面积，m^2；

L_g——玻璃的周长，m；

Ψ_g——玻璃周边的线性传热系数，$W/(m \cdot K)$。

7.2.2.4 建筑物耗热量指标

建筑物耗热量指标为在计算采暖期室外平均温度条件下，为保持室内设计计算温度，单位建筑面积在单位时间内消耗的需由室内采暖设备供给的热量。

建筑物围护结构的耗热量公式：

$$Q = AKF(t_n - t_{wn})$$

式中 Q——围护结构的基本耗热量，W；

F——围护结构的面积，m^2；

K——围护结构的传热系数，$W/(m^2 \cdot K)$；

t_{wn}——采暖室外计算温度，K；

t_n——室内计算温度，K；

A——计算温差修正系数。修正系数按以下因素考虑附加修正：朝向、风力、外门、高度、两面及两面以上外墙、窗墙比等。

建筑物耗热量指标由暖通专业设计师进行计算。

7.2.3 节能案例

7.2.3.1 项目概况

项目概况见表 7.2-1。

表 7.2-1 **项目概况**

项目名称	×××××小区 5 号楼
项目地址	×××省×××市×××路
建设单位	×××××房地产开发有限公司
设计单位	×××××设计有限公司
设计编号	00000000
地理位置	×××省×××市

7.2.3.2 建筑信息

建筑信息见表 7.2-2。

表 7.2-2 **建筑信息**

建筑层数	地上 18 层，地下 2 层
建筑高度	52.20m
建筑面积	地上 7775.45m^2，地下 855.13m^2
北向角度	90°
体型系数	0.25

7.2.3.3 体型系数

体型系数见表 7.2-3。

表 7.2-3 **体型系数计算表**

建筑外表面积	$5783.20m^2$
建筑体积(地上)	$22858.81m^3$
体型系数	0.25
标准规定	≤0.26
结论	满足要求

7.2.3.4 外墙主体构造传热系数判定

(1)外墙钢筋混凝土墙(挤塑板)。

外墙钢筋混凝土墙计算表见表 7.2-4。

表 7.2-4 **外墙钢筋混凝土墙计算表**

各层材料名称	厚度/mm	导热系数/[W/(m·K)]	修正系数	蓄热系数/[W/(m²·K)]	热阻值/(m²·K/W)	热惰性指标
挤塑聚苯板	50	0.030	1.10	0.301	1.515	0.502
钢筋混凝土	180	1.740	1.00	17.200	0.103	1.779
石灰、水泥、砂、砂浆	20	0.870	1.00	10.750	0.023	0.247
合计	250	—	—	—	1.641	2.528
外墙主体部位传热阻	$R_0 = R_i + \sum R + R_e = 0.11 + 1.641 + 0.04 = 1.791(m^2 \cdot K/W)$					
外墙主体部位传热系数	$K = 1/R_0 = 0.56W/(m^2 \cdot K)$					

(2)外墙加气混凝土砌块墙(挤塑板)。

外墙加气混凝土砌块墙计算表见表 7.2-5。

表 7.2-5 **外墙加气混凝土砌块墙计算表**

各层材料名称	厚度/mm	导热系数/[W/(m·K)]	修正系数	蓄热系数/[W/(m²·K)]	热阻值/(m²·K/W)	热惰性指标
挤塑聚苯板	50	0.030	1.10	0.301	1.515	0.502
加气混凝土	180	0.200	1.25	3.027	0.720	2.724
石灰、水泥、砂、砂浆	20	0.870	1.00	10.750	0.023	0.247
合计	250	—	—	—	2.258	3.473
外墙主体部位传热阻	$R_0 = R_i + \sum R + R_e = 0.11 + 2.258 + 0.04 = 2.408(m^2 \cdot K/W)$					
外墙主体部位传热系数	$K = 1/R_0 = 0.42W/(m^2 \cdot K)$					

(3)山墙钢筋混凝土墙(挤塑板)。

山墙钢筋混凝土墙计算表见表 7.2-6。

表 7.2-6 **山墙钢筋混凝土墙计算表**

各层材料名称	厚度/mm	导热系数/[W/(m·K)]	修正系数	蓄热系数/[W/(m²·K)]	热阻值/(m²·K/W)	热惰性指标
挤塑聚苯板	70	0.030	1.10	0.301	2.121	0.702
钢筋混凝土	180	1.740	1.00	17.200	0.103	1.779
石灰、水泥、砂、砂浆	20	0.870	1.00	10.750	0.023	0.247
合计	270	—	—	—	2.247	2.728
外墙主体部位传热阻	$R_0 = R_i + \sum R + R_e = 0.11 + 2.247 + 0.04 = 2.397(m^2 \cdot K/W)$					
外墙主体部位传热系数	$K = 1/R_0 = 0.42W/(m^2 \cdot K)$					

(4)山墙加气混凝土砌块墙(挤塑板)。

山墙加气混凝土砌块墙计算表见表 7.2-7。

表 7.2-7 **山墙加气混凝土砌块墙计算表**

各层材料名称	厚度/mm	导热系数/[W/(m·K)]	修正系数	蓄热系数/[W/(m²·K)]	热阻值/(m²·K/W)	热惰性指标
挤塑聚苯板	70	0.030	1.10	0.301	2.121	0.702
加气混凝土	180	0.200	1.25	3.027	0.720	2.724
石灰、水泥、砂、砂浆	20	0.870	1.00	10.750	0.023	0.247
合计	270	—	—	—	2.864	3.673
外墙主体部位传热阻	$R_0 = R_i + \sum R + R_e = 0.11 + 2.864 + 0.04 = 3.014(m^2 \cdot K/W)$					
外墙主体部位传热系数	$K = 1/R_0 = 0.33W/(m^2 \cdot K)$					

(5)阳台栏板(挤塑板)。

阳台栏板计算表见表 7.2-8。

表 7.2-8 **阳台栏板计算表**

各层材料名称	厚度/mm	导热系数/[W/(m·K)]	修正系数	蓄热系数/[W/(m²·K)]	热阻值/(m²·K/W)	热惰性指标
挤塑聚苯板	50	0.030	1.10	0.301	1.515	0.502
钢筋混凝土	100	1.740	1.00	17.200	0.057	0.989
石灰、水泥、砂、砂浆	20	0.870	1.00	10.750	0.023	0.247
合计	170	—	—	—	1.595	1.738
外墙主体部位传热阻	$R_0 = R_i + \sum R + R_e = 0.11 + 1.595 + 0.04 = 1.745(m^2 \cdot K/W)$					
外墙主体部位传热系数	$K = 1/R_0 = 0.57W/(m^2 \cdot K)$					

(6)防火隔离带。

①钢筋混凝土墙防火隔离带(岩棉 50mm 厚)。

钢筋混凝土墙防火隔离带(岩棉 50mm 厚)计算表见表 7.2-9。

表 7.2-9　　**钢筋混凝土墙防火隔离带(岩棉 50mm 厚)计算表**

各层材料名称	厚度/mm	导热系数/[W/(m·K)]	修正系数	蓄热系数/[W/(m²·K)]	热阻值/(m²·K/W)	热惰性指标
岩棉	50	0.048	1.20	0.75	0.868	0.781
钢筋混凝土	180	1.740	1.00	17.200	0.103	1.779
石灰、水泥、砂、砂浆	20	0.870	1.00	10.750	0.023	0.247
合计	250	—	—	—	0.994	2.807
防火隔离带传热阻	$R_0 = R_i + \sum R + R_e = 0.11 + 0.994 + 0.04 = 1.144(m^2 \cdot K/W)$					
防火隔离带传热系数	$K = 1/R_0 = 0.87 W/(m^2 \cdot K)$					

②钢筋混凝土墙防火隔离带(岩棉 70mm 厚)。

钢筋混凝土墙防火隔离带(岩棉 70mm 厚)计算表见表 7.2-10。

表 7.2-10　　**钢筋混凝土墙防火隔离带(岩棉 70mm 厚)计算表**

各层材料名称	厚度/mm	导热系数/[W/(m·K)]	修正系数	蓄热系数/[W/(m²·K)]	热阻值/(m²·K/W)	热惰性指标
岩棉	80	0.048	1.20	0.75	1.389	1.250
钢筋混凝土	180	1.740	1.00	17.200	0.103	1.779
石灰、水泥、砂、砂浆	20	0.870	1.00	10.750	0.023	0.247
合计	280	—	—	—	1.515	3.276
防火隔离带传热阻	$R_0 = R_i + \sum R + R_e = 0.11 + 1.515 + 0.04 = 1.665(m^2 \cdot K/W)$					
防火隔离带传热系数	$K = 1/R_0 = 0.60 W/(m^2 \cdot K)$					

(7)外墙平均热工参数计算。

一般居住建筑，外墙外保温的平均传热系数按下式计算：

$$K_m = \varphi K$$

式中　K_m——外墙平均传热系数，W/(m²·K)；

K——外墙主断面传热系数，W/(m²·K)；

φ——外墙主断面传热系数的修正系数，按墙体保温构造和传热系数综合考虑取值。

①外墙保温形式：外保温。

外墙外保温平均传热系数计算表见表 7.2-11。

表 7.2-11　　**外墙外保温平均传热系数计算表**

<table>
<tr><td colspan="3">外墙外保温平均传热系数 K_m/[W/(m²·K)]</td><td colspan="2">普通窗情况下的修正系数 φ</td><td colspan="2">凸窗情况下的修正系数 φ</td></tr>
<tr><td colspan="3">0.60</td><td colspan="2">1.10</td><td colspan="2">1.30</td></tr>
<tr><td rowspan="3">墙</td><td rowspan="2">面积/m²</td><td>总体</td><td>东向</td><td>西向</td><td>南向</td><td>北向</td></tr>
<tr><td>3331.52</td><td>720.31</td><td>720.31</td><td>871.79</td><td>1019.10</td></tr>
<tr><td>传热系数/[W/(m²·K)]</td><td>0.48</td><td>0.44</td><td>0.44</td><td>0.54</td><td>0.49</td></tr>
<tr><td colspan="3">外墙主断面传热系数/[W/(m²·K)]</td><td colspan="4">0.50</td></tr>
<tr><td colspan="3">外墙平均传热系数/[W/(m²·K)]</td><td colspan="4">0.55</td></tr>
<tr><td colspan="3">标准规定</td><td colspan="4">楼层≥9 时，外墙平均传热系数应≤0.60W/(m²·K)</td></tr>
<tr><td colspan="3">结论</td><td colspan="4">满足要求</td></tr>
</table>

②山墙钢筋混凝土墙(挤塑板)。

山墙钢筋混凝土墙平均传热系数计算表见表 7.2-12。

表 7.2-12 山墙钢筋混凝土墙平均传热系数计算表

各层材料名称	厚度/mm	导热系数/[W/(m·K)]	修正系数	蓄热系数/[W/(m²·K)]	热阻值/(m²·K/W)	热惰性指标
挤塑聚苯板	70	0.030	1.10	0.301	2.121	0.702
钢筋混凝土	180	1.740	1.00	17.200	0.103	1.779
石灰、水泥、砂、砂浆	20	0.870	1.00	10.750	0.023	0.247
合计	270	—	—	—	2.247	2.728
山墙传热阻	$R_0 = R_i + \sum R + R_e = 0.11 + 2.247 + 0.04 = 2.397(m^2 \cdot K/W)$					
山墙传热系数	$K = 1/R_0 = 0.42W/(m^2 \cdot K)$					
标准规定	楼层≥9 时,山墙传热系数应≤0.45W/(m²·K)					
结论	满足要求					

③山墙加气混凝土砌块墙(挤塑板)。

山墙加气混凝土砌块墙平均传热系数计算表见表 7.2-13。

表 7.2-13 山墙加气混凝土砌块墙平均传热系数计算表

各层材料名称	厚度/mm	导热系数/[W/(m·K)]	修正系数	蓄热系数/[W/(m²·K)]	热阻值/(m²·K/W)	热惰性指标
挤塑聚苯板	70	0.030	1.10	0.301	2.121	0.702
加气混凝土	180	0.200	1.25	3.027	0.720	2.724
石灰、水泥、砂、砂浆	20	0.870	1.00	10.750	0.023	0.247
合计	270	—	—	—	2.864	3.673
山墙传热阻	$R_0 = R_i + \sum R + R_e = 0.11 + 2.864 + 0.04 = 3.014(m^2 \cdot K/W)$					
山墙传热系数	$K = 1/R_0 = 0.33W/(m^2 \cdot K)$					
标准规定	楼层≥9 时,山墙传热系数应≤0.45W/(m²·K)					
结论	满足要求					

7.2.3.5 平屋面构造传热系数判定

(1)平屋面(上人屋面,挤塑板)。

平屋面(上人屋面)计算表见表 7.2-14。

表 7.2-14 **平屋面(上人屋面)计算表**

各层材料名称	厚度/mm	导热系数/[W/(m·K)]	修正系数	蓄热系数/[W/(m²·K)]	热阻值/(m²·K/W)	热惰性指标
防水层	4	0.170	1.00	3.330	0.024	0.078
挤塑聚苯板	70	0.030	1.10	0.301	2.121	0.702
水泥膨胀珍珠岩	50	0.180	1.20	2.490	0.231	0.692
钢筋混凝土	120	1.740	1.00	17.200	0.069	1.186
石灰、水泥、砂、砂浆	20	0.870	1.00	10.750	0.023	0.247
合计	264	—	—	—	2.468	2.905
屋顶主体部位传热阻	$R_0 = R_i + \sum R + R_e = 0.11 + 2.468 + 0.04 = 2.618(m^2 \cdot K/W)$					
屋顶主体部位传热系数	$K = 1/R_0 = 0.38W/(m^2 \cdot K)$					
标准规定	楼层≥9 时，屋顶传热系数应≤0.45W/(m²·K)					
结论	满足要求					

(2)平屋面(防火隔离带，泡沫混凝土)。

平屋面(防火隔离带)计算表见表 7.2-15。

表 7.2-15 **平屋面(防火隔离带)计算表**

各层材料名称	厚度/mm	导热系数/[W/(m·K)]	修正系数	蓄热系数/[W/(m²·K)]	热阻值/(m²·K/W)	热惰性指标
防水层	4	0.170	1.00	3.330	0.024	0.078
泡沫混凝土	70	0.07	1.20	2.810	0.833	2.810
水泥膨胀珍珠岩	50	0.180	1.20	2.490	0.231	0.692
钢筋混凝土	120	1.740	1.00	17.200	0.069	1.186
石灰、水泥、砂、砂浆	20	0.870	1.00	10.750	0.023	0.247
合计	264	—	—	—	1.180	5.013
屋顶防火隔离带传热阻	$R_0 = R_i + \sum R + R_e = 0.11 + 1.180 + 0.04 = 1.330(m^2 \cdot K/W)$					
屋顶防火隔离带传热系数	$K = 1/R_0 = 0.75W/(m^2 \cdot K)$					

(3)平屋面平均传热系数。

平屋面平均传热系数计算表见表 7.2-16。

表 7.2-16 平屋面平均传热系数计算表

屋顶面积/m^2	防火隔离带面积/m^2	屋顶平均传热系数/[W/(m^2·K)]	屋顶平均热惰性指标
367.94	85.86	0.45	3.30
标准规定	楼层≥9 时，屋顶平均传热系数应≤0.45W/(m^2·K)		
结论	满足要求		

7.2.3.6 其他围护结构热工指标判定

(1)非采暖地下室顶板。

非采暖地下室顶板平均传热系数计算表见表 7.2-17。

表 7.2-17 非采暖地下室顶板平均传热系数计算表

各层材料名称	厚度/mm	导热系数/[W/(m·K)]	修正系数	蓄热系数/[W/(m^2·K)]	热阻值/(m^2·K/W)	热惰性指标
石灰、水泥、砂、砂浆	80	0.870	1.00	10.750	0.092	0.989
挤塑聚苯板	20	0.030	1.10	0.301	0.606	0.201
钢筋混凝土	120	1.740	1.00	17.200	0.069	1.186
超细无机纤维	60	0.038	1.20	4.400	1.316	6.947
合计	280	—	—	—	2.083	9.323
非采暖地下室顶板传热阻	$R_0 = R_i + \sum R + R_e = 0.11 + 2.083 + 0.04 = 2.233(m^2 \cdot K/W)$					
非采暖地下室顶板传热系数	$K = 1/R_0 = 0.447W/(m^2 \cdot K)$					
标准规定	采暖方式为地面辐射采暖，楼层≥9 时，非采暖地下室顶板传热系数应≤0.45W/(m^2·K)					
结论	满足要求					

(2)非采暖楼梯间隔墙。

非采暖楼梯间隔墙平均传热系数计算表见表 7.2-18。

表 7.2-18 非采暖楼梯间隔墙平均传热系数计算表

各层材料名称	厚度/mm	导热系数/[W/(m·K)]	修正系数	蓄热系数/[W/(m^2·K)]	热阻值/(m^2·K/W)	热惰性指标
ZC 无机发泡保温板	30	0.054	1.15	0.767	0.483	0.284
钢筋混凝土	180	1.740	1.00	17.200	0.103	1.779
石灰、水泥、砂、砂浆	20	0.870	1.00	10.750	0.023	0.247
合计	230	—	—	—	0.609	2.310
分隔采暖与非采暖空间的隔墙传热阻	$R_0 = R_i + \sum R + R_e = 0.11 + 0.609 + 0.04 = 0.759(m^2 \cdot K/W)$					
分隔采暖与非采暖空间的隔墙传热系数	$K = 1/R_0 = 1.32W/(m^2 \cdot K)$					
标准规定	楼层≥9 时，分隔采暖与非采暖空间的隔墙传热系数应≤1.50W/(m^2·K)					
结论	满足要求					

(3)封闭阳台和直接连通的房间之间的隔墙。

封闭阳台和直接连通的房间之间的隔墙平均传热系数计算表见表 7.2-19。

表 7.2-19 **封闭阳台和直接连通的房间之间的隔墙平均传热系数计算表**

各层材料名称	厚度/mm	导热系数/[W/(m·K)]	修正系数	蓄热系数/[W/(m²·K)]	热阻值/(m²·K/W)	热惰性指标
挤塑聚苯板	50	0.030	1.10	0.301	1.515	0.502
钢筋混凝土	180	1.740	1.00	17.200	0.103	1.779
石灰、水泥、砂、砂浆	20	0.870	1.00	10.750	0.023	0.247
合计	250	—	—	—	1.641	2.528
分隔采暖与非采暖空间的隔墙传热阻	$R_0 = R_i + \sum R + R_e = 0.11 + 1.641 + 0.04 = 1.791(m^2 \cdot K/W)$					
分隔采暖与非采暖空间的隔墙传热系数	$K = 1/R_0 = 0.56W/(m^2 \cdot K)$					
标准规定	楼层≥9 时，分隔采暖与非采暖空间的隔墙传热系数应≤1.50W/(m²·K)					
结论	满足要求					

(4)分隔采暖与非采暖空间的户门。

分隔采暖与非采暖空间的户门平均传热系数判定表见表 7.2-20。

表 7.2-20 **分隔采暖与非采暖空间的户门平均传热系数判定表**

门类型	传热系数/[W/(m²·K)]	标准规定	结论
户门	2.0	楼层≥9 时，分隔采暖与非采暖空间的户门传热系数应≤2.00W/(m²·K)	满足要求

(5)分户墙。

分户墙平均传热系数计算表见表 7.2-21。

表 7.2-21 **分户墙平均传热系数计算表**

各层材料名称	厚度/mm	导热系数/[W/(m·K)]	修正系数	蓄热系数/[W/(m²·K)]	热阻值/(m²·K/W)	热惰性指标
聚苯颗粒保温浆料	15	0.059	1.00	0.950	0.254	0.242
钢筋混凝土	180	1.740	1.00	17.200	0.103	1.779
聚苯颗粒保温浆料	15	0.059	1.00	0.950	0.254	0.242
合计	210	—	—	—	0.611	2.263
分户墙传热阻	$R_0 = R_i + \sum R + R_e = 0.11 + 0.611 + 0.04 = 0.761(m^2 \cdot K/W)$					
分户墙传热系数	$K = 1/R_0 = 1.31W/(m^2 \cdot K)$					
标准规定	采暖方式为散热器采暖时，分户墙传热系数应≤1.60W/(m²·K)					
结论	满足要求					

(6)分户楼板。

分户楼板平均传热系数计算表见表 7.2-22。

表 7.2-22 **分户楼板平均传热系数计算表**

各层材料名称	厚度/mm	导热系数/[W/(m·K)]	修正系数	蓄热系数/[W/(m²·K)]	热阻值/(m²·K/W)	热惰性指标
石灰、水泥、砂、砂浆	80	0.870	1.00	10.750	0.092	0.989
挤塑聚苯板	20	0.030	1.10	0.301	0.606	0.201
钢筋混凝土	120	1.740	1.00	17.200	0.069	1.186
合计	220	—	—	—	0.767	2.376
楼板传热阻	$R_0 = R_i + \sum R + R_e = 0.11 + 0.767 + 0.04 = 0.917(m^2 \cdot K/W)$					
楼板传热系数	$K = 1/R_0 = 1.09W/(m^2 \cdot K)$					
标准规定	采暖方式为地面辐射采暖时，分户楼板传热系数应≤1.20W/(m²·K)					
结论	满足要求					

(7)外窗气密性等级。

外窗气密性等级判定表见表 7.2-23。

表 7.2-23 **外窗气密性等级判定表**

围护结构	气密性等级	标准规定	结论
建筑外窗	6	建筑外窗气密性等级应≥6	满足要求

(8)外窗。

外窗平均传热系数判定表见表 7.2-24。

表 7.2-24 **外窗平均传热系数判定表**

房间号	朝向	开间窗墙面积比	传热系数/[W/(m²·K)]	遮阳系数	标准规定	结论
1101	东向	0.21	2.4	0.20	朝向为东时，窗墙面积比应≤0.35；楼层≥9，窗墙面积比≤0.30 时，外窗传热系数应≤2.80W/(m²·K)	满足要求
1040	南向	0.34	2.4	0.20	朝向为南时，窗墙面积比应≤0.50；楼层≥9，窗墙面积比≤0.30 时，外窗传热系数应≤2.80W/(m²·K)	满足要求
1100	西向	0.21	2.4	0.20	朝向为西时，窗墙面积比应≤0.35；楼层≥9，窗墙面积比≤0.30 时，外窗传热系数应≤2.80W/(m²·K)	满足要求
1109	北向	0.28	2.4	0.20	朝向为北时，窗墙面积比应≤0.30；楼层≥9，窗墙面积比≤0.30 时，外窗传热系数应≤2.80W/(m²·K)	满足要求

如果某朝向有不满足要求的窗户，则显示该朝向所有不满足要求和该朝向最不利的窗户。

(9)最不利窗墙面积比。

最不利窗墙面积比判定表见表 7.2-25。

表 7.2-25 **最不利窗墙面积比判定表**

朝向	房间号	窗面积/m²	墙面积/m²	窗墙面积比	标准规定	结论
东向	1101	3.60	17.46	0.21	东向最不利窗墙面积比应≤0.35	满足要求
南向	1040	3.74	11.16	0.34	南向最不利窗墙面积比应≤0.50	满足要求
西向	1100	3.60	17.46	0.21	西向最不利窗墙面积比应≤0.35	满足要求
北向	1109	2.25	8.00	0.28	北向最不利窗墙面积比应≤0.30	满足要求

(10)外窗构造。

外窗构造表见表 7.2-26。

表 7.2-26　**外窗构造表**

名称	编号	面积/m²	朝向	遮阳系数	夏季外遮阳系数	综合遮阳系数
塑料中空玻璃(5mm＋空气 12mm＋5mm)	C0615	0.90	东向	—	1.00	—
塑料中空玻璃(5mm＋空气 12mm＋5mm)	GC0711	0.84	东向	—	1.00	—
塑料中空玻璃(5mm＋空气 12mm＋5mm)		1.95	东向	—	1.00	—
塑料中空玻璃(5mm＋空气 12mm＋5mm)		2.25	东向	—	1.00	—
塑料中空玻璃(5mm＋空气 12mm＋5mm)	C0717	1.19	东向	—	1.00	—
塑料中空玻璃(5mm＋空气 12mm＋5mm)	C2415	3.60	东向	—	1.00	—
塑料中空玻璃(5mm＋空气 12mm＋5mm)		5.36	南向	—	1.00	—
塑料中空玻璃(5mm＋空气 12mm＋5mm)		5.15	南向	—	1.00	—
塑料中空玻璃(5mm＋空气 12mm＋5mm)	乙 FC0711	0.84	西向	—	1.00	—
塑料中空玻璃(5mm＋空气 12mm＋5mm)		3.75	北向	—	1.00	—
塑料中空玻璃(5mm＋空气 12mm＋5mm)		3.07	北向	—	1.00	—
塑料中空玻璃(5mm＋空气 12mm＋5mm)		3.60	北向	—	1.00	—
塑料中空玻璃(5mm＋空气 12mm＋5mm)	C1515	2.25	北向	—	1.00	—
塑料中空玻璃(5mm＋空气 12mm＋5mm)	C0715	1.05	北向	—	1.00	—
塑料中空玻璃(5mm＋空气 12mm＋5mm)	C1215	1.80	北向	—	1.00	—
塑料中空玻璃(5mm＋空气 12mm＋5mm)	C1212	1.44	北向	—	1.00	—

(11)凸窗传热系数判定。

①最大凸出长度。

凸窗最大凸出长度判定表见表 7.2-27。

表 7.2-27　**凸窗最大凸出长度判定表**

凸出墙外表面长度/mm	标准规定	结论
400.00	凸窗凸出长度应≤400mm，塑钢辐射率≤0.15Low-E 中空玻璃窗(5mm 厚玻璃＋12mm 厚空气层＋5mm 厚玻璃)	满足要求

②凸窗平均传热系数。

凸窗平均传热系数判定表见表 7.2-28。

表 7.2-28　**凸窗平均传热系数判定表**

房间号	朝向	窗墙面积比	传热系数/[W/(m²·K)]	遮阳系数	标准规定	结论
1091	南向	0.35	1.9	0.20	楼层≥9，窗墙面积比＞0.30 且≤0.40 时，凸窗传热系数应≤2.10W/(m²·K)	满足要求

如果某朝向有不满足要求的窗户，则显示该朝向所有不满足要求和该朝向最不利的窗户。

《居住建筑节能设计标准(节能 75%)》[DB13(J)185—2015]中第 4.2.3 条规定：居住建筑不宜设置凸窗。严寒地区不应设置凸窗，寒冷地区北向房间不应设置凸窗。

③凸窗顶板(挤塑板)。

凸窗顶板平均传热系数计算表见表 7.2-29。

表 7.2-29 **凸窗顶板平均传热系数计算表**

各层材料名称	厚度/mm	导热系数/[W/(m·K)]	修正系数	蓄热系数/[W/(m²·K)]	热阻值/(m²·K/W)	热惰性指标
钢筋混凝土	120	1.740	1.00	17.200	0.069	1.186
挤塑聚苯板	50	0.030	1.10	0.301	1.515	0.502
合计	170	—	—	—	1.584	1.688
凸窗顶板传热阻	$R_0 = R_i + \sum R + R_e = 0.11 + 1.584 + 0.04 = 1.734(m^2 \cdot K/W)$					
凸窗顶板传热系数	$K = 1/R_0 = 0.58W/(m^2 \cdot K)$					
标准规定	楼层≥9 时，凸窗顶板传热系数应≤0.60W/(m²·K)					
结论	满足要求					

④凸窗底板(挤塑板)。

凸窗底板平均传热系数计算表见表 7.2-30。

表 7.2-30 **凸窗底板平均传热系数计算表**

各层材料名称	厚度/mm	导热系数/[W/(m·K)]	修正系数	蓄热系数/[W/(m²·K)]	热阻值/(m²·K/W)	热惰性指标
钢筋混凝土	100	1.740	1.00	17.200	0.057	0.989
挤塑聚苯板	50	0.030	1.10	0.301	1.515	0.502
合计	150	—	—	—	1.572	1.491
凸窗底板传热阻	$R_0 = R_i + \sum R + R_e = 0.11 + 1.572 + 0.04 = 1.722(m^2 \cdot K/W)$					
凸窗底板传热系数	$K = 1/R_0 = 0.58W/(m^2 \cdot K)$					
标准规定	楼层≥9 时，凸窗底板传热系数应≤0.60W/(m²·K)					
结论	满足要求					

(12)封闭阳台。

①封闭阳台和直接连通的房间之间的隔墙。

封闭阳台和直接连通的房间之间的隔墙平均传热系数计算表见表 7.2-31。

表 7.2-31 **封闭阳台和直接连通的房间之间的隔墙平均传热系数计算表**

各层材料名称	厚度/mm	导热系数/[W/(m·K)]	修正系数	蓄热系数/[W/(m²·K)]	热阻值/(m²·K/W)	热惰性指标
挤塑聚苯板	50	0.030	1.10	0.301	1.515	0.502
钢筋混凝土	180	1.740	1.00	17.200	0.103	1.779
石灰、水泥、砂、砂浆	20	0.870	1.00	10.750	0.023	0.247
合计	250	—	—	—	1.641	2.528
封闭阳台隔墙传热阻	$R_0 = R_i + \sum R + R_e = 0.11 + 1.641 + 0.04 = 1.791(m^2 \cdot K/W)$					
封闭阳台隔墙传热系数	$K = 1/R_0 = 0.56W/(m^2 \cdot K)$					
标准规定	楼层≥9 时，封闭阳台隔墙传热系数应≤1.50W/(m²·K)					
结论	满足要求					

②封闭阳台和直接连通的房间之间的门。

封闭阳台和直接连通的房间之间的门平均传热系数判定表见表 7.2-32。

表 7.2-32　**封闭阳台和直接连通的房间之间的门平均传热系数判定表**

门类型	传热系数/[W/(m²·K)]	标准规定	结论
阳台门	1.7	楼层≥9 时，封闭阳台隔门传热系数应≤2.00W/(m²·K)	满足要求

③封闭阳台外窗。

封闭阳台外窗平均传热系数判定表见表 7.2-33。

表 7.2-33　**封闭阳台外窗平均传热系数判定表**

房间号	朝向	窗墙面积比	传热系数/[W/(m²·K)]	标准规定	结论
1048	东向	0.48	2.4	封闭阳台外窗传热系数应≤3.10W/(m²·K)	满足要求
1021	南向	0.58	2.4	封闭阳台外窗传热系数应≤3.10W/(m²·K)	满足要求
1049	西向	0.48	2.4	封闭阳台外窗传热系数应≤3.10W/(m²·K)	满足要求
1050	北向	0.52	2.4	封闭阳台外窗传热系数应≤3.10W/(m²·K)	满足要求

如果某朝向有不满足要求的窗户，则显示该朝向所有不满足要求和该朝向最不利的窗户。

④封闭阳台顶板——平屋面(上人屋面，挤塑板)。

封闭阳台顶板平均传热系数计算表见表 7.2-34。

表 7.2-34　**封闭阳台顶板平均传热系数计算表**

各层材料名称	厚度/mm	导热系数/[W/(m·K)]	修正系数	蓄热系数/[W/(m²·K)]	热阻值/(m²·K/W)	热惰性指标
防水层	4	0.170	1.00	3.330	0.024	0.078
挤塑聚苯板	70	0.030	1.10	0.301	2.121	0.702
水泥膨胀珍珠岩	50	0.180	1.20	2.490	0.231	0.692
钢筋混凝土	120	1.740	1.00	17.200	0.069	1.186
石灰、水泥、砂、砂浆	20	0.870	1.00	10.750	0.023	0.247
合计	264	—	—	—	2.468	2.905
封闭阳台顶板传热阻	$R_0 = R_i + \sum R + R_e = 0.11 + 2.468 + 0.04 = 2.618$(m²·K/W)					
封闭阳台顶板传热系数	$K = 1/R_0 = 0.38$W/(m²·K)					
标准规定	封闭阳台顶板传热系数应≤1.60W/(m²·K)					
结论	满足要求					

⑤阳台底板(挤塑板)。

阳台底板平均传热系数计算表见表 7.2-35。

表 7.2-35 **阳台底板平均传热系数计算表**

各层材料名称	厚度/mm	导热系数/[W/(m·K)]	修正系数	蓄热系数/[W/(m²·K)]	热阻值/(m²·K/W)	热惰性指标
石灰、水泥、砂、砂浆	80	0.870	1.00	10.750	0.092	0.989
挤塑聚苯板	20	0.030	1.10	0.301	0.606	0.201
钢筋混凝土	120	1.740	1.00	17.200	0.069	1.186
挤塑聚苯板	50	0.030	1.10	0.301	1.515	0.502
合计	270	—	—	—	2.282	2.878
阳台底板传热阻	$R_0 = R_i + \sum R + R_e = 0.11 + 2.282 + 0.04 = 2.432(m^2 \cdot K/W)$					
阳台底板传热系数	$K = 1/R_0 = 0.41W/(m^2 \cdot K)$					
标准规定	阳台底板传热系数应≤1.60W/(m²·K)					
结论	满足要求					

⑥阳台栏板(挤塑板)。

阳台栏板平均传热系数计算表见表 7.2-36。

表 7.2-36 **阳台栏板平均传热系数计算表**

各层材料名称	厚度/mm	导热系数/[W/(m·K)]	修正系数	蓄热系数/[W/(m²·K)]	热阻值/(m²·K/W)	热惰性指标
挤塑聚苯板	50	0.030	1.10	0.301	1.515	0.502
钢筋混凝土	100	1.740	1.00	17.200	0.057	0.989
石灰、水泥、砂、砂浆	20	0.870	1.00	10.750	0.023	0.247
合计	170	—	—	—	1.595	1.738
阳台栏板传热阻	$R_0 = R_i + \sum R + R_e = 0.11 + 1.595 + 0.04 = 1.745(m^2 \cdot K/W)$					
阳台栏板传热系数	$K = 1/R_0 = 0.57W/(m^2 \cdot K)$					
标准规定	阳台栏板传热系数应≤1.60W/(m²·K)					
结论	满足要求					

(13)静态判断计算结论。

静态判断计算结论见表 7.2-37。

表 7.2-37 **静态判断计算结论**

序号	项目名称	结论
1	体型系数	满足要求
2	建筑外窗气密性等级	满足要求
3	屋顶传热系数	满足要求
4	屋顶平均传热系数	满足要求
5	外墙平均传热系数	满足要求

续表

序号	项目名称	结论
6	山墙传热系数	满足要求
7	分隔采暖与非采暖空间的隔墙、户门传热系数	满足要求
8	非采暖地下室顶板传热系数	满足要求
9	分户墙、楼板传热系数	满足要求
10	东向最不利窗墙面积比	满足要求
11	南向最不利窗墙面积比	满足要求
12	西向最不利窗墙面积比	满足要求
13	北向最不利窗墙面积比	满足要求
14	窗墙面积比	满足要求
15	外窗传热系数	满足要求
16	凸窗凸出长度	满足要求
17	凸窗传热系数	满足要求
18	凸窗顶板传热系数	满足要求
19	凸窗底板传热系数	满足要求
20	封闭阳台隔墙传热系数	满足要求
21	封闭阳台隔门传热系数	满足要求
22	封闭阳台顶板传热系数	满足要求
23	封闭阳台墙板传热系数	满足要求
24	封闭阳台地板传热系数	满足要求
25	封闭阳台外窗传热系数	满足要求

根据计算，该工程满足《居住建筑节能设计标准(节能 75％)》[DB13(J) 185—2015]的相应要求。

7.3 绿色建筑设计

7.3.1 绿色建筑设计发展简介

所谓绿色建筑，是指在建筑全寿命周期内，最大限度地节约资源（节能、节地、节水、节材），保护环境，减少污染，为人们提供健康、适用和高效的使用空间，与自然和谐共生的建筑。我国于 20 世纪 90 年代提出绿色建筑概念。迄今为止，我国不断加强对绿色建筑及绿色建筑技术的研究和探讨，有关部门先后编制了大量有关绿色建筑设计和评价的规范和标准。自“十二五”以来，经住房和城乡建设部批准先后发布了《民用绿色建筑设计规范》(JGJ/T 229—2010)、《绿色超高层建筑评价技术细节》(建科〔2012〕76 号)、《绿色保障性住房技术导则》(建办〔2013〕195 号)、《绿色办公建筑评价标准》(GB/T 50908—2013)、《绿色建筑评价技术细则 2015》、《既有建筑绿色改造评价标准》(GB/T 51141—2015)、《绿色商店建筑评价标准》(GB/T 51100—2015)、《绿色医院建筑评价标准》(GB/T 51153—2015)、《绿色建筑评价标准》

(GB/T 50378—2019)等。为响应国务院及住房和城乡建设部的号召,全国各省(区、市)也先后编制和发布了地方绿色建筑标准和实施细则。每年住房和城乡建设部及各省(区、市)建筑主管部门定期对在建项目进行抽检,确保绿色建筑项目的顺利执行。根据评价标准,绿色建筑评价体系从设计方案开始贯穿施工图设计、施工管理和运营管理等建设的各个阶段,尤其是在施工图设计阶段,要求图纸中应有绿色建筑设计专篇和自评估评分表。在满足全部控制项和每类指标最低得分的前提下,根据综合分值确定绿色建筑星级(一星为 50 分,二星为 60 分,三星为 80 分)。

7.3.2 绿色建筑设计要点

7.3.2.1 场地与室外环境

(1)场地的规划应符合当地城乡规划的要求;

(2)场地规划与设计应通过协调场地开发强度和场地资源,满足场地和建筑的绿色目标与可持续运营的要求;

(3)应提高场地空间的利用效率,并做到场地内及周边的公共服务设施和市政基础设施的集约化建设与共享;

(4)场地规划应考虑室外环境的质量,优化建筑布局并进行场地环境生态补偿;

(5)建筑场地应优先选择已开发用地或废弃地;

(6)城市已开发用地或废弃地的利用应符合下列要求:

①对原有的工业用地、垃圾填埋场等可能存在健康安全隐患的场地,应进行土壤化学污染检测与再利用评估;

②应根据场地及周边地区环境影响评估和全寿命周期成本评价,采取场地改造或土壤改良等措施;

③改造或改良后的场地应符合国家相关标准的要求。

(7)宜选择具备良好市政基础设施的场地,并宜根据市政条件进行场地建设容量的复核。

(8)场地应安全可靠,并应符合下列要求:

①应避开可能产生洪水、泥石流、滑坡等自然灾害的地段;

②应避开地震时可能发生滑坡、崩坍、地陷、地裂、泥石流及地震断裂带上可能发生地表错位等给工程带来危险的地段,如图 7.3-1 所示,该地块处于地震断裂带,不宜作为建设用地;

③应避开容易产生风切变的地段;

④当场地选择不能避开上述安全隐患时,应采取措施保证场地对可能产生的自然灾害或次生灾害有充分的抵御能力;

⑤利用裸岩、石砾地、陡坡地、塌陷地、沙荒地、沼泽地、废窑坑等废弃场地时,应进行场地安全性评价,并应采取相应的防护措施。

图 7.3-2 为内蒙古某处沙荒地,在建设之前应进行安全评价。

图 7.3-1 地震断裂带地貌

图 7.3-2 内蒙古某处沙荒地

(9)场地大气质量、场地周边电磁辐射和场地土壤氡浓度的测定及防护应符合有关标准的规定。

(10)场地规划与设计时应对场地内外的自然资源、市政基础设施和公共服务设施进行调查与评估，确定合理的利用方式，并应符合下列要求：

①宜保持和利用原有地形、地貌，当需要进行地形改造时，应采取合理的改良措施，保护和提高土地的生态价值；

②应保护和利用地表水体，禁止破坏场地与周边原有水系的关系，并应采取措施，保持地表水的水量和水质；

③应调查场地内表层土壤质量，妥善回收、保存和利用无污染的表层土；

④应充分利用场地及周边已有的市政基础设施和公共服务设施；

⑤应合理规划和适度开发地下空间，提高土地利用效率，并应采取措施保证雨水的自然入渗。

(11)场地规划与设计时应对可利用的可再生能源进行调查与利用评估，确定合理的利用方式，确保利用效率，并应符合下列要求：

①利用地下水时，应符合地下水资源利用规划，并应取得政府有关部门的许可；应对地下水系和形态进行评估，并应采取措施，防止场地污水渗漏对地下水产生污染。

②利用地热能时，应编制专项规划报当地有关部门批准，应对地下土壤分层、温度分布和渗透能力进行调查，评估地热能开采对邻近地下空间、地下动物、植物或生态环境的影响。

③利用太阳能时，应对场地内太阳能资源等进行调查和评估。

④利用风能时，应对场地和周边风力资源以及风能利用对场地声环境的影响进行调查和评估。

(12)场地规划与设计时应对场地的生物资源情况进行调查，保持场地及周边的生态平衡和生物多样性，并应符合下列要求：

①应调查场地内的植物资源，保护和利用场地原有植被，对古树名木采取保护措施，维持或恢复场地植物多样性；

②应调查场地和周边地区的动物资源分布及动物活动规律，规划有利于动物跨越迁徙的生态走廊，图 7.3-3 为扬州瘦西湖岸边一角；

③应保护原有湿地，可根据生态要求和场地特征规划新的湿地，图 7.3-4 为经保护性规划整修后的杭州西溪湿地公园；

④应采取措施，恢复或补偿场地和周边地区原有生物生存的条件。

(13)场地规划与设计时应进行场地雨洪控制利用的评估和规划，减少场地雨水径流量及非点源污染物排放，并应符合下列要求：

①进行雨洪控制利用规划，保持和利用河道、景观水系的滞洪、蓄洪及排洪能力；

②进行水土保持规划，采取避免水土流失的措施；

③结合场地绿化景观进行雨水径流的入渗、滞蓄、消纳和净化利用的设计；

图 7.3-3　扬州瘦西湖岸边一角

图 7.3-4　杭州西溪湿地公园

④采取措施加强雨水渗透对地下水的补给，保持地下水的自然涵养能力；

⑤因地制宜地采取雨水收集与利用措施。

(14)应将场地内有利用或保护价值的既有建筑纳入建筑规划。

(15)应规划场地内垃圾分类收集方式及回收利用的场所或设施。

(16)场地光环境应符合下列要求：

①应合理地进行场地和道路照明设计，室外照明不应对居住建筑外窗产生直射光线，场地和道路照明不得有直射光射入空中，地面反射光的眩光限值宜符合相关标准的规定。

②建筑外表面的设计与选材应合理，并应有效避免光污染。图 7.3-5 中某高层建筑外墙为玻璃幕墙玻璃材质，经防眩光处理后将光污染降到最低。

(17)场地风环境应符合下列要求：

①建筑规划布局应营造良好的风环境，保证舒适的室外活动空间和室内良好的自然通风条件，降低气流对区域微环境和建筑本身的不利影响；

②建筑布局宜避开冬季不利风向，并宜通过设置防风墙、板、防风林带、微地形等挡风措施阻隔冬季冷风；

③宜进行场地风环境典型气象条件下的模拟预测，优化建筑规划布局。

(18)场地声环境设计应符合现行国家标准《声环境质量标准》(GB 3096—2008)的规定。应对场地周边的噪声现状进行检测，并应对项目实施后的环境噪声进行预测，当存在超过标准的噪声源时，应采取下列措施：

①噪声敏感建筑物应远离噪声源。

②对固定噪声源，应采用适当的隔声和降噪措施。

③对交通干道的噪声，应采取设置声屏障或降噪路面等措施。如图 7.3-6 所示，高架路与居民楼之间设置了隔声屏。

(19)场地设计时，宜采取下列措施改善室外热环境：

①种植高大乔木为停车场、人行道和广场等提供遮阳。

②建筑物表面宜为浅色，地面材料的反射率宜为 0.3～0.5，屋面材料的反射率宜为 0.3～0.6。

③采用立体绿化、复层绿化，合理进行植物配置，设置渗水地面，优化水景设计。图 7.3-7 为广州某小学教学楼墙面立体绿化。

④室外活动场地、道路铺装材料的选择除应满足场地功能要求外，宜选择透水性铺装材料及透水铺装构造。图 7.3-8 为广州沙面地区室外活动场地，场地面向市民开放，道路、铺地均采用透水地砖。

图 7.3-5　深圳某高层建筑

图 7.3-6　道路旁边的隔声屏

图 7.3-7　某小学教学楼墙面立体绿化

图 7.3-8　广州沙面地区室外活动场地

(20)场地交通设计应符合下列要求：

①场地出入口宜设置与周边公共交通设施便捷连通的人行通道、自行车道，方便人员出行；

②场地内应设置安全、舒适的人行道路及自行车道，并应设置便捷的自行车停车设施。

(21)场地景观设计应符合下列要求：

①场地水景应结合雨洪控制设计，并宜进行生态化设计；

②场地绿化宜保持连续性；

③当场地栽植土壤影响植物正常生长时，应进行土壤改良；

④种植设计应符合场地使用功能、绿化安全间距、绿化效果及绿化养护的要求；

⑤应选择适应当地气候和场地种植条件、易养护的植物，不应选择易产生飞絮、有异味、有毒、有刺等对人体健康不利的植物；

⑥宜根据场地环境进行复层种植设计。

7.3.2.2　建筑设计与室内环境

(1)建筑设计应按照被动措施优先的原则，优化建筑形体和内部空间布局，充分利用天然采光、自然通风，采用围护结构保温、隔热、遮阳等措施，降低建筑的采暖、空调和照明系统的负荷，提高室内舒适度。

(2)根据所在地区地理与气候条件，建筑宜采用最佳朝向或适宜朝向。当建筑处于不利朝向时，宜采取补偿措施。

(3)建筑形体设计应根据周围环境、场地条件和建筑布局，综合考虑场地内外建筑日照、自然通风与噪声等因素，确定适宜的形体。图 7.3-9 所示为某场地日照分析。

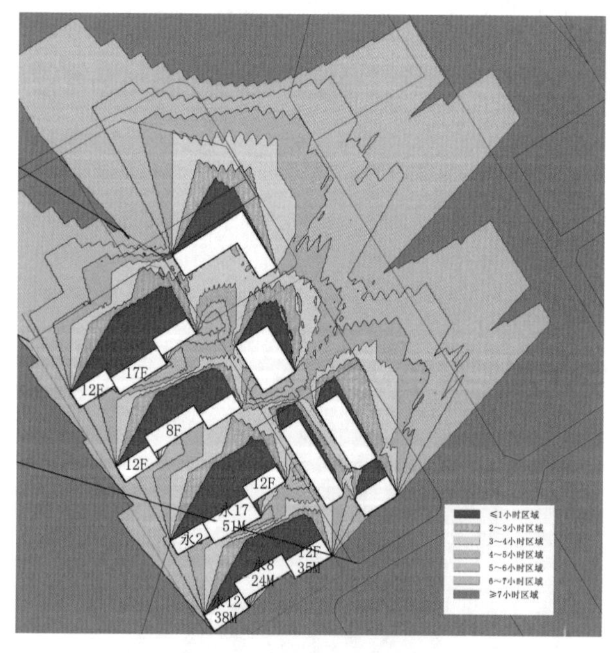

图 7.3-9　某场地日照分析图

(4) 建筑造型应简约，并应符合下列要求：

①应符合建筑功能和技术的要求，结构及构造应合理；

②不宜采用纯装饰性构件；

③太阳能集热器、光伏组件及具有遮阳、导光、导风、载物、辅助绿化等功能的室外构件应与建筑进行一体化设计。

图 7.3-10 为某中学教学楼设计效果图，太阳能集热构件与光伏组件作为室外装饰构件与建筑造型一体化设计，满足绿色建筑设计要求。

(5)建筑设计应提高空间利用效率，提倡建筑空间与设施的共享。在满足使用功能的前提下，宜减少交通等辅助空间的面积，并宜避免不必要的高大空间。

(6)建筑设计应根据功能变化的预期需求，选择适宜的开间和层高。

(7)建筑设计应根据使用功能要求，充分利用外部自然条件，并宜将人员长期停留的房间布置在有良好日照、采光、自然通风和视野的位置，住宅卧室、医院病房、旅馆客房等空间布置应避免视线干扰。

(8)室内环境需求相同或相近的空间宜集中布置。

(9)有噪声、振动、电磁辐射、空气污染的房间应远离有安静要求、人员长期居住或工作的房间或场所，当相邻设置时，应采取有效的防护措施。

(10)设备机房、管道井宜靠近负荷中心布置，机房、管道井的设置应便于设备和管道的维修、改造和更换。图 7.3-11 为某高层建筑消防水箱间，其位于建筑物最高处，便于消防用水。

(11)设电梯的公共建筑的楼梯应便于日常使用，该楼梯的设计宜符合下列要求：

①楼梯宜靠近建筑主出入口及门厅，各层均宜靠近电梯候梯厅，楼梯间入口应设清晰易见的指示标志；

图 7.3-10　某中学绿色建筑设计效果图

图 7.3-11　位于某建筑物最高处的建筑消防水箱间

②楼梯间在地面以上各层宜有自然通风和天然采光。

(12)建筑设计应为绿色出行提供便利条件，并应符合下列要求：

①应有便捷的自行车库，并应设置自行车服务设施，有条件的可配套设置淋浴、更衣设施；

②建筑出入口位置应方便利用公共交通及步行者出行。

(13)宜利用连廊、架空层、上人屋面等设置公共步行通道、公共活动空间、公共开放空间，且设置完善的无障碍设施，满足全天候的使用需求。

(14)宜充分利用建筑的坡屋顶空间，并宜合理开发利用地下空间。

(15)进行规划与建筑单体设计时，应符合现行国家标准《城市居住区规划设计标准》(GB 50180—2018)中对日照的要求，应使用日照模拟软件进行日照分析。

(16)应充分利用天然采光，房间的有效采光面积和采光系数除应符合现行国家标准《民用建筑设计统一标准》(GB 50352—2019)和《建筑采光设计标准》(GB 50033—2013)的要求外，尚应符合下列要求：

①居住建筑的公共空间宜有天然采光，其采光系数不宜低于 0.5%；

②办公、旅馆类建筑的主要功能空间室内采光系数不宜低于现行国家标准《建筑采光设计标准》(GB 50033—2013)的要求；

③地下空间宜有天然采光；

④天然采光时宜避免产生眩光；

⑤设置遮阳设施时应符合日照和采光标准的要求。

(17)可采取下列措施改善室内的天然采光效果：

①采用采光井、采光天窗、下沉广场、半地下室等；

②设置反光板、散光板和集光、导光设备等。

(18)建筑物的平面空间组织布局、剖面设计和门窗的设置，应有利于组织室内自然通风。宜对建筑室内风环境进行计算机模拟，优化自然通风系统。

(19)房间平面宜采取有利于形成穿堂风的布局，避免单侧通风的布局。

(20)严寒、寒冷地区与夏热冬冷地区的自然通风设计应兼顾冬季防寒要求。

(21)外窗的位置、方向和开启方式应设计合理，外窗的开启面积应符合国家现行有关标准的要求。

(22)可采取下列措施加强建筑内部的自然通风：

①采用导风墙、捕风窗、拔风井、太阳能拔风道等诱导气流的措施；

②设有中庭的建筑宜在适宜季节利用烟囱效应引导热压通风；

③住宅建筑可设置通风器，有组织地引导自然通风。

(23)可采取下列措施加强地下空间的自然通风：

①设计可直接通风的半地下室。

②地下室局部设置下沉式庭院。图 7.3-12 所示为某住宅下沉式庭院，既改善室内的天然采光效果，又加强了住宅地下室的自然通风。

③地下室设置通风井、窗井。

图 7.3-12 某住宅下沉式庭院

(24)宜考虑在室外环境不利时的自然通风措施。当采用通风器时，应有方便、灵活的开关调节装置，应易于操作和维修，宜有过滤和隔声功能。

(25)建筑物的体型系数、窗墙面积比、围护结构的热工性能、外窗的气密性能、屋顶透明部分面积比等，应符合国家现行有关建筑节能设计标准的规定。

(26)除严寒地区外，主要功能空间的外窗夏季得热负荷较大时，该外窗应设置外遮阳设施，并应对夏季遮阳和冬季阳光利用进行综合分析，其中天窗、东西向外窗宜设置活动外遮阳。图 7.3-13 为珠海市某商业街天窗活动外遮阳设施。

图 7.3-13 珠海市某商业街

(27)墙体设计应符合下列要求：

①严寒、寒冷地区与夏热冬冷地区的外墙出挑构件及附墙部件等部位的外保温层宜闭合，避免出现热桥；

②夹心保温外墙上的钢筋混凝土梁、板处，应采取保温隔热措施；

③连续采暖和空调建筑的夹心保温外墙的内叶墙宜采用热惰性良好的重质密实材料；

④非采暖房间与采暖房间的隔墙和楼板应设置保温层；

⑤温度要求差异较大或空调、采暖时段不同的房间之间宜有保温隔热措施。

(28)外墙设计可采用下列保温隔热措施：

①采用自身保温性能好的外墙材料；

②夏热冬冷地区和夏热冬暖地区外墙采用浅色饰面材料或热反射型涂料；

③有条件时外墙设置通风间层；

④夏热冬冷地区及夏热冬暖地区东、西向外墙采取遮阳隔热措施。

(29)严寒、寒冷地区与夏热冬冷地区的外窗设计应符合下列要求：

①宜避免大量设置凸窗和屋顶天窗；

②外窗或幕墙与外墙之间缝隙应采用高效保温材料填充并用密封材料嵌缝；

③采用外墙保温时，窗洞口周边墙面应作保温处理，凸窗的上下及侧向非透明墙体应作保温处理；

④金属窗和幕墙型材宜采取隔断热桥措施。

(30)屋顶设计可采取下列保温隔热措施：

①屋面选用浅色屋面或热反射型涂料；

②平屋顶设置架空通风层，坡屋顶设置可通风的阁楼层；

③设置屋顶绿化；

④屋面设置遮阳装置。

(31)建筑室内的允许噪声级、围护结构的空气声隔声量及楼板撞击声隔声量应符合现行国家标准《民用建筑隔声设计规范》(GB/T 50118—2010)的规定，环境噪声应符合现行国家标准《声环境质量标准》(GB 3096—2008)的规定。

(32)毗邻城市交通干道的建筑，应加强外墙、外窗、外门的隔声性能。

(33)下列场所的顶棚、楼面、墙面和门窗宜采取相应的吸声和隔声措施：

①学校、医院、旅馆、办公楼建筑的走廊及门厅等人员密集场所；

②车站、体育场馆、商业中心等大型建筑的人员密集场所；

③空调机房、通风机房、发电机房、水泵房等有噪

声污染的设备用房。

(34)可采用浮筑楼板、弹性面层、隔声吊顶、阻尼板等措施加强楼板撞击声隔声性能。

(35)建筑采用轻型屋盖时，屋面宜采取防止雨噪声的措施。

(36)与有安静要求房间相邻的设备机房，应选用低噪声设备；设备、管道应采用有效的减振、隔振、消声措施，对产生振动的设备基础应采取减振措施。

(37)电梯机房及井道应避免与有安静要求的房间紧邻，当受条件限制而紧邻布置时，应采取下列隔声和减振措施：

①电梯机房墙面及顶棚应作吸声处理，门窗应选用隔声门窗，地面应作隔声处理；如图 7.3-14 所示，电梯机房钢制防火隔音门既有防火性能又具隔音功效。

②电梯井道与安静房间之间的墙体作隔声处理。

③电梯设备应采取减振措施。

(38)室内装修设计时宜进行室内空气质量的预评价。

(39)室内装饰装修材料必须符合相应国家标准的要求，材料中甲醛、苯、氨、氡等有害物质限量应符合现行国家标准《室内装饰装修材料人造板及其制品中甲醛释放限量》(GB 18580—2017)、《室内装饰装修材料混凝土外加剂释放氨的限量》(GB 18588—2001)、《建筑材料放射性核素限量》(GB 6566—2010)和《民用建筑工程室内环境污染控制规范(2013版)》(GB 50325—2010)的要求。

(40)吸烟室、复印室、打印室、垃圾间、清洁间等产生异味或污染物的房间应与其他房间分开设置。

(41)公共建筑的主要出入口宜设置具有截尘功能的固定设施。

(42)可采用改善室内空气质量的功能材料。

(43)建筑设计宜遵循模数协调的原则，住宅、旅馆、学校等建筑宜进行标准化设计。

(44)建筑宜采用工业化建筑体系或工业化部品，可选择下列构件或部品：

①预制混凝土构件、钢结构构件等工业化生产程度较高的构件；

②整体厨卫、单元式幕墙、装配式隔墙、多功能复合墙体、成品栏杆、雨篷等建筑部品。

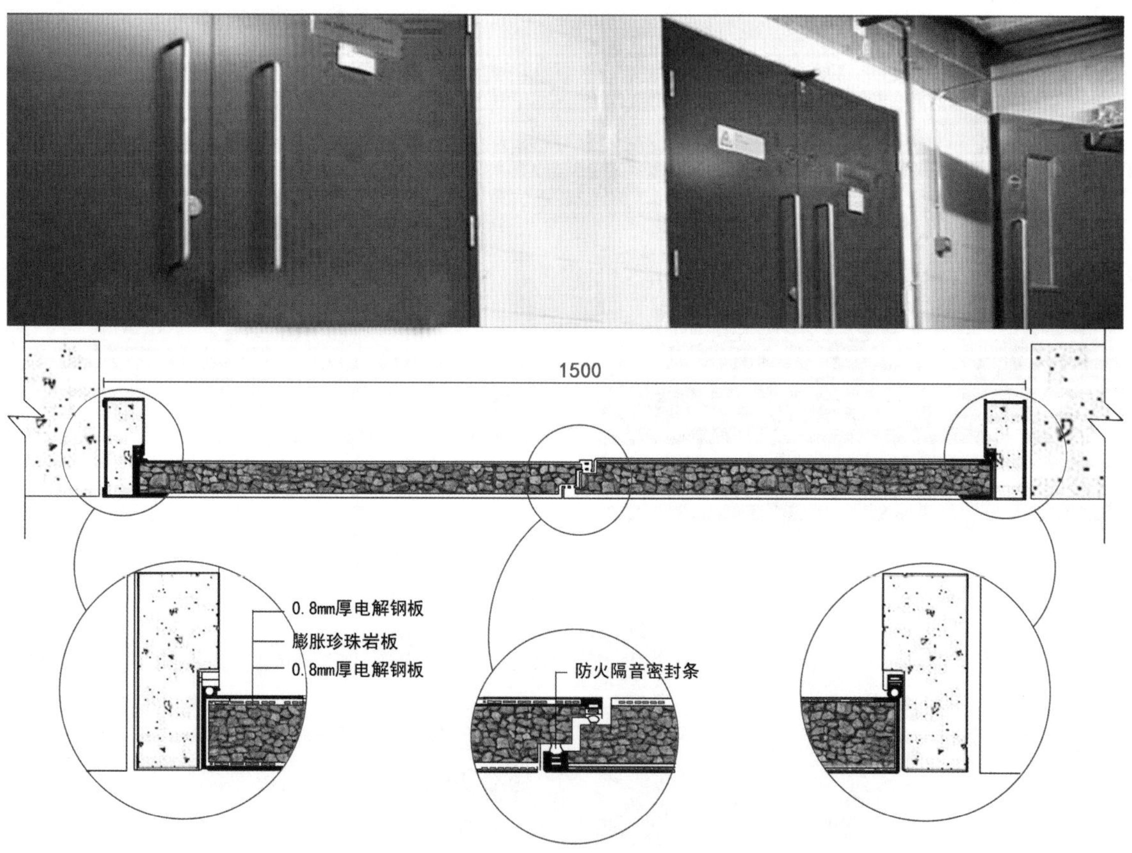

图 7.3-14　钢制防火隔音门

(45)建筑宜采用现场干式作业的技术及产品,宜采用工业化的装修方式。

(46)用于砌筑、抹灰、建筑地面工程的砂浆及各类特种砂浆,宜选用预拌砂浆。

(47)建筑宜采用结构构件与设备、装修分离的方式。

(48)建筑体系宜适应建筑使用功能和空间的变化。

(49)频繁使用的活动配件应选用长寿命的产品,并应考虑部品组合的同寿命性;不同使用寿命的部品组合在一起时,其构造应便于分别拆换、更新和升级。

(50)建筑外立面应选择耐久性好的外装修材料和建筑构造,并宜设置便于建筑外立面维护的设施。

(51)结构设计使用年限可高于现行国家标准《工程结构可靠性设计统一标准》(GB 50153—2008)的规定。结构构件的抗力及耐久性应符合相应设计使用年限的要求。

(52)新建建筑宜通过采用先进技术,适当提高结构的可靠度水平,提高结构对建筑功能变化的适应能力及承受各种作用效应的能力。

(53)改、扩建工程宜保留原建筑的结构构件,必要时可对原建筑的结构构件进行维护加固。

7.3.2.3 建筑材料

(1)绿色设计应提高材料的使用效率,节省材料的用量。

(2)严禁采用高耗能、污染超标及国家和地方限制使用或淘汰的材料。

(3)应选用对人体健康有益的材料。

(4)建筑材料的选用应综合其各项指标对绿色目标的贡献与影响,设计文件中应注明与实现绿色目标有关的材料及其性能指标。

(5)在满足使用功能和性能的前提下,应控制建筑规模与空间体量,并应符合下列要求:

①建筑体量宜紧凑其中;

②宜采用较低的建筑层高。

(6)绿色建筑的装修应符合下列要求:

①建筑、结构、设备与室内装修应进行一体化设计;

②宜采用无须外加饰面层的材料;

③应采用简约、功能化、轻量化装修。

(7)在满足功能要求的情况下,材料的选择宜符合下列要求:

①宜选用可再循环材料、可再利用材料。

②宜使用以废弃物为原料生产的建筑材料。

③应充分利用建筑施工、既有建筑拆除和场地清理时产生的尚可继续利用的材料。

④宜采用速生的材料及其制品;采用木结构时,宜选用速生木材制作的高强复合材料。

⑤宜选用本地的建筑材料。

(8)材料选择时应评估其资源的消耗量,选择资源消耗少、可集约化生产的建筑材料和产品。

(9)材料选择时应评估其能源的消耗量,并应符合下列要求:

①宜选用生产能耗低的建筑材料;

②宜选用施工、拆除和处理过程中能耗低的建筑材料。

(10)材料选择时应评估其对环境的影响,应采用生产、施工、使用和拆除过程中对环境污染程度低的建筑材料。

(11)设计宜选用功能性建筑材料,并应符合下列要求:

①宜选用减少建筑能耗和改善室内热环境的建筑材料;

②宜选用防潮、防霉的建筑材料;

③宜选用具有自洁功能的建筑材料;

④宜选用具有保健功能和改善室内空气质量的建筑材料。

(12)设计宜选用耐久性优良的建筑材料。

(13)设计宜选用轻质混凝土、木结构、轻钢以及金属幕墙等轻量化建材。

7.4 绿色建筑案例分析

7.4.1 深圳建科大厦

项目简介:总建筑面积为 18170m²,地上 14 层,地下 2 层;建设地点:深圳市福田区梅林中康路;设计单位:深圳市建筑科学研究院有限公司;绿色建筑星级:三星。一~五层为实验室等房间,六层以上为办公部分,地下层为设备用房及车库。图 7.4-1 为深圳建科大厦效果图。图 7.4-2 为深圳建科大厦建成图。

图 7.4-1　深圳建科大厦效果图

(a)

(b)

(c)

(d)

图 7.4-2 深圳建科大厦建成图

(a)建成全景图;(b)屋顶花园外景;(c)屋顶花园内景;(d)室内大堂

【分析】 该项目从设计到建成采用40多项绿色建筑技术，经初步测算该大厦每年节约用电70000kW·h，节水率43.8%，节约标煤600t，减少二氧化碳排放量1600t。

节地方面，充分利用城市现有的公交系统，邻近场地有地铁站出口和公交站点；首层架空，形成开放的城市共享空间，六层以上标准层平面呈U形布置，建筑中段为六层～顶层通高的室外开放绿化平台，扩大了景观绿化面积。

节能方面，平面布局有利于自然通风和采光，大厦的外墙采用不同的保温技术，保温材料的导热系数均小于0.023W/(m·K)，外墙玻璃采用Low-E镀膜双层玻璃，提升了建筑的热工性能。大厦位于夏热冬暖地区，建筑采用了不同的遮阳手法，办公区外窗安装了向外出挑的水平遮阳板；建筑西立面局部进行了立体绿化，剩余部分安装了太阳能光伏发电板；建筑屋顶安装了光伏发电板、小型风力发电机和太阳能热水器等，充分利用可再生能源。

节水方面，采用了雨水回收、中水回用、人工湿地、分质供水、场地回渗等措施。

节材方面，采用了合理的结构设计、可回收材料的利用、本地建筑材料及混凝土再生措施。

7.4.2 深圳市体育新城安置小区

项目简介：小区占地约100000m²，总建筑面积为332000m²，其中266000m²为住宅及66000m²为商业及配套服务设施，主要用于安置体育新城内原住五个村庄拆迁居民；建设地点：深圳市龙岗体育新城北区；设计单位：深圳市建筑科学研究院有限公司；绿色建筑星级：三星。图7.4-3为深圳市体育新城安置小区鸟瞰图。

图7.4-3 深圳市体育新城安置小区鸟瞰图

【分析】 该项目节约空调能耗 50%，太阳能利用率7.5%，非传统水源利用率 13%，生活垃圾回收利用率大于 30%，提供了空间品质良好、节能环保、舒适健康的人居环境。

本项目中人工湿地技术、太阳能热水利用、中水处理系统、地下室采光与通风、沼气利用、低辐射 Low-E 镀膜玻璃、集成型多功能门窗、空心大板结构等材料和技术的应用，实现了低成本、高效益，达到了“节地、节水、节能、节材”的绿色环保的目标。

知识归纳

1. 我国政府将我国疆域内各个城市和所处地区从北至南主要分为 5 个热工分区，分别为严寒地区、寒冷地区、夏热冬冷地区、夏热冬暖地区和温和地区，并根据全国各城市所处热工分区提出了具体的热工设计要求。

2. 严寒地区、寒冷地区建筑设计必须满足冬季保温要求，夏热冬冷地区、温和 A 区建筑设计应满足冬季保温要求，夏热冬暖 A 区、温和 B 区宜满足冬季保温要求。

3. 建筑物的总平面布置、平面和立面设计、门窗洞口设置应考虑冬季利用日照并避开冬季主导风向。

4. 建筑物宜朝向南北或接近朝向南北，体型设计应减少外表面积，平、立面的凹凸不宜过多。

5. 夏热冬暖和夏热冬冷地区建筑设计必须满足夏季防热要求，寒冷 B 区建筑设计宜考虑夏季防热要求。

6. 绿色建筑设计场地的规划应符合当地城乡规划的要求，场地规划与设计应通过协调场地开发强度和场地资源，满足场地和建筑的绿色目标与可持续运营的要求。

7. 应提高场地空间的利用效率，并应做到场地内及周边的公共服务设施和市政基础设施的集约化建设与共享。

8. 场地规划应考虑室外环境的质量，优化建筑布局并进行场地环境生态补偿；建筑场地应优先选择已开发用地或废弃地。

9. 建筑设计应按照被动措施优先的原则，优化建筑形体和内部空间布局，充分利用天然采光、自然通风，采用围护结构保温、隔热、遮阳等措施，降低建筑的采暖、空调和照明系统的负荷，提高室内舒适度。

10. 根据所在地区地理与气候条件，建筑宜采用最佳朝向或适宜朝向，当建筑处于不利朝向时，宜采取补偿措施。

11. 建筑形体设计应根据周围环境、场地条件和建筑布局，综合考虑场地内外建筑日照、自然通风与噪声等因素，确定适宜的形体。

课后习题

1. 我国城市从南到北热工区划分为几个区域？
2. 我国各个热工区划有哪些设计要求？
3. 热工设计有哪些构造要求？
4. 绿色建筑设计中对场地设计有哪些要求？
5. 绿色建筑设计中对场地景观设计具体有哪些要求？

8

施工图审查基本要点及常见错误解析

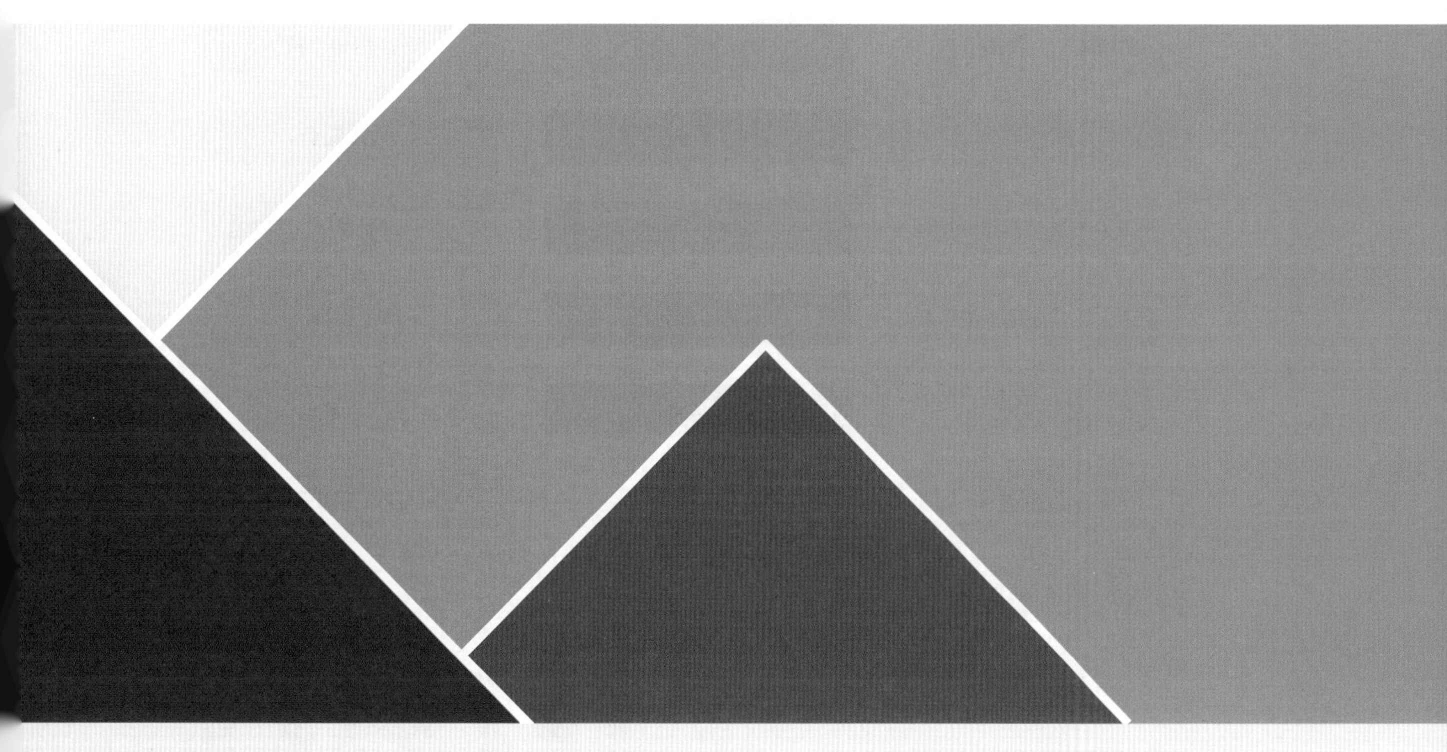

"俗话说“千里之堤，毁于蚁穴”，如果我们画施工图时不认真，一个小的设计错误，可能会带来重大的人员伤亡和巨大的经济损失。因此，近年来我国在基本建设程序中，新增了施工图审查环节，旨在加强对设计质量的监督，防患于未然。"

8.1 我国基本建设程序简介

《关于基本建设程序的若干规定》于 1978 年 4 月 22 日，由财政部、原国家计划委员会、原国家建设委员会联合颁布，对我国基本建设问题作出了明确、统一规定。随着国家经济发展及部分部委的调整和更名，目前各地建设主管部门关于基本建设程序的规定，在原有的基础上作出了一定调整，以适应当前的经济发展，其主要包括立项阶段（或项目建议书阶段）、可行性研究阶段、选址阶段、设计阶段、施工准备阶段、施工阶段、竣工验收阶段、运营评价阶段等，如图 8.1-1 所示。

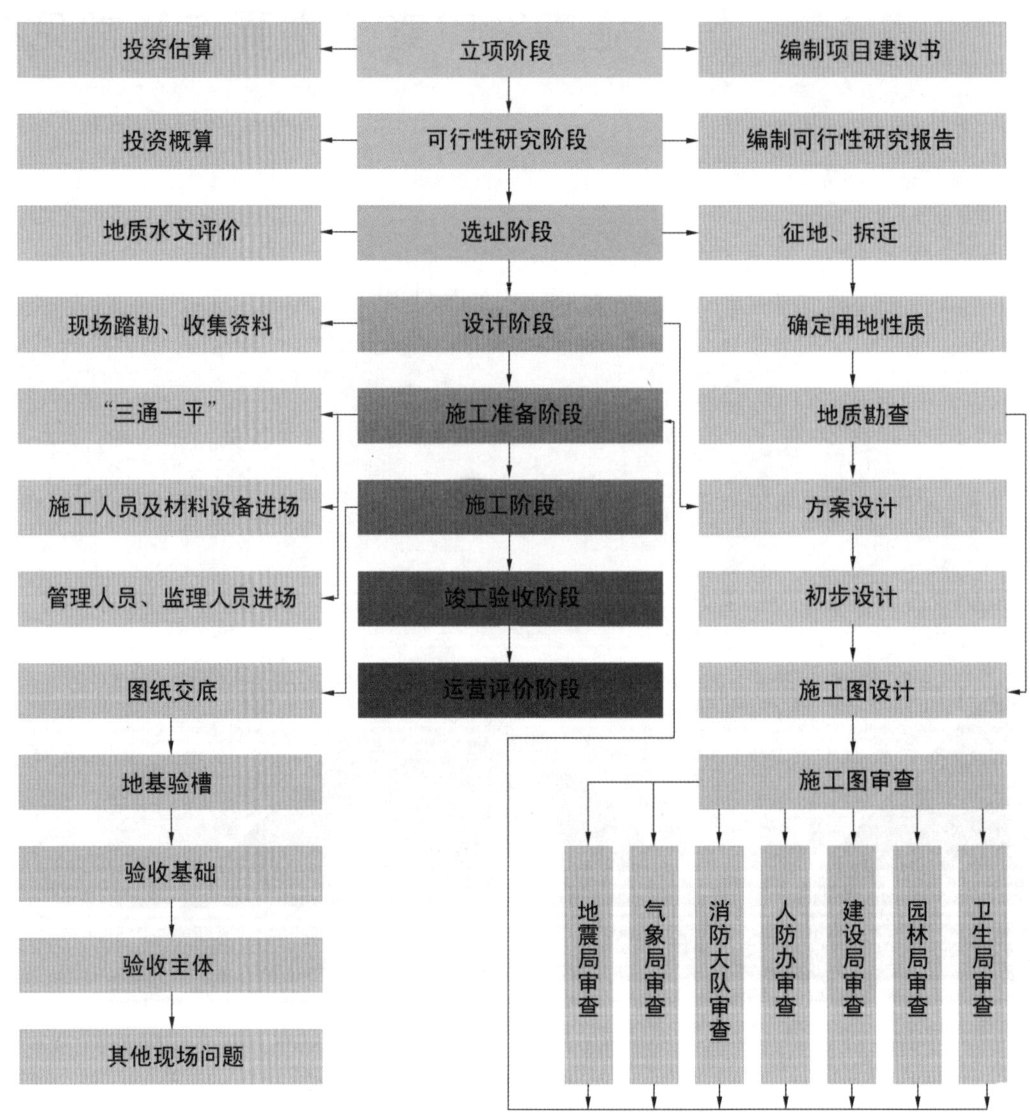

图 8.1-1　我国基本建设程序一览表

8.1.1 立项阶段

立项阶段是建设过程中的最初阶段，主要由设计部门完成项目建议书编制，其内容有建设目的和依据、建设规模(占地、投资、总建筑面积等)、基础设施(水文地质、供水、供电、交通等)、绿色建筑措施(节水、节地、节能和环保等措施和落实)、防空及抗震等要求、建设工期、投资控制数、劳动定员控制数、投资估算、要求达到的经济效益和技术水平等方面具体论证和多方案比较。项目建议书经相关主管部门批准后，才能进入下一阶段。

8.1.2 可行性研究阶段

项目建议书批准后，应进行可行性研究。可行性研究是对项目在技术上是否可行和经济上是否合理进行科学的分析和论证。在可行性研究的基础上，编制可行性研究报告，其主要包括以下内容：①市场分析与预测。②对于资源开发项目，要初步研究资源可利用量、自然品质、赋存条件及其开发价值等。③初步进行建设方案的策划。④初步估算拟建项目所需的建设投资和投产后运营期间所需的流动资金。⑤初步确定项目所需的资本金和债务资金需要数额和资金来源。⑥初步估算项目产品的销售收入与成本费用，测算项目的财务内部收益率和资本金内部收益率，并初步计算借款偿还能力；对非营利项目，要初步计算单位功能投资，其中对负债建设项目，还要粗略估算借款偿还期等。⑦初步估算项目的国民效益和费用，以及经济内部收益率。⑧对于必须进行社会评价的项目，要以定性描绘为主，对项目进行初步社会评价。⑨初步分析，识别项目的风险因素及风险影响程度等。可行性研究报告被批准后，不得随意修改和变更。

8.1.3 选址阶段

选址主要考虑以下问题：①工程地质、水文地质等自然条件是否可靠；②选址地块的土地性质是否与建设项目匹配，比如基本农田与海洋用地等不得用于建设项目，工业建设用地不得用于民用建筑项目等；③建设时所需水、电、运输条件是否落实；④项目建成投产后原材料、燃料等是否具备；⑤生产人员生活条件、生产环境等是否符合环保要求。

8.1.4 设计阶段

设计阶段是对拟建工程的实施在技术上和经济上所进行的全面而详细的安排，是项目建设计划的具体化，是组织施工的依据。此阶段按步骤可分为方案设计、初步设计和施工图设计三个环节。一个拟建项目选址确定后，建设单位(也叫甲方)委托设计院先进行方案设计，主要成果包括效果图(鸟瞰图、若干角度透视图等)或模型，总平面图(包括建筑总平面图、外网总平面图等)，各个单体的平、立、剖面图及相关的设计说明。设计方案经主管部门审批合格后，项目进入初步设计环节，设计院主要提供设计说明和概算，建筑总平面图(包括竖向、绿化、给排水、电力等总平面图)，单体的平、立、剖面图，单体的结构基础图及结构设计说明等。对于小型项目，为了加快进度，设计方案审批通过后，可以将初步设计环节省略直接进行施工图设计。施工图设计的目的就是提供可以指导施工的全套设计文件，具体内容可参见本书前面章节的相关内容。

8.1.5 施工准备阶段

施工图完成后，建设单位委托施工图审查机构对施工图中涉及的是否违反工程建设强制标准和国家规范，图纸中是否存在安全隐患等内容进行审查；建设单位组织施工招标投标、择优选定施工单位，签订承包合同；施工单位确定后，要“三通一平”，即施工用水、用电、道路等要通畅，施工场地要平整；施工单位要确定施工组织、进度安排、设备材料订货等事宜；施工项目管理、施工监理等部门应进场为顺利施工做准备。

8.1.6 施工阶段

建设项目经批准新开工建设，项目便进入施工阶段。在此阶段中，设计人员应全程对项目进行跟踪服务。设计人员根据施工进程，主要配合施工现场人员进行图纸交底、地基验槽、验收基础、验收主体、消防初步验收等。除这些环节外，施工过程中如遇到其他问题，设计人员还要去工地现场解决。

8.1.7 竣工验收阶段

竣工验收是工程建设过程的最后一个环节，在项目交付使用之前，“六方责任主体”（建设单位、施工单位、勘察单位、设计单位、图审单位及监理单位）及相关主管部门齐聚现场，全面考核建设成本、检验设计和施工质量。该项目验收合格后交付建设单位使用，如有问题施工单位要进行整改，合格后交付建设单位。

8.1.8 运营评价阶段

项目完工后，对整个项目的造价、工期、质量、安全、运营等指标进行分析评价或与类似项目进行对比。

8.2 施工图审查基本要点

8.2.1 审查依据

2004年6月以来，根据国务院颁布的《建设工程勘察设计管理条例》《建设工程质量管理条例》和住房和城乡建设部出台的《房屋建筑和市政基础设施工程施工图设计文件审查管理办法》等有关规定，依法对施工图设计文件中涉及公共利益、公共安全和工程建设强制标准的内容进行审查。施工图审查分为政策性审查和技术性审查两部分。

2017年10月，国务院令对《建设工程质量管理条例》《建设工程勘察设计管理条例》中有关施工图审查的部分进行了修改，取消了其中“应当将施工图设计文件报县级以上人民政府建设行政主管部门或者其他有关部门审查”，即相关部门不必对施工图进行审查，没有了法定义务和责任。住房和城乡建设部于2018年12月29日又一次修订《房屋建筑和市政基础设施工程施工图设计文件审查管理办法》，提出“逐步推行以政府购买服务方式开展施工图设计文件审查”。直至2019年3月国务院颁布的《全面开展工程项目审批制度改革的实施意见》提出“将加快探索取消施工图审查”，从政府行政审查—市场操作，政府监管—政府购买—取消，施工图审查将走完其全生命周期。

不管施工图审查环节取消与否，施工图设计质量是不能降低的，基于此，本章列举了施工图审查要点，力图提醒设计人员在施工图设计中应注重这些要点。这些要点有助于设计人员自审图纸，从而提高施工图设计质量。

8.2.2 施工图政策性审查主要内容

(1)是否符合工程建设强制性标准要求；

(2)地基基础和主体结构的安全性；

(3)是否符合民用建筑节能强制性标准，对执行绿色建筑标准的项目，还应当审查是否符合绿色建筑标准；

(4)勘察、设计企业和注册执业人员及其相关人员是否按照规定在施工图上加盖相应的图章并签字；

(5)法律、法规、规章规定必须审查的其他内容；

(6)是否符合“作为勘察设计依据的政府有关部门的批准文件及附件”。

8.2.3 施工图技术性审查基本内容

施工图技术性审查要点涵盖全部的国家法律、相关规范和地方标准，由于篇幅有限，本节仅列举了基本的《建筑工程设计文件编制深度规定》、《民用建筑设计统一标准》(GB 50352—2019)、《建筑设计防火规范(2018年版)》(GB 50016—2014)、《住宅设计规范》(GB 50096—2011)等规范中的相关条款，至于详细内容及其他专项规范，读者可查阅相关国家现行规范。

8.2.3.1 建筑施工图设计内容和深度

(1)总平面图审查要点：

①场地四界的测量坐标或定位尺寸，道路红线、用地红线及其他相关控制线的位置；

②场地四邻原有及规划道路、绿化带等的位置，以及主要建筑物的位置、名称、层数；

③建筑物、构筑物(人防工程、地下车库等隐蔽工程以虚线表示)的名称、编号、层数、定位坐标或相互关系尺寸；

④广场、停车场、运动场、道路、无障碍设施、排水沟、挡土墙、护坡的定位坐标或相互位置尺寸。

【依据】《建筑工程设计文件编制深度规定》4.2.4

(2)总平面竖向布置图关键标高审查要点：

①场地相邻的道路、水面、地面的关键性标高。

②建筑物室内外地面设计标高，地下建筑的顶板

面标高及覆盖土高度限制。

③道路的设计标高、纵坡度、纵坡距、关键性标高；广场、停车场、运动场地的设计标高，以及院落的控制性标高。

④挡土墙、护坡或土坎顶部和底部主要标高及护坡坡度。

【依据】《建筑工程设计文件编制深度规定》4.2.5

(3)建筑设计说明审查要点：

①设计依据性文件和主要规范、标准是否齐全、正确，是否为有效版本。

②设计概况中建筑面积、建筑基底面积、建筑层数和高度是否与城市规划主管部门核发的规划设计条件一致；建筑防火分类和耐火等级、人防工程类别和防化等级是否正确。

③设计标高的确定是否与城市已确定的控制标高一致，审图时要特别注意±0.000的绝对标高是否已标注。

④建筑墙体和室内外装修材料，不得使用住房和城乡建设部及省住房和城乡建设厅公布的淘汰产品；采用新技术、新材料须经主管部门鉴定认证，有准用证书。

⑤门窗框料材质、玻璃品种及规格要求须明确，整窗传热系数、气密性等级应符合规定。

⑥幕墙工程(包括玻璃、金属、石材等)及特殊的屋面工程(包括金属、玻璃、膜结构等)须有明确的性能及制作要求。

⑦建筑防火设计、无障碍设计、节能设计、绿色建筑设计和装配式建筑设计说明应与图纸的表达一致。

【依据】《建筑工程设计文件编制深度规定》4.3.3

(4)建筑平面图审查要点：

①凡是结构承重，并有基础的墙、柱，均应标轴线及轴线编号；内外门窗位置、编号及开启方向、房间名称应标示清楚，库房(储藏)需注明储存物品的火灾危险性类别。

②尺寸标注应清楚，外墙三道尺寸、轴线及墙身厚度、柱与壁柱的截面尺寸及其与轴线的关系尺寸都应标注清楚。

③楼梯、电梯及主要建筑构造部件的位置、尺寸和做法索引。

④变形缝的位置、尺寸及做法索引。

⑤楼地面预留孔洞和管线竖井、通气管道等位置、尺寸和做法索引，以及墙体预留洞的位置、尺寸和标高或高度。

⑥室内外地面标高、底层地面标高、各楼层标高、地下室各层标高。

⑦各层建筑平面中防火分区面积和防火分区分隔位置及安全出口位置示意。

⑧屋顶平面应标明女儿墙、檐口、天沟、屋脊(分水线)、坡度、坡向、雨水口、变形缝、屋面上人孔、楼梯间、水箱间、电梯机房、室外消防楼梯及其他构筑物，必要的详图索引号、标高等。

【依据】《建筑工程设计文件编制深度规定》4.3.4

(5)建筑立面图审查要点：

①每一立面应绘注两端的轴线编号，立面转折复杂时可用展开立面表示，并应绘制转角处的轴线编号；

②建筑立面图应表达立面投影方向可见的建筑外轮廓和建筑构造的位置，如女儿墙顶、檐口、柱勒脚、室外楼梯和垂直爬梯、门窗、阳台、雨篷、空调机搁板、台阶、坡道、花台、雨水管，以及其他装饰构件、线脚等，如遇立面投影有前后位置关系时，前部的外轮廓线宜加粗，以示立面层次；

③立面尺寸应标注建筑总高、楼层数和标高，以及平、剖面图未表示的屋顶、檐口、女儿墙、窗台及装饰构件、线脚等的标高或高度，特别是平屋面檐口上皮或女儿墙顶面的高度、坡屋面檐口及屋脊的高度须标注清楚；

④外装修材料、颜色应直接标注在立面图上，较复杂时可用索引和图例表达清楚；

⑤墙身详图的剖线索引应在立面图上标注。

【依据】《建筑工程设计文件编制深度规定》4.3.5

(6)建筑剖面图审查要点：

①剖面图的剖视位置应选在具有代表性的部位，应用粗实线画出所剖到的建筑实体切面(如墙体、梁、板、地面、楼梯、屋面等)，用细线画出投影方向可见的建筑构造和构配件(如门、窗、洞口、室外花坛、台阶等)。

②剖面图应标注墙柱轴线和轴线编号。

③高度尺寸一般标注三道，第一道为各层窗洞口高度及与楼面关系尺寸，第二道为层高尺寸，第三道为由室外地坪至平屋面檐口上皮或女儿墙顶面或坡

屋面下皮总高度；坡屋面檐口至屋脊高度单注；屋面之上的楼梯间、电梯机房、水箱间等另加注其高度。

④应标注室外地坪、各层楼地面、屋顶结构板面、女儿墙顶面的相对标高，内部的隔断、门窗洞口、地坑等标高。

⑤标注节点构造详图索引。

【依据】《建筑工程设计文件编制深度规定》4.3.6

(7)建筑详图审查要点：

①一般以 1∶20 的比例绘制完整的墙身详图来表达详细的构造做法，尤其要注意将外墙的节能保温构造交代清楚，并绘出墙身的防潮层、地下室的防水层收头处理等。

②楼电梯详图平面应注明四周墙的轴线编号、墙厚与轴线关系尺寸，并标明梯段宽、梯井宽、平台宽、踏步宽及步数；剖面需注明楼层、休息平台标高和每梯段的踏步高×踏步数，所注尺寸应为建筑完成面尺寸，同时要绘出扶手、栏杆轮廓，并标注详图索引号。

③卫生间及局部房间放大图，重点在内部设备、设施的定位关系尺寸，地面找坡及相关地沟、水池等详图。

④门窗、幕墙应绘制立面简图，开启扇和开启方式应表达清楚，并对门窗的连接方式、用料材质、颜色作出规定，给出幕墙设计要求。

⑤采用标准图的各部构造和建筑配件、设施详图应索引清楚。

【依据】《建筑工程设计文件编制深度规定》4.3.7

8.2.3.2 《民用建筑设计统一标准》(GB 50352—2019)审查常见执行条文要点

(1)紧贴建筑用地红线建造的建筑物，“不得向相邻基地方向设洞口、门窗、阳台、挑檐、空调室外机、废气排出口及排泄雨水”，重点审核贴邻红线建筑物立面图。

【依据】《民用建筑设计统一标准》(GB 50352—2019)4.2.3

(2)除骑楼、建筑连接体、地铁相关设施及连接城市的管线、管沟、管廊等市政公共设施以外，建筑物及其附属的下列设施不应突出道路红线或用地红线建造：

①地下设施，应包括支护桩、地下连续墙、地下室底板及其基础、化粪池、各类水池、处理池、沉淀池等构筑物及其他附属设施等；

②地上设施，应包括门廊、连廊、阳台、室外楼梯、凸窗、空调机位、雨篷、挑檐、装饰构架、固定遮阳板、台阶、坡道、花池、围墙、平台、散水明沟、地下室进风及排风口、地下室出入口、集水井、采花井、烟囱等。

【依据】《民用建筑设计统一标准》(GB 50352—2019)4.3.1

(3)阳台、外廊、室内回廊、内天井、上人屋面及楼梯等临空处均应设置防护栏杆；栏杆应以固定、耐久的材料制作，并能承受荷载规范规定的水平荷载。临空高度在 24m 以下时，栏杆高度不应低于 1.05m；临空高度在 24m 以上(包括中高层住宅)时，栏杆高度不应低于 1.10m。上人屋面和交通、商业、旅馆、医院、学校等建筑临开敞中庭的栏杆高度不应小于 1.2m；住宅、托儿所、幼儿园、中小学及少年儿童专用活动所的栏杆必须采用防止少年儿童攀登的构造。当采用垂直栏杆时，其杆件净距不应大于 0.11m。审查栏杆时应注意构造上是否形成可踏步面，如底部有宽度不小于 0.22m 且高度不大于 0.45m 的可踏部位，应从可踏步起计算高度。

【依据】《民用建筑设计统一标准》(GB 50352—2019)6.7.3、6.7.4

(4)楼梯平台上部及下部过道处的净高不应小于 2.0m，梯段净高不应小于 2.20m。

【依据】《民用建筑设计统一标准》(GB 50352—2019)6.8.6

(5)托儿所、幼儿园、中小学及少年儿童专用活动场所的楼梯，楼梯井净宽大于 0.20m 时，必须采取防止少年儿童攀滑的措施，楼梯栏杆应采取不易攀登的构造；重点审查楼梯平面详图和剖面详图。

【依据】《民用建筑设计统一标准》(GB 50352—2019)6.8.9

(6)栏杆或栏板高度应从所在楼地面或屋面至扶手顶面垂直高度计算，如底面有宽度大于或等于 0.22m，且高度低于或等于 0.45m 的可踏部位，应从可踏部位顶面起计算。

【依据】《民用建筑设计统一标准》(GB 50352—2019)6.7.3

(7)对门的设置的审查要点：旋转门、电动门、卷帘门和大型门的附近应另设平开疏散门；开向疏散走道及楼梯间的门扇开足时，不应影响走道及楼梯平台的疏散宽度；门的开启不应跨越变形缝。

【依据】《民用建筑设计统一标准》(GB 50352—2019)6.11.9

8.2.3.3 建筑防火设计审查要点

(1)建筑分类。

设计说明应明确建筑分类：民用建筑根据其建筑高度和层数可分为单层、多层民用建筑和高层民用建筑，按其使用功能又分为住宅建筑和公共建筑；高层民用建筑根据其建筑高度、使用功能和楼层的建筑面积可分为一类高层住宅建筑和二类高层住宅建筑以及一类高层公共建筑和二类高层公共建筑。图纸审查应对建筑分类的正确性进行核查。

【依据】《建筑设计防火规范(2018 年版)》(GB 50016—2014)5.1.1

(2)耐火等级。

民用建筑的耐火等级应根据建筑高度、使用功能、重要性和火灾扑救难度等确定；地下或半地下建筑(室)和一类高层建筑的耐火等级不应低于一级；单、多层重要公共建筑和二类高层建筑的耐火等级不应低于二级。除特殊规定外，建筑的耐火等级应与建筑分类相适应。审图应核查建筑耐火等级是否符合规范要求，建筑构配件的耐火极限与耐火等级是否相符合。

【依据】《建筑设计防火规范(2018 年版)》(GB 50016—2014)5.1.2、5.1.3

(3)特殊部位或构件的耐火极限。

①防火门、防火窗划分为甲、乙、丙三级。除特殊规定外，防火墙的耐火极限应为 3.00h，防火墙上原则上不开设洞口。当必须开设门窗时，应采用甲级防火门窗；在设置防火墙确有困难的场所，可采用防火卷帘，其耐火极限不应低于 3.00h；防火墙应直接设置在建筑的基础或框架梁等承重结构上，且承重结构的耐火极限不应低于防火墙的耐火极限。

【依据】《建筑设计防火规范(2018 年版)》(GB 50016—2014)6.1.5、6.5.3

②附设建筑内的消防控制室、灭火设备室、消防水泵房和通风空气调节机房、变配电室等，应采用耐火极限不低于 2.00h 的防火隔墙和 1.50h 的楼板与其他部位分隔；通风、空气调节机房和变配电室开向建筑内的门应采用甲级防火门，消防控制室和其他设备房开向建筑内的门应采用乙级防火门。

【依据】《建筑设计防火规范(2018 年版)》(GB 50016—2014)6.2.7

③医院内的手术室或手术部、产房、重症监护室、贵重精密医疗设备用房、储藏间、实验室、胶片室等，附设在建筑内的托儿所、幼儿园的儿童用房和儿童活动场所，老年人活动场所，应采用耐火极限不低于 2.00h 的防火隔墙和 1.00h 的楼板与其他场所或部位分隔，墙上必须设置的门窗应采用乙级防火门窗。

【依据】《建筑设计防火规范(2018 年版)》(GB 50016—2014)5.4.5

④电缆井、管道井、排烟道、排气道、垃圾道等竖向井道应分别独立设置，其井壁的耐火极限应为不低于 1.00h 的不燃烧体，井壁上的检查口应设丙级防火门；建筑内的电缆井、管道井应在每层楼板处采用不低于楼板耐火极限的不燃烧材料或防火封堵材料封堵。

【依据】《建筑设计防火规范(2018 年版)》(GB 50016—2014)6.2.4、6.2.9

⑤除规范另有规定外，建筑外墙上、下层开口之间应设置高度不小于 1.20m 的实体墙或挑出宽度不小于 1.0m、长度不小于开口宽度的防火挑檐；当室内采用自动喷水灭火系统时，上、下层开口之间的实体墙高度不应小于 0.8m。当上、下层开口之间设置实体墙确有困难时，可设置防火玻璃墙，但高层建筑的防火玻璃墙的耐火完整性不应低于 1.00h，多层建筑的防火玻璃墙的耐火完整性不应低于 0.50h、外窗的耐火完整性不应低于防火玻璃墙的耐火完整性的要求。

【依据】《建筑设计防火规范(2018 年版)》(GB 50016—2014)6.2.5

⑥与中庭回廊相通的门、窗均应为甲级防火门窗；若采用防火卷帘，其耐火极限不应低于 3.00h。

【依据】《建筑设计防火规范(2018 年版)》(GB 50016—2014)5.3.2

(4)消防车道。

①街区内的道路应考虑消防车的通行，其道路中心线间的距离不宜大于 160m，当建筑物沿街道部分

的长度大于150m或总长度大于220m时，应设置穿过建筑物的消防车道且净宽和净高不应小于4.0m；当确有困难时，应设置环形消防车道。

②高层建筑，超过3000座的体育馆，超过2000座的会堂，占地面积大于3000m^{2}的商店建筑、展览建筑等应设环形消防车道；确有困难时，可沿建筑的两个长边设置消防车道。

③有封闭内院或天井的建筑物，当内院或天井的短边长度大于24m时，宜设置进入内院或天井的消防车道。当该建筑沿街时，应设置连通街道和内院的人行通道（可利用楼梯间），其间距不宜大于80m。

④环形消防车道至少应有两处与其他道路相通。供消防车通行的道路的转弯半径应符合要求，尽端式消防车道应设置回车场且其面积不小于12m×12m；对于高层建筑，不宜小于15m×15m；供重型消防车使用时，不宜小于18m×18m。

⑤检查总平面图中消防车道设置是否满足规范。

【依据】《建筑设计防火规范（2018年版）》（GB 50016—2014）7.1.1、7.1.2、7.1.4、7.1.9

（5）消防救援场地。

①高层建筑应至少有一个长边或周长的1/4且不小于一个长边长度的底边连续布置消防车登高操作场地，该范围内的裙房进深不应大于4.00m；

②建筑高度不大于50m的建筑，连续布置消防车登高操作场地确有困难时，可间隔布置，但间隔距离不宜大于30m，且消防车登高操作场地的总长度仍应符合上述规定；

③消防车登高操作场地与建筑物之间不应有妨碍消防操作的树木、架空管线等障碍物和车库的出入口，场地的长度和宽度分别不应小于15m和10m，对于高度大于50m的建筑，场地的长度和宽度不应小于20m和10m；

④建筑物与消防车登高操作场地相对应的范围内，应设置直通室外的楼梯或直通楼梯间的入口。

【依据】《建筑设计防火规范（2018年版）》（GB 50016—2014）7.2.1、7.2.2、7.2.3

（6）消防救援窗口。

公共建筑的外墙应在每层的适当位置设置可供消防救援人员进入的窗口，供消防救援人员进入的窗口的净高度和净宽度均不应小于1.0m，下沿距室内地面不宜大于1.2m，间距不宜大于20m且每个防火分区不应少于2个，设置位置应与消防车登高操作场地相对应。窗口的玻璃应易于破碎，并应设置可在室外易于识别的明显标志。

【依据】《建筑设计防火规范（2018年版）》（GB 50016—2014）7.2.4、7.2.5

（7）防火分区和防烟分区。

①图纸应有防火分区和防烟分区示意图。防烟分区不应跨越防火分区，设有自动喷淋灭火系统的面积加倍的防火分区应在分区示意图中注明；防火分区应结合建筑功能秩序化划分，不应按面积随意切块，以免引起消防设施和配套管网线路的不合理设置；防火分区不宜跨越变形缝，如确有困难需跨缝设置时，变形缝构造基层应采用不燃烧材料进行封堵。

②裙房与高层建筑主体之间设置防火墙时，裙房的防火分区可按单、多层建筑的要求确定。

【依据】《建筑设计防火规范（2018年版）》（GB 50016—2014）5.3.1

③以防火卷帘作为防火分区分隔时，除中庭外，当防火分隔部位的宽度不大于30m时，防火卷帘的宽度不应大于10m；当防火分隔部位的宽度大于30m时，防火卷帘的宽度不应大于该部位宽度的1/3，且不应大于20m；防火卷帘的耐火极限不应低于3.0h。

【依据】《建筑设计防火规范（2018年版）》（GB 50016—2014）6.5.3

④防火墙两侧开设门窗时，应满足水平间距2m、转角间距4m（包括屋顶采光窗与相邻防火分区外窗之间的间距）的要求。

【依据】《建筑设计防火规范（2018年版）》（GB 50016—2014）6.1.3、6.1.4

8.2.3.4 住宅施工图审查要点

（1）住宅应按套型设计，每套住宅应设卧室、起居室（厅）、厨房和卫生间等基本功能空间。重点核查住宅组合体平面图和单元详图。

【依据】《住宅设计规范》（GB 50096—2011）5.1.1

（2）厨房应设置洗涤池、案台、炉灶及排油烟机、热水器等设施或为其预留位置。重点核查单元平面图中的厨房布置。

【依据】《住宅设计规范》(GB 50096—2011)5.3.3

(3)卫生间不应直接布置在下层住户的卧室、起居室(厅)、厨房和餐厅的上层。重点核查平面图中卫生间下层平面图是否设上述房间。

【依据】《住宅设计规范》(GB 50096—2011)5.4.4

(4)卧室、起居室(厅)的室内净高不应低于2.40m,局部净高不应低于2.10m,且局部净高的室内面积不应大于室内使用面积的1/3。利用坡屋顶内空间作为卧室、起居室(厅)时,至少有1/2的使用面积的室内净高不应低于2.10m。重点核查住宅剖面图室内净高。

【依据】《住宅设计规范》(GB 50096—2011)5.5.2、5.5.3

(5)阳台栏杆设计必须采用防止儿童攀登的构造,栏杆的垂直杆件间净距不应大于0.11m,放置花盆处必须采取防坠落措施。阳台栏板或栏杆净高,六层及六层以下不应低于1.05m;七层及七层以上不应低于1.10m。重点核查剖面图及立面图中阳台等构件。

【依据】《住宅设计规范》(GB 50096—2011)5.6.2、5.6.3

(6)窗外没有阳台或平台的外窗,窗台距楼面、地面的净高低于0.90m时,应设置防护设施。重点核查立面图、剖面图及外墙详图外窗台标注尺寸。

【依据】《住宅设计规范》(GB 50096—2011)5.8.1

(7)楼梯间、电梯厅等共用部分的外窗,窗外没有阳台或平台,且窗台距楼面、地面的净高小于0.90m时,应设置防护设施。重点核查立面图、楼梯剖面详图等楼梯间外窗。

【依据】《住宅设计规范》(GB 50096—2011)6.1.1

(8)公共出入口台阶高度超过0.70m并侧面临空时,应设置防护设施,防护设施净高不应低于1.05m。核查首层平面图室外台阶。

【依据】《住宅设计规范》(GB 50096—2011)6.1.2

(9)外廊、内天井及上人屋面等临空处的栏杆净高,六层及六层以下不应低于1.05m,七层及七层以上不应低于1.10m;防护栏杆必须采用防止儿童攀登的构造,栏杆的垂直杆件间净距不应大于0.11m;放置花盆处必须采取防坠落措施。

【依据】《住宅设计规范》(GB 50096—2011)6.1.3

(10)十层以下的住宅建筑,当住宅单元任一层的建筑面积大于650m^2,或任一套房的户门至安全出口的距离大于15m时,该住宅单元每层的安全出口不应少于2个;十层及十层以上且不超过十八层的住宅建筑,当住宅单元任一层的建筑面积大于650m^2,或任一套房的户门至安全出口的距离大于10m时,该住宅单元每层的安全出口不应少于2个;十九层及十九层以上的住宅建筑,每层住宅单元的安全出口不应少于2个;安全出口应分散布置,两个安全出口的距离不应小于5m。应核查平面图单元出入口数量是否满足规定。

【依据】《住宅设计规范》(GB 50096—2011)6.2.1～6.2.4

(11)楼梯梯段净宽不应小于1.10m,不超过六层的住宅,一边设有栏杆的梯段净宽不应小于1.00m;楼梯踏步宽度不应小于0.26m,踏步高度不应大于0.175m;扶手高度不应小于0.90m;楼梯水平段栏杆长度大于0.50m时,其扶手高度不应小于1.05m;楼梯栏杆垂直杆件间净空不应大于0.11m;楼梯井净宽大于0.11m时,必须采取防止儿童攀滑的措施。应核查楼梯详图。

【依据】《住宅设计规范》(GB 50096—2011)6.3.1、6.3.2、6.3.5

(12)住宅设置电梯的条件:应核实顶层楼面距室外入口地面的高度。

①七层及七层以上住宅或住户入口层楼面距室外设计地面的高度超过16m时;

②底层作为商店或其他用房的六层及六层以下住宅,其住户入口层楼面距该建筑物的室外设计地面高度超过16m时;

③底层作为架空层或贮存空间的六层及六层以下住宅,其住户入口层楼面距该建筑物的室外设计地面高度超过16m时;

④顶层为两层一套的跃层住宅时，跃层部分不计层数，其顶层住户入口层楼面距该建筑物室外设计地面的高度超过 16m 时。

【依据】《住宅设计规范》(GB 50096—2011) 6.4.1

(13)电梯不应紧邻卧室布置；当受条件限制，电梯不得不紧邻兼起居的卧室布置时，应采取隔声、减震的构造措施。应核实组合体平面图和单元平面图。

【依据】《住宅设计规范》(GB 50096—2011) 6.4.7

(14)位于阳台、外廊及开敞楼梯平台下部的公共出入口，应采取防止物体坠落伤人的安全措施。

【依据】《住宅设计规范》(GB 50096—2011) 6.5.2

(15)七层及七层以上住宅入口及入口平台的无障碍设计应符合下列规定：建筑入口设台阶时，应同时设置轮椅坡道和扶手；供轮椅通行的门净宽不应小于 0.8m；供轮椅通行的推拉门和平开门，在门把手一侧的墙面，应留有不小于 0.5m 的墙面宽度；供轮椅通行的门扇，应安装视线观察玻璃、横执把手和关门拉手，在门扇的下方应安装高 0.35m 的护门板；门槛高度及门内外地面高差不应大于 0.015m，并应以斜坡过渡；七层及七层以上住宅建筑入口平台宽度不应小于 2.00m，七层以下住宅建筑入口平台宽度不应小于 1.50m；供轮椅通行的走道和通道净宽不应小于 1.20m。核查首层平面入口、台阶和坡道及设计说明中无障碍设计内容。

【依据】《住宅设计规范》(GB 50096—2011) 6.6.1～6.6.4

(16)直通住宅单元的地下楼、电梯间入口处应设置乙级防火门，严禁利用楼、电梯间为地下车库进行自然通风。核查住宅地下平面图与地下车库相邻部分。

【依据】《住宅设计规范》(GB 50096—2011) 6.9.6

(17)住户的公共出入口与附建公共用房的出入口应分开布置。核实首层平面住宅单元出入口与相邻公共建筑是否共用楼梯及出入口。

【依据】《住宅设计规范》(GB 50096—2011)6.10.4

(18)每套住宅应至少有一个居住空间能获得冬季日照，卧室、起居室(厅)、厨房应有直接天然采光；卧室、起居室(厅)、厨房的采光窗洞口的窗地面积比不应低于 1/7。应核实住宅单元平面详图及住宅日照分析报告。

【依据】《住宅设计规范》(GB 50096—2011) 7.1.1、7.1.3、7.1.5

8.3 常见图面错误解析

8.3.1 设计说明

(1)设计依据中审批文件、主要规范和标准图引用不全或版本过期，有的规范已更新，但在图中仍然引用旧版规范；有的集办公、商业、住宿、餐饮于一体的综合楼，引用规范缺少某项专门规范；有的将规范用简称或缩写；有的缺少规范的版本和编号；等等。

(2)项目概况内容缺项，概况说明中主要缺乏层数、防火等级、抗震设防烈度、建设地点等项中的一项或若干项，或上述各项与规划设计要求不一致。

(3)场地设计中新建筑室内地坪±0.000 的绝对标高没有确定数值，有的由于甲方提供的红线图没有地形高程，加之设计人不求甚解，往往在设计说明中注明"±0.000 的绝对标高现场定"以此回避场地竖向设计的高程问题，该做法有可能导致现场高程定位不准，极易出现排水问题。

(4)说明中建筑物墙体和室内外装修材料使用过期或淘汰产品，比如推拉门窗由于气密性达不到节能要求，已被列为淘汰产品，但在住宅建筑设计中阳台门仍然采用推拉门窗。

(5)节能设计说明中，门窗框料材质、玻璃品种及规格、门窗气密性及水密性等级等，保温材料的密度、导热系数、火险等级等指标没有明确的规定或规定值不满足要求。

(6)建筑防火设计、无障碍设计、节能设计、绿色建筑设计等专项设计说明与内容表达不全或与图纸表达不一致。

(7)在门窗表中，相同类型的门窗统计数值与平面图中的实际数值不一致；缺少拼接件、固定件、门窗开启扇及开启方式等备注说明，对于大型组合门窗及非标准门窗，应有相关设计标准及设计要求等。

(8)幕墙工程(包括玻璃幕墙、金属幕墙、石材幕墙等)、特殊的屋面工程，以及其他特殊构造，对其设计、制作、安装等技术要求没有在说明中作出规定。

(9)电梯(自动扶梯)选型及性能指标，包括功能、载重量、速度、停站数、提升高度等内容介绍不全面，电梯说明过于简单。

(10)墙体预留孔、楼板预留孔、管道井楼层的防火封堵措施等未做说明。

(11)屋面防水说明常见错误如下：屋面防水等级未说明或防水等级级别错误；屋面防水等级与设防层数不符合规范；卷材厚度不符合相应的防水等级要求；没有对防水卷材的耐热性指标作出规定，或选用防水卷材的耐热指标(耐高低温指标)与当地气候不符等。

(12)有关民用建筑的建筑材料有害物质限量未说明，《民用建筑工程室内环境污染控制规范》(GB 50325—2010)、《住宅建筑规范》(GB 50368—2005)和《住宅设计规范》(GB 50096—2011)都有相关的规定，应加以说明。

8.3.2 总平面图

(1)总平面图中，场地四界坐标、定位尺寸、道路红线、用地红线及基地其他控制线表达不明确。如图 8.3-1 所示，该总图设计深度不足：图中建筑红线、用地范围等内容均未明确表达；漏画指北针；没有新建筑定位坐标及相关尺寸；没有竖向设计等。

(2)总平面图漏画指北针或漏画现有建(构)筑物，漏画地下建筑物的外轮廓线、地下管廊等。

(3)总平面图中，单体建筑室内±0.000 的绝对标高未标注，未注建筑物定位坐标或定位尺寸，有的漏注新建筑物与现有建筑物防火间距的标注等。

(4)场地以外四邻现有建筑物被忽略未画，导致红线内新建筑物与红线外现有建筑物防火间距不足，存在火灾隐患。图 8.3-2 中红线图例与总平面图表达不一致，围墙以外现有建筑物应画出，且应标注与新建筑物的防火间距。

(5)竖向设计中，室外场地及道路标高、排水坡度、排水方向等标注不全，导致施工后场地内与场地外围的城市道路标高不衔接，场地局部排水不畅或倒灌等。

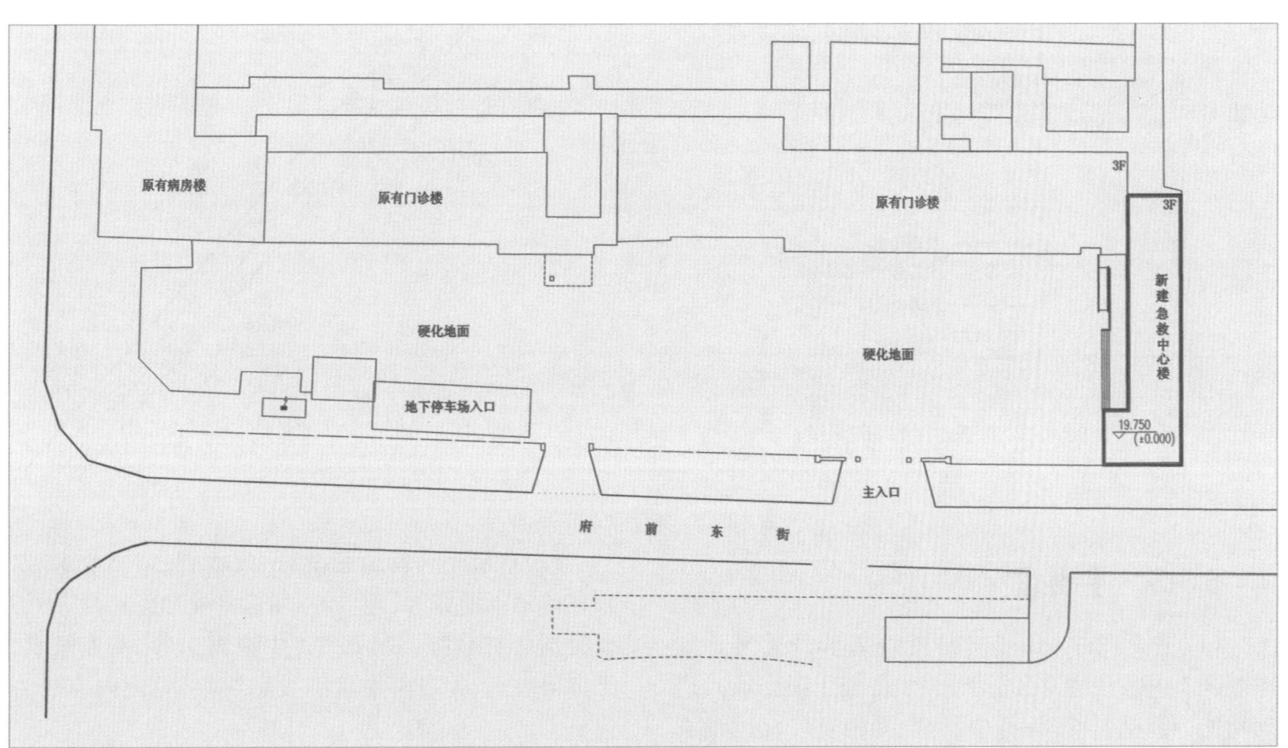

图 8.3-1 某项目总平面图

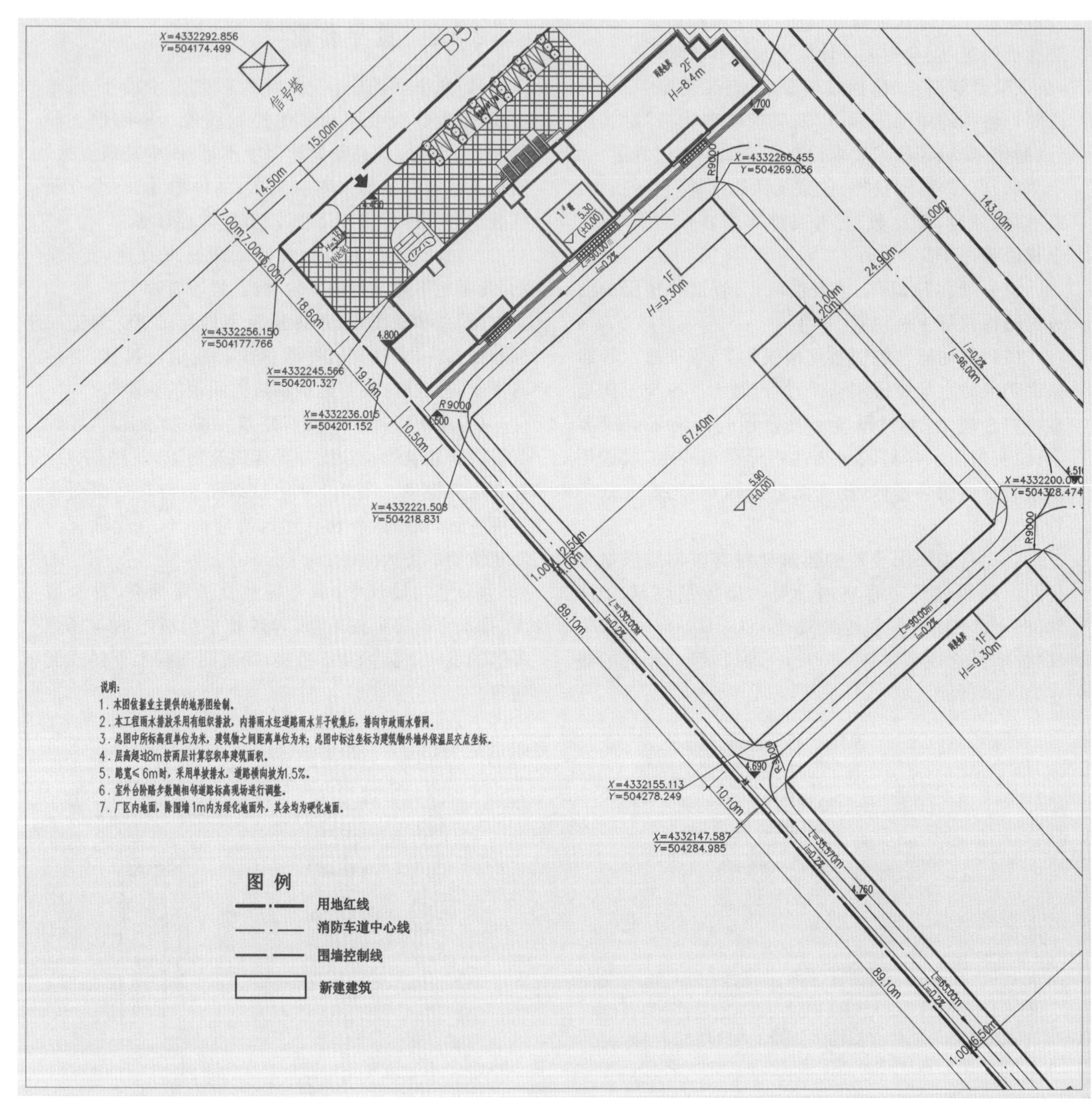

图 8.3-2　某项目总平面图

8.3.3　平面图

(1)平面图中，轴号编排错误或轴号重复。如图 8.3-3 中某住宅首层平面图(学生施工图作业)，房间功能为商铺，轴号编排中Ⓒ轴、Ⓕ轴及Ⓖ轴因没有墙体，不能作为轴号编排的依据，应取消。

(2)首层平面漏画指北针、雨水管、室外散水，以及室内地下的管沟、地坑等；漏标室外地面标高、剖切位置剖切符号等。图 8.3-4 中缺雨水管、室外散水、无障碍坡道、入口雨篷轮廓投影线等，其他内容较为完整。

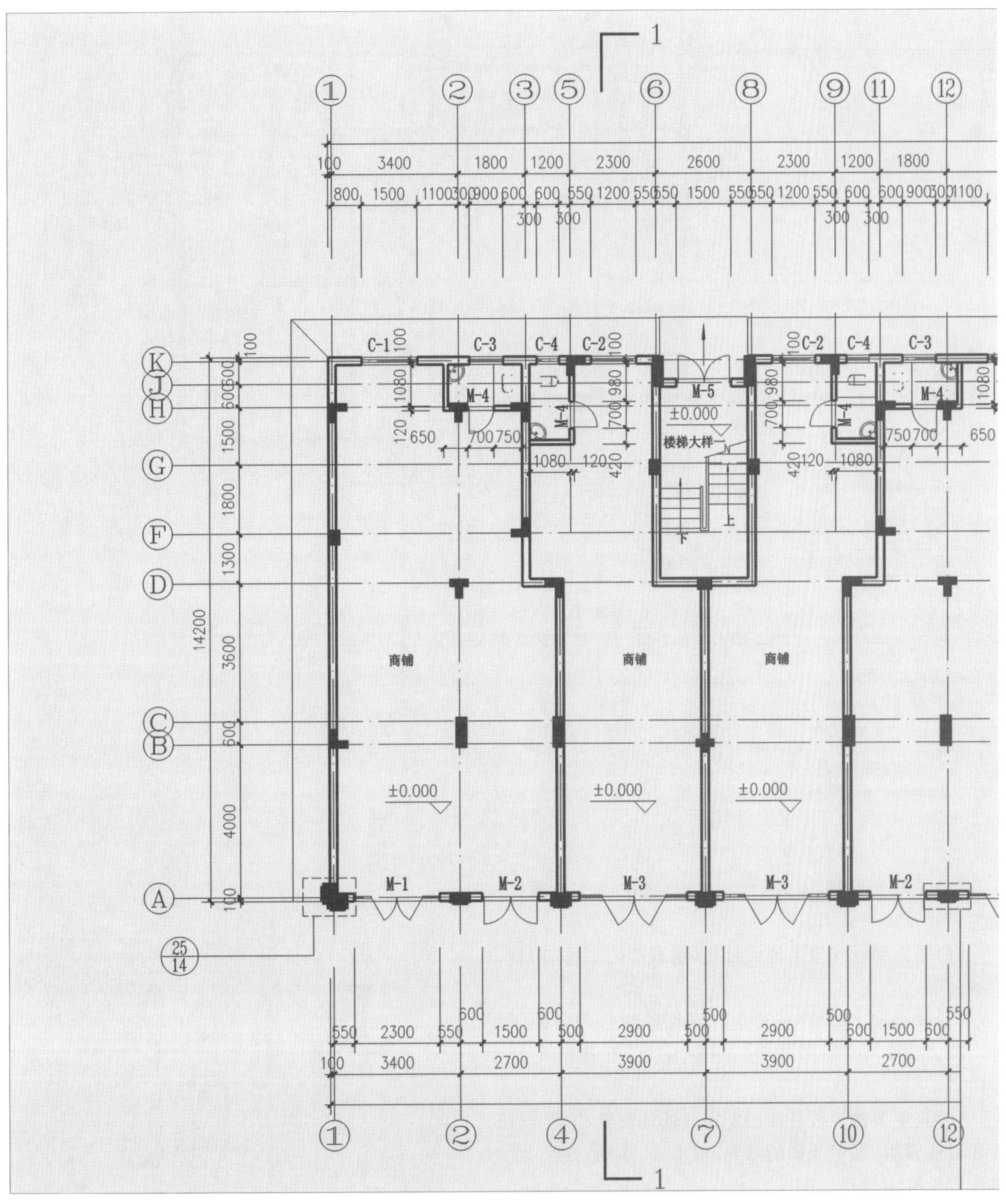

图 8.3-3 轴号编排错误

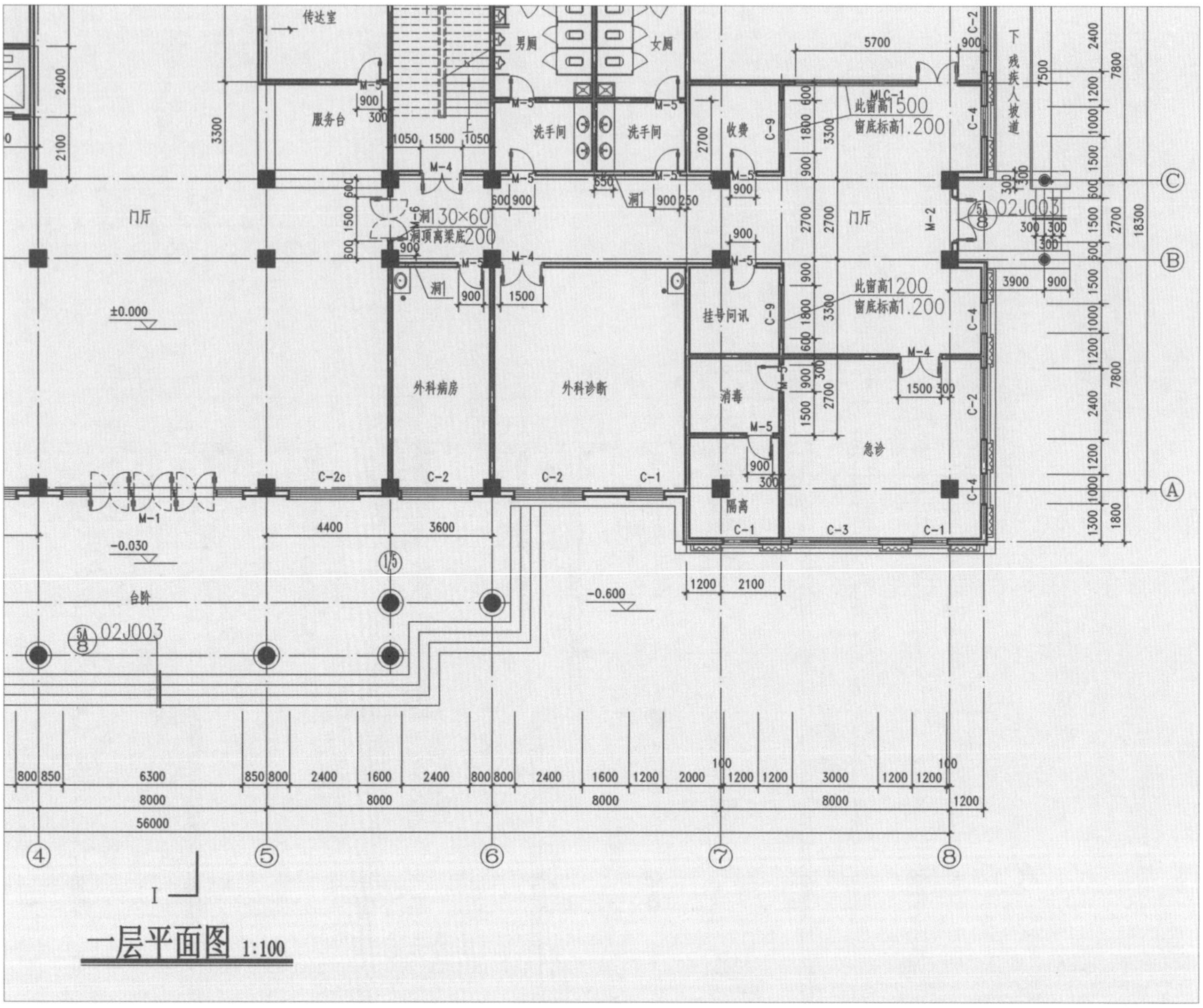

图 8.3-4　某医院首层平面图(局部)

(3)平面变形缝、室外台阶、坡道、散水等构件漏标注相关尺寸及做法索引。

(4)平面漏标注室内地面标高，漏写房间名称、门窗洞口编号等。

(5)缺楼梯上下方向，楼电梯漏注其编号和详图索引等。图 8.3-5 中，楼梯梯段均应标注上、下和箭头指示方向。

(6)缺主要建筑设备和固定家具的位置及相关定位尺寸和做法索引，如卫生间的器具、雨水管、水池、橱柜、洗衣机位置没有定位尺寸等。

(7)缺楼地面预留孔洞和通气管道、管线竖井、烟道、垃圾道等位置、尺寸和做法索引，以及墙体预留空调机孔的位置、尺寸及标高。

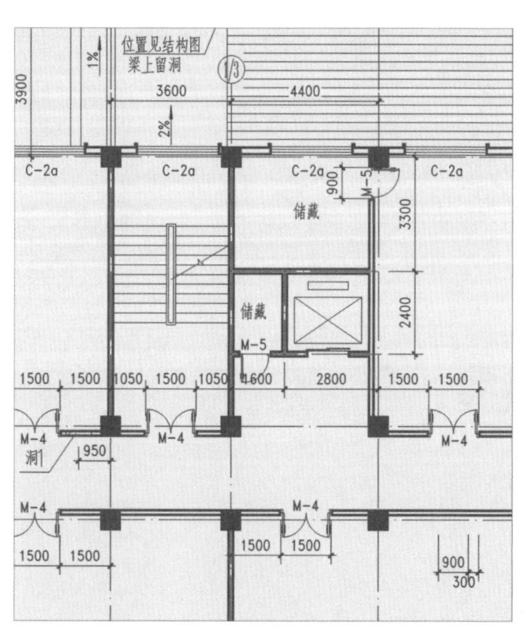

图 8.3-5　某建筑封闭楼梯间

(8)各层平面防火分区、防烟分区示意图漏画,或防火分区示意图中,漏画疏散楼梯和疏散口。

(9)屋顶平面图中,平屋面漏画屋脊分水线、排水方向或漏注排水坡度,漏画屋面设备基础、出屋面的竖井及上人检修爬梯或上人孔等构件。图 8.3-6 所示的某屋顶局部平面图中缺太阳能基础、风机基础、厨卫通风道出屋面、上人孔等屋面构件,其他内容较为完整。

(10)车库平面图中,漏画标准车位和车道通行路线。有的漏画与车位配套的安全构件及安全做法索引,有的地下车库平面缺少排水设计等。图 8.3-7 所示为某小区地下车库平面图,该图车道上未画车行指示路线;缺车位车轮挡定位及做法索引;缺少标注室内地坪排水方向和坡度及排水沟或集水坑做法索引等。

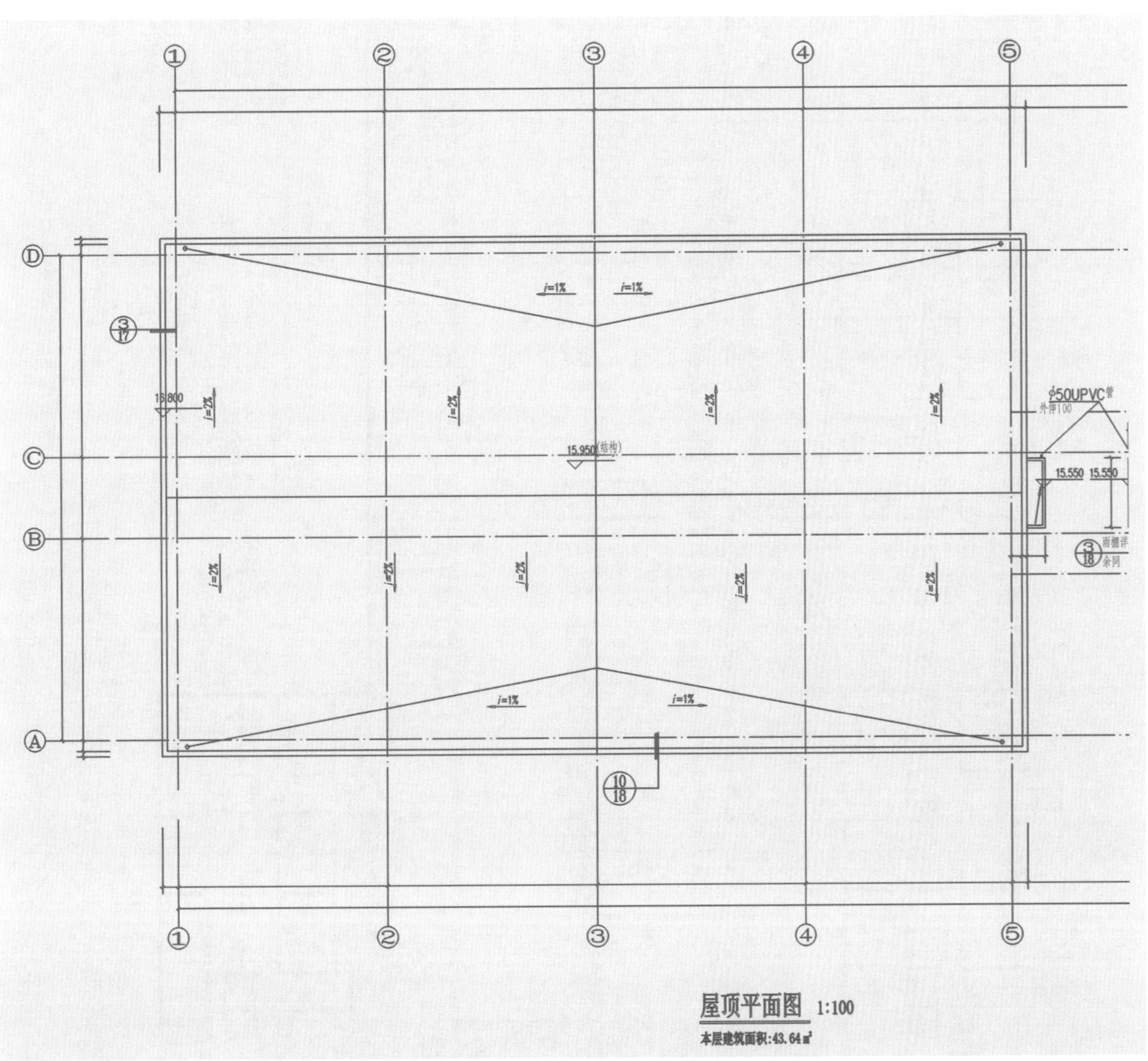

图 8.3-6 某屋顶平面图(局部)

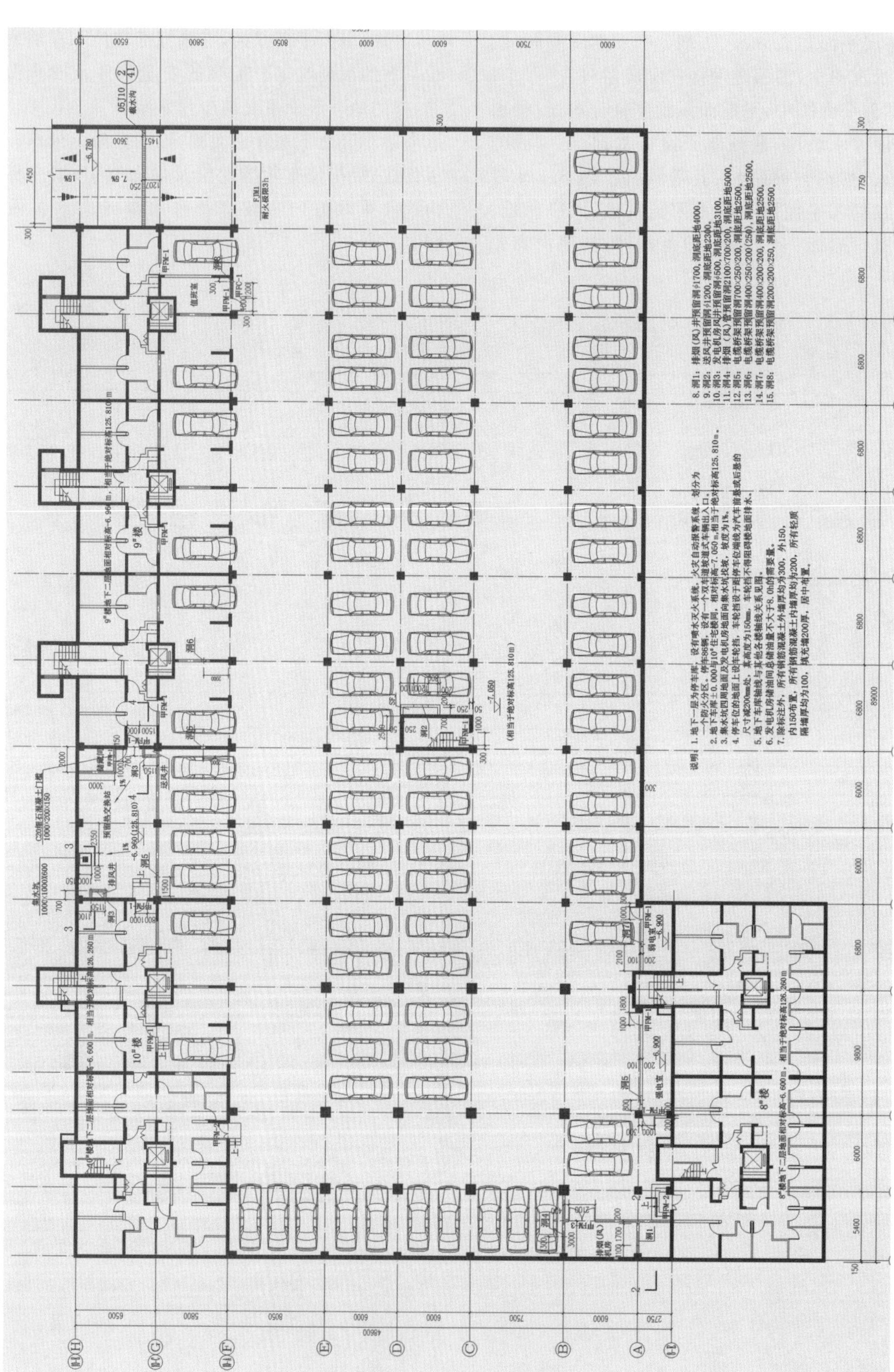

图 8.3-7 某小区地下车库平面图

8.3.4 立、剖面图

(1)立面图与平面图不一致,主要表现在平面与立面绘图比例不一致或立面没有画出平面上的构件,如台阶、坡道、栏杆、空调板等小型构件立面漏画。图 8.3-8 中的主要错误:没有画出大门口处台阶,没有标注层高和门窗立面等相关尺寸,未画雨水管,未标注外墙材质等,还存在墙身详图索引不全面等问题。

(2)立面线型粗细表达有误,比如建筑外轮廓线应用粗实线,门窗洞口应用中粗线,其他用细线,但有的立面图全用细线画,没有显示出立面层次。图 8.3-8、图 8.3-9 中立面建筑轮廓线、门窗洞口轮廓线线型粗细一致,立面缺少层次。

(3)立面图局部标注不全,除主要标注外墙相关标高及尺寸外,还应将雨篷、空调板、阳台等室外构件标注完全。

(4)平面图中未能表示的门窗洞口,在立面图中也应该画出,但经常被设计人漏画。

(5)立面图小型构件漏画,如女儿墙顶、檐口、烟囱、雨篷、阳台、栏杆、空调搁板、台阶、坡道、花坛、勒脚、门窗、幕墙、洞口、雨水立管、粉刷分格线条等容易被漏画。

(6)装饰材料名称、颜色在立面图中标注不全,特别是底层的台阶、雨篷、橱窗细部较为复杂的未能标注,也无标注构造索引。图 8.3-10 中的主要错误:建筑轮廓线没有加粗;外装饰材料名称、颜色在立面图中标注不全;尺寸标高没有标注等。

(7)剖面图中图例填充有误或楼板、框架梁等钢筋混凝土构件没有填充。图 8.3-11 中的主要错误:剖到的钢筋混凝土楼板和梁没有涂黑,剖到的墙体没有用粗实线表达,尺寸标高表达不全等。

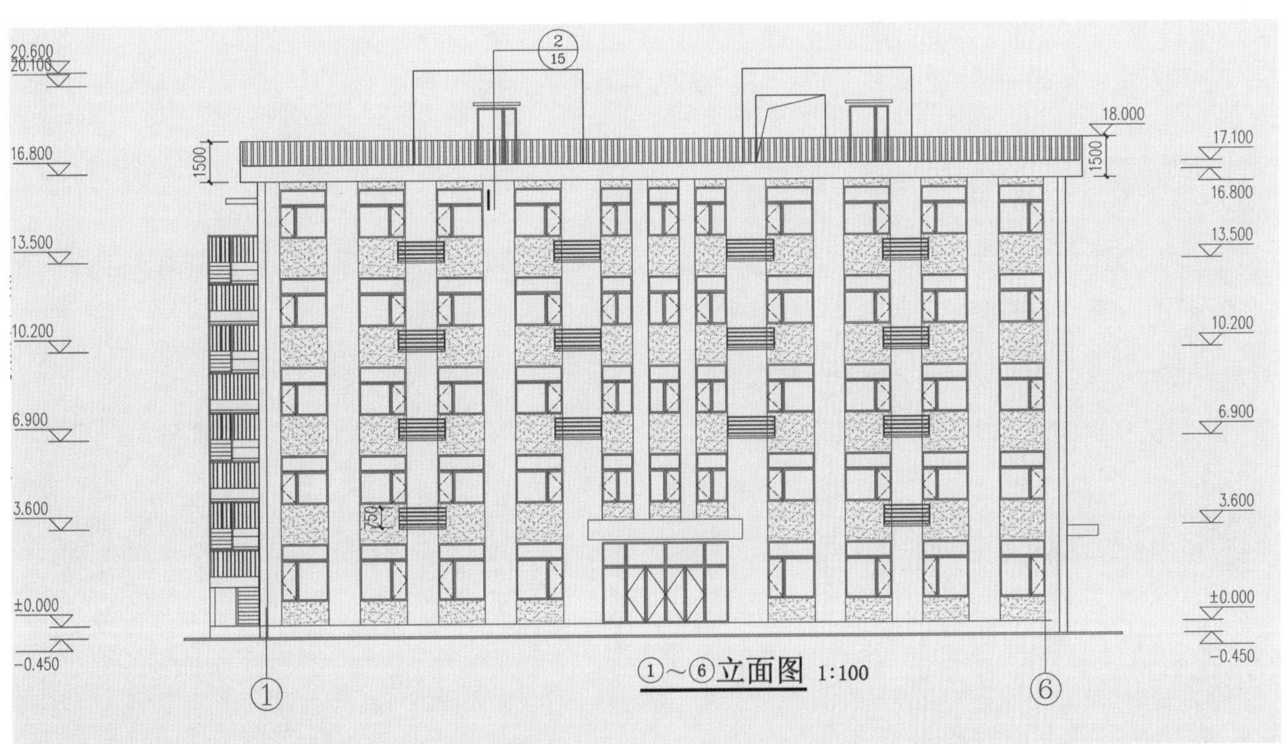

图 8.3-8 某办公楼立面图

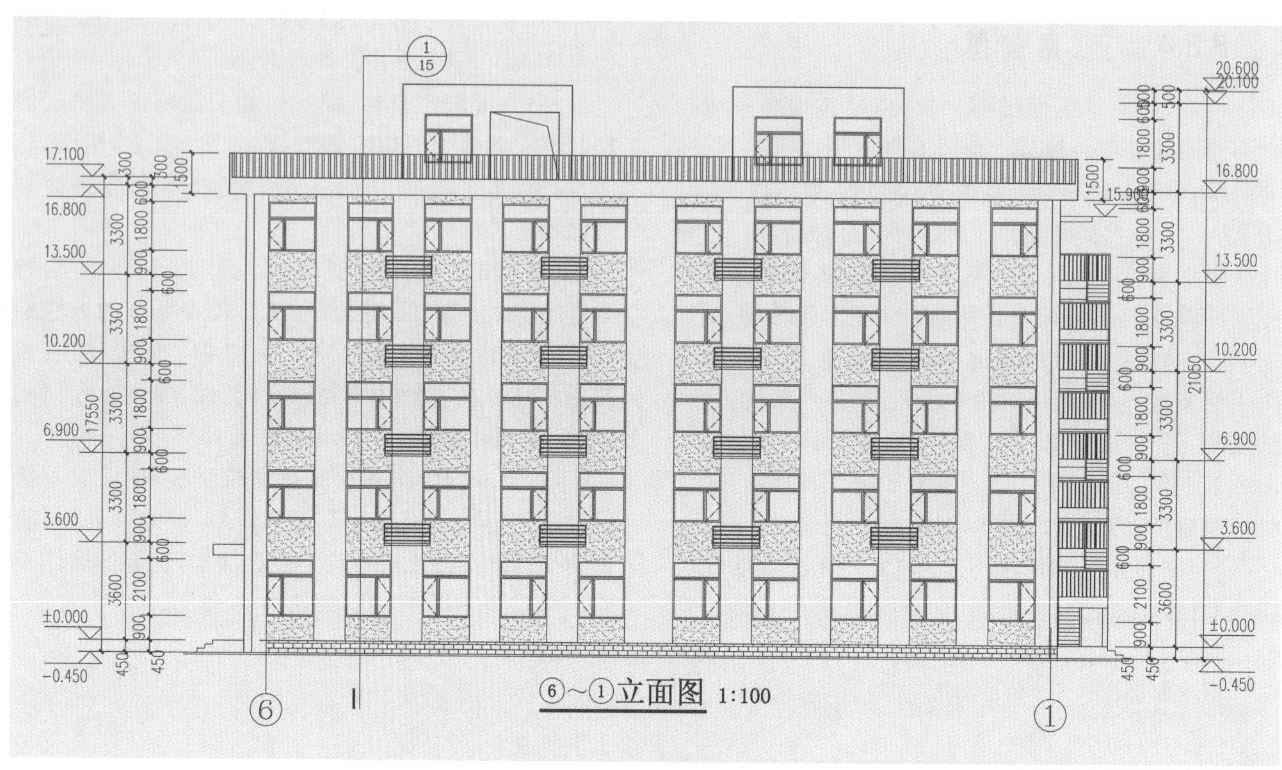

图 8.3-9　某宿舍立面图

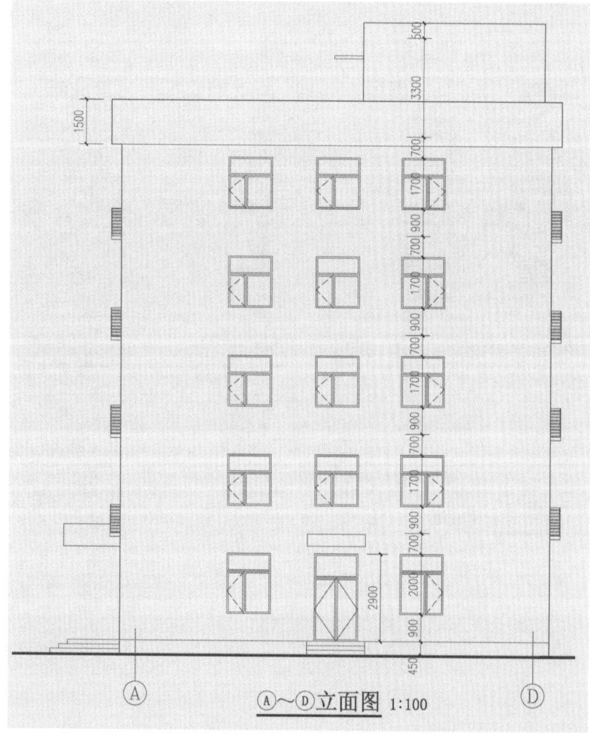

图 8.3-10　某办公楼西立面图

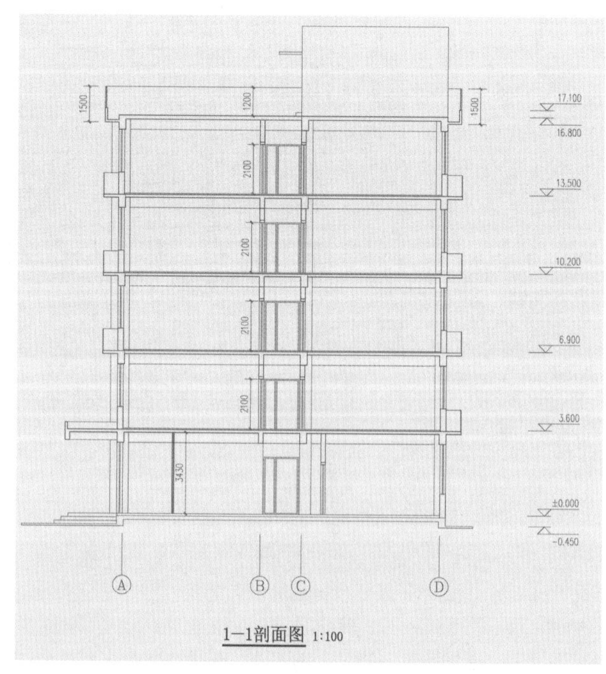

图 8.3-11　某办公楼剖面图

(8)立、剖面图中两端墙体轴号漏画,尺寸标注与平面不符,墙身详图立面剖切索引等漏画。

(9)剖面图中未画出剖切到投影方向可见的建筑物构配件,如室外地面、底层地坑、地沟、夹层、吊顶、屋架、天窗、女儿墙、台阶、坡道、散水及其他装修等可见的内容没能完整地表示。

(10)剖面图中高度尺寸标注不完整,一般只注外部尺寸及标高,而内部尺寸及标高,如地沟深度、隔断、内窗、内洞口、平台、吊顶等平、立面图未能表达的尺寸及标高未表示。

8.4　防火设计错误解析

8.4.1　楼电梯

(1)梯段净宽不满足要求,《建筑设计防火规范(2018年版)》(GB 50016—2014)规定:"住宅建筑疏散楼梯净宽不得小于1.1m,高度不大于18m的住宅,楼梯净宽不得小于1m"。有些设计人员忽略了楼梯间墙体抹灰、保温层、贴墙管道、墙体突出物(如柱子)等的厚度,导致梯段净宽不能满足要求。如图8.4-1所示,本工程为18层住宅,按规定楼梯净宽应不小于1.1m,但由于楼梯间隔墙有保温层,净宽不满足要求。类似的错误还经常出现在对净尺寸有要求的门窗洞口等部位,所以设计人员不能把尺寸控制得"太死",在设计上应充分考虑上述不利因素对净尺寸的影响。

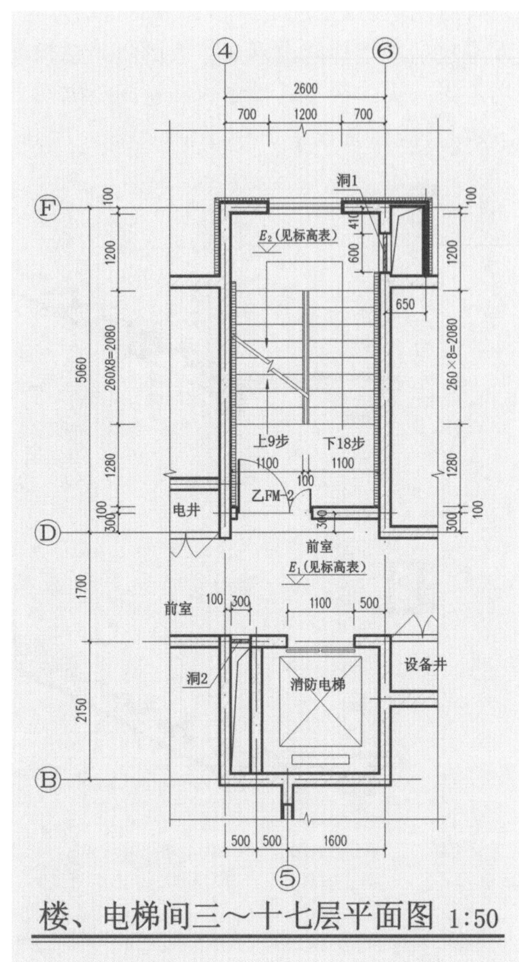

图8.4-1　某住宅单元平面图(局部)

(2)室外楼梯,在楼梯周围2m范围内的墙上开设窗洞口,不满足《建筑设计防火规范(2018年版)》(GB 50016—2014)要求,或开向室外楼梯间的门没有采用乙级防火门。室外楼梯作为疏散楼梯,在防火规范中有如下规定:"栏杆扶手的高度不应小于1.10m,楼梯的净宽度不应小于0.90m;倾斜角度不应大于45°;梯段和平台均应采用不燃材料制作。平台的耐火极限不应低于1.00h,梯段的耐火极限不应低于0.25h;通向室外楼梯的门应采用乙级防火门,并应向外开启;除疏散门外,楼梯周围2m内的墙面上不应设置门、窗、洞口;疏散门不应正对梯段"。但设计人往往将室外楼梯等同于室内楼梯设计,在图8.4-2中,梯段扶手高度不满足规范要求,根据《民用建筑设计统一标准》(GB 50352—2019)的规定,室内楼梯扶手高900mm满足要求,但室外楼梯扶手高1100mm才能满足防火规范的要求。有的设计人对开向室外楼梯的疏散门没有设置乙级防火门,有的出现室外楼梯2m范围内开设其他洞口等错误。如图8.4-3所示,走廊开向室外楼梯疏散门应为乙级防火门,室外楼梯与相邻门窗的距离应大于2m。

(3)需设封闭楼梯间的建筑的首层楼梯间,将走道和门厅等包括在楼梯间内形成扩大的封闭楼梯间,但未采用乙级防火门等防火措施与其他走道和房间隔开。如图8.4-4所示,该建筑为六层办公楼的首层门厅,根据相关规范本建筑应设计封闭楼梯间,即应有防火隔墙和乙级防火门将首层楼梯间与大厅相隔开,设计人为了方便大厅与楼梯间的联系,楼梯间在首层没有封闭，但规范规定："楼梯间的首层可将走道和门厅等包括在楼梯间内形成扩大的封闭楼梯间，但应采用乙级防火门等与其他走道和房间分隔"。也就是说，该项目应在首层平面中③轴、④轴大厅与走廊相邻处设防火隔墙及乙级防火门，在值班室与大厅相邻的门窗也应采用乙级防火门窗。类似问题可以延伸到防烟楼梯间前室在首层与门厅作为扩大前室时，也应与其他部分用防火隔墙和乙级防火门窗隔开。

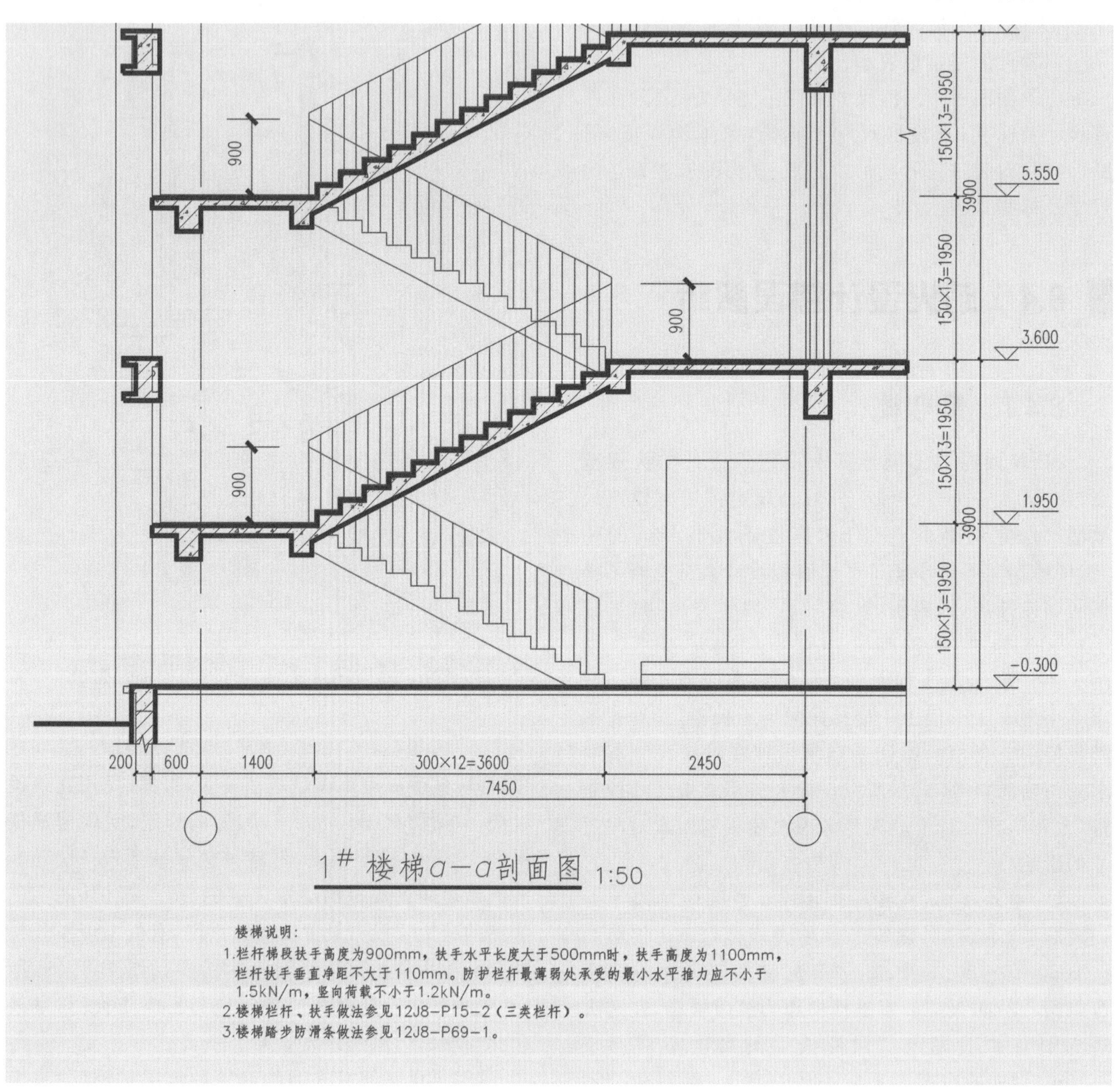
900
900
900
150×13=1950
5.550
3900
150×13=1950
3.600
150×13=1950
1.950
3900
150×13=1950
-0.300
200
600
1400
300×12=3600
2450
7450
1# 楼梯a—a剖面图 1:50
楼梯说明：
1.栏杆梯段扶手高度为900mm，扶手水平长度大于500mm时，扶手高度为1100mm，栏杆扶手垂直净距不大于110mm。防护栏杆最薄弱处承受的最小水平推力应不小于1.5kN/m，竖向荷载不小于1.2kN/m。
2.楼梯栏杆、扶手做法参见12J8-P15-2（三类栏杆）。
3.楼梯踏步防滑条做法参见12J8-P69-1。

图 8.4-2　某室外楼梯剖面图

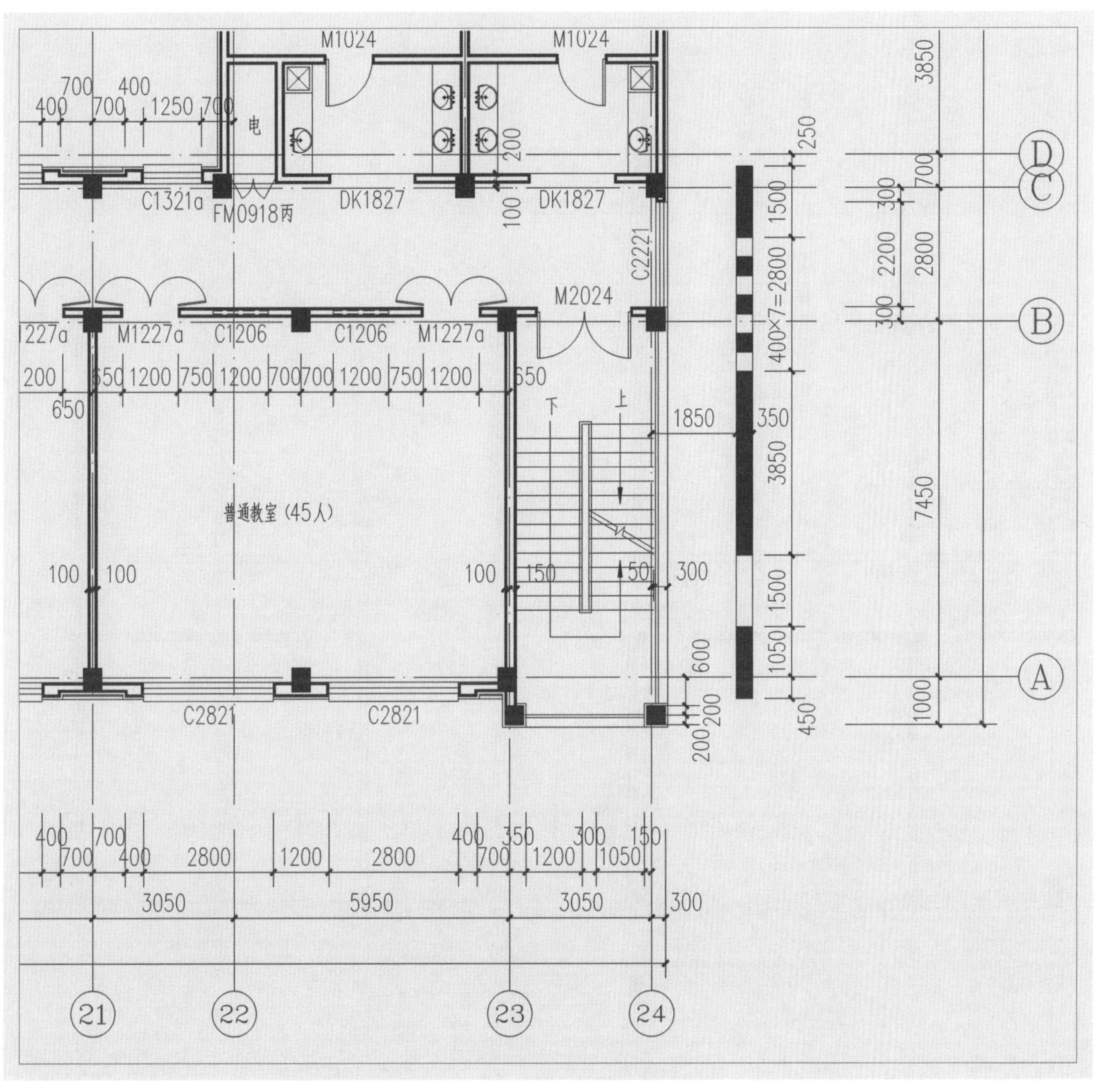

图 8.4-3 某室外楼梯平面图

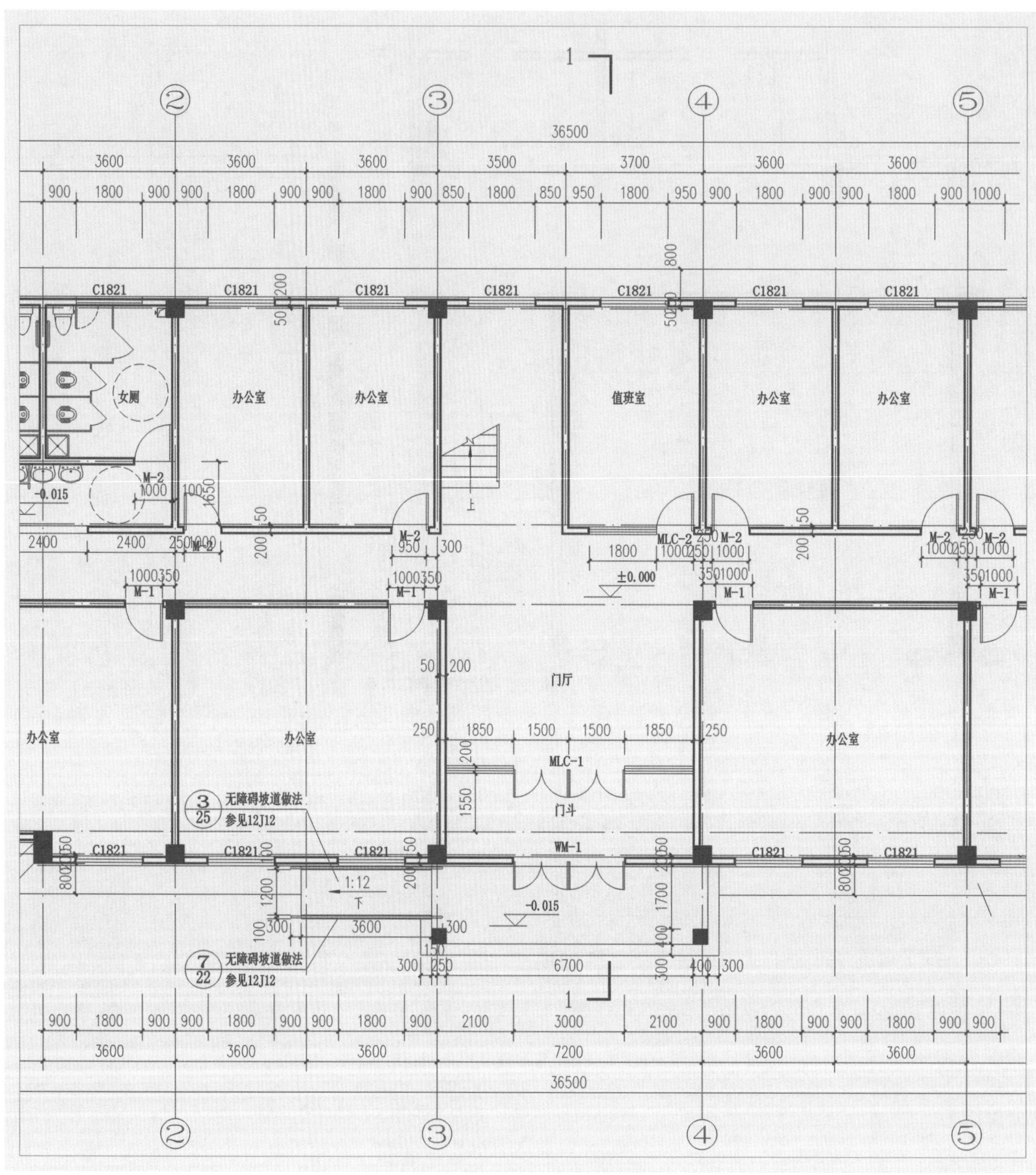

图 8.4-4　某办公楼门厅平面图

(4)封闭楼梯间及防烟楼梯间前室的内墙上,开设其他门洞或有直接开向其他房间的门;如独立设置的电缆井、管道井、排烟道、排气道、垃圾道等竖向管道井壁上的检查门开在了封闭楼梯间内或防烟楼梯间内,无论是公共建筑还是居住建筑,规范均不允许;但对于居住建筑,上述管井检修门可以开在防烟前室或合用前室内。如图 8.4-5 所示,电井的检修门开向了楼梯间内,公共建筑和居住建筑都是不允许的;水井的检修门开在了防烟前室内,对于居住建筑是允许的,但检修门应采用丙级防火门;如果该建筑是公共建筑,除了开向走道的门外,其他门(包括水井、电井的检修门)不应开向防烟前室。有的设计人认为检修门采用甲级防火门相当于防火墙的功效是可以开在防烟前室内,但规范没有明确规定,即使采用甲级防火门也同样存在火险隐患,所以是不允许的。

(5)封闭楼梯间、防烟楼梯间及前室的疏散门常见的是采用卷帘门,《建筑设计防火规范(2018 年版)》(GB 50016—2014)规定:"封闭楼梯间、防烟楼梯间及其前室,不应设置卷帘"。但有些设计人认为,如图 8.4-6 所示,设置防火卷帘更有利于疏散,方便人员通行,但是造成人员大量伤亡的主要原因是火灾引起的浓烟,所以说设置封闭楼梯间或防烟楼梯间的主要目的是防烟,而防火卷帘不如自动关闭的乙级防火门防烟效果好,况且卷帘的开启不如平开门迅速,火灾时可能耽误人员疏散,故此规范规定封闭楼梯间和防烟楼梯间不允许设置卷帘,而应采用向疏散方向开启的乙级防火门。

(6)当楼梯的地下与地上合用楼梯间时,按防火规范要求:"建筑的地下或半地下部分与地上部分不应共用楼梯间,确需共用楼梯间时,应在首层采用耐火极限不低于 2.00h 的防火隔墙和乙级防火门将地下或半地下部分与地上部分的连通部位完全分隔,并应设置明显的标志"。图 8.4-7 为某商业楼首层平面图,该平面图中楼梯首层与地下层共用楼梯间,楼梯间有防火隔墙和乙级防火门将首层和地下层隔开,貌似没错误。但仔细分析,隔离首层与地下层的乙级防火门位置是错误的,这种布局虽然隔开了首层和地下层,但仍有上层人员下到首层后,因为通往地下层没有设隔离作用的乙级防火门,存在误入地下层延迟疏散的隐患。

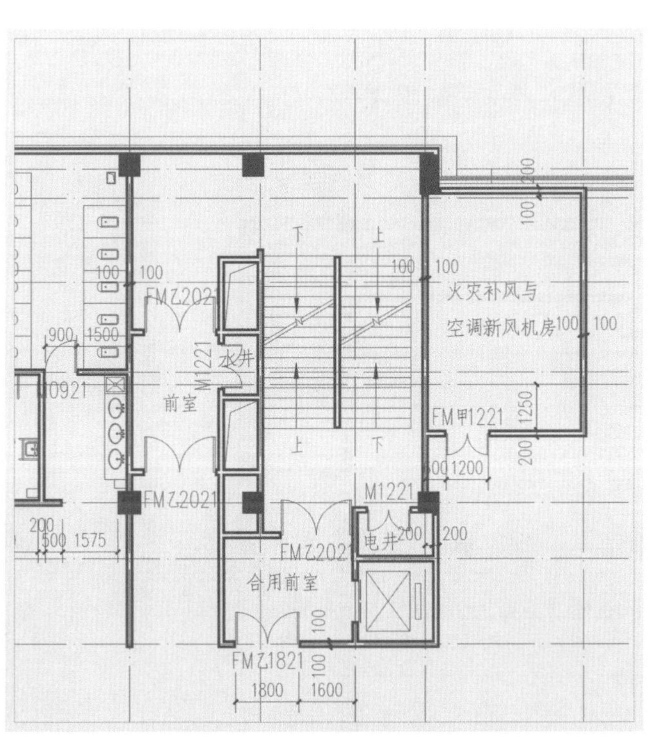

图 8.4-5 某楼梯平面图

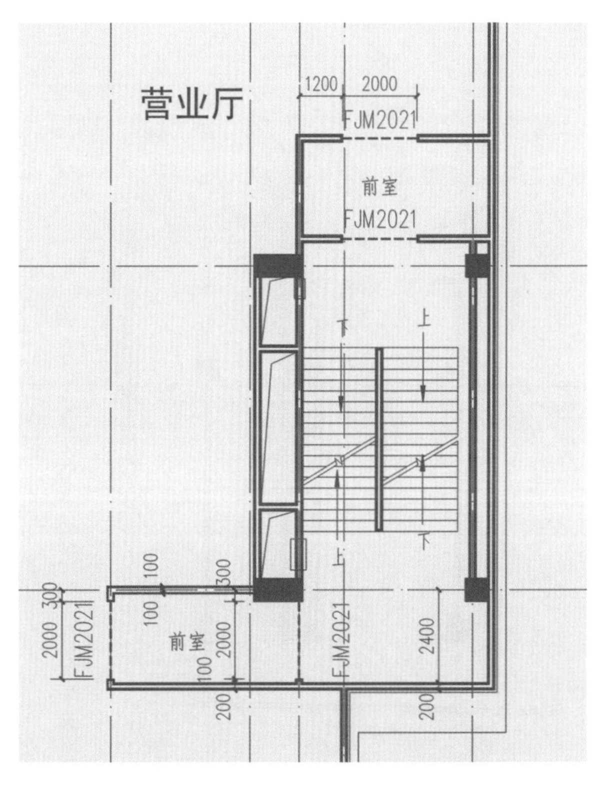

图 8.4-6 某商场楼梯平面图

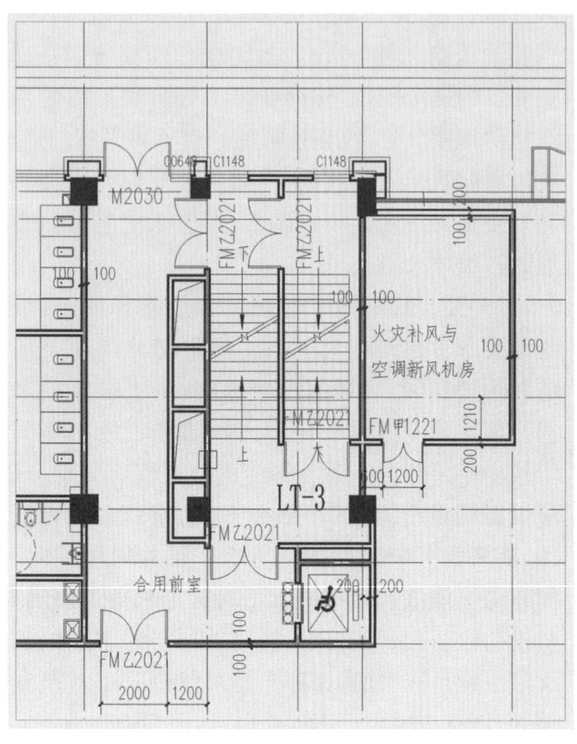

图 8.4-7　某商业楼首层平面图

(7)楼梯间或疏散通道的防火门开启后影响疏散宽度的要求。在图 8.4-8 中，有些设计人由于没有注意楼梯间的疏散门的位置对疏散的影响，导致疏散门完全开启后，占用了楼梯平台的疏散宽度。在图 8.4-9 中，对于某些通廊式的公共建筑，会议室、报告厅等大房间疏散门开向走廊(即开向疏散方向)，占用了走廊的疏散宽度，设计走廊净宽时，应从房间疏散门完全开启后最不利处计算走廊的疏散宽度。

(8)消防电梯的一些构造不满足要求，特别突出的问题是消防电梯机房与相邻其他电梯机房之间未采用耐火极限不低于 2.00h 的墙隔开，当在隔墙上开门时未按规定开设甲级防火门。《建筑设计防火规范(2018 年版)》(GB 50016—2014)规定："消防电梯井、机房与相邻电梯井、机房之间应设置耐火极限不低于 2.00h 的防火隔墙，隔墙上的门应采用甲级防火门"。如图 8.4-10 所示，消防电梯机房与普通电梯机房不能共用，应采用防火隔墙或甲级防火门隔开。

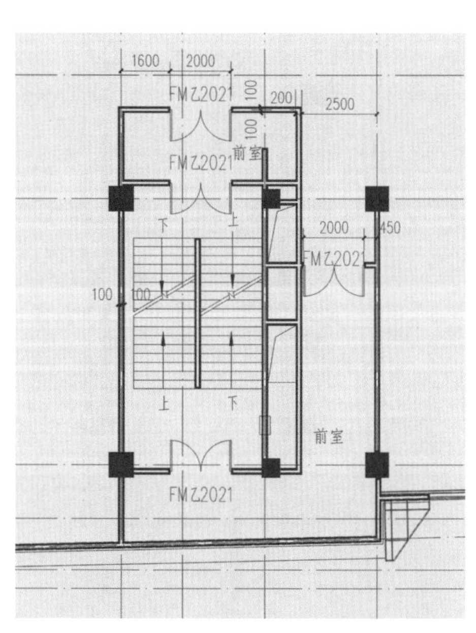

图 8.4-8　某商场楼梯间平面图

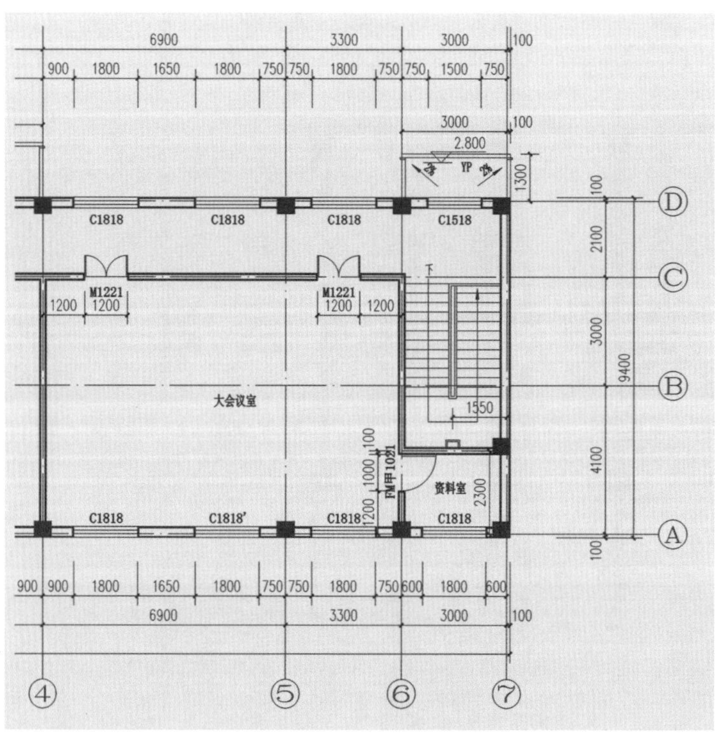

图 8.4-9　某办公楼平面图(局部)

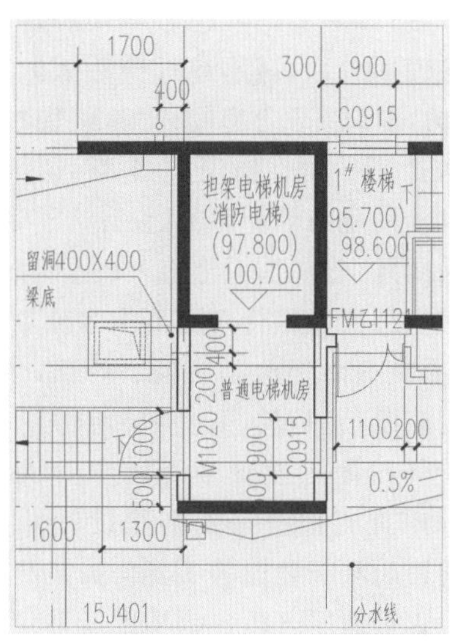

图 8.4-10 某电梯机房平面图

(9)消防电梯前室外窗与楼梯间外窗间距离小于1.0m 等。《建筑设计防火规范(2018 年版)》(GB 50016—2014)中规定:"楼梯间应能天然采光和自然通风,并宜靠外墙设置。靠外墙设置时,楼梯间、前室及合用前室外墙上的窗口与两侧门、窗、洞口最近边缘的水平距离不应小于 1.0m。"本条规范规定了楼梯间外窗距离其他房间门窗距离不应小于 1m,但对于楼梯间、防烟前室及合用前室三者间外窗边缘距离没有明确规定。如图 8.4-11 所示,楼梯间外窗与其他外窗边缘距离大于 1m,但前室(或合用前室)与楼梯间外窗边缘距离却小于 1m,这种做法是不妥的。因为本条规范的目的主要是确保楼梯间、防烟前室及合用前室不被烟火侵袭,如果三者外墙距离太近,烟气会通过外窗相互窜入,故此楼梯间与前室或合用前室三者外窗边缘距离也不应小于 1m,才能保证疏散的安全。

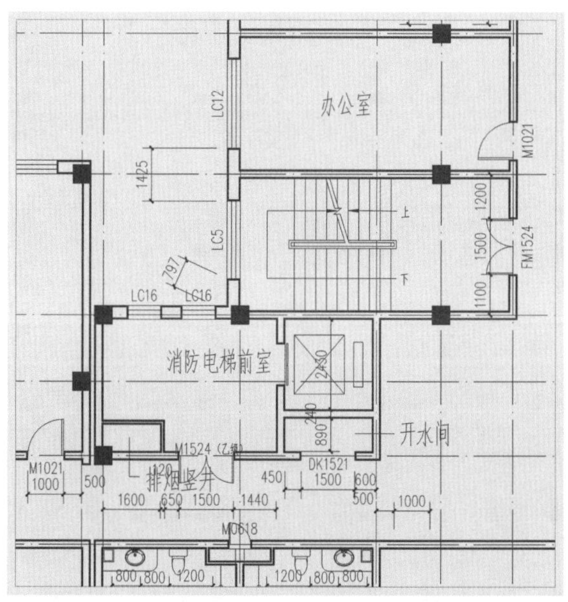

图 8.4-11 某消防电梯和防烟楼梯间平面图

(10)消防电梯井道底应考虑排水,但在设计中容易忽视设排水设施和贮水的空间(集水坑)。《建筑设计防火规范(2018 年版)》(GB 50016—2014)规定:"消防电梯的井底应设置排水设施,排水井的容量不应小于 $2m^3$,排水泵的排水量不应小于 10L/s。消防电梯间前室的门口宜设置挡水设施。"造成上述错误的原因主要是建筑专业与设备专业没有很好地协作,消防电梯是否设置,主要是建筑专业根据《建筑设计防火规范(2018 年版)》(GB 50016—2014)中的相关规定设计消防电梯的位置、载客量及前室大小等内容,然后将建筑图纸提供给给排水专业和暖通专业(设计院将两专业简称"设备专业")设计人员,由设备专业设计人再提出本专业的设计条件和要求,比如消防电梯的集水坑的尺寸和定位、通风井道的尺寸和定位等,再由建筑设计人反映到建筑图纸中。只有各专业反复协作,才能完善施工图纸。

8.4.2 建筑布局

(1)在建筑布局中,防火墙两侧的门窗的防火距离经常被设计人忽略,《建筑设计防火规范(2018 年版)》(GB 50016—2014)规定:"建筑外墙为不燃性墙体时,紧靠防火墙两侧的门、窗、洞口之间最近边缘的水平距离不应小于 2.0m;采取设置乙级防火窗等防止火灾水平蔓延的措施时,该距离不限;建筑内的防火墙不宜设置在转角处,确需设置时,内转角两侧墙上的门、窗、洞口之间最近边缘的水平距离不应小于 4.0m;采取设置乙级防火窗等防止火灾水平蔓延的措施时,该距离不限。"但在实际设计中,设计人将防火墙设在转折处或内转角两侧墙上,为了扩大外墙上的开窗面积,防火墙两侧的门窗洞口之间的最近边缘水平距离不满足不小于 4.00m 的要求且没有采取相应的防火措施;或新旧建筑物相邻墙体未按防火墙设计,两侧窗的水平距离没有满足不小于 2m 的要求且未采取相应的防火措施。图 8.4-12 所示为某 20 层高层酒店和 3 层裙楼的二层平面图,在高层酒店与裙楼之间用防火墙隔开，在 4m×4m 范围内根据规范主楼与裙楼外墙门窗边缘距离应不小于 4m，或在该范围内采用乙级防火门窗，起到防止火灾蔓延的作用。

(2)疏散门开启方式及方向错误。主要表现在楼梯间、前室及合用前室、大房间、建筑首层等疏散门没有向疏散方向开启，有的用推拉门和旋转门作为疏散门使用，这些都是错误的。《建筑设计防火规范(2018年版)》(GB 50016—2014)规定："民用建筑的疏散门，应采用向疏散方向开启的平开门，不应采用推拉门、卷帘门、吊门、转门和折叠门。人数不超过 60 人且每樘门的平均疏散人数不超过 30 人的房间，其疏散门的开启方向不限。"因此，在设计中，为了避免门的开启方向错误，不管是否为疏散门，尽量将门朝着疏散方向开启；如果房间开门影响走廊疏散宽度，应核实房间的使用人数，在不超过使用人数 60 人的前提下，开启方向可以开向房间内侧，但图中应标定房间使用人数。另一类型错误如图 8.4-13 所示，建筑主要出入口分别是南侧和西侧，设计人将西侧入口作为疏散口采用外平开门，不将南入口作为疏散口而设置一个旋转门。因为尽管南向不作为疏散之用，但紧急状态下，人员逃离建筑物会慌不择路，也可能会选择南门进行疏散，而旋转门是不能疏散的，故正确的做法是在旋转门附近设置平开门作为辅助疏散门。此做法可引申为当根据需要必须设置推拉门、旋转门、吊门、卷帘门和折叠门等不能作为疏散门的门时，应在该门附近设置平开门作为辅助疏散门。

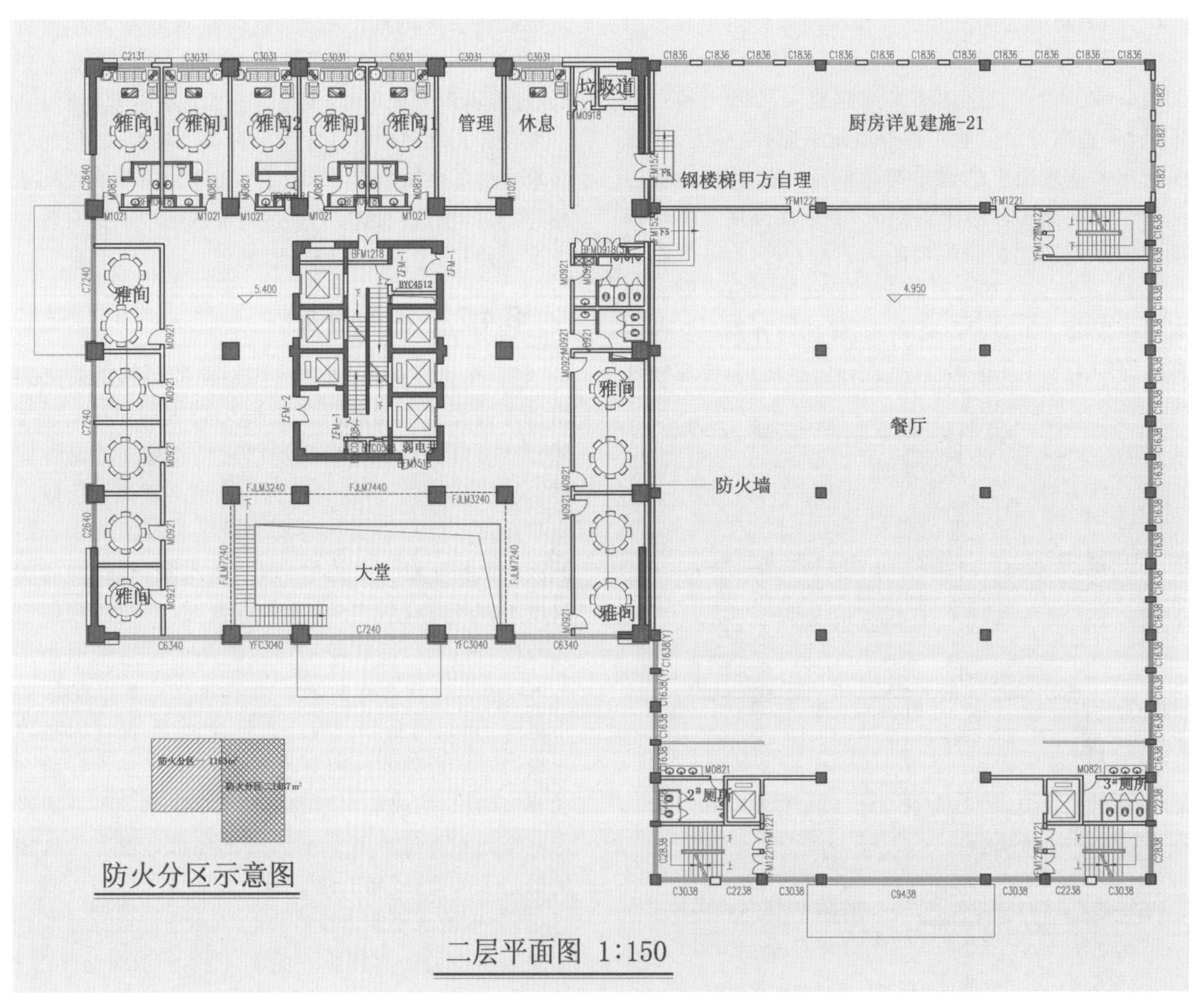

图 8.4-12　某综合楼二层平面图(局部)

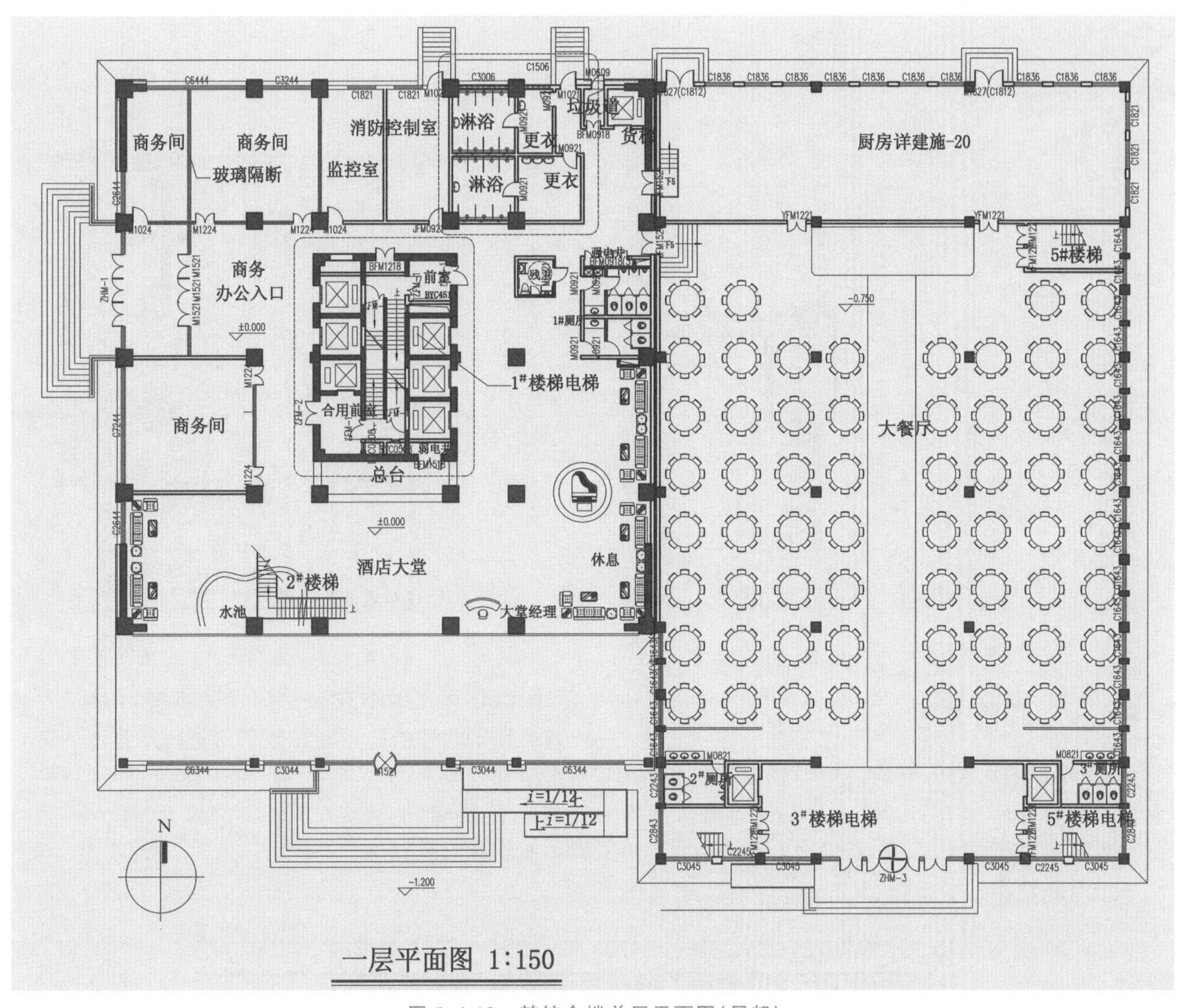

图 8.4-13　某综合楼首层平面图(局部)

(3)墙身详图中,外墙上下窗槛墙或玻璃幕墙上下层不满足防火构造要求。《建筑设计防火规范(2018 年版)》(GB 50016—2014)规定:“建筑玻璃幕墙和外墙上、下层开口之间(即窗槛墙)应设置高度不小于 1.2m 的实体墙或挑出宽度不小于1.0m、长度不小于开口宽度的防火挑檐;当室内设置自动喷水灭火系统时,上、下层开口之间的实体墙高度不应小于 0.8m。当上、下层开口之间设置实体墙确有困难时,可设置防火玻璃墙,但高层建筑的防火玻璃墙的耐火完整性不应低于 1.00h,多层建筑的防火玻璃墙的耐火完整性不应低于 0.50h。外窗的耐火完整性不应低于防火玻璃墙的耐火完整性要求。住宅建筑外墙上相邻户开口之间的墙体宽度不应小于 1.0m;小于 1.0m 时,应在开口之间设置突出外墙不小于 0.6m 的隔板。建筑幕墙与每层楼板、隔墙处的缝隙应采用防火封堵材料封堵。”在实际设计中,主要错误出现在上、下层实体墙高度不满足要求;玻璃幕墙与楼板隔墙处没有采用防火材料封堵,在图 8.4-14 中,玻璃幕在上、下层处与梁的缝隙应采用 A 级材料封堵;由于上、下层实体墙高度不足,应采用挑檐或防火玻璃等措施。

(4)防火门跨越变形缝不满足消防要求,《建筑设计防火规范(2018 年版)》(GB 50016—2014)规定:“设置在建筑变形缝附近时,防火门应设置在楼层较多的一侧,并应保证防火门开启时门扇不跨越变形缝”。如图 8.4-15 所示,二道编号为 JFM1521 的防火门开在了变形缝的墙上,变形缝处建筑物是断开的,变形缝两侧建筑物层数不同,荷载也不同,导致沉降量不同,如果门跨越变形缝,由于不均匀沉降引起地面不平整可能造成门不能顺畅开启。

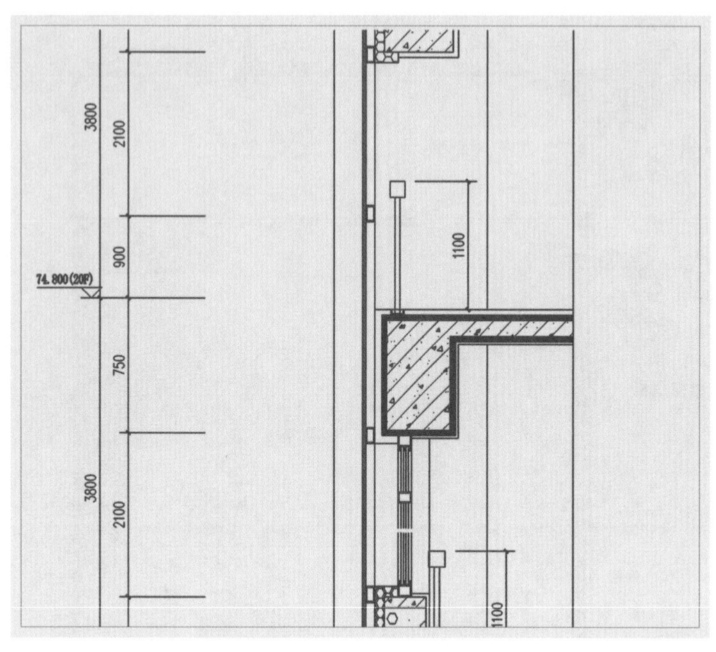

图 8.4-14 某墙身玻璃幕详图

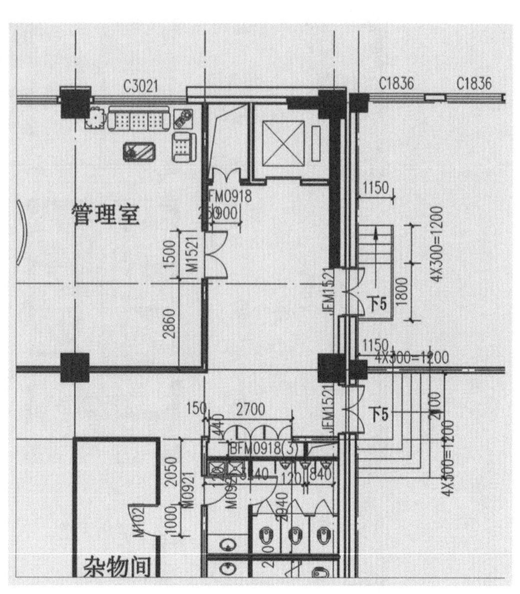

图 8.4-15 某高低跨变形缝平面图

8.4.3 消防救援

(1)总平面图中易出现的消防类错误：消防车道距离高层建筑外墙小于 5m，或消防车道距离建筑物太远。《建筑设计防火规范（2018 年版）》（GB 50016—2014）规定："消防车道靠建筑外墙一侧的边缘距离建筑外墙不宜小于 5m"。如图 8.4-16 所示，高层建筑北侧消防环路与建筑物边缘距离 3.37m，不满足规范要求，火灾发生时，由于建筑物距消防车道不足 5m，路过的消防车存在一定的火险隐患，也不利于消防登高的开展。

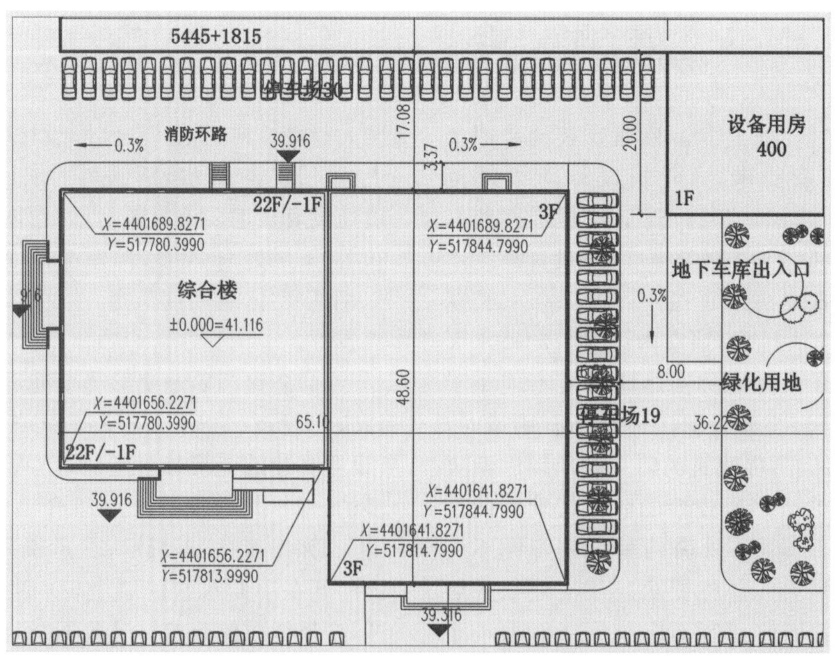

图 8.4-16 某综合楼总平面图(局部)

(2)消防登高面违反规定,《建筑设计防火规范(2018年版)》(GB 50016—2014)规定:"高层建筑应至少沿一个长边或周边长度的1/4且不小于一个长边长度的底边连续布置消防车登高操作场地,该范围内的裙房进深不应大于4m。建筑高度不大于50m的建筑,连续布置消防车登高操作场地确有困难时,可间隔布置,但间隔距离不宜大于30m"。在设计中,有的受场地的限制,消防登高面布置不能满足上述要求。有的登高场地布置长度不足,或间隔布置场地间距过大;有的布置没有避开进深4m以上的裙房,导致无法等高;等等。

知识归纳

1. 我国基本建设程序主要包括立项阶段(或编制项目建议书阶段)、可行性研究阶段、选址阶段、设计阶段、施工准备阶段、施工阶段、竣工验收阶段、运营评价阶段等。

2. 施工图政策性审查主要内容:是否符合工程建设强制性标准要求;地基基础和主体结构的安全性;是否符合民用建筑节能强制性标准,对执行绿色建筑标准的项目,还应当审查是否符合绿色建筑标准;勘察、设计企业和注册执业人员及其相关人员是否按照规定在施工图上加盖相应的图章并签字;法律、法规、规章规定必须审查的其他内容;是否符合"作为勘察设计依据的政府有关部门的批准文件及附件"。

3. 总平面图审查要点:场地四界的测量坐标或定位尺寸,道路红线、用地红线及其他相关控制线的位置;场地四邻原有及规划道路、绿化带等的位置,以及主要建筑物的位置、名称、层数;建筑物、构筑物(人防工程、地下车库等隐蔽工程以虚线表示)的名称、编号、层数、定位坐标或相互关系尺寸;广场、停车场、运动场、道路、无障碍设施、排水沟、挡土墙、护坡的定位坐标或相互位置尺寸。

4. 建筑平面图审查要点:凡是结构承重,并有基础的墙、柱,均应标轴线及轴线编号;内外门窗位置、编号及开启方向、房间名称应标示清楚;库房(储藏)需注明储存物品的火灾危险性类别;尺寸标注应清楚,外墙三道尺寸、轴线及墙身厚度、柱与壁柱的截面尺寸及其与轴线的关系尺寸都应标注清楚;楼梯、电梯及主要建筑构造部件的位置、尺寸和做法索引;变形缝的位置、尺寸及做法索引;楼地面预留孔洞和管线竖井、通气管道等位置、尺寸和做法索引,以及墙体预留洞的位置、尺寸和标高或高度;室内外地面标高、底层地面标高、各楼层标高、地下室各层标高;各层建筑平面中防火分区面积和防火分区分隔位置及安全出口位置示意;屋顶平面应标明女儿墙、檐口、天沟、屋脊(分水线)、坡度、坡向、雨水口、变形缝、屋面上人孔、楼梯间、水箱间、电梯机房、室外消防楼梯及其他构筑物,必要的详图索引号、标高等。

5. 建筑物及附属设施不得突出道路红线和用地红线建造。不得突出的建筑物和构筑物为:地下建筑物及附属设施,包括结构挡土桩(护坡桩)、挡土墙、地下室、地下室底板及其基础化粪池等;地上建筑物及附属设施,包括门廊、连廊、阳台、室外楼梯、台阶、坡道、花池、围墙、平台散水明沟、地下室进排风口、地下室出人口、采光井、集水井等;除基地内连接城市的管线、隧道、天桥等公共设施外的其他设施。

6. 建筑外墙上、下层开口之间应设置高度不小于1.20m的实体墙或挑出宽度不小于1.0m、长度不小于开口宽度的防火挑檐;当室内采用自动喷水灭火系统时,上、下层开口之间的实体墙高度不应小于0.8m。当上、下层开口之间设置实体墙确有困难时,可设置防火玻璃墙,但高层建筑的防火玻璃墙的耐火完整性不应低于1.00h,多层建筑的防火玻璃墙的耐火完整性不应低于0.50h、外窗的耐火完整性不应低于防火玻璃墙的耐火完整性的要求。

7. 住宅设置电梯的条件:七层及七层以上住宅或住户入口层楼面距室外设计地面的高度超过16m时;底层作为商店或其他用房的六层及六层以下住宅,其住户入口层楼面距该建筑物的室外设计地面高度超过16m时;底层作为架空层或贮存空间的六层及六层以下住宅,其住户入口层楼面距该建筑物的室外设计地面高度超过16m时;顶层为两层一套的跃层住宅时,跃层部分不计层数,其顶层住户入口层楼面距该建筑物室外设计地面的高度超过16m时。

课后习题

1.我国基本建设程序有哪些阶段?

2.施工图政策性审查要点有哪些?

3.总平面图审查要点有哪些?

4.建筑平面图审查要点有哪些?

5.什么情况下住宅建筑需要设置电梯?

6.不得突入建筑红线的建筑物或构筑物有哪些?

7.请对下图(见下方二维码)进行审查,从设计深度、国家现行法规、规范条款及安全性等角度指出错误之处,并提出改进措施。

习题图

9

BIM体系在建筑施工图中的应用

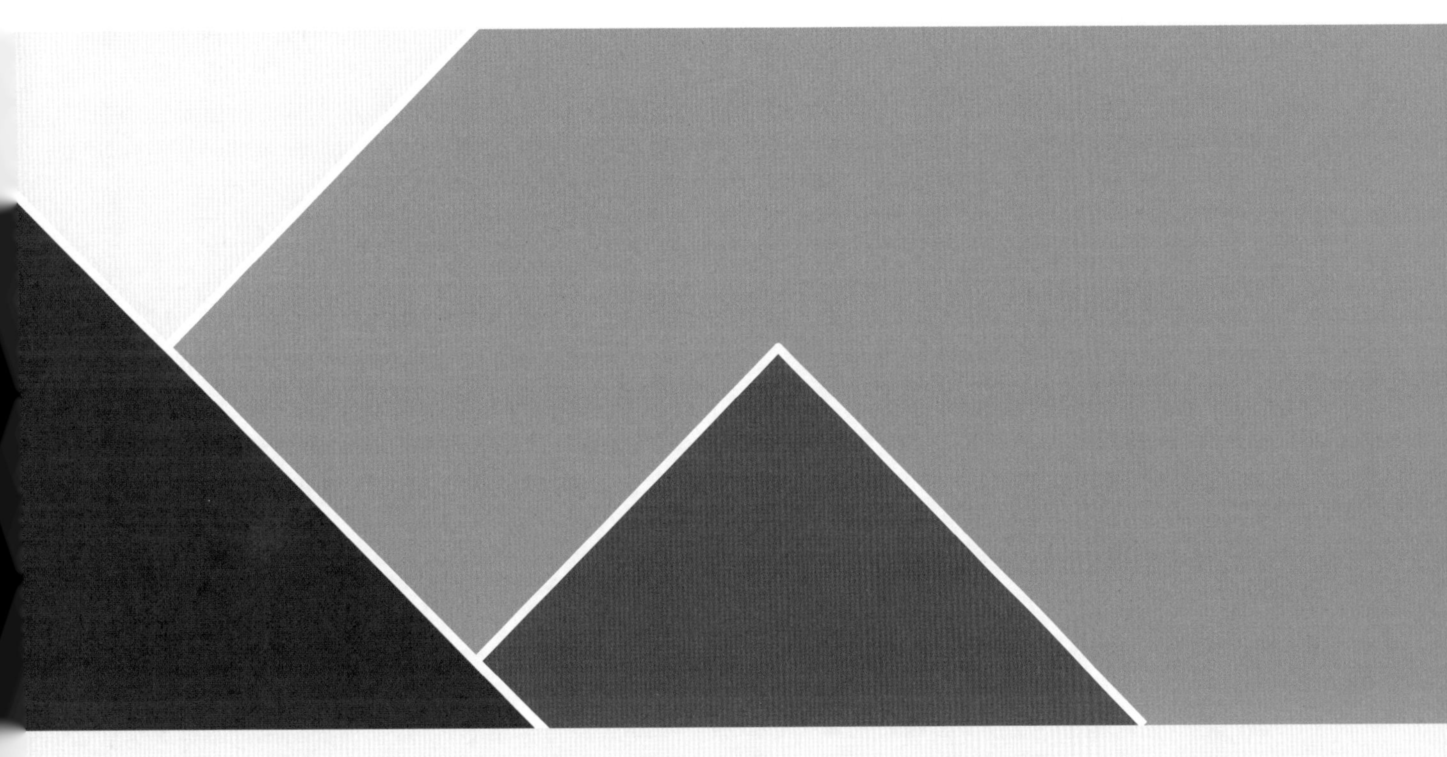

"传统二维设计是一种基于图纸的信息表达方式，信息是分离、不完整的，图纸间缺少必要和有效的自动关联。BIM技术提供了统一的数字化模型表达方法，可用于共享和传递专业内、专业间以及阶段间的几何图形数据、相关参数内容和语义信息。BIM技术的引入使建筑施工图设计更加精确、高效。"

9.1 BIM体系简介

随着BIM（building information modeling，建筑信息模型）在民用建筑行业的逐步应用，人们不断发现它的优点，同时也赋予BIM新的内涵。本节介绍BIM的概况，并对BIM的基本体系进行分析。

9.1.1 BIM的概念

BIM的定义或解释有多种版本，美国国家BIM标准（NBIMS）对BIM的定义被普遍接受：BIM是一个设施（建设项目）物理和功能特性的数字表达；BIM是一个共享的知识资源，是一个分享有关这个设施信息、为该设施从概念到拆除的全生命周期中的所有决策提供可靠依据的过程；在设施的不同阶段，不同利益相关方通过在BIM中插入、提取、更新和修改信息，以支持和反映各自职责的协同作业。

我国自2017年7月1日起实施的《建筑信息模型应用统一标准》（GB/T 51212—2016）中对BIM进行了解释。建筑信息模型（BIM）：在建设工程及设施全生命期内，对其物理和功能特性进行数字化表达，并依此设计、施工、运营的过程和结果的总称。

9.1.2 BIM国内外应用现状

（1）美国。

2002年至今，在政府的引导、推动下，形成了各种BIM协会、BIM标准。BIM技术在美国得到蓬勃发展，到2012年BIM的渗透率已达到71%，目前美国各大设计事务所、施工公司和业主大量应用BIM技术。

（2）英国。

英国政府2016年公布的《政府建设战略2016—2020》表明中央政府投资项目在年内强制实现BIM成熟度2级水平（成熟度分为0～3级，0级为最低，3级为最高）。未来不仅将进行案例研究、经验总结和实施推广，还将继续与行业共同开发下一代数据标准。

（3）日本。

日本是亚洲最早进入BIM实践的国家之一，致力于BIM标准的制定与改进，并且拥有适合本国建筑体系的BIM软件；日本建筑学会于2012年7月发布了日本BIM指南，从BIM团队建设、BIM数据处理、BIM设计流程、应用BIM进行预算和模拟等方面为日本的设计院和施工企业应用BIM提供了指导。

（4）国内。

近年来BIM在国内建筑业形成一股热潮，除了软件厂商的大声呼吁外，政府相关部门、各行业协会、房地产公司、设计单位、施工企业、科研院校等也开始重视并推广BIM技术；中国第一高楼——上海中心、北京第一高楼——中国尊、华中第一高楼——武汉中心等应用BIM的中国工程项目层出不穷，更多招标项目要求工程建设引入BIM模式，部分企业开始加速BIM相关的数据挖掘，聚焦BIM在工程量计算、投标决策等方面的应用，并实践BIM的集成项目管理。

2015年，住房和城乡建设部《关于推进建筑信息模型应用的指导意见》明确发展目标：到2020年末，建筑行业甲级勘察、设计单位以及特级、一级房屋建筑工程施工企业应掌握并实现BIM与企业管理系统的一体化集成应用；2017年起，国家陆续颁布并实施《建筑信息模型应用统一标准》（GB/T 51212—2016）与《建筑信息模型施工应用标准》（GB/T 51235—2017）。

根据近年来我国建筑业工业增加值及建筑业信息化率，结合BIM项目比率，预测到2023年我国建筑信息模型市场规模可达22.81亿元，因此行业市场前景十分广阔。与此同时，随着BIM逐步受到市场的认可，行业内企业也越来越受到资本市场的关注。图9.1-1为2020—2023年中国建筑信息模型市场发展前景预测。

9.1.3 BIM的特点

（1）可视化。

设计可视化即在设计阶段将建筑及构件以三维方式直观呈现出来，设计师能够运用三维思考方式有效地完成建筑设计，同时也使业主（或最终用户）真正摆脱了技术壁垒限制，随时可直接获取项目信息，大大减小了业主与设计师间的交流障碍。某工程整体建筑展示图如图9.1-2所示。

施工组织可视化即利用BIM工具创建建筑设备模型、材料模型、临时设施模型等，在电脑中模拟施工过程，确定施工方案，进行可视化施工组织，图9.1-3为某项目的场地布置模型。

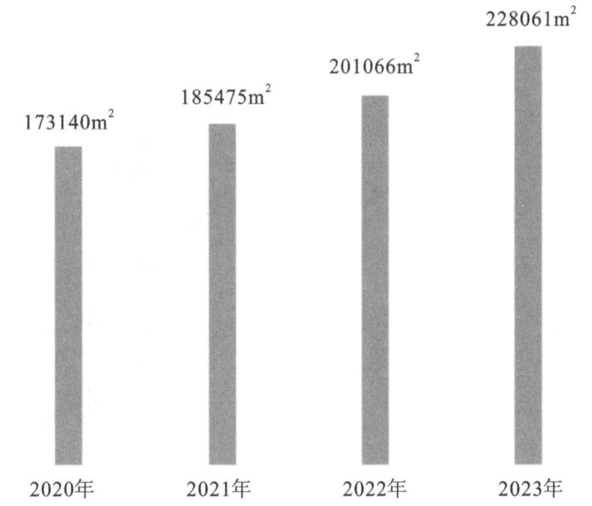

图 9.1-1 2020—2023 年中国建筑信息模型市场发展前景预测

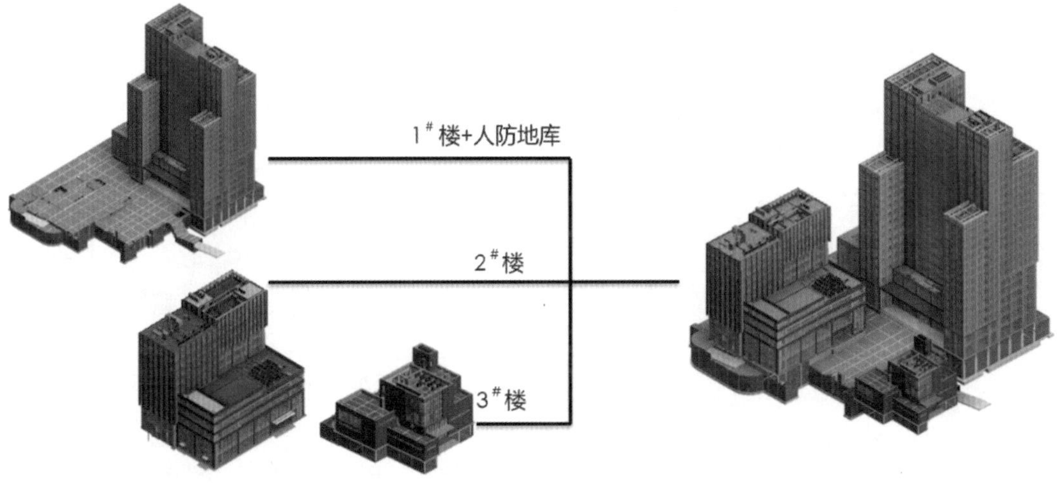

图 9.1-2 某工程整体建筑展示图

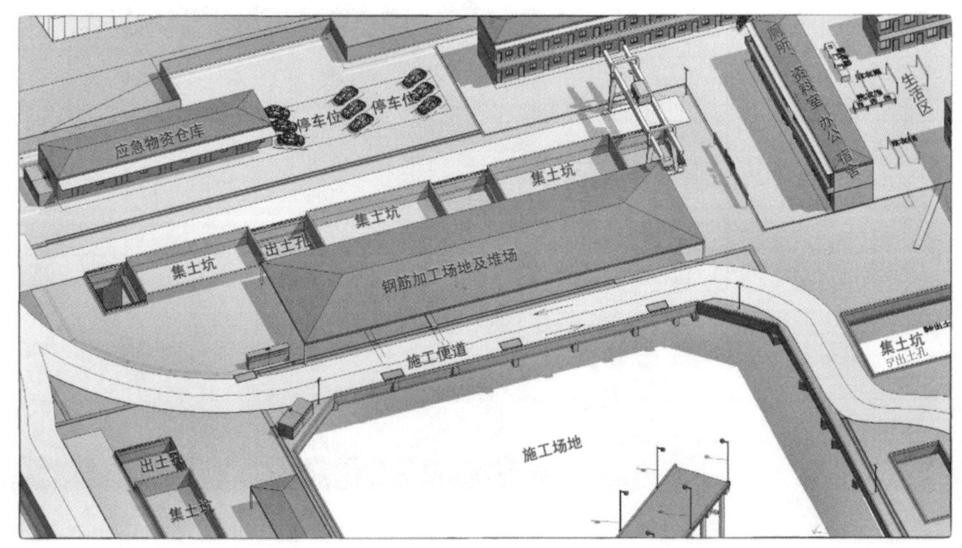

图 9.1-3 某项目的场地布置模型

机电管线碰撞可视化即通过将各专业模型组装为一个整体BIM模型，从而使机电管线与建筑物的碰撞点以三维方式直观显示出来。某工程管线碰撞检查如图9.1-4所示。

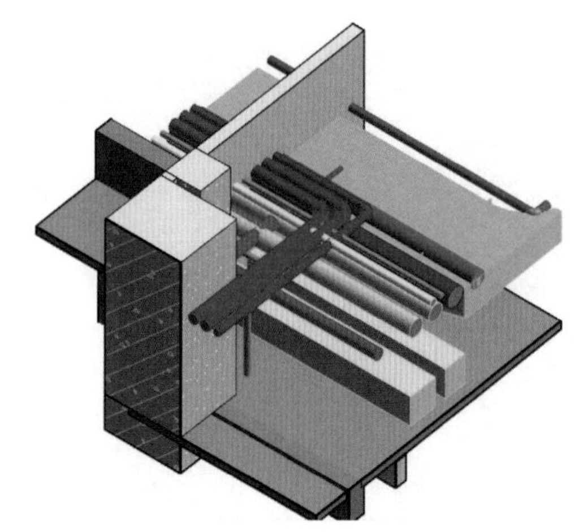

图9.1-4 某工程管线碰撞检查示意图

（2）协调性。

设计协调性是指通过BIM三维可视化控件及程序自动检测，可对建筑物内机电管线和设备进行直观布置、模拟安装，检查是否碰撞，找出问题所在，还可调整楼层净高、墙柱尺寸等。

整体进度规划协调是指基于BIM技术，对施工进度进行模拟，同时根据实际情况进行调整，极大地缩短施工前期的技术准备时间，并帮助各类、各级人员在设计意图和施工方案方面获得更高层次的理解。

成本预算、工程量估算协调是指应用BIM技术可以提供各设计阶段准确的工程量、设计参数和工程参数，专业的BIM造价软件可以进行精确的3D布尔运算和实体扣减，在准确率和速度方面都较传统统计方法有很大提高。图9.1-5为某项目一层的砌体墙及砌块数统计，通过精细化建模，将墙体中反坎、斜压顶、构造柱构件在模型中精确体现；在模型中统计出该层砌体墙面数及相对应的体积，并计算出每面墙体的砌块数量，有针对性地协调和调度堆场量化材料。相比传统现场提量更加精确，减少现场的二次搬运，节省工时，降本增效。

BIM系统包含多方信息，如厂家价格信息、竣工模型、维护信息、施工阶段安装深化图纸等。BIM系统能够把成堆的图纸、报价单、采购单、工期图等统筹在一起，呈现出直观、实用的数据信息，可以基于这些信息进行运维协调。

（3）模拟性。

建筑物性能分析模拟即基于BIM技术将包含大量建筑信息（几何信息、材料性能、构件属性等）的模型导入相关性能分析软件，就可以得到相应的分析结果。性能分析主要包括能耗分析、光照分析、设备分析、绿色分析等。某项目光照模拟分析如图9.1-6所示。

施工方案模拟是指通过BIM可对项目重点及难点部分进行可见性模拟，按月、日、时进行施工安装方案的分析、优化，验证复杂建筑体系（如施工模板、幕墙及设备安装等）的可行性；在虚拟三维环境下快速

砌体墙明细表

墙名称	厚度	体积	砌块数量	ID号
基本墙: 内墙3D2(单) 200	313	6.44	268	568423
基本墙: 内墙3D2(单) 200	313	14.11	588	568424
基本墙: 内墙3D2+内墙4D2 200	220	6.45	269	568425
基本墙: 内墙3D2+内墙4D2 200	220	8.85	369	568426
基本墙: 内墙3D2+内墙4D2 200	220	2.65	110	568427
基本墙: 内墙4D2（单面）200	313	11.74	489	568428
基本墙: 内墙4D2（单面）200	313	11.25	469	568429
基本墙: 内墙4D2（单面）200	313	4.02	168	568430
基本墙: 内墙4D2（单面）200	313	2.47	103	568431
基本墙: 内墙4D2（单面）200	313	6.21	259	568432
基本墙: 内墙4D2（单面）200	313	2.1	88	568433
基本墙: 内墙4D2（单面）200	313	3.08	128	568434
基本墙: 内墙4D2（单面）200	313	20.06	836	568435
基本墙: 内墙4D2（单面）200	313	2.64	110	568436
基本墙: 内墙4D2（单面）200	313	11.17	465	568437
基本墙: 内墙4D2（单面）200	313	11.32	472	568438
基本墙: 内墙4D2（单面）200	313	6.36	265	568439
基本墙: 内墙4D2（单面）200	313	4.27	178	568440
基本墙: 内墙4D2（单面）200	313	10.3	429	568441
基本墙: 内墙4D2（单面）200	313	4.52	188	568442

图9.1-5 某项目一层的砌体墙及砌块数统计

发现、及时排除施工中可能遇到的碰撞冲突，减少由此产生的变更，提高施工现场作业效率。对项目管理方而言，可直观地了解整个施工安装环节的时间节点、安装工序及疑难点；施工方也可以进一步对原有安装方案进行优化和改善，以提高施工效率和施工方案安全性。某项目劲性梁柱节点施工模拟示意图如图 9.1-7 所示。

施工进度模拟即通过将 BIM 模型与施工进度计划相链接，直观、精确地反映整个施工过程，进而为缩短工期、降低成本、提高质量提供直观参照。某项目施工进度模拟如图 9.1-8 所示。

(4)优化性。

BIM 模型提供了建筑物实际存在的信息，包括几何信息、物理信息、规则信息，还提供了建筑物变化以后的实际存在信息。复杂程度较高时，参与人员无法掌握所有的信息，必须借助一定的科学技术和设备，

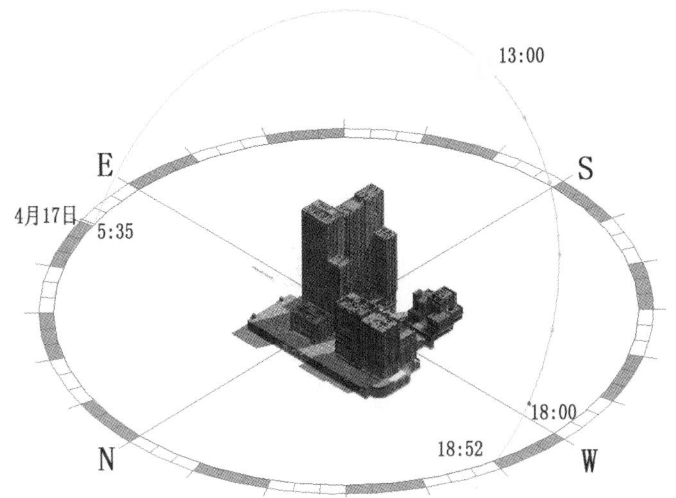

图 9.1-6 某项目光照模拟分析

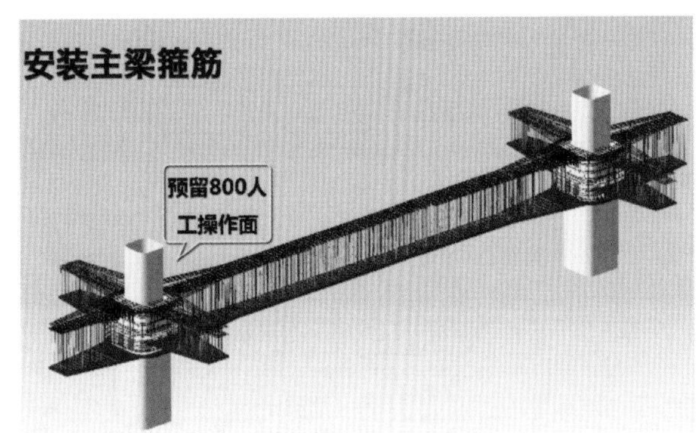

图 9.1-7 某项目劲性梁柱节点施工模拟示意图

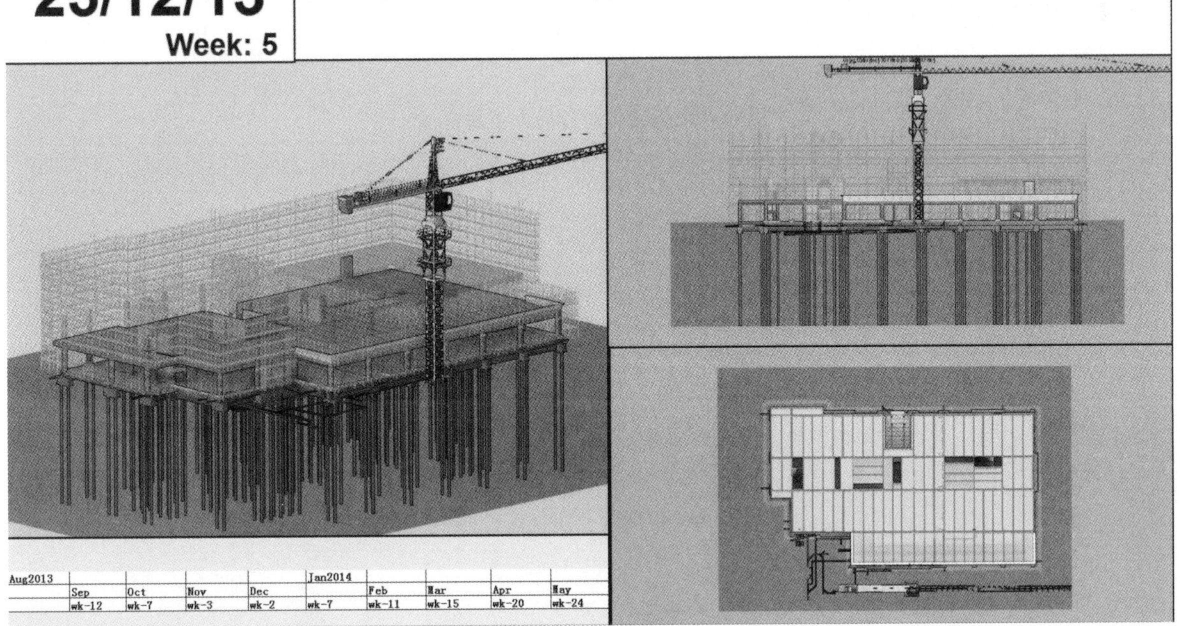

图 9.1-8 施工进度模拟

BIM 及与其配套的各种优化工具提供了对复杂项目进行优化的可能。将项目设计和投资回报时效分析结合起来，计算出设计变化对投资回报时效的影响，使得业主知道哪种设计方案更有利于自身的需求，进而对设计施工方案进行优化，可以显著地缩短工期、降低造价。

（5）可出图性。

BIM 并不是简单地绘制出传统的建筑设计施工图纸及一些构件加工图纸，而是通过对建筑物进行可视化展示、协调、模拟、优化以后，绘制出具有如下特征的图纸：①经过碰撞检查和设计修改，图纸可以自行改错成图；②出具碰撞问题描述报告；③提供解决方案。图 9.1-9 为某项目管线碰撞报告。

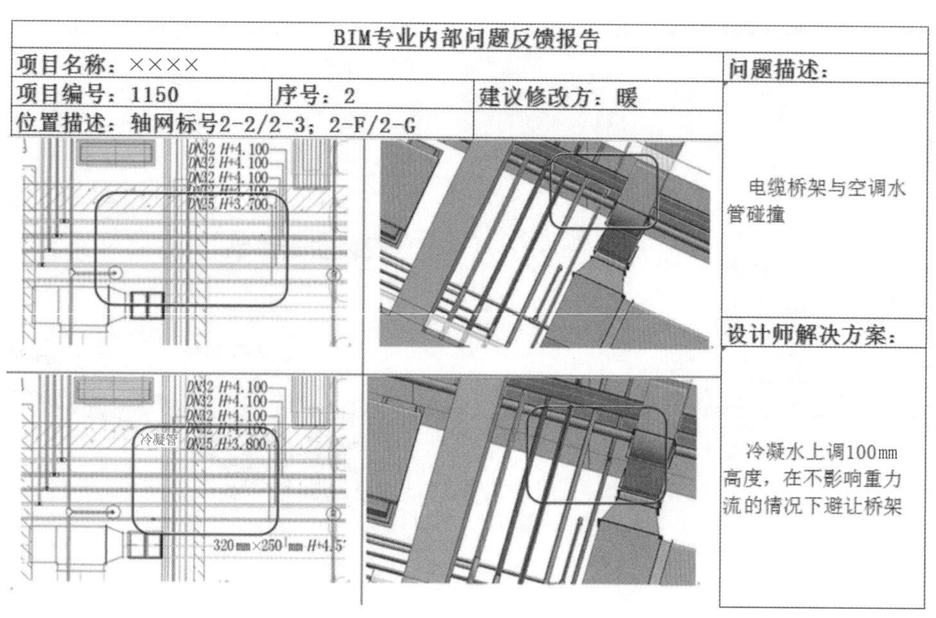

图 9.1-9　某项目管线碰撞报告

9.1.4　BIM 的作用与价值

（1）BIM 在勘察设计阶段的作用与价值如表 9.1-1 所示。

表 9.1-1　**BIM 在勘察设计阶段的作用与价值**

勘察设计阶段 BIM 应用内容	勘察设计阶段 BIM 应用价值分析
设计方案论证	设计方案比选与优化，提出性能、品质最优方案
设计建模	三维模型展示与漫游体验； 建筑、结构、机电各专业协同建模； 参数化建模技术实现一处修改，相关联内容智能变更； 避免错、漏、碰、缺发生
能耗分析	计算分析模型输出； 对建筑物能耗进行计算、评估，进而开展能耗性能优化
结构分析	计算分析模型输出； 开展抗震、抗风、抗火等结构性能设计
光照分析	建筑、小区日照性能分析； 室内光源、采光、景观可视度分析

续表

勘察设计阶段 BIM 应用内容	勘察设计阶段 BIM 应用价值分析
设备分析	计算分析模型输出； 冷热负荷计算； 舒适度模拟； 气流组织模拟
绿色评估	计算分析模型输出； 建筑绿色性能分析
工程量统计	BIM 模型输出统计报表； 输出工程量统计，与概预算专业软件集成计算
其他性能分析	建筑表面参数化设计； 建筑曲面幕墙参数化分格、优化与统计
管线综合	各专业模型碰撞检测，减少施工中的返工和浪费
规范验证	BIM 模型与规范结合，实现智能化设计，减少错误，使设计更加便捷、高效
设计文件编制	由 BIM 模型导出二维图纸、计算书、统计表单，特别是详图的表达，可以提高施工图的出图效率，并能有效地减少二维施工图中的错误

(2)BIM 在施工阶段的作用与价值如表 9.1-2。

表 9.1-2 **BIM 在施工阶段的作用与价值**

施工阶段 BIM 应用内容	施工阶段 BIM 应用价值分析
施工投标	3D 施工工况展示； 4D 虚拟建造
施工管理和工艺改进	设计图纸审查和深化设计； 4D 虚拟建造，工程可建性模拟分析； 施工方案论证、优化及可视化技术交底
项目管理集成与提升	4D 计划管理和进度监控； 施工方案验证和优化； 施工资源管理和协调； 施工预算和成本核算； 质量安全管理； 项目管理协同工作平台； 施工企业服务功能拓展和质量提升
工程档案数字化和项目运维	施工资料数字化管理； 工程数字化交付、验收和竣工资料数字化归档； 业主项目运维服务

(3)BIM 在运营阶段的作用与价值。

运营阶段是占建筑全生命期中时间最长的阶段。本阶段的 BIM 应用主要包括空间管理、资产管理、维护管理、公共安全管理、能耗管理、运营系统建设等。基于 BIM 技术的运营管理将增加管理的直观性、空间性和集成度，能够有效帮助建设和物业单位管理建筑设施和资产(建筑实体、空间、周围环境和设备等)，为降低运营成本，提高用户满意度提供技术支撑。

9.1.5 BIM 应用软件体系

BIM 应用软件按照功能可分为基础软件、工具软件、平台软件三大类，对比介绍见表 9.1-3。

表 9.1-3　　BIM 应用软件功能对比介绍表

软件分类	软件定义	基本功能
基础软件	可用于建立为 BIM 应用软件所应用的 BIM 数据模型的软件	建筑设计软件、结构设计软件、机电设备设计软件等
工具软件	利用 BIM 模型开展各种模拟、分析等工作的应用软件	能耗分析软件、日照分析软件、4D 与 5D 模拟软件
平台软件	能对 BIM 基础软件及工具软件产生的数据进行有效管理，支持建筑全生命周期的数据共享和应用的软件	BIM 共享平台

通过基于 BIM 技术的协同管理平台(图 9.1-10)，保障项目实施过程中各参与方能够实时传递相关信息，防止出现信息孤岛的情况；可以及时交付阶段性成果，保障业主方的利益；同时可以进行成本与进度的精细化管理，尽量避免出现以往建筑行业管理的弊端。

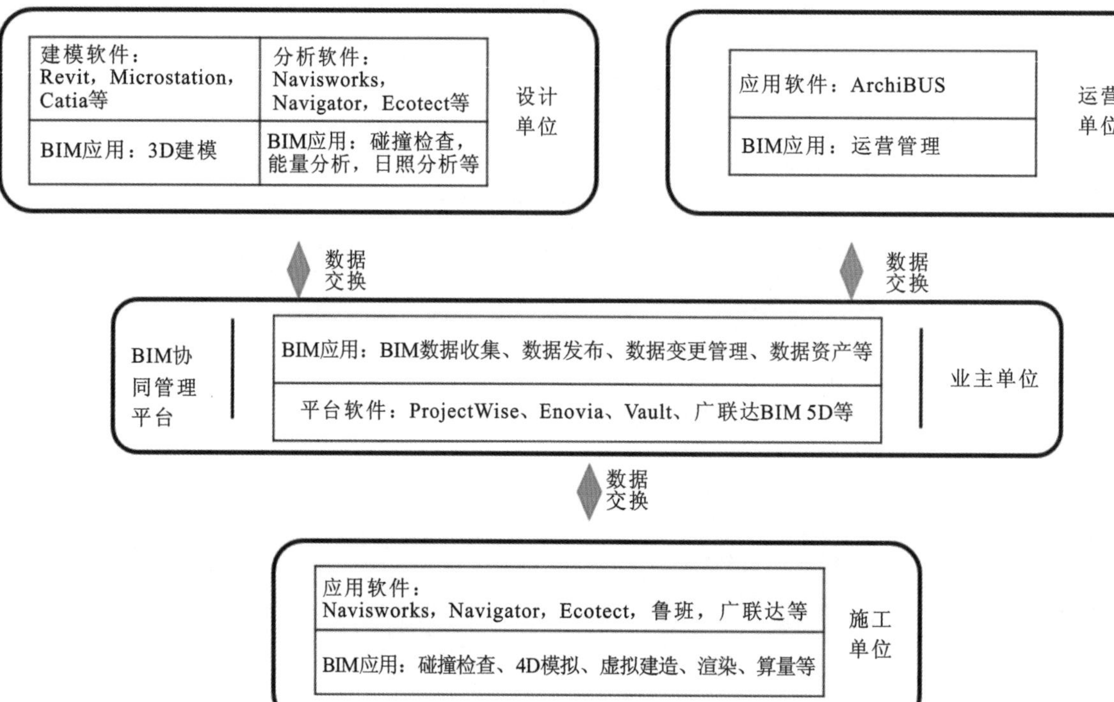

图 9.1-10　基于 BIM 技术的协同管理平台

9.2　BIM 建筑施工图设计

Autodesk 是最资深的计算机辅助设计平台的供应商。目前它正借助自身强大的经济和技术实力继续巩固着自身的市场垄断地位，与此同时也进一步加强学校与设计院的 BIM 基础培训工作及其 BIM 核心建模软件 Revit 的推广活动。目前多数民用建筑的 BIM 施工图设计都是基于 Revit 软件来进行。

9.2.1　Revit Architecture 项目准备

9.2.1.1　基本概念

Revit Architecture 软件是专为建筑信息模型(BIM)而开发的，能让使用者研究初期的设计概念与形式，进而通过设计、文件汇编与构建，更精确地表现使用者的设计概念。

(1)项目。

在 Revit Architecture 中开始项目设计，新建一个文件就是指新建一个“项目”文件。该“项目”指的是单个设计信息库——建筑信息模型(BIM)。

(2)图元。

在 Revit Architecture 中将基本的图形单元称为图元，在设计过程中通过添加图元来创建建筑模型。Revit 图元有三种：模型图元、基准图元和视图专有图元。

①模型图元：表示建筑的实际三维几何图形。使用者通过 Revit 绘制出的每一个构件都是模型图元，使用者能在不同视图看到该模型图元，如墙、柱、门窗等。

②基准图元：帮助使用者进行项目定位的图元，如标高、轴网、参照平面等。

③视图专有图元：只显示在某一视图中，可对该视图中的构件进行辅助标记或注释，如尺寸标注、文字注释、详图线等。

(3)族。

族是 Revit Architecture 的设计基础，是组成图元的基本单元，模型中所有的图元都是通过族来创建的，其中族可分为两种形式：系统族和可载入族。

在 Revit Architecture 中，项目中所用到的族是随项目文件一同存储的，同时我们也可以以“.rfa”为后缀单独保存族文件，方便载入其他项目中共享。Revit 中提供了族编辑器，我们可对其属性进行设置，来创建符合要求的构件族。

9.2.1.2 新建项目与工作界面

(1)新建项目。

①打开 Revit Architecture 显示主界面，如图 9.2-1 所示；②单击左侧“项目”功能下的“新建”命令；③软件自带构造样板、建筑样板、结构样板和机械样板，如图 9.2-2 所示。使用者可根据需要选择，单击即可新建项目；或者点击“浏览”选项，从计算机中找到自己做好的样板文件来新建项目。

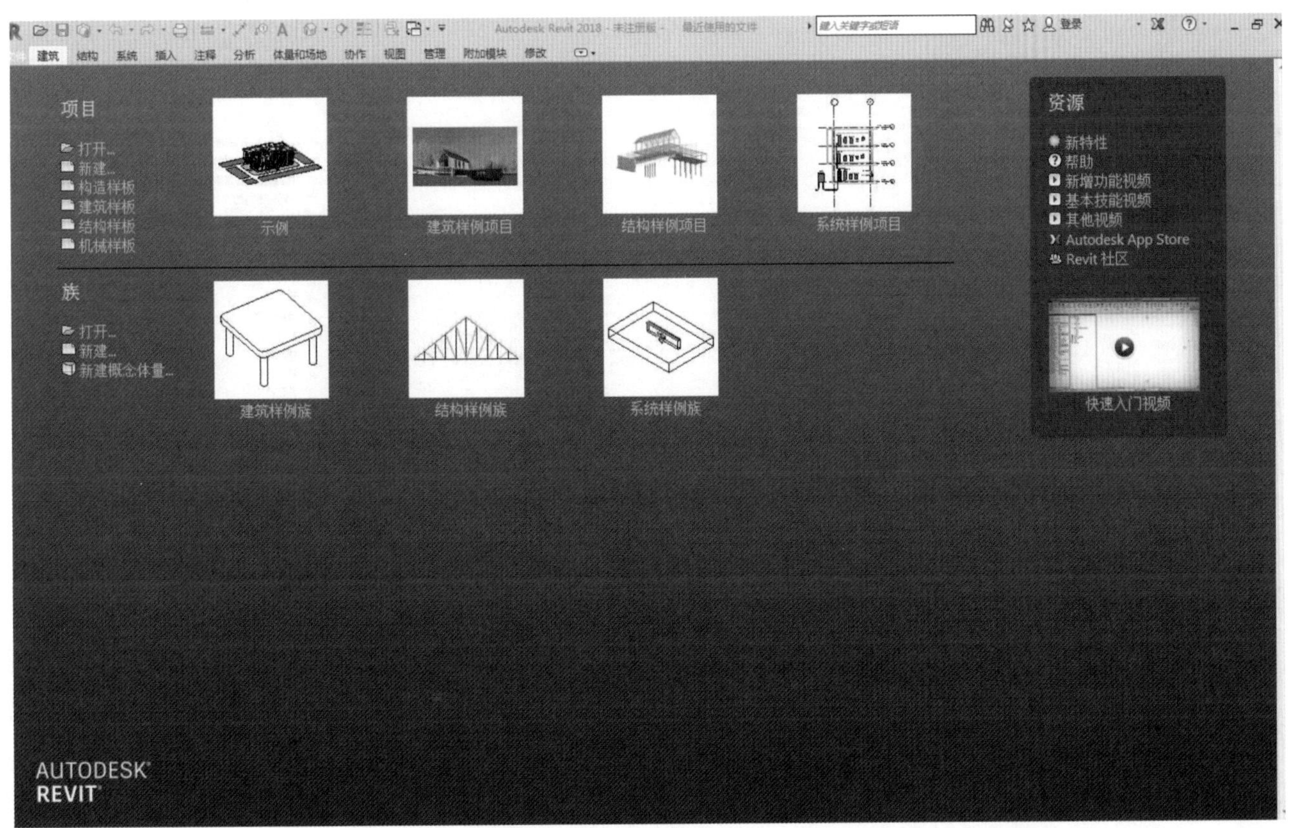

图 9.2-1 Revit Architecture 显示主界面

图 9.2-2 “新建项目”对话框

（2）工作界面。

新建项目文件后默认的 Revit Architecture 工作界面如图9.2-3 所示，其工作界面包含以下几个部分。

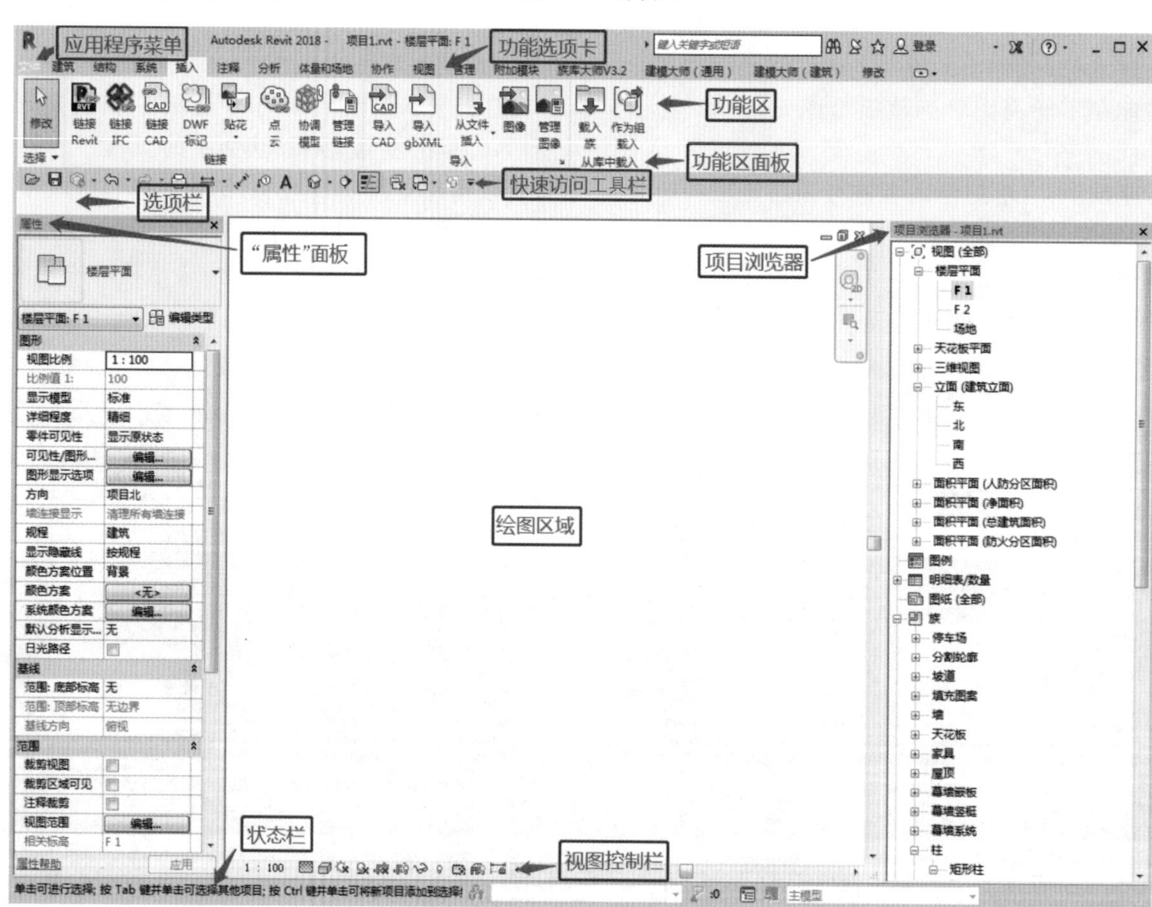

图 9.2-3 Revit Architecture 工作界面

①应用程序菜单。

单击主界面左上角“文件”，即可打开“应用程序菜单”。下拉菜单提供了“新建”“打开”“保存”“另存为”“导出”“Suite 工作流”“发布”“打印”和“关闭”等选项。

②快速访问工具栏。

“快速访问工具栏”提供了“打开”“保存”“同步并修改设置”“撤销”“恢复”“测量”“对齐标注”“标记”“文字”“默认三维视图”“剖面”和“细线模式”等常用选项，同时也可把平时经常用到的功能添加到“快速访问工具栏”中。

③功能区。

功能区是创建 Revit 项目所用的所有创建和编辑工具的集合，功能区由“功能选项卡”“功能区”和“功能区面板”构成。我们运用功能区的一些命令进行模型构建。

④选项栏。

当选择不同工具命令时，“选项栏”会显示与该命令对应的有关选项，从中可以设置或编辑相关参数。

⑤“属性”面板。

当选择某一图元时，“属性”面板会立即显示该图元的类型、属性参数等，设计者可以设置或编辑相关参数。

⑥项目浏览器。

“项目浏览器”中显示了该项目中的视图(全部)、图例、明细表/数量、图纸(全部)、族、组和 Revit 链接等。这些菜单栏还可下拉出对应的子菜单，供设计者使用。

⑦视图控制栏。

“视图控制栏”可快速设置“当前视图的比例”“详细程度”“视觉样式”“打开/关闭日光路径”“打开/关闭阴影”“显示/隐藏剪裁区域”“临时隐藏/隔离”“显示/隐藏图元”“临时视图属性”“显示/隐藏分析模型”和“显示/隐藏约束”等。

⑧状态栏。

在绘制或编辑图元时，“状态栏”会显示一些自带的提示或技巧。

⑨绘图区域。

“绘图区域”即绘制图元及建模的区域。

9.2.1.3 项目基本设置

(1)捕捉设置在“管理”选项卡下“捕捉”工具中，工作界面如图 9.2-4 所示，为方便设计中精准定位，设计者可在项目开始前或操作过程中根据建模需要进行对象捕捉的设置。

(2)项目基本信息设置在“管理”选项卡下“项目信息”中，工作界面如图 9.2-5 所示，设计者可编辑组织名称、组织描述、建筑名称和作者等，同时可进行能量分析及其他内容的修改。

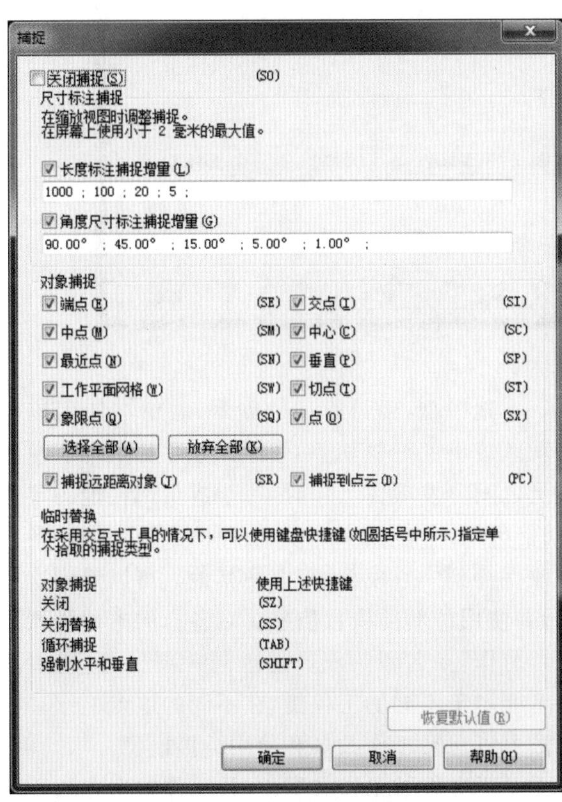

图 9.2-4 捕捉设置

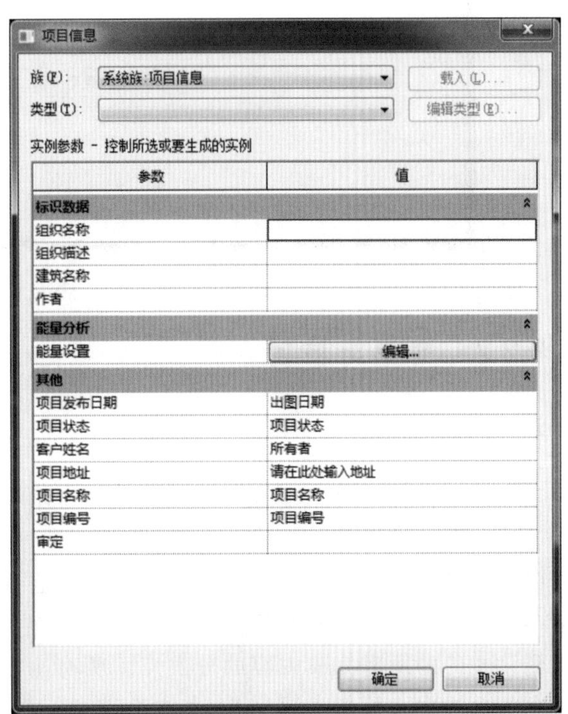

图 9.2-5 项目信息

(3)项目单位设置在“管理”选项卡下“项目单位”中,设计者可根据需要设置项目中长度、面积、体积等各个单位。

(4)“管理”选项卡下有“传递项目标准”功能,例如,同时打开项目一和项目二,通过“传递项目标准”功能可将项目二中已有的项目信息类型应用到项目一中;同时还有“清除未使用项”功能,即快速清除模型中未使用的族、类型等无用项目。

(5)“管理”选项卡下有“管理链接”功能,鼠标点击定位到链接文件上,即能够进行重新载入、卸载、添加、删除等操作,工作界面如图 9.2-6 所示。

(6)此外,“管理”选项卡下结构设置、MEP 设置、配电盘明细表样板和其他设置中均有项目的基本设置功能,可根据设计需要进行项目编辑。

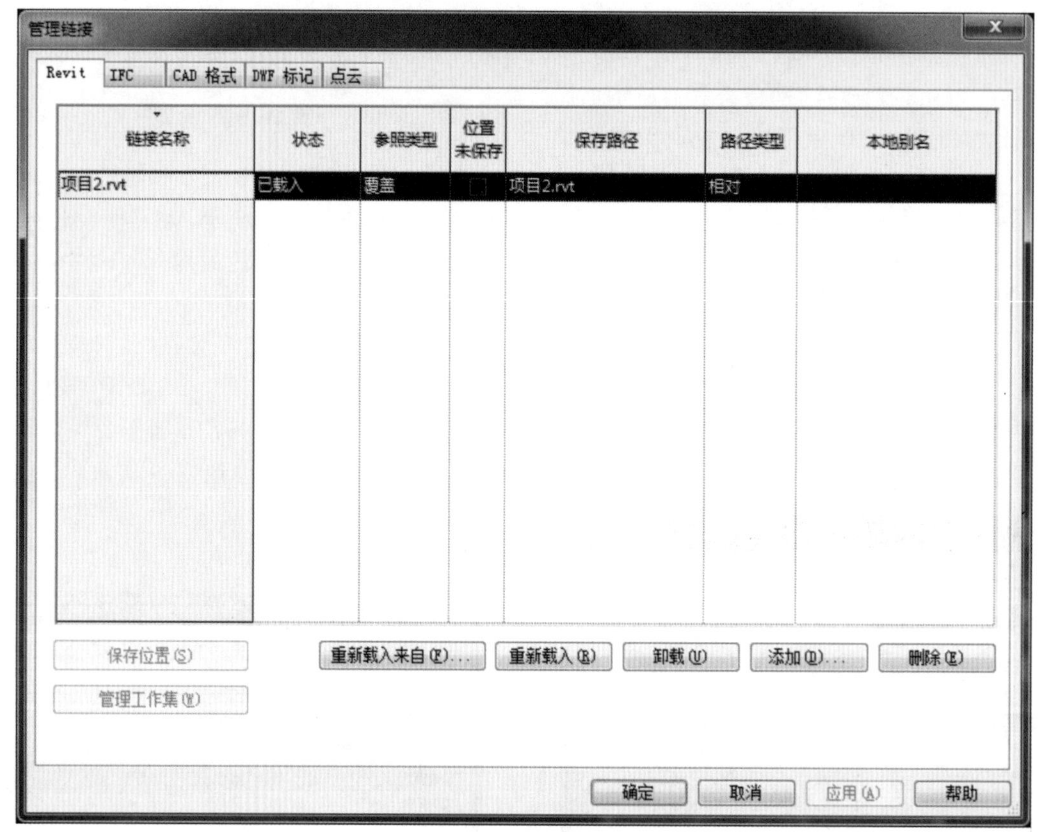

图 9.2-6 管理链接

9.2.2 共享与协同

9.2.2.1 术语

工作共享:允许多名团队成员同时对同一个项目模型进行处理的设计方法。

中心模型:工作共享项目的主项目模型。中心模型将存储项目中所有图元的当前所有权信息,并充当发布到该文件的所有修改内容的分发点。所有用户将保存各自的中心模型本地副本,在本地进行工作,然后与中心模型进行同步,以便其他用户可以看到他们的工作成果。

本地模型:项目模型的副本,驻留在使用该模型的团队成员的计算机系统上。使用工作共享在团队成员之间分发项目工作时,每个成员都在他的工作集(功能区域)上使用本地模型;团队成员定期将各自的修改保存到中心模型中,以便其他人可以看到这些修改,并使用最新的项目信息更新各自的本地模型。

协作:多名团队成员处理同一项目,这些团队成员可能属于不同的工程集,在不同的地点工作。协作方法可以包括工作共享和使用链接模型。

基于文件的工作共享:一种工作共享方法。这种方法将中心模型存储在某个网络位置的文件中。

云工作共享:一种将中心模型存储在云中的工作

共享方法。团队成员使用 Revit Cloud Worksharing 共同更改模型。

工作共享与协作:团队成员可通过链接、工作集等方式共同处理一个模型并共享整个模型的信息成果。

共享与协同组织构架如图 9.2-7 所示。

9.2.2.2 工作集

工作集是工作共享项目中图元的集合。对于建筑,工作集通常定义了独立的功能区域,如内部区域、外部区域、场地或停车场;对于建筑系统工程,工作集可以描绘功能区域,如 HVAC、电气、卫浴或管道。启用工作共享时,可将一个项目分成多个工作集,不同的团队成员负责各自的工作集。在工作集中处理对象的所有权时,其重要区别在于使工作集可编辑与从工作集借用。在 Revit 中使某个工作集可编辑,使用者将独占工作集中所有项目的所有权,在给定时间内,只有一个用户可以独占编辑一个工作集,所有团队成员都可查看其他团队成员所拥有的工作集,但是不能对它们进行修改,此限制防止了项目中的潜在冲突,同时也可从不属于本人的工作集借用图元。工作集的工作流程如下:

(1)新建项目后在选项卡选择协作,如图 9.2-8 所示。

(2)根据自己的工作环境进行选择,下一步建立工作集,工作界面如图 9.2-9 所示。

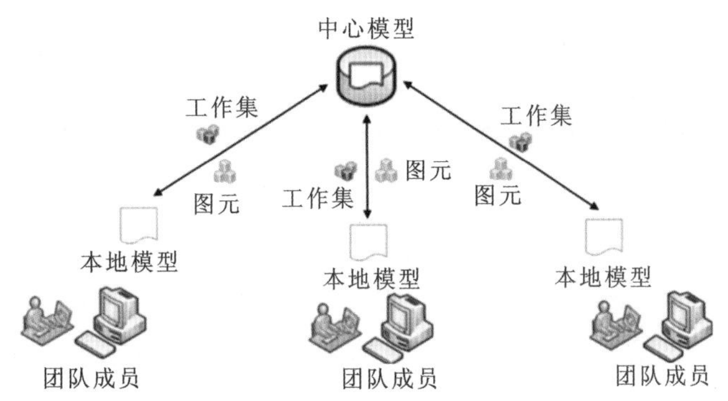

图 9.2-7 共享与协同组织构架

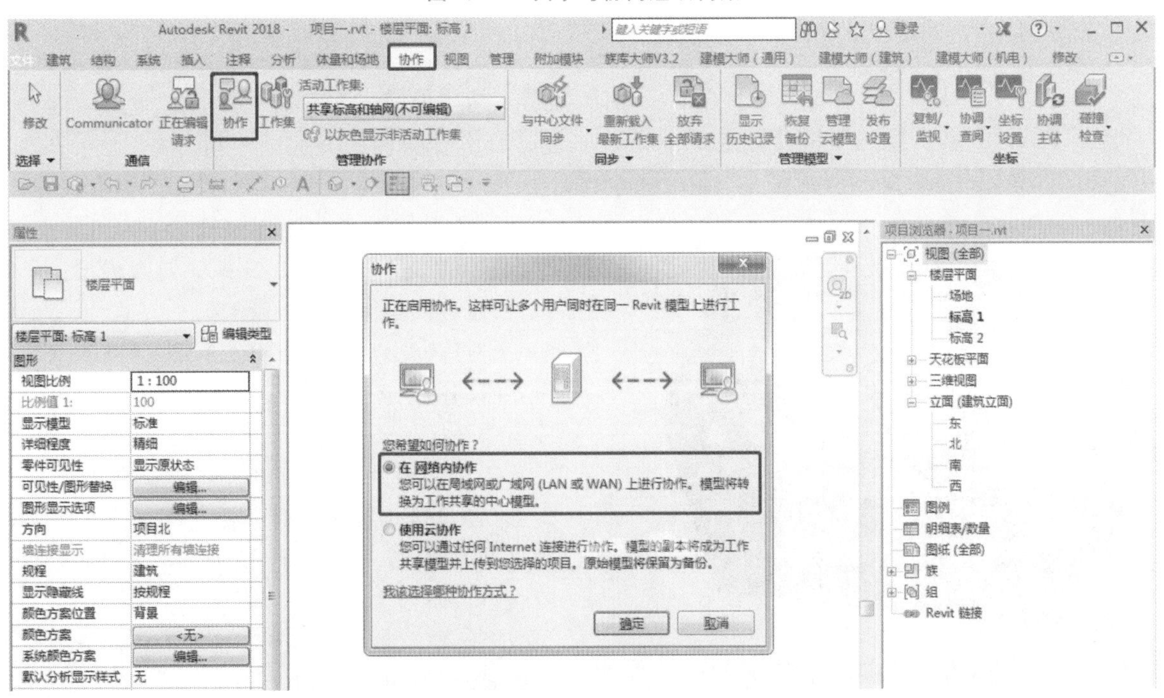

图 9.2-8 协作工作界面

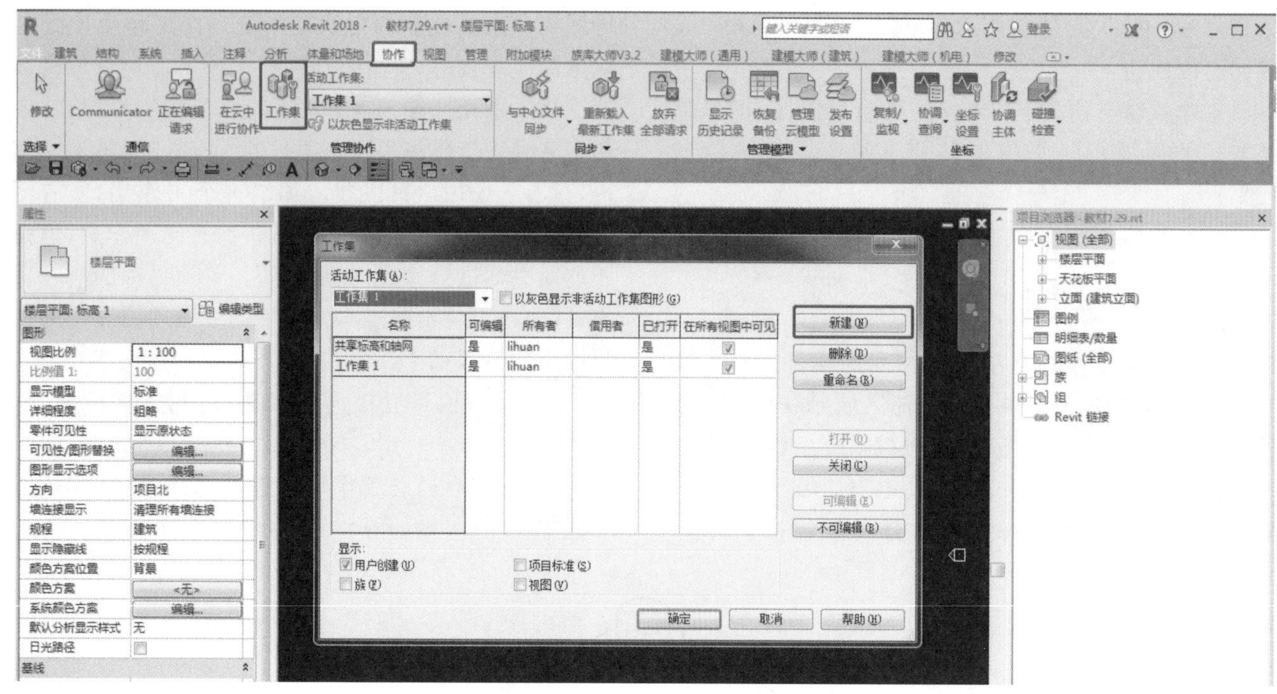

图 9.2-9　工作集创建

(3)工作集建立后，模型文件保存后就变成中心文件，中心文件可保存到被其他成员共同访问的磁盘下。

(4)打开中心文件，另存本地文件，本地文件名称与中心文件名称不能相同。

(5)在工作中打开本地文件，并及时保存与同步。

9.2.2.3　链接 Revit 模型

(1)链接 Revit 模型主要用于链接独立的建筑，如构成校园的建筑，如图 9.2-10 所示。

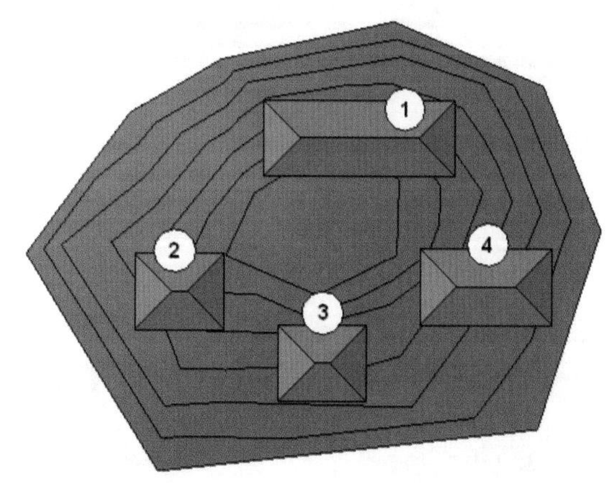

图 9.2-10　链接 Revit 模型

此类包含多个单体的项目的主要工作流程为：

①建立整体的轴网；

②单体建立模型时，轴网应在整理的轴网基础上绘制；

③逐个建立单体模型，最后通过链接 Revit 模型合成整体。

(2)链接 Revit 模型还可以链接单体项目的建筑模型、结构模型和 MEP 模型。

工作流程为：

①各专业单独建立模型，模型原点需统一；

②建筑、结构、给水排水、暖通空调、电气分专业建模；

③可以选择性绑定解组某个链接模型。

(3)链接操作，工作流程为：

①打开模型“项目 1”，选择插入“链接 Revit”，操作界面如图 9.2-11 所示；

②选择需要插入的模型“项目 2”；

③在管理选项卡中可查看链接模型的状态、载入、卸载、删除等，如果对链接的模型进行了修改，可选择“重新载入”进行链接更新，操作界面如图 9.2-12所示；

④链接的模型在可见性选项卡中调整为可见，操作界面如图 9.2-13 所示。

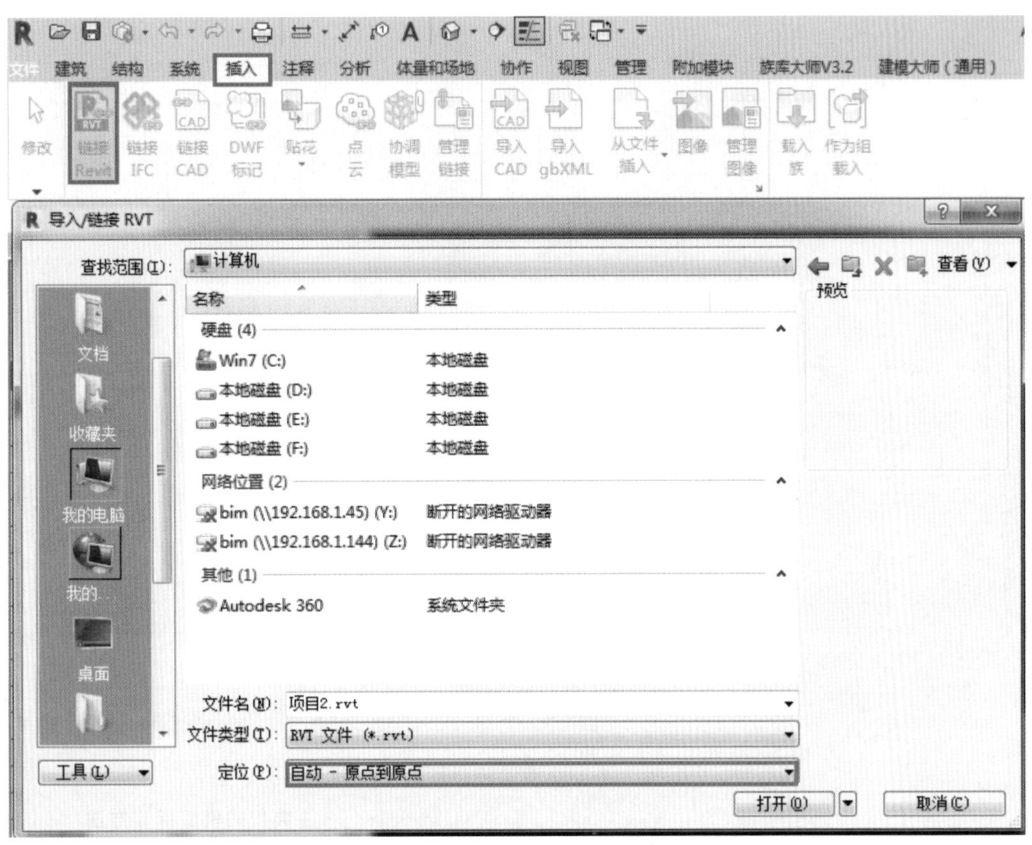

图 9.2-11 链接 Revit

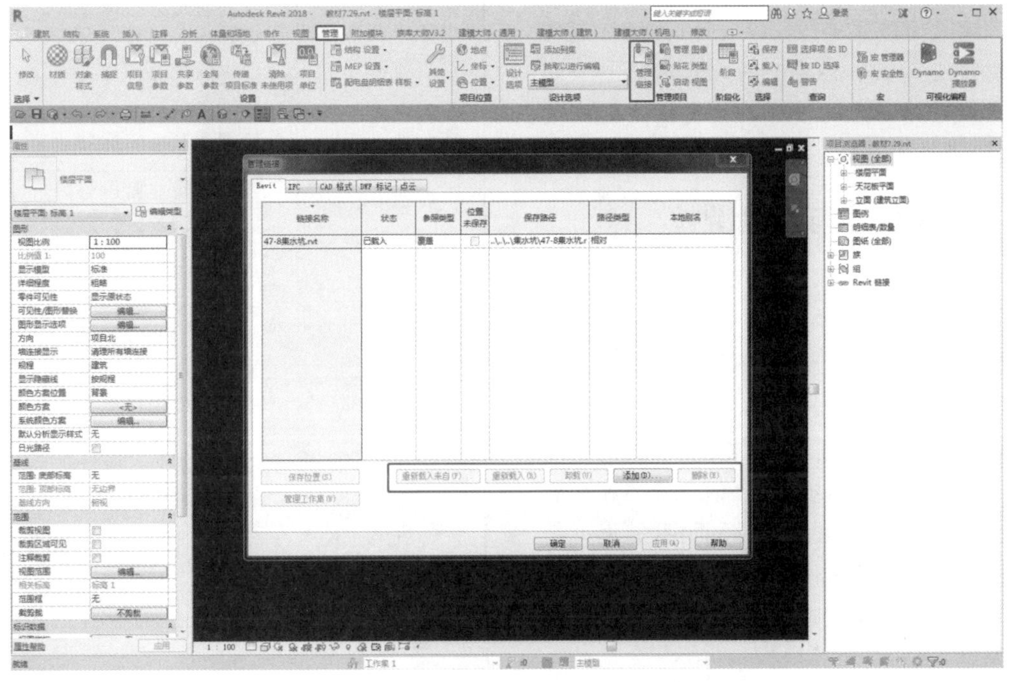

图 9.2-12 管理链接

图 9.2-13　设置链接可见性

9.2.2.4　多专业协同设计

Revit 目前能够进行建筑、结构、MEP 的专业设计。各专业设计人可独立进行三维设计，在设计过程中可以采用链接或共享中心模型的方式进行专业间的信息交换。多专业的协同设计不仅提高了设计的效率，还提高了设计的质量。

9.2.3　建模标准与模型建立

9.2.3.1　建模标准

模型创建前，应根据建设工程不同阶段、专业、任务的需要，对模型进行总体规划，即建立建模标准。建模标准一般需要规定模型的集成方式、模型的创建流程、坐标系及度量单位、模型细度、信息分类和命名等模型创建和管理规则，还要规定不同类型的模型需采用的数据格式或兼容的软件等。

模型可采用集成方式创建，也可采用分散方式按专业或任务创建，详见表 9.2-1。

表 9.2-1　**典型的模型拆分方法**

专业（链接）	拆分（链接或工作集）
建筑	依据建筑分区拆分； 依据楼号拆分； 依据施工缝拆分； 依据楼层拆分； 依据建筑构件拆分
幕墙（独立建模）	依据建筑立面拆分； 依据建筑分区拆分
结构	依据结构分区拆分； 依据楼号拆分； 依据施工缝拆分； 依据楼层拆分； 依据结构构件拆分
机电	依据建筑分区拆分； 依据楼号拆分； 依据施工缝拆分； 依据楼层拆分； 依据系统/子系统拆分

模型的创建流程以施工图设计阶段 BIM 应用流程为例，图 9.2-14 为基于 BIM 的建筑施工图设计流程图。施工图设计是建筑设计的最后阶段，该阶段要解决施工中的技术措施、工艺做法、用料等，要为施工安装、工程预算、设备及配件安装制作等提供完整的图纸依据(包括图纸目录、设计总说明、建筑施工图等)。

建模标准中项目需要统一的基点(原点)、标高、指北针及轴网。通常做法是由建筑专业统一按①轴和Ⓐ轴交点为项目的原点坐标；根据 CAD 图纸中的指北针，确定模型文件的正北方向；根据 CAD 中轴网建立模型轴网、标高，各个专业通用，以便各专业合模。

模型细度的要求，以建筑专业施工图设计阶段为例：整体模型细度见表 9.2-2，模型元素类型细度见表 9.2-3。

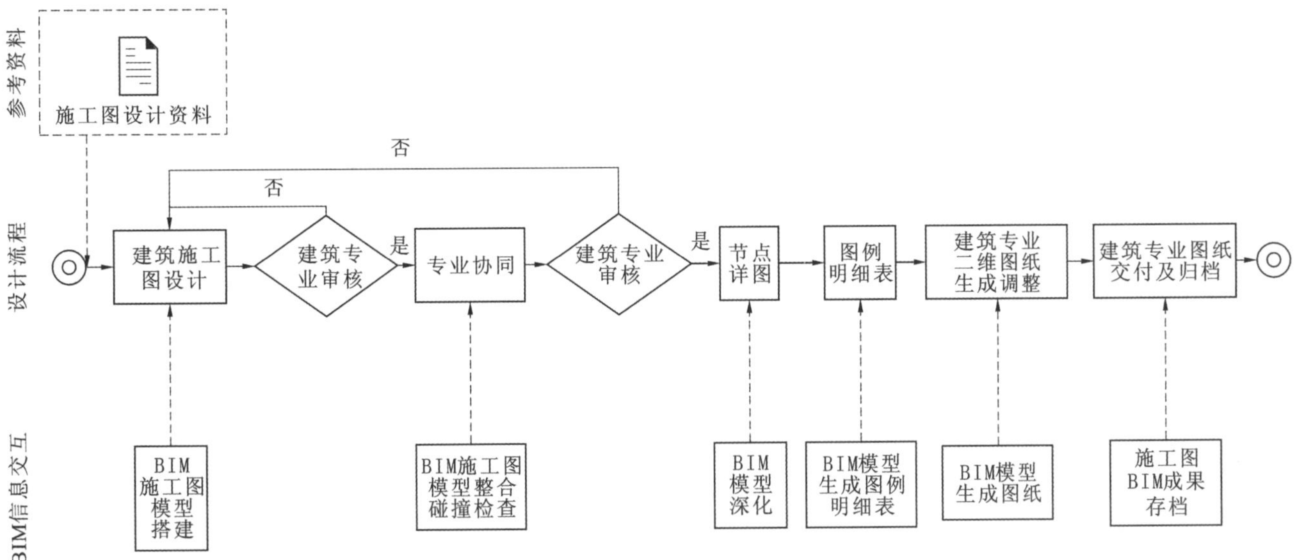

图 9.2-14　基于 BIM 的建筑施工图设计流程图

表 9.2-2　**整体模型细度**

模型内容	模型信息
主体建筑构件：建筑墙体、门窗、屋顶等； 主要建筑设施：卫浴、厨房设施等； 隐蔽工程与预留洞口	几何信息：深化后的几何尺寸、定位信息； 非几何信息； 主要构造深化与细节； 细部构造的设计参数、材质、防火等级、工艺要求等信息； 细化建筑经济技术指标的基础数据

表 9.2-3　**模型元素类型细度**

模型元素类型	模型元素及信息
场地	几何信息(景观、道路等)； 非几何信息(材料和材质信息、技术参数等)
建筑地面	几何信息(节点二维表达)； 非几何信息(材料和材质信息、技术参数等)
建筑墙体	几何信息(节点二维表达)； 非几何信息(材料和材质信息、技术参数等)
门、窗	几何信息(二维详图)； 非几何信息(材料和材质信息)

续表

模型元素类型	模型元素及信息
屋顶	几何信息(排水、檐口、封檐带等); 非几何信息(材料和材质信息、技术参数等)
楼梯(含坡道、台阶)	几何信息(节点尺寸); 非几何信息(材料和材质信息、技术参数等)
栏杆、扶手	几何信息(节点尺寸); 非几何信息(材料和材质信息、技术参数等)
散水、雨篷等	几何信息(节点尺寸); 非几何信息(材料和材质信息、技术参数等)

通常情况下,BIM应用涉及的参与人员较多,大型项目模型进行拆分后模型文件数量也较多,因此清晰、规范的目录结构与文件命名将有助于众多参与人员准确理解文件名标识。

基于BIM的建筑施工图设计不能单独依靠一种软件完成协同设计,因此在建模标准中需要对不同类型的模型需采用的数据格式或兼容的软件等提出具体的应用要求。以Revit为核心的BIM应用软件方案参见图9.2-15和表9.2-4。

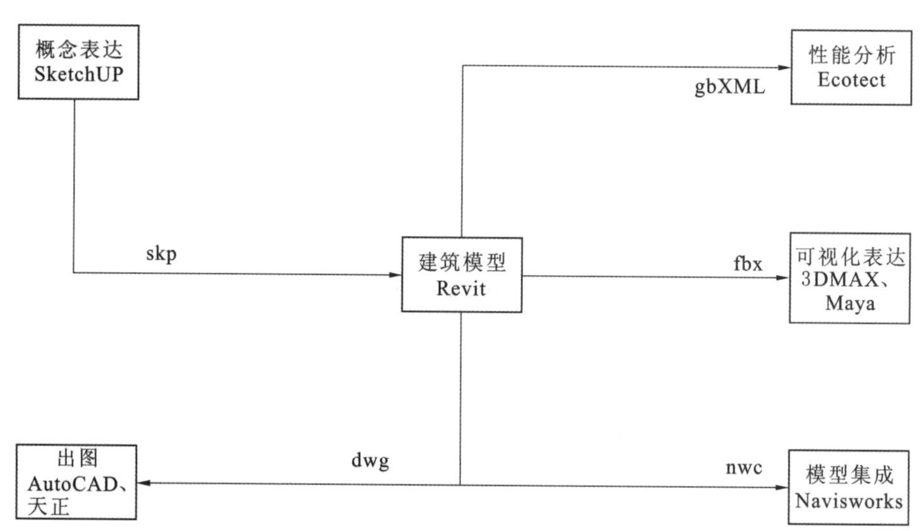

图9.2-15 以Revit为核心的BIM应用软件方案

表9.2-4 **以Revit为核心的BIM应用软件方案表**

设计流程	设计阶段		
	方案阶段	初步设计阶段	施工图阶段
概念表达	SketchUP、Rhino		
性能分析	IES、Ecotect、斯维尔		
可视化表达	Revit、3DMAX、Maya、Showcase		
数据模型	Revit		
施工图纸		Revit、AutoCAD、天正、理正	
模型集成	Navisworks		

9.2.3.2 标高、轴网的创建

标高和轴网是建筑设计中重要的定位工具，Revit Architecture将标高和轴网作为建筑信息模型中各构件的空间定位关系。我们在建模中一般先创建标高，再创建轴网，这样保证建模的每个楼层都能有轴网显示；标高、轴网命令在"建筑"选项卡下"基准"功能区中，界面如图9.2-16所示。

(1)创建标高。

绘制标高时要切换到立面视图，东、北、南、西任一立面均可，因为Revit中每个视图都是同步建立的。创建标高一般有两种方式：

①点击"标高"命令直接绘制标高线，根据需要调整两个标高之间的距离；

②拾取项目样板中已有标高，出现"修改"功能区，选择"复制"或者"阵列"功能进行多个轴网绘制。绘图功能区界面如图9.2-17所示。

注意：绘制好标高后，一般点击"修改"里面的"锁定"命令，对标高进行锁定，锁定后的标高将不可随意移动，起到模型精准参考定位的作用。同时，创建好的标高还可对标头样式、楼层高度、楼层命名、轴网线型等进行更改，更改界面如图9.2-18所示。

完成的标高示例如图9.2-19所示(注意要从立面视图绘制与查看标高)。

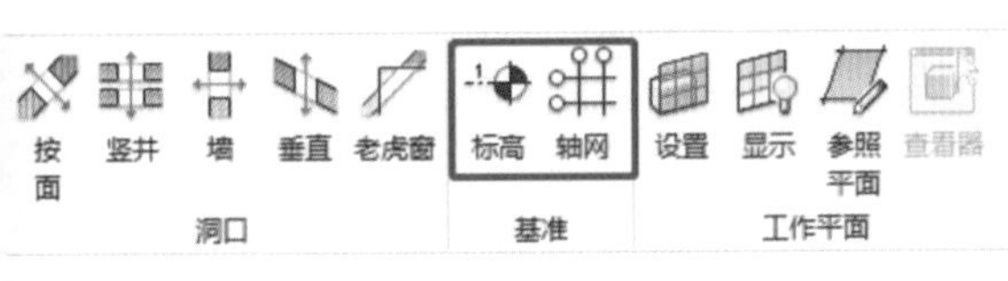

图9.2-16 标高、轴网的创建

图9.2-17 绘图功能区

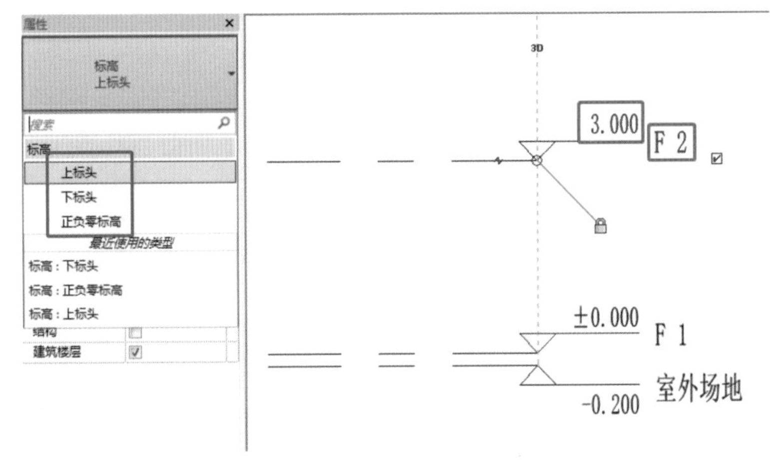

图9.2-18 标高创建示意图

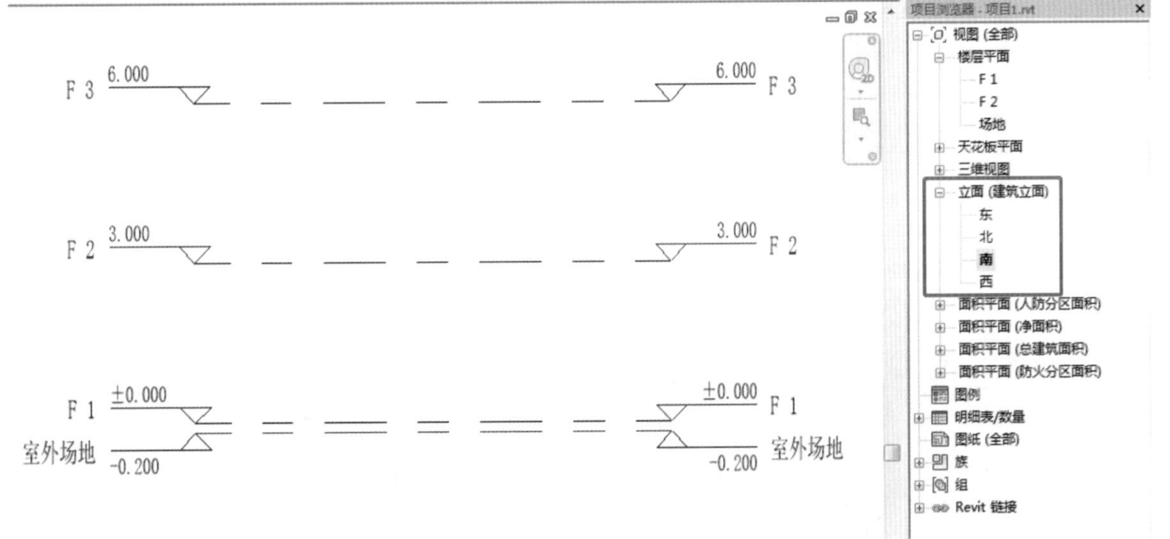

图9.2-19 标高示例

(2)创建轴网。

绘制标高时切换到相应平面视图，轴网只需绘制一遍即在所有标高范围内均可见。轴网编号系统会根据上一命名依次递增，如第一条轴网为Ⓐ，那么下一条轴网默认为Ⓑ，以此类推。创建轴网一般有两种方式：

①点击“轴网”命令直接绘制轴网线，根据需要调整两个轴网之间的距离；

②拾取项目中已有轴网，然后出现“修改”功能区，选择“复制”或者“阵列”功能进行多个轴网绘制。

注意：绘制好轴网后，一般点击“修改”里面的“锁定”命令，对轴网进行锁定，锁定后的轴网将不可随意移动，起到模型精准参考定位的作用。同时，点击“属性”栏下“编辑类型”，出现如图 9.2-20 所示界面，我们可对创建好的轴网符号、线型、线宽、填充图案、轴号端点显隐等进行编辑。

绘制好轴网后可对其进行尺寸标注，标注命令在“注释”选项卡下“尺寸标注”功能区内，界面如图 9.2-21 所示。可根据需要选择标注样式，完成的轴网示例如图 9.2-22 所示。

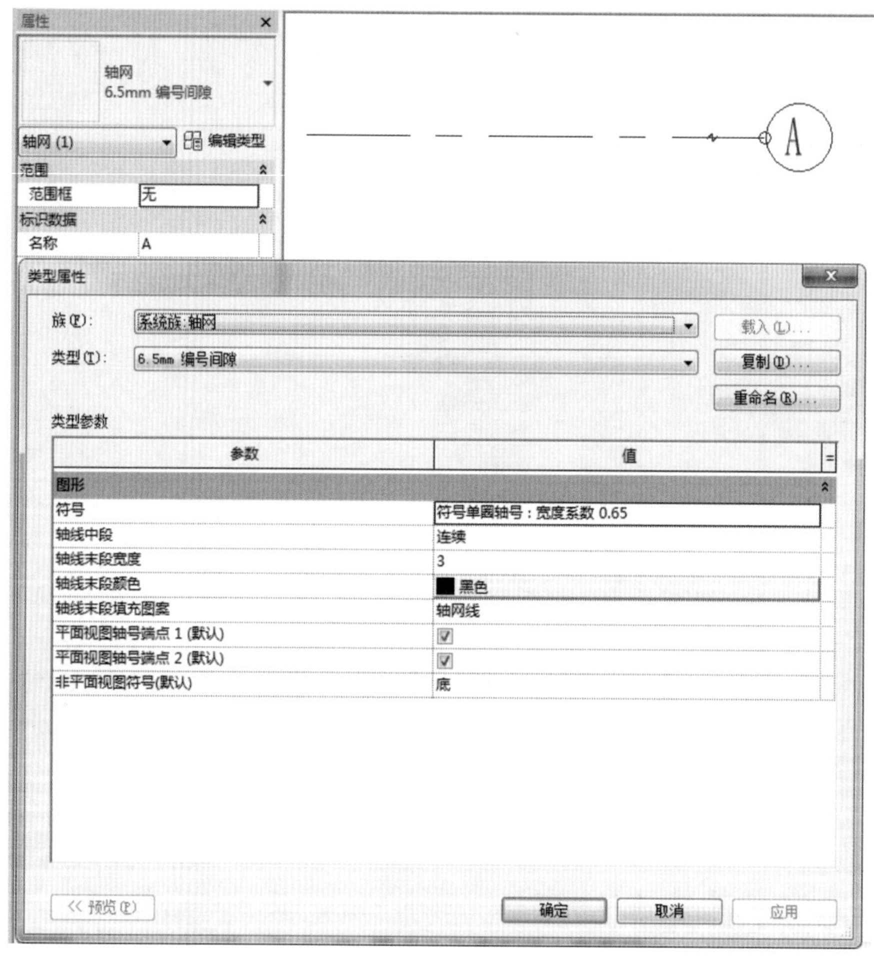

图 9.2-20　轴网类型属性

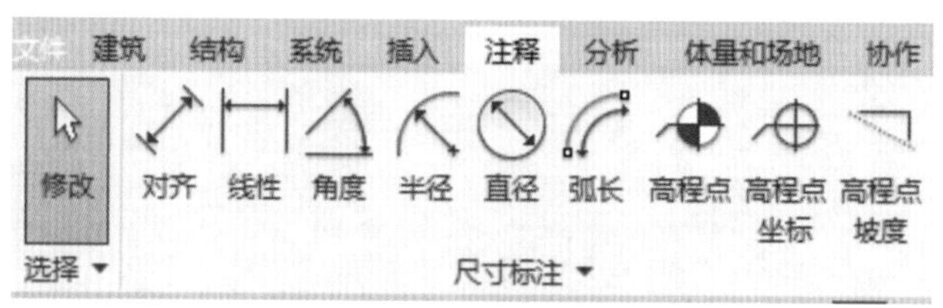

图 9.2-21　尺寸标注

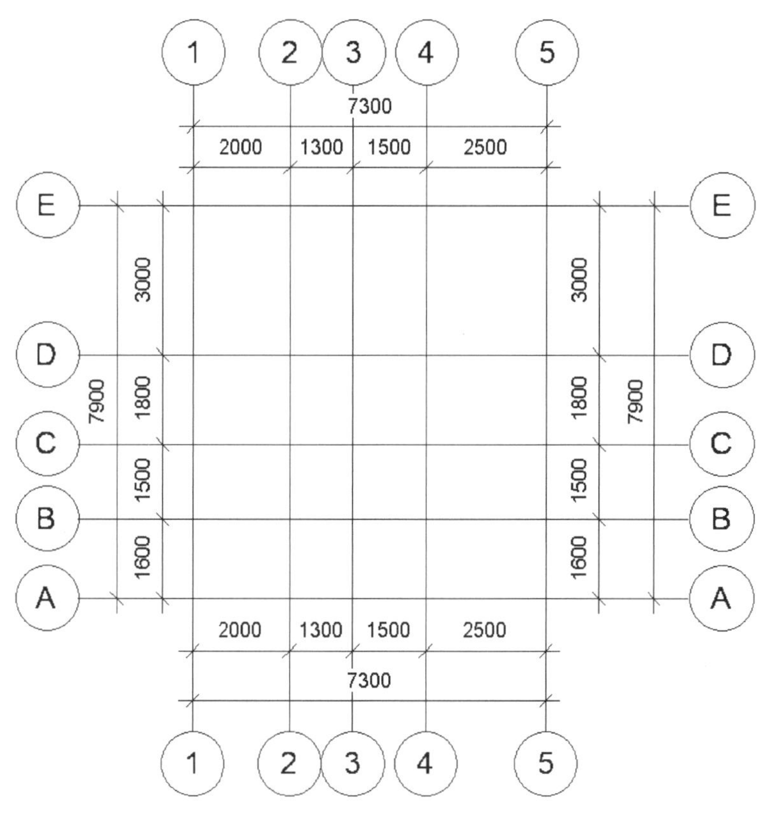

图 9.2-22 轴网示例

9.2.3.3 创建柱、墙、楼板等构件

构件是建筑模型的基本组成单元，本节主要讲述柱、墙、楼板等建筑构件的创建方法。

(1)柱的创建。

① 在平面视图中，下拉菜单“建筑”→“柱”→“结构柱”或“柱：建筑”，即可进行柱的布置，如图 9.2-23 所示。

② 从“属性”选项板上的“类型选择器”下拉列表中，选择一种柱类型，若没有需要的柱类型，可在柱属性中点击“编辑类型”，打开“类型属性”对话框，点击“载入”，选择需要的族。

可在“属性”中对柱子标高进行设置，其标高约束是通过“底部标高”“底部偏移”“顶部标高”和“顶部偏移”四个选项确定的，同时也可对柱样式和材质等进行编辑设置，工作界面如图 9.2-24 所示。

③按照上一步骤设置好柱子属性后，根据柱子位置，可单击鼠标放置柱子，完成后如图 9.2-25 所示。

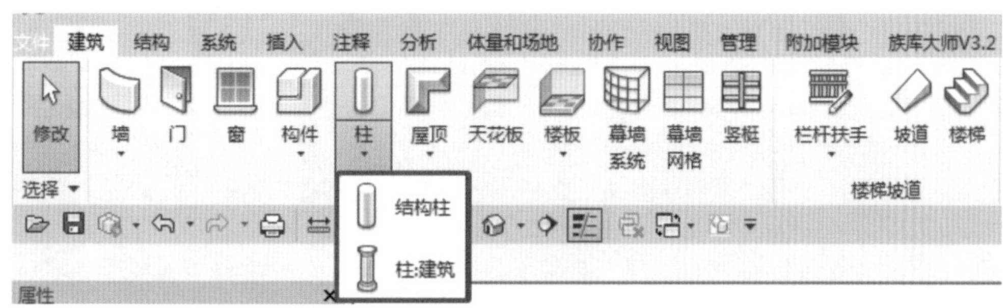

图 9.2-23 柱的布置

图 9.2-24　柱的编辑与载入

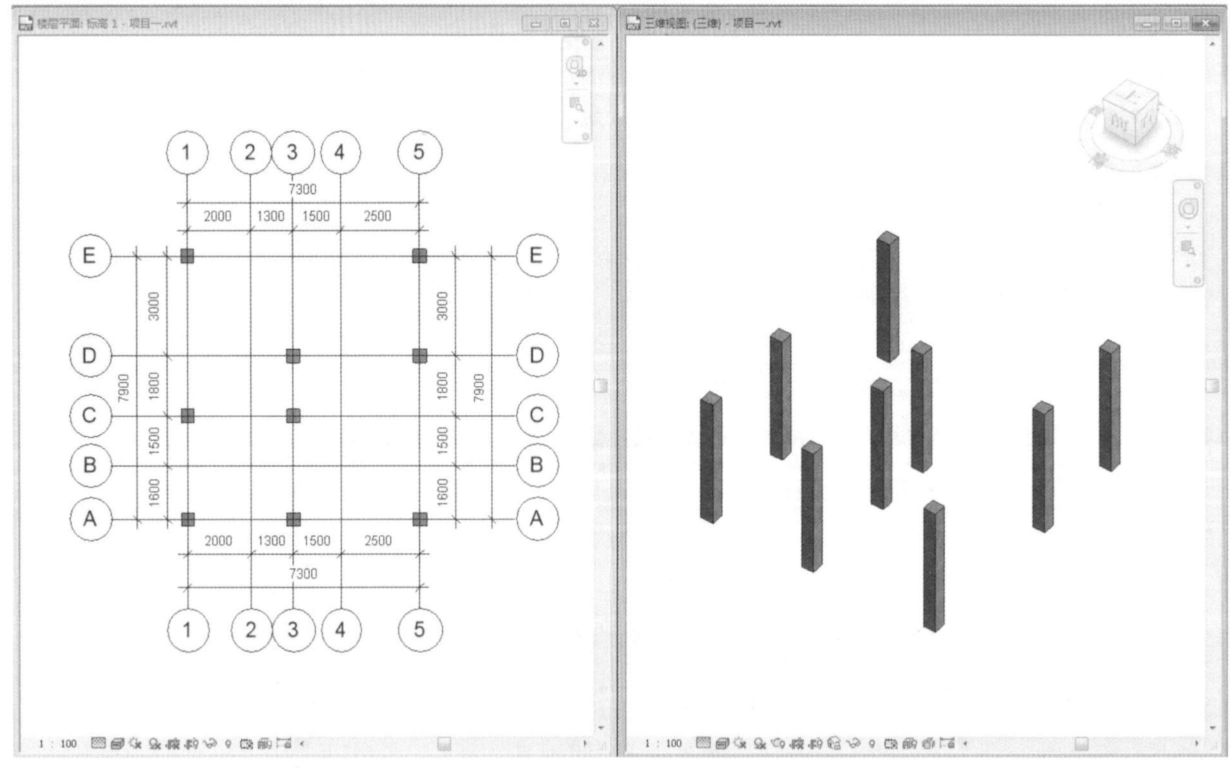

图 9.2-25　柱的模型示意图

(2)墙的创建。

①在平面视图中,下拉菜单"建筑"→"墙",其中有建筑墙、结构墙和面墙,可根据需要进行墙的创建,操作界面如图 9.2-26 所示。

②墙类型参数修改和墙族的插入与柱的设置方法一致,可参考前文,墙体绘制完成后如图 9.2-27 所示。

注意:柱子、剪力墙宜通高绘制,平面上的轻墙宜分层绘制,但具体操作还需要参考项目的建模标准;绘制墙体时注意墙体高度(特别是夹层、跃层),地下一层墙体的顶部限制为一层标高,而非室外地坪。

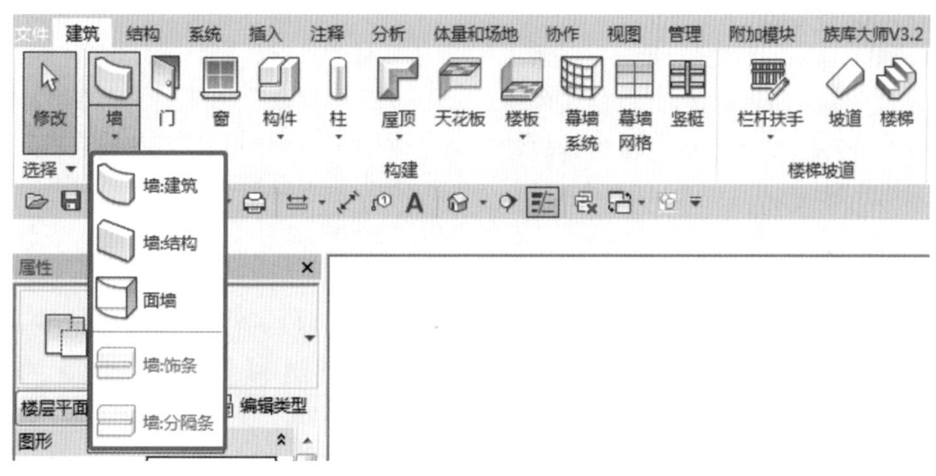

图 9.2-26 墙的创建

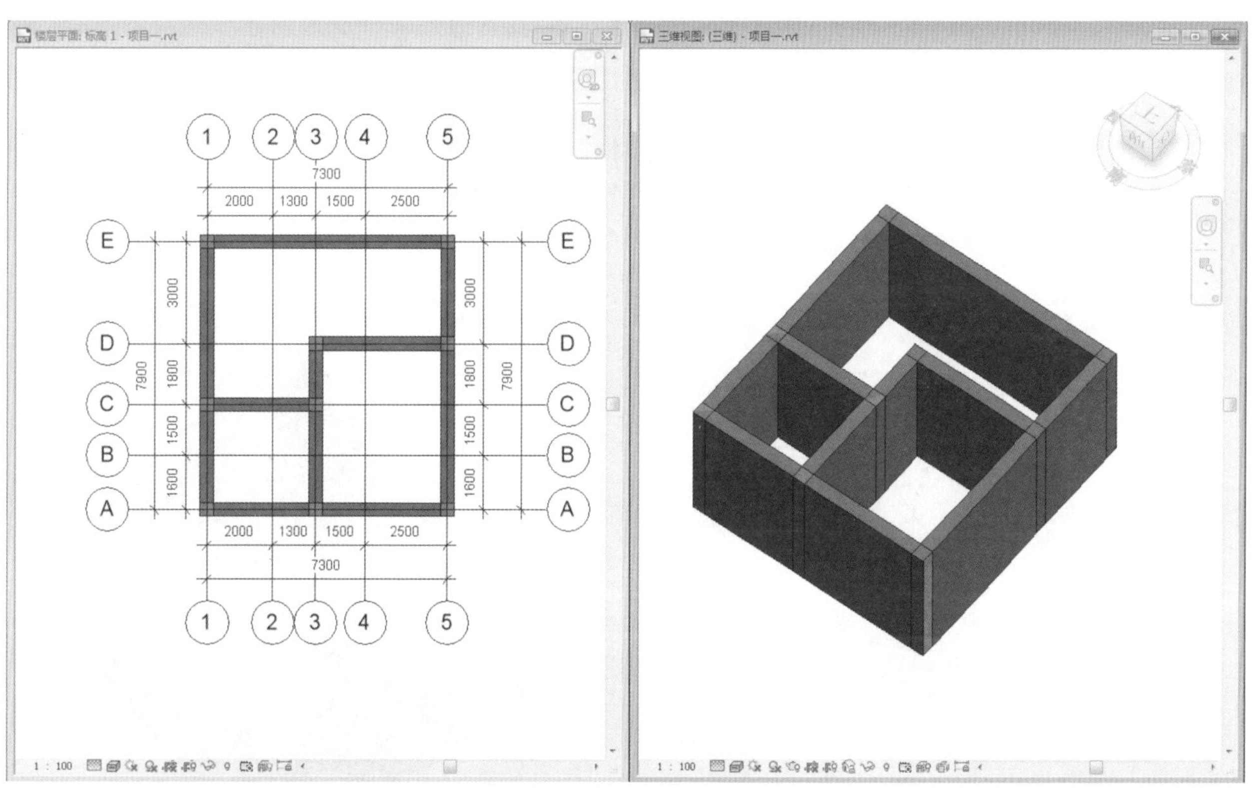

图 9.2-27 墙的模型示意图

(3)楼板的创建。

①在平面视图中，下拉菜单“建筑”→“楼板”，其中有建筑楼板、结构楼板、面楼板和楼板边，可根据需要进行楼板的布置，操作界面如图 9.2-28 所示。如果建筑专业只绘制面层的话，除建筑底板外其他层楼板应沿建筑外墙内侧边缘绘制。

②进入楼板编辑状态后，运用楼板绘制工具画出楼板轮廓，点击绘制工具栏 ✔ 确认，完成楼板的绘制，模型如图 9.2-29 所示(其中左侧为楼板绘制模型，右侧为楼板完成模型)。

(4)天花板、屋顶的布置。

天花板和屋顶的创建方式同楼板的创建方法一致，完成后的模型如图 9.2-30 所示(其中左侧为天花板完成模型，右侧为屋顶完成模型)。

(5)门、窗的布置。

① 在平面视图中下拉菜单“建筑”→“门”或“窗”，操作界面如图 9.2-31 所示。

②从“属性”选项板上的“类型选择器”下拉列表中，选择需要的门、窗类型，或点开“编辑类型”载入族；同时也能够根据项目需要编辑门窗材质、尺寸类型等，如图 9.2-32 所示。

③插入门、窗后的模型如图 9.2-33 所示。

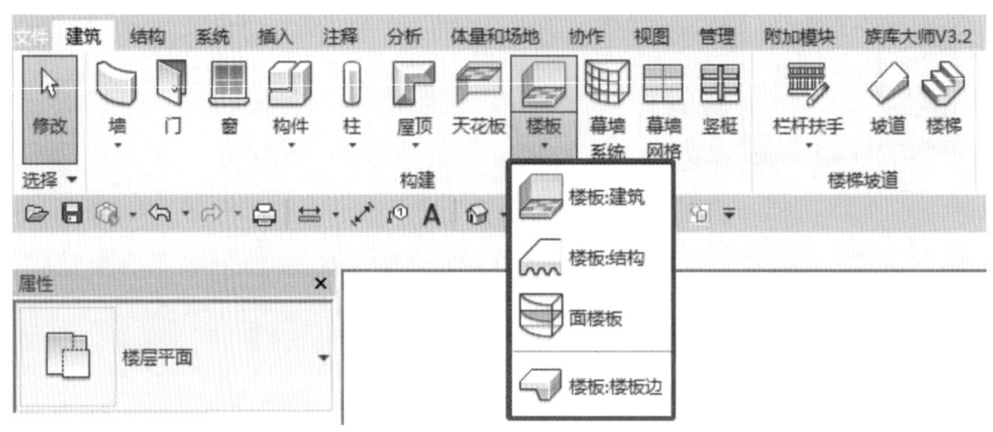

图 9.2-28　楼板的创建

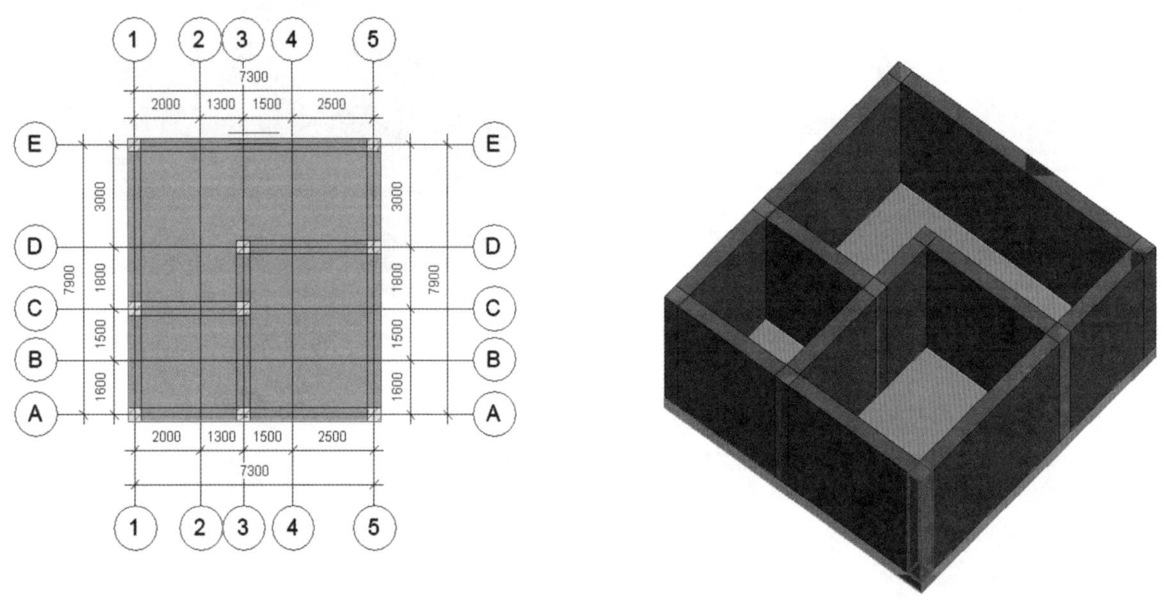

图 9.2-29　楼板的绘制与完成模型示意图

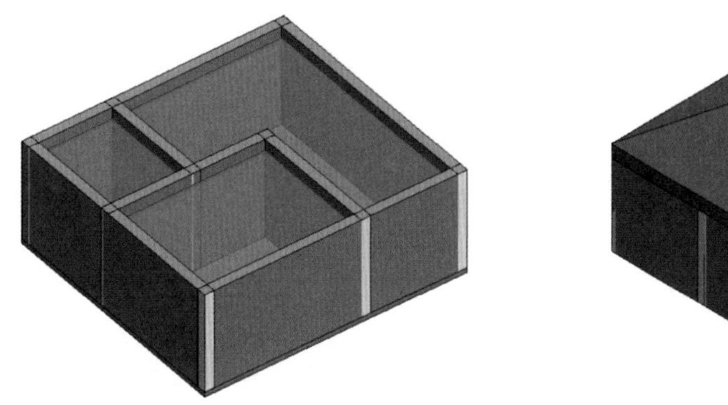
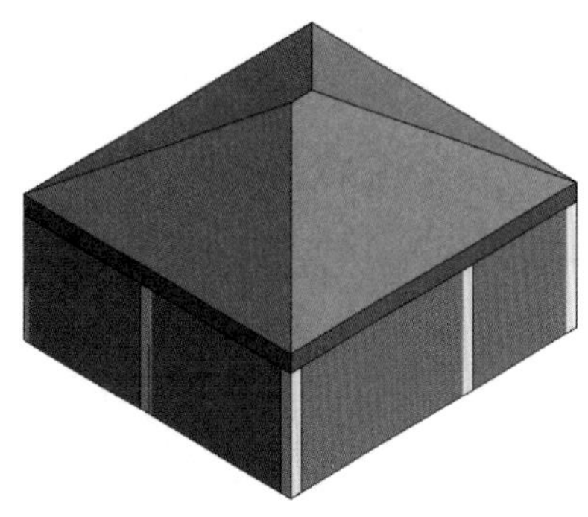

图 9.2-30 天花板模型和屋顶模型示意图

图 9.2-31 门、窗的创建

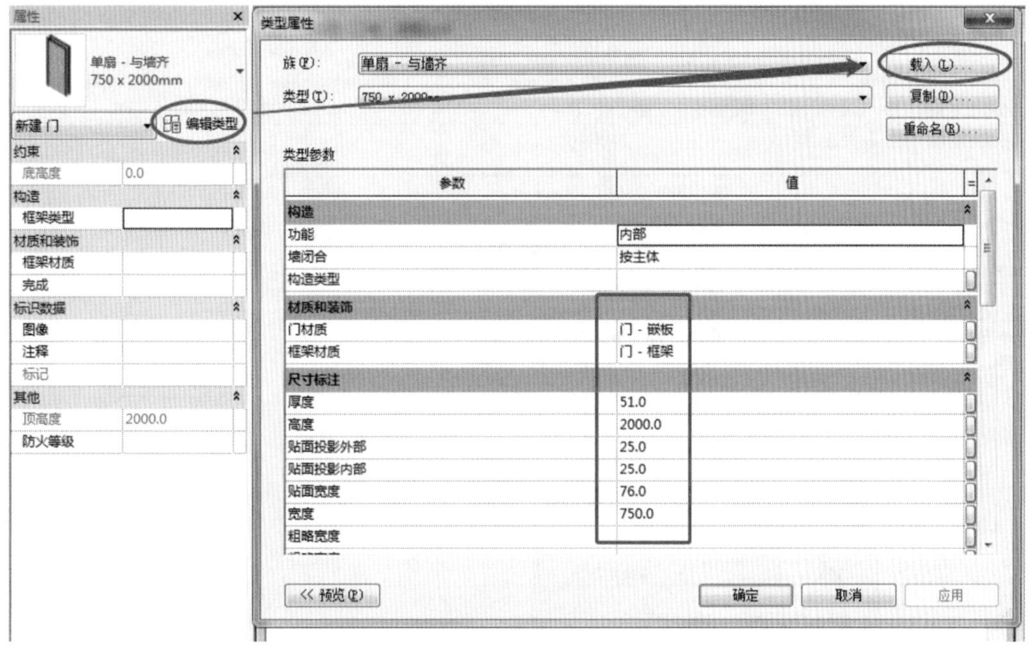

图 9.2-32 门、窗的编辑与载入

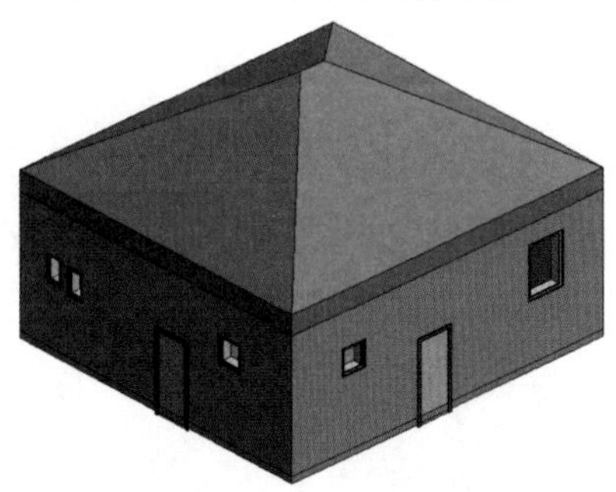

图 9.2-33 门、窗模型示意图

9.2.4 建筑施工图绘制

9.2.4.1 平面施工图绘制

在施工图设计过程中，有70%以上的设计内容都是在平面视图中操作完成的。常用的有楼层平面和场地平面，从平面视图演化出的有房间分析平面、总建筑面积平面、防火分区平面等，都和楼层平面保持联动。本节将讲述上述各种平面视图的创建、编辑和设置方法。

(1)创建楼层平面视图。

创建楼层平面视图有三种方法：

①绘制标高创建，标高的绘制方法见前面章节，选项栏勾选“创建平面视图”，如图9.2-34所示；

②楼层视图创建，在立面中进行现有视图的复制命令操作并设置好视图名称，然后在“视图”选项卡“创建”中单击“楼层视图”选择“楼层平面”命令，在“新建楼层平面”中选择相应视图单击确定即可，如图9.2-35所示。

③“复制视图”工具。

本功能适用于所有平面图、剖面图、详图、明细表视图、三维视图等视图，是基于现在的平、立、剖等视图快速创建的方法，可打开相应视图后在“视图”选项卡的“创建”里单击“复制视图”，如图9.2-36所示；或在“项目浏览器”右击相应视图，在弹出的功能菜单中选择“复制视图”进行操作。

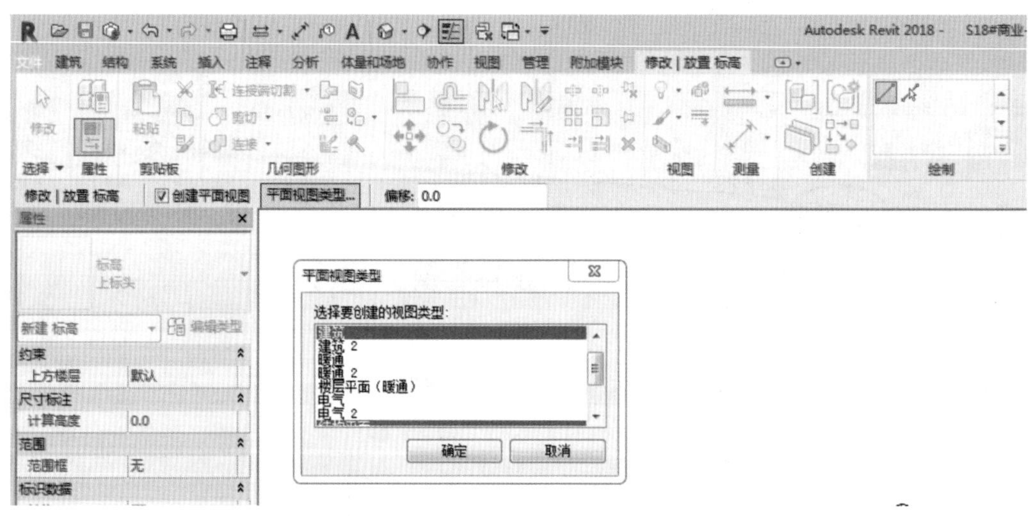

图9.2-34 创建平面视图

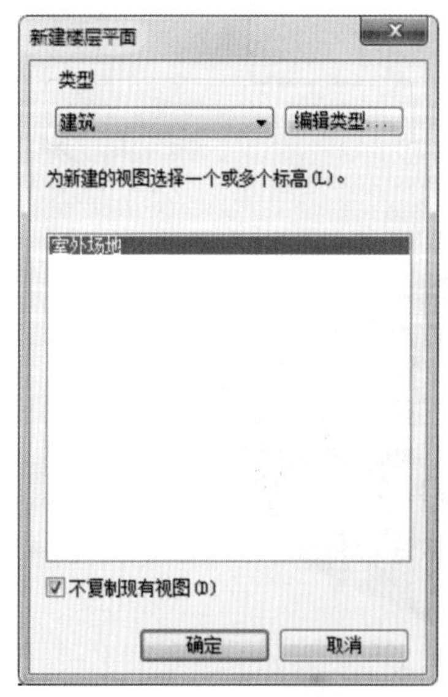

图9.2-35 楼层视图创建

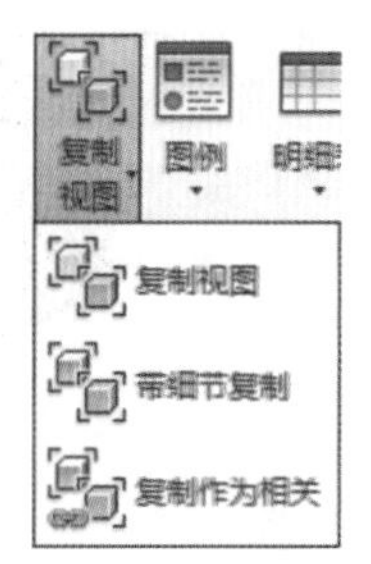

图9.2-36 复制视图

复制视图下有3个命令，选择不同命令复制不同形式的视图：

a."复制视图"：该命令只复制图中轴网、标高和模型图元，其他标记、标注、详图线等注释图元都不复制，而复制的视图与原始视图仅保持轴网、标高、现有及新建模型图元的同步自动更新，后续添加的所有注释类图元都只显示在创建的视图中，复制的视图中不同步。

b."带细节复制"：该命令可以复制当前视图的所有轴网、标高、模型图元和注释图元，但与"复制视图"命令一样，复制的视图与原始视图仅保持轴网、标高、现有及新建模型图元的同步自动更新，后续添加的所有注释类图元都只显示在创建的视图中，复制视图中不同步。

c."复制作为相关"：该命令可以复制当前视图的所有轴网、标高、模型图元和注释图元，而且复制的视图与原始视图之间保持绝对关联，所有现有图元后续添加的图元始终保持同步。

为方便大家理解，汇总三个命令的功能表如表9.2-5所示。

(2)视图的编辑与设置。

可根据需要设置创建的平面视图的比例、详细程度、样式、可见性等。

①视图比例设置。

在创建的平面视图中，可用两种方法设置视图比例：

a.单击视图控制栏(图)中的"1∶100"即可选择或自定义需要的比例，如图9.2-37所示；

b.在视图"属性"中"图形"下的"视图比例"中选择或自定义需要的比例，如图9.2-38所示。

②视图详细程度设置。

视图的详细程度分为粗略、中等、精细3种。可用这三种详细程度控制图元显示的内容，显示内容和族中图元"属性"中"图形"的"可见性"编辑下的详细程度相关联。

③视觉样式设置。

Revit提供了6种视觉样式，分别是线框模式、隐藏线模式、着色模式、一致颜色模式、真实模式、光线追踪模式。

线框：以透明线框模式显示所有能见的和不能见的图元边线及表面填充图案；

隐藏线：以黑白两色显示所有能见的图元边线及表面填充图案，且阳面和阴面显示亮度相同；

着色：以图元材质颜色显示所有能见的图元表面及表面填充图案，图元边线不显示，且阳面和阴面显示亮度不同；

表9.2-5 **"复制视图"命令的功能表**

命令	功能			
	复制视图中的轴网、标高和模型图元	复制视图中的注释类图元	标高、轴网、模型图元保持同步	注释类图元保持同步
复制视图	√	×	√	×
带细节复制	√	√	√	×
复制作为相关	√	√	√	√

图9.2-37 控制栏中选择视图比例设置

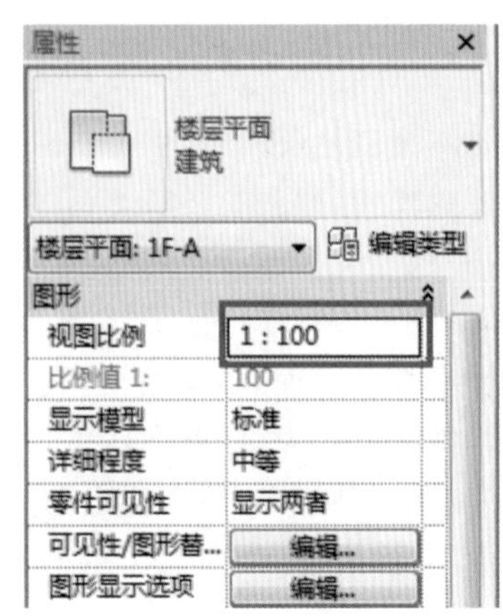

图 9.2-38　属性菜单中选择视图比例

一致颜色：以图元材质颜色显示所有能见的图元表面、边线及表面填充图案，且阳面和阴面显示亮度相同；

真实：以图元的真实渲染材质显示所有能见的图元表面、边线及表面填充图案，且阳面和阴面显示亮度不同；

光线追踪：以图元的真实渲染材质显示所有能见的图元表面、边线及表面填充图案，且 Revit 进行光线追踪实时渲染，此视觉样式只能在三维视图中进行，有渲染效果好和占用电脑资源大的特点，需计算机显卡支持“硬件加速”功能，并在“文件”下“选项”的“图形”下勾选“使用硬件加速”。

几种视觉样式效果如图 9.2-39 所示。

④视图可见性设置。

在视图中可根据需要隐藏或恢复某些图元的显示。有以下两种方法：

a. 打开选定的楼层平面，在“视图”选项卡中的“图形”上单击“可见性/图形”，在弹出的“可见性/图形替换”中勾选或取消需要的类别。

b. 在视图中选择指定的图元，在视图控制栏中单击设置隔离和隐藏。

(3)视图样板。

视图样板是根据项目需要，设置其比例、可见性、详细程度、模型视觉样式、图形显示选项、视图裁剪等参数。

单击“视图”选项卡中的“视图样板”工具，从下拉菜单中选择“查看样板设置”命令，即可打开“视图样板”对话框进行管理。

(4)视图范围、平面区域与截剪裁。

Revit 里平面视图的显示，由视图范围、平面区域与截剪裁的参数设置控制。

①视图范围。

在相应的视图平面中，单击“属性”面板中“范围”下“视图范围”的“编辑”进行视图范围的设置，如图 9.2-40 所示。“视图范围”由“主要范围”和“视图深度”控制。

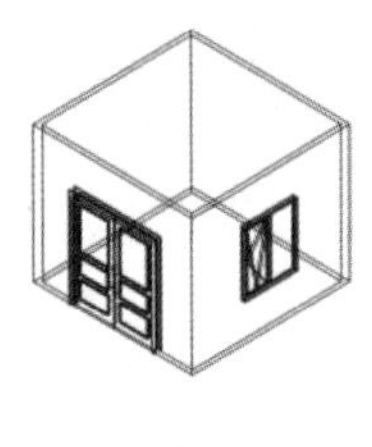
线框

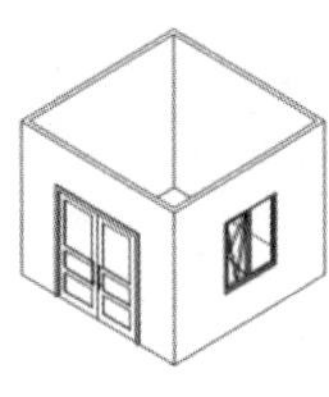
隐藏线

着色

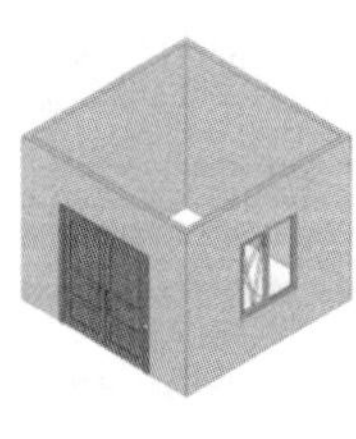
一致颜色

真实

光线追踪

图 9.2-39　6 种视觉样式

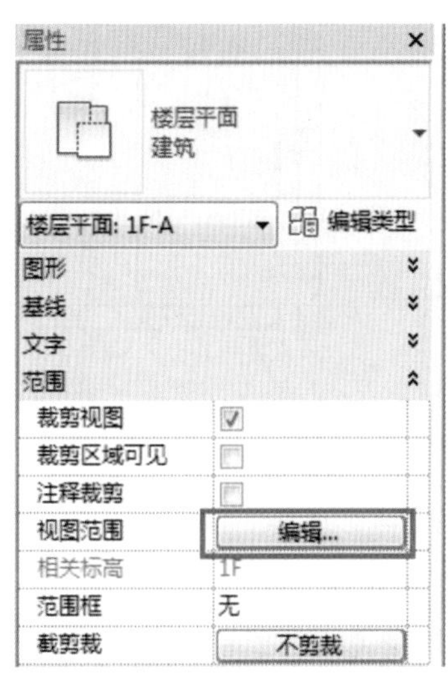

图 9.2-40 "属性"下的"视图范围"

a."主要范围"设置。

"顶部"与"偏移":如图 9.2-41 所示,设定相关标高作为"顶部",再写入"偏移"设定相对此标高的偏移量。也就是说,视图范围的最上端就是相对"顶部"的偏移高度,就是图 9.2-41 中的①。

"底部"与"偏移": 如图 9.2-41 所示,设定相关标高作为"底部",再写入"偏移"设定相对此标高的偏移量。也就是说,视图范围的最下端就是相对"底部"的偏移高度,就是图 9.2-41 中的②。

"剖切面"与"偏移":在平面视图中所能见到的图元范围就是从"剖切面"上下偏移到"底部"的范围,也就是图 9.2-41 中②到③的距离,但应注意,剖切面的高度位置必须位于顶部和底部之间。

b."视图深度"设置。

"标高"与"偏移":这两个参数结合设置决定了从剖切面向下俯视能看多深,由此也决定了平面视图中的模型显示。

单击"确定",关闭对话框,平面视图的显示即由上述"剖切面"到视图深度"偏移"范围内的图元决定。

②平面区域。

平面区域可以剖切在视图中被挡到的图元,例如在项目的 F1 平面视图中,按标高以上 3000mm 位置剖切,仅能剖切到模型的墙,顶高 1800mm 窗却因被墙遮挡而无法显示。这时候就可以通过设置"视图"选项卡中"创建"上"平面视图"中的"平面区域",绘制相应闭合区域范围后,设置"视图范围"后("视图范围"设置见前文),单击 ✔ 即可。视图对比如图 9.2-42 所示。

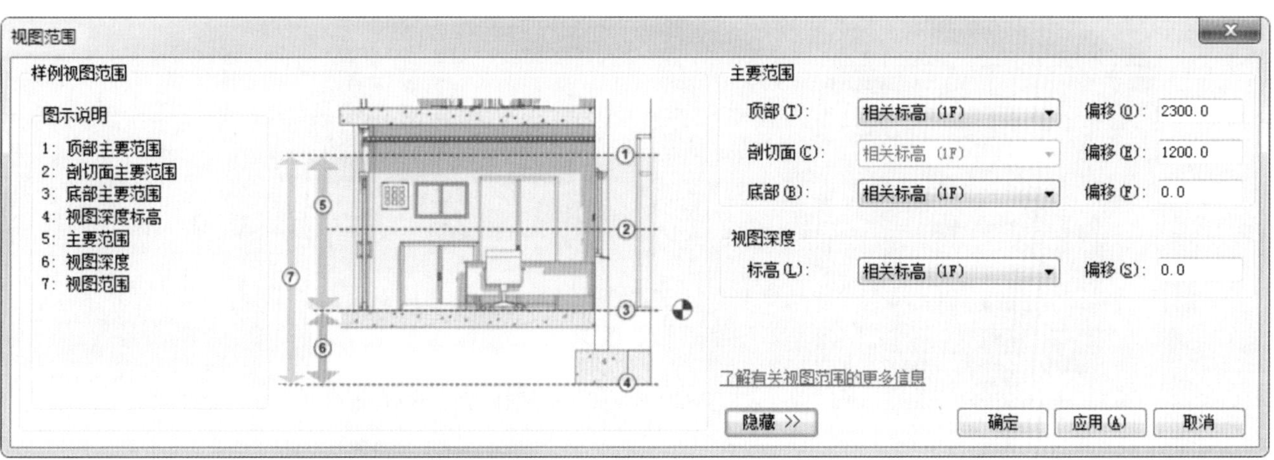

图 9.2-41 "视图范围"设置

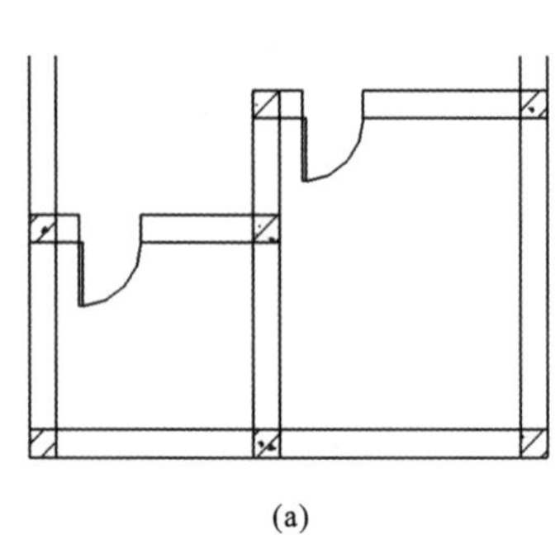
(a)

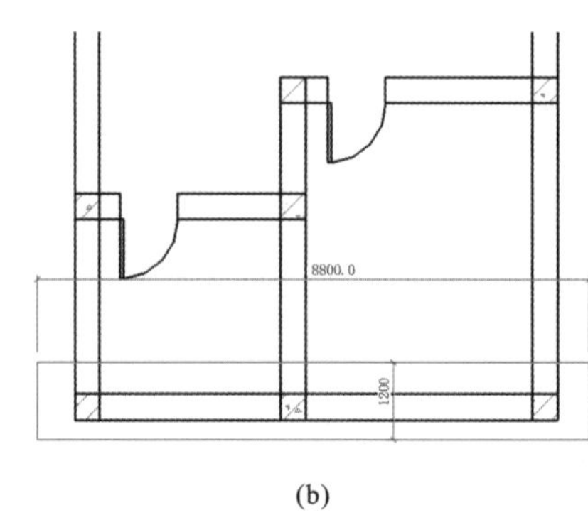
(b)

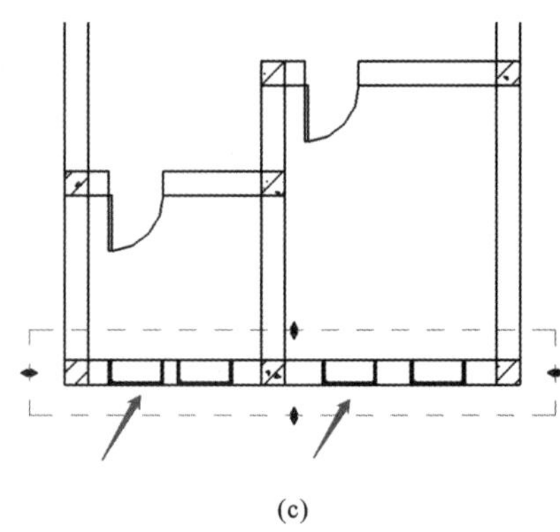
(c)

图 9.2-42　视图对比

(a)原始视图；(b)绘制“平面区域”范围；(c)被“平面区域”剖切后的视图

③截剪裁。

“截剪裁”是裁剪视图范围中的图元。打开相应的楼层平面，在楼层平面“属性”下的“截剪裁”中选择“不剪裁”“剪裁时无截面线”和“剪裁时有截面线”这3个命令，工作界面如图 9.2-43 所示。

其功能是根据视图范围对图元进行裁剪，“不剪裁”将显示图元的完整图形，“剪裁时无截面线”将显示图元在视图范围内的图形被裁剪部位且有截面线，“剪裁时有截面线”将显示图元在视图范围内的图形被裁剪部位且有截面线。如图 9.2-44 所示，就是对一个屋顶的裁剪。

(5)注释设置。

待视图绘制完成后就需要进行注释了，包括放置门窗标记、房间标记、尺寸标注、标高、二维修饰、线命令、二维族、详图项目、遮盖区域、放置剖面等。注释使平面视图信息更加完整。

①放置门窗标记、房间标记。

a.放置门窗标记。

可以在“注释”选项卡中的“按类别标记”和“全部标记”中进行编辑，工作界面如图 9.2-45 所示。

“按类别标记”需在点选此功能后点选要放置标记的门窗。标记需设置引线和标记方向，如图 9.2-46 所示。

图 9.2-43　“截剪裁”工作界面

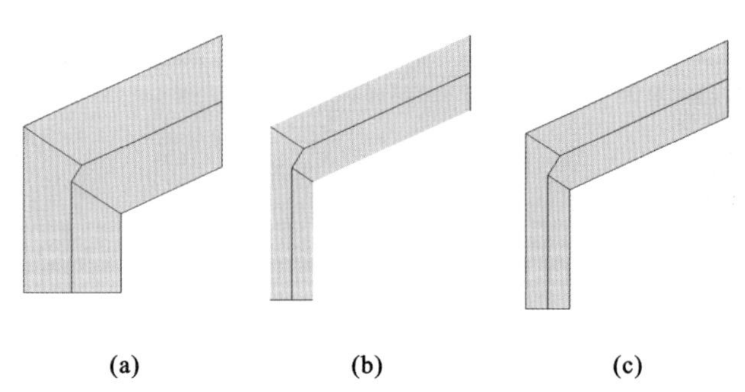
(a)　(b)　(c)

图 9.2-44　裁剪样式对比

(a)不剪裁；(b)剪裁时无截面线；(c)剪裁时有截面线

图 9.2-45　“注释”选项卡

图 9.2-46　“按类别标记”界面

“全部标记”需在点选此功能后在弹出的“标记所有未标记的对象”窗口中勾选“窗标记”和“门标记”，再设置好引线长度、标记方向即可，而后单击“确定”即可完成正打开视图中的门窗标记，工作界面如图 9.2-47 所示。

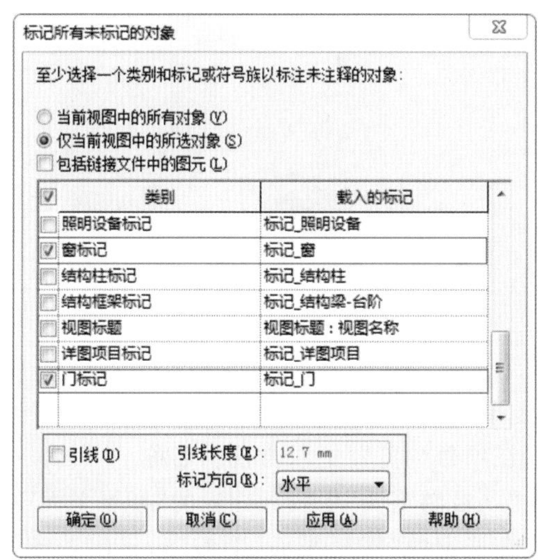

图 9.2-47 “全部标记”界面

注意：全部标记除了门窗也可以编辑其他的图元类别，在“标记所有未标记的对象”窗口中勾选即可。

b. 房间标记。

房间标记需在“建筑”选项卡的“房间和面积”中单击“房间”再点选一个闭合区域进行标记，也可用“房间分隔”分隔闭合区域。布置完成后双击“房间”进行名称编辑，如图 9.2-48 所示。

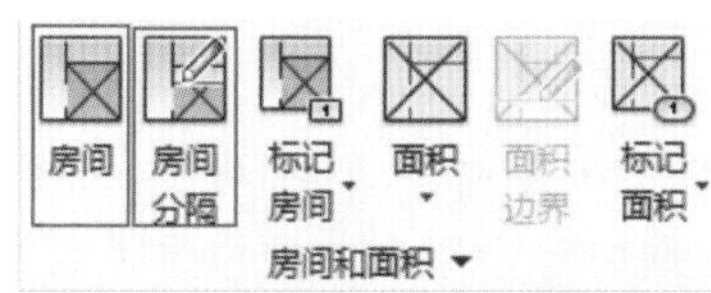

图 9.2-48 房间及房间分隔

然后可以在“注释”选项卡中“标记”上的“房间标记”添加编辑，如图 9.2-49 所示。

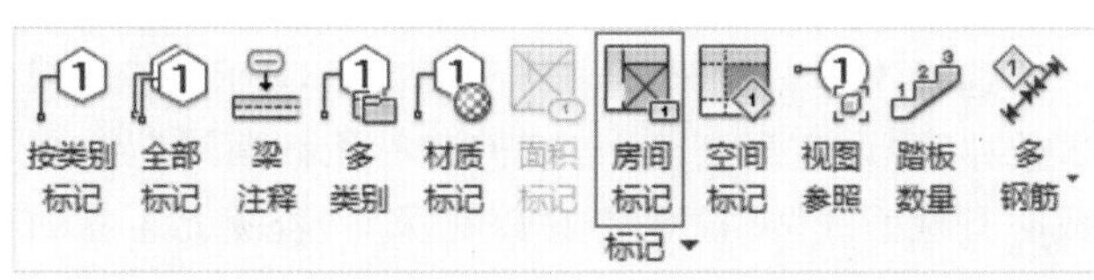

图 9.2-49 房间标记

②尺寸标注、标高。

“尺寸标注”在“注释”选项卡中，其中包含对齐标注、线性标注、角度标注、半径标注、直径标注、弧长标注、高程点标注、高程点坐标标注和高程点坡度标注。可根据标注尺寸的类型点选不同的命令进行标注，如图 9.2-50 所示。

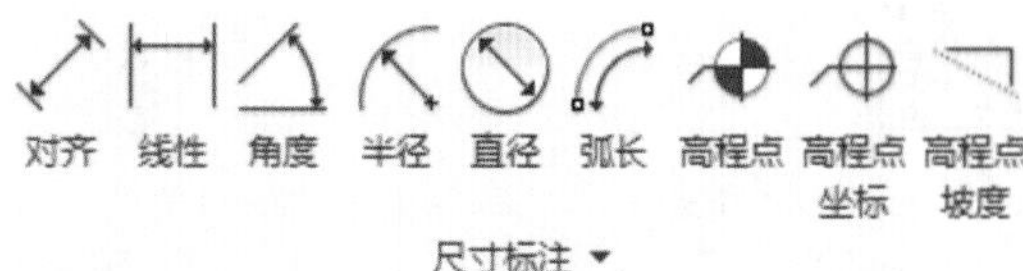

图 9.2-50 尺寸标注

注意：线性标注在平面图和立、剖面图标注中最为常用，单击一端后再单击另一端即可，标记完成后点选空白处即可完成标注。

③二维修饰、线命令、二维族、详图项目、遮盖区域。

在“注释”选项卡“详图”中可以编辑视图二维表达内容，其中包含详图线、区域、构件、云线批注、详图组和隔热层功能；可在布置视图二维细节上使用，尤其是详图线和区域两个功能比较常用，如图 9.2-51 所示。

图 9.2-51 详图

④放置剖面。

可以在“视图”选项卡中“创建”命令中的 点选“剖面”后，再点选两点确定剖切范围。

拉伸下图中三个箭头：控制剖面范围，可以掉转剖面方向，可以循环显示剖面标头，如图 9.2-52 所示。

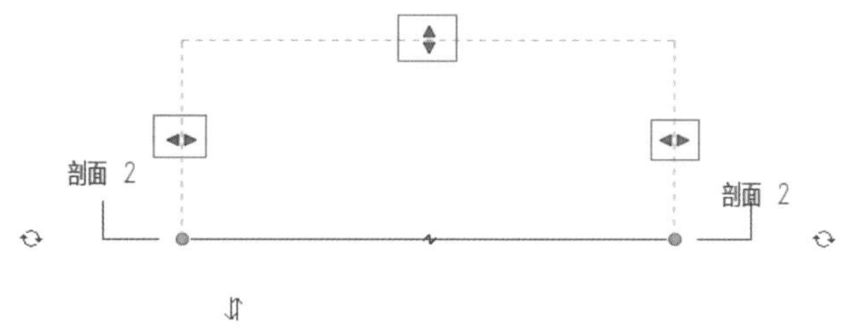

图 9.2-52 剖面编辑示意图

单击剖面的“修改”选项卡中“裁剪”上的“尺寸裁剪”可以对裁剪区域的尺寸进行编辑，如图 9.2-53 所示。

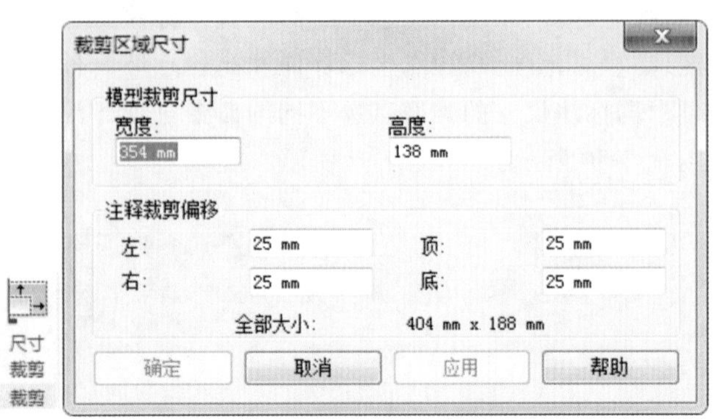

图 9.2-53 “裁剪区域尺寸”对话框

⑤局部三维的补充表达。

二维图很难说清楚的部位可以借助局部三维进行更好的表达，一些局部节点（比如屋顶女儿墙或者檐口处）附加一张三维图可以清楚、直观地表达它们之间的关系。可以利用 Revit 的剖面框调整出想要的局部三维图，也可以利用插件的局部 3D 功能菜单，能很方便地切出自己需要部位的局部三维图，如图 9.2-54 所示。

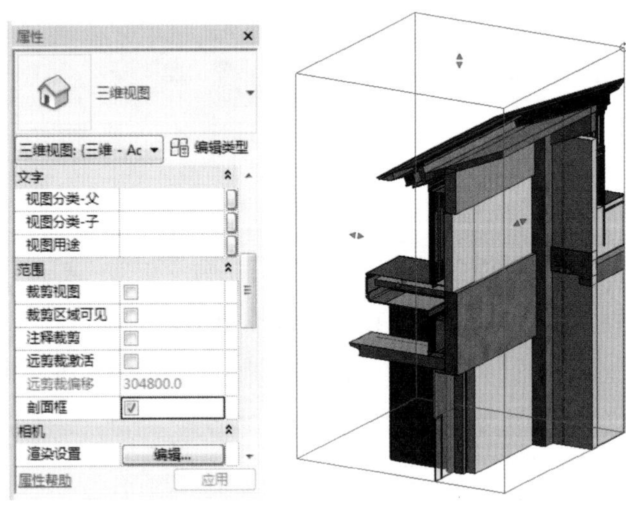

图 9.2-54 局部三维示意图

9.2.4.2 立面施工图绘制

在 Revit Architecture 的项目文件中，默认包含了东、南、西、北四个正立面视图，立面视图的复制视图、视图比例、详细程度、视图可见性、过滤器设置、视觉样式、视图属性、视图裁剪、局部三维等设置，和楼层平面的设置方法完全一样，仅个别参数和细节略有不同，本节仅就不同之处作详细讲解。

（1）打开立面视图。

①双击三角立面标记箭头，如图 9.2-55 所示，双击“视图：立面：出图-南”的三角标即可进入“立面：出图-南”界面。

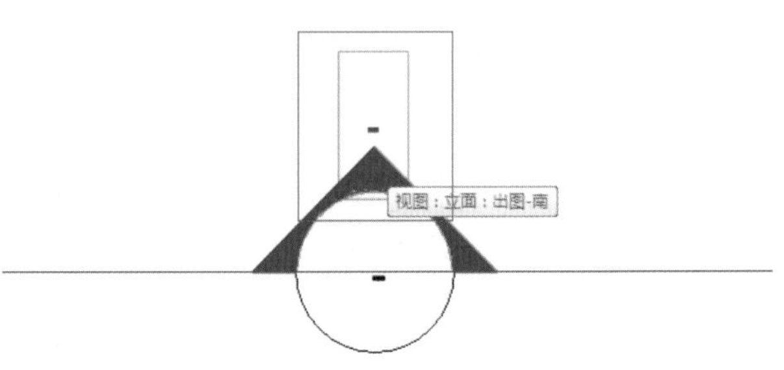

图 9.2-55 立面视图

②在项目浏览器中双击视图名称。

在“项目浏览器”中找到相应的“楼层平面”，双击打开或在选定的“楼层平面”下右击，弹出功能菜单，再单击“打开”即可进入。

（2）立面注释：标高、立面材料。

“标高”在“建筑”选项卡上“基准”中，在立面视图上布置即可，方法详见前文标高绘制。

“立面材料”可用“注释”选项卡上“详图”中“区域”“构件”“隔热层”按图纸需求进行绘制。

（3）线处理。

对立面视图上的线处理可用“注释”选项卡上“详图”中“详图线”按图纸需求进行绘制。

（4）远剪裁设置。

立面视图的复制视图、详细程度、视图可见性、视图属性、视图截剪等设置和前文楼层平面视图设置方法一样。本章补充立面“远剪裁”说明。

其位置同样位于视图“属性”的“范围”下，如图 9.2-56 所示，点选即可编辑三种模式，如图 9.2-57 所示。

选择不剪裁就是不进行深度剪裁，不用在“远裁剪偏移”中设定深度值。选“剪裁时无截面线”和“剪裁时有截面线”需设定要剪裁的深度，若图元距立面距离超过深度值则不会完全显示，两功能的区别就是有无截面线，模型对比如图 9.2-58 所示。

图 9.2-56 “属性”中“范围”界面

图 9.2-57 “远剪裁”界面

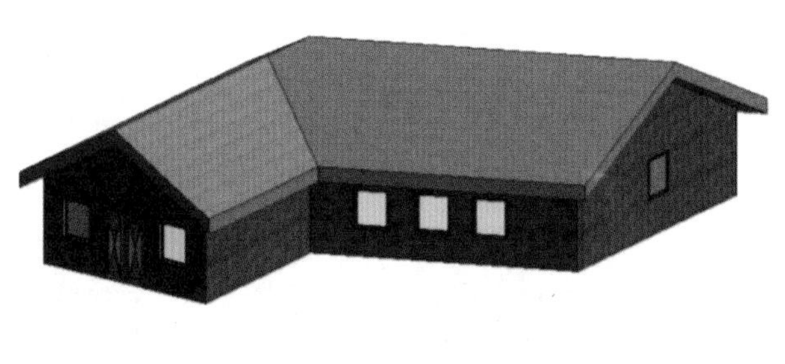

(a)

(b)

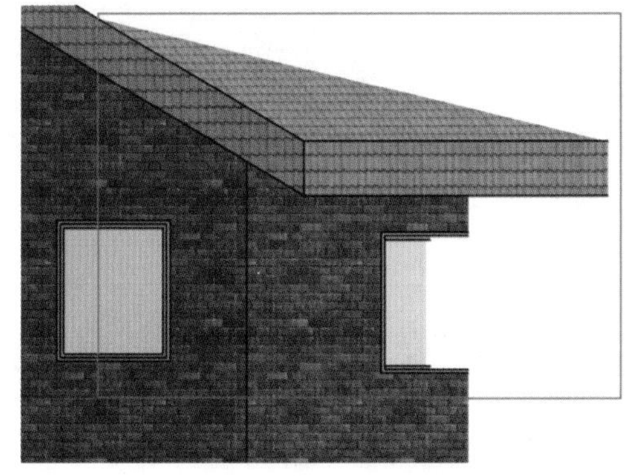

(c)

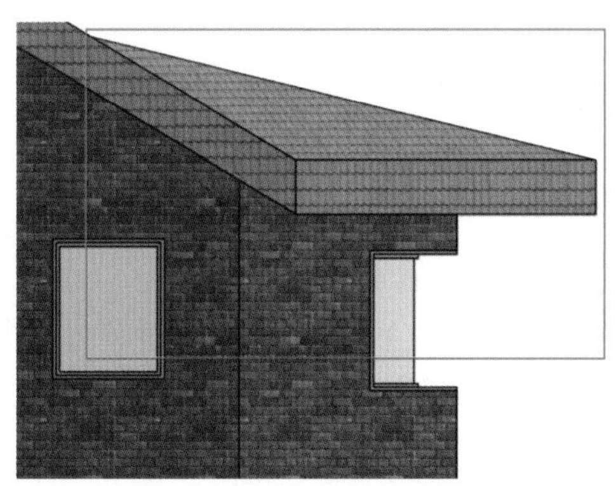

(d)

图 9.2-58 剪裁对比

(a)模型整体;(b)不裁剪;(c)剪裁时无截面线;(d)剪裁时有截面线

9.2.4.3 剖面施工图绘制

剖面视图的复制视图、视图比例、详细程度、视图可见性、过滤器设置、视觉样式、视图属性、视图裁剪等设置,和楼层平面、立面视图的设置方法一样,本章仅就不同之处进行讲述。

(1)创建剖面视图。

单击“视图”选项卡中“创建”上的“剖面”即可创建剖面,然后在平面视图或立面视图中点击剖面起点和终点确定大致范围,然后调节尺寸截剪等即可,在“剖面”属性下可编辑剖面的比例、范围,在“项目浏览器”中可修改视图的名称,详见上文“放置剖面”功能介绍。

（2）打开剖面视图。

方法一：双击剖面线起点的剖面标头，或是单击剖面后右击，在弹出的菜单里选择“转到视图”，工作界面如图 9.2-59 所示。

图 9.2-59　生成剖面界面

方法二：双击“项目浏览器”中“视图”下“剖面”中相应剖面视图名称，如图 9.2-60 所示；右击此名称，在弹出的菜单里选择“打开”。

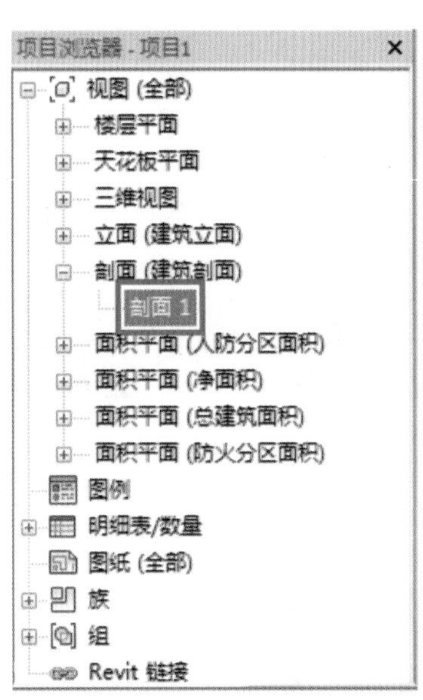

图 9.2-60　打开“剖面”

（3）折线剖面视图。

折线功能用于将剖面或立面拆分为与视图方向正交的线段，可以将剖面后立面视图改为显示模型的不同部分，创建方法如下：

点击已绘制的剖面视图，在“修改|视图”选项卡中“裁剪”下单击“拆分线段”命令。

接着单击视图中剖面上的一点确定拆分位置，然后用双向箭头“◂▸”调节剖面，如图 9.2-61 所示。

图 9.2-62(a)所示为原始剖面，图 9.2-62(b)所示为折线功能生成的剖面。

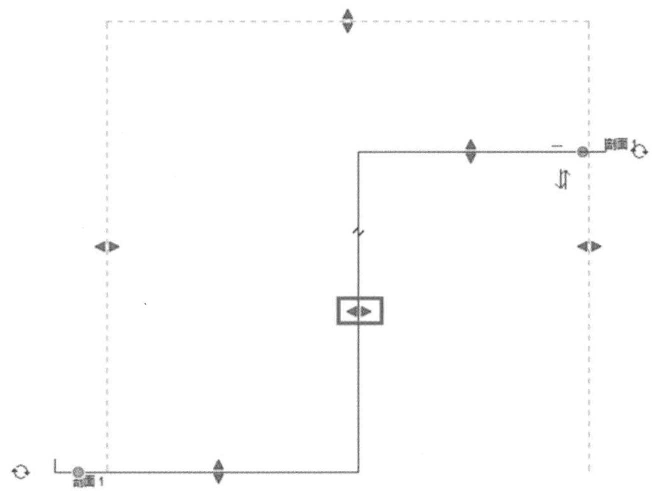

图 9.2-61　生成折线剖面视图

(a)

(b)

图 9.2-62　剖面效果

(a)原始剖面；(b)折线功能生成的剖面

9.2.4.4 详图绘制及明细表

Revit绘图以模型为枢纽，达到各个视图联动，详图只需要标注尺寸，应用相应的视图样板，当模型修改时，详图尺寸自动修改。

(1)施工图中的大量节点详图、平面楼梯间详图等都可以通过“详图索引”工具快速创建。

①详图视图。创建详图视图有3种方法：

a.在功能区单击“视图”选项卡创建面板的“剖面”，从“类型选择器”中选择“详图”类型，创建剖面详图，如图9.2-63所示。

b.在功能区单击“视图”选项卡“创建”面板的“详图索引”工具，从“类型选择器”中选择“详图”类型，创建详图索引节点，如图9.2-64所示。

“详图索引”下拉菜单中有“矩形”和“草图”两个功能：“矩形”需点击两点括出矩形详图索引，“草图”要在需要布置详图绘制闭合区域后单击 ✔ 完成绘制。

c.利用索引符号创建详图。

点击“详图索引”，在右击弹出的菜单中选择“转到视图”或是在项目浏览器中打开，如图9.2-65所示。

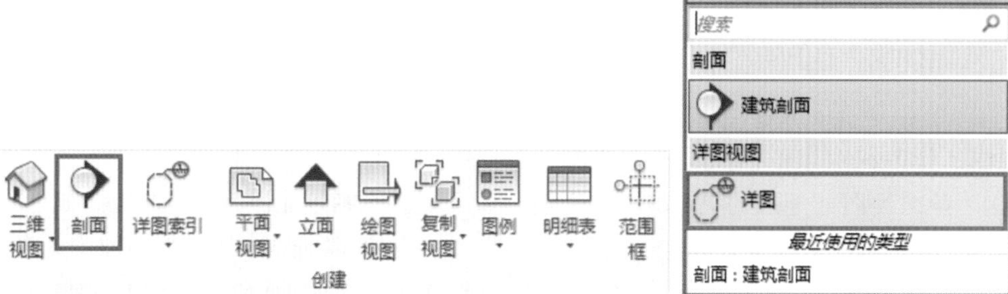

图9.2-63 利用“剖面”面板创建剖面详图

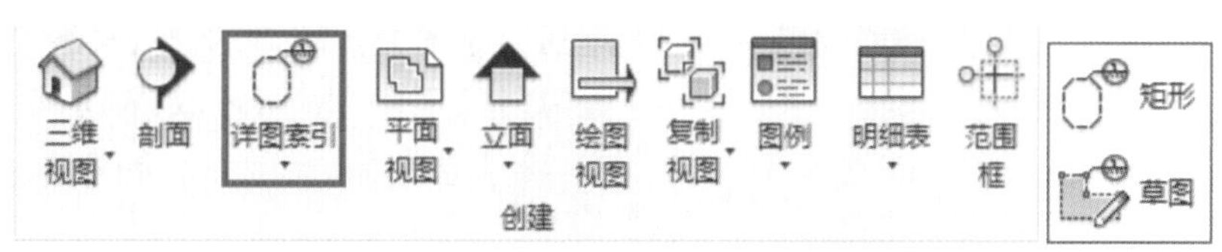

图9.2-64 利用“详图索引”工具创建详图索引节点

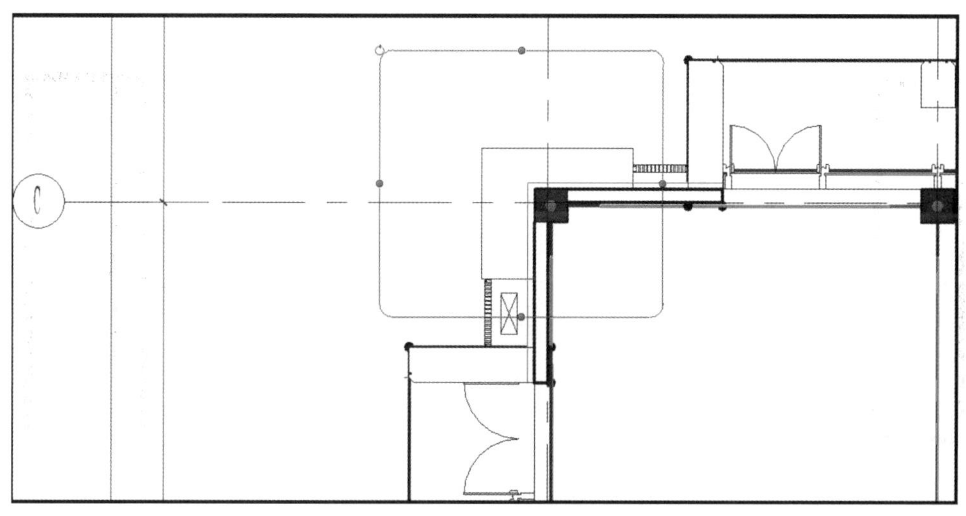

图9.2-65 利用索引符号创建详图

在平面中设置“详图索引”，如图 9.2-66 所示。

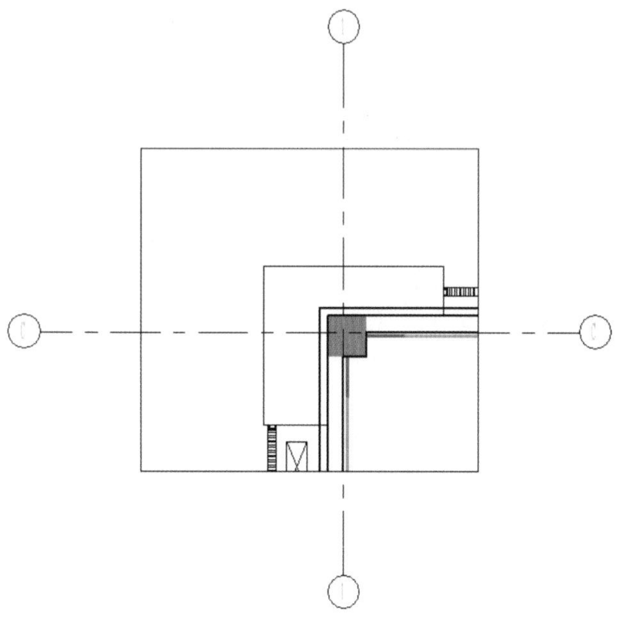

图 9.2-66 生成的平面详图

②绘图视图。绘图视图用于创建与模型没有关联的详图，例如手绘二维图或导入的 AutoCAD 详图等，可用 Revit 的详图绘制工具进行“绘图视图”的绘制。

(2)详图绘制工具。

此功能位于“注释”选项卡的“详图”中，用于“详图”的绘制，如图 9.2-67 所示。

图 9.2-67 详图

①详图线。

详图线是专门用来创建视图的线，只在绘制它的视图上可见，无法在三维视图中显示，其功能多种多样，可绘制模型中表现不全的细节。和 AutoCAD 中的线型类似，点击此功能后在“绘制”区域可选择绘制的形状，在“线样式”区域可调节线形样式，如图 9.2-68 所示。

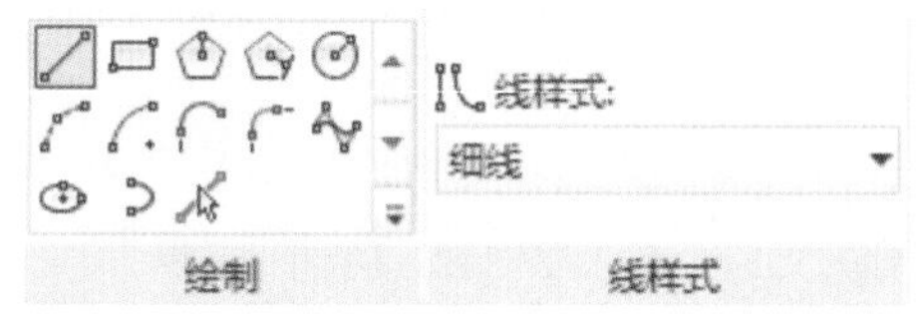

图 9.2-68 详图线

②图案填充。

图案填充功能在“区域”下的“填充区域”填充区域中可以实现，主要用于图元材质和区域的填充，例如墙身详图中的保温材料，就可先选择此功能后绘制闭合区域，再选择“实线_黑”线样式，然后选择“属性”下的“填充区域 WDCE_截面_多孔保温”按 ✔ 完成绘制，如图 9.2-69 所示。

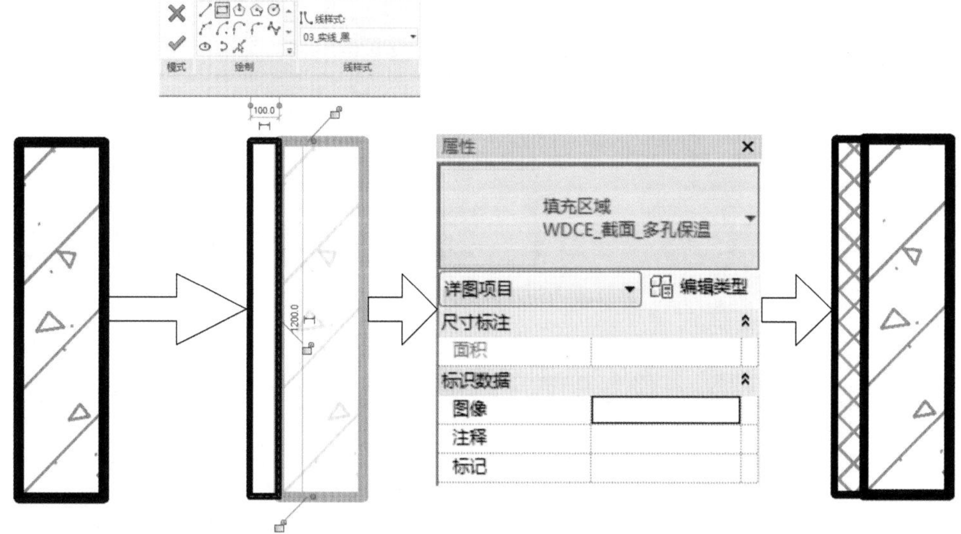

图 9.2-69 图案填充

③遮罩区域。

遮罩区域功能在“区域”下的“遮罩区域”遮罩区域中可以实现，主要用于遮挡项目中的图元图形；以上图墙体为例，需要在墙中间创建 100mm 厚的墙体分隔缝，这时就可选择此功能后绘制 100mm 高的闭合区域，再选择“实线_黑”线样式，按 ✔ 完成绘制，如图 9.2-70 所示。

④详图构件。

用于绘制详图、图例等，其中包含素土夯实、防水卷材等，如图 9.2-71 所示，在“详图”下的“构件”中选择“详图构件”即可在视图中单击布置，若没有详图构件族，可以从族库中载入或自己创建。

⑤重复详图构件。

可以沿路径绘制重复详图构件，主要在平面视图和剖面视图中使用，并可以通过图元的“编辑类型”设置重复详图的布局和间距。如图 9.2-72 所示，“重复详图_防水卷材”就是一个重复详图构件。

⑥图例构件。

图例构件用于将选定模型图元的图形表示添加到视图中，可以在图纸上单击进行布置。图 9.2-73 为“专用设备：电梯”图例构件。

⑦符号。

符号用于在视图中放置二维注释图形符号，例如立面符号、指北针等，单击放置后，仅显示在其所在视图中。

(3)明细表。

Revit 可以通过明细表进行建筑构件(例如门、窗等)、材质、注释、视图等的图元信息汇总，可以在项目的任何时间里创建明细表，明细表将自动更新以反映对项目的修改。

在“视图”选项卡“创建”上的“明细表”中，包含 6 种明细表工具，如图 9.2-74 所示。

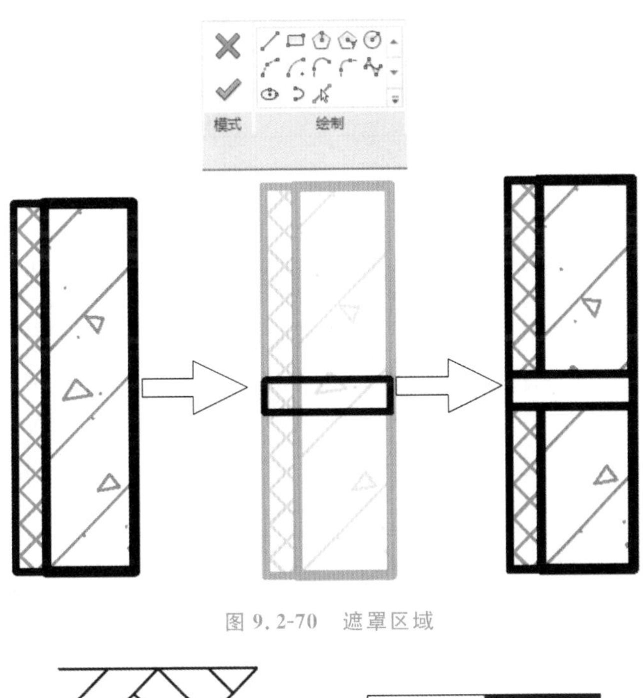

图 9.2-70 遮罩区域

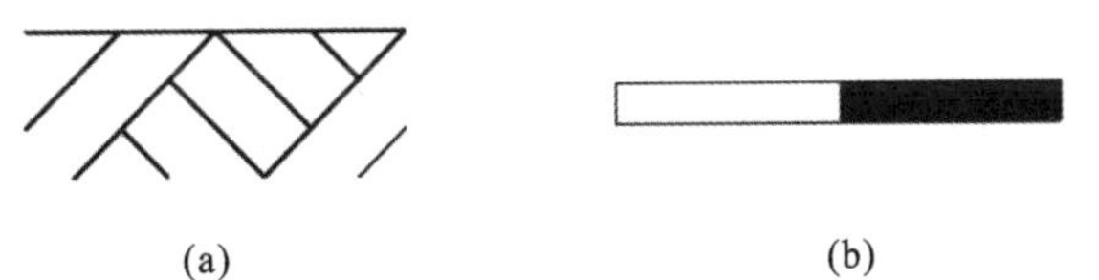

(a) (b)

图 9.2-71 详图构件

(a)素土夯实；(b)防水卷材

图 9.2-72 重复详图_防水卷材

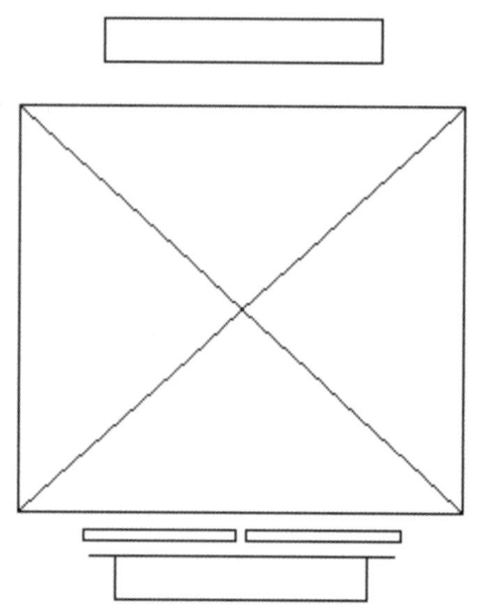

图 9.2-73　专用设备：电梯

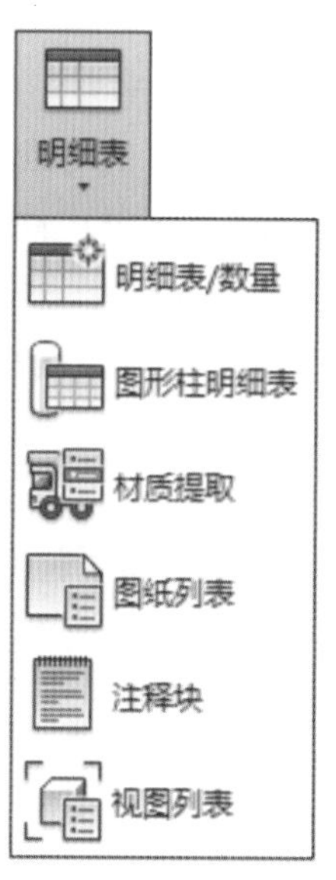

图 9.2-74　6 种明细表

①明细表/数量：用于统计项目内各类构件的明细表，其中包含门窗表、梁柱构件表、设备表等，可以对项目内构件的关键字、属性参数、数量合计等进行统计，是最常用的明细表工具；

②图形柱明细表：此功能用于创建图形柱明细表，此表能反映项目里柱的形状、高度信息和柱轴线位置，如图 9.2-75 所示；

③材质提取：用于统计各种建筑、结构、室内外设备、场地等构件的材质用量的明细表，可用于墙体涂料的统计等；

④图纸列表：用于统计当前项目文件中所有施工图的图纸清单；

⑤注释块：用于统计使用“符号”工具添加的全部注释实例；

⑥视图列表：用于统计项目中的楼层平面、立面、剖面、三维等视图，可按类型、标高、图纸或其他参数对视图进行排序和分组。

【举例】　使用方法以“门明细表”为例：

a. 点击“视图”选项卡“创建”上的“明细表”，选择“明细表/数量”；

b. 在弹出的窗口中的“过滤器列表”中选择“建筑”，类别选择“门”，然后按“确定”，如图 9.2-76 所示；

c. 在“字段”选项下的“可用的字段”中选择“类型”“宽度”“高度”“标高”“合计”等，点击右侧箭头加入“明细表字段”中，如图 9.2-77 所示；

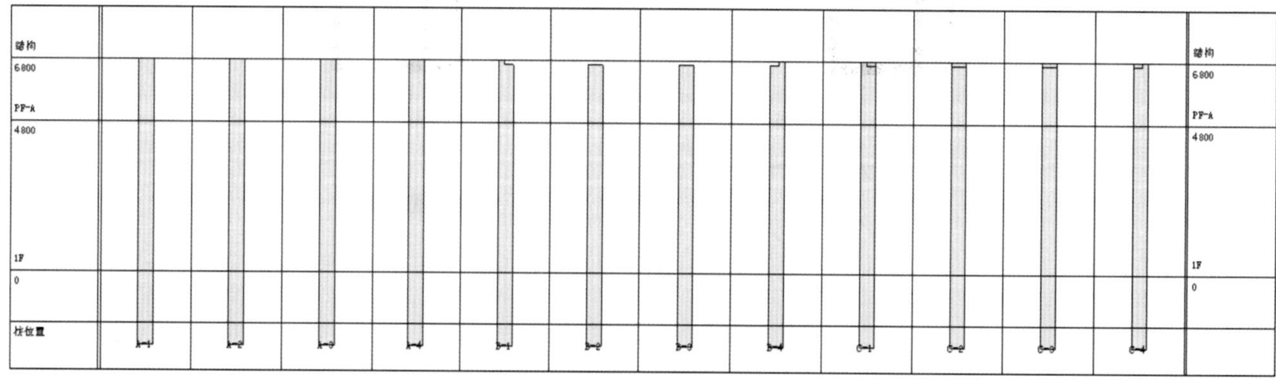

图 9.2-75　图形柱明细表

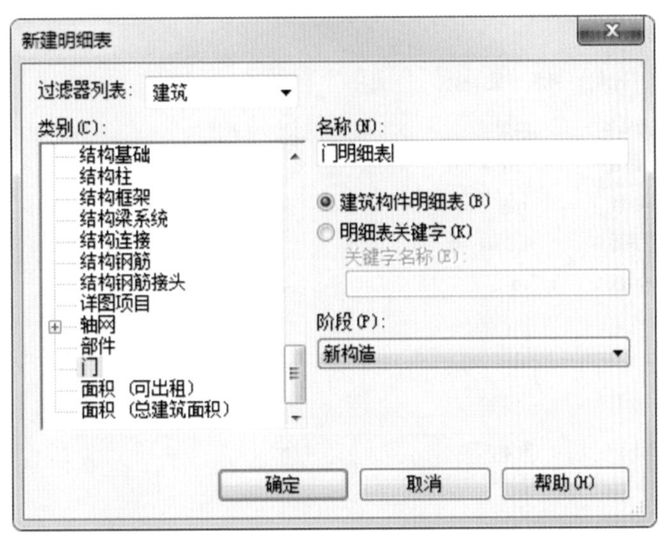

图 9.2-76 新建明细表

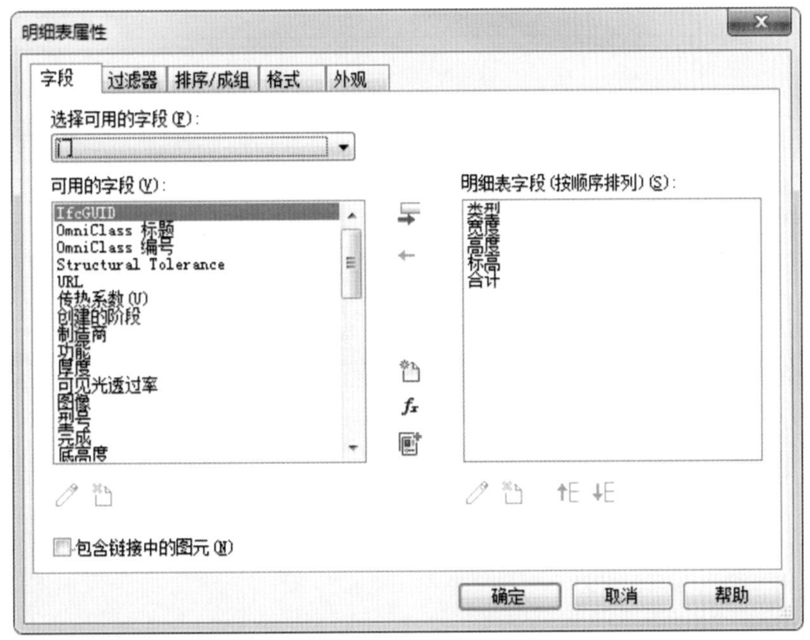

图 9.2-77 明细表字段属性

d. 在“排列/成组”中第一个“排列方式”中选择“类型”，第二个“排列方式”中选择“标高”，勾选“总计”并选择“标题和总数”，取消“逐项列举每个实例”，如图 9.2-78 所示；

e. 在“格式”中单击“合计”，勾选“在图纸上显示条件格式”，选择“计算总数”，如图 9.2-79 所示；

f. 明细表的其他细节也可按项目需要进行设置，完成之后单击“确定”即可完成明细表，如图 9.2-80 所示；

g. 创建完成的明细表可在“项目浏览器”的“明细表”下打开，打开相应明细表后，可在“修改明细表”选项卡和明细表“属性”(图 9.2-81)中进行编辑；

h. 单击“文件”，选择“导出”下“报告”的“明细表”，即可导出创建完成的明细表，如图 9.2-82 所示。

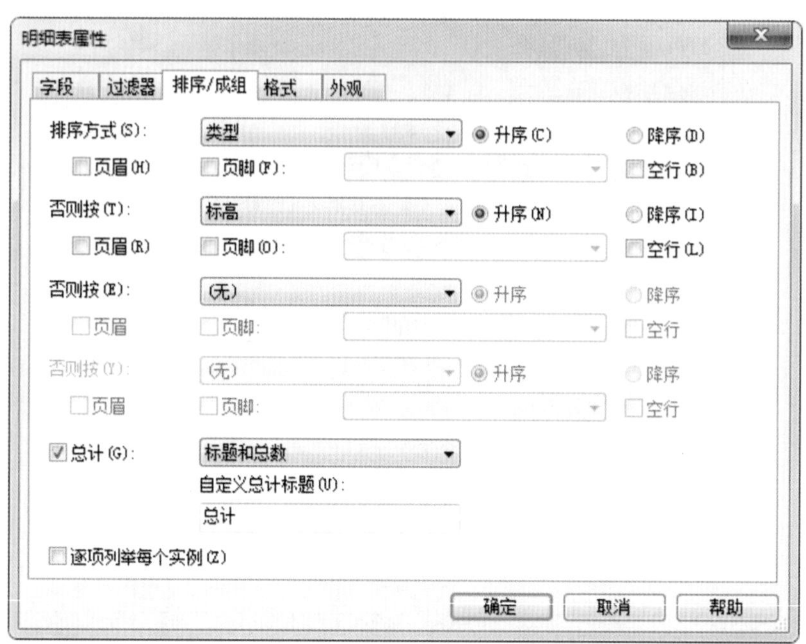

图 9.2-78　明细表排序/成组属性

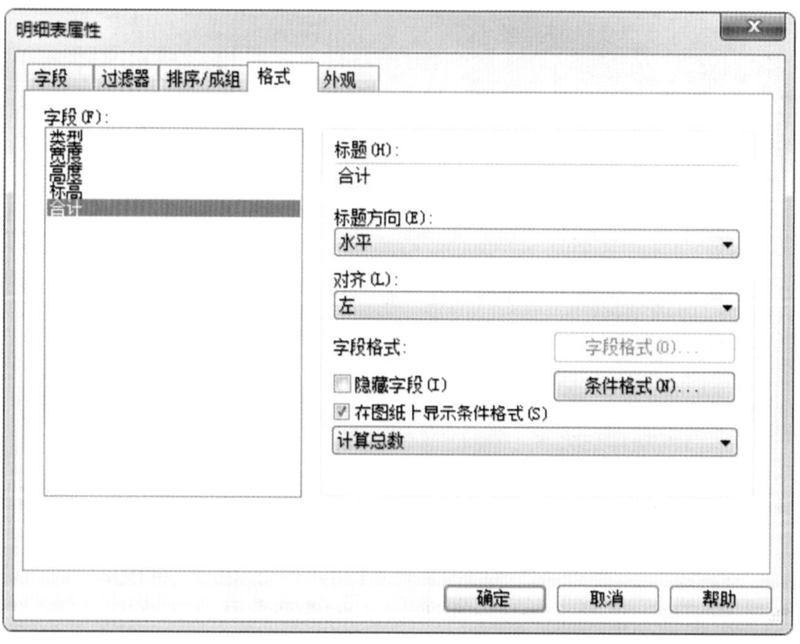

图 9.2-79　明细表格式属性

<门明细表>

A	B	C	D	E
类型	宽度	高度	标高	合计
M0821	800	2100	F1	3
M0921	900	2100	F1	3
M1021	1000	2100	F1	19
M1021甲	1000	2100	F1	1
M1220丙	1200	2000	F1	1
M1221	1200	2100	F1	11
M1221乙	1200	2100	F1	1
M1221乙	1200	2100	F1	1
M1224	1200	2400	F1	4
M3029	3000	2900	F1	2
MC1827	1800	2700	F1	4
M0821	800	2100	F2	3
M1021	1000	2100	F2	8
M1220丙	1200	2000	F2	1
M1221	1200	2100	F2	14
M0821	800	2100	F3	3
M1021	1000	2100	F3	8
M1220丙	1200	2000	F3	1
M1221	1200	2100	F3	12

图 9.2-80　门明细表

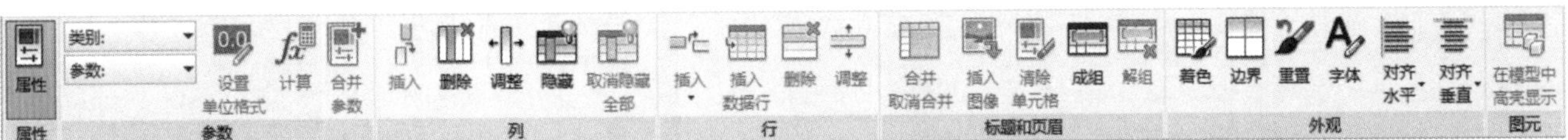

图 9.2-81　明细表“属性”编辑界面

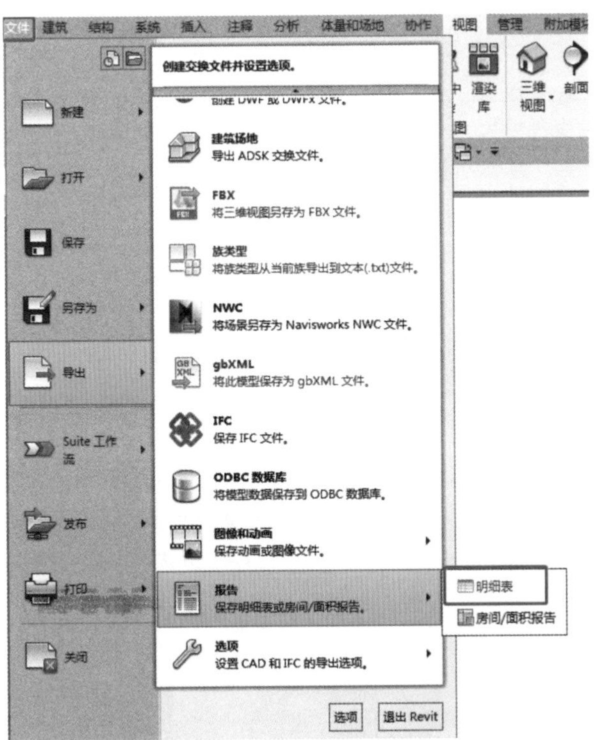

图 9.2-82　导出明细表对话框

9.2.5 布图与打印

绘制完成平面、立面、剖面、详图等视图以及明细表、图例等各种成果，即可创建图纸并打印。

9.2.5.1 布置图纸

首先要创建图纸，然后把绘制完成的视图布置到图纸上，并布置好标题等。

(1)在“视图”选项卡的“图纸组合”面板中单击“图纸”工具[图 9.2-83(a)]，弹出“新建图纸”对话框，选择相应图纸[图 9.2-83(b)]。

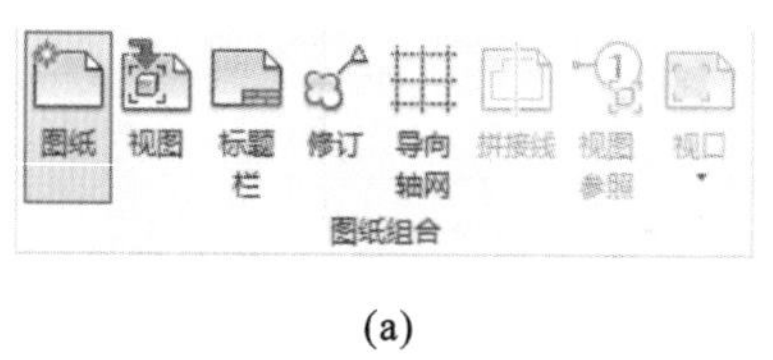

(a)

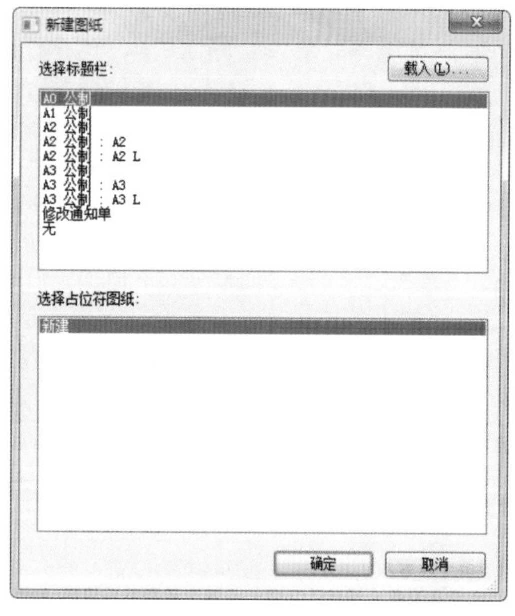

(b)

图 9.2-83 新建图纸

(a)单击“图纸”工具；(b)选择相应图纸

(2)在“视图”选项卡的“图纸组合”面板中单击“视图”工具(图 9.2-84)，弹出“视图”面板，选择相应视图(图 9.2-85)；也可以将“项目浏览器”中相应的“楼层平面”拖入图框中。

图 9.2-84 “视图”工具条

图 9.2-85 添加“视图”对话框

注意：布置到图纸里的视图在图纸中的大小由其比例决定，一定要注意视图比例；在图纸中放置的视图成为“视口”，Revit 自动在视图底部添加视口标题，位置在图纸视图的下方。默认将以该视图名称命名该视口；在过程中请注意选择“视口”的族类型，也可以选择“无标题”视口类型。

(3)在“视口”属性栏中勾选“范围”下的“裁剪视图”和“裁剪区域可见”功能，双击打开，编辑裁剪，用裁剪框去除多余的图元信息，使图片更加规整(图 9.2-86)。

注意：根据图纸需要在 Revit 图纸上添加“注释”选项卡中的“详图”“文字”和“符号”(图 9.2-87)。

(4)选择图框，编辑图框里的信息，修改图纸名称即可完成图纸的布置。

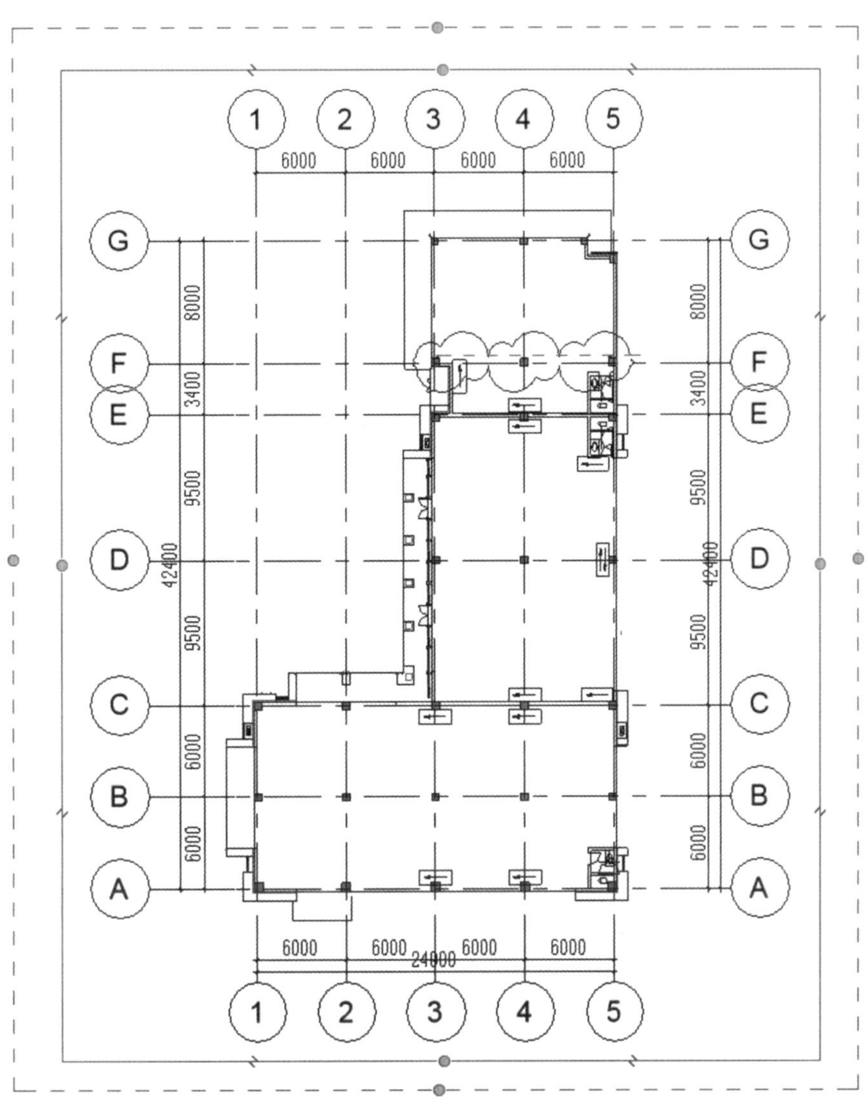

图 9.2-86 “裁剪视图”和“裁剪区域可见”缩放窗口

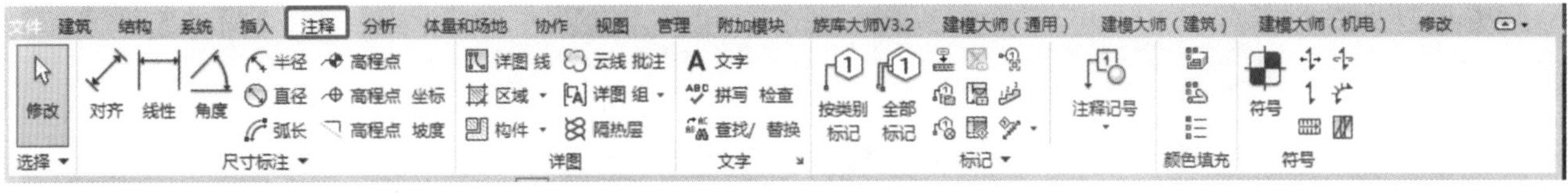

图 9.2-87 添加“注释”的工具条

9.2.5.2 导出 CAD

Revit 和 CAD 有很强的交互性，布置好图纸后即可导出 CAD 文件，方便项目的查阅和深化。

(1)打开“文件”下拉菜单的“导出”，然后在“CAD 格式”下点选“DWG”菜单(图 9.2-88)，弹出“DWG 导出”窗口。

(2)在“DWG 导出”窗口(图 9.2-89)中，单击“选择导出设置”。

注意：在“按列表显示”中选择“模型中的图纸”方便勾选。

(3)在“修改 DWG/DXF 导出设置”窗口中，可通过“层”选项设置 Revit 模型类别导出 DWG 格式后相对应的图层名字和颜色(图 9.2-90)。

(4)在 Revit 软件中，“线”“填充图案”“文字”“字体”等可以根据工程需要进行修改(图 9.2-91)。

(5)在“常规”里不勾选“将图纸上的视图和链接作为外部参照导出”，“导出为文件格式”建议设置为较低的 CAD 版本(例如：AutoCAD 2007 格式)，以方便图纸阅览(图 9.2-92)。

(6)完成上述步骤后，单击“确定”→“下一步”，设置“文件名”和“命名”后单击“确定”，完成导出 CAD 操作。

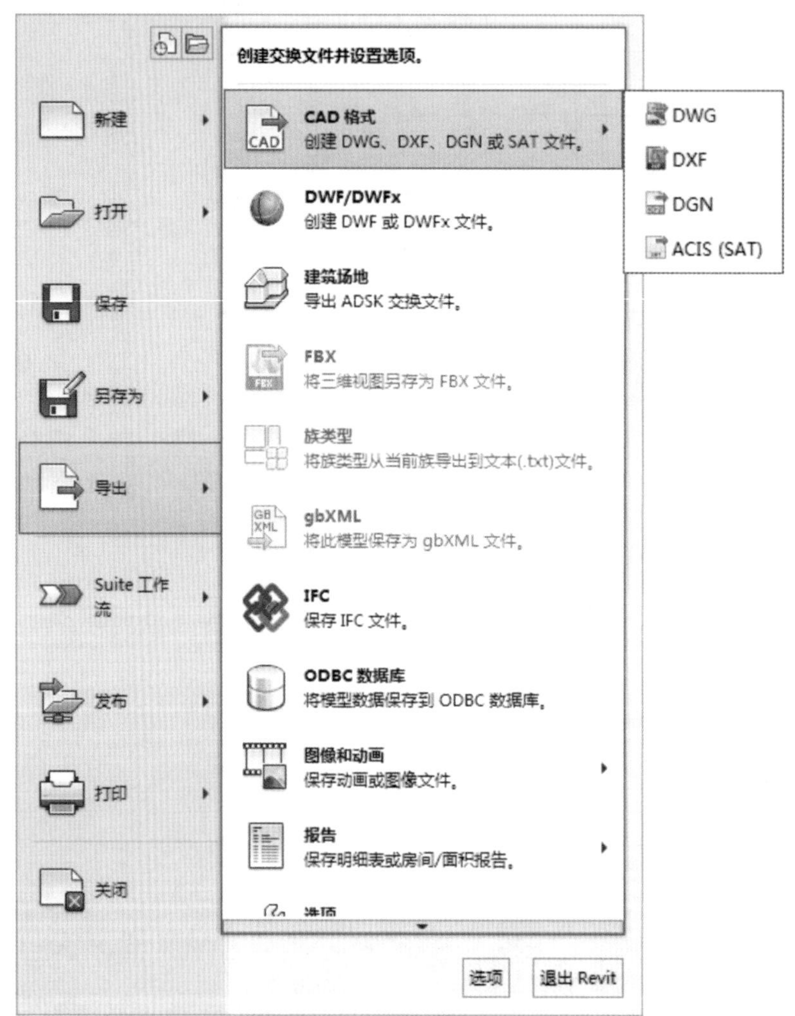

图 9.2-88　导出“DWG”文件

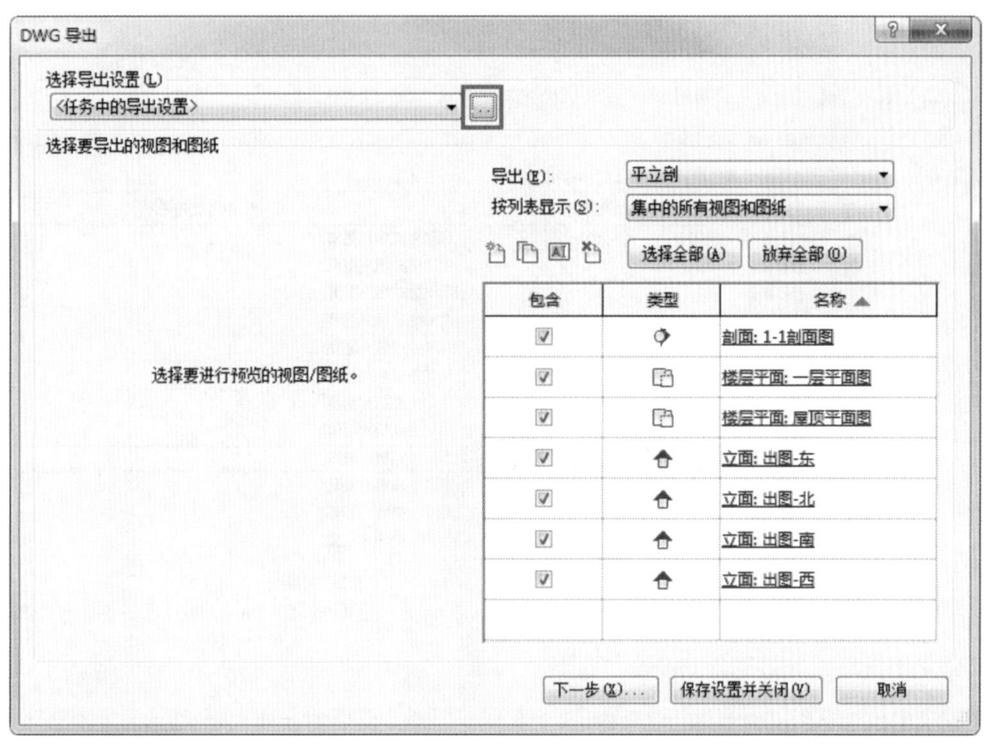

图 9.2-89 “DWG 导出”对话框

图 9.2-90 “修改 DWG/DXF 导出设置”对话框

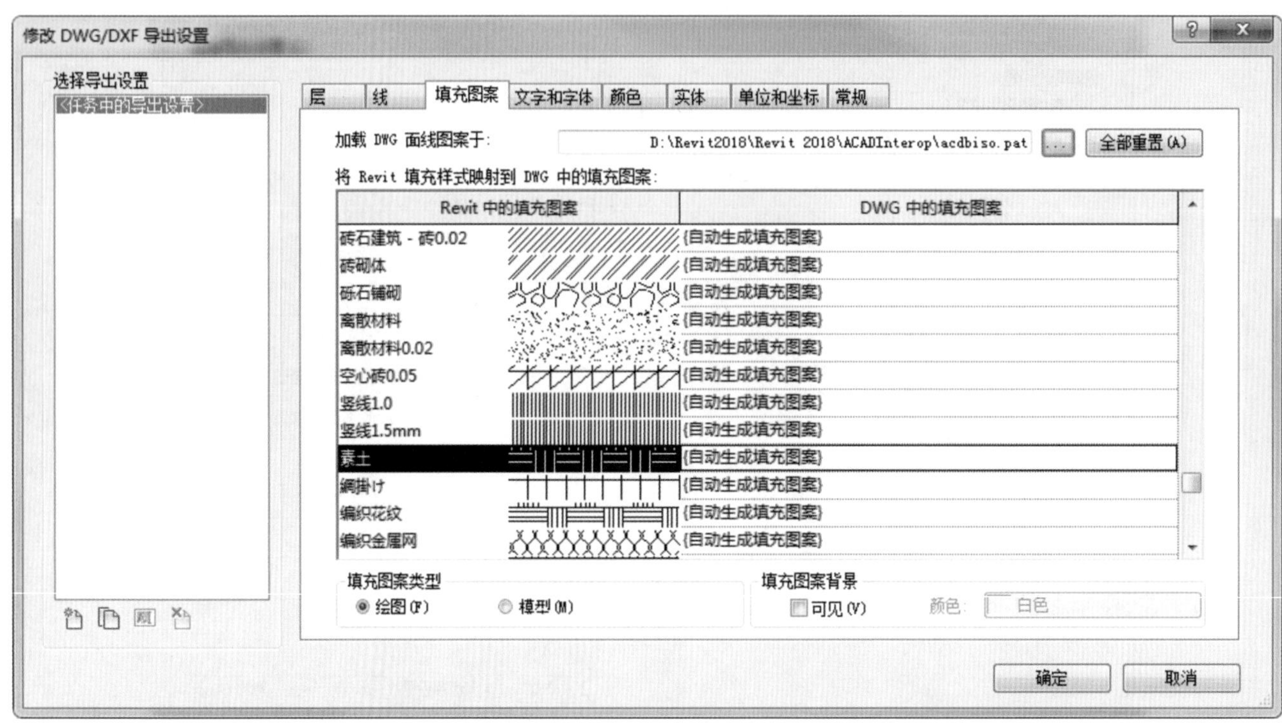

图 9.2-91 “填充图案”选项卡

图 9.2-92 “常规”选项卡

9.2.5.3 打印

完成布图后，即可直接打印出图。

(1)单击“文件”下的“打印”，弹出“打印”对话框(图 9.2-93)。

注意：打印机“名称”可使用系统设置的打印机名称，也可以选择“Adobe PDF”。因 PDF 文件非常便于图档的共享，在实际工程中应用很广泛。

(2)在“打印范围”中选择“所选视图/图纸”，在弹出的“视图/图纸集”对话框(图 9.2-94)中的“显示”项中只勾选“图纸”选项。在列表中勾选需要打印的图纸。Revit 默认将选择保存为“集 1”，待勾选完成后，可“重命名”方便下次打印。

图 9.2-93 “打印”对话框

图 9.2-94 视图/图纸集

（3）单击“打印”对话框中的“设置”弹出“打印设置”对话框（图 9.2-95），设置打印采用的纸张尺寸、打印方向、页面位置、打印缩放及打印质量和色彩；在“选项”栏中可以进一步设置打印时是否隐藏裁剪边界、参照平面等选项。设置完成后，可以单击“另存为”并命名以方便打印。

（4）完成上述步骤后，单击“确定”，然后在“打印范围”中选择“所选视图/图纸”，选择相应的图纸集后即可单击“确定”完成打印操作。

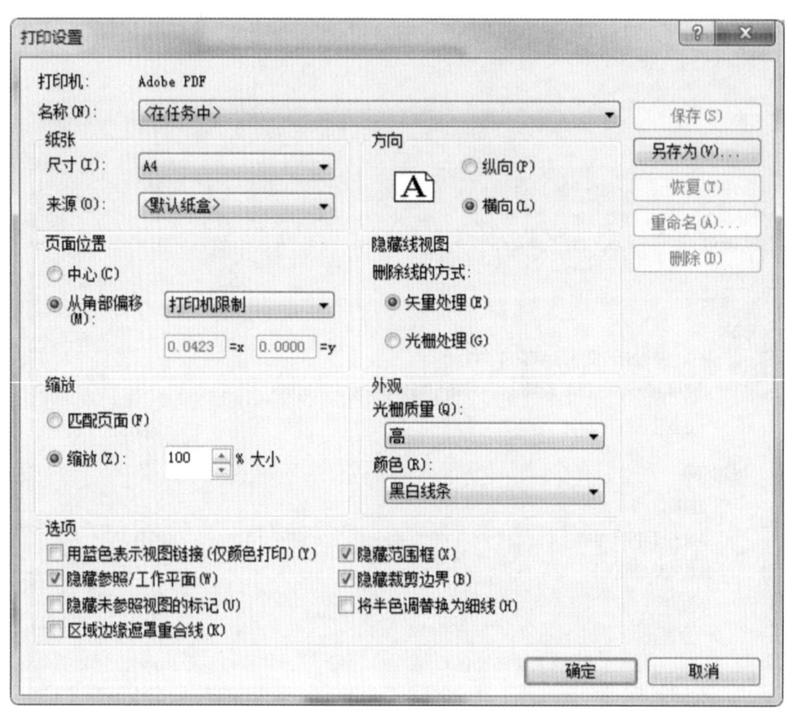

图 9.2-95　打印设置

9.3　案例分析

9.3.1　案例分析一

本项目为某幼儿园项目，总建筑面积为 3400m²，地上三层；建筑专业进行 BIM 施工图设计，结构和设备专业采用传统 CAD 作图；设计单位为唐山铭嘉建筑设计咨询有限公司。

【分析】　图 9.3-1 为该幼儿园建筑结构模型，建筑专业根据结构图纸进行结构模型搭建，建筑专业导出 CAD 图纸作为本专业图纸和条件图，与其他专业进行配合。

图 9.3-1　某幼儿园建筑结构模型

图 9.3-2 为该幼儿园建筑平面图。建筑专业模型完成之后，需要对标注和文字等图面内容进行深化，使其满足施工图出图的要求。

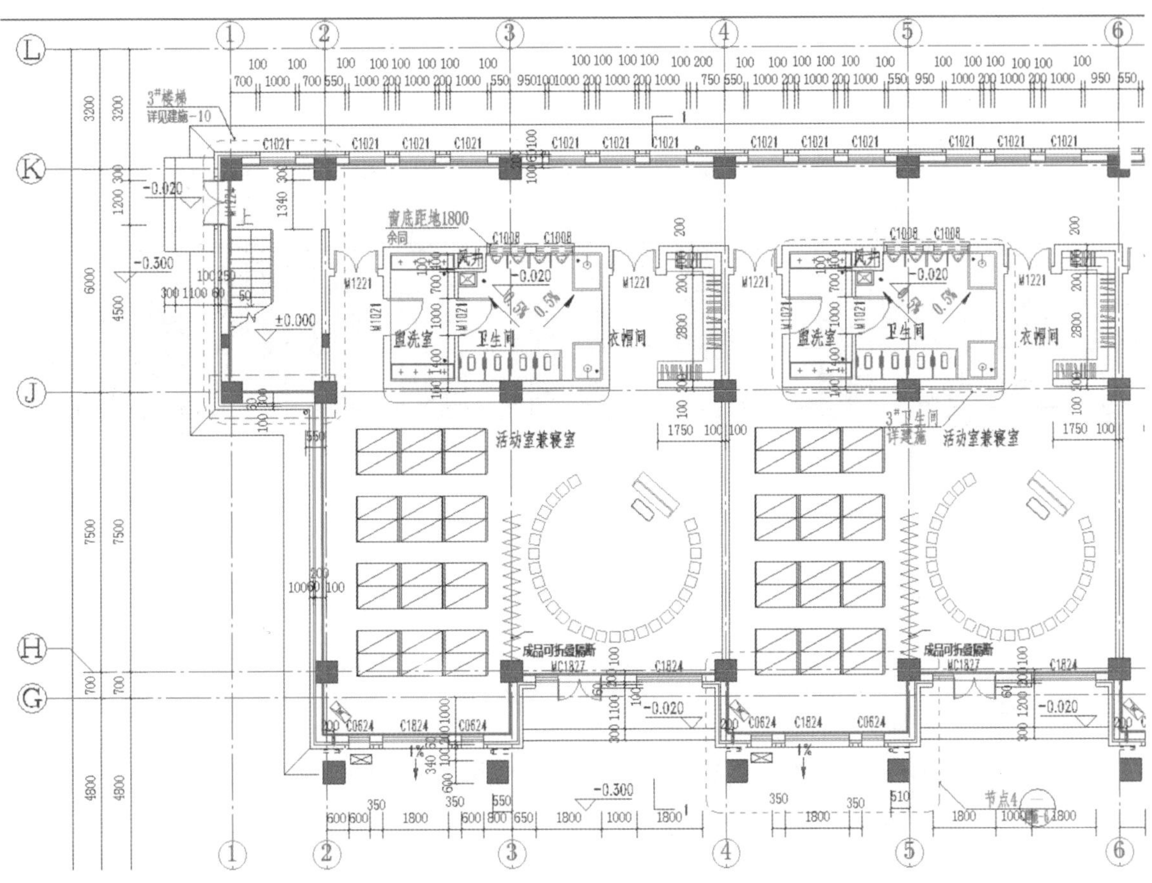

图 9.3-2　幼儿园建筑平面图

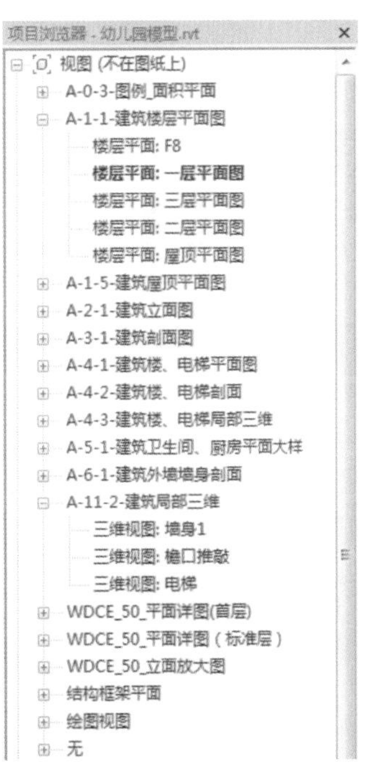

图 9.3-3　项目浏览器

图 9.3-3 为项目浏览器，图 9.3-4 幼儿园立面施工图。在 BIM 施工图设计中，该立面图是自动生成的，由于平面、立面、剖面和模型的联动关系，立面的生成效率是最高的，因此可以确保和平面的一致性，可以快速进行标高信息的提取和标注。

图 9.3-5 为幼儿园剖面施工图，图 9.3-6 为立面节点详图。在模型切出的剖面需要对填充样式、线型、注释等进行加工，其中的梁板、门窗看线等均是从模型生成，准确性高。

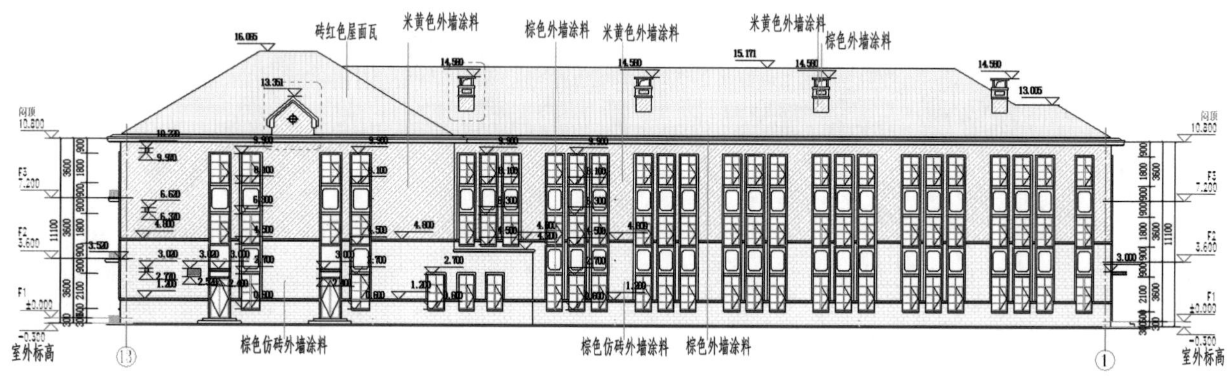

图 9.3-4　幼儿园立面施工图

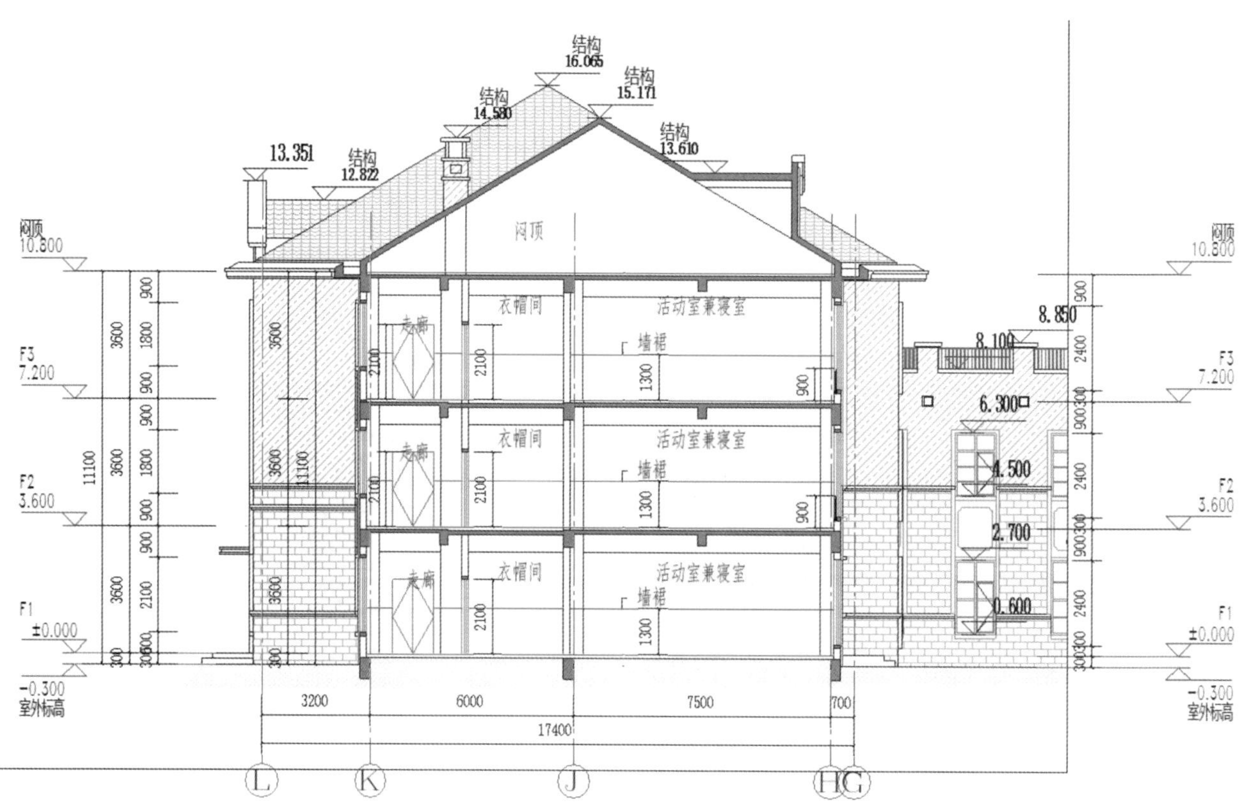

图 9.3-5　幼儿园剖面施工图

图 9.3-7 为项目浏览器和卫生间详图，完成模型后，利用项目浏览器可以自动生成详图。

图 9.3-8 为该项目的窗详图和窗明细表，完成模型后，利用项目浏览器可以生成门窗详图和门窗表。

图 9.3-9 为该项目的楼梯详图，完成模型后，利用项目浏览器生成楼梯详图，包括楼梯各层平面图及楼梯剖面详图，相关尺寸由设计人员后期补充。

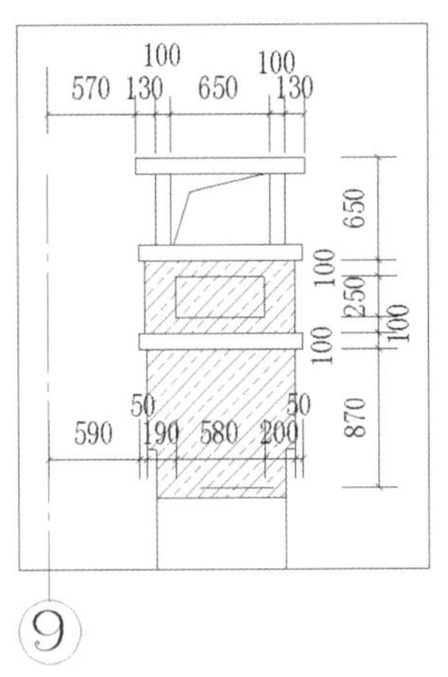

图 9.3-6 立面节点详图

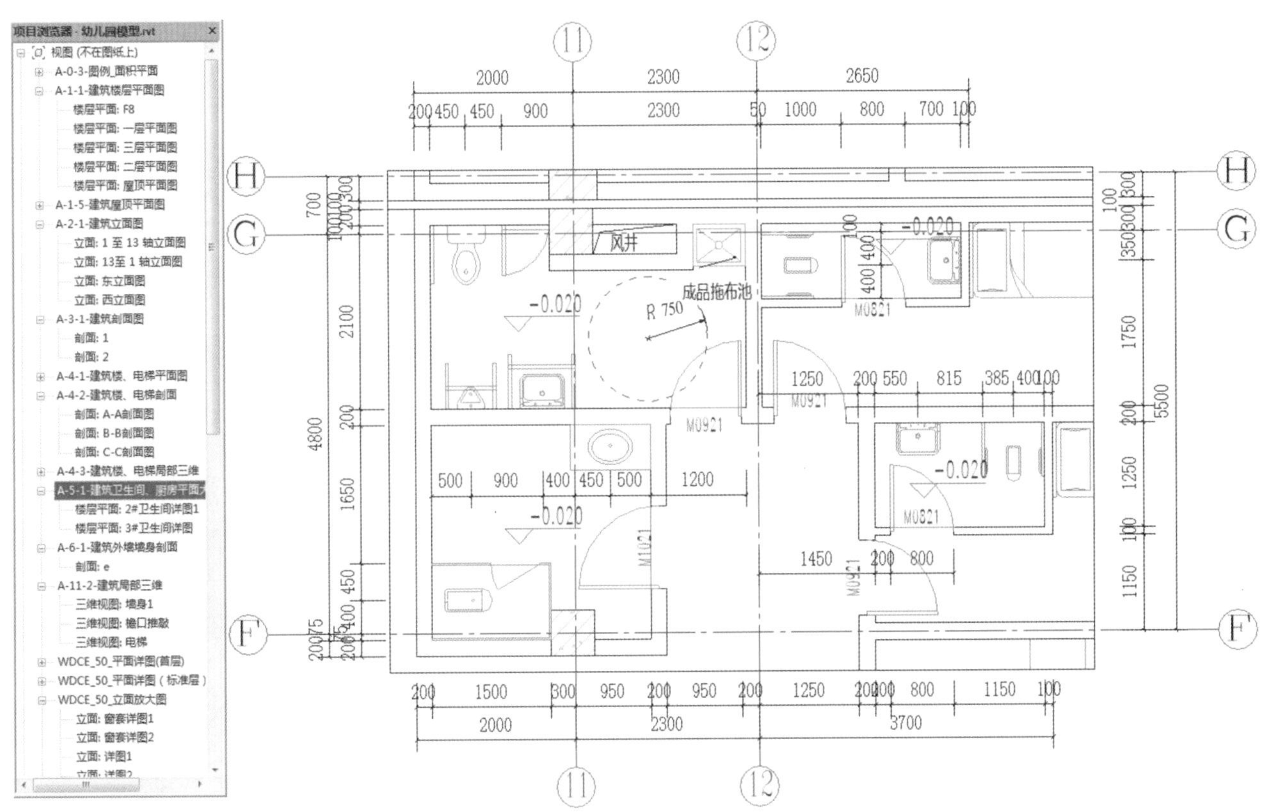

图 9.3-7 项目浏览器和卫生间详图

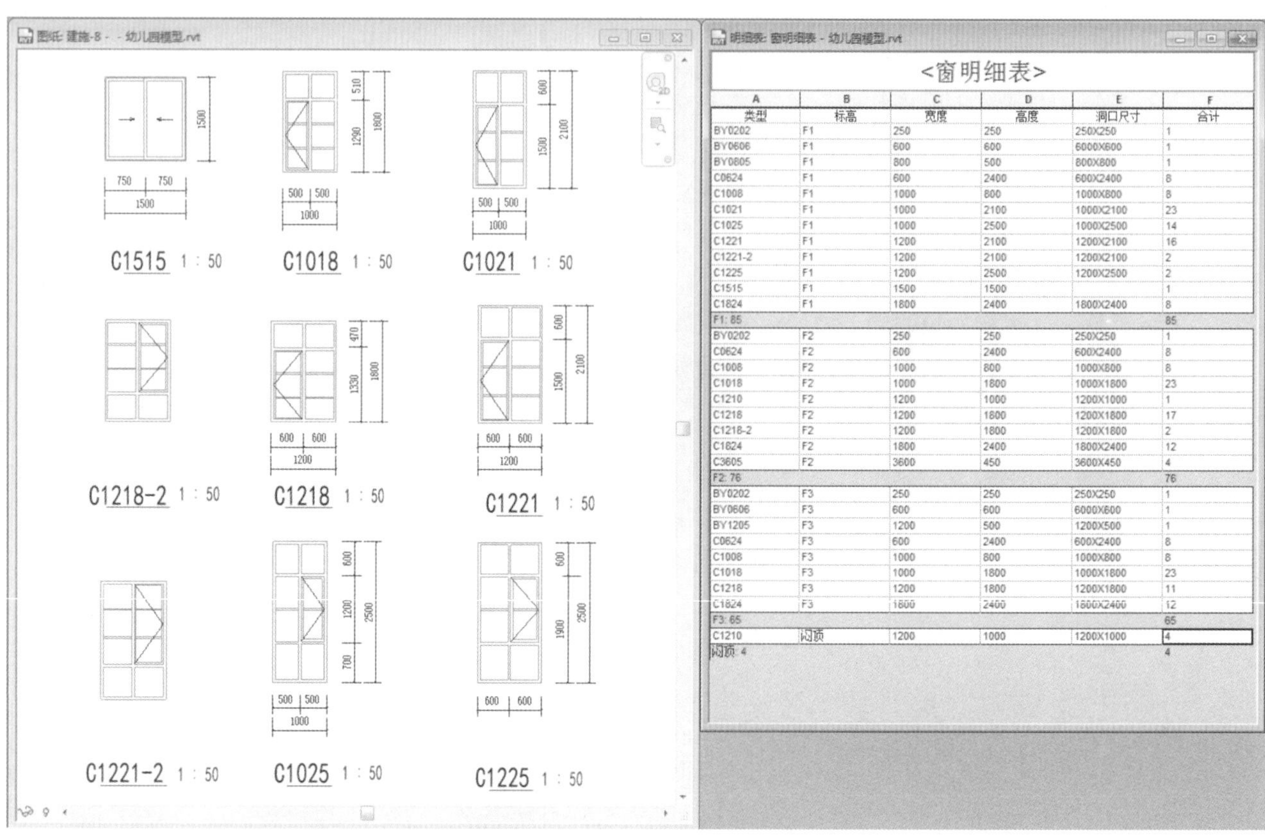

<窗明细表>

A	B	C	D	E	F
类型	标高	宽度	高度	洞口尺寸	合计
BY0202	F1	250	250	250X250	1
BY0606	F1	600	600	6000X600	1
BY0805	F1	800	500	800X800	1
C0624	F1	600	2400	600X2400	8
C1008	F1	1000	800	1000X800	8
C1021	F1	1000	2100	1000X2100	23
C1025	F1	1000	2500	1000X2500	14
C1221	F1	1200	2100	1200X2100	16
C1221-2	F1	1200	2100	1200X2100	2
C1225	F1	1200	2500	1200X2500	2
C1515	F1	1500	1500		1
C1824	F1	1800	2400	1800X2400	8
F1: 85					85
BY0202	F2	250	250	250X250	1
C0624	F2	600	2400	600X2400	8
C1008	F2	1000	800	1000X800	8
C1018	F2	1000	1800	1000X1800	23
C1210	F2	1200	1000	1200X1000	1
C1218	F2	1200	1800	1200X1800	17
C1218-2	F2	1200	1800	1200X1800	2
C1824	F2	1800	2400	1800X2400	12
C3605	F2	3600	450	3600X450	4
F2: 76					76
BY0202	F3	250	250	250X250	1
BY0606	F3	600	600	6000X600	1
BY1205	F3	1200	500	1200X500	1
C0624	F3	600	2400	600X2400	8
C1008	F3	1000	800	1000X800	8
C1018	F3	1000	1800	1000X1800	23
C1218	F3	1200	1800	1200X1800	11
C1824	F3	1800	2400	1800X2400	12
F3: 65					65
C1210	闷顶	1200	1000	1200X1000	4
闷顶: 4					4

图 9.3-8 窗详图及窗明细表

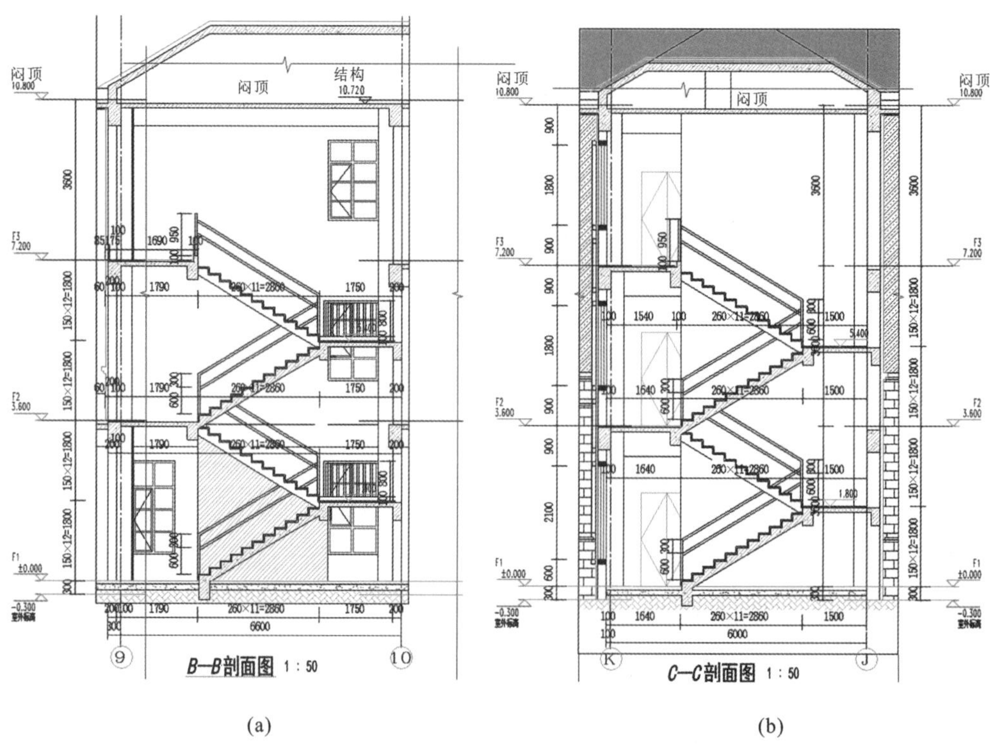

(a) (b)

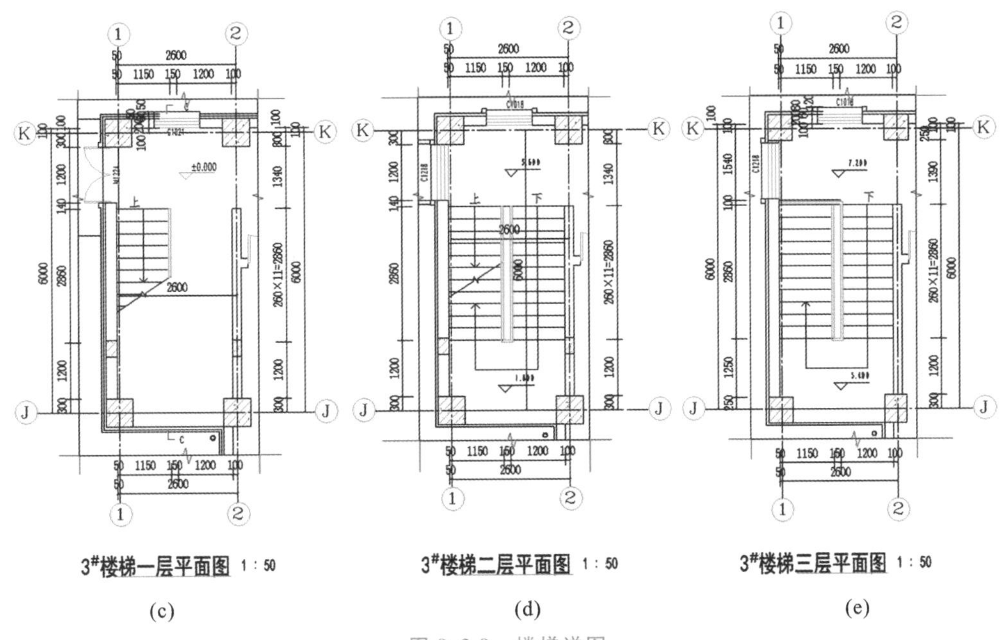

图 9.3-9 楼梯详图

9.3.2 案例分析二

本项目为某小区地下车库项目，总建筑面积为14859.07m²。设计单位为唐山铭嘉建筑设计咨询有限公司。本工程有四大难点：第一，顶板覆土厚度小于1m，所有外网管线均走车库，管线多；第二，车库层高过低，为2.9m，梁下空间只有2.5m，要满足规范2.2m净高要求，管线排布难；第三，标高复杂，整个车库面积为14859.07m²，有四种设计标高，且车库要与主楼连接，项目复杂程度高；第四，在传统设计中，容易出现净高考虑不足的问题。

【分析】 图9.3-10为该项目地下车库模型。本项目为全专业采用BIM技术进行施工图设计，项目团队的组成为建筑专业1人，结构专业1人，水暖专业1人，电专业1人。在整个施工图设计过程中，建筑、结构和设备专业可以及时沟通，共享设计信息，各专业分别建立一个项目文件，相互采用链接的工作方式，比如水暖专业可以把建筑模型链接到本项目文件中，可以应用“复制/监视”功能，读取建筑的标高、轴网及卫生器具，然后创建自己所需要的工作平面，同样也可以链接结构模型，实时表现和结构构件的空间关系，解决专业冲突问题。

图9.3-11为链接模型。各专业设计人员共同利用链接模型，完善本专业管道设计，打破各自为政的格局，进行实时复制和监控，方便解决矛盾。

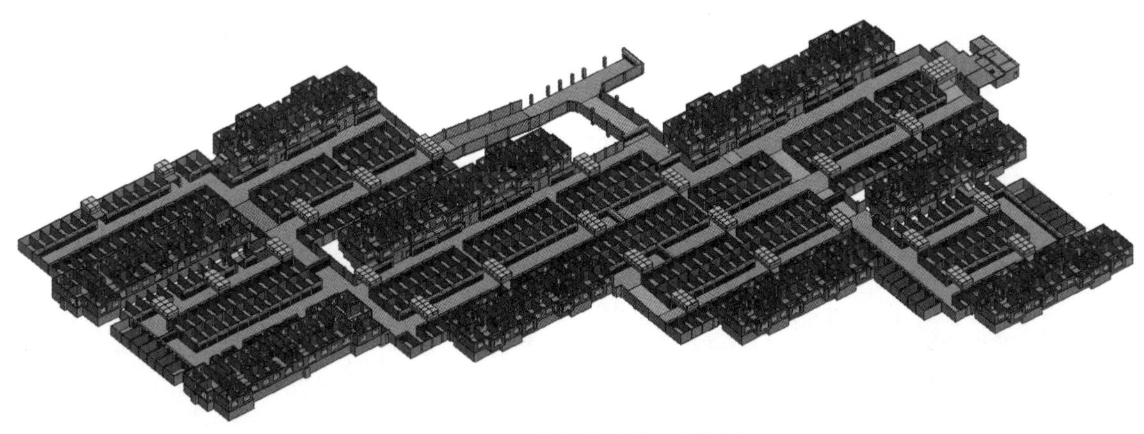

图 9.3-10 某小区地下车库模型

图 9.3-12 为车库平面施工图，建筑专业完成模型后，通过项目浏览器生成平面施工图。

图 9.3-13 为车库剖面施工图，建筑专业完成模型后，通过项目浏览器生成剖面施工图。需要注意的细节是建筑顶部的管线也在剖面图中同时生成。与传统的设计相比，管线的布局和室内净高非常直观、准确地呈现出来，方便设计人员和施工人员比对。

图 9.3-14 为车库排风井节点图，建筑专业完成模型后，通过项目浏览器生成排风井节点图，相关尺寸后期由设计人员补充。

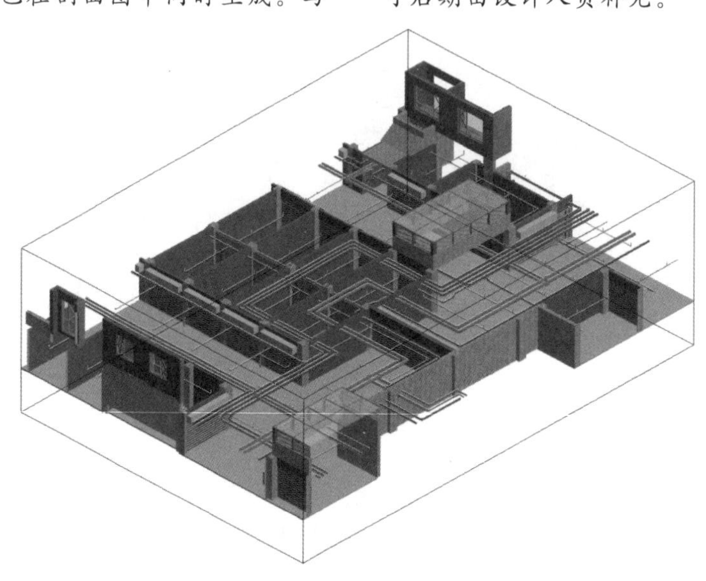

图 9.3-11　链接模型

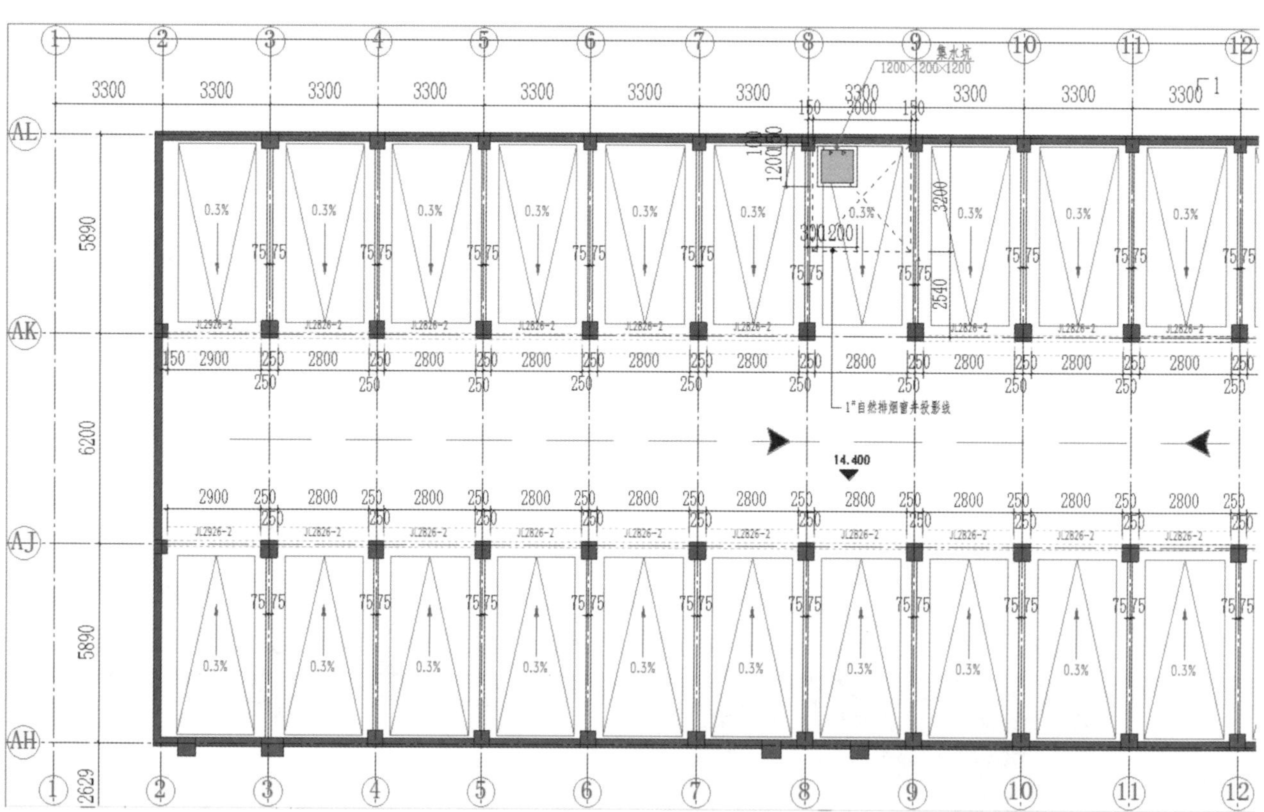

图 9.3-12　车库平面施工图

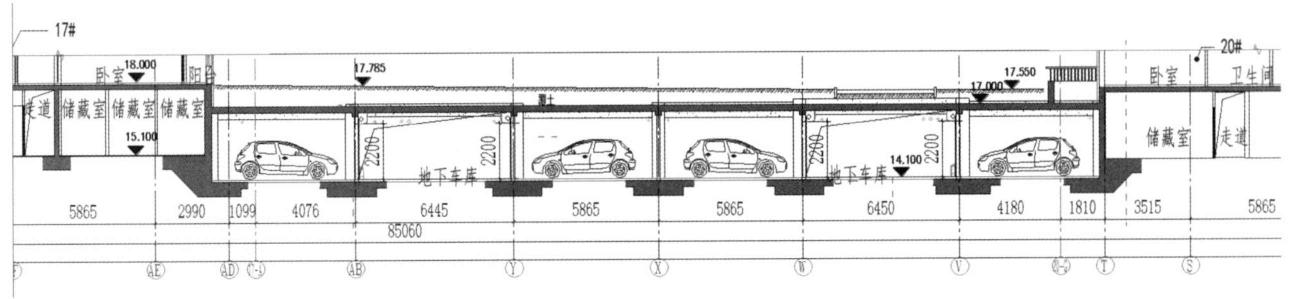

图 9.3-13　车库剖面施工图

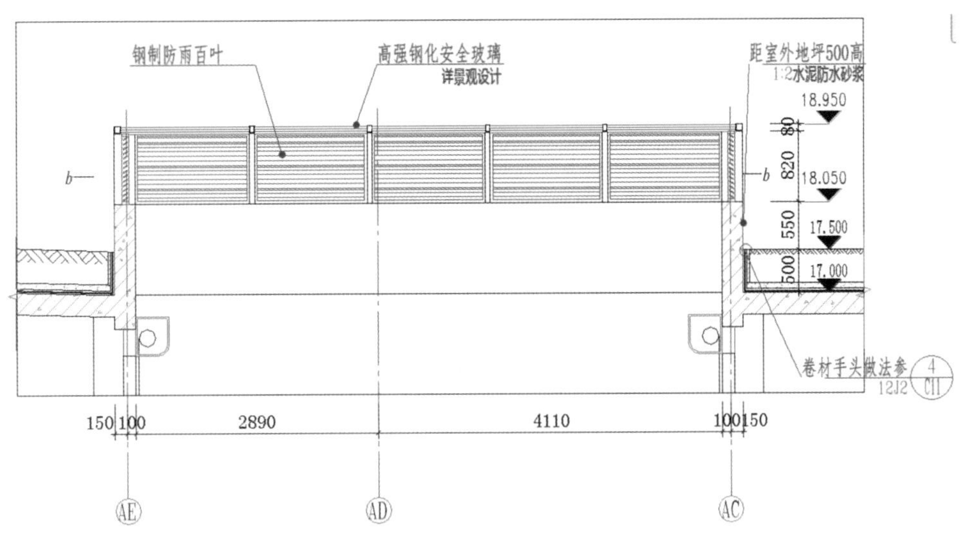

图 9.3-14　车库排风井节点图

知识归纳

1. BIM 的特点。

(1)可视化。

设计可视化即在设计阶段将建筑及构件以三维方式直观呈现出来。

(2)协调性。

设计协调性是指通过 BIM 三维可视化控件及程序自动检测,可对建筑物内机电管线和设备进行直观布置、模拟安装,检查是否碰撞,找出问题所在,还可调整楼层净高、墙柱尺寸等。

(3)模拟性。

建筑物性能分析模拟即基于 BIM 技术将包含大量建筑信息(几何信息、材料性能、构件属性等)的模型导入相关性能分析软件,就可以得到相应的分析结果。

(4)优化性。

事实上,整个设计、施工、运营的过程就是一个不断优化的过程。

(5)可出图性。

BIM 并不是简单地绘制出传统的建筑设计施工图纸及一些构件加工图纸,而是通过对建筑物进行可视化展示、协调、模拟、优化以后,绘制出具有某些特征的图纸。

2. Revit Architecture 项目准备,包括打开主界面新建项目与工作界面和项目基本设置。

3. 共享与协同。

(1)工作集,工作集是工作共享项目中图元的集合。

(2)链接 Revit 模型主要用于链接独立的建筑,还可以链接单体项目的建筑模型、结构模型和 MEP 模型。

(3)多专业协同设计。

Revit 目前能够进行建筑、结构、MEP 的专业设计。

4. 建模标准与模型建立。

(1)建模标准。

模型创建前,应根据建设工程不同阶段、专业、任务的需要,对模型进行总体规划,即建立建模标准。

(2)标高、轴网的创建。

标高和轴网是建筑设计中重要的定位工具,Revit Architecture 将标高和轴网作为建筑信息模型中各构件的空间定位关系。

(3)创建柱、墙、楼板等构件。

构件是建筑模型的基本组成单元,本书主要讲述柱、墙、楼板等建筑构件的创建方法。

5. 建筑施工图绘制。

(1)平面施工图绘制。

在施工图设计过程中,有 70%以上的设计内容都是在平面视图中操作完成的。常用的有楼层平面和场地平面,从平面视图演化出的有房间分析平面、总建筑面积平面、防火分区平面等,都和楼层平面保持联动。

(2)立面施工图绘制。

在 Revit Architecture 的项目文件中,默认包含了东、南、西、北四个正立面视图。立面视图包括复制视图、视图比例、详细程度、视图可见性、过滤器设置、视觉样式、视图属性、视图裁剪、局部三维等设置功能。

(3)剖面施工图绘制。

剖面视图包括复制视图、视图比例、详细程度、视图可见性、过滤器设置、视觉样式、视图属性、视图裁剪等设置功能。

(4)详图绘制及明细表。

Revit 绘图以模型为枢纽,达到各个视图联动,详图只需要标注尺寸,应用相应的视图样板,当模型修改时,详图尺寸自动修改。

6. 布图与打印。

(1)布置图纸。

首先要创建图纸,然后把绘制完成的视图布置到图纸上,并布置好标题等。

(2)导出 CAD。

Revit 和 CAD 有很强的交互性,布置好图纸后即可导出 CAD 文件,方便项目的查阅和深化。

(3)打印。

完成布图后,即可直接打印出图。

课后习题

1. BIM 的特点有哪些?
2. 模型建立中如何创建柱、墙、楼板等构件?
3. Revit Architecture 如何进行平面施工图设计?
4. Revit Architecture 如何进行立面施工图设计?
5. Revit Architecture 如何进行剖面施工图设计?
6. 试用 BIM 中的相关软件设计一座面积为 $500m^2$ 的三层别墅。

10

装配式建筑设计

"随着现代工业技术的发展，建造房屋可以像造汽车一样成批、成套、流水线式地制造所需部品部件，然后把预制好的房屋构件运输到工地，像搭积木一样装配起来。"

10.1 装配式建筑概述

10.1.1 装配式建筑的概念和特点

装配式建筑是指将建筑的部分或全部构件在工厂中预制，再运输到施工现场，通过可靠连接方式装配而成的建筑。装配式建筑包括装配式钢筋混凝土建筑、装配式钢结构建筑、装配式木结构建筑及复合材料组合式结构建筑等。

预制构件，是指在工厂或现场预先制作的混凝土构件，如梁、板、柱、墙、楼梯、阳台、空调板等。

随着建筑行业蓬勃发展，人们的节能环保意识逐渐提高。传统的建造技术材料消耗多、建设周期长且工人劳动强度大，已不能适应现代社会对住宅的刚性需求，预制装配式建筑应运而生。装配式建筑具有以下特点：

(1)构配件制造工厂化：建筑构配件由工厂定型，流水线统一加工生产，现场安装到位，提升建筑整体的精细化；

(2)施工装配化：可以大大减少劳动力，减少材料浪费，有利于提高劳动生产率；

(3)时间最优化：现场施工进度加快，能够明显缩短施工周期；

(4)健康、可持续化：装配式建筑注重对环境、资源的保护，采用多种节能环保等新型材料，其在施工过程中能有效减少建筑污水、有害气体、粉尘的排放和建筑噪声的污染，降低建筑施工对周边环境的影响，从而促进建筑业健康、可持续发展。

10.1.2 装配式建筑研究的内容和意义

装配式建筑是用现代工业化的大规模生产方式代替传统的手工业生产方式来建造建筑产品，实现了生产的四大转变：

(1)生产工艺，由手工到机械化；

(2)生产地点，由工地现场变成工厂；

(3)施工方式，由现场施工变成现场总装；

(4)施工人员，由农民工转变成产业工人、操作工人。

与传统工艺比较，装配式建筑具有以下优点：

(1)结构构件主要是在预制工厂批量生产，钢筋绑扎、下料都在工厂内进行，人力、物力比较集中，减少劳动力，交叉作业方便，安全系数较高且能加快施工进度。

(2)模板采用钢模，强度较高，可多次利用，批量生产，节省大量的木模板资源，可大幅减少现场建筑垃圾。

(3)不用使用对拉螺栓，不需要后期封堵，混凝土在工厂生产浇筑方便，养护方便，安装精度高。

(4)取消了室内、外墙抹灰工序，墙面均为混凝土墙面，有效避免开裂、空鼓、裂缝等墙体质量通病，门窗洞预留尺寸在工厂已完成，定位精确，现场安装简单，质量有保障。

(5)采用叠合楼板，直接吊装到楼体，楼板底模取消，由于叠合板自身强度很高，因此底部支撑用料少，降低操作工人的劳动强度。

(6)传统楼梯模板在现场搭设十分复杂，浇筑完混凝土后成品质量不好控制，需要二次抹灰找补，且拆模费力、费工。装配式楼梯在工厂加工完成，质量优良，现场直接吊装即可，省时省力。

装配式建筑实现了项目建设过程的三大可控：质量可控，用机器取代人工，可以有效降低质量风险；成本可控，原材料的使用及机械设备、人工的使用可预知，可模拟，均能准确计算；进度可控，现场总装过程工序简单，在设备产能、原材料供应充足的情况下，构配件的生产进度可控。

建筑生产工业化使得设计、采购、施工和劳动力实现资源优化配置，是生产方式的变革，是解决建筑工程质量安全、生产方式落后、效率效益、节能环保等一系列问题的有效途径；是提高当前建筑业劳动效率、劳动技术及建筑工人素质的必然选择；是推动我国建筑领域转型升级，实现国家新型城镇化发展、节能减排战略的重要举措。

10.1.3 国内外装配式建筑应用现状

近现代以来，预制建筑经历了四个阶段：19 世纪是第一个预制装配建筑高潮，代表作有水晶宫，满足移民需要的预制木屋、预制铁屋等。第二个预制装配建筑高潮在20世纪初，典型作品有木制嵌入式墙板单元住宅建造体系、法国Mopin多层公寓体系等。第三个阶段在第二次世界大战后，是建筑工业化真正的发展阶段，产生了钢、幕墙、PC预制等各类体系。20世纪70年代以后，建筑工业化进入新的阶段，各国各地区基于不同的自然和人文条件及特点，选择了不同的发展道路与方式。图10.1-1为装配式建筑的构件及连接示例。

早在20世纪50年代初，瑞典就已有大量企业开发了混凝土、板墙装配的部件。目前，瑞典在完善的标准体系的基础上发展通用部件，开发了大型混凝土预制板的工业化技术体系。瑞典装配式建筑在模数协调的基础上形成了“瑞典工业标准”(SIS)，实现了部品尺寸、连接尺寸等的标准化、系列化，使构件之间容易替换。新建住宅中通用部件占80%，达到50%以上的节能率，能耗大幅下降。

法国是世界上最早推行建筑工业化的国家之一。建筑工业化以混凝土体系为主，钢、木结构体系为辅，多采用框架或板柱体系，并逐步向大跨度发展。近年来，法国建筑工业化以全装配式大板和工具式模板现浇工艺为标准，特点是：在装配式建筑构造体系中，采用焊接连接等干法作业；构件生产与设备、装修等工程分开，减少预埋，发展面向全行业的通用构配件的商品生产，从而提高生产和施工质量；主要采用预应力混凝土装配式框架结构体系，装配率达到80%，脚手架用量减少50%，节能可达到70%。

德国的装配式住宅中采用预制装配式的构件主要有剪力墙板、梁、柱、楼板、内隔墙板、外挂板、阳台板等，耐久性较好。

日本于1968年提出装配式住宅的概念。日本政府为发展装配式建筑，制定发展装配式建筑的政策。他们采用部件化、工厂化生产方式，形成统一的模数标准，住宅内部结构可变，适应多样化的需求，提高了生产效率，解决了标准化、大批量生产和多样化需求这三者之间的矛盾。日本的装配式建筑主要由两类机构主导：第一类机构主要研究建筑产品的标准化设计，木结构、钢结构和混凝土结构的建筑产品试制，机械化施工工法以及标准化系列部品。第二类机构负责装配式建筑的建设，在不断探索装配式技术体系之后，日本形成了“都市再生机构骨架＋填充住宅”建筑体系。

美国的装配式建筑发展路径不同于其他发达国家的发展路径，其住宅建设以低层木结构和轻钢结构装配式为主，并表现出多样化、个性化的特点。在美国装配式建筑发展的过程中，市场机制占据了主导地位。时至今日，美国部品部件生产与住宅建设达到了较高的水平，居民可通过产品目录选择住宅建设所需部品。

图10.1-1 装配式建筑的构件及连接示例图

我国早在20世纪50年代就提出发展装配式建筑，提出向苏联学习工业化建设经验，学习设计标准化、工业化、模数化的方针。20世纪五六十年代开始研究装配式混凝土建筑的设计、施工技术，形成一系列装配式混凝土建筑体系，较为典型的建筑体系有装配式单层工业厂房建筑体系、装配式多层框架建筑体系、装配式大板建筑体系等。20世纪六七十年代引进预应力板柱体系，即后张预应力装配式结构体系，进一步改进了标准化方法，在施工工艺、施工速度等方面都有一定的提高。20世纪80年代提出了设计标准化、构配件生产工厂化、施工机械化和墙体改造方针，出现了用大型砌块装配式大板、大模板现浇等住宅建造形式。但由于当时产品单调、造价偏高和一些关键技术问题未解决，建筑工业化综合效益不高。自20世纪90年代末开始，我国开始关注建筑产品的综合性能，主体结构外的局部工业化较突出。近年来，关于住宅产业化和工业化的政策和措施相继出台，很多城市都出台了推进装配式建筑的指导意见，很多房地产企业、总承包企业和预制构件生产企业也纷纷行动起来，开始自发参与装配式建筑的探索。

沈阳市是全国首个国家现代建筑产业化试点城市，其标准配套齐全，引进的技术论证严谨，结构类型较多，构件厂设备自动化程度高。为发展装配式建筑，沈阳要求在二环区域内、建筑面积在50000m^{2}以上的新开发建设的项目，必须采用装配式建筑技术开发建设，项目装配化率需达到20%以上。深圳研究工作开展较早，装配式建筑面积较大，构件质量高，北京、上海、济南、合肥等城市地方政府以保障性住房建设为抓手，陆续出台支持建筑工业化发展的地方政策，在项目开发建设中，对住宅建设的装配率作出了明确的规定。

随着我国的建筑设计水平和建造技术的逐渐提高，设计的内容也从最初单一的形式考虑转变成在形式、功能与环保等各方之间寻求平衡。从全国来看，以新型预制混凝土装配式结构快速发展为代表的建筑工业化已进入新一轮的高速发展期。

10.1.4 装配式建筑评价标准

装配率应根据表10.1-1中评价标准项分值按下式计算：

$$P=\frac{Q_1+Q_2+Q_3}{100-Q_4}\times 100\% \qquad (10.1\text{-}1)$$

式中 P——装配率；

Q_1——主体结构指标实际得分值；

Q_2——围护墙和内隔墙指标实际得分值；

Q_3——装修和设备管线指标实际得分值；

Q_4——评价项目中缺少的评价项分值总和。

表10.1-1 **装配式建筑评分表**

评价项		评价要求	评价分值	最低分值
主体结构（50分）	柱、支撑、承重墙、延性墙板等竖向构件	35%≤比例≤80%	20～30*	20
	梁、板、楼梯、阳台、空调板等构件	70%≤比例≤80%	10～20*	
围护墙和内隔墙（20分）	非承重围护墙非砌筑	比例≥80%	5	10
	围护墙与保温、隔热、装饰一体化	50%≤比例≤80%	2～5*	
	内隔墙非砌筑	比例≥50%	5	
	内隔墙与管线、装修一体化	50%≤比例≤80%	2～5*	
装修和设备管线（30分）	全装修	—	6	6
	干式工法楼面、地面	比例≥70%	6	
	集成厨房	70%≤比例≤90%	3～6*	
	集成卫生间	70%≤比例≤90%	3～6*	
	管线分离	50%≤比例≤70%	4～6*	

注：表中带“*”项的分值采用“内插法”计算，计算结果保留一位小数。

10.1.4.1 竖向构件装配率计算

柱、支撑、承重墙、延性墙板等主体结构竖向构件主要采用混凝土材料时，预制部品部件的应用比例应按下式计算：

$$q_{1a}=\frac{V_{1a}}{V}\times100\% \qquad (10.1\text{-}2)$$

式中 q_{1a}——柱、支撑、承重墙、延性墙板等主体结构竖向构件中预制部品部件的应用比例；

V_{1a}——柱、支撑、承重墙、延性墙板等主体结构竖向构件中预制混凝土体积之和；

V——柱、支撑、承重墙、延性墙板等主体结构竖向构件混凝土总体积。

10.1.4.2 水平构件装配率计算

梁、板、楼梯、阳台、空调板等构件中预制部品部件的应用比例应按下式计算：

$$q_{1b}=\frac{A_{1b}}{A}\times100\% \qquad (10.1\text{-}3)$$

式中 q_{1b}——梁、板、楼梯、阳台、空调板等构件中预制部品部件的应用比例；

A_{1b}——各楼层中预制装配梁、板、楼梯、阳台、空调板等构件的水平投影面积之和；

A——各楼层建筑平面总面积。

10.1.4.3 围护墙和内隔墙非砌筑应用比例

墙体构件的应用比例为各楼层墙体采用非砌筑或管线装修一体化做法墙体的面积之和(计算时可不扣除门、窗及预留洞口等的面积)除以墙总面积。非承重围护墙以及内隔墙采用非砌筑方法是装配式建筑重点发展的内容之一。非砌筑墙体的主要特征是工厂生产、现场安装、干法施工，常见类型有大中型板材、幕墙、木骨架或轻钢骨架复合墙、新型砌体等。应注意，这里的围护墙非砌筑只针对非承重围护墙。

10.1.4.4 全装修和装配式装修

装配式建筑要求全装修的应用是指建筑功能空间的固定面装修和设备设施安装全部完成，达到建筑使用功能和性能的基本要求，用户不必进行二次装修和二次设备安装。

考虑工程实际需要，纳入管线分离比例计算的管线专业包括电气(强电、弱电、通信等)、给水排水和采暖等专业，尽可能减少甚至消除由于管线的维修和更换对建筑各系统部品等的影响，故表 10.1-1 将“管线分离”也计入评分项的应用项中。

10.2 装配式建筑施工图设计

装配式建筑是将建筑结构系统、外维护系统、设备与管线系统、内装系统集成，以实现建筑功能完整、性能优良。

10.2.1 概述

10.2.1.1 概念介绍

装配式建筑以标准化设计、工厂化生产、装配化施工、一体化装修和信息化管理为主要特征，形成完整、有机的产业链，实现房屋建造全过程的工业化、集约化和社会化，从而提高建筑工程质量和效益，实现节能减排与资源节约。

目前装配式建筑的设计流程如图 10.2-1 所示。

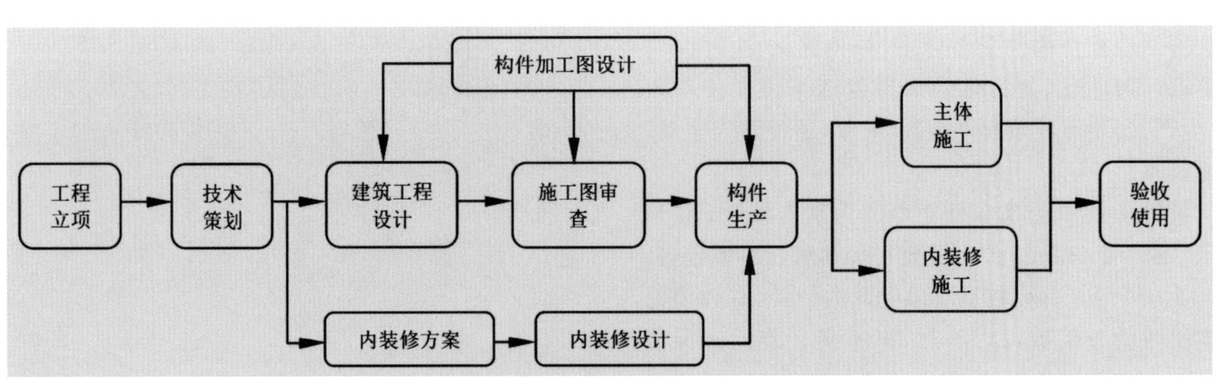

图 10.2-1 装配式建筑的设计流程参考图

10.2.1.2 专业术语

(1)装配式建筑:建筑结构系统、外围护系统、设备与管线系统、内装系统的主要部分采用预制部品部件集成的建筑。

(2)集成设计:建筑结构系统、外围护系统、设备与管线系统、内装系统一体化的设计。

(3)协同设计:装配式建筑设计中通过建筑、结构、设备、装修等专业相互配合,并运用信息化技术手段完成满足建筑设计、生产运输、施工安装等要求的一体化设计。

(4)建筑结构系统:由结构构件通过可靠的连接方式装配而成,以承受或传递荷载作用的整体。

(5)外围护系统:由建筑外墙、屋面、外门窗及其他部品部件等组合而成,用于分隔建筑室内外环境的部品部件的整体。

(6)设备与管线系统:由给排水、供暖通风空调、电气和智能化、燃气等设备与管线组合而成,满足建筑使用功能的整体。

(7)内装系统:由楼地面、墙面、轻质隔墙、吊顶、内门窗、厨房、卫生间等组合而成,满足建筑空间使用要求的整体。

(8)部件:在工厂或现场预先生产制作完成,构成建筑结构系统的结构构件及其他构件的统称。

(9)部品:由工厂生产,构成外围护系统、设备与管线系统、内装系统的建筑单一产品或复合产品组装而成的功能单元的统称。

10.2.1.3 模数化设计

模数,是指选择一定的尺寸单位,作为尺度协调中的基本参数。模数协调是指采用模数化的尺寸,实现建筑主体结构、部品部件等相互之间的尺寸协调。模数协调应符合构件受力合理、种类优化、生产简单的需求。通用化、规格化的部件生产不仅能使得设计、生产、安装等环节配合精确、简单,还可稳定质量、降低成本。

模数协调中的基本尺寸单位为基本模数,用 M 表示,1M=100mm。扩大模数是基本模数的整数倍,如 3M、6M 等。分模数是导出模数的一种,其数值为基本模数的分倍数,如 M/10、M/5 等。装配式混凝土建筑的开间、进深、层高、洞口等尺寸应根据建筑类型、使用功能、部品部件生产与装配要求等确定。表 10.2-1、表 10.2-2 分别为装配式建筑剪力墙结构住宅适用的模数数列和门窗洞口的适用尺寸。

表 10.2-1　**装配式建筑剪力墙结构住宅适用的模数数列**

类型	建筑尺寸			叠合楼板预制板尺寸	
部位	开间	进深	层高	宽度	厚度
模数数列	3*n*M	3*n*M	*n*M	3*n*M	*n*M/5
	2*n*M	2*n*M/*n*M	*n*M/2	2*n*M	*n*M/10

类型	预制墙板尺寸			内隔墙尺寸		
部位	厚度	长度	高度	厚度	长度	高度
模数数列	*n*M	3*n*M	*n*M	*n*M	2*n*M	*n*M
	*n*M/2	2*n*M	*n*M/2	*n*M/5	*n*M	*n*M/5

表 10.2-2　**门窗洞口的适用尺寸**

类型	适用尺寸			
	最小洞宽	最小洞高	最大洞宽	最大洞高
门洞口	7M	15M	24M	23(22)M
窗洞口	6M	6M	24M	23(22)M

注:住宅层高为 2900mm 时,门窗洞口的最大洞高优选 23M;住宅层高为 2800mm 时,门窗洞口的最大洞高优选 22M。

装配式混凝土建筑的定位方法有中心线定位法、界面定位法。对于梁、柱、墙的定位,宜采用中心线定位法;对于楼板和屋面板的定位,宜采用界面定位法;对于外挂墙板,宜采用中心线定位法与界面定位法相结合的方法。图 10.2-2 和图 10.2-3 分别为中心线定位法的模数基准面和界面定位法的模数基准面。

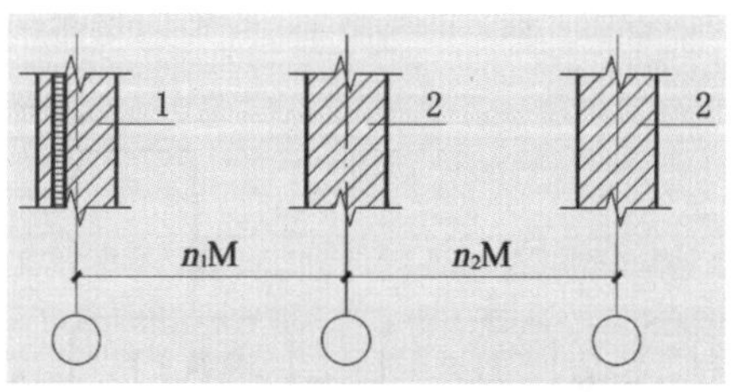

图 10.2-2　中心线定位法的模数基准面

1—外墙;2—柱、墙等

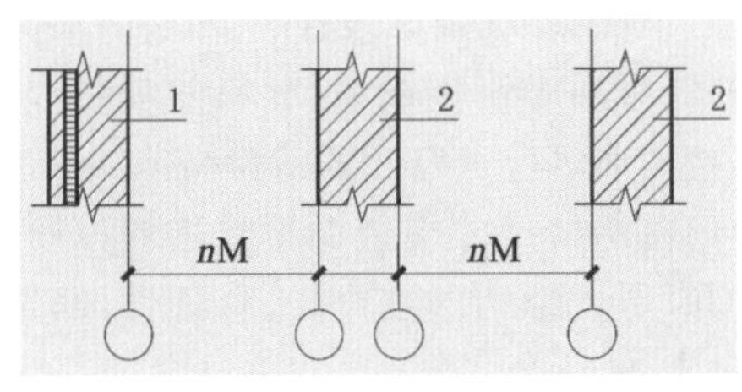

图 10.2-3 界面定位法的模数基准面

1—外墙；2—柱、墙等

10.2.2 建筑设计

10.2.2.1 建筑平面设计

装配式建筑对方案的要求有以下几个方面：

(1)平面尽可能规则，除北侧墙体外，尽可能做成一条直线，做加法而不是减法；

(2)内墙尽可能对齐，电气管线尽可能避开混凝土墙体，尤其是边缘构件；

(3)满足模数化要求，尽可能是 3M，但是不一定每个开间都是一样的；

(4)外立面避免外挑和内收；

(5)尽可能不做转角窗。

此外，《装配式混凝土结构技术规程》(JGJ 1—2014)对于建筑平面的设计有如下规定：

(1)建筑宜选用大开间、大进深的平面布置；

(2)承重墙、柱等竖向构件宜上下连续，应沿两个方向布置剪力墙；

(3)门窗洞口宜上下对齐、成列布置，其平面位置和尺寸应满足结构受力及预制构件设计要求；

(4)平面形状宜简单、规则、对称，质量、刚度分布宜均匀，不应采用严重不规则的平面布置；

(5)平面长度不宜过长(图 10.2-4)，长宽比(L/B)宜按表 10.2-3 采用；

(6)平面突出部分的长度 l 不宜过大，宽度 b 不宜过小(图 10.2-4)，l/B_{max}、l/b 宜按表 10.2-3 采用；

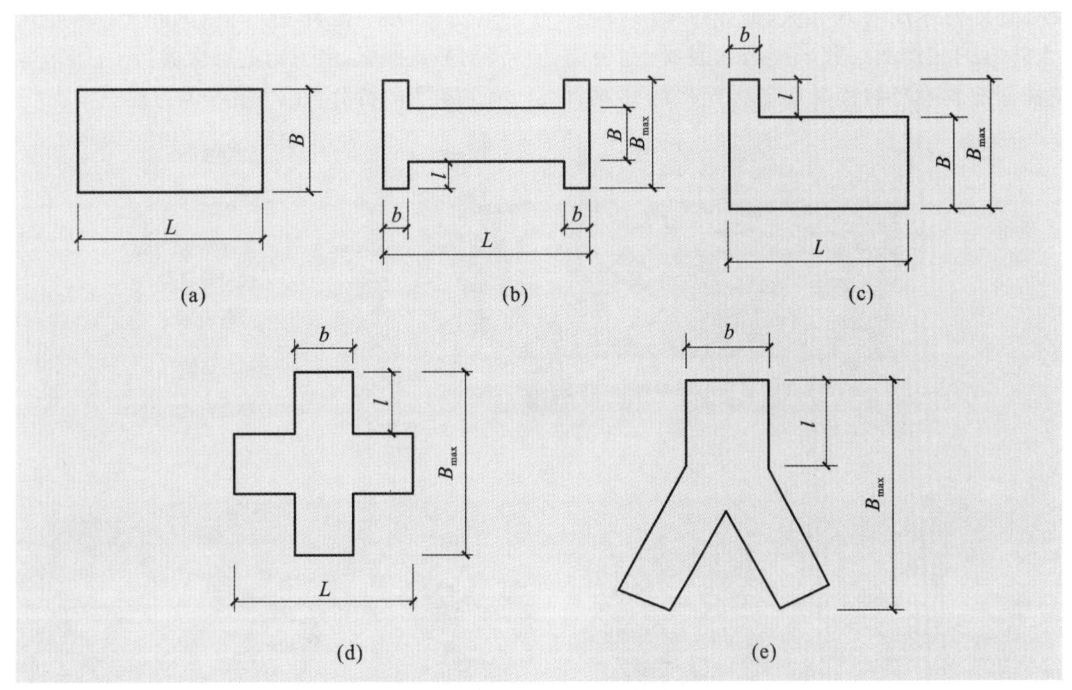

图 10.2-4 建筑平面示意图

表 10.2-3 平面尺寸及凸出部位比例限值

抗震设防烈度	L/B	l/B_{max}	l/b
6 度、7 度	≤6.0	≤0.35	≤2.0
8 度	≤5.0	≤0.30	≤1.5

（7）平面不宜采用角部重叠或细腰形平面布置。

大开间、大进深以及平面设计的规则性对于装配式建筑非常有利，一方面可以减少预制构件的数量和种类，提高生产效率，降低成本；另一方面大空间使分户设计和户内布置变得灵活，可适应不同时期的不同需要，形体规则的建筑有利于结构安全。

10.2.2.2 建筑立面设计

装配式建筑的立面设计，应根据建筑立面特点，通过标准化设计方法，以"少规格、多组合"为依据，进行平面组合设计，实现立面效果的个性化和多样化。装配式建筑立面设计应符合下列规定：

（1）建筑立面应规整，外墙宜无凹凸，立面开洞统一，减少装饰构件，尽量避免复杂的外墙构件。

（2）外墙、阳台板、空调板、外窗、遮阳设施及装饰等部件部品宜进行标准化设计，空调板宜集中布置，并宜与阳台合并设置。

（3）外墙饰面宜采用耐久性强、不易污染的材料。预制混凝土外墙的装饰面层宜采用清水混凝土、装饰混凝土、免抹灰涂料和反打面砖等耐久性强的建筑材料。在生产预制外墙板的过程中，可将外墙饰面材料与预制外墙板同时制作成型，材料的规格尺寸、材质类别、连接构造等应进行工艺试验验证。

（4）门窗洞口尺寸应遵循模数协调原则，在确定功能的同时考虑结构的安全性、合理性，其选用的优先尺寸见表 10.2-2。

10.2.3 结构设计

装配式建筑的结构设计，是将建筑的叠合楼板、叠合梁、阳台楼板、空调板等水平构件以及内外墙体、楼梯板、阳台栏板等竖向构件按照一定的原则进行拆分，然后分别进行结构验算和设计，最后形成各个装配构件图纸提供给生产厂家及施工单位，如图 10.2-5 所示。

10.2.3.1 预制剪力墙设计

预制"三明治"外墙是由保温层、内外层混凝土墙板以及纤维增强塑料连接件组成的一种夹心式墙体，在生产时一次成型，由于构造层次类似"三明治"，故得此名。预制剪力墙拆分有以下几个基本要点：

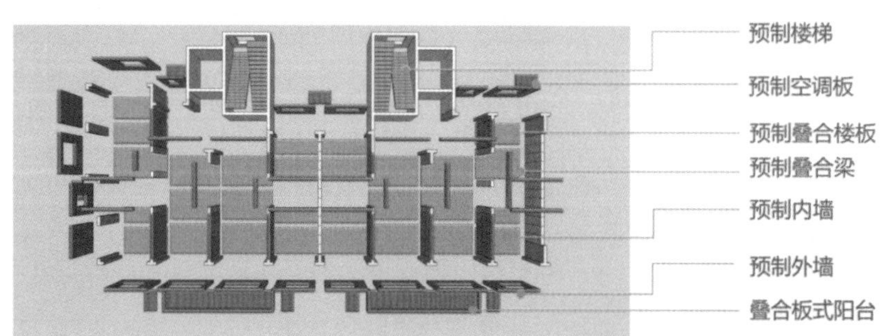

(a)

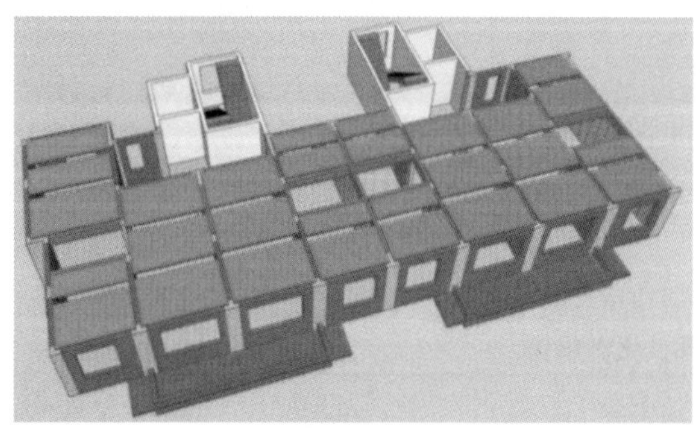

(b)

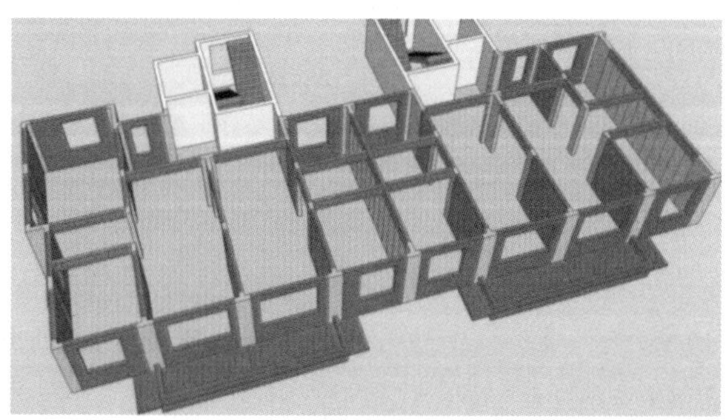

(c)

图 10.2-5 装配式建筑拆分示意图

（a）构件拆分图；（b）水平构件示意图；（c）竖向构件示意图

①预制剪力墙最好全部拆分为一字形，单个构件的质量控制在10t以内，否则塔吊的费用增加较多；

②连梁一般不与窗下墙整体预制，避免安装不方便；

③剪力墙拼缝现浇部分的长度宜大于400mm，有利于钢筋绑扎施工；

④边缘构件和墙体纵向钢筋尽可能统一钢筋型号和直径。

根据《装配式混凝土结构技术规程》(JGJ 1—2014)相关规定，预制构件的设计应符合下列规定：

①对持久设计状况，应对预制构件进行承载力、变形、裂缝控制验算。

②对地震设计状况，应对预制构件进行承载力验算。

③当设置地下室时，地下室宜采用现浇混凝土。

④剪力墙结构和部分框支剪力墙结构底部加强区宜采用现浇混凝土。

⑤顶层宜采用现浇楼盖结构。

⑥装配式结构构件及节点应进行承载能力极限状态及正常使用极限状态设计。

⑦抗震设计时，构件及节点的承载力抗震调整系数γ_{RE}应按表10.2-4采用。预埋件锚筋截面计算的承载力抗震调整系数γ_{RE}应取为1.0；当仅考虑竖向地震作用组合时，承载力抗震调整系数γ_{RE}应取为1.0。

(1)尺寸设计。

预制剪力墙宜采用一字形，也可用L形、T形或U形；开洞剪力墙洞口宜居中布置，洞口两侧的墙肢宽度不应小于200mm，洞口上方连梁高度不宜小于250mm，如图10.2-6所示。

(2)厚度设计。

当预制外墙采用夹心墙板时，其厚度应满足下列要求：

①外叶墙板厚度(图10.2-7中的b_1部分)不应小于50mm，建议不小于60mm，外叶墙板需要进行风荷载、地震作用、温度影响、环境影响的计算；

表10.2-4 **构件及节点承载力抗震调整系数**

结构构件类别	正截面承载力计算					斜截面承载力计算	受冲承载力计算、接缝受剪承载力计算
	受弯构件	偏心受压柱		偏心受拉构件	剪力墙	各类构件及框架节点	
		轴压比小于0.15	轴压比不小于0.15				
γ_{RE}	0.75	0.75	0.80	0.85	0.85	0.85	0.85

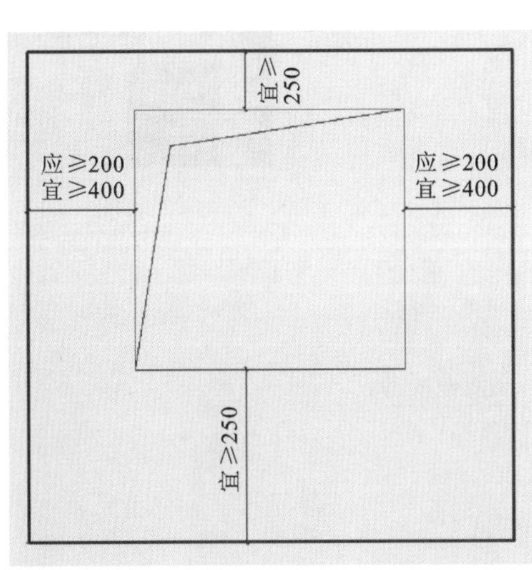

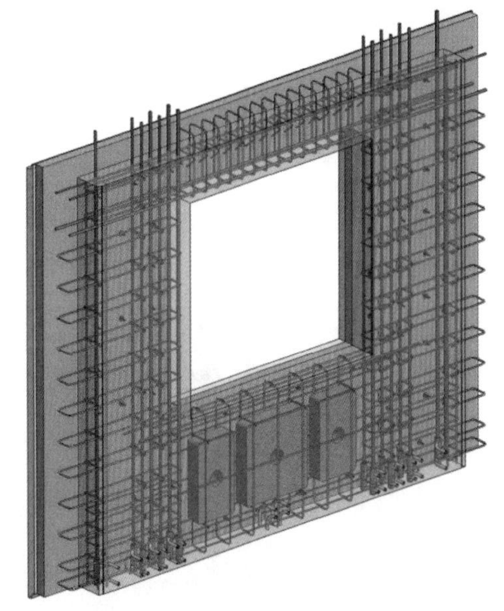

图10.2-6 预制“三明治”外墙板

②夹心外墙板的夹层厚度(图 10.2-7 中的 b_2 部分)不宜大于 120mm；

③作为承重墙时，内叶墙板应按剪力墙设计，即图 10.2-7 中 b_3 部分的厚度，一、二级抗震设计时底部加强区不小于 200mm，其他部位不小于 160mm，三、四级抗震设计时不小于 160mm。

(3)墙板高度计算(图 10.2-8)。

①外叶墙高度＝结构层高－坐浆层厚度＝$H-a$。

②保温层高度＝结构层高－坐浆层厚度＝$H-a$。

③内叶墙高度 H_a＝结构层高－楼板厚度－坐浆层厚度－板底缝尺寸＝$H-h_s-a-b$。

④窗下墙高度 h_a＝建筑窗台高度$-a+h_m$。

⑤连梁预制部分高度 $h_b=H_q-h_a-h_w$。

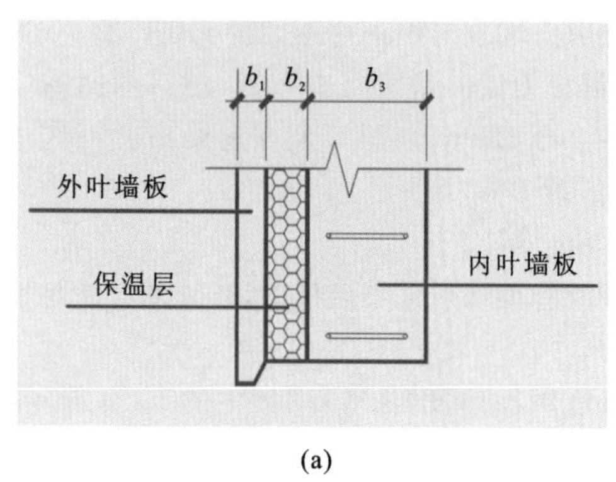

(a)

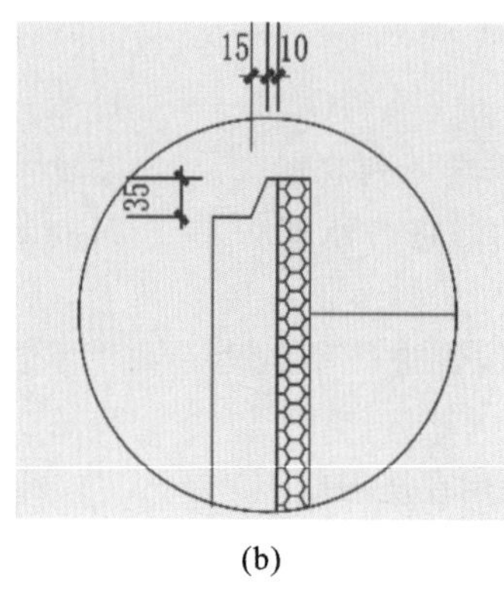

(b)

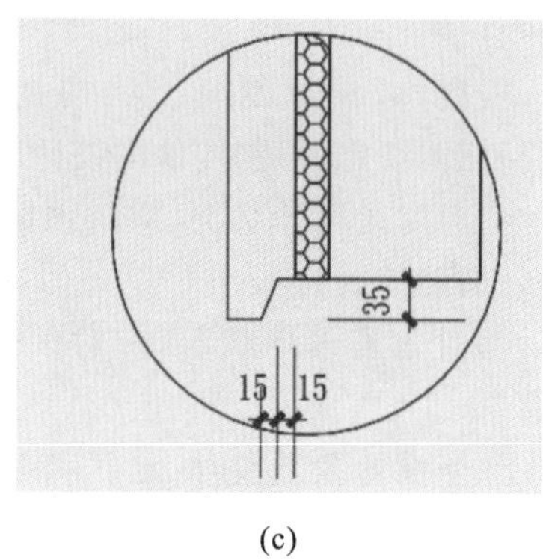

(c)

图 10.2-7　预制“三明治”外墙构造

(a)预制夹心墙板构造；(b)上企口构造示意图；(c)下企口构造示意图

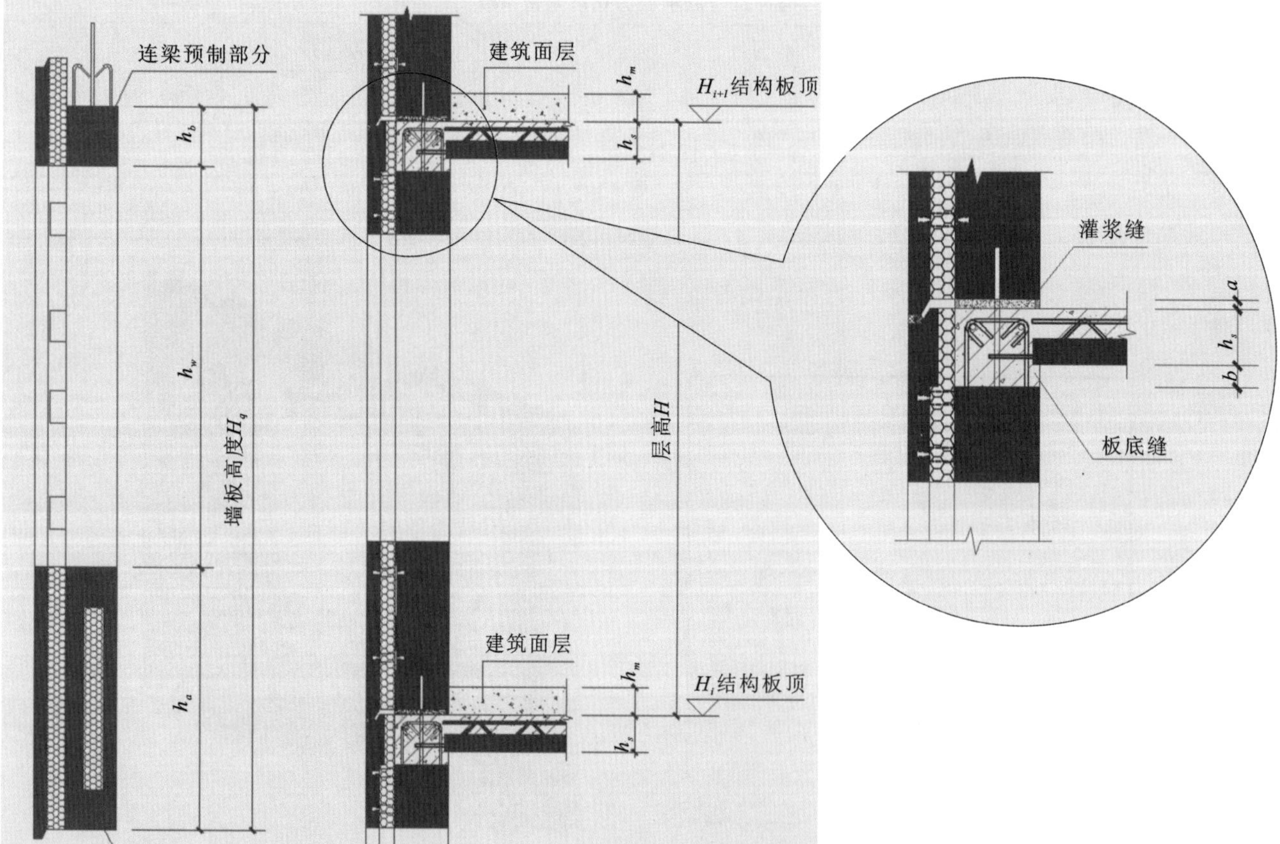

图 10.2-8　墙板高度计算示意图

(4)窗下墙和连梁设计。

窗下墙和连梁的设计常有三种情况:整体墙、双连梁、窗下墙为轻质填充形式(如聚苯板填充)。

装配式剪力墙中窗下墙构造可由预制混凝土加填充材料加双层双向钢筋网片组成,洞口处应配置补强钢筋,如图 10.2-9 所示,目的是减少混凝土质量及用量。但当窗下墙为连梁时,不可按减重墙处理,且应控制连梁跨高比在合理区间(2.5～5),形成连梁耗能机制,避免出现连梁刚度过小或过大的情况。

当预制构件窗下墙长度超过 1.5m 时,需在窗下墙中部设置注浆、出浆管或套筒,起注浆分区作用,以保证坐浆密实。设计过程中根据工程实际需要设置窗下墙,实际设计假定应与构件详图相符。

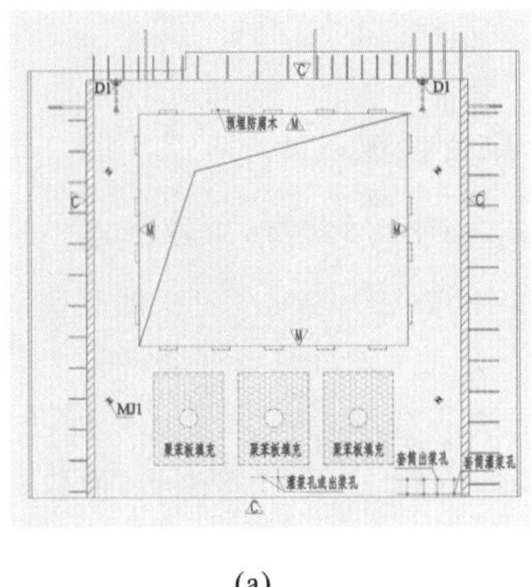

(a)

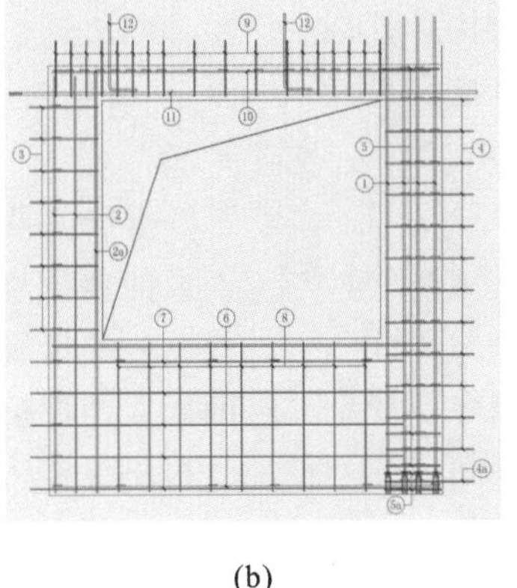

(b)

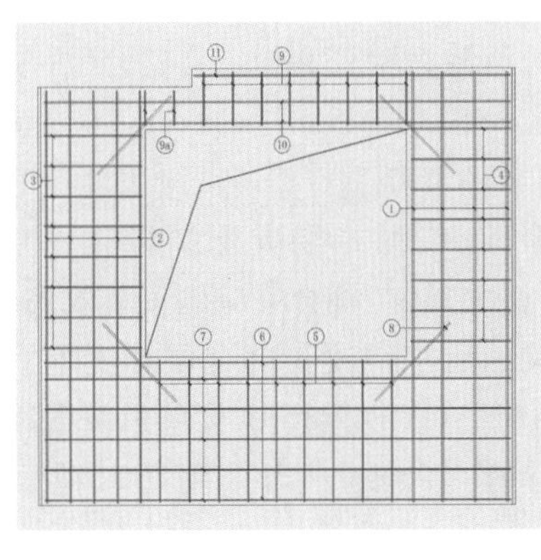

(c)

图 10.2-9 窗下墙构造示意图

(a)主视图;(b)配筋图;(c)外叶墙配筋图

10.2.3.2 预制梁、柱设计

(1)设计拆分原则。

装配式建筑的要求是对齐,即柱网布置对齐,梁柱对中布置。在现浇混凝土结构设计中,构件偏心放置的情况大量存在;而在装配式建筑中,构件居中并不会影响主体结构的设计,但放在边上就会影响节点的连接。

装配式结构拆分是设计的关键环节,考虑结构的合理性、可实现性,有以下拆分原则:

①预制梁、柱结构体系的连接节点位置应避开塑性铰位置,在构件受力较小的位置进行拆分,即一层柱脚、最高层柱顶、受拉边柱和梁端部,不应设置连接部位;

②柱拆分位置一般设置在楼层标高处,底层柱拆分位置应避开柱脚塑性铰区域,预制柱高度可为 1 层、2 层或 3 层层高;

③梁拆分位置可以设置在梁跨中,也可以设置在梁端,当拆分位置在梁的端部时,需考虑塑性铰(塑性铰区域内若存在套管连接,则不利于塑性铰转动),因此梁的连接节点位置距离柱边应不小于 $1.5h_0$(h_0 为梁截面有效高度);

④尽可能统一和减少构件规格;

⑤相邻、相关构件拆分协调一致。

图 10.2-10 为预制梁、柱构件图片。

(a)

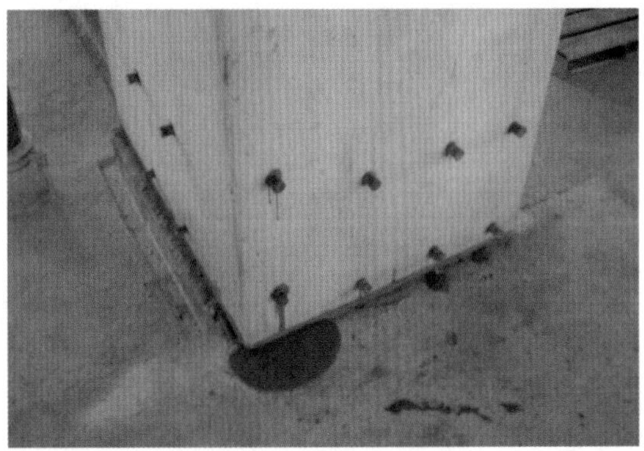

(b)

图 10.2-10 预制梁、柱构件

（2）叠合梁设计。

叠合式混凝土受弯构件是在预制混凝土构件上部浇筑混凝土而形成整体的受弯构件，分为叠合式混凝土梁和叠合式混凝土板等。

对于一、二、三级抗震等级的装配式框架结构，应进行梁柱节点核心区抗震受剪承载力特征值验算，对于四级抗震等级可不进行验算。梁柱节点核心区抗震受剪承载力验算和构造应符合《混凝土结构设计规范（2015 年版）》（GB 50010—2010）和《建筑抗震设计规范（2016 年版）》（GB 50011—2010）中的相关规定。

根据《装配式混凝土结构技术规程》（JGJ 1—2014）相关规定，叠合梁应用于装配式框架结构中时，框架梁的后浇混凝土叠合层厚度不宜小于 150mm，如图 10.2-11（a）所示，次梁的后浇混凝土叠合层厚度不宜小于 120mm。当采用凹口截面预制梁时，如图 10.2-11（b）所示，凹口深度不宜小于 50mm，凹口边厚度不宜小于 60mm。

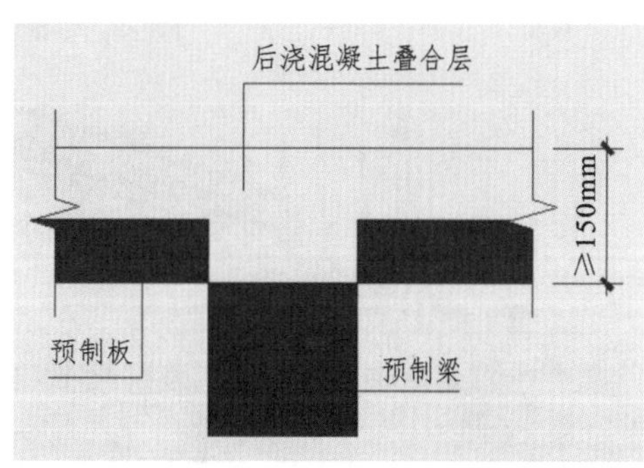

(a)

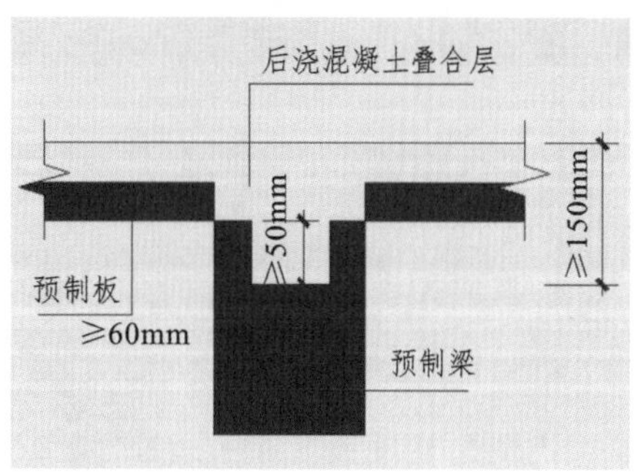

(b)

图 10.2-11　叠合框架梁截面示意图

（a）矩形截面预制梁；（b）凹口截面预制梁

主次梁交接时，最好是次梁预制、主梁现浇，如果主、次梁均预制，宜采用套筒连接。叠合梁预制部分的梁宽和梁高均不应小于 200mm，一般控制梁跨度不大于 6m，6m 以下的一般两点吊装，6m 以上梁须考虑 4 点吊装，需要进行组合吊具设计。

（3）预制柱设计。

矩形预制柱的截面边长不宜小于 400mm，圆形截面柱直径不宜小于 450mm，且不宜小于同方向梁宽的 1.5 倍。柱纵向受力钢筋直径不宜小于 20mm，纵向受力钢筋的间距不宜小于 200mm 且不应大于 400mm。

10.2.3.3　叠合楼板设计

叠合楼板是由预制板和现浇钢筋混凝土层叠合而成的装配整体式楼板（图 10.2-12）。预制板既是楼板结构的组成部分之一，又是现浇钢筋混凝土叠合层的永久性模板，现浇叠合层内可敷设水平设备管线。叠合楼板整体性好，刚度大，可节省模板，而且板的上下表面平整，便于饰面层装修，适用于对整体刚度要求较高的高层建筑和大开间建筑。

（1）预制叠合楼板设计步骤为：

①确定预制楼板和现浇楼板的范围；

②设定支座条件，根据受力方式合理选择双向受力或单向受力；

③拆分设计，进行结构计算、配筋，并合理调整钢筋间距；

④绘制板顶配筋图、底板布置图、详图等，双向受力时板缝宜在受力较小位置。

（2）根据相关规范规定，叠合楼板设计原则为：

①结构转换层、顶层楼层、平面复杂或开洞较大的楼层、作为上部结构嵌固端的地下室楼层、剪力墙底部加强区，宜采用现浇楼盖。其他部位原则上均可采用叠合楼盖，如卧室、厨房、阳台板等均可应用。

②叠合板的预制板厚度不宜小于 60mm，后浇混凝土叠合层厚度不应小于 60mm；当屋面层和平面受力复杂的楼层采用叠合楼盖时，后浇混凝土叠合层厚度不应小于 100mm，且后浇层内应采用双向通长配筋，钢筋直径不宜小于 8mm，间距不宜大于 200mm。

③跨度大于 3m 的叠合板，宜采用桁架钢筋混凝土叠合板；跨度大于 6m 的叠合板，宜采用预应力混凝土预制板；宽度一般不超过运输限宽，且宜符合模数协调要求。

④叠合板的设计分为单向板和双向板两种，拆分

时应沿板的次要受力方向进行拆分，即板缝垂直于板的长边，板缝设于板受力较小部位。当预制板之间采用分离式接缝时[图 10.2-13(a)]，宜按单向板设计；对长宽比不大于 3 的四边支撑叠合板，当预制板之间采用整体式接缝[图 10.2-13(b)]或无接缝[图 10.2-13(c)]时，可按双向板计算。

⑤叠合板底大多设立桁架钢筋，以增加板的刚度和抗剪能力，如图 10.2-14 所示，桁架钢筋的布置应满足：沿主要受力方向布置；距离板边不应大于 300mm，间距不宜大于 600mm；弦杆钢筋直径不宜小于 8mm，腹杆钢筋直径不应小于 4mm；弦杆混凝土保护层厚度不应小于 15mm。

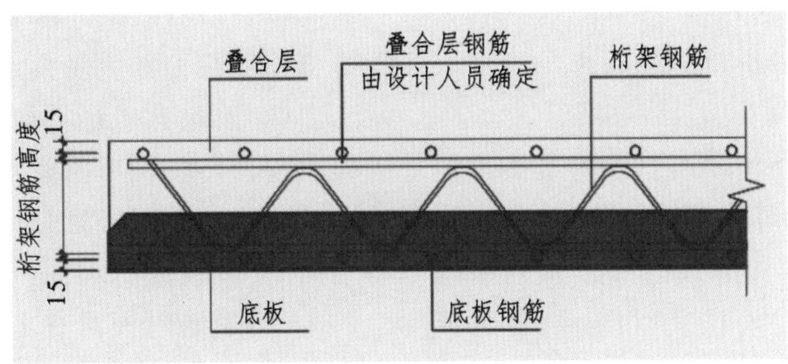

图 10.2-12　叠合楼板示意图

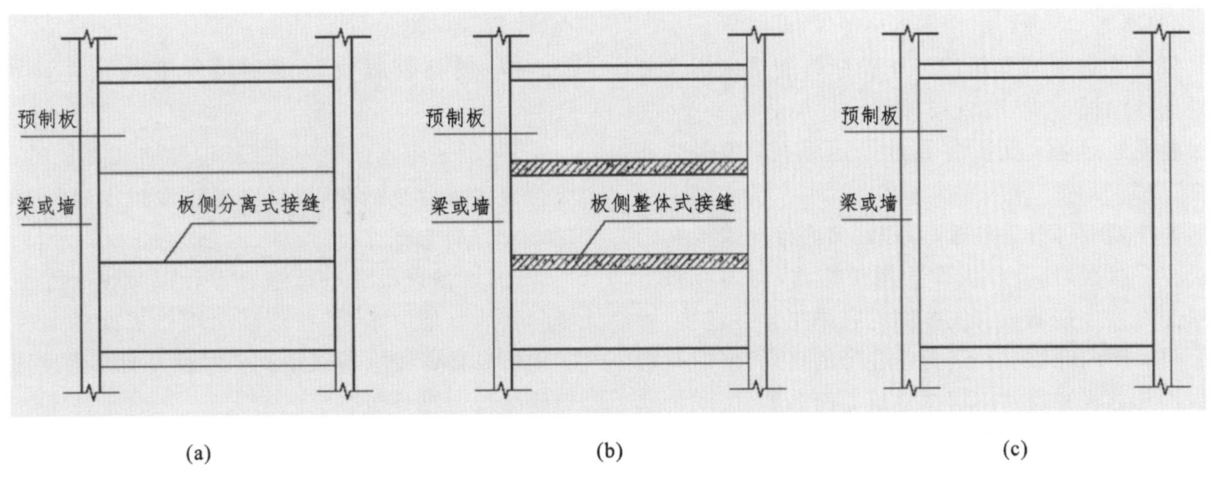

图 10.2-13　叠合板的预制板布置形式示意图

(a)单向叠合板；(b)带接缝的双向叠合板；(c)无接缝的双向叠合板

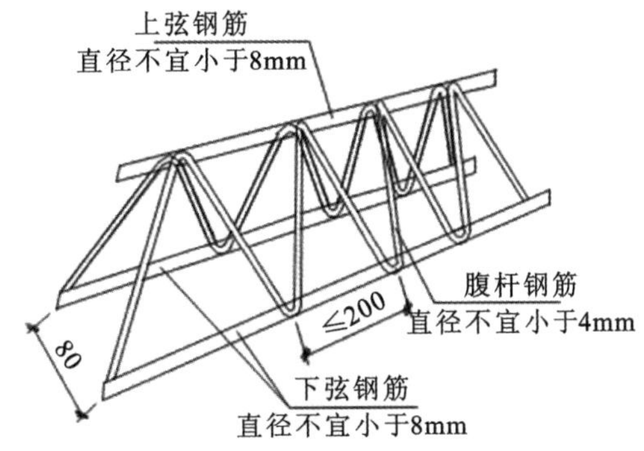

图 10.2-14　桁架钢筋示意图

10.2.4 外维护系统设计

(1)应合理确定外围护系统的设计使用年限，住宅建筑的外围护系统的设计使用年限应与主体结构相协调。

(2)外围护系统设计应包括下列内容：

①外围护系统的性能要求；

②外墙板及屋面板的模数协调要求；

③屋面结构支承构造节点；

④外墙板连接、接缝及外门窗洞口等构造节点；

⑤阳台、空调板、装饰件等连接构造节点。

(3)应根据建筑类型、结构形式选择适宜的系统类型；外墙板可采用内嵌式、外挂式、嵌挂结合等形式，并宜分层悬挂或承托。

(4)外墙系统可选用预制外墙、现场组装骨架外墙、建筑幕墙等类型。

装配式剪力墙建筑的外维护结构通常采用预制混凝土外墙板，外挂墙板按保温设计可分为三类：夹心保温系统、内保温系统和外保温系统，其构造如图 10.2-15 所示。

外挂墙板可分为整板和条板，夹心外挂墙板有内叶板和外叶板，外叶板仅作为围护构件，与内叶板不共同受力。外挂墙板与主体结构宜采用柔性连接，外叶板相对于内叶板有一定自由变形的空间(变形有所限制)，其形式和尺寸应根据建筑立面造型、层间位移限值、楼层高度、接缝构造、运输条件和现场起吊能力等因素确定。外挂墙板的高度不宜大于一个层高，厚度不宜小于 100mm。

10.2.5 设备与管线系统设计

(1)建筑的部件之间、部件与设备之间的连接应采用标准化接口，便于更换。

(2)预制构件中电器接口及吊挂配件的孔洞、沟槽应根据装修和设备要求预留。

(3)建筑宜采用同层排水设计，并应结合房间净高、楼板跨度、设备管线等因素确定降板方案。

(4)竖向电气管线宜统一设置在预制板内或装饰墙面内。墙板内竖向电气管线布置应保持安全间距。

(5)隔墙内预留有电气设备时，应采取有效措施满足隔音及防火的要求。

(6)设备管线穿过楼板的部位时，应采取防水、防火、隔音等措施。

(7)设备管线宜与预制构件上的预埋件可靠连接。

(8)当采用地面辐射供暖时，地面和楼板的设计应符合现行行业标准《辐射供暖供冷技术规程》(JGJ 142—2012)的规定。

(9)设备管线应进行综合设计以减少平面交叉；竖向管线宜集中布置，并应满足维修更换的条件；住宅建筑设备管线应特别注意套内管线的综合设计，每套管线应户界分明。

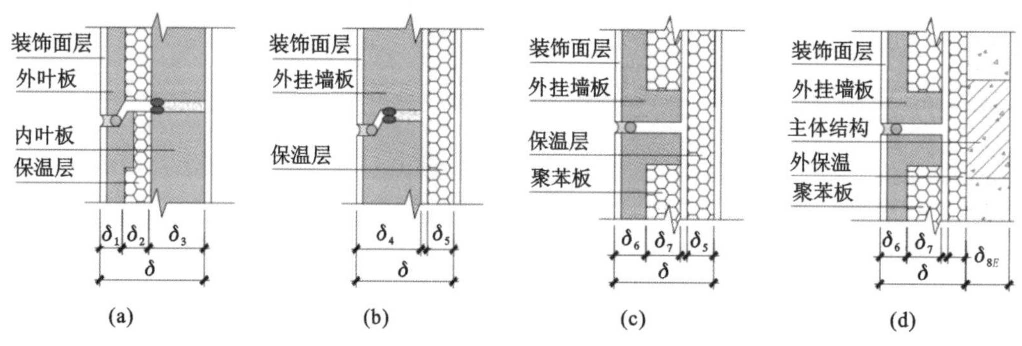

图 10.2-15 外挂墙板构造示意图

(a)夹心保温系统；(b)内保温系统一；(c)内保温系统二；(d)外保温系统

10.2.6 内装系统设计

(1)装配式混凝土建筑的内装设计应遵循标准化设计和模数协调的原则,室内装修宜减少施工现场的湿作业。

(2)装配式混凝土建筑的内装设计应满足内装部品的连接、检修更换和设备及管线使用年限的要求,宜采用管线分离。

(3)装配式混凝土建筑宜采用工业化生产的集成化部品进行装配式装修。

(4)装配式混凝土建筑的内装设计应综合考虑不同材料、设备、设施具有不同的使用年限。

(5)装配式混凝土建筑的内装部品与室内管线应与预制构件的深化设计紧密配合,预留接口位置应准确到位。

(6)当建筑装修材料、设备需要与预制构件连接时,宜采用预留预埋的安装方式;当采用膨胀螺栓、粘接等后期安装方法时,不得剔凿预制构件及其现浇节点,以免影响主体结构的安全性。

10.3 装配式安装节点设计

10.3.1 连接节点设计概述

装配整体式混凝土结构的预制构件连接设计,应保证被连接的受力钢筋的连续性,节点构造易于传递拉力、压力、剪力、弯矩和扭矩,传力路线简洁、清晰。为了更好地适应节点连接的需要,有以下几条建议:①采用适当的构件截面,避免配筋量过大;②采用高强度钢筋,减少配筋量;③采用大直径、少根数、大间距的配筋方式。拼接要满足:拼缝部位混凝土强度等级不低于预制构件的混凝土强度等级,拼接位置设置在受力较小的部位,考虑温度作用以及混凝土收缩徐变的不利影响。对于装配式建筑,可靠的连接方式是结构安全最基本的保障。装配式混凝土结构的连接方式有以下几种:

(1)套筒灌浆连接;

(2)浆锚搭接连接;

(3)后浇混凝土连接,其钢筋连接方式有焊接、搭接、套筒注胶连接、套筒机械连接、钢筋销连接;

(4)螺栓连接;

(5)焊接连接。

装配式结构构件及节点应进行承载能力极限状态及正常使用极限状态设计。预制构件之间、预制构件与现浇混凝土之间的接缝,是装配式结构的重要部位。根据《装配式混凝土结构技术规程》(JGJ 1—2014)的要求,接缝受剪承载力应符合以下规定:

(1)持久设计状况:

$$\gamma_0 V_{jd} \leqslant V_u \qquad (10.3\text{-}1)$$

(2)地震设计状况:

$$V_{jdE} \leqslant V_{uE}/\gamma_{RE} \qquad (10.3\text{-}2)$$

梁、柱端部箍筋加密区及剪力墙底部加强部位尚应符合下式要求:

$$\eta_j V_{mua} \leqslant V_{uE} \qquad (10.3\text{-}3)$$

式中 γ_0——结构重要性系数,安全等级为一级时不应小于1.1,安全等级为二级时不应小于1.0;

γ_{RE}——承载力抗震调整系数,按表10.2-4取值;

V_{jd}——持久设计状况下接缝剪力设计值;

V_u——持久设计状况下梁端、柱端、剪力墙底部接缝受剪承载力设计值;

V_{jdE}——地震设计状况下接缝剪力设计值;

V_{uE}——地震设计状况下梁端、柱端、剪力墙底部接缝受剪承载力设计值;

V_{mua}——被连接构件端部按实配钢筋面积计算的斜截面受剪承载力设计值;

η_j——接缝受剪承载力增大系数,抗震等级为一、二级取1.2,抗震等级为三、四级取1.1。

10.3.2 预制墙钢筋连接

10.3.2.1 竖向钢筋连接

预制剪力墙的竖向钢筋可采用套筒灌浆连接(图10.3-1)、约束浆锚搭接连接或波纹管浆锚搭接连接,水平钢筋采用整体式接缝连接。

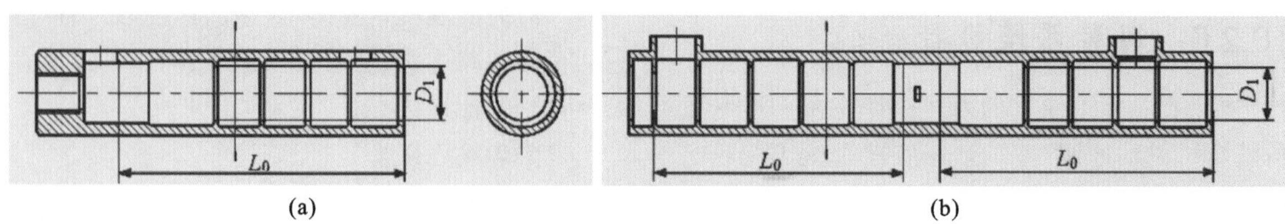

图 10.3-1　钢筋灌浆连接套筒

(a)半灌浆套筒；(b)全灌浆套筒

依据《装配式混凝土结构技术规程》(JGJ 1—2014)相关规定，在地震设计状况下，剪力墙水平接缝的受剪承载力设计值应按下式计算：

$$V_{uE} = 0.6 f_y A_{sd} + 0.8N \qquad (10.3\text{-}4)$$

式中　f_y——垂直穿过结合面的钢筋抗拉强度设计值。

A_{sd}——垂直穿过结合面的抗剪钢筋面积。

N——与剪力设计值 V 相应的垂直于结合面的轴向力设计值，压力时取正，拉力时取负。

剪力墙竖向和水平分布钢筋的配筋率，一、二、三级抗震设计时不应小于 0.25%，四级抗震设计和非抗震设计时均不应小于 0.2%。

当采用套筒灌浆连接或浆锚搭接连接时，预制剪力墙底部接缝宜设置在楼面标高处。接缝高度不宜小于 20mm，宜采用灌浆料填实。

当采用套筒灌浆连接时，剪力墙底部竖向钢筋套筒连接区域，裂缝多而密集，按规范要求应在连接区域设置水平钢筋加密区，自套筒底部至顶部并向上延伸 300mm 范围内，预制剪力墙水平分布筋加密，如图 10.3-2 所示，加密区钢筋未全部外伸，最大间距和最小直径应符合表 10.3-1 的规定。与边缘构件相连的墙身，边缘构件内箍筋和墙身水平分布钢筋共用一根钢筋。

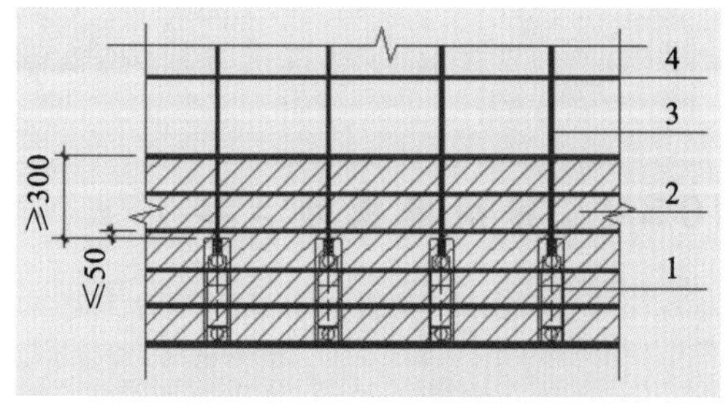

图 10.3-2　钢筋套筒灌浆连接部位水平分布筋加密构造示意图

1—灌浆套筒；2—水平分布筋加密区(阴影区域)；3—竖向钢筋；4—水平分布筋

表 10.3-1　**加密区水平分布钢筋要求**

抗震等级	最大间距/mm	最小直径/mm
一、二级	100	8
三、四级	150	8

当竖向分布钢筋采用“梅花形”仅部分连接时(图 10.3-3)，同侧连接部分钢筋的直径不应小于 12mm，且间距不应大于 600mm，不连接部分的钢筋直径不应小于 6mm，在剪力墙构件承载力计算和分布钢筋配筋率计算中不得计入不连接的分布钢筋。端部无边缘构件的预制剪力墙，宜在端部配置 2 根直径不小于 12mm 的竖向封边构造钢筋，设置拉筋，拉筋直径不小于 6mm，间距不宜大于 250mm。

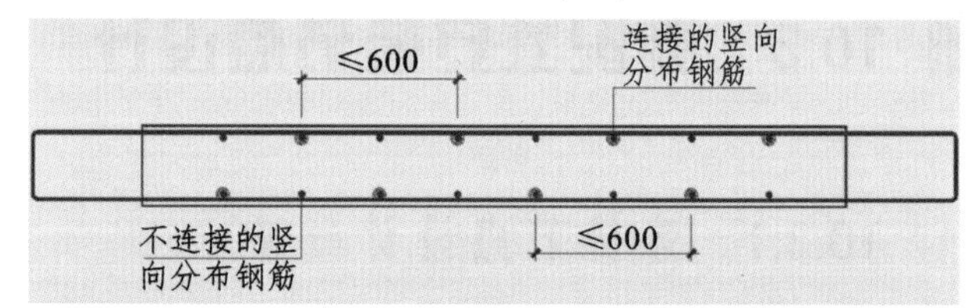

图 10.3-3　竖向分布钢筋采用“梅花形”套筒灌浆连接构造示意图

10.3.2.2　后浇段

相邻预制剪力墙之间应采用整体式接缝连接，常用的后浇段构造有以下几种：

(1)当接缝位于纵横墙交接处的约束边缘构件区域时，约束边缘构件的阴影区域宜全部采用后浇混凝土，如图 10.3-4(a)、(b)所示，并应在后浇段内设置封闭箍筋。

(2)当接缝位于纵横墙交接处的构造边缘构件区域时，构造边缘构件宜全部采用后浇混凝土，如图 10.3-4(c)、(d)所示；当仅在一面墙上设置后浇段时，后浇段的长度不宜小于 300mm。

非边缘构件的位置，相邻预制剪力墙之间应设置后浇段，后浇段宽度不应小于墙厚且不宜小于200mm，根据纵横墙交接处的后浇构造选择钢筋的搭接形式，两侧墙体的水平分布筋在后浇段的连接方法如图 10.3-5、图 10.3-6 所示。

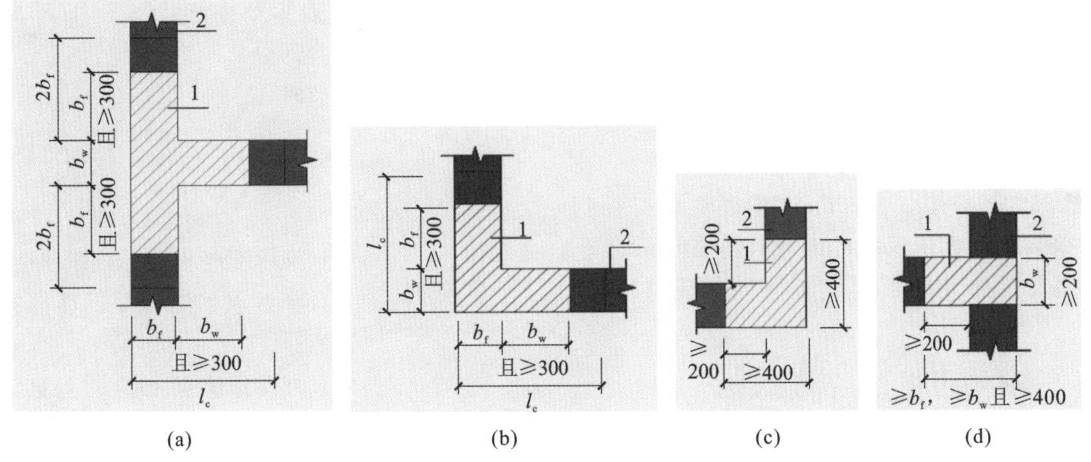

图 10.3-4 边缘构件阴影区域全部后浇构造示意图

(a)、(d)有翼墙；(b)、(c)转角墙

l_c—约束边缘构件沿墙肢的长度；1—后浇段；2—预制剪力墙

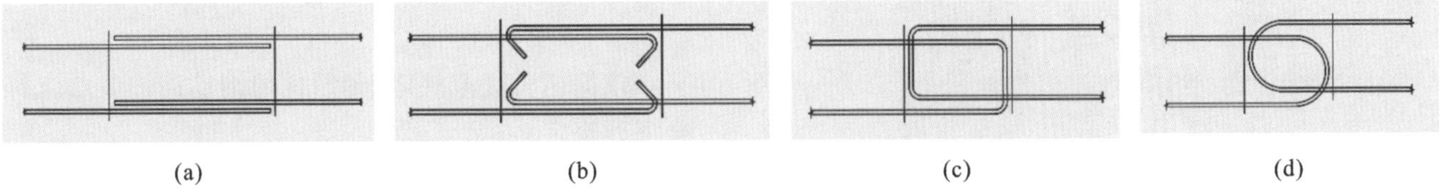

图 10.3-5 预制剪力墙竖向接缝构造示意图(无附加连接钢筋)

(a)预留直线钢筋搭接；(b)预留弯钩钢筋连接；(c)预留 U 形钢筋连接；(d)预留半圆形钢筋连接

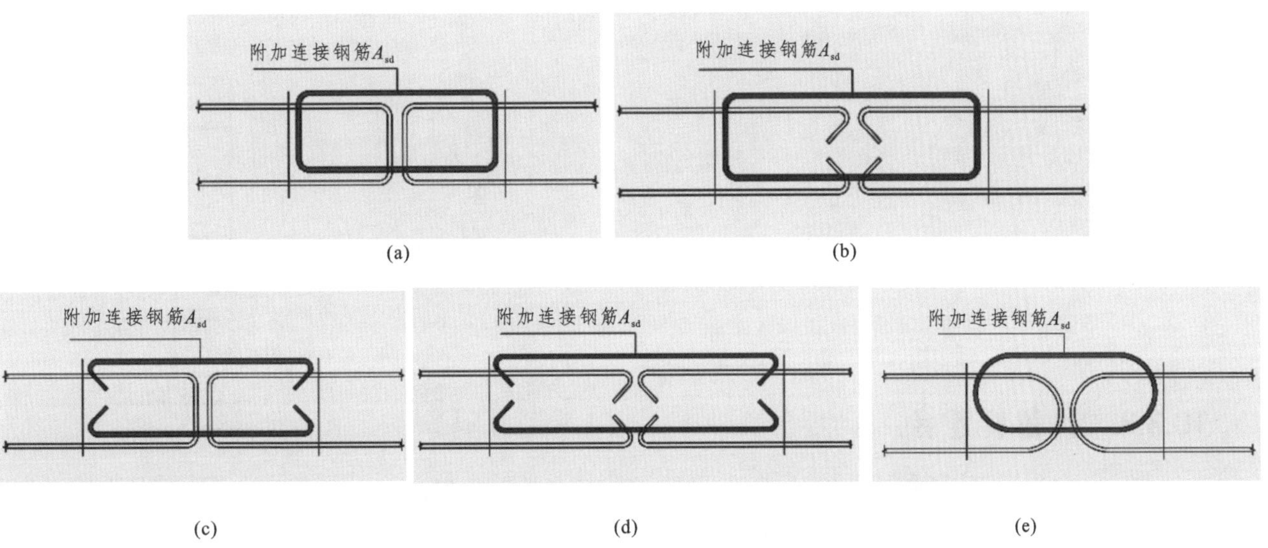

图 10.3-6 预制剪力墙竖向接缝构造示意图(有附加连接钢筋)

(a)附加封闭连接钢筋与预留 U 形钢筋连接；(b)附加封闭连接钢筋与预留弯钩钢筋连接；

(c)附加弯钩连接钢筋与预留 U 形钢筋连接；(d)附加弯钩连接钢筋与预留弯钩钢筋连接；

(e)附加长圆环连接钢筋与预留半圆形钢筋连接

10.3.2.3　结合面

预制剪力墙接缝处后浇混凝土结合面处应设置粗糙面，从而提高结构的抗剪能力，包括顶面、底面和侧面，侧面也可设置键槽。结合面粗糙对结合面的受剪力有较大影响，设计中应受到重视，粗糙面的面积不宜小于结合面的80％，粗糙面凹凸深度不应小于6mm；键槽深度 t 不宜小于20mm，宽度 w 不宜小于深度的3倍且不宜大于深度的10倍，键槽间距宜等于键槽宽度，端部倾角不宜大于30°，如图10.3-7所示。

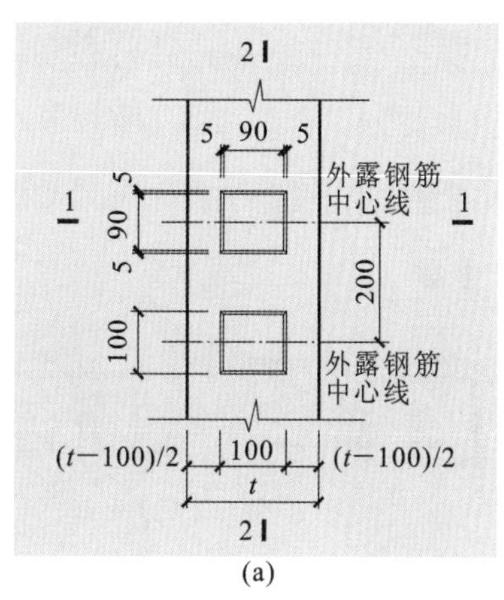

(a)

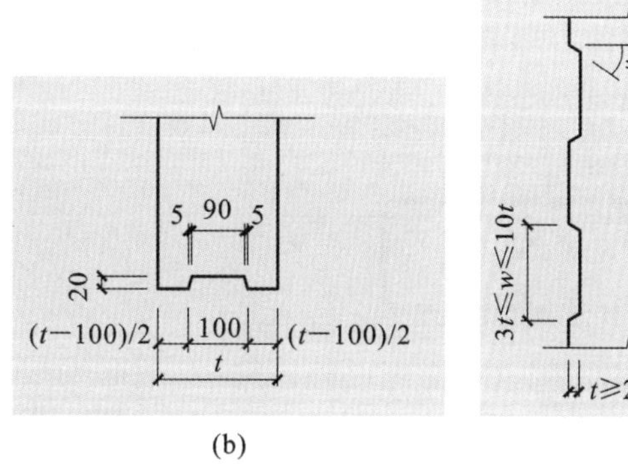

(b)

(c)

图10.3-7　预制剪力墙外墙板两侧键槽构造示意图

(a)预留键槽立面示意图；(b)1—1剖面图；(c)2—2剖面图

10.3.3　预制柱连接

在地震的往复作用下，预制柱受压时，底部水平接缝的剪力包括两个部分：一是构件摩擦抗剪，二是钢筋销栓抗剪。预制柱受拉时，没有摩擦抗剪这一项，同时考虑拉力的影响，钢筋销栓抗剪公式略有变化。预制柱底水平接缝的受剪承载力设计值计算公式如下：

当预制柱受压时：

$$V_{uE}=0.8N+1.65A_{sd}\sqrt{f_c f_y} \quad (10.3\text{-}5)$$

其中，$0.8N$ 表示摩擦抗剪部分，$1.65A_{sd}\sqrt{f_c f_y}$ 表示钢筋销栓抗剪部分。

当预制柱受拉时：

$$V_{uE}=1.65A_{sd}\sqrt{f_c f_y\left[1-\left(\frac{N}{A_{sd}f_y}\right)^2\right]} \quad (10.3\text{-}6)$$

式中　f_c——预制构件混凝土轴心抗压强度设计值；

f_y——垂直穿过水平结合面钢筋抗拉强度设计值；

N——与剪力设计值 V 相应的垂直于水平结合面的轴向力设计值，取绝对值进行计算；

A_{sd}——垂直穿过水平结合面所有钢筋的面积；

V_{uE}——地震设计状况下接缝受剪承载力设计值。

依据相关规范规定，预制柱的钢筋连接节点应符合下列规定：

(1)柱纵向受力钢筋采用套筒灌浆连接时，柱箍筋加密区长度不应小于纵向受力钢筋连接区域长度与500mm之和；套筒上端第一道箍筋距离套筒顶部不应大于50mm，如图10.3-8所示。

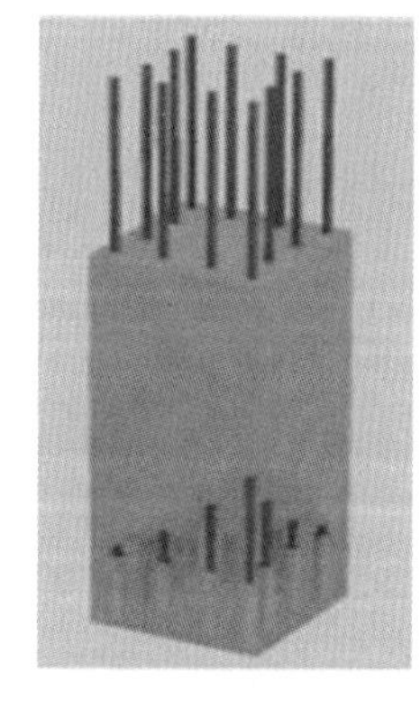

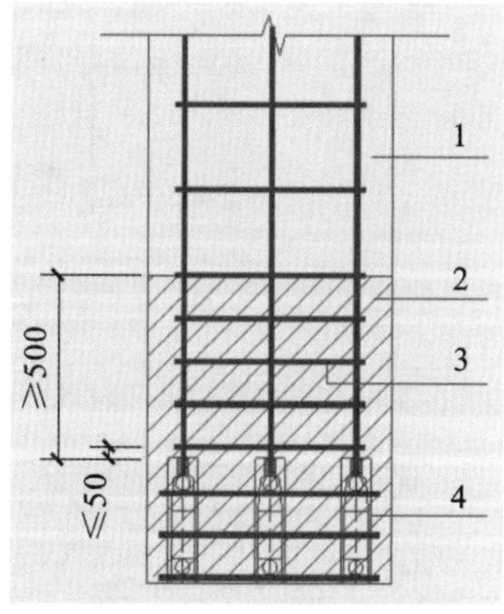

图10.3-8　预制柱底箍筋加密区构造示意图

1—预制柱；2—箍筋加密区(阴影区)；3—加密区箍筋；4—套筒灌浆连接接头

(2)当采用预制柱与叠合梁整体装配框架时，柱底接缝宜设置在楼面标高处，接缝厚度宜为20mm，用灌浆料填实；节点后浇区域上表面设置混凝土粗糙面;柱纵向受力钢筋应贯穿后浇节点区,如图 10.3-9 所示。

(3)框架结构顶层端节点处,框架柱宜伸出屋面并将柱纵向受力钢筋锚固在伸出段内,如图 10.3-10(a)所示;或者柱外侧纵向受力钢筋与梁上部纵向受力钢筋在后浇节点区搭接,如图 10.3-10(b)所示。

(4)预制柱的底部应设置键槽且宜设置粗糙面,键槽应均匀布置,键槽深度不宜小于 30mm,键槽端部斜面倾角不宜大于 30°;粗糙面的凹凸深度不应小于 6mm。

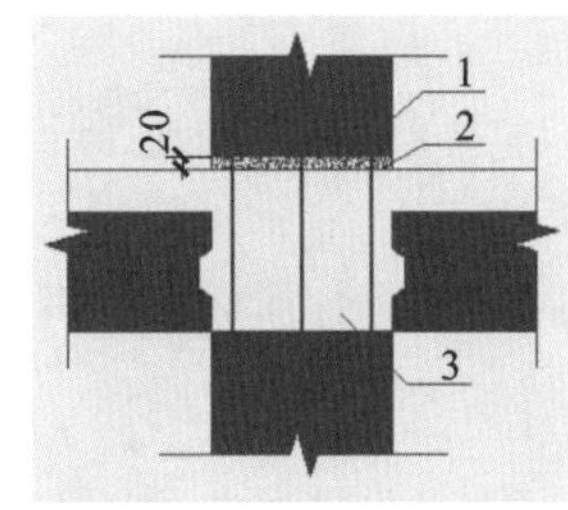

图 10.3-9 预制柱底接缝构造示意图
1—接缝灌浆层;
2—后浇节点区混凝土上表面粗糙面;3—后浇区

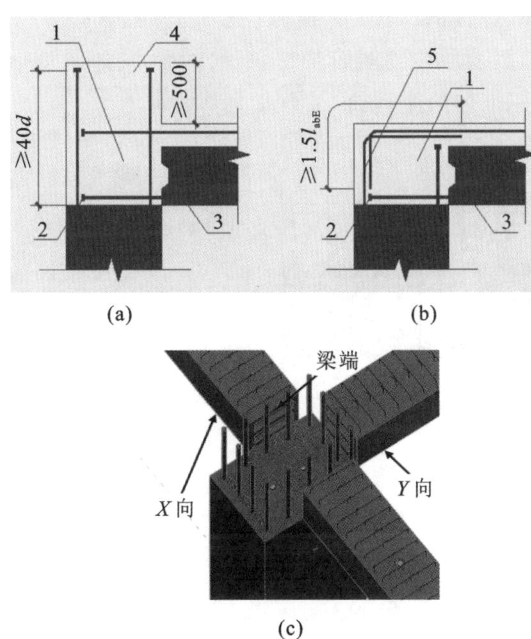

图 10.3-10 顶层预制柱与叠合梁边节点构造示意图
(a)柱向上伸长;(b)梁柱外侧钢筋搭接;(c)三维节点示意图
1—后浇区;2—纵向受力钢筋锚固;3—预制梁;
4—柱延伸段;5—梁柱外侧钢筋搭接

10.3.4 叠合梁连接

10.3.4.1 预制梁结合面设计

装配式框架结构叠合梁的连接节点主要有框架梁与节点区的连接、梁自身的连接及主次梁连接等。预制梁与后浇混凝土叠合层之间的结合面应设置粗糙面,预制梁端应设置键槽,且宜设置粗糙面,如图 10.3-11 所示。键槽的深度 t 不宜小于 30mm,宽度 w 不宜小于深度的 3 倍且不宜大于深度的 10 倍;键槽可贯通截面,当不贯通时槽口距离边缘不宜小于 50mm;键槽间距宜等于键槽宽度;键槽端部斜面倾角不宜大于 30°。粗糙面的面积不宜小于结合面的 80%,粗糙面凹凸深度不应小于 6mm。

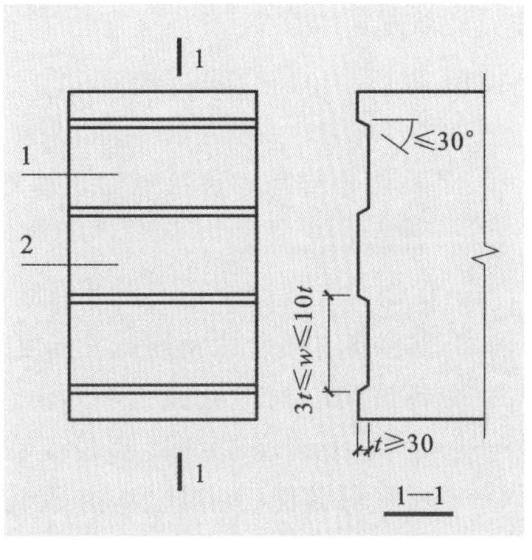

(a)

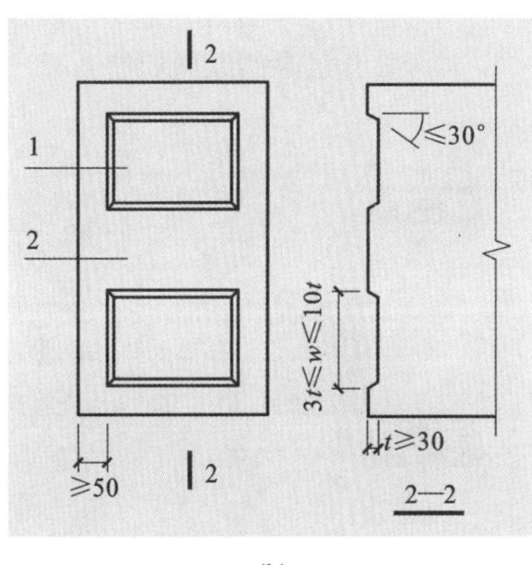

(b)

图 10.3-11 梁端键槽构造示意图
(a)键槽贯通截面;(b)键槽不贯通截面
1—键槽;2—梁端面

10.3.4.2 接缝受剪承载力计算

叠合梁端竖向接缝的受剪承载力设计值包括以下三个部分:现浇叠合层抗剪、键槽抗剪和钢筋销栓抗剪。叠合梁端竖向接缝的受剪承载力有持久受力状况和地震设计状况两种工况,地震工况要做调整,大约是持久工况的60%。叠合梁端竖向接缝的受剪承载力设计值计算公式如下:

持久设计状况:

$$V_u = 0.07 f_c A_{c1} + 0.10 f_c A_k + 1.65 A_{sd} \sqrt{f_c f_y} \tag{10.3-7}$$

其中,$0.07f_cA_{c1}$表示摩擦抗剪部分,$0.10f_cA_k$表示钢筋销栓抗剪部分,$1.65A_{sd}\sqrt{f_cf_y}$表示钢筋销栓抗剪部分。

地震设计状况:

$$V_{uE} = 0.04 f_c A_{c1} + 0.06 f_c A_k + 1.65 A_{sd} \sqrt{f_c f_y} \tag{10.3-8}$$

式中 A_{c1}——叠合梁端截面后浇混凝土叠合层截面面积;

f_c——预制构件混凝土轴心抗压强度设计值;

f_y——垂直穿过结合面钢筋抗拉强度设计值;

A_k——各键槽的根部截面面积(图10.3-12)之和,按后浇键槽根部截面和预制键槽根部截面分别计算,并取二者的较小值;

A_{sd}——垂直穿过结合面所有钢筋的面积,包括叠合层内的纵向钢筋。

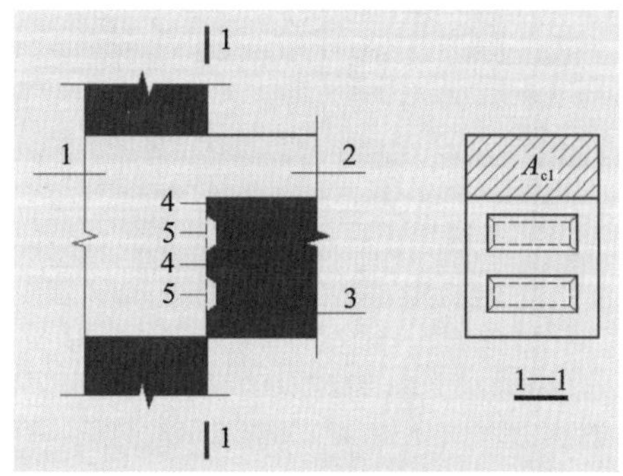

图10.3-12 叠合梁端受剪承载力计算参数示意图

1—后浇节点区;2—后浇混凝土叠合层;3—预制梁;4—预制键槽根部截面;5—后浇键槽根部截面

叠合梁水平叠合面的受剪承载力验算公式如下:

$$V_h \leqslant c f_t A_{ch} + A_{sd} f_{yd} (\mu \sin\alpha + \cos\alpha) < 0.25 f_c A_{ch} \tag{10.3-9}$$

式中 V_h——每个剪跨区段内,叠合面上的纵向剪力,$V_h=A_cf_c$;

A_c——叠合面以上混凝土受压面积;

f_c——混凝土轴心抗压强度设计值;

f_t——混凝土轴心抗拉强度设计值;

A_{ch}——各剪跨区段内的水平叠合面面积;

A_{sd}——各剪跨区段内,穿过叠合面的抗剪钢筋截面面积,箍筋可计入抗剪钢筋;

f_{yd}——抗剪钢筋抗拉强度设计值,且不大于360N/mm²;

α——抗剪钢筋与水平叠合面的夹角,$0°\leqslant\alpha\leqslant90°$;

c,μ——与水平叠合面粗糙度相关的系数,对于符合要求的叠合面,$c=0.45$,$\mu=0.7$。

10.3.4.3 叠合梁接缝处构造做法

(1)叠合梁自身可采用对接连接方式,连接处设置后浇带,接缝宜设置在受力较小处,后浇带内可采用搭接方式、灌浆套筒连接、机械连接或焊接,如图10.3-13所示,后浇段内箍筋应加密,箍筋间距不大于$5d$,d为连接纵筋的最小直径,且不大于100mm。

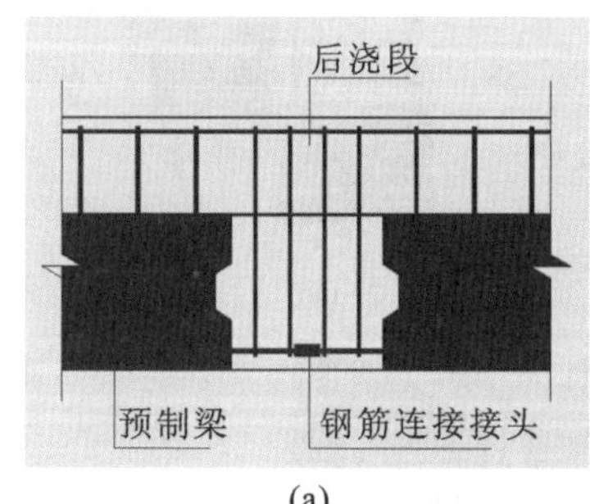

图10.3-13 叠合梁对接连接节点

(a)平面示意图;(b)三维构件示意图

(2)主梁与次梁的连接如图10.3-14所示。在端部节点处,次梁下部纵筋深入主梁后浇段内的长度不应小于$12d$。次梁上部纵向钢筋应在主梁后浇段内锚固,当充分利用钢筋强度时,锚固直段长度不应小于$0.6l_{ab}$;当按铰接设计时,锚固直段长度不应小于$0.35l_{ab}$,弯折锚固的弯折后直段长度不小于$12d$。在中间节点处,两侧次梁的下部纵筋伸入主梁后浇段内

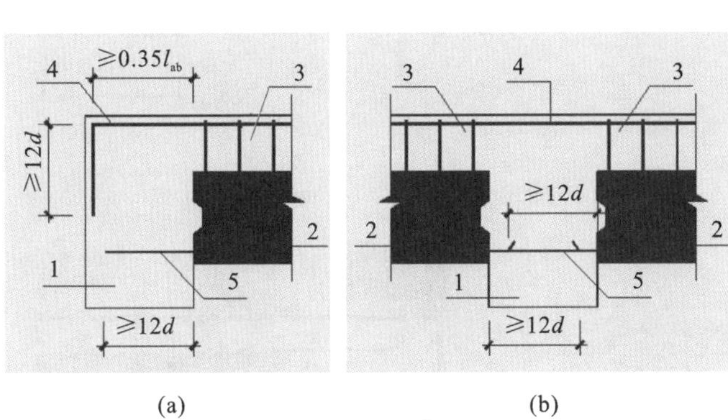

(a)　　(b)

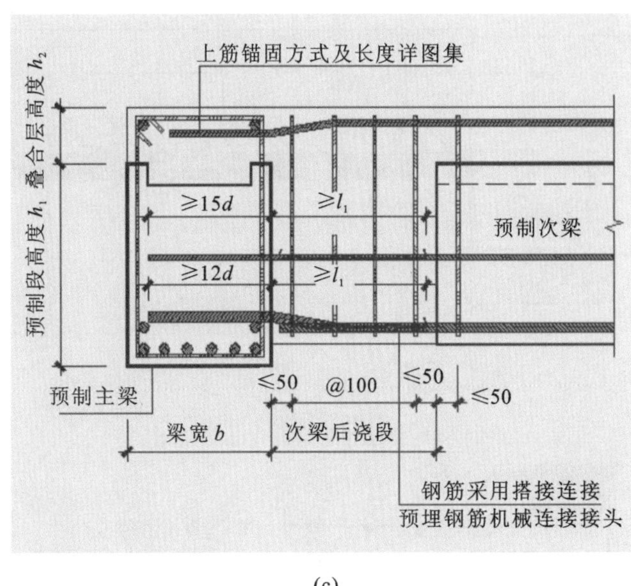

(c)

图 10.3-14　主、次梁连接节点

(a)端部连接节点；(b)中间部位连接节点；(c)主、次梁边节点连接构造详图(次梁端设置后浇带)

1—主梁后浇段；2—次梁；3—后浇混凝土叠合层；4—次梁上部纵向钢筋；5—次梁下部纵向钢筋

的长度不应小于 12d，d 为纵向钢筋直径；次梁上部纵向钢筋应在现浇层内贯通。

(3)需要注意的是，若两侧的梁等高，梁端预留钢筋在节点处就会相遇，节点内就会出现钢筋弯曲的情况；如果钢筋是多层排布的，就会造成等高的梁内钢筋交叉严重，钢筋弯折幅度很大，所以首选节点设计是两边梁不等高的情况，便于梁内钢筋避让。

10.3.5　叠合板连接

(1)单向叠合板的分离式接缝处宜配置垂直于板缝的附加钢筋，附加钢筋截面面积不宜小于预制板中该方向钢筋面积，钢筋直径不宜小于 6mm，间距不宜大于 250mm，伸入两侧后浇混凝土叠合层的锚固长度不应小于 15d，d 为附加钢筋直径，如图 10.3-15 所示。

支座处，预制板内纵向受力钢筋宜从板端伸出并锚入支撑梁或墙的后浇混凝土中，锚固长度不应小于 5d，d 为纵向受力钢筋直径，且宜伸过支座中心线；当板底筋不伸入支座时，宜在预制板与支座搭接处的后浇混凝土叠合层中设置附加钢筋，附加钢筋截面面积不宜小于预制板中同方向钢筋面积，间距不宜大于 600mm，伸入后浇混凝土叠合层部分的长度和伸入支座的锚固长度均不应小于 15d，d 为附加钢筋直径。

(2)双向叠合板的整体式接缝常用的有搭接连接整体式拼缝和弯折锚固整体式拼缝，可采用后浇带形式，后浇带宽度不小于 200mm，预制板板底预留钢筋可在后浇带处搭接、锚固、焊接。

搭接连接整体式拼缝叠合板接缝处预制板侧伸出的纵向受力钢筋在后浇混凝土叠合层中的搭接长度应为 l_a，钢筋弯折角度应为 135°，接缝处顺缝板底纵筋应与预制板中配筋相同。拼缝及连接节点构造做法如图 10.3-16 所示。

预制板板底筋在后浇带处弯折锚固整体式拼缝的构造做法如图 10.3-17 所示，叠合板厚度不应小于 10d，d 为弯折钢筋直径的较大值，且不小于 120mm；接缝处预留板底筋应在后浇混凝土叠合层内锚固，预留钢筋在接缝处重叠长度不应小于 10d，钢筋弯折角度不应大于 30°，弯折处沿接缝方向配置不少于 2 根的通长构造钢筋，且构造钢筋直径不小于该方向预制板板底筋直径。

表 10.3-2 为叠合板拼缝形式的相关比较，预制板与后浇混凝土叠合层之间的结合面应设置粗糙面，粗糙面的面积不宜小于结合面的 80%，粗糙面凹凸深度不应小于 4mm。

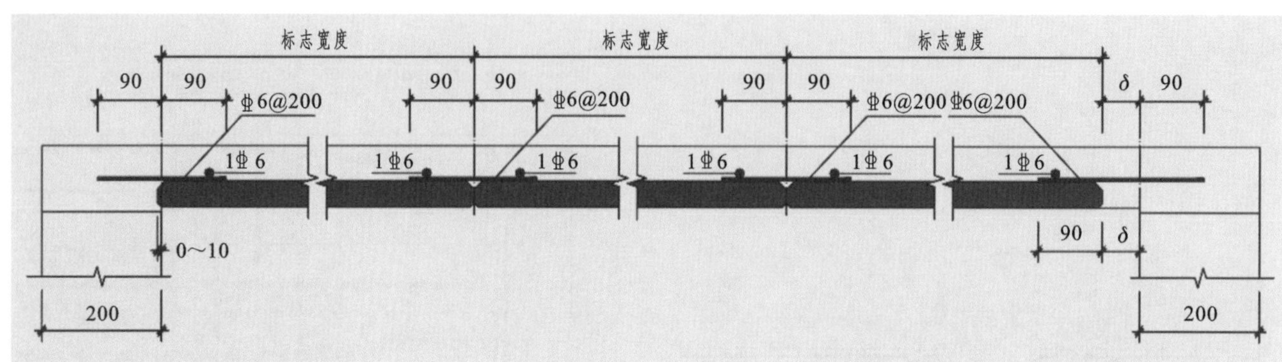

(a)

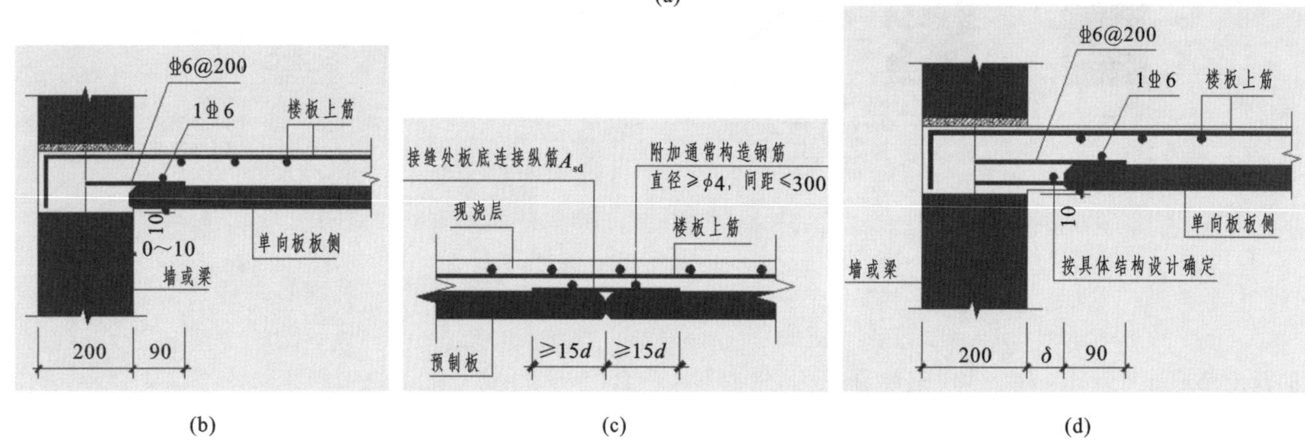

(b)　(c)　(d)

图 10.3-15　单向叠合板拼缝及连接节点示意图

(a)单向叠合板拼缝；(b)侧支座构造一；(c)单向叠合板拼缝构造；(d)侧支座构造二

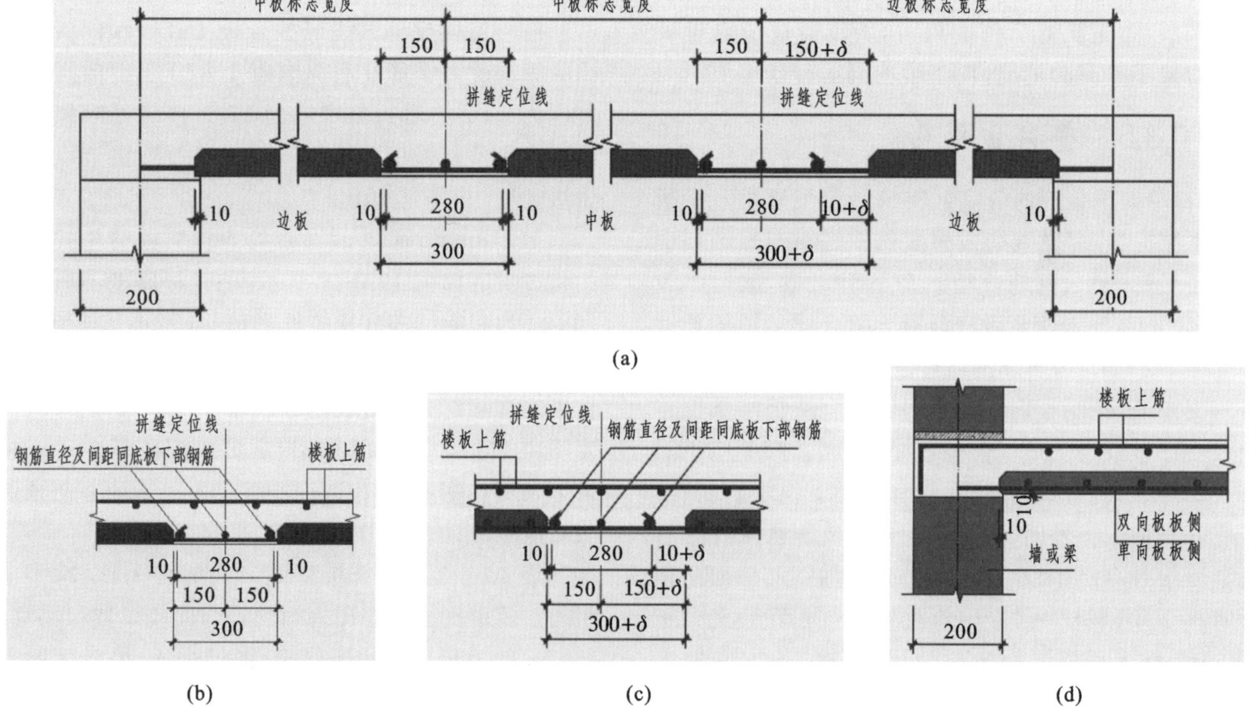

(a)

(b)　(c)　(d)

图 10.3-16　双向叠合板拼缝及连接节点示意图

(a)双向叠合板拼缝；(b)双向叠合板拼缝构造一；(c)双向叠合板拼缝构造二；(d)侧支座构造

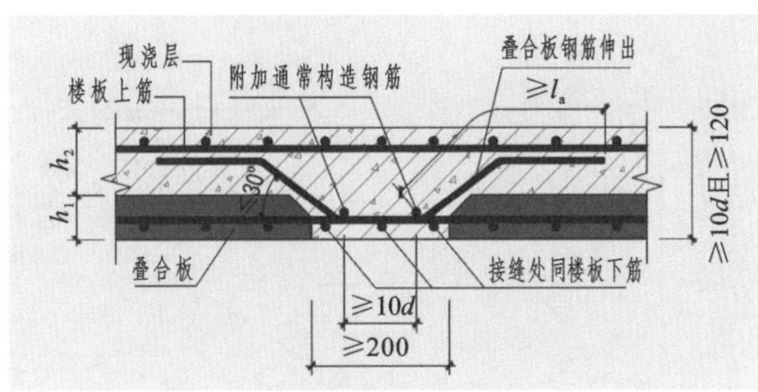

图 10.3-17 双向叠合板弯折锚固接缝构造示意图

表 10.3-2 **叠合板拼缝形式比较**

拼缝形式	分离式拼缝	整体式拼缝	
		搭接连接	弯折锚固
适用范围	单向板	双向板	双向板
构造形式	附加钢筋	无	通常构造钢筋
现浇长度	无	≥300mm	≥200mm
模板支设	无	有	有
预制率	高	最低	低
施工效率	最高	高	低

10.3.6 楼梯

预制楼梯是最能体现装配式优势的预制构件，在工厂预制楼梯远比现浇方便，安装后马上就可以使用，给工地施工带来了很大的便利，提高了施工安全性。预制楼梯有不带平台板的直板式楼梯（即板式楼梯）和带平台板的折板式楼梯。

预制楼梯在工厂制作完成后，运输到现场安装后便可使用。在装配式建筑中，楼梯与主体结构的连接有三种方式：一端固定铰节点、另一端滑动铰节点的简支方式，一端固定支座、另一端滑动支座的方式，两端都是固定支座的方式。设计时宜采用一端固定铰节点、另一端滑动铰节点的简支连接，或者一端固定支座、另一端滑动支座的连接方式。需要注意以下几点：

(1)预制楼梯与现浇比，楼梯梁会向后移一个踏步宽左右，一般楼梯梁后移 300mm，因此在楼梯间会出现楼梯梁在门口上方，建筑需注意美观影响；

(2)休息平台板可做成 60mm＋60mm 的叠合板，休息平台板一般只有一个照明线管，60mm 厚度现浇面层可以满足要求；

(3)楼梯板栏杆一般采用隔一个踏步或者隔两个踏步预留栏杆插孔；

(4)楼梯板搭接在梯梁上至少 100mm，预留缝隙 20mm。

相关规范中对于预制楼梯的要求如下：

(1)简支连接的预制楼梯宜一端设置固定铰，另一端设置滑动铰，其转动及滑动变形能力应满足结构层间唯一的要求，且预制楼梯端部在支撑构件上的最小搁置长度应符合表 10.3-3 的规定。

(2)预制楼梯设置滑动铰的端部应采取防止滑落的构造措施。

(3)对于简支连接的梯段板，板底应配置通长纵向钢筋，板面宜配置通长纵向钢筋；当梯段两端均是固定节点不能滑动时，板面应配置通长钢筋。

预制楼梯一般做成清水混凝土表面，没有抹灰层，防滑槽等构造措施需在预制生产时一并做出。图 10.3-18～图 10.3-22 为预制楼梯的制作、安装节点示意图。

表 10.3-3 **预制楼梯端部在支撑构件上的最小搁置长度**

抗震设防烈度	6 度	7 度	8 度
最小搁置长度/mm	75	75	100

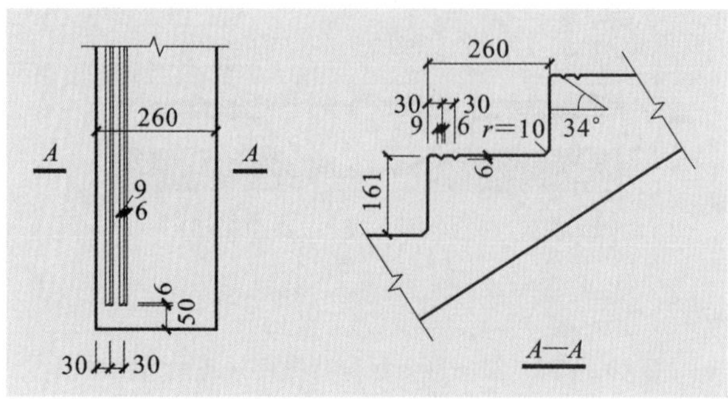

图 10.3-18 防滑槽加工做法示意图

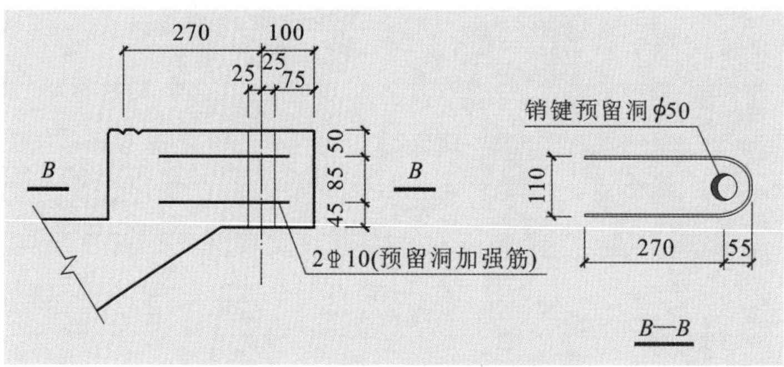

图 10.3-19 上端销件预留洞加强筋做法

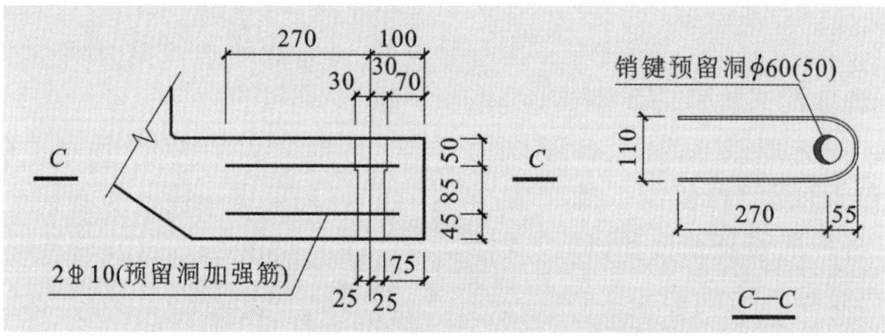

图 10.3-20 下端销件预留洞加强筋做法

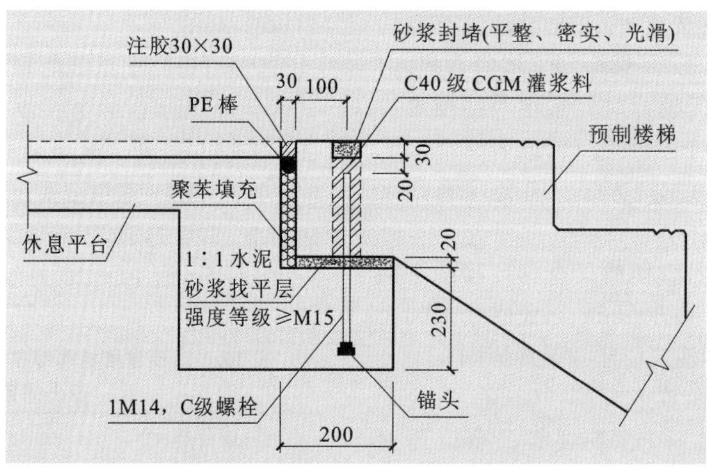

图 10.3-21 固定铰端安装节点大样

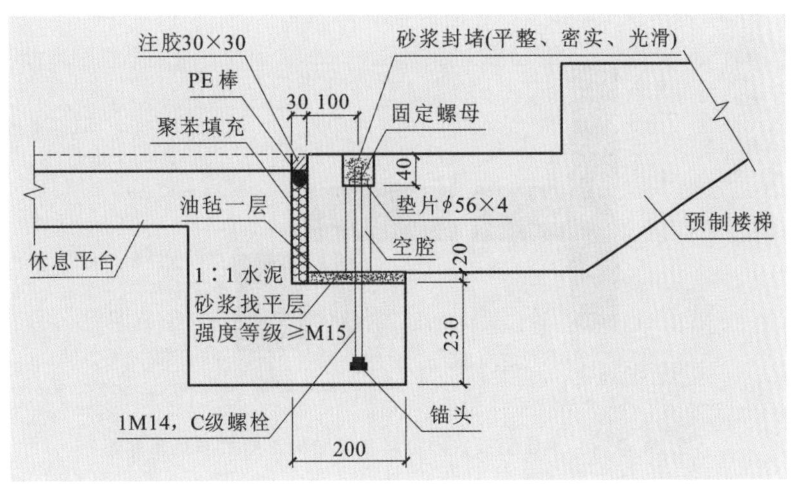

图 10.3-22 滑动铰端安装节点大样

10.3.7 阳台板、空调板、女儿墙

10.3.7.1 阳台板

阳台板有叠合式和全预制式两种形式，全预制式又可分为全预制板式阳台和全预制梁式阳台。《装配式混凝土结构技术规程》(JGJ 1—2014)中要求阳台板、空调板宜采用预制构件或叠合构件，预制构件应与主体结构可靠连接；叠合构件的负弯矩钢筋应在相邻叠合板的后浇混凝土中以可靠的连接方式锚固；叠合构件板底为构造配筋时，板端支座处，纵向受力钢筋宜从板端伸出并锚入支座的后浇混凝土中，锚固长度不小于5d(d为纵向受力钢筋直径)，且宜超过支座中心线；当板底为计算配筋时，钢筋应满足受拉钢筋的锚固要求。图10.3-23～图10.3-25为预制阳台板与主体结构连接的节点示意图。

10.3.7.2 空调板

空调板与阳台板都属于悬挑式构件，图10.3-26为预制空调板与主体结构连接节点构造做法示意图。

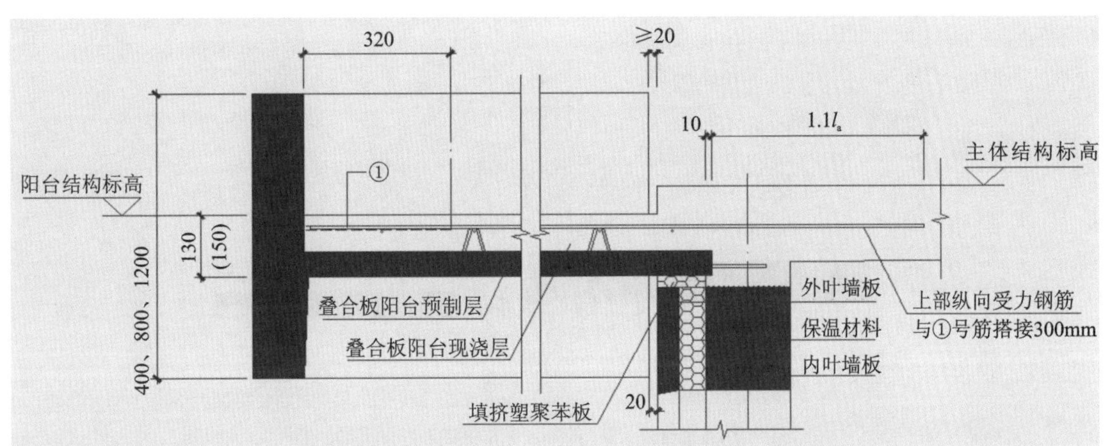

图 10.3-23 叠合板式阳台与主体结构连接的节点示意图

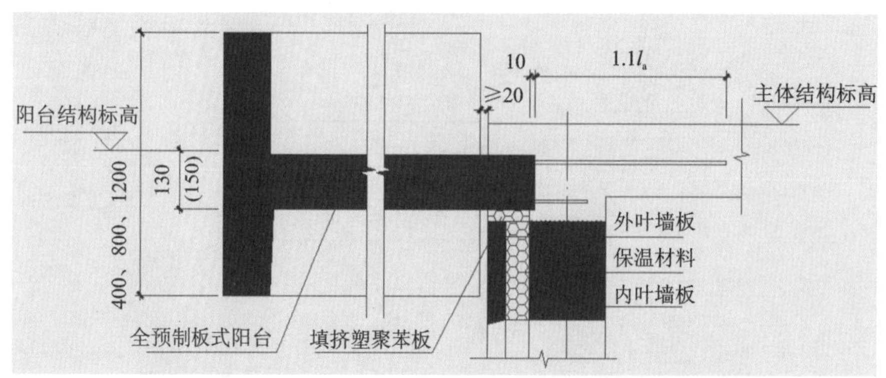

图 10.3-24　全预制板式阳台与主体结构连接的节点示意图

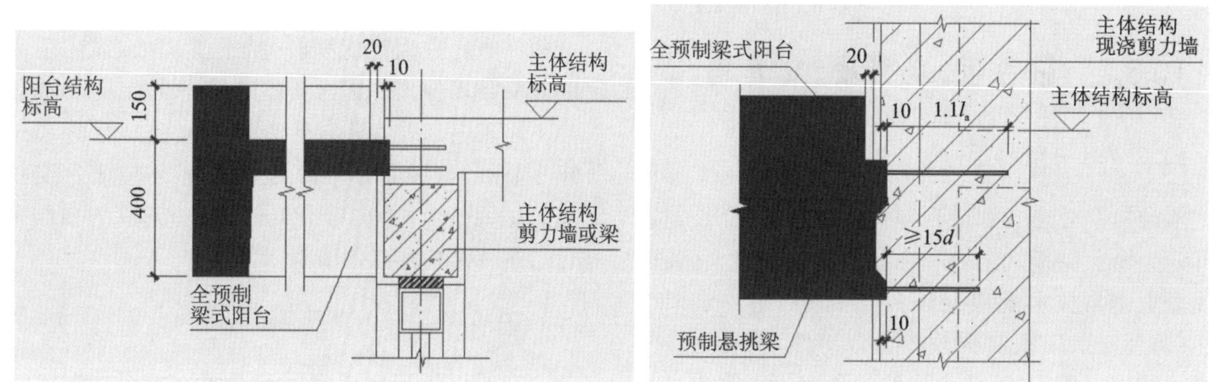

图 10.3-25　全预制梁式阳台与主体结构连接的节点示意图

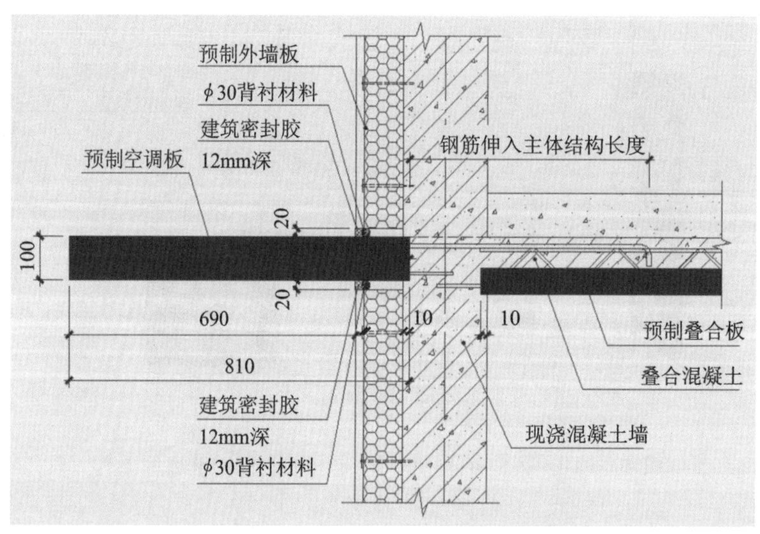

图 10.3-26　预制空调板与主体结构连接节点构造做法示意图

10.3.7.3 女儿墙

女儿墙是安装在混凝土结构屋顶的构件。预制女儿墙类型包括预制夹心保温式和外挂墙板式。《装配式混凝土结构技术规程》(JGJ 1—2014)规定：女儿墙板内侧在要求的泛水高度处应设置凹槽、挑檐或其他泛水收头等构造。预制女儿墙设计高度从屋顶结构标高算起，到女儿墙压顶的顶面为止，其设计高度＝女儿墙墙体高度＋女儿墙压顶高度＋接缝高度。

图 10.3-27 和图 10.3-28 分别为预制承重夹心女儿墙和外挂墙板女儿墙的构造做法示意图，女儿墙压顶与墙身可做成分离式，也可做成一体化的倒 L 形。预制女儿墙墙身的连接与剪力墙相同，与屋面现浇带连接部分用套筒连接或浆锚搭接连接，垂直缝部位后浇混凝土连接。

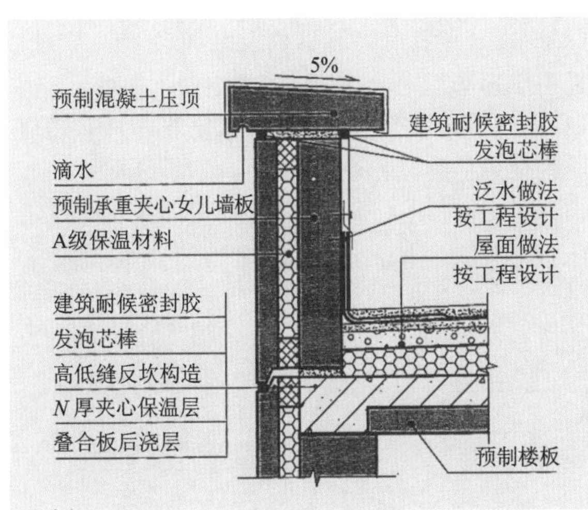

图 10.3-27 预制承重夹心女儿墙构造做法示意图

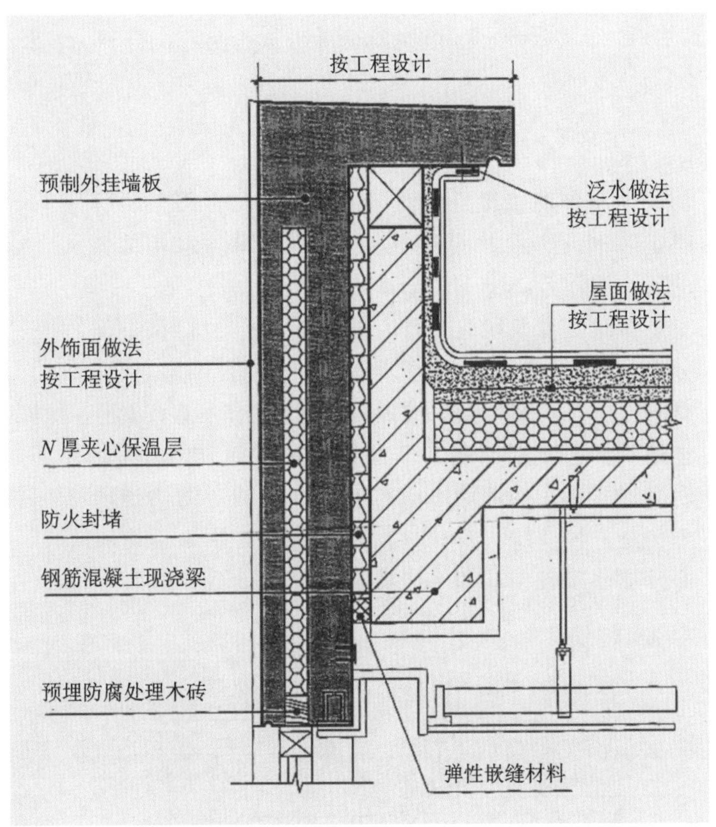

图 10.3-28 外挂墙板女儿墙构造做法示意图

10.3.8 外围护结构节点设计

连接件，是用于连接预制混凝土夹心保温墙体内、外层混凝土墙板与中间保温层的关键构件，主要作用是抵抗混凝土墙板之间的层间剪力，承担外叶墙板自重等竖向荷载，承担地震荷载、风荷载等水平荷载，承担脱模起吊时的作用力，使内、外层墙板形成整体，拉结件应该有足够的承载力，确保外叶墙板不会掉落。常用预制混凝土夹心保温连接件按材料的不同可分为普通钢筋连接件、金属合金连接件和纤维复合材料连接件。图 10.3-29 为夹心保温外墙板连接件。

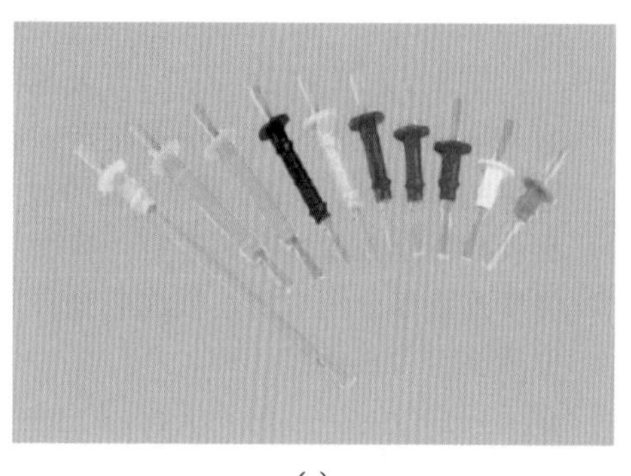

(a)

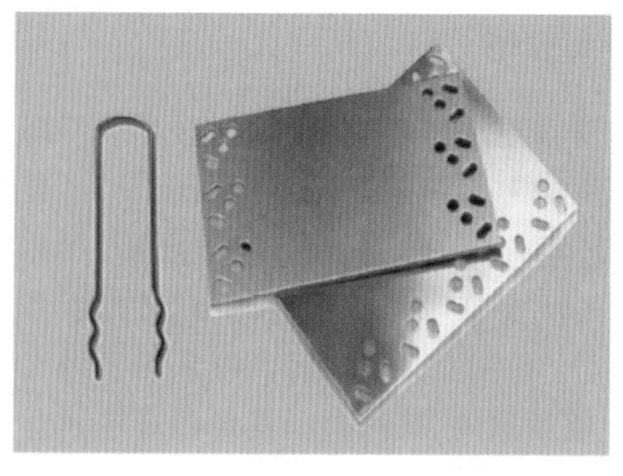

(b)

图 10.3-29　夹心保温外墙板连接件

(a)FRP保温连接件；(b)金属保温连接件

10.3.8.1　建筑墙板接缝设计

预制外墙接缝处应根据工程特点和自然条件等确定防水设防要求，选择构造防水、材料防水相结合的防排水设计。

接缝宽度及接缝材料应根据外墙板的材料、立面分格、结构层间位移、温度变形等因素综合确定，接缝材料应满足防水、防渗、抗裂、耐久等要求。垂直缝宜选用结构防水与材料防水相结合的两道防水构造。水平缝宜选用构造防水与材料防水相结合的两道防水构造。图 10.3-30、图 10.3-31 分别为预制承重夹心外墙板接缝构造和外挂墙板接缝构造。

10.3.8.2　结构计算要求

外墙板与主体结构的连接还需满足以下结构要求：

(1)连接节点在保证主体结构整体受力的前提下，应受力明确、传力简洁、构造合理；

(2)连接节点具有足够承载能力，单个节点失效，外墙板不应掉落；

(3)建议采用柔性连接方式，连接节点具有适应主体结构变形的能力；

(4)连接件的耐久性满足使用年限要求；

(5)应便于工厂的生产和现场的安装就位和调整。

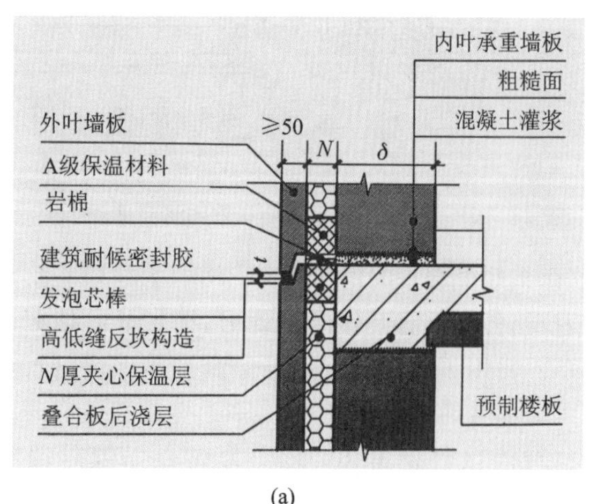

(a)

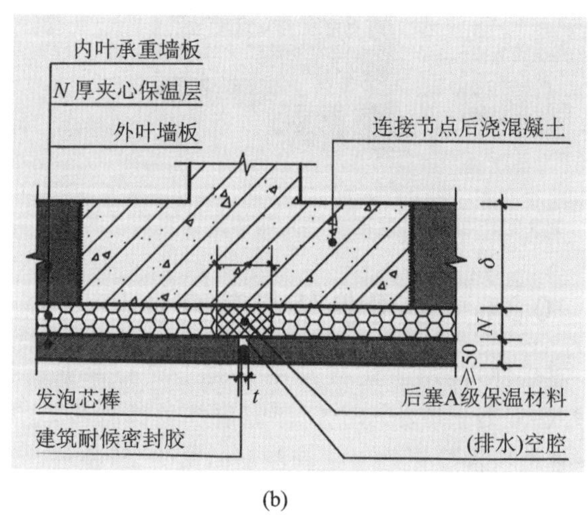

(b)

图 10.3-30　预制承重夹心外墙板接缝构造

(a)预制承重夹心外墙板水平缝构造；(b)预制承重夹心外墙板垂直缝构造

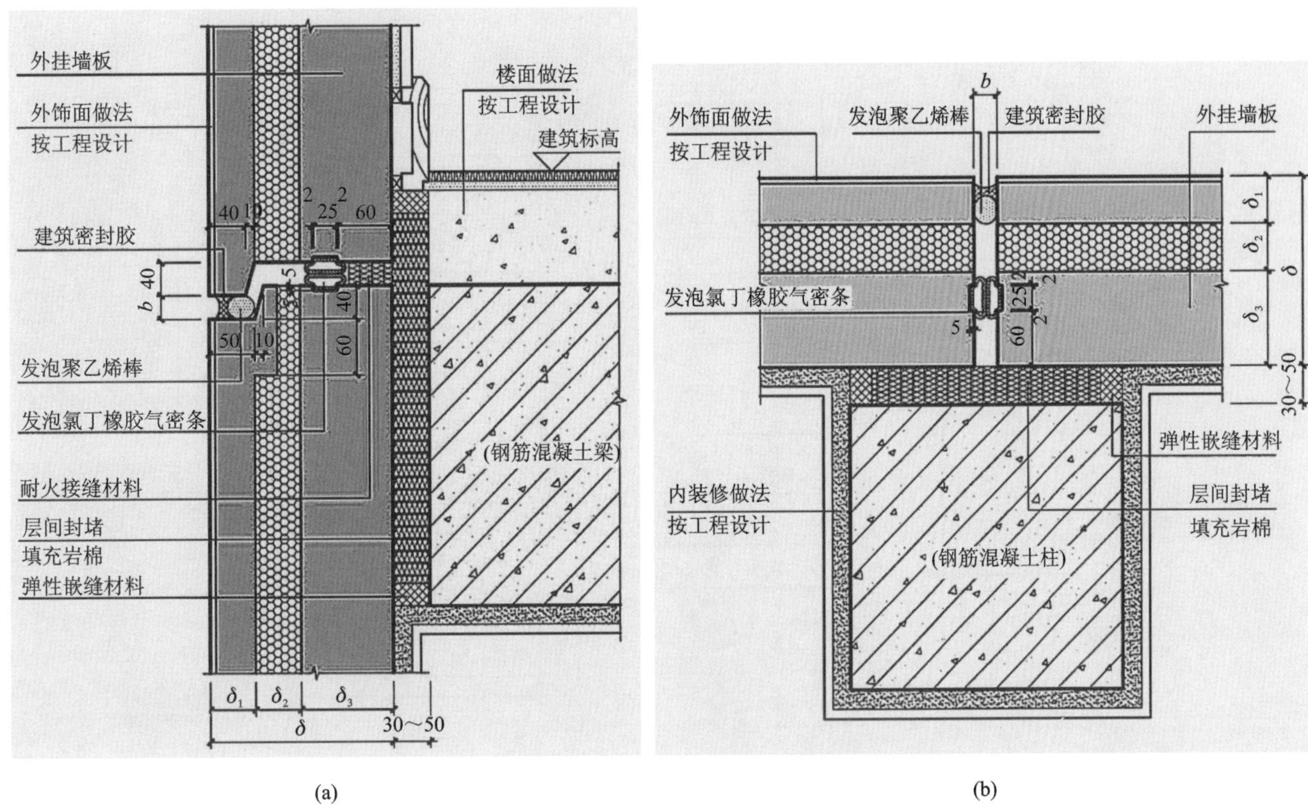

图 10.3-31 外挂墙板接缝构造

(a)外挂墙板水平缝纵剖面构造；(b)外挂墙板垂直缝横剖面构造

10.4 装配式建筑发展研究

10.4.1 相关软件应用

10.4.1.1 PKPM-PC 结构设计

装配整体式剪力墙结构中，预制构件包括预制墙板、叠合梁、叠合板、预制楼梯、预制阳台等。应用 PKPM-PC 进行装配式结构设计的流程如图 10.4-1 所示。

PKPM 建立好的模型可直接导入 PKPM-PC 中，进行装配式结构设计，极大程度地减少了设计者对模型创建及转化过程的处理。目前 PKPM-PC 程序中对于预制构件类型的指定支持叠合板、叠合梁、外挂墙板、预制柱、预制内外墙、洞口填充墙、阳台板、空调板等多种类型，还可补充交互布置，例如预制板指定时，应尽量选择标准化程度较高的板型，避免不规则板，避开设备管线复杂部位，图 10.4-2 为楼层预制属性指定。对于异形构件，如带有转角窗的预制阳台等，PKPM-PC 程序还支持用户以自定义构件的方式完成预制构件的创建，插入模型中完成整体统计。

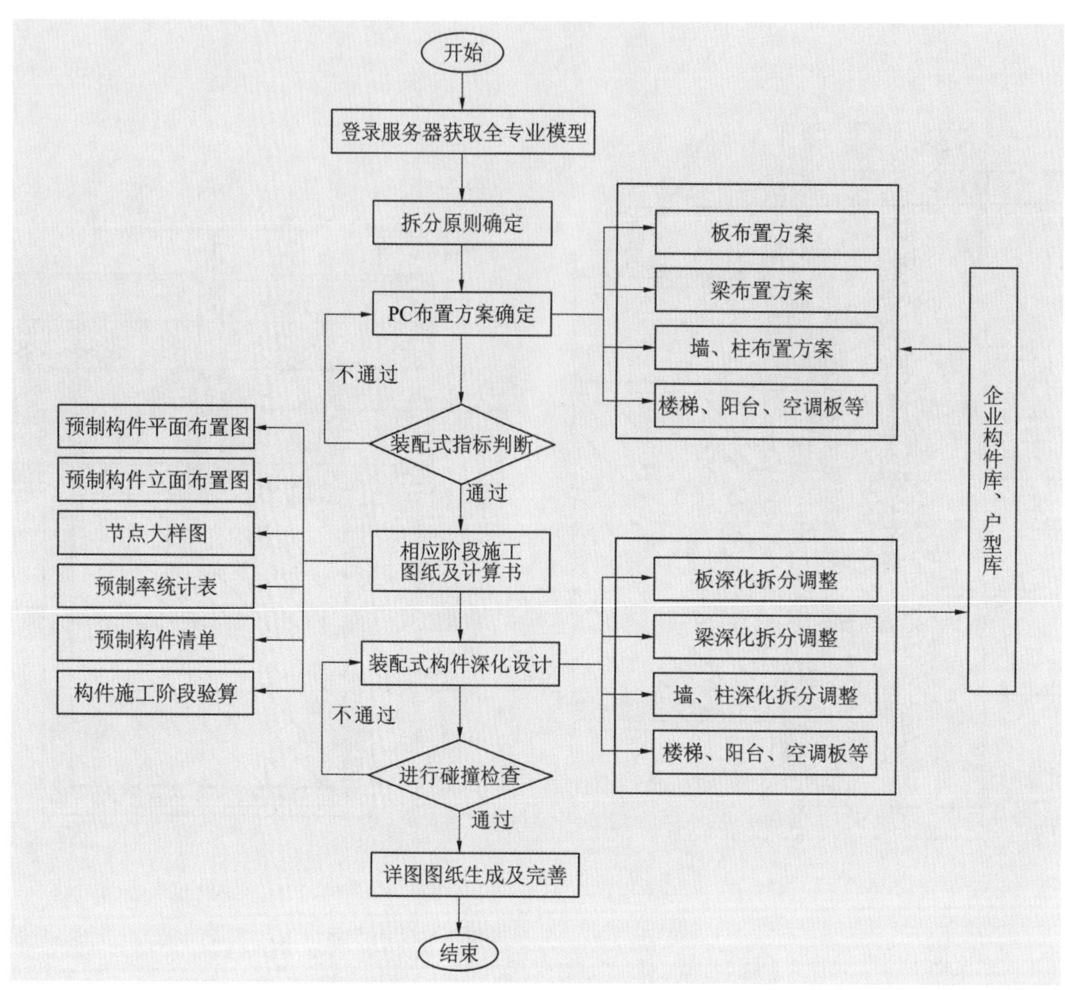

图 10.4-1　装配式结构设计流程示意图

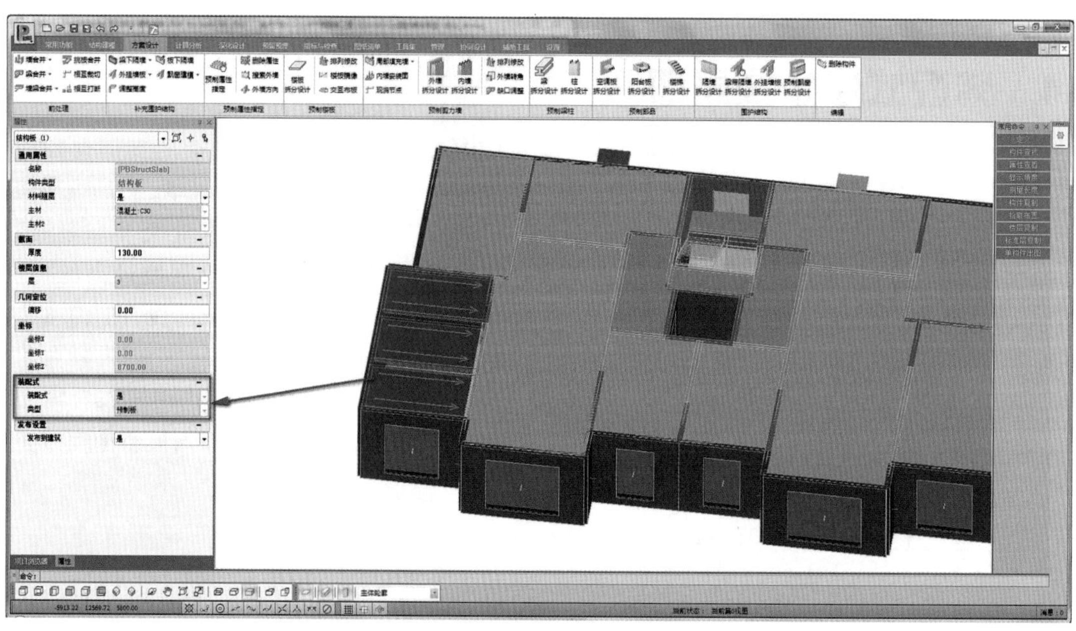

图 10.4-2　楼层预制属性指定

指定预制构件后，可以对模型中的构件作预拆分处理，拆分时要根据实际方案对拆分参数进行相应调整。

例如，在叠合板拆分时，应尽量使拆分板块一致，并且避免板拼缝位置在弯矩较大处预留。在软件中，叠合板的拆分方式有模数化和等分两种。模数化是根据板排布参数，确定拆分模数，程序会根据该模数值进行排布。等分方式分为“等分数”和“限值等宽”。“等分数”根据输入的等分数量，把板均分成叠合板，当为双向板时，会通过控制板间距使得板类型最少；“限值等宽”根据板的宽度限值，确定拆分宽度，取最少等宽度板。图 10.4-3 为楼板拆分及参数控制示例。

经过对模型进行初步的预拆分，在方案阶段可以通过“预制指定—指标统计—预制率”对某些自然层或全楼模型进行预制率的粗略统计。

在对结构模型进行补充完善和预制构件指定拆分后，可返回 PKPM 设计软件进行相关计算分析。计算完成后，可以在 PKPM 结构设计软件中查看计算结果，包括模型简图、分析结果、设计结果、文本结果等相关内容。此外，PKPM 结构设计软件在计算分析过程中，可以分别实现预制梁端竖向接缝受剪承载力和预制柱底、预制墙体水平接缝受剪承载力的计算，在后处理结果中的配筋简图以及单构件信息查询中可以查看受剪承载力的计算结果，根据规范要求计算的接缝处配筋值，会以“PC”样式显示在预制构件基本配筋信息的下方。

经过计算分析及调整，模型满足规范指标及配筋的要求后，现浇部分的图纸可以在 PKPM 结构设计软件中生成，预制部分的平面布置图及构件详图可在 PKPM-PC 程序中生成。图 10.4-4 为预制构件平面布置图。

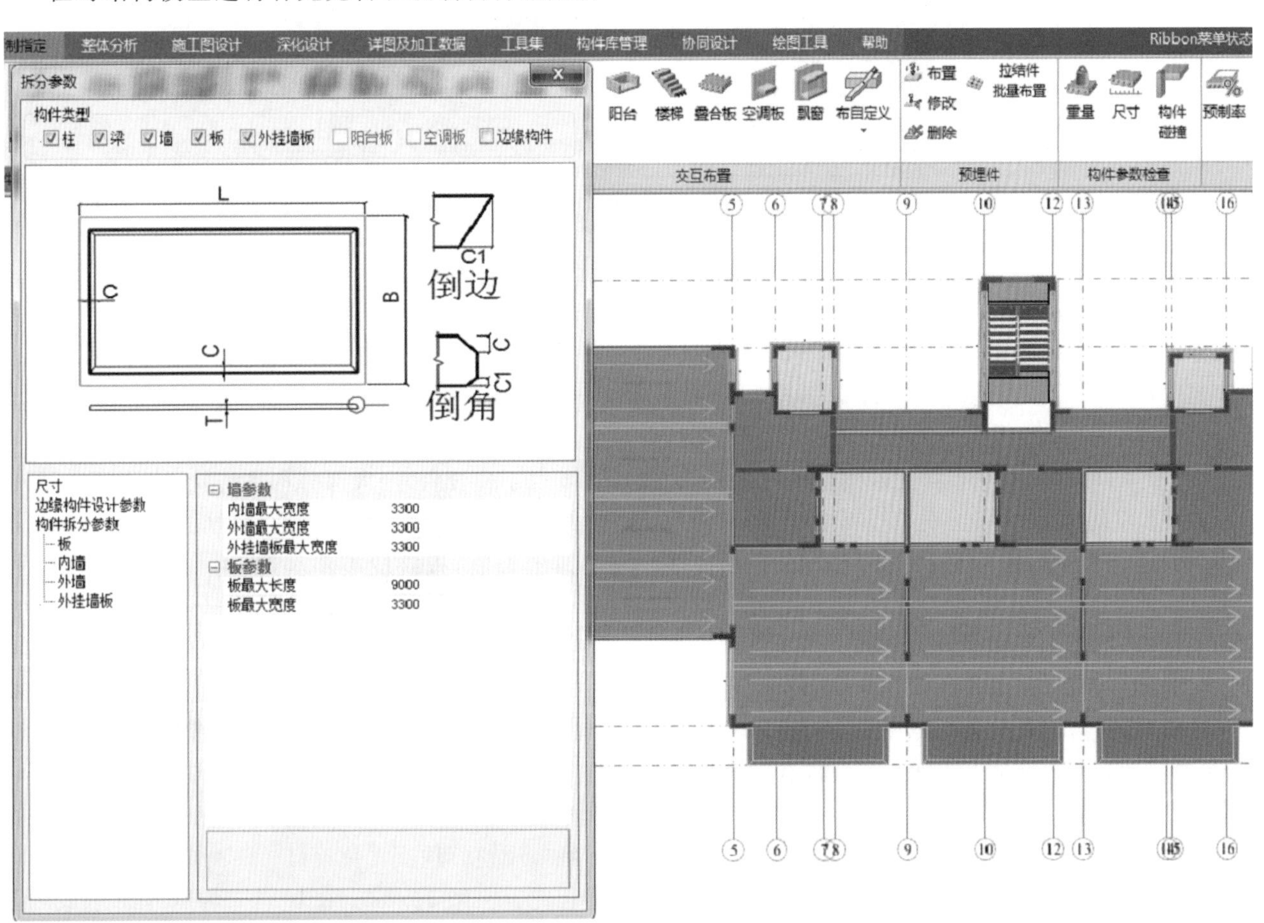

图 10.4-3　楼板拆分及参数控制示例

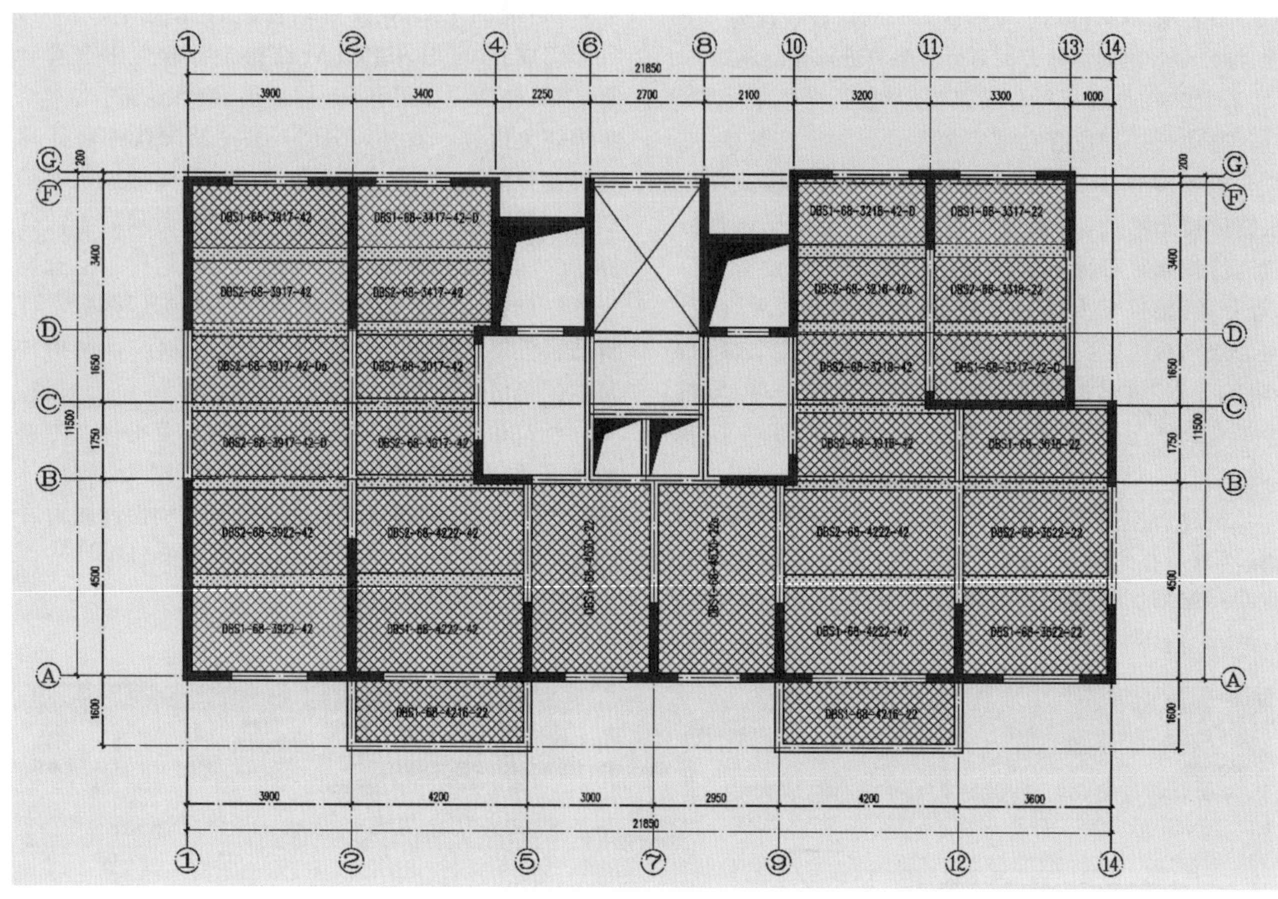

图 10.4-4　预制构件平面布置图示例

装配式建筑设计完成后，需要对预制构件进行图纸深化，以满足构件加工生产需要。PKPM-PC 程序可以实现深化阶段预制构件的三维钢筋显示。对于装配式建筑中的一些非主要预制构件，如楼梯、阳台板、空调板等，可通过交互布置完成构件的深化设计。

在装配式建筑现场施工安装过程中，预制构件之间的钢筋碰撞会带来严重的后果，导致构件无法准确安装。PKPM-PC 深化程序可在模型中提前检查钢筋碰撞位置，自动生成碰撞检查结果。点击碰撞检查结果中的相应条目，可以快速定位到模型中发生钢筋碰撞的具体位置，工程师可根据碰撞情况采取相应措施，在深化设计阶段提前处理相应问题，有效解决后续施工安装过程中的潜在隐患。

完成装配式建筑模型的深化设计后，可以在 PKPM-PC 程序中生成全部预制构件的详图。点击“详图及加工数据”选项卡中的“图纸生成”，勾选需要生成的构件详图，图纸会自动完成施工图的绘制。

对于叠合板，当大部分构件需要修改搭接到周边梁或墙上长度、钢筋伸出长度、板接缝长度、双向板钢筋伸出长度、板接缝类型等时，可在“深化设计—拆分—板参数”中进行修改，参数设置完毕后，再进行拆分，形成相应拆分板块。在查看构件时，可通过“基本—装配单元显示精度”修改钢筋显示情况。当选择“精细显示”时，可显示混凝土块及钢筋的实际粗细；当选择“钢筋精细”时，可只显示钢筋，混凝土块以线框模式显示。最后拆分完成后，如果需要对某些板进行细节调整，可在“深化设计—装配单元参数修改”中进行完善。图 10.4-5、图 10.4-6 为软件所生成的叠合楼板、“三明治”外墙构件详图。

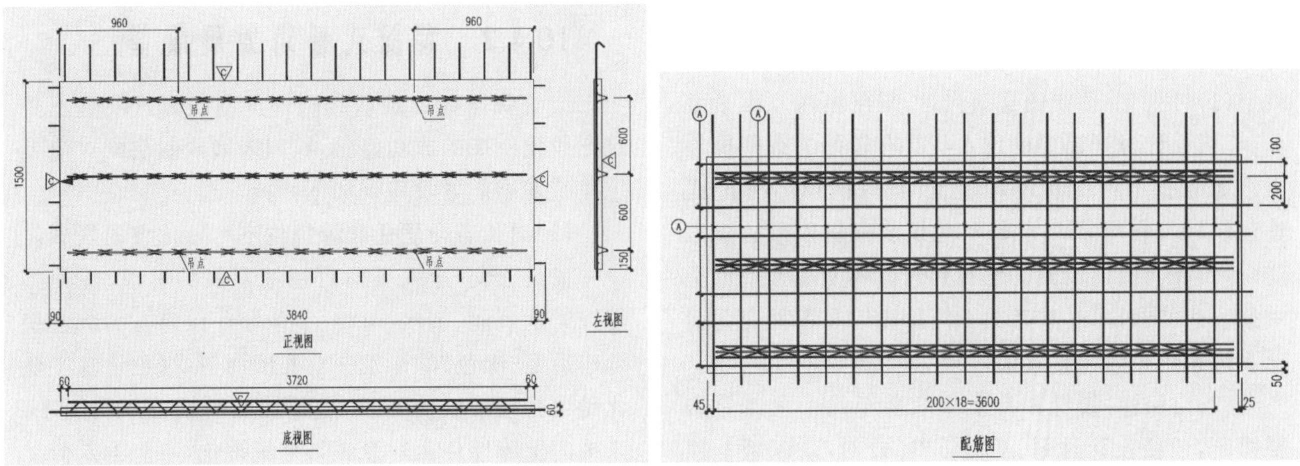

图 10.4-5 叠合楼板构件详图

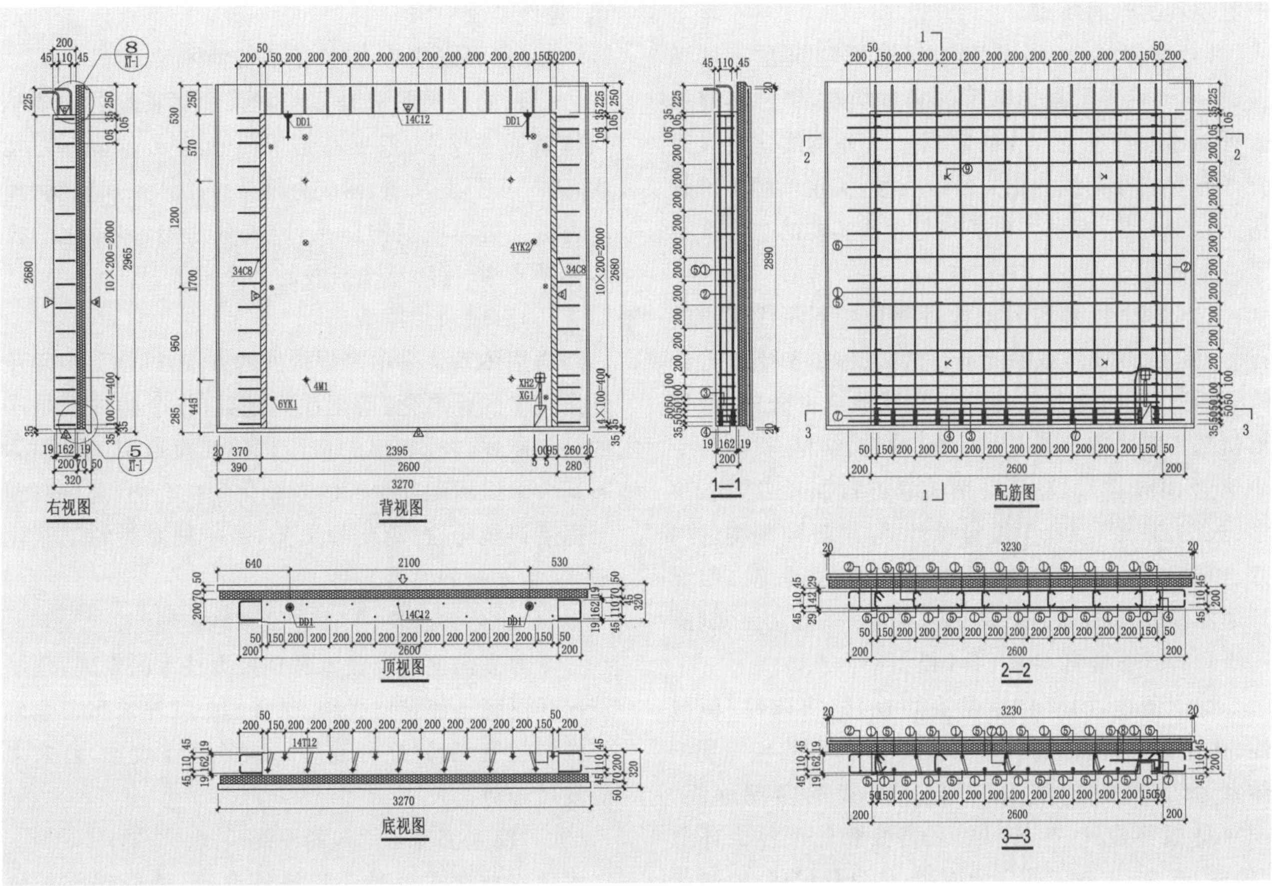

图 10.4-6 “三明治”外墙构件详图

10.4.1.2 BIM体系在装配式建筑设计中的应用

如前章所述，BIM体系具有以下特点：

(1)可视化：传统的建筑设计，只限制在二维平面上，建筑设计过程需要设计人员具有较好的空间想象力。BIM技术可以实现对建筑的三维设计，装配式建筑设计人利用BIM软件对建筑装配构件进行模拟建模，设计人员可以真实地看到构件模型在虚拟现实中的表达，同时可在项目的不同阶段以及各种变化情况下快速产生可视化效果。

(2)协调性：设计中有上十个甚至几十个专业需要协调，包括设计计划、互提资料、校对审核、版本控制等，实现各专业内部、专业与专业间信息共享，在设计过程中为设计人员、施工人员及业主经营者建立一个更便利的沟通桥梁。

(3)模拟性：BIM技术能够模拟建筑在不同条件、不同环境等因素影响下的具体状态，组件本身具有可描述其特色及行为的数据。BIM精细化设计充分考虑管线及其他的相关预留预埋，实现预制构件现场无差错安装，模型的精度和与设计实物的吻合度有了一定提高。

(4)优化性：装配式设计过程是在不断优化中进行的，使用BIM体系除能进行造型、体量和空间分析外，还可以同时进行能耗分析和建造成本分析等，使得初期方案决策更具有科学性；建筑、结构、机电各专业建立BIM模型，利用模型信息进行能耗、结构、声学、热工、日照分析、工程量统计等，进行预制构件内部、预制构件之间的碰撞检查，可以避免传统二维设计中不易察觉的错、漏、碰、缺；各种平面、立面、剖面图纸和统计报表都可从BIM模型中得到。

综上所述，BIM体系具有可视化、协调性、模拟性、优化性等特点，装配式建筑的核心是"集成"，BIM体系为装配式的"集成"提供了主要的实现途径。BIM体系将设计、生产、施工、装修和管理各个环节"集成"起来，实现了数字化虚拟、信息化描述、协同化设计、可视化装配等全新的运行模式，整合了装配式建筑全产业链，实现全过程、全方位的信息化"集成"。因此，BIM体系提高了装配式建筑的设计效率，实现了装配式预制构件的标准化设计，减少了装配式建筑的设计误差。

10.4.2 装配式建筑发展展望

结合我国行业现状和国外预制装配式混凝土建筑产业化发展的成功经验，我国未来预制装配式混凝土建筑发展前景及建议如下：

(1)向长寿命居住和绿色住宅产业化方向发展。

世纪之交，全人类对可持续发展的追求，促使人们探索从节能、节水、节材、节地和环保等方面综合统筹建造更"绿色"的建筑。对我国而言，绿色建筑工业化是可持续发展的要求，也是转变增长方式的要求。未来的保障性住房建设和新型城镇化，不能再走低品质、高消耗、低产出的老路，要转变建筑生产方式，推进建筑业的绿色工业化，提高效率，节约资源，保护环境，建设美丽中国。

(2)形成成熟的、多样化的技术体系。

未来的发展趋势是逐步完善预制装配剪力墙结构体系关键技术，发展高强混凝土技术和预应力技术，进一步研发预制、预应力框架结构体系和预制、预应力框架剪力墙结构体系，形成系列化、多样化的技术体系支撑，保障整个行业的健康发展。

(3)形成通用体系。

通用体系是采用定型构件的方法，以部品构件及连接技术的标准化、通用性为基础，一个构件厂生产的构件能在各种类型的房屋之间互换通用。通用体系适合组织构配件生产的专业化和社会化，是更有利于高度机械化、自动化的工艺，是一种完美的工业化形式，是未来的发展趋势。

(4)向公共建筑、工业建筑领域拓展。

随着高强混凝土技术和预应力技术的发展，预制装配式混凝土建筑向大跨、重载的公共建筑和工业建筑领域拓展，能更充分发挥结构的经济效益，是未来的发展趋势。

(5)确立工程总承包的发展模式。

预制装配式混凝土建筑从设计、建造到施工的各个环节，都对从业人员提出了更高的专业技术要求。因此，成立一支专业化的、协作化的建筑工业化工程总承包队伍尤为重要。采用工程总承包的发展模式，在研发设计、构件生产、施工装配、运营管理等环节实行一体化的、现代化的企业运营管理模式，可以最大限度地发挥企业在设计、生产、施工和管理等一体化方面的资源优化配置作用，实现整体效益的最大化。

(6)市场推进、政府引导。

要继续坚持主要靠市场推进建筑产业化，但政府要加强引导和服务，促进建筑产业化健康发展。政府的作用可以体现在统筹保障性住房的规划、设计、承建和物业管理上，同时利用政府批核设计的权利，制定一套审查制度，并且为工业化房屋设计一套激励政策。

鼓励各方积极参与装配式建筑，是建筑产业升级换代的发展方向。相关设计、施工、监理在积极响应的同时，也应看到其现状：装配式建筑投入门槛较高，要有较强的技术、人才、资金投入，因此许多中小企业举步维艰，若继续强行发展可能会产生市场竞争垄断操作，对市场发展十分不利。为此，在装配式起步阶段，应采取“政府引导，政策鼓励”，使先发展起来的施工单位有领先产业发展的利益分享，同时鞭策后续企业提升能力，在适应市场发展生存的条件下紧紧跟上，从而使建筑业各企业能有良性发展空间。

(7)循序渐进、适合中国国情。

回顾中国发展住宅工业化半个多世纪的经验教训，与其把工业化定位太高，令建筑成本提升过多，以致住宅工业化至今仍停留在试点阶段，建筑业仍被传统手工业生产方式垄断，不如循序渐进、做好准备，统筹兼顾，走出一条适合中国国情的“中国特色建筑产业化”道路来。

(8)全面应用 BIM 信息化技术。

通过 BIM 信息化技术搭建住宅产业化的咨询、规划、设计、建造和管理各个环节中的信息交换平台，实现全产业链的信息平台支持，以信息化促进产业化，是实现住宅全生命周期和质量责任可追溯管理的重要手段。

在预制装配式混凝土建筑“规划—设计—施工—运维”全生命周期中应用 BIM 技术，以敏捷供应链理论、精益建造思想为指导，建立以 BIM 模型为基础，集成虚拟建造技术、RFID 质量追踪技术、物联网技术、云服务技术、远程监控技术、高端辅助工程设备等的数字化精益建造管理系统，实现对整个建筑供应链的管理，是未来发展的方向。

10.5 案例分析

本工程为某新建住宅单体楼，建筑面积：13513.12m^2；层数：地上 17 层，地下 1 层；总高度：51.05m。采用装配式剪力墙结构，竖向构件从四层开始预制，水平构件从首层开始预制。抗震设防烈度为 8 度，建筑抗震设防类别为丙类。预制构件种类：外墙板、内墙板、叠合板、阳台、楼梯、空调板、阳台挂板。

【分析】 图 10.5-1、图 10.5-2 分别为该建筑结构预制部分水平构件和竖向构件平面装配图，水平构件除电梯前室和卫生间为现浇混凝土楼板外，其他部分采用叠合楼板、预制阳台板、预制空调板、预制楼梯；竖向承重构件采用预制剪力墙外墙板和预制剪力墙内墙板，其他隔墙采用加气混凝土砌块墙。

图 10.5-3 为该建筑十七层、机房层平面装配图，顶层楼板采用现浇形式。

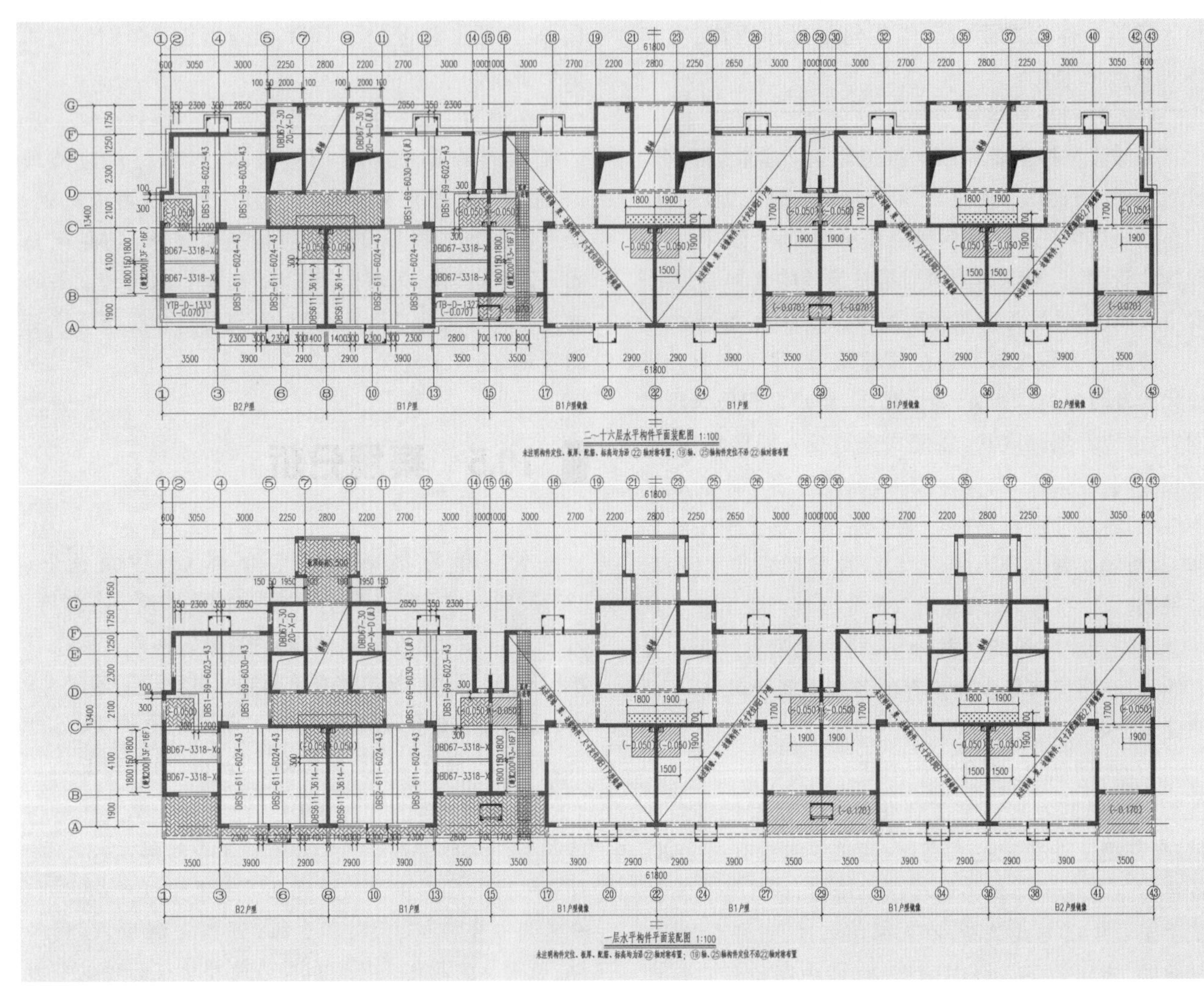

图 10.5-1　一层、二～十六层水平构件平面装配图

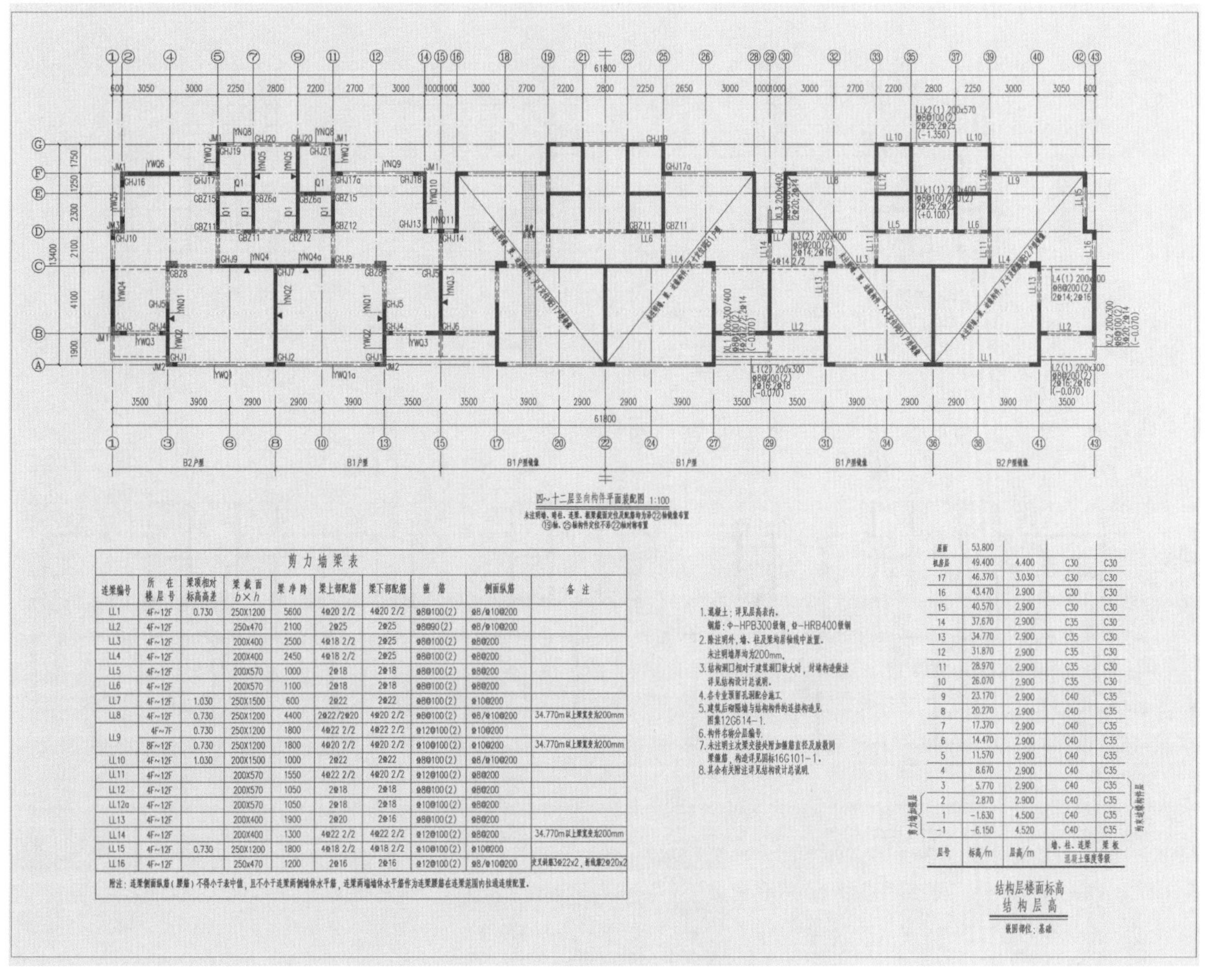

剪力墙梁表

连梁编号	所在楼层号	梁顶相对标高高差	梁截面 b×h	梁净跨	梁上部配筋	梁下部配筋	箍筋	侧面纵筋	备注
LL1	4F~12F	0.730	250X1200	5600	4Φ20 2/2	4Φ20 2/2	Φ8@100(2)	Φ8/Φ10@200	
LL2	4F~12F		250x470	2100	2Φ25	2Φ25	Φ8@90(2)	Φ8/Φ10@200	
LL3	4F~12F		200X400	2500	4Φ18 2/2	2Φ25	Φ8@100(2)	Φ8@200	
LL4	4F~12F		200X400	2450	4Φ18 2/2	2Φ25	Φ8@100(2)	Φ8@200	
LL5	4F~12F		200X570	1000	2Φ18	2Φ18	Φ8@100(2)	Φ8@200	
LL6	4F~12F		200X570	1100	2Φ18	2Φ18	Φ8@100(2)	Φ8@200	
LL7	4F~12F	1.030	250X1500	600	2Φ22	2Φ22	Φ8@100(2)	Φ10@200	
LL8	4F~12F	0.730	250X1200	4400	2Φ22/2Φ20	4Φ20 2/2	Φ8@100(2)	Φ8/Φ10@200	34.770m以上梁宽变为200mm
LL9	4F~7F	0.730	250X1200	1800	4Φ22 2/2	4Φ22 2/2	Φ12@100(2)	Φ10@200	
	8F~12F	0.730	250X1200	1800	4Φ20 2/2	4Φ20 2/2	Φ10@100(2)	Φ10@200	34.770m以上梁宽变为200mm
LL10	4F~12F	1.030	200X1500	1000	2Φ22	2Φ22	Φ8@100(2)	Φ8/Φ10@200	
LL11	4F~12F		200X570	1550	4Φ22 2/2	4Φ20 2/2	Φ12@100(2)	Φ8@200	
LL12	4F~12F		200X570	1050	2Φ18	2Φ18	Φ8@100(2)	Φ8@200	
LL12a	4F~12F		200X570	1050	2Φ18	2Φ18	Φ10@100(2)	Φ8@200	
LL13	4F~12F		200X400	1900	2Φ20	2Φ16	Φ8@100(2)	Φ8@200	
LL14	4F~12F		200X400	1300	4Φ22 2/2	4Φ22 2/2	Φ12@100(2)	Φ8@200	34.770m以上梁宽变为200mm
LL15	4F~12F	0.730	250X1200	1800	4Φ18 2/2	4Φ18 2/2	Φ10@100(2)	Φ10@200	
LL16	4F~12F		250x470	1200	2Φ16	2Φ16	Φ12@100(2)	Φ8/Φ10@200	交叉斜筋3Φ22x2，折线筋2Φ20x2

附注：连梁侧面纵筋（腰筋）不得小于表中值，且不小于连梁两侧墙体水平筋，连梁两端墙体水平筋作为连梁腰筋在连梁范围内拉通连续配置。

层号	标高/m	层高/m	墙、柱、连梁（混凝土强度等级）	梁板（混凝土强度等级）
屋面	53.800			
机房层	49.400	4.400	C30	C30
17	46.370	3.030	C30	C30
16	43.470	2.900	C30	C30
15	40.570	2.900	C30	C30
14	37.670	2.900	C35	C30
13	34.770	2.900	C35	C30
12	31.870	2.900	C35	C30
11	28.970	2.900	C35	C30
10	26.070	2.900	C35	C30
9	23.170	2.900	C40	C35
8	20.270	2.900	C40	C35
7	17.370	2.900	C40	C35
6	14.470	2.900	C40	C35
5	11.570	2.900	C40	C35
4	8.670	2.900	C40	C35
3	5.770	2.900	C40	C35
2	2.870	2.900	C40	C35
1	-1.630	4.500	C40	C35
-1	-6.150	4.520	C40	C35

结构层楼面标高
结构层高
嵌固部位：基础

图 10.5-2 四～十二层竖向构件平面装配图

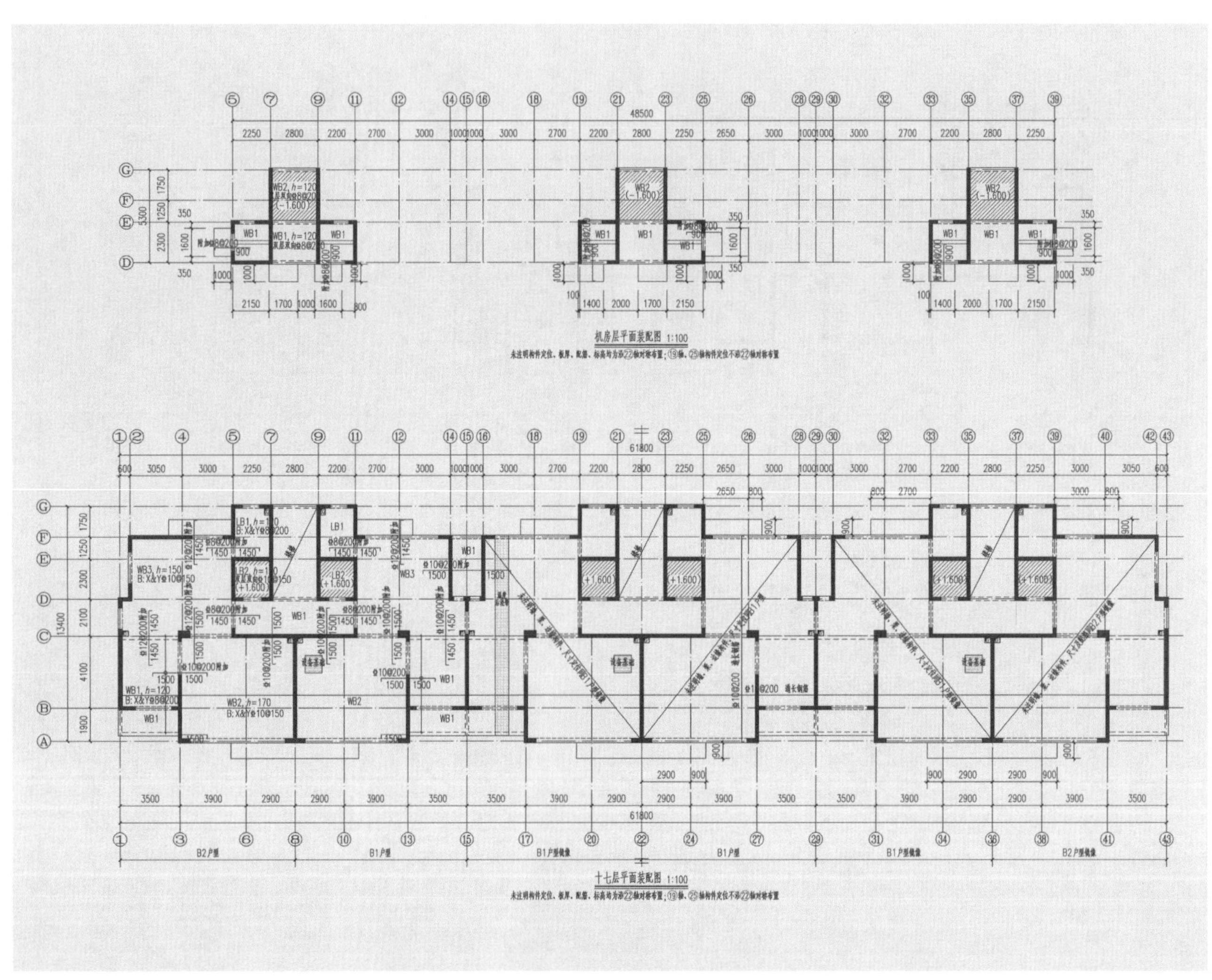

图 10.5-3　十七层、机房层平面装配图

图 10.5-4、图 10.5-5 分别为预制外墙板详图。预制外墙板采用夹心保温板做法，外叶面 50mm 厚+保温层 60(70)mm 厚+内叶结构层 200(250)mm 厚。夹心保温材料为挤塑聚苯板，其材料性能满足地方居住建筑节能设计标准。预制夹心外墙板 60(70)mm 厚，后填充的保温材料的燃烧性能等级应为 A 级。

图 10.5-6 为预制桁架钢筋叠合楼板详图，楼板总厚有 130mm、150mm、170mm 三种厚度，叠合板的预制板厚度为 60mm。

图 10.5-7 为预制楼梯板拆分详图，预制楼梯采用清水混凝土，无装修面层。

图 10.5-8 为装配式预制阳台板和空调板详图。预制阳台板采用桁架钢筋叠合板，板总厚 130mm，叠合部分预制板厚度为 60mm。预制空调板采用清水混凝土板，板总厚 100mm。

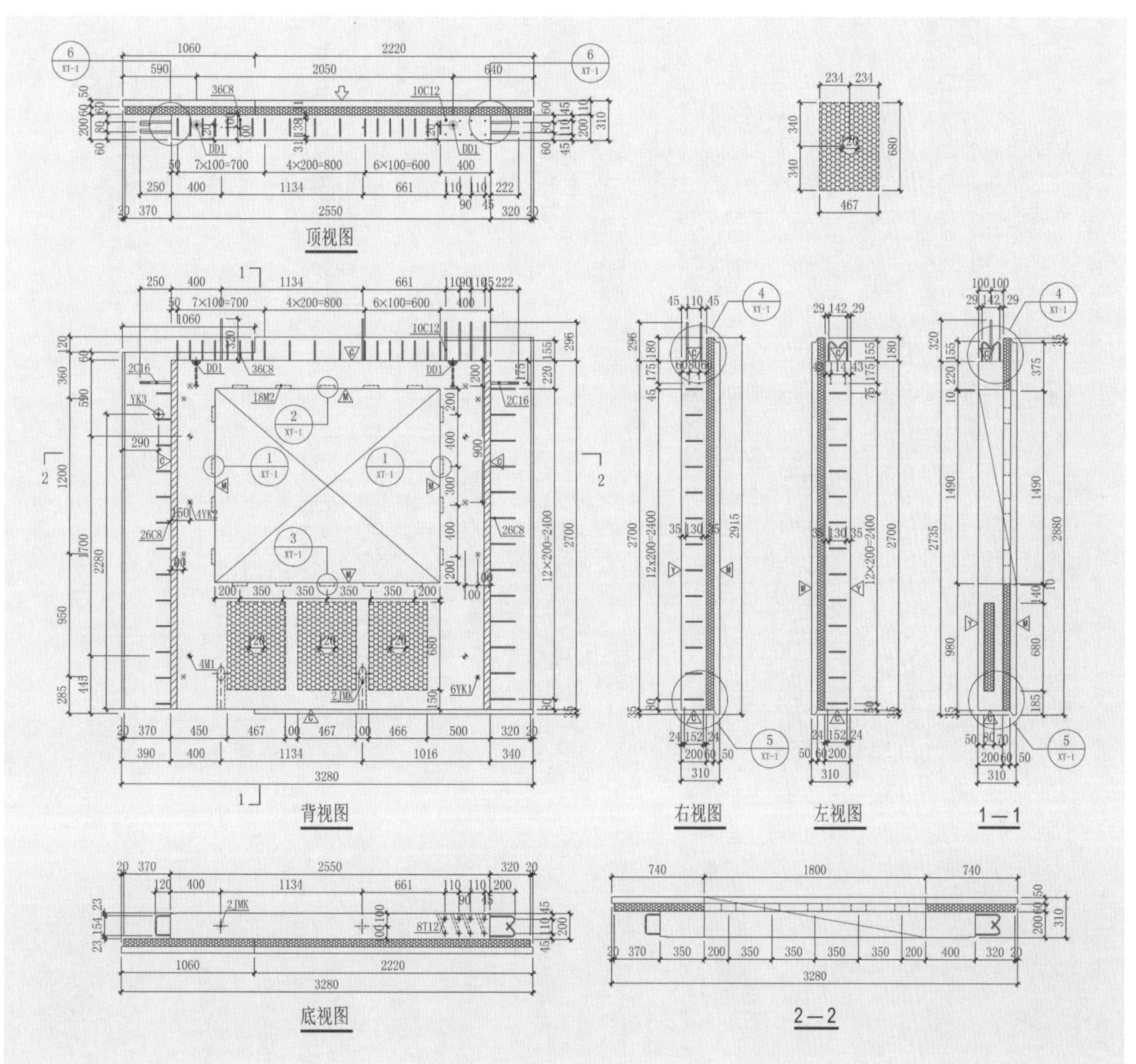

图 10.5-4 预制外墙板详图一

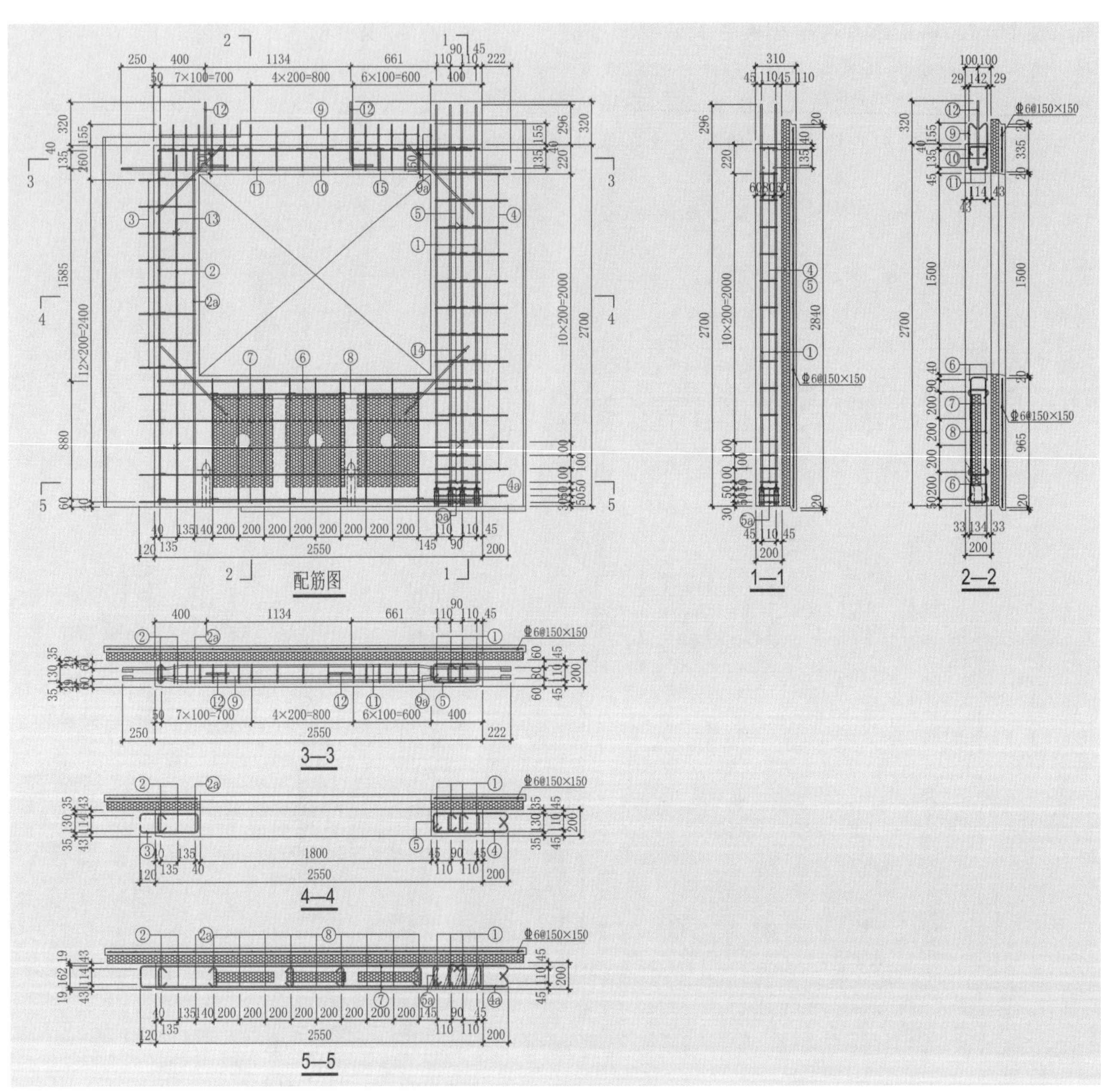

图 10.5-5　预制外墙板详图二

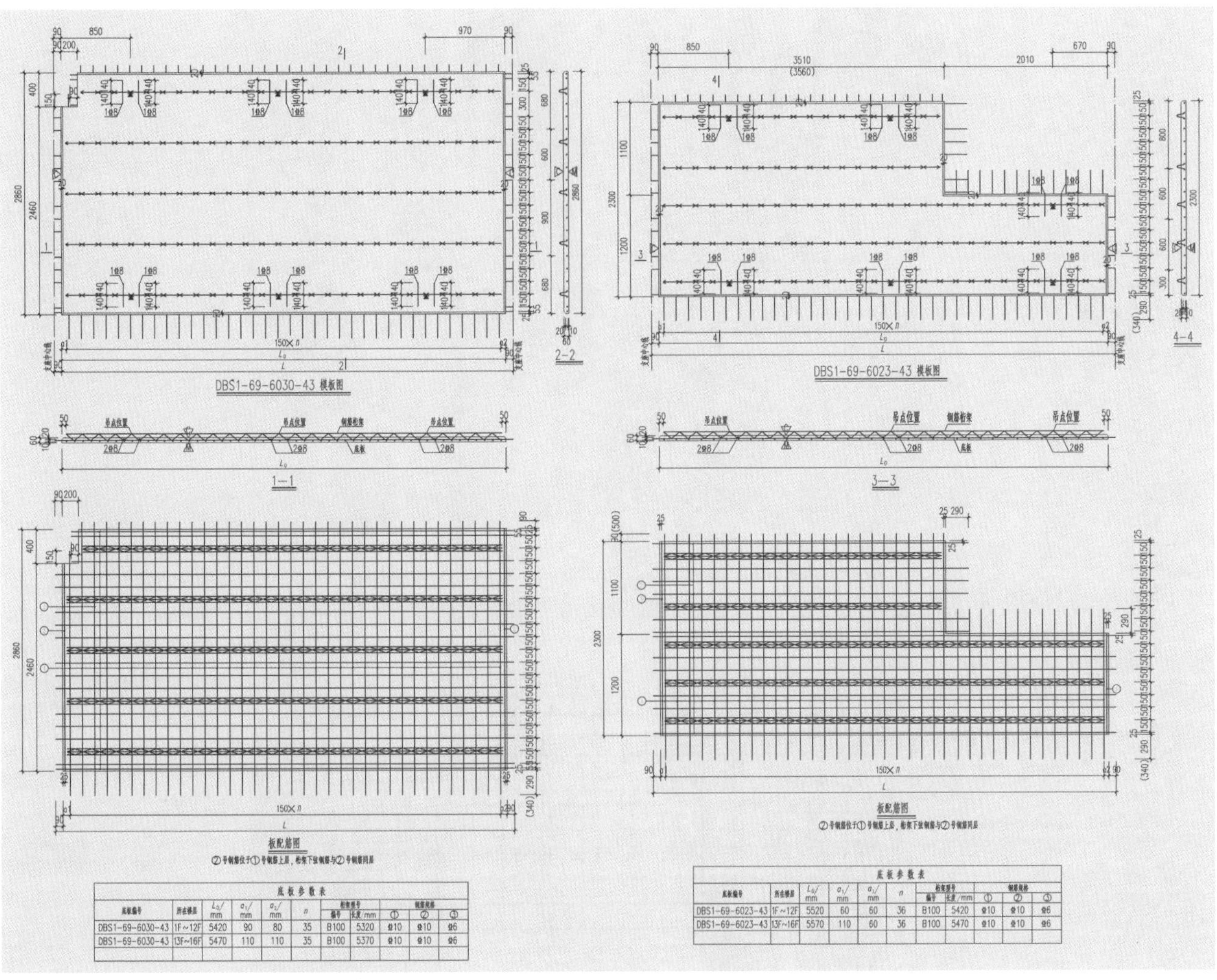

底板参数表

底板编号	所在楼层	L_0/mm	a_1/mm	a_2/mm	n	桁架型号		钢筋规格		
						编号	长度/mm	①	②	③
DBS1-69-6030-43	1F～12F	5420	90	80	35	B100	5320	Φ10	Φ10	Φ6
DBS1-69-6030-43	13F～16F	5470	110	110	35	B100	5370	Φ10	Φ10	Φ6

底板参数表

底板编号	所在楼层	L_0/mm	a_1/mm	a_2/mm	n	桁架型号		钢筋规格		
						编号	长度/mm	①	②	③
DBS1-69-6023-43	1F～12F	5520	60	60	36	B100	5420	Φ10	Φ10	Φ6
DBS1-69-6023-43	13F～16F	5570	110	60	36	B100	5470	Φ10	Φ10	Φ6

图 10.5-6　预制桁架钢筋叠合楼板详图

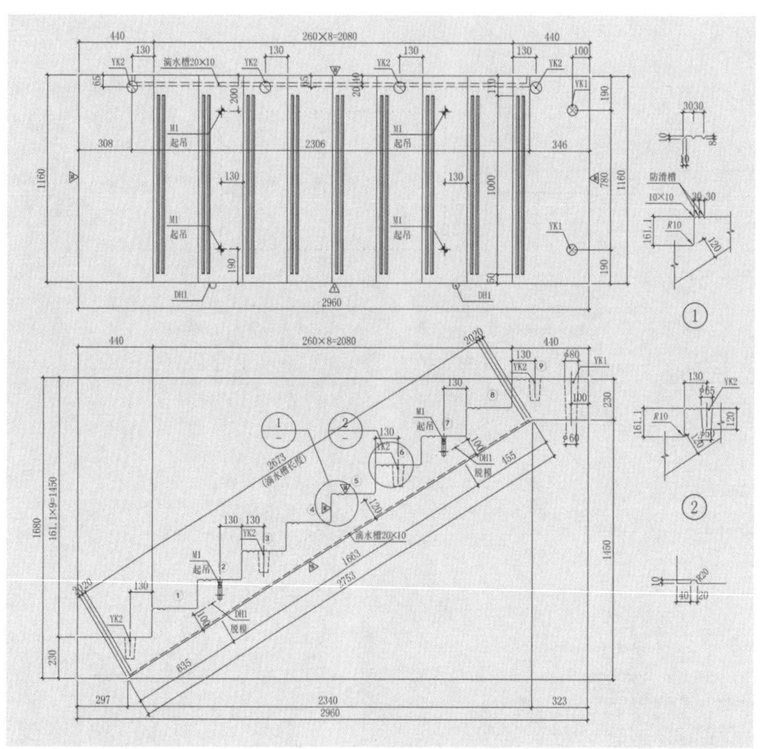

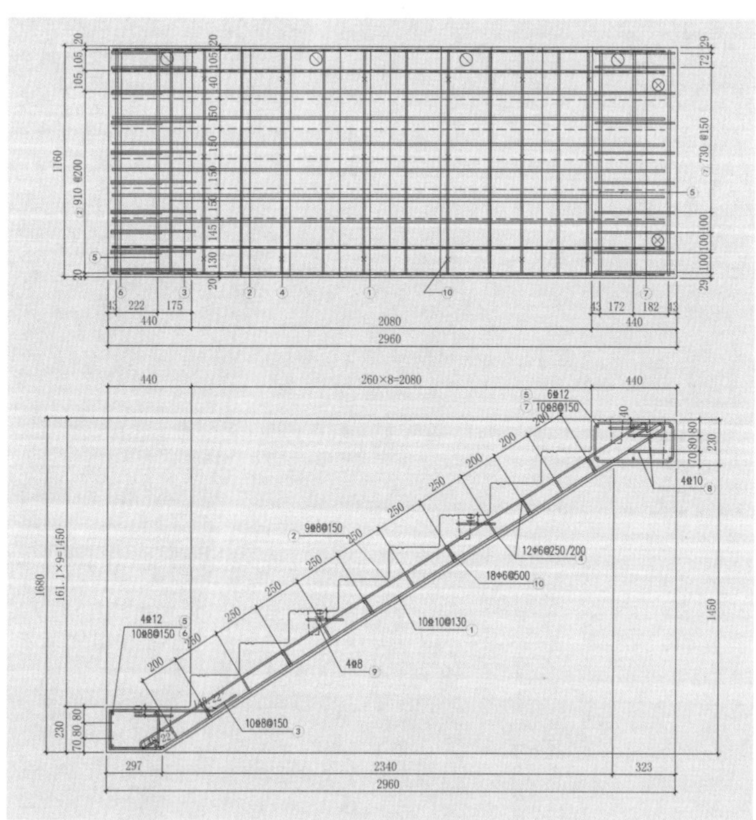

图 10.5-7　预制楼梯板拆分详图

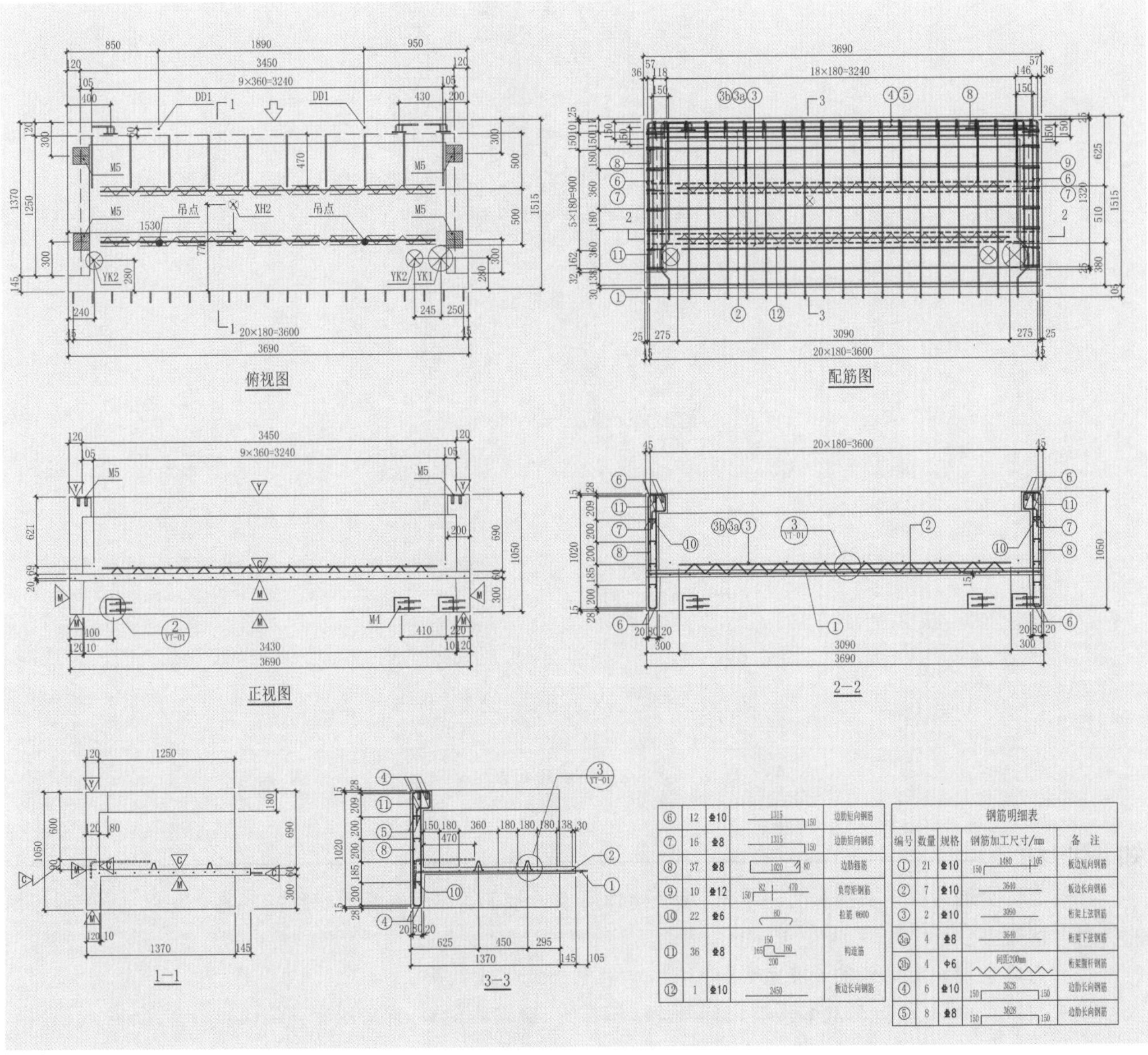

钢筋明细表				
编号	数量	规格	钢筋加工尺寸/mm	备 注
①	21	Φ10	150 1480 105	板边短向钢筋
②	7	Φ10	3640	板边长向钢筋
③	2	Φ10	3090	桁架上弦钢筋
③a	4	Φ8	3640	桁架下弦钢筋
③b	4	ϕ6	间距200mm	桁架腹杆钢筋
④	6	Φ10	150 3628 150	边肋长向钢筋
⑤	8	Φ8	150 3628 150	边肋长向钢筋
⑥	12	Φ10	1315 150	边肋短向钢筋
⑦	16	Φ8	1315 150	边肋短向钢筋
⑧	37	Φ8	1020 80	边肋箍筋
⑨	10	Φ12	150 82 470	负弯矩钢筋
⑩	22	Φ6	80	拉筋 @600
⑪	36	Φ8	150 165 160 200	构造筋
⑫	1	Φ10	2450	板边长向钢筋

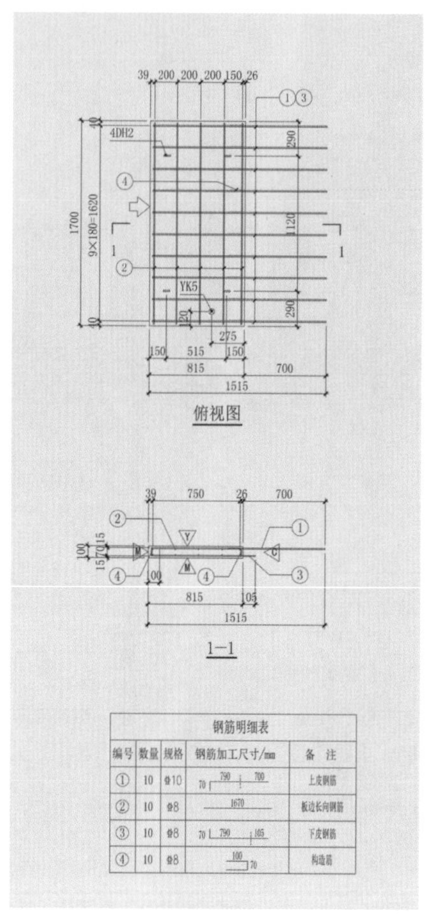

钢筋明细表				
编号	数量	规格	钢筋加工尺寸/mm	备注
①	10	Φ10	70 790 700	上皮钢筋
②	10	Φ8	1670	板边长向钢筋
③	10	Φ8	70 790 105	下皮钢筋
④	10	Φ8	100 70	构造筋

图 10.5-8　预制阳台板和空调板详图

知识归纳

1.预制剪力墙最好全部拆分为一字形，单个构件质量一般不大于 5t，最大构件控制在 10t 以内，否则塔吊的费用增加较多。

2.剪力墙拼缝现浇部分的长度宜大于 400mm，有利于钢筋绑扎施工。

3.主次梁交接时，最好是次梁预制、主梁现浇，如果主、次梁均预制，宜采用套筒连接。

4.叠合楼板竖向荷载传递方式可等同现浇板。

5.预制楼板深化设计图问题，包括预留水暖通风洞口、桁架钢筋遇洞口、电气线盒的固定等问题。

6.预制楼梯与现浇比，楼梯梁会向后移一个踏步宽左右，一般楼梯梁后移 300mm，因此在楼梯间会出现楼梯梁在门口上方，需注意对建筑美观的影响。

7.休息平台板可做成 60mm＋60mm 的叠合板，休息平台板一般只有一个照明线管，60mm 厚度现浇面层可以满足要求。

8.楼梯板搭接在梯梁上至少 100mm，预留缝隙 20mm；楼梯板栏杆一般采用隔一个踏步或者隔两个踏步预留栏杆插孔。

课后习题

1. 预制构件生产技术参数是如何确定的？
2. 外围护系统设计有哪些内容？
3. 外墙板与主体结构的连接需满足哪些结构要求？
4. 预制墙钢筋如何连接？
5. 叠合梁接缝处构造做法有哪些？应注意哪些事项？
6. 楼梯与主体连接有几种方式？需要注意哪些问题？

参考文献

[1]中南建筑设计院股份有限公司. 建筑工程设计文件编制深度规定. 北京：中国建材工业出版社，2017.

[2]河北住房和城乡建设厅建筑市场与工程质量安全监管处，河北省工程勘察设计咨询协会. 河北省房屋建筑和市政基础设施工程施工图设计文件审查要点(2017 年版). 北京：人民交通出版社股份有限公司，2017.

[3]河北省工程建设标准化管理办公室. 12 系列建筑标准设计图集. 北京：中国建材工业出版社，2013.

[4]中华人民共和国住房和城乡建设部，中华人民共和国国家质量监督检验检疫总局. 无障碍设计规范：GB 50763—2012. 北京：中国建筑工业出版社，2012.

[5]中华人民共和国住房和城乡建设部，中华人民共和国国家质量监督检验检疫总局. 屋面工程技术规范：GB 50345—2012. 北京：中国建筑工业出版社，2012.

[6]中华人民共和国住房和城乡建设部，中华人民共和国国家质量监督检验检疫总局. 建筑设计防火规范(2018 年版)：GB 50016—2014. 北京：中国计划出版社，2018.

[7]住房和城乡建设部工程质量安全监管司，中国建筑标准设计研究院. 全国民用建筑工程设计技术措施——规划·建筑·景观. 北京：中国计划出版社，2009.

[8]中华人民共和国住房和城乡建设部，中华人民共和国国家质量监督检验检疫总局. 总图制图标准：GB/T 50103—2010. 北京：中国建材工业出版社，2010.

[9]中华人民共和国住房和城乡建设部，中华人民共和国国家质量监督检验检疫总局. 民用建筑设计统一标准：GB 50352—2019. 北京：中国建筑工业出版社，2019.

[10]中华人民共和国建设部，中华人民共和国国家质量监督检验检疫总局. 住宅建筑规范：GB 50368—2005. 北京：中国建筑工业出版社，2005.

[11]中华人民共和国住房和城乡建设部，中华人民共和国国家质量监督检验检疫总局. 建筑制图标准：GB/T 50104—2010. 北京：中国计划出版社，2010.

[12]中国建筑标准设计研究院. 民用建筑工程建筑施工图设计深度图样：09J801. 北京：中国计划出版社，2009.

[13]中华人民共和国住房和城乡建设部，中华人民共和国国家质量监督检验检疫总局. 民用建筑热工设计规范：GB 50176—2016. 北京：中国建筑工业出版社，2016.

[14]中华人民共和国住房和城乡建设部. 民用建筑绿色设计规范：JGJ/T 229—2010. 北京：中国建筑工业出版社，2016.

[15]中华人民共和国住房和城乡建设部，中华人民共和国国家质量监督检验检疫总局. 住宅设计规范：GB 50096—2011. 北京：中国建筑工业出版社，2011.

[16]中华人民共和国住房和城乡建设部，中华人民共和国国家质量监督检验检疫总局. 建筑信息模型应用统一标准：GB/T 51212—2016. 北京：中国建筑工业出版社，2016.

[17]贺灵童. BIM 在全球的应用现状. 工程质量，2013，31(3)：12-19.

[18]何铭新，李怀健. 土木工程制图. 4 版. 武汉：武汉理工大学出版社，2015.

[19]李云贵. 建筑工程设计 BIM 应用指南. 北京：中国建筑工业出版社，2017.

[20]陈健. 追梦：工程数字化技术研究及推广应用的实践与思考. 北京：中国水利水电出版社，2016.

[21]刘济瑀. 勇敢走向 BIM 2.0. 北京：中国建筑工业出版社，2015.

[22]秦军. Autodesk Revit Architecture 201x 建筑设计全攻略. 北京：中国水利水电出版社，2010.

[23]中华人民共和国住房和城乡建设部，中华人民共和国国家质量监督检验检疫总局．建筑抗震设计规范(2016 年版)：GB 50011—2010．北京：中国建筑工业出版社，2016．

[24]中华人民共和国住房和城乡建设部，中华人民共和国国家质量监督检验检疫总局．装配式混凝土建筑技术标准：GB/T 51231—2016．北京：中国建筑工业出版社，2017．

[25]中华人民共和国住房和城乡建设部．装配式混凝土结构技术规程：JGJ 1—2014．北京：中国建筑工业出版社，2014．

[26]中华人民共和国住房和城乡建设部，中华人民共和国国家质量监督检验检疫总局．装配式建筑评价标准：GB/T 51129—2017．北京：中国建筑工业出版社，2018．

[27]住房和城乡建设部住宅产业化促进中心．大力推广装配式建筑必读——技术·标准·成本与效益．北京：中国建筑工业出版社，2016．

[28]郭学明．装配式混凝土结构建筑的设计、制作与施工．北京：机械工业出版社，2017．